地质统计学
储 层 建 模

第二版

G EOSTATISTICAL
RESERVOIR
MODELING

〔美〕Michael J. Pyrcz　Clayton V. Deutsch　著

胡水清　王　珏　李兆亮　刘玉娟　等译

石油工业出版社

内 容 提 要

本书为构建石油储层地质数值模型的地质统计学工具书。本书中共分六章探讨地质统计学在储层建模中的应用，介绍采油地质学家、油藏地球物理学者和油藏工程师如何构建和使用储层数值模型。作为第一版的延续，本版将着重利用地球科学或工程专业人士可理解的语言介绍地质统计学应用，其中理论基础并不详尽。实用信息和传统方法相结合，供需要更深入理解的人士作为理论参考。本书还可用作高年级本科生或研究生高校学习教材。

图书在版编目（CIP）数据

地质统计学储层建模：第二版 /（美）迈克尔·皮尔茨（Michael J. Pyrcz），（美）克莱顿·多伊奇（Clayton V. Deutsch）著；胡水清等译 . —北京：石油工业出版社，2021.5

书名原文：Geostatistical Reservoir Modeling

ISBN 978-7-5183-4568-7

Ⅰ . ① 地… Ⅱ . ① 迈… ② 克… ③ 胡… Ⅲ . ① 地质统计学 – 储集层 – 建立模型 Ⅳ . ① P628

中国版本图书馆 CIP 数据核字（2021）第 066846 号

Geostatistical Reservoir Modeling, Second Edition
by Michael J. Pyrez and Clayton V. Deutsch
© Oxford University Press 2014
Geostatistical Reservoir Modeling, Second Edition was originally published in English in 2014. This translation is published by arrangement with Oxford University Press. Petroleum Industry Press is solely responsible for this translation from the original work and Oxford University Press shall have no liability for any errors, omissions or inaccuracies or ambiguities in such translation or for any losses caused by reliance thereon.
本书经牛津大学出版社授权石油工业出版社有限公司翻译出版。版权所有，侵权必究。
北京市版权局著作权合同登记号：01–2020–4249

出版发行：石油工业出版社
　　　　　（北京安定门外安华里 2 区 1 号　　100011）
　　　　网　　址：www.petropub.com
　　　　编辑部：（010）64523543　　图书营销中心：（010）64523633
经　　销：全国新华书店
印　　刷：北京中石油彩色印刷有限责任公司

2021 年 5 月第 1 版　2021 年 5 月第 1 次印刷
787 × 1092 毫米　开本：1/16　印张：28.75
字数：690 千字

定价：160.00 元
（如出现印装质量问题，我社图书营销中心负责调换）

前言 /PREFACE

在第一版的基础上，第二版的知识面有所扩展，覆盖范围也更全面，介绍了储层示例与扩展的先决条件、概念、算法和应用。从而，可通过现代化的方式为读者呈现过去十年令人激动的新发展，并增强与地质学的联系。此外，资料描述和有关问题设计的思维过程也有进一步的介绍。

本书为构建石油储层地质数值模型的地质统计学工具书。自20世纪90年代以来，在进行储层非均质性建模和储层不确定性评估时，地质统计学工具书的使用率大幅度上升。大量技术文献从理论和应用上追踪了这一上升过程。然而，很少有文集作品将石油地质统计学实践纳入一个统一的框架。

构建适当的储层模型需要许多人参与并发挥不同职能。地质学者重点关注地下沉积学和地层学。地球物理学者提供了有关储层几何形态和井间区域储层内部特征的宝贵信息。工程师通过对流体及生产资料的了解，提供了有关储层连通性和主要非均质性的关键信息。本书不强调任何单一的学科，本书重点在于构建符合所有可用信息的地质数值模型所必需的多学科综合。

本书并非理论参考教材，旨在介绍地质统计学储层建模的应用知识。书中重点讨论工具、技术、示例、传统手段，并提供有关石油储层建模实践的指导。本书可供从业人员参考，且可用作高年级大学生或研究生的储层表征学习教材。

迈克尔 J. 皮尔兹和克莱顿 V. 多伊奇

目录 /CONTENTS

第一章 概 述

地质统计学工具通常用于石油储层建模，地质统计学工具的理论描述、案例研究和传统手段在石油地质统计学和其他领域的各种科技刊物、书籍及软件中均有介绍。本书介绍采油地质学家、油藏地球物理学者和油藏工程师如何构建和使用储层数值模型。

本书不涉及软件内容。算法利用说明方法的流程图加以描述。在公共域 GSLIB 软件 Deutsch 和 Journel（1998）或其他引用的来源中，我们可以找到大多算法的源代码。大量商业软件包可供选择：其中包括 Halliburton（2012）、Schlumberge（2012）和 Paradigm（2012）。

本书针对高校学生及欲使用地质统计学工具的地质学家、地球物理学者和工程师而编写。在介绍石油储层建模的背景时，会介绍基本理论。对地质统计学了解较多的读者，可跳过大部分理论章节。有志学习石油地质统计学专业的人员应适当掌握本书中的统计学和数学信息。本书为想要打下扎实知识基础的人引用了原著和更详细的论文。

本书并非单纯围绕单一储层的建模。相反，本书将采用大量不同储层数据集来说明特定的技术，从而可以更简单地呈现有效技术的多样性及展示替代方法的相对优势和劣势。

本书介绍了多种不同的方法，并指导何时使用各特定方法。地质统计学最吸引人，但也通常容易使人感到挫败的一点是解决问题时需要大量工具组合。之前的研究引用了未开发的方法，但从未尝试提供详细的工具清单，本书中也省略了这一点。

第一节 第二版评论

自 2002 年第一版发布以来，地质统计学方面涌现出了许多新的著作。非平稳统计表征、相建模及不确定性建模和管理（这只是其中一些例子）发生了巨大的变化。第二版因综合这些新的课题应运而生。另外，我们认识到，第一版未全面涵盖几个重要的地质统计学储层建模课题。第二版可以更全面地对此进行介绍，包括储层的地质概念和地质历史、数据清单、概念模型、问题公式化、大规模建模、报告和文件编制及不确定性管理。

其中，与地质统计学储层建模的地质成因的联系有所加强。地质实践变得更量化，且地质统计学模型已发展成改善模型中地质信息的整合。考虑到不同地质专家近期的工作，对不同沉积环境的构型结构进行表征。其中部分包含对非均质性的不同统计描述。通过探索更深入的地质认识、整合有关地质过程和构型概念，揭露储层背后的地质演化史，在改善储层模型的同时，可提升地质见解、模型可信度和最终决策质量。

地质统计学的重要特征是可整合多个不同数据源。第二版中新增一节说明各数据源，包括典型的覆盖范围、分辨率、假设和限制因素。另外，还增加了第一版中未考虑到的信息源，例如：模拟露头、水槽实验和基于数值方法的模型。随着上述地质量化性的日益增加，这些附加数据源提供了丰富的信息，更有助于统计推断和地质统计学储层建模中的决策。通过利用一般形式，数据以较为完整的方式表现为数据事件。此外，介绍了允许多个冗余数据源结合方法的更多细节。

　　在扩充地质统计学方法时，存在多个可供选择的方法。当存在共同的工作流程时，有必要在不同技术中做出选择，并制定符合目标的工作流程。这就需要进行其他的比较，将可用方法的实施细节、优势和限制因素进行对比。具体可见概念模型和问题公式化的相关章节。

　　随着不确定性建模精确性的增加，大范围建模和关联不确定性被纳入地质统计学工作流程中。其中包括储层容器建模、储层内部趋势、特有区域的分离建模及结合多重属性提取局部信息的方法。基于上述方法，我们可以改善对储层容量一阶约束的控制。

　　此外，不确定性建模的应用存在几个重要的变化。目前，寻找和描述所有不确定性来源时的精确性要求通常较高。各模型选择、输入参数和统计量都是潜在的不确定性来源。如上所述，目前我们认为模型箱、地层、相关性、区域和趋势都可能是不确定的。局部和全局模型不确定性与重要的相关风险课题之间的交流可采用新的表达形式。探索不确定性的其他方法也涵盖在内。

　　作为第一版的延续，本版将着重利用地球科学或工程专业人士可理解的语言介绍地质统计学应用，其中理论基础并不详尽。将实用信息和传统方法相结合，供需要更深入理解的人士作为理论参考。本书还可用作高等院校相关专业学习教材。

　　即使第二版进行了扩充，也不可能包括所有地质统计学方法。在某些情况下，我们根据实践中特定方法的接受程度和可用性，选择了省略或只包含粗略的涵盖范围和特定课题。与第一版一样，本版集中讨论目前实践中的方法和工作流程。目前可供替代的方法将仅在最后的章节中予以简单讨论，为现在和将来的实践提供研究背景。

第二节　纲　　要

　　本书中共分六章探讨地质统计学在储层建模中的应用。由于很少有读者会拿起一本书从头到尾地阅读，本书编制有综合索引。本书核心讨论下述五个问题：

　　（1）什么是储层建模？地质统计学所起的作用是什么？（第一章）

　　（2）在进行地质统计学储层建模之前，我们需要哪些基本背景信息？（第二章和第三章）

　　（3）储层建模的主要步骤有哪些？地质统计学何时应用或怎样应用？（第四章）

　　（4）有了模型之后，我们该做什么？（第五章）

　　（5）未来我们可以预见哪些有前景的不够成熟的或新的发展成果？（第六章）

　　更多详细描述，请参见各具体的章节。

本章介绍了本书的概述、典型储层建模所涉及的步骤和方法、为建模整合的信息和数据，以及地质学、地球物理学、地质统计学和石油工程这些不同学科之间是怎样配合的。流程图贯穿整本书，以说明数据流、地质统计学操作和储层建模期间所做的决策。

第二章中描述了有关储层建模的先决条件。这些原理参见初级地质概念、初级统计概念、量化空间连续性及初级映射概念章节。

任何地质统计学储层建模的第一步都是揭示初级地质概念章节中描述的储层形成背后的地质演化历史。这将有助于整合所有可用信息，产生一致的、合理的可靠储层模型。理解各种地质控制因素和描述其所形成的构型时，有必要与地球科学家进行沟通，以便充分利用他们的专业知识。示例中介绍了三种不同的地质环境：加拿大北阿尔伯塔的麦克莫里组、墨西哥湾深水的下威尔科克斯组及哈萨克斯坦的田吉兹台地。针对每种环境，介绍其基本地质历史与储层建模决策间的联系。

这些地质概念必须映射至统计概念。每个岩心塞都是独一无二的，必须在进行统计或构建储层模型之前将样品集中在一起。选择地质总体的依据也有所介绍。多个经典的统计工具均可用于选择和描述地质总体。此外，初级统计概念一节中还介绍了入门级别的地质统计学工具，例如：非代表性数据的去聚和纠正。

为了从数据中脱离，我们必须解释空间相关性。量化空间连续性一节中提供了其他工具，用于统计分析和量化对储层建模来说为中心的空间数据。变差函数计算、解释以及建模均包括大量的实际储层示例。指示变差函数、多点地质统计学及地质规律成为更加成熟的空间相关性表征方法。

初级映射概念一节基于上述章节的内容。该节为以克里金法为基础的地质统计学技术提供了基础。克里金法和协同克里金法在地质统计学建模中使用广泛。另外，序贯模拟法的框架为稍后讨论序贯高斯、指示和多点模拟法打下基础，当然，我们也讨论了这类技术的背景及其实际应用。书中介绍了p—字段模拟技术，还介绍了局部改变连续方向和趋势模型的用途。该章收录了基本地质统计学理论以及小型说明性示例。更详细的案例分析在第四章中。

第三章讨论了建模的预备知识。该章中涵盖数据清单、概念模型和问题设计。在了解地质、统计和地质统计学预备知识之后，我们紧接着介绍了编制数据、决定完成模型的最佳工作流程和方法以及确定如何设计问题。

数据清单一节讨论了地质统计学储层模型可用的典型数据、规模、精确度、覆盖范围和数据检测。另外，我们对数据转换、校准和结合方式做了详细说明。这比预期更具有挑战性，因为数据范围具有差异、数据质量可能有问题，还可能存在多个冗余信息源。

地质统计学涉及很多不同的空间建模工具。考虑到建模目标、建模约束和可用数据，选择最佳工具或一组工具是很重要的。概念模型一节讨论了有关数据集成和算法选择的详细信息，并且大致讨论了符合目标的模型，即为了满足储层研究的目标所选择的工具及其使用顺序。另外，介绍了共同的工作步骤，比较了用到的工具，有助于选择建模的方法和工具。

　　建模目标、建模约束和问题调查的详细信息，请参见问题公式化一节。这些对于符合目标的建模来说很重要，并构成了所有模型选择的基础。在所有储层建模研究中，资源、项目、专业实践以及预算都是有限的。良好的问题公式化可最大限度地利用这些资源和成果模型，以提高项目的价值。

　　第四章详细介绍特定建模方法及其应用示例。其中包括大型建模、以单元为基础的相建模、多点相建模、基于对象的相建模、过程模拟相建模、孔隙度和渗透率建模以及模型构建优化。这些都是通过可用数据和专家知识，利用地质统计学工具箱中的建模工具生成储层非均质性模型。典型的分层方法包括：首先是大型箱模型；其次是箱内的相模型；最后是不同相之间的储层物性模型。相分布必须在孔隙度和渗透率等连续性质建模之前确定。事实上，这对于受不同相控制的储层孔隙度和渗透率非均质性而言很常见，因为在相模型中可采集到大多数孔隙度和渗透率的变化性和连续性。本章中的孔隙度和渗透率章节是四种相建模章节的理论基础。

　　大型储层建模决策对储量和大范围的连通性有着重要影响。大型建模包括储层容器建模方法、储层内部趋势、特殊区的分离、结合多重属性提取局部信息的方法以及后续汇总和可视化。

　　地质统计学工具尤其适合用于便捷的矩形笛卡儿坐标系统；然而，大多数储层由于结构变形、腐蚀和断层作用而变得复杂。本章回顾了通过坐标变换，在笛卡儿坐标中以网格形式表示复杂实际储层的方法。当这些约束因素存在极大不确定性时，有必要对大型建模的不确定性进行量化和整合。

　　以单元为基础的相建模一节介绍了以单元为基础的相建模技术——即以单元为基础利用变差函数统计控制来确定相的方法。序贯指示模拟和截断高斯模拟及其变体都是基于单元的重要技术。此外，还讨论了从所产生的模型中去除不想要的小型变化（噪声）的步骤。

　　由于本书的第一版，多点模拟已成为习惯做法的一部分。多点相建模一节描述了有关运用该技术的详细信息，并给出示例说明该方法的独特优势。之前有关多点统计量化和序贯模拟框架的讨论内容中提供了该方法的实施细节和示例。

　　若沉积相以明确的几何单位分布，则考虑采用特定地质环境中适用的分层且基于对象的建模方案。河流河道、决口扇、堤坝和浊积朵叶体为一些适用于基于对象建模的相单元示例。这些连同调节限制和改善调节的方法将在基于对象的相建模一节中予以讨论。

　　最后，过程模拟相建模一节提供了通过整合基于沉积和侵蚀事件序列的有代表性的地质规律，从而改善了地质统计学模型的地质现实条件的方法。该方法已在不同环境中运用，产生了具有高分辨率地质细节的模型，优于传统地质统计学方法。然而，仍然存在有关这些细节的流动相关性及这些模型能否适用于所有可用储层数据的问题。

　　孔隙度和渗透率建模一节中详细介绍了构建孔隙度和渗透率等连续变量的三维模型。其中介绍了替代方法以及不确定性评估的实践环节，并对地震数据等数据进行解释。采集极限渗透率值的连续性及与孔隙度相关性的技术将在本节进行讨论。

　　第五章模型应用介绍了在构建地质统计学模型之后该做什么。其中包括模型检查、模型后期处理及不确定性管理。该章讲述了以模型质量控制为中心的一般概念、汇总、排序及关于不确定性的决策。模型几乎一直都是中间步骤，且转换函数之后的最佳决策为地质统计学储层建模的一般产物。该章不涉及通常用于地质统计学模型的实际转换函数，例如：容量计算、流动模拟和正演地震。

我们怎么判断我们建立的地质统计学储层模型是否合适呢？我们该利用多个模型做什么呢？这些问题与模型检查有关。模型检查一节中涉及模型检验和评估不确定性模型公正性的重要部分。随着工作流程和数据集成复杂性的日益增加，模型检查会越来越重要。由于对建模方法、相关假设和局限的错误理解，数据处理错误、数据矛盾及数据和模型比例尺等重要概念的遗漏，建模过程都可能会产生问题。第一个最低验收标准为模型必须充分符合输入的数据。对质量检查地质统计学储层模型进行附加检查，例如：局部预测模型性能和关联不确定性模型。

有时在编制转换函数或提供有用模型汇总时，需要进行模型后期处理。这可能包括按比例放大或缩小及局部加密，以提供具有合适分辨率的模型。平滑化可用于去除生成模型过程中产生的噪声，或测试小规模的非均质性对转换函数的影响。

模型的统计分析，或综合分析表示不确定性的一系列模型，可能有助于进行决策。例如，局部不确定性的测量可能有助于进行模型解释和未来数据采集。

地质统计学储层建模的关键在于表现储层不确定性的能力。不确定性管理一节讨论了综合表示所有模型不确定性来源的方法、局部和全局模型不确定性的传播格式、实现排序的方法，以及在面对不确定性时怎样决策。

最后，第六章回顾了地质统计学储层建模方面的若干特殊课题。这些课题应进行更完善的研究，但超出了本书的范围。部分特殊课题包括：（1）微地震、四维地震及生产监控等其他数据源；（2）有关储层非均质性更精细的描述；（3）用于模型模拟的光谱方法；（4）用于数据集成的集成卡尔曼滤波；（5）先进的地质统计描述；（6）其他新兴技术。

地质统计学和储层建模的专业术语可能是令人感到困惑的。通常，我们用不同的词语来描述同一个活动。例如：变差法与结构分析都是指空间相关性的计算、解释和模型拟合。此外，相同的词语也通常被用来描述不同的活动：模拟可以指岩石物理特性的随机模拟，也可以指后续的流动模拟。

第三节 主要概念

在未取样位置预测岩石特性以及预测复杂的地质和工程系统未来的情况是非常困难的。大量概念和假设使得该难题有可能得到解决。

一、岩石物理特性

后面章节中介绍的技术与构建沉积相、孔隙度及渗透率的高分辨率三维模型有关。这三个变量的定义通常比较含糊，且相关建模选择有待讨论。相通常以评估粒径或矿化等地质变量为基础——例如：碳酸盐环境中的石灰岩和白云岩及硅质碎屑环境中的河道砂岩和页岩。之所以先塑造相，首先是因为它们缩小了孔隙度和渗透率可能的范围（参见以下定义），并且多相流体流动特性可在不同相型之间发生明显变化。相、岩相、测井相、流相、沉积相等具有不同的定义和类型。对于特定储层建模问题，相或岩石类型的选择通常很明确。更多关于相定义的问题，请参见第四章第二节。

孔隙度 ϕ 指可能包含流体的岩石中孔隙空间的体积分数。我们对有助于流体流动的有效孔隙度很感兴趣，而不是包括孤立小孔隙的总体孔隙度。孔隙度的空间分布和地层原油的总体积对于储层建模者意义重大。

渗透率 K 为测量岩石允许流体流通的参数。渗透率不仅取决于流向，还取决于局部压力条件，也称为边界条件。常用的不流动边界条件是针对实验室测量设备和许多放大算法的。当然，储层中实际的边界条件是不同的。此外，渗透率为一个张量，水平方向上的压力梯度可通过 K_{xz} 渗透率引起垂直流动。

有必要在一定程度上进行硬数据测量。很多时候，这些硬数据是由岩心观察和测量得到的相分布、孔隙度和渗透率所得。在没有直接岩心测量的情况下，测井数据可以是硬数据。包括测井和地震的所有其他数据类型被称为软数据，其必须校正为硬数据。

虽然本书的重点是在储层建模背景下的相、孔隙度和渗透率，但是这些岩石物理特性也是许多地球科学相关的空间变量的特征（表 1–1）。

表 1–1　本书中考虑的变量、一般规律以及其他学科中的模拟变量

变量	一般规律	模拟变量
相	分类变量	岩石或土壤类型
孔隙度	体积浓度	优势生物种类
		矿物等级
		污染物浓度
		裂缝密度
		害虫浓度
		累计年降雨量
渗透率	动态特性	传导率
		分散性

二、建模尺度

以岩心硬数据的分辨率构建储层物性模型是不可行的。在一般的工作流程中，岩心数据必须按比例扩大（平均）至某一中等分辨率。以中等地质建模尺度生成模型，然后通常为了进行流动模拟而将模型缩放到更粗糙的分辨率。一个重要的问题是如何确定合适的中

等地质建模尺度。在其他工作流程中，模型按照数据尺度构建，其中模拟的节点对模型空间进行了离散。无论采用什么方法，都必须在离散尺度或水平上进行决策。尺度选择太小会导致大量且低效的计算机使用，这限制了替代方案的数量和可以考虑的敏感性分析。尺度选择太大会因为对储层非均质性描述不精确而导致不正确的动态模拟结果。

地质统计学储层模型针对特定目标而构建，且细致程度应适合既定目标。事实上，目标会发生变化，且模型的用途远远超过了原来的计划。为此，即使当目前的建模对象未做明确要求时，构建模型的许多细节也是合适的。

在一般的工作流程中，所有数据都必须以中等地质建模尺度相互关联。表示小尺度的岩心和测井测量值必须放大。构建地质统计学模型期间，必须对大尺度地震和生产数据予以解释（基本上是缩放至建模分辨率）。在后文的章节中，讨论的中心问题是处理不同精度水平测量、不同尺度的岩石物理特性数据。

三、数值模拟

在地质时间的任何一点上，各储层中都具有单一真实分布的岩石物理特性。该真实分布为物理、化学和生物过程复杂演替的结果。尽管很了解这些沉积和成岩作用的物理现象，但是我们还不能完全理解这些作用的过程及其之间的相互作用，而且我们可能永远都不能获得足够详细的初始以及边界条件去证明储层内唯一正确的岩石物理特征。我们只能寄希望于创建模拟重要物理特征的数值模型。

一般而言，大尺度特征对于预测储层流动性能是最关键的。小尺度地质细节是通过大尺度有效性质加以概括的。

我们将努力创建符合可用数据（包括历史流动结果）的数值模型。真实分布的岩石物理特性不会遵循任何相对简单的数学模型分布。单凭视觉外观不足以判断数值模型是否准确。要通过预测在不同边界条件下的流动特性来判断数值模型是否合适。

四、不确定性

在稀疏排列的井之间无法建立唯一真实的相、孔隙度和渗透率分布。若细查井间并进行详细测量，则所有数值模型都会发现有错误，这是因为存在不确定性。

由于我们不知或缺乏知识，因此存在不确定性，这并非储层的固有特征。尽管不确定性的概念模糊，但我们还是会构建不确定性模型，并会注意确保模型真实地表示我们知识不完备的状态。然而，这些不确定性评估只不过是模型而已，而且不可能严格地去证实。

地质统计学技术允许生成替代数值模型（也称为模型）。这些模型（如水淹时间）的响应可作为不确定性模型，合并至直方图。地质统计学建模技术的参数同样是不确定的，并且这些参数可以变化，即随机化的，从而产生范围更大且可能更真实的不确定性评估。建模方法本身可以认为是不确定的，而且替代方法或地质情况也被认为是不确定的。虽然在不确定性方面存在不确定性，但是在某种情况下，必须停止探索实际的不确定性评估（Journel，1996）。

五、独特性和平滑化

传统映射算法用于创建光滑映射，以反映大型地质走向。它们是去除高频性质变化的低通滤波器。克里金法、样条函数、距离反比法和绘制等高线等传统映射算法的目标并非是显示全波段光谱或被映射特性的变异性。然而，对于流体流动问题，极高和极低渗透率值的分布通常对流动响应具有较大影响。

与此相反，地质统计学模拟技术的目标是为了引入完全的变异性、创建既非独特也非平滑的映射或模型。虽然这些模型的小规模变异性可能掩盖大规模的趋势，但是地质统计学模拟更适合流动特征预测和不确定性建模。

六、模拟数据

很少有足够的数据来提供可靠的统计，尤其是在测量横向连续性时。为此，模拟露头数据及类似数据和更密集的钻孔取样有助于推断根据现有的地下储层数据难以进行计算的空间统计。

某些地质环境的典型特征可以在储层中找到，前提是它们经历过类似的地质作用。虽然在储层建模时使用模拟数据是必不可少的，但应对其进行严格评估和调整，以适用于所研究储层的所有硬数据。

七、数据集成

地质统计学储层建模的目标是创建详细的三维地质数值模型，同时利用许多具有不同分辨率、质量及确定性的地质、地球物理及工程数据。数据集成必须通过构建完成，而非通过选择完成。找到与模型构建中未使用的数据匹配的模型可能性基本上为零。

可考虑采用两步试错法解释生产数据：（1）创建许多未明确解释历史生产数据的模型；（2）正演历史生产，以确定符合生产数据的模型。当模型与所有生产数据都不匹配时，不建议使用该方法。必须尝试先验数据集成，因为后验模型筛选会消除所有的可能性。

八、动态储层变化

地质统计学建模提供了岩石物理特性的静态描述。一般情况下，不建议在地质统计学模型中增加时间作为第四个维度来预测未来的压力和饱和度变化。这类预测并不一定遵循质量与能量守恒等重要物理现象。压力和流体饱和度按时间发生变化，因此最好用流动模拟器建模，从而对这些物理定律进行编码（Aziz 和 Settari，1979）。

九、地质统计学的地位

在探求实际问题时，地质统计学未发展成一种理论。相反，该学科逐渐由面临实际问题的工程师和地质学者发展起来，并寻找一套一致的数值工具帮助他们解决那些实际问题。寻求这类综合技术的原因包括（1）需要处理的数据与日俱增；（2）不同尺度和精度水平的可用数据越来越多样化；（3）需要利用一致可重复的方法解决问题；（4）有关科学学科的计算和数学发展是否可用；（5）认识到通过改进的数值模型可以做出更负责任且更有益的决策。

本书描述了一系列证明在实际储层建模中有用的地质统计学工具。地质统计学（或任何地质建模方法）的应用取决于上述原理。

十、工具箱

这些地质统计学工具对于地质统计学者而言相当于木工的工具箱。技艺熟练的木工将拥有一套保养良好的工具。为了完善他们的手艺，他们会练习和学习各个工具的功能和限制。专家必须了解工具在各种应用中性能的微妙区别。各个工具将具有独特的实用性，且可按顺序与其他工具联合使用。有时需要在工具之间做出选择，然而该选择将以专家对项目实际情况和目标的判断为基础。

在工具箱中，可以对特定的工具进行决策，以便随时进行评估。用一种工具处理所有的情况是不合理的，而且将很可能不需要的模糊工具装满工具箱也是不可行的。前者很可能导致低效率，最终成果质量不佳，后者可能会由于使用不熟悉的工具而导致犯错。

与木工一样，专业的地质统计学者必须通过实践对已确定工具的内在运作、限制和实用性有充分的了解。黑箱方法很可能会带来不理想的结果，就像应用不熟悉的木工工具一样。

十一、非地质统计学映射法

本书的重点在于地质统计学技术。还有其他映射和建模技术，包括样条插值、三角测量、距离反比加权。这些非地质统计学技术可适用于某些目标，例如：光滑曲面插值，但是它们并不适用于捕捉特定的地质特征的细节，也不适用于解释说明模型的规模，而且未对零散数据和非均质性结合引起的不可避免的不确定性进行测量。普遍为人所接受的说法是，地质统计学建模工具为数值地质建模提供了实用的相关技术。

然而，非地质统计学映射法在地质统计学工作流程中通常起着重要作用。我们不能低估声波地质映射值，而且我们需要这类专业方法来影响地质统计学方法。例如，解释边界界面是约束储层的必要条件，或考虑一种描述垂直平均储层属性的手绘等高线图，可用于校正储层物性分布偏差并局部约束沉积相比例和属性。虽然非地质统计学映射法并未包含在本书范围内，但是我们承认它们在地质统计学建模中的重要性。

第四节　储层建模的目的

一个符合可用数据的高分辨率三维储层模型通常需要考虑地质统计学储层建模。将所有可用的硬数据和软数据整合到一个数值模型中具有许多好处，例如：（1）学科之间的数据传输；（2）作为将注意力集中于关键性未知因素的工具；（3）一种展示空间变化的工具，可增强或撤销特定开采对策。除了这些好处以外，还有许多构建高分辨率三维模型的具体原因。

（1）需要对储层中油气的初始体积进行准确的估计。这些原始体积对以下事项而言非常重要：① 确定开发一个储层的经济可行性；② 给多个所有者公平分配；③ 比较替代储层的相对经济效益；④ 确定生产设施的合适尺寸。地质统计学储层建模为这类体积估计提供了数值模型。

（2）井位布置必须选择经济上最佳且在储层描述中最稳健的。多个地质统计学模型使得评估井位布置的不确定性及选择更好的井位布置成为可能。这些模型还可解决下列相关问题，例如：① 选择什么样的井型——比如水平井、直井、丛式井；② 需要钻多少口井？

（3）通常需要将有限的硬数据与大量软数据（源于三维地震勘探或多年的历史生产数据）进行调和。地质统计模型允许不同类型的数据以统一形式呈现，例如，地震数据能够按比例通过硬数据单位表示。

（4）基于简单可视化和不同连通性工具评估出的储层三维静态连通模型，可在动态模拟前，对剩余油和加密井潜力进行评估。

（5）流动模拟可以在不同的生产情况下对储层物性进行预测。而井的最佳数量以及运行条件可通过比较不同备选方案的经济性来确定。流动模拟的运用一开始受到流动模型有限分辨率（主要为计算机硬件限制）及过简地质输入（"千层饼"模型）的限制。地质统计方法可以提供包括岩相、孔隙度 ϕ 及渗透率 K 等岩石物性在内的数值模型。

（6）做出重大决策之前，必须考虑如下重要不确定因素：井的数量、井所在的位置、注水及加密生产井的时间安排等。在做此等决策时，许多能源生产企业往往都立足于将资源生产的利润最大化。从地质统计角度可以看出，这些关于储层物性在空间分布中的固有不确定性方面的决定必须是稳健的。相关说明参见第五章第三节。

理论上讲，可以清楚地量化说明地质统计的收益，以促进其使用。早期的地质统计储层建模的文献中有大量的案例分析，这些案例分析阐明了地质统计学储层模型的功用（Alabert 和 Massonnat，1990；Alabert 和 Corre，1991；Omre，1992；Damsleth 等，1992b；Rossini 等，1994；Cox 等，1995；Tylor 等，1995；Yang 等，1995；Delfiner 和 Haas，2005）。在某些案例分析中，若将地质统计学和流动模拟相结合使用，那么和通过常规地质模型获得的储层管理决策将明显不同。由于地质统计模型符合更多具体的储层信息，所以也可以认为地质统计模型要更好。尽管有先前的观点，但除了那些简单综合示例外，很难量化出地质统计学的具体意义或价值。从某种程度上而言，在有些情况下，地质统计储层建模被证实的益处归因于决定额外增加储层表征方面的努力；在这些额外努力下，即使常规方法也会变得比原来更好。

第五节 储层建模数据

以下内容是对储层建模可用数据的简介。第三章第一节对储层建模数据的检测及传递方式等进行了更加细致的讨论。图1-1描述了不同类型的储层建模相关数据。储层建模数据中包含特定的储层数据：

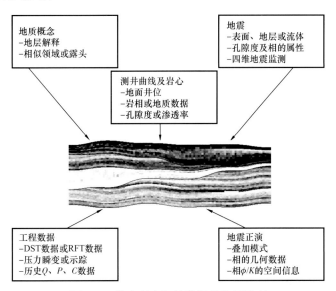

图1-1 符合所有相关数据的储层模型

（中间的图片展示了一组复杂的三维储层，不同类型的相关数据在图片周围的方框中示出）

（1）从数量有限的取心井中获取的可用岩心数据（相类型、ϕ 和 K）。此时，岩心分析化验可能会选取较小岩心塞进行，或者岩心的整个部分都可能会被测量，以获取完整的岩心数据。

（2）测井数据提供了有关地层表面及断层的精确信息，以及诸如相类型、ϕ 或者软数据 K 等岩石物理性质的测量值。

（3）测井图像数据提供了有关地层表面、断层以及小规模非均质性的精确信息，所述非均质性有助于评估地层倾斜和相类型。

（4）地震衍生构造解释，通过表面网格及断层位置揭示了储层大规模几何形态。

（5）提供了有关相比例及孔隙度大范围内变化的地震衍生属性。

（6）通过监控流体流量的方式提供局部储层连通性信息的四维地震调查。

（7）试井和生产数据解释了渗透率厚度、河道宽度、连接渗流路径以及障壁。反演法通过结合不确定性测量提供了粗精度的 ϕ 模型和 K 模型。

（8）沉积学及层序地层解释提供了储层各层的分层、连通性及走向等信息。

除了这些特定储层数据外，模拟数据中也有很多有用的信息：

（1）区域地质解释中可用的走向及叠合模式信息。例如，孔隙度分布可能为向上变细或向上变粗。同时，整体区域地质环境内的储层位置可能会提供相比例分布趋势的软数据。

（2）露头或类似的密集钻井区域可提供粒径分布、侧向连续性变差函数以及其他常见空间统计信息。

（3）通过广泛使用的方法（地震正演及水槽实验）构建的地质过程或原理提供了上述类型的常规地质信息。

尽管储层建模数据丰富多样，这些数据相对于那些必须建模的广阔井间区域来说仍是稀疏的。

必须解决数据类型间可能会存在的不一致问题。例如，岩心渗透率数据可能显示平均渗透率为 50mD，而试井数据可能显示平均渗透率为 300mD。其中也许存在断裂或其他高渗透率特征，使得有效渗透率大幅高于测得的岩心数据。因此，有必要在建模之前修正或完善岩心数据。除此之外，试井分析程序中也可能用了不匹配的解释模型。因此，在使用该数据之前有必要重新进行解释。地质统计工具最多只能识别出数据的不一致，不能协助解决任何数据的差异或矛盾；不同数据类型必须由参与储层建模的各专业人员进行协调。一般而言，数据不一致可通过参照其他数据类型来解释每一原始数据的方式而得以改善。

相对而言，只遵照可用数据的数值储层模型要更容易构建些。例如：（1）平均孔隙度的手绘等高线图将遵照平均井数据及地层走向，但不会呈现井数据的详尽信息或试井及历史生产数据的流动性；（2）统计模型将遵照局部井数据以及某些非均质性统计指标，但其可能不会呈现能影响产量预测的重要地质特征；（3）生产或地震数据的大规模反演将遵照其生成数据，但其不会呈现小规模非均质性以及其他的一些重要地质约束。

地质统计学储层建模以及本书解决的一个困难是同时考虑到有着不同分辨率、质量及确定性的所有相关地质、地球物理及工程数据。有时，存在各种各样的数据，可能有冗余或相互矛盾的信息。另一个困难在于说明这一冗余，并发现和更正矛盾。其中包括识别重要变量的统计法，该统计法还可将各变量合并为预测储层物性效益的超变量。通过创建"共享地球模型"来呈现所有相关数据的理念并不新鲜（Gawith 等，1995）。

第六节　常规工作流程

地质统计学储层建模的常规目标有三个，同时这三个目标也是重要的模型类型：（1）用于资源或储存评估的大规模多元映射；（2）用于储层开发的储层规模 3D 模型；（3）用于理解流动模拟规模下的有效流量参数的高分辨率模型。所有的这些应用都将囊括于本书中。以下讨论改编自 Deutsch（2011）。

尽管所述各方法的规模及其实施细节有所不同，但其基本方法却是相同的（Deutsch 和 Tran，2002；Chiles 和 Delfiner，2012）。岩心地质统计方法可归结为六个步骤。

这些步骤的具体实施过程将取决于研究目的，而且并不是所有的步骤都需要满足于既定项目目标。第三章第三节给出了有关这些步骤的更多细节。

（1）明确本研究的目的，盘点现有可用的资源、测量结果及总体数据。所有的模型都需物尽其用——即创建模型以优化决策（为储层项目增值）。这些因素将决定所有的模式选择，如模型规模、努力程度、运用的方法和算法以及需被视为不确定的成分等。

（2）开发一种概念模型或多个概念模型，用以阐明结合了所有可用测量结果、类比以及专业知识的储层不确定性。该步骤包括地层分层、通过分层或坐标来刻画几何形态以及对储层间隔进行建模。本步骤还涉及有关相、孔隙度及渗透率主体构造和连续性的概念模型开发。本步骤的关键在于选择如何将目标体的面积或体积划分为有着不同非均质性的子集，以及模拟每个变量的连续平均值或分类比例，取决于对各选出子集中相应的位置。

在许多地质统计学储层建模问题中，所述子集包括具有不同相及储层性质的区域，各种相也有着不同的储层非均质性，以及有着相互关联的储层性质（比如各相的孔隙度、渗透率以及饱和度等）。通过基于变差函数、多点的、基于目标或过程模拟的技术于各地层中建立相模型。因为我们有更多的孔隙度数据（通常包括可靠的测井数据以及大量和孔隙度相关的大规模地震数据），所以孔隙度要在渗透率之前按照沉积相建模。渗透率模型受预先建立的孔隙度、相以及分层的限制。已建立的相和孔隙度模型有时也会与试井或开发推算出的渗透率数据产生冲突。在这种情况下，此等渗透率数据应表示为对孔隙度和渗透率模型的约束。

（3）推算出所有需要用于在各子集中为每个变量创建空间模型的统计参数。通常情况下，这些参数包括直方图、空间连续性模型以及变量间的相关性等。确保这些统计资料对整个区域或相都具有代表性。在通常情况下这些数据都很有限且都优先采集于高品质储层中，并且这些数据不用于具有统计代表性的样品，所以一般而言，这一步实施起来还是有一定的挑战性。本步骤可能还包括数据挖掘以及产生概念模型回收的新经验。

（4）在未采样处估测出各变量的数值。在一开始时采用估算模型向来都是不错的选择，因为该模型提供了各位置每一变量最可能的数据影响、趋势以及多元关系。对发现重要特性、数据以及实施问题而言，很有意义。

（5）模拟多个模型，从而以不同规模评估节点的不确定性。通过重复整个过程创建多个相似的模型。各模型都是等可能完成的，然而，由于有些模型和其他模型极为相似，因此该类模型具备更高的概率。也正因如此，才能在一定程度上避免等概率。我们在本书中之所以会使用等概率模型这一术语，是因为我们认识到当个别模型出现等概率情况时，任何对分类可能性的评估都需要对所有模型进行调研。

（6）对统计、估计模型以及模拟模型进行后处理，以提供支持决策的信息。一般来说，所述后处理是对一系列模拟模型进行总结。本步骤可包括：① 诸如概率密度函数、特定的局部百分位数及平均值等简单统计性汇总；② 更复杂的汇总，诸如体积、连通性以及产能计算等。

第七节　介绍性示例

本部分呈现了一个说明性示例用以演示上面所列储层建模中一般步骤的应用，进而解决各种典型的储层问题。我们致力于将各种数据源整合为地质统计分析，并通过建模的方式以达到指定的项目目标。关于这个工作流程方法的实施细节在此不做讨论，因为这些信息在本书的其他部分都有详细的介绍。

一、目标及数据清单

本说明性示例的目标在于预测简单储层的流动特性，以及相关不确定性。预测流动特性和不确定性的中间步骤包括：推断储层非均质性（相以及储层物性）；了解储层潜在连通性和流体对于这种非均质性的敏感性；于储层非匀质性中表征不确定性模型。本研究的次要目标在于产生储层非均质性不确定模型，该模型整合了所有可用信息且可能用于以后钻井的决策。

地震数据通过足够高的分辨率来按照可能的储层构型识别储层发育带（地震解释的基底面和两个剖面示于图 1-2）。然而其并不能够提供显示储层物性的足量信息。取自水平井及相邻直井的测井资料为地质统计学模型提供了具有明显偏向性的储层物性分布情况，以及局部调节性数据。盆地分析、地质模拟以及推测的沉积环境和相关流程概念为潜在的储层构型提供了地质模型。

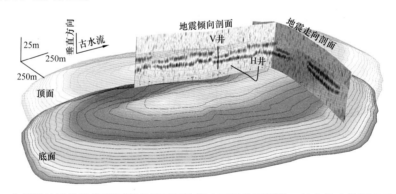

图 1-2　介绍性地质统计学储层模型的可用数据（两组地震测线、基底构造推测以及井数据）

二、概念模型

盆地分析和相邻储层模拟表明该储层很可能为斜坡峡谷充填内的深水浊流沉积。早期低位底面包括坡谷壁破坏引起的非储层块状搬运复合体。块状搬运复合体之上为大陆架沉积砂体破坏造成的各种浊流沉积。

若有强地震信号、限定的反射器天线长度以及可识别河道充填和河漫滩相的测井分析资料，那么便可确定该储层很可能为一组叠置的浊积河道沉积，且该浊积河道的细粒河漫滩沉积具备良好的储层物性。尽管如此，该储层也有可能由一组有着轴向、非轴向及边缘淤积的叠置分流朵叶体组成。

这些叠置河道使最优储层物性沿河道轴线聚集，而且各河道间具有一定的连通性。分流朵叶体为水平连续储层沉积，其在沿轴方向具备良好的水平连通性和局部垂直连通性。这对流量响应有着重大影响。因此，这种不太可能出现的情况将被归为不确定性模型。

需要注意的是，若地震数据分辨率够高，那我们便有可能准确地绘制出部分或全部的储层构型。然而在本示例中，该假设已被证实为无法实现。

由于大陆架上的泥沙淤积造成了系统能量衰退，所以后期低位的孤立河道储层质量不断降低。这些河道多为覆盖于细粒河漫滩上的多砂高质量储层。这些厚层砂岩和有着细粒河漫滩及半深海泥的声学造影将产生强烈的地震信号。除此之外，这些河道和席状充填具有不同的相、孔隙度以及渗透率趋势（从可能会影响流体流动的储层模拟及工艺知识推断而来）。所述趋势包括了由粗砂沿河道轴聚集而成的高渗透夹层以及由低质量边缘相造成的隔挡体。

储层区沉积于盐性半深海沉积物上，而盐性排出物则构成了构造圈闭。顶部盖层由高位体系域内的半深海沉积物组成。图 1-3 这一概念模型对储层和相邻地层单元做出了相关说明。这为我们的地质统计学储层模型提供了框架。若该框架存在极大不确定性，那么本框架的多重表征皆可被纳入其中以解释这一不确定性。对于本例，我们假定情况并非如此，并使用单一框架。

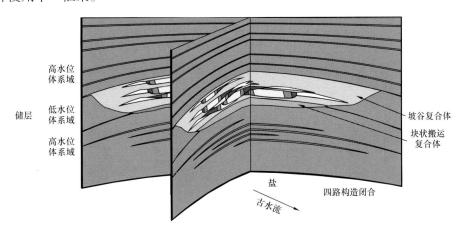

图 1-3 坡谷复合体四路闭合构造圈闭的概念模型

三、地质统计推论

水平井的井眼轨迹大致与河道轴相一致，而直井则穿透多重叠置河道离轴或边缘相（图 1-4）。从图上可以看出各相的储层物性有着明显不同，而且相提供可图示化的储层构型，而该储层构型很可能会对流量响应产生重大影响。因此，沉积相应被整合于地质统计模型中。反之，忽视相并直接构建储层物性模型会造成母体混淆不清（这一点将稍后予以说明），而该模型可能会将重要的非均质性信息忽略。

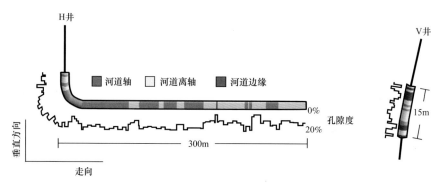

图 1-4　显示相关相及孔隙度样本的水平井和相邻直井

第一步，根据概念模型和地震测线纠正井位选择造成的偏差，并以此推测出典型相的比例。此外，相内的垂直趋势可以通过概念模型推测得出。在这种情况下，储层基底便包含更多的河道和充填，而其顶部则相应减少。这样一来，孤立河道会增多，而连通河道则会减少。这些总比例和相关趋势被用作限制地质统计相建模的输入内容。本示范中只用到了一组相输入。若其存在不确定性，我们就可能会用到相应的总比例及趋势。

若给定概念模型，则需要进行统计以呈现出河道或朵叶体相的非均质性，以及所述各相中的孔隙度和渗透率。若假定某高品质储层中只存在两口井，且给定了井的优先位置，那么本示例中的统计推论便会遭受质疑。此外，较长的水平距离可能会造成单个地层占比例过高（图 1-4）。本示例将地震资料和邻近储层的模拟资料用于纠正相的分布信息。从井中获得的原始相比例以及纠正后的相比例如图 1-5 所示。两井关联过程概念提供了潜在储层构型的地质模型。

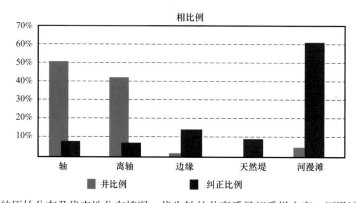

图 1-5　相的原始分布及代表性分布情况，优先钻的井高质量相采样丰富，河漫滩相采样不足

H 井和 V 井有着显著采样过的轴和离轴相以及欠采样的边缘相和河漫滩相，而且这两口井并未采集到天然堤相样品。

孔隙度和渗透率的典型分布必须通过分布于相模型内的各连续储层特性的可用数据推测得出。对储层最佳部分的优先采样很可能会导致以井为基础的孔隙度和渗透率分布出现较大的偏差。所以应对这些分布进行纠正，以去除偏差。而且必须进行粗化将井下取样与储层网格的覆盖尺寸相匹配，从而为连续特性模拟提供适当的输入分布。除此之外，各相还需要提供各储层特性间的关系。图1-6通过单变量的孔隙度原始及代表性分布和轴、离轴相以及边缘相渗透率与曲线走向等信息对这一概念进行了说明，并揭示了各相孔隙度和渗透率之间的关系。上述这些统计连同本书中讨论的空间统计，提供了用于构建所需地质统计学储层模型的统计约束。

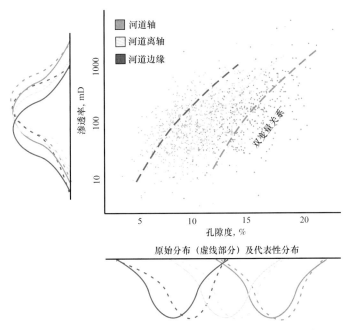

图1-6 原始及代表性分布以及轴、离轴和边缘相粗化孔隙度和渗透率的双变量关系

四、估算

估算模型的计算方法将孔隙度井数据和变化趋势的可视化对比成为可能，并且这也将模拟实现中可能会引发各种问题的随机性特征排除在外。这对确保河道对象、河道相框架以及相内变化趋势和井保持一致起到重要的检测作用，同时这也会造成原本合理的孔隙度估算偏离井数据。图1-7是一个具有多切片的估算模型示例。需要注意的是，我们将一个切片和相应的井数据对齐，以便于数据和估算模型间的对照。结果看上去合情合理。如若出现任何问题，相分配、河道对象模型或者相模型（包括趋势和比例）将会出现循环现象。在模拟步骤中（接下来会进行说明），模拟模型具有的随机性往往会阻止此类可视化和检测。

五、模拟

地质统计模拟生成了多个等概率模型，共同呈现模型的不确定性。

每一个实现都呈现出详细的代表性输入统计、趋势及井数据，但其远离井控并受空间连续性、走向及次要信息的约束。若输入统计、走向或其他模型的选择存在不确定性，那么这种情况可能会被整合于不确定性模型中（通过将上述各方面应用于不同场景的方式来实现）。

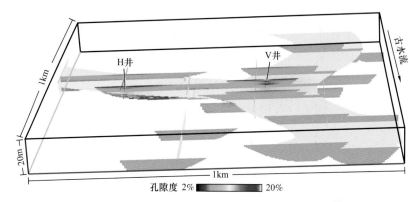

图 1-7　标有井轨迹和孔隙度值的孔隙度估算模型切片（河道充填外的区域被设为透明，以突出重点）

按照叠置浊积河道的概念模型，多次对基于目标的叠置河道的地质统计实现和环境进行模拟，对河道内的相进行多次模拟，最后将对应的储层物性模拟于这些相中。图 1-8 展示了河道和相关相沉积的两个实现的侧视图。

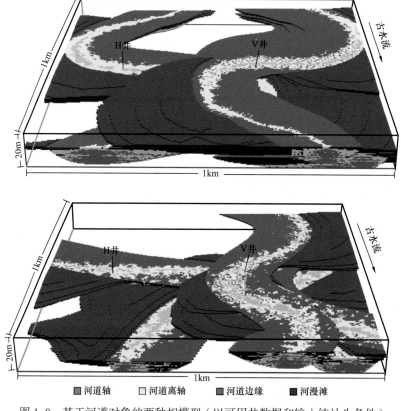

图 1-8　基于河道对象的两种相模型（以可用井数据和输入统计为条件）

若给定该河道和相构型，则可将诸如孔隙度等储层特性模拟于相基底上。模拟工作流程再现了代表性孔隙度分布情况及其空间连续性和相关不确定性。图 1-9 展示了两种孔隙度实现的斜视图。孔隙度实现揭示了整个相的储层质量变化情况以及不同程度的空间连续性和趋势，包括沿河道充填轴线延伸的高孔隙度条带以及天然堤内不连续的低孔隙度条带。为了说明整体孔隙度分布和趋势的不确定性，在不同环境下的一系列模型中进行模拟。我们可以观察到各孔隙度实现在孔隙度分布以及河道走向中的整体变化。

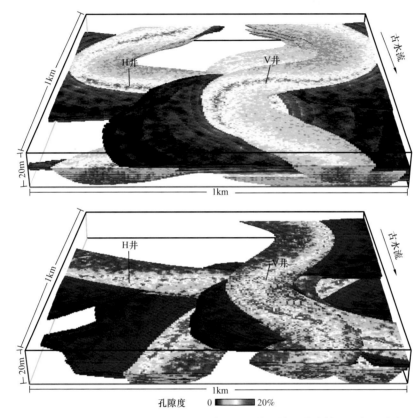

图 1-9　相控的两种孔隙度实现，如图 1-8 所示，并遵照了井和输入分布情况，每一个实现都具备不同的整体分布和趋势模型，以说明其相关不确定性

获取不同储层质量的非均质性通常都是比较重要的。流体通道、边界以及隔挡都是影响储层流量的重要因素。这类基于目标的工作流程具有清晰的几何形态且符合目标趋势，适合用于重现特定的特性。当然，这将取决于储层研究的目的。对我们而言，我们只考虑流量响应，因此可以预见，这些通道将造成重大影响。若只需要考虑容积，那么所述这些特性将不再那么重要。

正如先前所提到的，构型概念具有某些不确定性。为了说明这一不确定性，我们可能会用到不同的概念模型。例如，另外一个概念模型可以为分流朵叶体。对于分流朵叶体而言，储层元素为在分流模型中互相堆叠的朵叶体。在该朵叶体中，最优质储层可能沿朵叶体轴分布，而且其分布范围可能会沿朵叶体边缘逐渐缩小。另外，储层的质量也可能会沿朵叶体的近端及远端延展部分逐渐降低。生成的非均质性模型比叠置河道要均匀。与叠置河道相比，分流朵叶体可能会引起截然不同的流动模拟。叠置河道会引发沿河道轴运动的流动，而分流朵叶体则很可能会引起更分散的流动前沿。生成的储层特性模拟模型更具多样性，其边缘走向有着宽阔的朵叶体轴，但其却不具备远距离流体通道（图 1-10）。

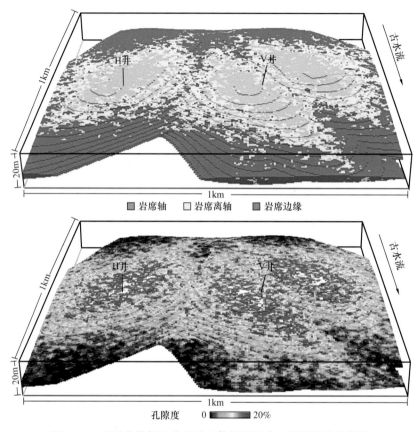

图 1-10　基于井数据的分流朵叶体储层的单一相及孔隙度模型

　　在不进行相建模的情况下考虑工作流程，这一点很有说明性。在这种情况下，储层特性在模拟的相框架中不受限制。并不是所有情况都需要有相，这一点将在后面的内容中进行讨论。作为示范，图 1-11 展示出了不受相约束的两种孔隙度模型。需要注意的是，除了数据限制外，其对孔隙度并无限制，而且那些完整而连续的孔隙度值混合于所述模型之中。当然，也可将动态加入孔隙度模型中，以进一步限制孔隙度分布。不过，这种情况下，由于没有相模型，基于河道或朵叶体中相应位置的储层非均质性便少了一个潜在的重要成分。

　　若给定渗透率和孔隙度在各相中的关系，并以井内任意可用渗透率信息为条件，即可对渗透率进行模拟。图 1-12 给出了一个示例性渗透率模型。同样地，若给定含水饱和度与任意相、孔隙度或渗透率间的关系，即可对含水饱和度进行模拟。该模拟的结果是一套具备相、孔隙度、渗透率、饱和度（各部分间存在适当的关系）的模型。

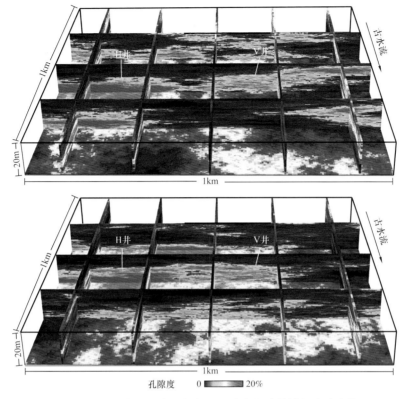

图 1-11　两个未使用相模型控制空间分布的直接模拟孔隙度模型

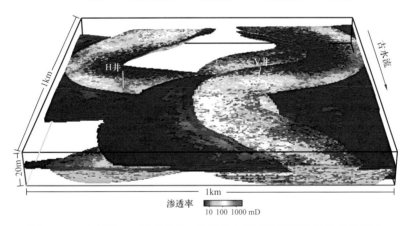

图 1-12　通过图 1-9 所示的第一种孔隙度模型协同模拟的渗透率模型

六、后处理

这些模型一旦编制成功，便会被用于流动模拟，从而计算流动变量的效益。在这种情况下，由于网格运转良好，而且没有足够的单元支撑流动模拟运行时间，所以现有各模型的流动模拟具备实用性。在有些情况下，有必要在进行流动模拟前粗化储层模型，这可通过常规的粗化流程保存重要非均质性，或用急流代替和选择流动模型对所述模型进行排序来实现。

　　然而，在储层模型构建中我们必须明白，这一过程可能受限于分辨率和保存于粗化模型中的特性。必须注意的是，不要花费精力对不易包含于流动模拟的小型构型进行建模。本示例将一种线型简化计算方法运用于储层内的流体评估。在本次分析中，模型内有四口注水井和一口采油井。图 1-13 展示了第一河道储层模型生成的渡越时间模型。非均质性的影响可从注水井及采油井附近观察得出。图 1-14 展示了若干模型下的分级流。这为指定的开采计划提供了储层模型的流量响应。若给定各井配置，那这些模型将于储层响应中提供相关不确定性。在考虑了该不确定性的情况下，开采计划的迭代使得实现井位最优化成为可能。

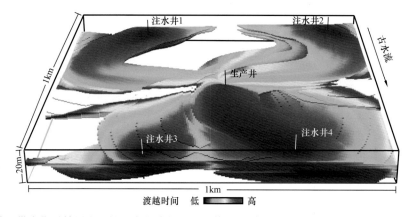

图 1-13　关于带有指示储层连通性程度的渡越时间的第一河道结构模型斜视图，需注意模型边缘上的四个注水井以及模型中间位置的单一生产井

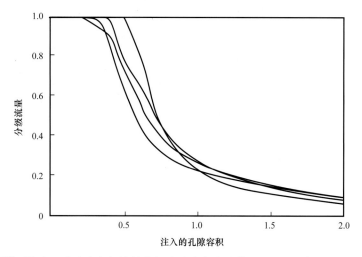

图 1-14　与若干模型的注入孔隙容积相关的分级流量或产出流体（石油）分数，这有助于在给定储层非均质性的情况下，为指定的开采计划量化储层连通性和流量响应

　　若生产数据可用，则应将流动模拟结果和这些数据进行比较，从而进一步改善构型模型。这一步骤将有助于减小构型的不确定性。例如，若某特定构型情况或参数集不能生成

类似于生产数据的流动结果，那么就应做出相应决策以移除模型集合中的这类组合。

作为另一种常见的后处理方式，敏感性分析用于评估多种模型选择和参数对效益转换功能的影响。这一过程是通过将多个模型的采收率和改变单个参数或建模选择同时进行比较而实现的。该结果可通过树形图表示。这些都有助于在储层构型不确定性中设定最重要的成分。可能会将建模的重点集中于这些重要的成分上，或者直接用于未来的数据采集，从而减少这些成分的相关不确定性（图 1-15）。

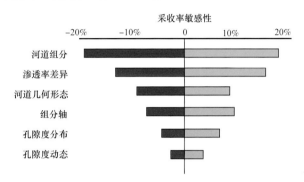

图 1-15　选择不同建模参数的模型采收率敏感性树形图

其他一些有用的结果还包括对多种可能储层模型的总结。例如，e 型模型为所述模型各位置的局部平均数。可用于辅助钻井规划的模型显示出了各个位置上储层特性的最可能值。另外一个有用的总结便是局部百分位模型。同时，这些模型的局部 P 值也得以显示。这些内容很好地显示了模型内高值低值的分布。图 1-16 展示出了基于储层的多种孔隙度模型的 e 型及 $P90$ 模型示例。

地质统计实现并非本操作的最终产物。若给定开采方法，则用于储层响应的不确定性模型才是本操作的最终产物。一般而言，这一开发不确定性模型将与经济信息相结合，以助于在给定储层不确定性的情况下做出最佳决策。在另一可能的应用中，地质统计模型用于确定进一步钻进所需的方案。关键在于，通常情况下，地质统计的价值并不是通过地质统计模型本身实现的。要等到所述模型改善了决策质量并在后续过程中为项目增值时，其价值才能真正得以实现。

第八节　工作流程图

许多小节的结尾部分为工作流程图。工作流程图的目的是帮助新手了解不同建模步骤的联系和所需输入。其目标既不是记录所有可能的工作流程，也不是记录每个必须做出的决策。工作流程图在本质上是概念性的。这些流程图是针对本章提供的过程和材料所做的总结。读者应参考各情况下的文章内容，了解有关数据、操作、决策和指南解读的详细信息。

使用图 1-17 所示的标准流程图符号。图 1-17 的右侧给出了如何使用符号的简要描述。

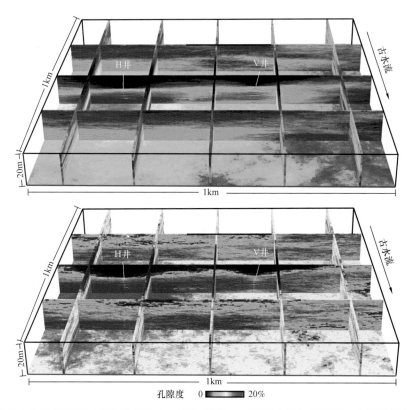

孔隙度　0 ▬▬▬ 20%

图 1-16　对多个孔隙度模型进行后处理生成 e 型和局部 P90 模型（以上或以下，分别进行）后处理可用于对多种模型和相关不确定性模型进行总结；例如，e 型模型阐明了数据、走向及次要数据对模型的影响，而 P90 模型则指示明显的低位

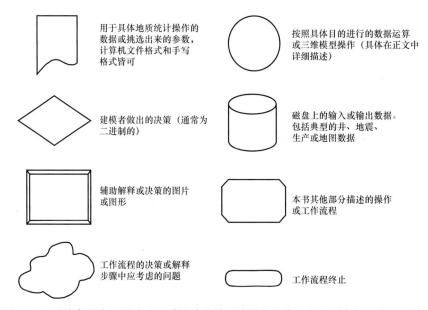

图 1-17　后续章节中阐明涉及地质统计学储层建模的操作和考量因素的工作流程符号

　　图 1-18 展示出了储层表征的一些步骤。专题形式多样，涉及许多不同学科。许多操作中均涉及地质统计技术。然而，其重点是帮助建立地表测绘和岩石性质建模的数值算法（图 1-18 的右上角）。任何一本关于岩石物理、地震、地质学、试井分析、流动模拟或地质统计学的书都无法涵盖储层表征。本书旨在描述地质统计工具，这一工具能够解决数据较少且不精确的情况下地表测绘和岩石性质的关键问题。

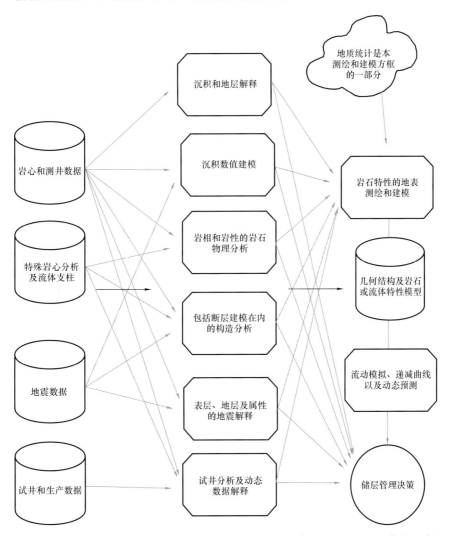

图 1-18　储层表征部分操作流程图（在本图中，地质统计学储层建模构成了所述工作流程中的一部分，从而构建储层几何形态及内部岩石特性非均质性的数值模型）

　　地质统计工具广泛用于构建模型几何形态和岩石属性模型决策，并且可能用于流动模拟。图 1-19 示出了实现该目的的工作流程。

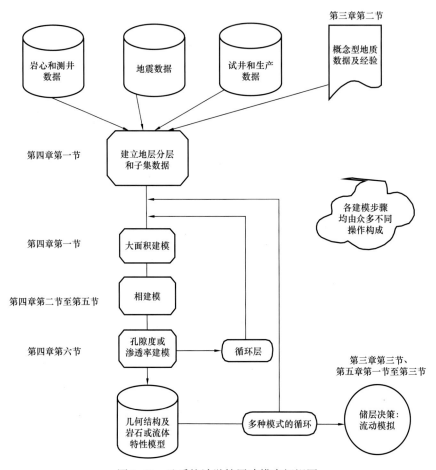

图 1-19　地质统计学储层建模高级视图

第二章 建模原理

本章讨论地质统计学储层建模所需的基本前提条件。初步地质建模概念讨论了了解储层背后地质历史的重要性。这种理解可将所有可用信息统一整合到最能代表现实的模型中。此外，地质学家使用的建模概念可以很容易地转换为接下来三节中讨论的地质统计学建模概念。

《初步地质建模概念》涵盖了基本统计概念。这些是必须进行推测以约束地质统计模型的输入统计。通过讨论代表性统计、参数不确定性和用于组合信息源的方法，来提供良好的推论并且说明所有可用的信息和相关的不确定性。

《量化空间相关性》将统计讨论扩展到空间统计。这可以模拟和再现对储层非均质模型至关重要的空间特征。连同体积方差概念一起，引入对计算数据和模型坐标比例尺至关重要的变差函数和多点统计法。

《初步映射概念》采用统计学概念，并引入用于预估和模拟的统计驱动方法。包括各种基于克里金法、多点模拟法、基于对象的优化算法。

第一节 初步地质建模概念

本节介绍初步地质建模概念，包括一些地质原理的简要概述。结合这些原理，可讲述石油储层的成因。作为储层建模的前提条件，如果不确定性是研究的主要目标，则可以将这些原理用于制定储层的一个或一组合理的地质历史事件。储层的地质概念模型对所选地质统计工具和参数具有很大的影响。

《事件》讨论了制定此概念模型或记事的重要性。此概念模型或事件与储层建模的简单数据驱动统计方法形成鲜明对比。储层建模的可用数据通常不足以约束所得储层模型。需要在理解预期地质特征的情况下，补充非完全数据和模糊数据。

在《地质模型》中对地质学家采用的模型和地质统计学家用来理解储层的模型进行了比较与对照。虽有重要的区别，但在概念中仍有许多共性。原因在于，地质统计学的宗旨一直是提供地质学描述的应用框架。此外，我们还做了储层地质学中考虑因素的简要总结，包括对储层形成和层序地层学框架的简要讨论。针对盆地和储层规模过程的综述，为地质统计学应用的概念模型提供了更多的细节和背景信息。

《盆地形成和充填》介绍了有关沉积盆地的形成及其后续沉积的过程和相关术语。他生作用被引入，作为决定物源供应和盆内可容纳空间的盆外控制因素。一般来说，这些控制因素决定了储层能否形成。

《储层构型》，呈现了盆地内发生的较小规模的地质作用，并确定储层构型。我们讨论了盆地中沉积物沉积的自生作用，以及决定着古代沉积记录中储层最终的保存潜力。一般来说，这些控制因素决定了储层的非均质性和连通性。

《示例事件与储层建模的重要性》，呈现了三个储层示例：加拿大北部阿尔伯塔省的白垩系麦事件克莫里组；美国的得克萨斯州深海古近系威尔考克斯组和哈萨克斯坦滨里海盆地田吉兹碳酸盐台地。每个示例都包括盆地形成背后的历史，相关沉积物和储层构型的简要描述，以及如何利用这些信息来构造与地质信息一致的地质统计学储层模型。

本节促进了概念地质模型的构建。第三章第二节中提到，概念模型通过不同的实际建模决策影响储层模型的方式。此类建模决策包括储层体积、断层网格化、地层组合模式以及储层的几何形态和非均质性。第二章的其余章节给出了说明这些地质概念所需的统计设计和地质统计算法。

一、事件

在未深入了解储层形成过程的情况下，可构建储层数值模型。储层建模可以视作纯粹的统计学研究。在这种情况下，可以从地质学家处移交数据给储层建模者独自完成。以统计学的方式描述数据，并汇集数据到不同的区域，显示出趋势。在区域内表征空间连续性，并可按照本书后续章节中描述的内容进行模拟和后处理。然后，只能通过其统计输入数据和局部数据的再现来验证所得模型，且其为最低接受标准（Leuangthong 等，2004；Boisvert，2010）。从统计学角度看，这些模型似乎是完全正确的。由于概念模型先入为主，有些人可能根据其明显的客观性和无偏见特性，更倾向于数值模型。

然而，这种方法忽略了只从局部数据中得不到的重要信息，甚至可能违反储层地质学的基本思想。可能的后果包括在小于井间距的范围内难以呈现地质特征，以及模型不确定性评估较差。重要信息可从数据之外的地质信息获得，以限制远离数据和不确定性约束的外推法。而且，该地质信息对于选择模拟以辅助零散数据环境中的推断，以及在充足密集的数据环境中确定合适的高分辨率非均质性是至关重要的。更难以理解的后果与模型交流和可信度有关。违反或缺乏基本地质认识的模型，可能会向接受者传达错误概念；或者可能由于不信任流动模拟结果，导致出现项目团队不协调的问题。

其中，一些关于地质事件的重要注意事项值得一提。第一，地质事件的重要性取决于可用数据量。显然，在地质勘探和评价中，由于井数少、且地震资料不丰富，地质事件构成了所有储层建模决策的基础。另一方面，对于来自地震高分辨率数据集的、具有密集井数据的成熟项目来说，一个更加依照数据的方法可能用于地质事件，而不仅仅是一个是否一致的检查。第二，地质事件的重要性可随着项目目标和规模的变化而变化。例如，如果将强化开采应用到比较成熟的领域，并且其结果对小范围井内非均质性敏感，则地质事件可能变得更为重要。第三，在建模之前很难知晓哪种地质特征是重要的。因此，即使是在成熟领域，忽略地质信息也可能导致错失良机。

在综合地球科学以及工程项目的团队中，储层建模者应该尝试发现并整理一致的、合理的储层记事。这一努力不仅能够整合局部硬数据和软数据，而且还包括地质认知和概念。考虑到前面提到的数据缺失、不完整性和通常遇到的不准确性，找出记事可能具有一定难度。可采用解决不确定性问题的一般概念（见第五章第三节）。不确定性可通过以下内容表征：（1）保留多个情景或参数分布；（2）细节不同的多个记事。应保留与数据和概念相匹配的、最简单的解释。有时，可能会保留最不可能的情况来帮助减轻风险。

（一）讲述事件的问题

设计储层事件涉及许多决策以及对相关不确定性的评估。在这样做的时候，采用试探法来解决这些难题时可能会产生偏差（Tversky 和 Kahneman，1974）。偏差包括代表性、可用性、调整性和固定性。例如，代表性导致通过 A 和 B 的相似性分配 A 作为 B 的一部分的概率。可用性导致对相似值的分配概率较大，不表示不相似值。最后，调整性和固定性是一种人类的自然倾向，抓住位置并调整位置以制定估量。首先，通常初始化固定是不可靠的，因为可能固定到不相关或不可靠的信息；其次，我们倾向于调整固定预估。

不仅我们估计的方式可能存在问题，而且做出估计时，确认偏差可能也是一个问题。确认偏差倾向于忽略或低估与当前支持观点相矛盾的信息，并且群体极化是指群体发展到极端观点的趋势。这些认知问题的结果是：（1）通常低估不确定性，或者更明确地说，我们认为我们知道的比实际做得更多；（2）专家组没有以最佳方式合作。当项目团队的努力受到限制时，集体智慧甚至可以对最难的估算问题进行更好的预估。

（二）讲述事件的价值

项目团队利用个人专业知识精心制作一个综合所有可用数据、信息和专业知识的综合记事。这个记事在项目中继续发挥作用，作为实际检查、沟通工具以及进一步推论的手段。这些记事必须放在一起，使每个相关章节保持一致且可进行查证，并且作为整合未来数据和概念的工具。

一个关键的技能是在各学科之间进行沟通的能力，并从地质学的角度将所有重要信息整合到数值模型中。以下内容简要介绍了在科学中举足轻重的盆地和储层地质学。重点是，为石油储层的地质模型提供一个概念和命名的样本，以便为更深入的研究提供参考。第三章第二节提供了更多关于这个事件的概念模型的细节。以下各部分针对地质学家用于表示事件的模型进行了讨论。

二、地质模型

地质学家通常采用与地质统计学的基本概念相似的模型和定义（参见第二章第二节和第二章第三节）。这并非是巧合。原因在于，地质统计学是为了满足地质现象建模的实际需要而发展的。理论基础的后期发展，见 Krige（1951）和 Journel、Huijbregts（1978）提到的相关内容。哲学上来说，了解地质模型为地质统计学家提供了对他们自己相关学科更深层次的理解。与地质统计学家一样，地质学家利用表征不同范围内地质非均质性的模型，描述转变、动态、分离代表不同储层的子集样本，并说明了不同程度的独特性和确定性。

地质学和地质统计学之间的差异在于前者的几何和描述性质以及后者的统计性质。地质学涉及地质统计学中不存在的一些定性方面。

表 2-1　储层概念及相关的地质和地质统计情况表

概念	地质情况	地质统计情况
储集体之间的主要关系变化	复合构型和复合体系	区域——具有独特的方法和输入统计的独立单位和模型
储集体内储层性质的变化	向盆地和向陆地变细或变粗	非固定平均值
储集体的叠置模式	有序、失序、划分以及补偿	吸引、排斥、最小及最大空间分布，以及相互作用
主要连续方向	古水流方向	主要连续方向、局部可变方位模型
垂直和水平连续之间的关系	瓦尔特定律	几何和带状各向异性
不同的储层性质组	岩相、沉积相和构型元素	储层类别、稳定区域
非均质性	构型	空间连续性模型、几何参数、训练图像模式

大多数地质统计构造可直接映射到描述储层的地质构造中。虽然地质学家可能将岩石单元描述为横向连续岩石单元，但是地质统计学家将会讨论水平范围，并用变差函数来量化。尽管地质学家可能注意到了储层向上变细的趋势，但地质统计学家仍将计算并模拟储层性质的垂直趋势。虽然地质学家可援引瓦尔特定律来解释垂直和水平特征之间的关系，但地质统计学家仍用各向异性的连续性模型来制定几何模型。参见表 2-1 中涉及的一些概念以及相关的地质和地质统计表达。同时，我们认识到和地质分析固有的量化和描述水平，应考虑如图 2-1 所示的露头解释。不同尺度非均质性的特点在于具有高分辨率的垂直测量剖面中包括粒度、层理构造、古水流方向以及插值相关的厚度分布。在现场原始记录中，这些特征被描述并关联到各个地质作用。本章下面将会展示，这种类型的数据不仅可用于地质记事推断，还可以提供准确的统计输入。以下是针对地质模型组成的简要概述。随后的章节中会涉及关于盆地模型和储层构型的细节。

三、地质模型概述

描述储层起源的地质模型具有两个重要且相互关联的成分：岩石和流体。这是关于如何形成储层和相关盖层的事件，以及储层流体如何在烃源岩中形成并运移到储层中的事件。然而，出于储层建模的目的，该事件可能局限于储层单元本身的起源。因为解决与烃源岩、运移或盖层有关的问题通常是储层建模的前提，而通常可在地质、地球化学和地球物理学科中通过遥感、测绘、流体取样和流体分析等方法来解决储层建模问题，而非在地质统计模型中。

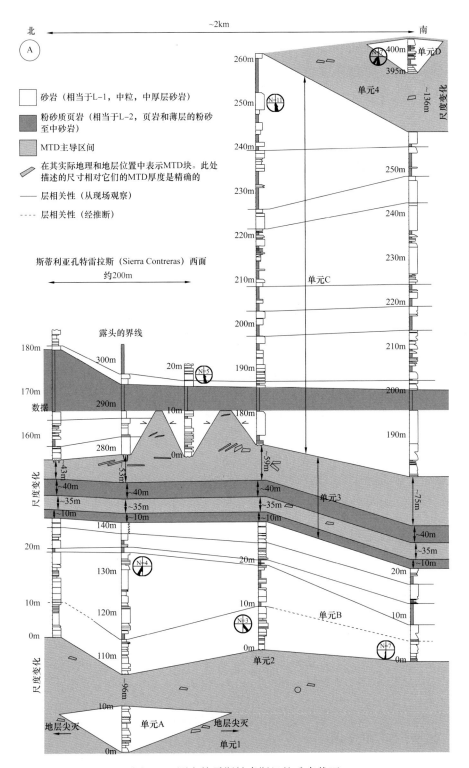

图 2-1 测定特雷斯帕索斯组的垂直截面

测量内容包括粒度大小、指示古水流方向的层理，以及相关性和层理厚度的插值

［Armitage 等（2009）引用该图，且沉积地质学协会允许引用该图］

地质作用对地质模型是至关重要的。Walker 和 James（1992）、Reading（1996）、Einsele（2000）、Catuneanu（2006）、Catuneanu 等（2009）针对与沉积环境相关的基本地质作用和模型进行了详细描述，而 Galloway 和 Hobday（1996）针对资源调查进行了简单的综合。储层通常区分为碎屑岩储层和碳酸盐岩储层，由于形成的环境不同，将它们分开进行研究。

硅质碎屑岩储层主要以被侵蚀和搬运的岩屑为主，而碳酸盐岩储层主要以碳酸盐物质为主。碳酸盐成分在适当的位置生长或被搬运至盆地。请注意，对接收陆相岩屑的碳酸盐体系或接收碳酸盐岩碎屑的硅质碎屑岩储层进行组合是可能的。

诸如适应性、外源力量、沉积物搬运和生长以及沉积后蚀变等概念是储层构建的基础，并且将随后对此进行讨论。所有这些因素相互作用形成一系列连通的沉积体系，并定义为受特定条件和作用影响的地球容量。其结果是形成特定的沉积环境，例如冲积扇、湖相、风成相、河流相、三角洲和大陆架斜坡。通常，单个储层模型是这一沉积环境范围内的一小部分。但储层模型可包括多个垂直并置的沉积体系。

通过使用层次分析，简化了地质事件的沟通和比较。应用构型层级来对该体系的组成和规模进行分类及描述。构筑构型层次的关键工具是层序地层学，其指按照物源及不整合面对沉积盆地的盖层进行分层［见 Myers 和 Milton（1996）引用和详细讨论的内容］。将岩石划分为一系列时间单元，并将它们放在可预测的时空框架中。这些层序可包括称为体系域的、多个成因上有联系的沉积体系。每个体系轨迹表示对盆地沉积有重要意义的特定时间单元，从而可知晓盆地内沉积盖层的演化过程。

这与岩石地层学相反，其在不考虑层序的情况下对相似的岩性进行绘制。应当注意，岩石地层学仅被认为在层序地层框架内是有用的。这与储层建模者相关，因为可用数据的普通插值类似于岩石地层学。随后的讨论涉及盆地和储层范围内的具体形成过程。图 2-2 表示这些过程与它们的相互作用。

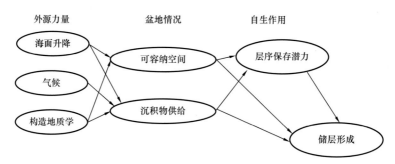

图 2-2　储层形成时的盆地外（他生作用）以及盆地内（自生作用）交互作用简化图
所有这些作用的组合决定了储层的形成、质量、尺寸、形状、非均质性等

四、盆地形成和充填

储层在沉积盆地中形成。这些盆地是沉积及保存重要沉积物的区域（Einsele，2000）。这些盆地的结构是在构造作用（地球板块的运动）的控制下形成的。例如，克拉通内凹陷

可在大陆中部形成盆地，且大陆裂隙可形成新的海洋盆地。沉积物供应、基准面和可容纳空间的相关概念是盆地充填的控制因素。接下来讨论基准面和可容纳空间，其次是沉积物供应，然后是对储层构架的影响。

基准面是一个假想面，沉积物沉积在该基准面之下。在基准面之上的沉积物通常会遭到侵蚀。基准面等级由沉积环境的类型（即流量和颗粒大小）确定，并且通常连接至湖泊或海洋。基准面以下的空间被称为可容纳空间，可用于容纳沉积物（Myers 和 Milton，1996）。

沉积物供应的特征在于来源（或起源）、数量和物源类型。起源是很重要的。因为它可能限制沉积物的类型（岩性和颗粒大小），从而影响油藏质量和非均质性。沉积物的数量限制了储层的体积，特别是厚度、横向范围、连通性和净总厚度。物源类型代表沉积物源的位置和时间性质。沉积物源可为点源（例如沿着三角洲的前部的河口）或线源（例如三角洲前缘的沿线）。物源类型也可以在时间上是连续的，例如构建冲积平面的多沙河流；或在时间上是不连续的，例如在斜坡和深海平面上形成周期性浊流的海底斜坡崩塌。物源可在不同的时间和体积范围内进行改变，例如，在高位体系域沉积期间，碳酸盐缓坡可连续生长，然后在低位期间由于暴露地面而停止（见下文关于海面升降的讨论）。

如前所述，盆地充填受到沉积物供应和可容纳空间的限制。沉积物供应和可容纳空间又相继受他生控制因素控制。他生控制因素被定义为盆地外部因素，包括地质构造、气候和海面升降。地质构造是指大规模地壳运动，其改变了盆地和相邻区域的形状和深度（即，特别是用于沉积物充填的物源区域）。气候是指长期的温度和湿度范围。海面升降是指海洋的升起和下降，主要通过储存和释放大陆冰川中的水驱动。除了形成盆地外，构造地质学影响沉积于盆地中的沉积物可获得性以及生长碳酸盐的条件。例如，造山运动产生了进入相邻盆地的新沉积物来源；大陆架的上升运动可将珊瑚礁暴露在海平面之上，并且移除沉积碎屑沉积物可用的可容纳空间。气候影响侵蚀速率、适用于将沉积物搬运到盆地的排水速率以及碳酸盐营养物的生长条件和可用性。

海面升降运动通过影响基准面和碳酸盐的生长条件来影响可用可容纳空间和侵蚀速率。其中，基准面和碳酸盐的生长条件的影响类似于前述的沿海构造运动的影响。例如，许多储层形成于与边缘层序中的大陆边缘相关的盆地中。在这些沉积环境中，基准面直接与海面升降周期相关。在高位（或海面高处），可能在大陆架上出现沉积物；而在低位（或海面低处），沉积物朝向海洋盆地向远侧移动。另外，考虑到许多延伸至内陆盆地中的海面升降的影响，盆地可以形成大量的储存沉积物（上升期间）和河谷侵蚀产物（下降期间）。这些沉积物可表征为层序地层框架内的高位和低位体系域。

该模型适用于大型储层框架表征，因为它提供了关于外部几何形状、内部几何形状、连通性以及大型储层单元之间的相互关系的信息（参见第四章第一节中关于大规模建模的讨论）。通常，这种序列地层框架直接用于储层模型。其中，储层单元代表与他生或自生控制因素相关的高阶循环、基于体系域的地层对比方式的网格化方案、基于沉积体系的构建概念、系统轨迹以及为趋势和区域提供网格数据的主要界面。甚至，更小范围的储层模型选择也与这些大规模概念相关联，例如相组、相关比例和连续性等。

这些盆地范围概念，对于大规模框架建模以及约束较小范围的储层构筑模式是有用的。实际储层架构、位置、几何形状、质量和储集岩的相互关系是沉积物搬运、沉积、生长和再生长的多个较小规模作用的产物。这种不断变化的地形需要用到保存概念转化为静态储层。接下来讨论自生控制因素（在盆地控制作用中）。

五、储层构型

以下内容将针对影响储层架构的自生地质作用的种类进行讨论。从硅质碎屑储层架构、碳酸盐储层架构、同生沉积蚀变与沉积后蚀变等入手，最后讨论表征对储层建模有用的储层架构方案。

（一）硅质碎屑储层架构

层序保存潜力是指沉积物保持在原地，随后将其埋藏和保存的可能性。虽然很容易形成简单模型，但这往往是错误的。因为简单模型直接将当前地貌与相关作用及可观察的保存于表面的沉积物联系起来。例如，对现代三角洲的观察可表明具有成因联系的沉积物应由有泥质漫滩的单个分布河道组成。然而，实际保存架构可以由几圈堆叠的砂质单元组成，且该砂质单元向盆地倾斜并逐渐变细（推进式斜坡沉积）（Walker 和 James，1992）。再比如曲流河。从表面上看，其特征是窄曲折河道、点沙坝和泥质漫滩。但在很多情况下，它被保存为具有一些独立泥塞的厚砂质单元，且当该河道由于截断而迅速废弃时，形成泥塞［见 Miall 的粗粒度曲流河冲积样式（1996）和图 2-3］。层序保护潜力是指对地质统计学家更深入研究储层形成过程的一种提示，以避免造成储层架构的重大错误。

图 2-3　曲流河斜框图显示的层序保存潜力

需注意，地貌看似为独立的、以漫滩为主的曲折河道；而真正保留的沉积是形成大量扁平单元的叠瓦状砂质侧积单元

层序保存潜力与位置和规模有关。一般来说，对于存在或正在产生充分可容纳空间的位置，层序保存潜力高于具有较少可容纳空间的地区。例如，山地悬谷中的沉积会被移除，且在任何可观测到的时期内不进行就地保存。

因为有充足的可容纳空间，有深海盆地的浊积岩沉积物可能会保存更久。而且，沉积物几乎无法再次移动，除非有后续的抬升构造运动。在大陆架上，保存情况多变。原因在于，海平面上升（增加可容纳空间）时，累积沉积物；海平面下降（减少可容纳空间）时，沉积物遭到侵蚀。层序保存潜力还与规模有关。例如，海滩上的波纹可在几分钟内形成和被改造，而河谷洪水阶段的漫滩沉积物可在若干年后河道分开过程中保存和重新移动。

再则，盆地内沉积控制因素被标记为自生控制因素。包括与沉积物的搬运和沉积相关的作用，例如河道迁移和三角洲朵叶体转换。虽然这些周期产生了比他生控制因素更大的噪声或更难以表征，但所得构型在所有规模中均具有可预测的特征。一般来说，水是该过程链中的主要因素。因为机械和化学风化产生碎屑且搬运碎屑，直到由于容量或搬运能力的降低，能量损失造成沉积（分别搬运的总沉积物负荷和最大沉积物尺寸）。对于碳酸盐岩储层而言，由于生物和化学作用生成碳酸盐岩。其中，水深、水流和养分是影响碳酸盐岩形成的因素。碳酸盐岩碎屑可被侵蚀、搬运或原地形成储层。已针对这些作用做了广泛研究，并且建立了预测侵蚀速率（Traer 等，2012）、碳酸盐生长潜力和速率（Granjeon，2009），以及古气候和相关的搬运和沉积速率的模型（参见下一节的讨论）。

虽然搬运作用对储层中沉积物沉积是至关重要的，但其在各尺度内的最终储层构型中也具有重要作用。例如，牵引流在河床范围内造成颗粒分选并形成层理构造，包括波痕、交错层理和沙丘。Boggs（2001）针对沉积构造的形成进行了研究，认为在较大范围内，分流朵叶体可能导致：（1）增加储层面积延伸的补偿堆叠；（2）保留垂向上细粒岩层中的小断层。

（二）碳酸盐储层构型

Walker 和 James（1992）针对各种碳酸盐岩储层环境做了详细描述。以下提供了与前面讨论的硅质碎屑环境所做的简要对比。碳酸盐储层与硅质碎屑储层具有许多共性（Senger 等，1992）。碳酸盐沉积环境对构造运动和海平面升降非常敏感，因为它们可控制水深和硅质沉积物供应。这些沉积物可淹没或埋藏碳酸盐物源或使其快速增长。大多数沉积物是已经被侵蚀和再沉积（即不在最初生长的位置）的碳酸盐碎屑。因此，所有前面讨论的与搬运和层序保存潜力相关的概念都适用。物源是很重要的，因为不同类型的碳酸盐物源会产生不同类型的沉积物，但这些沉积物有明显的差异。成岩作用变化（在下一小节中将会讨论）起着重要作用，甚至可覆盖由于搬运和沉积而保留的特征。这是由于碳酸盐沉积物相对于硅质碎屑环境中典型的石英岩而言是不稳定的，因为它们易于溶解（形成大孔隙）和再沉淀（形成破坏孔隙度的胶结物）。这些变化是生物和地球化学作用的函数。此外，碳酸盐储层不同于硅质储层，原因在于：（1）碳酸盐岩的形成对环境因素异常敏感，如水深、营养物供应、水温和水体浊度；（2）碳酸盐物源在地质时期随珊瑚、藻类等的变化而变化。

（三）同生沉积蚀变和沉积后蚀变

一旦沉积物已沉积并保存在早期储层中，沉积物可以进一步进行蚀变。可在储层形成期间（同生沉积）或在储层形成之后（沉积后）发生。这些蚀变可包括成岩作用、沉降作用和断裂作用。

成岩蚀变是指沉积后沉积物发生的变化，包括胶结作用和替代作用，但不包括变质作用。

这些变化倾向于局部改变储层性质，并提高非均质性。在碳酸盐体系中，成岩作用增强，破坏或甚至颠倒孔隙（颗粒变成孔隙和孔隙变成颗粒）时，成岩作用更重要。

沉降作用和断裂作用是指储层和储层下的单元进行大规模压实以及随运动产生的断裂。这两者都使储层构型变得复杂，因为沉积过程中，这些单元可能不再是水平的或者连续的。在储层建模中，必须对这些特征进行建模和移除，因为所有地质统计方法假定了在相邻单元之间的模型网格内的连续性以及待进行地层平整的模型（见第三章第二节）。

（四）构型级次

通常在特定构型级次内对储层构型进行描述。该级次表示基于先前讨论的他生和自生过程的循环。例如，Sprague 等（2002）和 Campion 等（2005）提出了一种通常用于深水储层的深水构型级次，以及 Miall（1996）提出了一种河流相构型级次。

元素

复合体

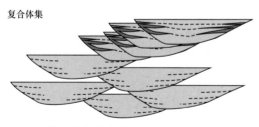

复合体集

为了演示将构型级次应用于储层建模中，将 Campion 等（2005）提出的方法描述关联到储层建模中。基本的构型单元是储层元素。构型元素指由一个周期的侵蚀和沉积所形成的大量沉积物。例如，一组砂质充填深水河道是一个元素。具有成因联系、可预测结构和沉积趋势的一组元素被列为复合体。例如，有相似几何形态和沉积物叠置的一组深水河道构成了一个复合体。有成因联系的两个或多个复合体组成复合体集。例如，后期形成的有序河道叠置在早期形成的无序河道上，并且它们都充填有相同的深水坡谷沉积，构成了一个复合体集（即具有大致相同的形态）。图 2-4 为构型层次分级方案。应当注意，由于依赖于针对有限信息的局部构型和形成过程的解释，关于储层构型级次的解释具有主观性。然而，该方案确实提供了一个合理的通用模型，以便于项目团队之间或类似项目团队之间进行沟通。

图 2-4　构型分级方案中元素通常为最小的可识别储层单元

它们由其几何形态和内部沉积充填定义；复合体包括具有相似几何形状、内部沉积和一致堆叠模式的两个或多个元素；复合体集是一组相关的构复合体；据 Sprague（2002）和 Campion 等（2005）修改

六、示例事件与储层建模的重要性

在下文中，将针对三大著名含油气地层的示例事件和油藏重要性进行讨论。目的是证明本节提出的地质概念模型与本书随后章节课题涉及的地质统计模型之间的实际联系。提供插图和示例不是为了进行严密的地质分析，而仅仅是为了提供必须进行推断和整合到地质统计模型中的各种地质事件的示例。

（一）关于加拿大阿尔伯塔省麦克默里组储层

加拿大阿尔伯塔省的麦克默里组以世界顶级油砂而闻名。这些油砂是进行表面开采和原地蒸汽辅助排水采油的对象。

以下根据 Fitzgerald（1978）和 Hein、Cotterill（2006）的研究，尝试对储层事件进行简要描述。中生代时期，前陆盆地由于山脉隆起（向西）而沉降，且阿尔伯塔省现今大部分地区已被洪水淹没。在这个沉降盆地中，河流相沉积物发生进积至已暴露的古老基岩。

现今阿尔伯塔油砂的位置，因临近河道沉积物源（加拿大地台）和水系中的高能量形成辫状河道。辫状河道在洪泛平原上广泛分布，并且保留了一些细粒漫滩沉积物。这些水系一般由现有基岩山谷限制和充填。该限制产生了叠置的沿着古河谷走向发育且缺少古隆起的河道储层砂岩。已保留的山谷砂岩为下麦克默里组，具有砂体比例高和储层连通性好的特点。

前陆盆地的加速沉降继续加深了中—上麦克默里组沉积期间的内陆海，由此造成了海侵并向陆地转移。麦克默里河流体系能量逐渐降低，流入盆地的扩张河口。由此，形成了具有大量点沙坝侧向加积元素的河道带，并且细粒溢岸沉积物有所增加［见 Hubbard（2011）等关于地震地貌学的研究及 Willis 和 Tang（2010）的关于点沙坝建模的示例］。随着海侵的进行，具有大量泥质披覆体的非均质侧向沉积单元成为储层主要沉积相［见Thomas（1987）等描述的倾斜非均质地层］。在这些砂岩储层形成期间，点沙坝沉积物内的厚泥质披覆体是注入油气的重要潜在隔挡。由于古河谷通常由下麦克默里组沉积物的后期充填，因此中—上麦克默里组河道带一般不受约束，于是现在这些储层广泛分布。虽然储层分布广泛，但由于内部非均质性的复杂性，连通性远比下麦克默里组复杂得多。

随着进一步的海侵，麦克默里组河流沉积物随后被克利尔沃特组的一层海相页岩和砂岩所掩埋。

尽管近来由于冰川作用侵蚀了克利尔沃特组和麦克默里组，但自中生代以来，该地区的相对构造稳定使得麦克默里组基本未变形，且少量成岩蚀变作用使得沉积构型和储层质量之间的关系得以保留。表 2-2 示出根据这个事件总结的麦克默里组的储层考量因素。

表 2-2　麦克默里组辫状河道、曲流河道、河口河道的储层构型考量表

储层环境	辫状河道	曲流河道	河口河道
构型复合体	局部受限的横向和垂直叠置河道	遭受急流冲刷的大量叠瓦状点沙坝与溢岸沉积	局部受限的席状砂
构型元素	低弯度、砂质河道，以及泥质漫滩。河道可能由局部斜坡崩塌导致堵塞	高或低弯度砂质河道，以及部分溢岸砂	横向扩展的砂体于水流轴线处合并
屏障	河岸破坏	相邻流体形成的溢岸沉积	泥质夹层
有效厚度与总厚度的比值	中高	高	中高

（二）墨西哥湾下威尔科克斯组储层

现如今位于墨西哥湾深海区的下威尔科克斯组与加拿大北部艾伯塔省的麦克莫里组有着巨大的不同。正如所显示的那样，全面认识下威尔科克斯组对于储层建模是至关重要的。下述内容摘自 Zarra（2007）的认识成果。

自 2001 年在巴哈探矿行动中首次发现现今处于深海区的下威尔科克斯组以来，其一直是油气的重要来源。在这之前，一直认为深海区下威尔科克斯组距离物源太远，同时由于深度过深，以及钻井成本昂贵，油井数量少，被认为没有可供经济开采的油气藏，在这一情况下，这些数据遭到诸多质疑。然而，下威尔科克斯开发结果表明，在开发的过程中，开发成功率在 65%～70% 之间。这一结果源于优质的与深海沉积物等同的陆上模拟数据集和从露头、水槽和数值实验研究中得来的概念，以及对下威尔科克斯组地质成因的深入了解。

从科罗拉多州到蒙大拿州的造山运动中（拉拉米造山运动），与之相关的构造上升运动产生巨量硅质碎屑在墨西哥湾的海岸上沉积，然后在古新世和始新世（距今大约 60—50Ma）被搬运至深海中。随后，海面升降运动在其中扮演了重要角色。在高位体系域沉积期间，这些沉积物被积聚在大陆架和内陆河谷地区。在低位体系域沉积期间，这些沉积物从河谷中被冲蚀出来并积聚在处于发育状态的大陆架中。海平面的下降使得大陆架进一步暴露侵蚀，并破坏了大陆架的稳定。从而，大陆架被大规模的周期性破坏，因此生成的浊流穿过坡谷，顺大陆架的斜坡而下，再漫过深海平面。

这一过程使深海油藏环境具有连续性，而且每一个具体细节情况对油藏建模都相当重要。在流体流动过程中，粗粒沉积物沿河道轴线沉积下来，而细粒沉积物从径流中剥离开来，并以堤岸的形式沉积下来。这样的流动过程使储层性质从轴线到径流边界再到漫滩的变化产生可预测的转变。同样，因为大量细粒成分在河道外沉积（与经常充填泥沙的曲流河道相反），河道充填物成为总体高质量的储层。由于坡谷的不稳定，谷壁的细粒沉积形成在坡谷局部没有储集性能的塞状体，这被称为块状搬运复合体。这些块状搬运复合体可能在河道的复合体之间形成明显的流体渗流屏障，甚至可能破坏掉先前河道之间的连续性。

　　在墨西哥湾，由于盐体构造导致了这些浊流事件和明显的应力释放。密度驱动的浊流受到这种应力释放的影响。在某些地方，因为应力释放受到限制，浊流事件与其伴生沉积是聚集于一处的。在别的区域，这种应力释放会导致形成沉积伪影和浊积岩缺失。并且有时形成特小盆地阻塞浊积岩，导致席状砂层单元在盆地边缘尖灭。与古水深测量相关的知识及其与对浊积岩的影响相关的知识在确定局部砂砾开发潜力方面是必不可少的。

　　图2-5为在深海储层的下威尔科克斯组中不同他生和自生过程示意图。此外，还指出了几个可能的储层环境，其中包括限制性河道、弱限制性河道和堵塞浊积岩。在表2-3中，列出了一些对深海下威尔科克斯组储层的考虑因素。

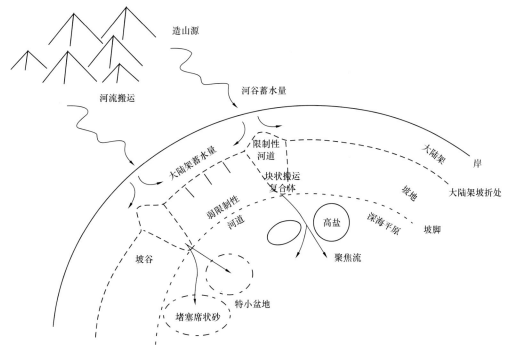

图2-5　墨西哥湾深海下威尔科克斯组储层形成示意图

如不同的沉积物补给、搬运、相关的特定沉积环境，这些不同的控制因素都已表示出来

表2-3　下威尔科克斯组限制性河道、弱限制性河道和堵塞浊积岩的储层架构考量表

油层组	限制性河道	弱限制性河道	堵塞浊积岩
集合体架构	横向与垂直叠加河道	松散的漫滩分叉和冲积扇河道	广阔的板状席状砂上超特小盆地的限制
构型元素	低曲折度砂质河道和淤泥质漫滩；可能会因局部斜坡崩塌被堵塞	低—高曲折度砂质河道和一些漫滩砂	在轴流时砂层外延侧向混合
屏障	块状搬运复合体	漫滩流	块状搬运复合体
有效厚度与总厚度的比值	中高	中高	高

（三）哈萨克斯坦滨里海盆地田吉兹碳酸盐岩台地储层

田吉兹碳酸盐岩台地位于哈萨克斯坦西部的滨里海盆地。在其中发现了田吉兹超大油田。Weber 等（2003）和 Collins 等（2006）对田吉兹油田进行了详细概括。重点概述了田吉兹油田储层非均质性建模这个不可或缺的特性。

田吉兹油田孤立型台地形成时间为晚泥盆纪—石炭纪，垂直起伏为 1500m，占地约 580km^2。Weber 等（2003）将此沉积过程分为三个主要发育阶段，并且这三个主要发育阶段均为他生控制所抑制。最初，碳酸盐的发育从盆地的高处开始，反映了海平面的上升速率超过沉积物的产生速率。

随后的台地进积阶段反映沉积物的产生速率超过了海平面的上升速率，然后为加积阶段，代表该阶段沉积物的产生与海平面处于平衡状态。接着，因为海平面上升速率完全超过了沉积物产生速率，而且水深超过了浅水碳酸盐沉积所需的水深，台地被水浸没。

他生控制对整体储层构架有着重要的控制作用。大规模构造运动会形成需要适应范围的凹陷盆地，而局部地质构造则在局部高地上孕育出台地。于是，海平面的上升与下降导致形成加积、前积与退积地形单元，每一种地形单元又具有独特的外部表面形状和内部边界面。退积作用会形成狭窄的台地，台地边缘后退，水深增加，从而水动力减小，淤泥被更多的保存。前积作用使台地发育大倾角增长楔状体（最大可达 30°），其中粘结岩成分占比较大。一般来说，前积作用与台地稍浅的水深有关，从而使得水动力增大并减少淤泥的保存。

在整个构架内部存在着多个重要的自生过程，该过程能控制局部储层的非均质性。其中包括局部水流影响、与之相关的养分供给和波浪。这些过程会影响碳酸盐生长，以及之后的搬运环节。在此环境下，高波能有利于生物生长，使其生成粗粒并将沉积物中的淤泥洗掉。在沿着边缘地带聚集的局部高地会积累波浪的水动力能量，并在背流面生成泥沙沉积。因为水流和波浪的不对称性，这些台地在东部和北部边缘的高地地势更加开阔。前积作用期间，这个边缘地带中，易于被破坏的粘结岩比例较大。坡地的异地岩块、边缘被破坏的陡坎和断裂组可以证明这一点。

由此，田吉兹油田在他生控制与自生控制主导的地区之间存在一个有趣的间隔。在大量的台地中，非均质性受控于他生海平面周期及不同尺度的浅水上升周期。在边缘和坡地地区，非均质性主要受控于自生斜坡坍塌。斜坡坍塌会从边缘地带移走沉积物并将其及补偿堆积物一并搬运至坡地堆积起来。这导致边坡楔状体沿线（从边缘到坡脚）发生局部转移，即从断裂粘结岩变到角砾岩并最终成为淤泥。

本书中，关于所引用论文中涉及所有相和成岩作用改变的详细说明很难做到面面俱到。虽然如此，为理解田吉兹油田的一般几何形态与内部非均质性，还是讨论说明了研究地质历史的重要性。表 2-4 列出了一些田吉兹油田孤立型台地历史的储层考量因素。

表 2-4 田吉兹油田孤立型台地的储层架构考量表

储层环境	台地	航道 / 岬	坡地
集合体架构	多组侧向外延平面的地层和河道	块状断裂粘结灰岩急流冲刷与漫滩冲积扇	向盆地变细的楔状体，上超特小盆地的限制
元系统架构	可变周期	块状	叠瓦状破裂
屏障	浅部地层	成岩胶结	坡脚淤泥
有效厚度与总厚度的比值	高	中高	低到中等

七、小结

这些地质模型的先决条件是构建地质现实情况的油藏模型的基础。储层是在不同时间和空间尺度下不同地质过程之间相互作用的结果。因为对这些过程以及相关的情况了解有限，所以研究结果存在很大的不确定性。但是，这些有限的信息仍然为地质统计学模型提供了有价值的约束条件。

本节结合所有已知信息，阐述了油藏的成藏史。这将为未来数据整合提供一个可靠平台，并做出最好的决策。我们很难知道什么地质信息是重要的，因此最好的做法就是试着了解并全面整合所有的概念性地质知识。

尽管本节提供了部分示例和细节，但对于每一个特定油藏模型而言，依旧需要更深层次的细节内容。一旦成藏史细节充分，就可以映射成地质统计学概念，从而得以约束地质统计学油藏模型。下一节将介绍该映射关系的统计先决条件。

第二节　初级统计概念

统计领域涉及收集、组织、总结和分析数据的定量方法，并在此基础上得出结论并做出合理判断。统计学内容广泛，本节目的是准确地展示地质统计学油藏模型的关键概念。地质统计学与统计学主要有以下三方面的区别：（1）关注地质数据的地质来源；（2）明确建模并进行数据之间的空间相关性处理；（3）对数据进行不同数量和不同精度的处理。

在以上所述的工作流程中，统计推断与概念模型的发展是同步的。本节与下一节将展示构成地质统计学表征基础的统计数据。对具有代表性统计的推论非常关键，因为地质统计学统计方法是为了在局部调节数据的约束下，再现这些统计数据。

《地质总体与平稳性》研究建模的地质统计总体的定义问题。在后述建模的推论中，讨论了平稳性这个概念。《符号与定义》包含了概率分布原理。

通常，数据必须在不同的分布区之间变化。《数据转换》描述一项应用广泛的转换技术，来保持数据之间的顺序及空间关系。这部分还介绍了 Q—Q 图和削峰概念。

《去聚与除偏》中提到了去聚、除偏和直方图平滑等重要技术。这些技术可以使得超越现有样本来推论出整个目标区域的分布情况和汇总统计数据。

《蒙特卡罗模拟》介绍了针对一个变量进行随机模拟的蒙特卡罗模拟方法。这类蒙特卡罗模拟技术是后来三维地质统计学模拟方法的基础。

精确的不确定性模型需要对参数的不确定性进行评估和整合，这一点已经得到了认可。一种为人所知的蒙特卡罗模拟方法的变形称为自举（Bootstrap）。自举（Bootstrap）是一种在假设组成数据是独立时，用于评估输入统计数据的不确定性的工具。另一种方法是，在解释数据的空间背景信息时提供不确定性模型。

基于集合相同样本构建和建模概率分布的概念，本书中的大部分推论性统计数据源于频率学派的观点。贝叶斯统计学框架提供了一种替代方案，即利用概率逻辑建立概率关系。为第三章第一节提到的整合复合、多余数据源等做准备，进行了简要的介绍。

一、地质总体与平稳性

在所有统计分析中，临界判断即如何将统计数据整合到总体中来进行更进一步分析。这类判断取决于研究目的、可用数据以及其地质环境，这并没有统一答案。通常，油藏模型每次在一个相上累积一层。在这种情况下，位于各层的每一个相数据都应分开保存。

总体必须予以定义，这是因为，包括直方图和相关的平均值在内的所有样本统计数据都要参考总体，而非参考具体的任一样本。把所有数据都整合到一个总体中可能会掩盖重要的发展趋势。因为数据不充足，数据细分过多可能会导致总体统计数据不可靠。在有限的油井数据情况下，适当的做法是将从所有岩层中得来的数据组合在一起，也就是说只根据相来分离数据。在建模的时候，要使岩层分开以确保能再现地质分层和特定岩层相的比例。

（一）相

根据第二章第一节初步地质建模概念的叙述，相或者岩石类型是储层的一个数属性分支。在选择相的数量时，要着重考虑平衡地质输入水平和选择每一种相分类时的数据（考虑较多）与工程设计的重要性（考虑较少）。理论上，每种被选中的相都应具有重要地质意义，且拥有足够的数据来对所要求的油藏模拟统计数据进行可靠的推论。实际上，最多能给不超过四个不同的相数据支持。

用于后期建模的重要岩石物理属性为孔隙度、渗透率和多相流动特性，如相对渗透率和毛细管压力。相必须具有明显不同的岩石物理属性或是易于建模的空间特性。根据没有导致不同流动特性的相来分开数据是没有益处的。

通常说来，取岩心的井数量有限，大部分将只有一套测井曲线。通过研究岩心最容易鉴定相。一旦用岩心鉴定相，关键是能够从未取岩心的井的测井曲线中划分出相（具有合理的准确度）。有些校准程序（判别分析、神经网络等）可以做到。如果不能单独用测井曲线来鉴定相，那么在地质统计学建模之前，应考虑相组合或是相的更广泛的相定义。

（二）平稳性

平稳性更正式的定义在后文第二章第三节中提到。然而，对于实际问题，哪些数据要整合到一起以便后续统计分析，以及数据所能体现的数量，都由平稳性决定。

油藏表征的地质背景信息在数据推论和决定选择何种数据进行整合时面临很多挑战。许多统计问题会允许重复取样，从而出现重复数据的现象。比如生产线上的产品或监控点水质。在地质背景信息中，一旦根据测井或从岩心中提取一份样本，则进行统计推论时没有可用重复数据。只有利用在其他相似地质基础的取样地点得到的增补样本的情况下，总体统计推论所需的重复数据才可用。

在实际操作中，总会出现把每一个样本看作是独特样本的趋向，并因此不将其与其他样品混在一起。很明显，如果没有平稳性的判断，就不可能对测得的数据进行推论。必须整合充足的数据来做出合理的地质统计推论。数据太少会使统计描述不可靠，并且会过度拟合部分数据和低估模型不确定性。相反，某些人可能会在有着明显不同属性的储层子集环境里广泛地整合数据。平稳性假设过于宽泛会隐藏重要的储层非均质性并高估模型不确定性。平稳性的判断是很重要的有利条件，其可用于说明地质概念性信息。

一旦启动数据分析和地质统计学建模，则可能会重新考虑平稳性的判断。例如，在一个选定的相内，可能会发现双峰的（两个峰值）孔隙度直方图。这并不意味着数据是不稳定的。而这意味着应该回顾数据，并且只要这些数据显示出有区别的统计和地质属性，就考虑将这些数据分成两类。

有时在向海方向的油藏质量会有系统性向上变细或退化的趋势，这类趋势称为非平稳性。在相的比例、孔隙度或者渗透率出现渐变性平面或垂直变动时，不需要进一步细分数据。毕竟，其属性在渐变的连续变化情况下，不存在自然条件下的细分。这种情况可以用修改建模技术来解决。比如，简单克里金法中使用局部变化平均值，或是考虑到平均数或平均值的性质具有特定的趋势（见后续章节）。

我们把平稳性描述称为一个判断。平稳性不是一个假说，因此不能进行检测。做出这个判断要考虑到研究目的、研究规模、观察到研究目标变量的空间非均质性。尽管不能进行检测，但是因为可以获得更多的数据，可以对其进行更改，但是必须提供保护。

（三）输入统计

现介绍在平稳性假说条件下，将样本整合到一起推论出例如单变量、二变量和空间上的统计数据的多个统计描述。此推论的目的在于，为各种地质统计学算法提供统计输入来构建地质统计油藏模型。这些统计数据是从已知的局部数据中推论出来的，是经深思熟虑从模拟数据中挑选出来以提高其代表性的。如先前所说，地质统计方法目的在于再现这些输入统计数据。而对这些统计数据，地质统计模型不具备预测能力。事实上，正如下文第五章第一节所讨论，临界最小值验收模型检查时，会把所有输入统计数据和形成的地质统计模型数据相比较。

因受算法限制、折中矛盾性输入和随机模型的波动，重现这些统计数据存在局限性。下面讨论这些内容。大部分地质统计算法不能完美地再现具体的输入统计数据。例如，对顺序指示模拟的分类应用可能不能完全呈现短距离空间连续（Deutsch 和 Journel，1998），p—字段模拟会遵从把数据作为局部极值（Pyrcz 和 Deutsch，2001）。对于解决油藏建模问题的算法，从业者应该熟悉数据重现的局限。

地质统计方法的一个重要优点是结合多种信息的能力。虽然如此，在输入数据发生矛盾的时候，这些方法却不能明确警告操作人。于是，基于隐入于算法中的不同重要性的数据层次，操作者试图采取折中的方法。例如，如果孔隙度和渗透率具有很高的相关性，而这两个数据在空间连续性上存在明显不同，那么算法将不能遵从这些矛盾性的输入统计数据，并且可能会产生不想预料到的结果，比如说劣质方差图再现和数据地点的不连续。

当相对于连续性的范围，模型尺寸较大时，输入统计数据则会紧密再现。在相对于连续性的范围，当模型尺寸变小时，基于多次地质统计模型的统计数据会产生波动。这些波动被称为遍历性波动，是所有地质统计算法嵌入无限域这一假说的结果。第五章第一节提供了更多细节。

认识到输入统计数据对地质统计分析的重要性和局限性，本节和下一节将介绍地质统计学建模中多个输入统计数据的多样性。

二、符号与定义

一个变量的测量，比如 ϕ、K、i，可以指任一规定的值集。能够假定任何两个给定值之间的连续值的变量称为连续变量；否则这个变量就是离散或分类变量。孔隙度和渗透率是连续变量，一般经常用字母 z 来表示。相的分类具有范畴性，且通常用变量 ik 来表示；分类 k 出现时，ik 为 1，反之 ik 为 0。

预测性统计的基本方法是将所有非样本（未知）值 z 随机变量（RV）Z 描述。Z 的概率分布可用于未知的真值的不确定性建模。传统上，随机变量用大写字母 Z 表示，而其结果则用对应小写字母 z 表示。随机变量模型 Z 和其更具体的概率分布通常与位置相关；因此符号 $Z(u)$ 中，u 是位置坐标向量。$Z(u)$ 被视为 u 的函数，称为随机函数（RF）。当获得更多的非样本值 z 数据时概率分布会发生变化，在这个意义上讲，$Z(u)$ 还与信息相关。

概率是地质统计学的中心概念。很明显，作为对一个特定结果的传播媒介，评估方法有很明显的不同。本节的讨论中应用了频率学派的观点。概率是将计算得到的特定结果的观察频率作为所有观察结果的频率。同样，可运用贝叶斯派的一个观点，在出现新信息的时候相信该信息，并进行更新。在贝叶斯统计小节中，为给贯穿本书的多种贝叶斯方法的应用做准备，故作此介绍。这些应用包括结合二级数据和概率反演，将赋予 Y 事件的 X 事件的概率反演至更加困难的赋予 X 事件的 Y 事件的概率。

（一）直方图与概率分布

直方图中观察样本值频率的柱形统计图，是一种常见的统计表示方法。图 2-6 显示由 GSLIB 程序 histplt 创建的典型直方图（Deutsch 和 Journel，1992）。这个直方图的条柱宽为固定值。在该条柱宽范围内的样本数量除全部样本的数量就可得到每个条柱的频率（本案例中全部样本数量为2993）。为了改正优先数据聚集，原始数据值可能被分配不相等的权重（见下节）。

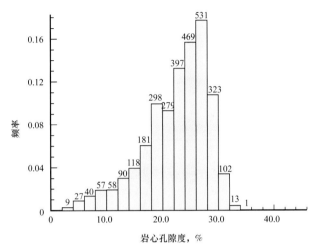

图 2-6　2993 个岩心孔隙度测量值直方图
直方图的每一条柱上显示各条柱中包含的数据数量，纵轴表示对应的频率

间隔太小会对直方图产生干扰，会出现许多小的变量。间隔太大会使直方图过于平滑，从而掩盖重要特征。

直方图可以直观的获取数据的分布，然而，累积直方图在计算中的应用更为广泛。随机变量 Z 的累积分布函数（CDF）表示为：

$$f(z) = \text{Prob}\{Z \leqslant z\} \in [0,1] \tag{2-1}$$

其中累积分布函数 $f(z)$ 是 z 的非递减函数。$f(z)$ 与 z（图 2-7）的对比图不需要将数据分成不同的间隔。请注意，$f(z)$ 在 0 到 1 间赋值，z 在数据范围内赋值。将 $f(z)$ 作为不超过阈值 z 的数据值的实验比例。

（二）概率分布

只要 $f(z)$ 可推导得出，则概率密度函数（PDF）$f(z)$ 与累积分布函数 $f(z)$ 有关：

$$f(z) = F'(z) = \lim_{dz \to 0} \frac{F(z + dz) - F(z)}{dz} \tag{2-2}$$

其中 $f(z)$ 大于等于 0 $[f(z) > 0, \forall z]$，积分 $f(z)$ 为累积分布函数或累积分布函数 $\left[\int_{-\infty}^{x} f(u)du = F(x) = \text{Prob}\{X \leqslant x\}\right]$，从 $-\infty$ 到 ∞ 的 $f(z)$ 的积分为 1 $\left[\int_{-\infty}^{\infty} f(z)dz = 1\right]$。按以上所述，尽管人们愿意用直方图或是概率密度函数来表示数据分布，但是累积分布函数 $f(z)$ 更广泛应用于计算中。

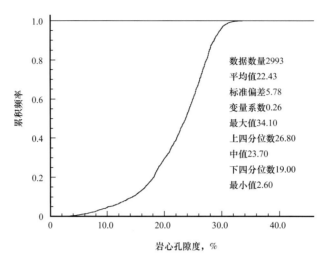

数据数量2993
平均值22.43
标准偏差5.78
变量系数0.26
最大值34.10
上四分位数26.80
中值23.70
下四分位数19.00
最小值2.60

图 2-7   2993 个岩心孔隙度测量值累积分布

概率密度函数或是概率密度函数 $f(z)$ 与直方图有关。通常，参数概率密度函数会覆盖实验性直方图。在离散直方图和连续概率密度函数曲线之间，存在重要的概念差异。在直方图分类下的样本频率可以被解读为属于该类直方图的样本值概率；然而，$f(z)$ 不应该被解读为 z 的概率。这是下边界 z_{lower} 和上边界 z_{upper} 之间的积分 $F(z)$，$\int_{z_{lower}}^{z_{upper}}(z)\mathrm{d}z$，当 $z_{upper} > z_{lower}$ 时，可以解读为 z 的离散概率在 $[z_{lower}, z_{upper}]$ 之间。

（三）参数分布

参数分布模型是对概率密度函数或累积分布函数的分析表达式，比如对于常规函数或高斯密度函数：

$$f(z) = \frac{1}{\sigma\sqrt{2\pi}}e^{-\frac{1}{2}(z-m)^2/\sigma^2}$$

（2-3）

平均值 m 和标准偏差 a 控制钟形正态分布的中心和展布。有时参数模型与一种基础理论有关。比如，正态分布是一种多个定理的极限分布，这种多个定理统称为中心极限定理。

对于地球科学的有关变量，并没有通用的理论能预测概率分布的参数形式。然而，有些分布形式通常能通过观察得出。

对数正态分布指变量的对数遵循正态分布。然而，比如像渗透率一样，正变量的任何偏斜分布经常被错误地称为对数正态分布。统计检验会判断数据值集合是否遵循一种特定的参数分布。对于油藏表征而言，这些检验没有什么意义，因为要求数据值都要彼此独立，而实际上，这些数据彼此都相互远离。概率图可用于检查与正态分布或对数正态分布的接近程度，并用于识别异常值数据。

概率关系图是累积概率关系曲线图，由纵轴表示概率，从而使正态分布绘制成直线。

图 2-8 显示我们一直在探讨的 2993 个数据的概率关系曲线图。请注意放大概率分度尺度后的高低值。这种概率关系曲线图一开始用于观察井数据如何与正态分布或是对数正态分布相吻合。以下展示的直方图变换程序的使用减少了在任何特定的参数分布模型中对数据的需要。概率关系曲线图的主要应用是在单一曲线中看出所有数据值。由此可得出有用的解释，比如，边坡的巨大变化可能表示了不同的地质总体。由于大家经常对高低值感兴趣，对极值的夸大会使得对正常概率的缩放比对运算概率的缩放更有用。数据变量轴可用对数坐标来绘制，落在一条直线上的数据将表示一个对数正态分布。

参数分布有三个显著的优点：（1）适用于数学计算；（2）对 z 值来说，所有概率密度函数 $f(z)$ 和累积分布函数 $f(z)$ 经分析是可知的；（3）用容易推测的参数对其进行定义[①]。参数分布的主要缺点是从总体上说，实际数据不能很好地拟合参数模型。非参数分布（如下所述）可更加灵活地捕捉到实际数据的动向。数据变换（将在下一节中介绍）允许数据遵循任何一种分布方式，这种分布可以将其转换至任意其他分布，从而可利用参数分布的大部分价值。

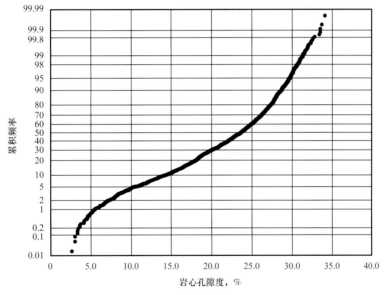

图 2-8　2993 个岩心孔隙度测量值概率图

（四）非参数分布

在有足够多数据的情况下（比如 200 个以上），数据通常不能用参数分布模型很好地表示。这种情况下，累积分布函数（CDF）的概率分布可由数据直接推导得出，即非参数分布。累积分布函数 $f(z)$ 可直接推导为小于或等于阈值 z 的数据比例：

[①]　一般的原则是一个特定的统计需要 10 个数据的最小值。比如，计算任意合理水平的精度的平均值需要 10 个数据。需要 200 个数据去计算 90% 的概率间隔（10 个数据低于 5% 的下限，10 个数据高于 95% 的上限）。当然，这很简单，但仍是有用的。

$$f(z) = \text{Prob}\{Z \leqslant z\} \approx \frac{\text{Number of data less than or equal to } z}{\text{Number of data}} \qquad (2\text{-}4)$$

因此，比例与概率有关。方程式（2-4）中的比例假设数据具有相同的代表性。当存在优先在特定区聚集的数据时，该可能是一个不太成立的假设。对此，将在第二章第二节（见下文）中开发一种分解程序，以计算分配到每一个数据 $n\{z_i,\ i=1,\ \cdots,\ n\}$ 中的相对权重 $\{w_i,\ i=1,\ \cdots,\ n\}$。较小的加权被列为冗余数据。总加权为：$\sum_{i=1}^{n} w_i = 1.0$。用该类加权数据直接推导出累积分布函数 $F(z)$：

$$f(z) \approx \text{满足 } z_i < z \text{ 的数据加权总数} \qquad (2\text{-}5)$$

一个非参数累积分布函数 $f(z)$［见方程式（2-5）］为一系列阶梯函数（见图2-9实线部分）。下标 $z_{(i)}$ 表明数据集的排列顺序，1 为最小，n 为最大。图2-9为五份等权重数据。可以使用某种形式的内插来生成延伸到任意最小 z 值 $z_{\min}$ 和最大 z 值 $z_{\max}$ 的连续的分布 $f(z)$。线性内插法也经常使用。对于数据有限的高偏态数据分布可考虑采用更为复杂内插模型，见 GSLIB 第五章（Deutsch 和 Journel，1998）。

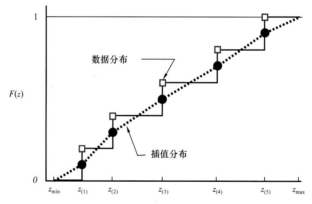

图2-9　样品数据中推导出的非参数分布图，实线来自有序数据 $Z_{(1)}$，...，$Z_{(n)}$ 以及概率的定义（2-4）。虚线是累积分布函数线性插值，以提供 $F(z)$ 和 Z 之间的连续关系。

（五）分位数和概率区间

分位数为对应固定累积频率的 z 值。比如，分位数 0.5，也称作中位数且表示为 q（0.5），是将数据分为相等两部分的 z 值。q（0.25）为下四分位数。q（0.75）为上四分位数。分位数函数 $q(p)$ 为累积分布函数的倒数：

$$q(p) = F^{-1}(p) \quad \text{such that } F[q(p)] = p \in [0,\ 1] \qquad (2\text{-}6)$$

分位数函数 $q(p)$ 包含与累积分布函数 $F(z)$ 相同的信息；它只是观察概率分布的另一种方式。对称的 p—概率区间由以下下四分位和上四分位来定义：

$$q\left(\frac{1-p}{2}\right) \text{ 和 } q\left(\frac{1+p}{2}\right) \qquad\qquad （2-7）$$

例如，90% 对称概率区间被限制在 $q（0.05）$ 与 $q（0.95）$ 范围之间。不论是参数化还是非参数化，一旦建立了累积分布函数 $F（z）$ 或分位数函数 $q（p）$，其他任何概率区间都能确定。

（六）离散变量分布

离散或分类变量的概率分布都通过每一类的概率或比例来定义，即 p_k，$k=1$，$\cdots$，K，共 K 类。概率必须为正数，$p_k \geqslant 0$，$\forall k=1$，$\cdots$，K 且和为 1.0，$\sum_{k=1}^{K} p_k = 1.0$。p_k 值的图表充分总结了数据分布情况。然而，有时我们也可以考虑直方图和累积直方图（图 2-10）。

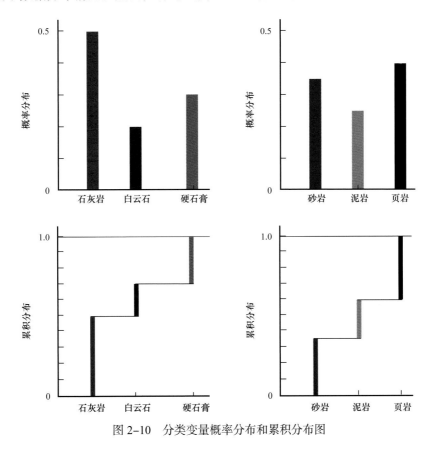

图 2-10　分类变量概率分布和累积分布图

图 2-10 所示的累积直方图为离散类别任意排序的一系列阶梯函数。此类累积直方图对描述性的目的用处不大，但对许多诸如蒙特卡罗模拟和数据转化的计算而言却很重要（见下文）。一般来说，顺序并不重要。下面将讨论当顺序影响结论的例子。

（七）连续变量统计

连续数据通常由诸如平均数或平均值的中心值总结得出：

$$\hat{m} = \frac{\sum_{j=1}^{N} w(\boldsymbol{u}_j) z(\boldsymbol{u}_j)}{\sum_{j=1}^{N} w(\boldsymbol{u}_j)} \tag{2-8}$$

其中，有 N 项数据值 $z(\boldsymbol{u}_j)$，$j=1$，$\cdots$，n，可能被 $w(\boldsymbol{u}_j)$，$j=1$，$\cdots$，n 不同程度加权。符号 m 指有限数量观察值的平均数或样本均值。符号 m 被用于统计模型的真均值。

数据的分布通常由平均值的平均平方差来测度：

$$\hat{\mathrm{Var}}\{z\} = \hat{\sigma}^2 = \sum_{j=1}^{N} w(\boldsymbol{u}_j) \left(z(\boldsymbol{u}_j) - \hat{m} \right)^2 \tag{2-9}$$

符号 $\hat{\sigma}^2$ 代表观测到的变量，并且该符号用于表示统计模型的真方差。方差的平方根为标准偏差（σ）。

变异系数（CV）为标准偏差与平均值之比，即，$CV=\sigma/m$ 变异系数被定义为严格的正变量。由于变异系数是无单位的，所以可以作为数据分布的有效度量。然而，变异系数的大小无法告诉我们模拟一个变量有多困难，空间变异必须纳入考虑范围。人们通常认为，变异系数大于 2.0 则说明有变量具有高度的非均质性。由于不同相的数据与相中均质值的混合，变异系数值会偏高。这可能使我们重新考虑关于稳定性的决定，因为我们可能不应该将均质的相混为一谈。

还有一些其他不常用的集中趋势测量法，诸如中位数（0.5 分位数）、模式（最常见的观测方式）、几何平均数 $\left[\left(\prod_{j=1}^{N} z_j \right)^{\frac{1}{N}} \right]$。不常用的散布度量法包括范围（最大和最小观察值之间的差异），平均绝对偏差 $\sum_{j=1}^{N} w(\boldsymbol{u}_j) \left| z(\boldsymbol{u}_j) - \hat{m} \right|$，以及四分位间距（0.75 分位数减 0.25 分位数）。

用于量度诸如形状、偏度或形态特征的其他高阶汇总统计，很少在地质统计学中使用。这些高阶汇总统计对于异常数据或限制数据也非常敏感。

（八）分类变量统计

考虑 K 个相互排斥的类别 s_k，$k=1$，$\cdots$，K 该列表也非常详尽，即任何位置的 $\boldsymbol{u}$ 都属于这 K 个类别中的一个，也是唯一的一个。设 $i(\boldsymbol{u}; s_k)$ 为与 s_k 类别一致的指示变量，如果位置 $\boldsymbol{u} \in s_k$，则将其数值设置为 1，否则设置为零，即，

$$i(\boldsymbol{u}_j; s_k) = \begin{cases} 1, & \text{if location } \boldsymbol{u}_j \text{ in category } s_k \\ 0, & \text{otherwise} \end{cases} \tag{2-10}$$

互斥性和穷举现象包含以下关系:

$$i(\boldsymbol{u};s_k) \cdot i(\boldsymbol{u};s_{k'}) = 0, \qquad \forall\, k \neq k' \tag{2-11}$$

$$\sum_{k=1}^{K} i(\boldsymbol{u};s_k) = 1 \tag{2-12}$$

每一类 s_k，$k=1$，$\cdots$，K 的平均数指标都被解释为那一类的数据比例。例如，通过去聚权值来估量，如

$$\hat{p}_k = \sum_{j=1}^{N} w_j i(\boldsymbol{u}_j;s_k) \tag{2-13}$$

每一类 s_k，$k=1$，$\cdots$，K 的指标的方差都为平均数指标的简单函数:

$$\hat{\mathrm{Var}}\{i(\boldsymbol{u};s_k)\} = \sum_{j=1}^{N} w_j \left[i(\boldsymbol{u}_j;s_k) - \hat{p}_k \right]^2 = \hat{p}_k \left(1.0 - \hat{p}_k \right) \tag{2-14}$$

三、二元分布

到目前为止，针对初步统计概念的讨论着重围绕某一个变量。现在引入两个变量。图 2-11 为渗透率与孔隙度的交会图。垂线将数据划分为六个等级，每个等级具有相同数量的孔隙度数值。每个孔隙度等级中的横线将数据划分为六个子类，每个子类具有相同数量的孔隙度数值。结果为具有相同数量的 36 类数据。

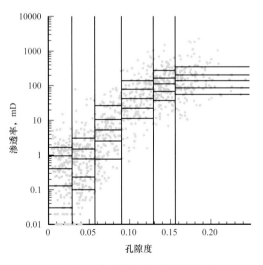

图 2-11　渗透率与孔隙度交会图

垂线将数据划分为六个等级，每个等级具有相同数量的数据点；每个孔隙度等级中的横线将数据划分为六个子类，
每个子类具有相同数量的数据；结果为 36 个等级中的数据数量相等

相关系数 p 衡量对偶值 $z(u_j)$ 与 $y(u_j)$ 之间的相关程度，其中 $j=1$，$\cdots$，N 该值是从变量 σ_z^2 和 σ_y^2 的方差参见方程式（2-9）以及两个变量间的协方差计算得出。将样本协方差定义为

$$\hat{c}_{z,y} = \sum_{j=1}^{N} w(u_j)\left(z(u_j) - \hat{m}_z\right) \cdot \left(y(u_j) - \hat{m}_y\right) \qquad (2-15)$$

其中，$\hat{m}_z$ 与 $\hat{m}_y$ 为数据 z 与数据 y 的样本平均值，来自方程式（2-8）。将样本线性相关系数定义为

$$\hat{p} = \frac{\hat{c}_{z,y}}{\sqrt{\sigma_z^2 \cdot \sigma_y^2}} \qquad (2-16)$$

ρ 在 -1 与 1 之间取值，其中 -1 代表完全负相关，0 代表不相关，1 代表完全正相关。

请注意，协方差 $\hat{c}_{z,y}$ 以及相关系数 $\hat{\rho}$ 衡量线性相关。非线性或非单调关系的分散在图 2-12 中未通过相关系数充分体现出来。

GSLIB 程序 scatplt 运用算数尺度或对数尺度的两个坐标轴的成对值绘制交会图。均值、方差和相关系数得以记录。此外，我们还提出了秩相关性的概念。

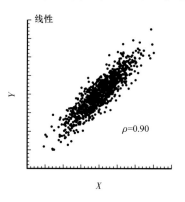

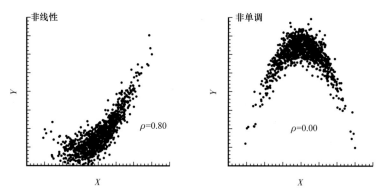

图 2-12　具有相同分散实质的线性、非线性以及非单调关系图
（非线性和非单调关系的相关系数显著降低）

此处除累积分布函数值 $F_Z[z(\boldsymbol{u}_j)]$ 和 $F_Y[y(\boldsymbol{u}_j)]$ 代替了原始数据值之外，秩相关的计算方式与上述相同参见方程式（2-16）。这减小了较大异常值 z 或数据值 y 所造成的影响。两组值集 $F_Z[z(\boldsymbol{u}_j)]$ 和 $F_Y[y(\boldsymbol{u}_j)]$ 的直方图在 0 到 1 的取值范围内是一致的。因此，其尾部都没有形成任何特殊形状。

四、Q—Q 图

现在介绍对比两组不同数据的分布与数据转换。

Q—Q 图是用来对比两组或更多组分布的精确的图形工具。当然，我们可以只看并排的两组直方图并对比其汇总统计。Q—Q 图更有优势。Q—Q 图为不同的两组分布中 p—分位数值 $q_1(p)$ 与 $q_2(p)$ 匹配的交会图。

例如，图 2-13 为岩心孔隙度直方图与测井孔隙度直方图。岩心孔隙度直方图与测井孔隙度直方图有所不同。图 2-14 为两组对应的累积分布直方图与 Q—Q 图。如图所示，累积频率为 0.6 时，岩心孔隙度分位数为 0.309，累积频率为 0.6 时，测井孔隙度为 0.279。（0.309，0.279）这组数字在 Q—Q 图中显示为一个点。其他点与另外 406 个由数据分布决定的分位数有关。

当 Q—Q 图中所有点都处于倾斜度为 45° 的直线上时，两组分布完全相同。点偏离 45° 线表示两幅直方图有所不同，尤其在以下几个方面。

（1）45° 线之上或之下的系统性偏离表示分布中心或分布均值不同。45° 线以上的点表明 Y 轴上分布的点位值要高于 X 轴上的点位值。45° 线以下的点则说明 X 轴上的点位值更高。

（2）斜率异于 45° 表示两组分布的散布或方差不同。斜率大于 1（或 45°）表示 Y 轴方差大于 X 轴。斜率小于 1 则意味着 X 轴方差更大。

（3）Q—Q 图中曲率表示两组分布形状不同。

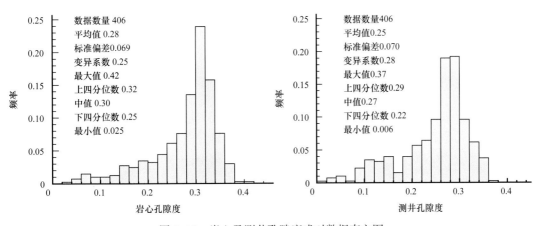

图 2-13　岩心及测井孔隙度成对数据直方图

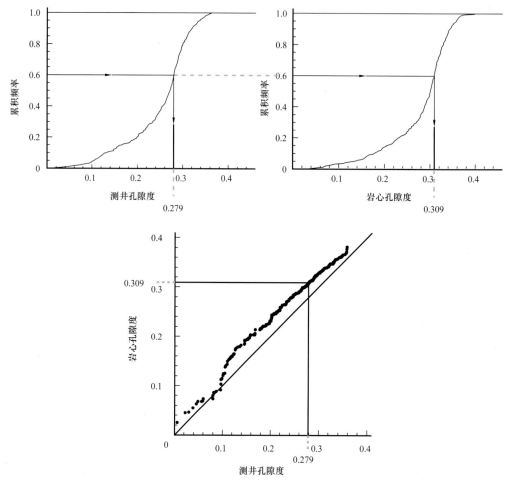

图 2-14　累积直方图与岩心、测井孔隙度成对数据 Q—Q 图

Q—Q 图中的箭头说明达到累积频率点位 0.60 所需步骤：（1）累积频率为 0.6 时，岩心孔隙度为 0.309；（2）累积频率为 0.6 时，测井孔隙度为 0.279；（3）点位值 0.309 和 0.279 在 Q—Q 图中交会

　　实际上，三类特征（中心、散布和形状）的差异都能看到。参考图 2-14，我们注意到岩心和测井的平均孔隙度差异（垂直偏差）以及孔隙度值小于 0.15 的直方图形状不同。

五、数据转换

　　通常有必要将数据从一幅直方图转换到另一幅直方图上，比如：将（1）测井孔隙度转换到岩心孔隙度直方图中，以便更正测井解释和看似更加可靠的岩心数据直方图；（2）孔隙度值的模拟模型转移到近似于样本数据的分布中；（3）可用数据转移到后续地质统计分析中合适的正态或高斯分布中。数据转换时，应保留数据转换顺序，即，转换前为高数值的在转换后也应保持为高数值。以下转换方法保留了这样的排序。

　　数据标准化处理的传统方法为计算标准残差，$Y=(Z-m)/a$；其中 m 和 a^2 表示原始变量 Z 的均值和方差。新数据 Y 的均值和方差为 0 和 1，然而分布形状仍保持不变。一项简单且同样能更正整个直方图形状的程序为保秩分位数转化。

分位数转换的观点是将数据的 p—分位数与目标或参考分布的 p—分位数相匹配。考虑使用累积分布函数 $f_Z(z)$ 获得数据变量 z 并通过以下累积分布函数 $f_Y(y)$ 转换得到 Y 值:

$$y=f_Y^{-1}\left[(f_Z(z)\right] \tag{2-17}$$

该步骤的图示更便于理解。

图 2-14 所示例子可被用作例证。想转换测井孔隙度值以获得相同的直方图,转换岩心孔隙度值以便:(1)将两种数据类型放在相同的基础上以便进一步的地质统计分析;(2)纠正直方图中两种数据类型的范围差异,这样一来就能消除由测井解释软件产生的偏差。如上所述,转换步骤实际上就是匹配分位数。即,测井孔隙度值 0.279 被转换成 0.309(对应岩心孔隙度分布中 0.6 分位数)。假设用类内插值方案全面规定原始分布 $F_Z(z)$,任何 z 值都有可能被转换。

对一些应用而言,在定义目标积累分布函数 $F_Y(y)$ 时,数据 z 的转换总要比硬数据 y 多得多。Q—Q 图是在最小数据集的分辨率下绘制的。因此,尾部下方,分位数对之间以及尾部上方使用插值选项。通常,使用线性插值法是因为它的简单性。更多可替换的方法详见 GSLIB(Deutsch 和 Journel,1998)。GSLIB 中的转换程序通过上述分位数转换过程实现。

正态分数转换将标准的正态分布作为目标分布。平均值 m 和标准偏差 a 的正态分布可能存在以下概率密度:

$$f(z) = \frac{1}{\sigma\sqrt{2\pi}}\mathrm{e}^{-\frac{1}{2}\left(\frac{z-m}{\sigma}\right)^2}$$

图 2-15 为标准正态分布的分位数转换程序。

转换方法与之前描述的分位数转换程序相同;目标分布则为当前标准正态分布。请注意,尽管标准正态分布的累积分布不存在封闭解析解,却存在数值的高度逼近(Kennedy Jr 和 Gentle,1980)。GSLIB 中的 nscore 程序执行正态分数转换。

只要直方图的起点或目标直方图中不存在尖峰,上述四分位数转换或正态分数转换程序均可逆。

例如,如果存在 10% 原始零值,则对任何目标分布来说都不存在特殊转换。转换前有必要解除绑定。

最简单的方法为随机解除绑定。通常,绑定的排序通过排序算法或数据文件中遇到的数值的顺序来确定。更多复杂的随机削峰包括在每个绑定中添加数值较小的随机数,然后将其按照最小数值到最大数值排列。不论哪种情况,随机削峰都会对随后的建模产生影响。特别是,转换后的数据空间(通常,在正态分数转换之后)内计算出的变差函数都显

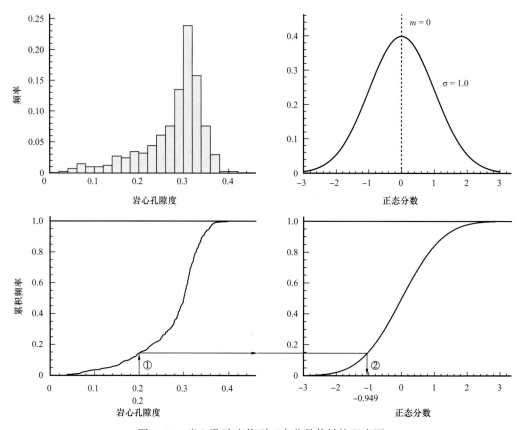

图 2-15　岩心孔隙度值到正态分数值转换程序图

直方图位于图顶；图下方的累积分布用于转换；转换任意岩心孔隙度（取值 0.2）时：（1）读取与孔隙度相对应的累积频率；（2）在正态分布上找到相同的累积频率并读取正态分数值（−0.949）；以这种方法，任何孔隙度值都能转换为正态分数值，反之亦然

示非常高的块金效应[②]以及不现实的小规模变化。尽管受限于随机削峰，当常量值比例较小时，该函数仍为可接受值。

应注意的是，削峰不需要带指示方法，也就是说，其中变异范围自然会被一系列阈值所划分。每组常量值集或尖峰构成独立的地质总体。例如，零孔隙度尖峰与完全胶结的岩石或页岩相对应。胶结总体有可能被看作不同的地质总体，并以不同的相建模；某一地质总体所具有的特性可保持不变。

随机削峰法无法被采用时，应考虑选择其他方法，并且将尖峰孤立作为一个单独总体的做法缺少地质依据。削峰最简单有效的方法由 Verly（1984）提出。该方法为在以每个数据绑定值为中心的局部邻域内计算局部平均数。

然后，根据局部平均数对数据进行排序或削峰，局部平均值数高的排序在前。削峰程序将对一维、二维或三维数据执行局部平均削峰操作。用户须选择窗口的大小。显然，如果窗口太大或太小，均无法进行削峰操作。详细研究窗口尺寸并无多大收效。至于窗口尺

---

②　变差函数术语和推论在第二章第三节量化空间相关性中做了详细阐述。

寸，削峰结果相对平稳即可。图 2-16 展示了一个削峰示例。相较于经过随机削峰的正态分数变换值而言，经过局部平均削峰的正态分数变换值存在更小规模的波动（在恒定值区域中）。

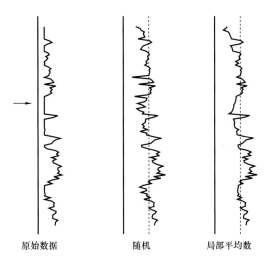

原始数据　　　　随机　　　　局部平均数

图 2-16　削峰一维示例：位于最左侧的原始孔隙度值为具有随机削峰的孔隙度值的正态分数变换，而位于右侧的原始孔隙度值为具有局部平均削峰的孔隙度值的正态分数变换

需注意，在诸如箭头位置处等孔隙度恒定为 0 的区域中，具有较少的随机性

对削峰问题的考虑标志着对样本统计和总体统计之间的关注重点发生转移。虽然数据有限，但我们对表示整个总体或储层体积的统计参数表示关注。与尖峰相比，更多关注的是集群或非代表性数据。

六、去聚和去偏

很少以具有统计代表性为目标收集数据。通常，在很可能具有良好储层质量的区域中钻探各种井。进行岩心测量会优先从优质储层中取心。不应对这些数据收集做法做出修改，其可使得经济最佳化并在贡献最大流量的储层中产生最大量的数据。然而，需要调整直方图和汇总统计，以表示整个感兴趣区域。

感兴趣区域通常为特定地层序列的特定相。在页岩中未获取岩心孔隙度和渗透率数据的原因在现有砂岩或页岩模型构建中得以解释。问题在于，即使在特定相中，也可能在低值或高值区域中聚集数据。

大多数轮廓算法或映射算法自动校正该优先数据聚集。由于密集数据"通知"的网格节点较少，因此获得权值较低。而稀疏数据"通知"较多的网格节点，因此获得较大的权值。由普通克里金法绘制的图可以有效去聚。即使现代随机模拟算法是基于克里金映射算法而建立，其也不能校正集群数据对目标直方图的影响。这些算法需要一个代表整个被建模区域的分布模型（直方图）。稀疏数据区域中的模拟依赖于全局分布，其必须代表所有正在被模拟的区域。

（一）多边形去聚与单元去聚

去聚技术基于其与周围数据的接近度来向每个数据分配权值 w_i，其中 $i=1$，$\cdots$，n。然后利用这些去聚权值计算直方图和汇总统计。平均值和标准偏差计算如下

$$\overline{z} = \sum_{i=1}^{n} w_i z_i \ \text{和} \ s = \sqrt{\sum_{i=1}^{n} w_i (z_i - \overline{z})^2} \tag{2-18}$$

其中，权值 w_i（$i=1$，$\cdots$，n）介于 0 和 1 之间，相加之和为 1。最直观的去聚方法是基于各样本的影响量分配权值。

作为第一个示例，考虑图 2-17 中所示的 122 口井的位置。基础灰度值代表真孔隙度值，其在该示例中被模拟。该真孔隙度值分布的平均值和标准偏差分别为 18.72% 和 7.37%。

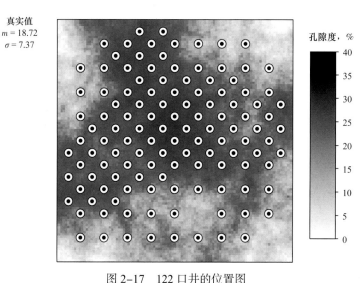

图 2-17　122 口井的位置图

灰度代码显示了孔隙度的基本真实分布，实际上，我们可能仅了解高孔隙度的中心趋势

虽然通过手工绘制等高线图和区域地质学知识可了解高孔隙度的中心趋势，但实际上无法获得具体的真实孔隙度分布情况。图 2-18 示出了 122 口井的数据等权直方图。样本等权平均值（22.26%）显著高估了真实平均值，而标准偏差（5.58%）低估了真实的标准偏差。

多边形影响区域如图 2-19 所示。可使用多种算法来建立围绕各数据的多边形（Rock，1988），并计算影响区域 A_i，其中 $i=1$，$\cdots$，n 这些算法在三维中为 CPU 密集型，且有些不稳定。去聚权值与影响区域成比例：

$$w_i^{(p)} = \frac{A_i}{\sum_{j=1}^{n} A_j} \tag{2-19}$$

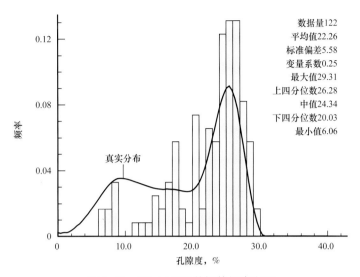

数据量122
平均值22.26
标准偏差5.58
变量系数0.25
最大值29.31
上四分位数26.28
中值24.34
下四分位数20.03
最小值6.06

图 2-18 122 口井的数据等权直方图

其中真实参考直方图以黑线示出，需注意 25%～30% 之间的数据比例较大，0～20% 孔隙度范围内的数据比例稀疏

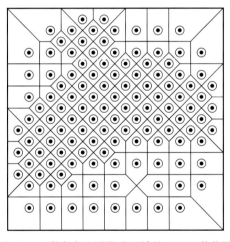

图 2-19 附有多边形影响区域的 122 口井位图

其中 $w_i^{(p)}$（$i=1$，$\cdots$，n）为多边形去聚权值。使用这些权值的直方图和汇总统计如图 2-20 所示。25%～30% 之间的数据比例已经向下校正，并且 0～20% 孔隙度范围内的数据分配的权值已经增加。汇总统计现在更接近于真实值（表 2-5）。单元去聚技术是另一种常用的去聚技术（Deutsch，1989b；Journel，1983）。单元去聚流程如下：

（1）将感兴趣区域划分为单元网格 l，其中 $l=1$，$\cdots$，L。

（2）计算占用的单元数 L_o（$L_o \leqslant L$），以及各占用单元中的数据量 n_{l_o}（$l_o=1$，$\cdots$，L_o），其中 $\sum_{l_o=1}^{L_o} n_{l_o} = n =$ 数据量。

（3）根据同一单元中的数据量，对各数据进行加权，例如，单元 l（$l \in [0, L_o]$）中的数据 i 的单元去聚权值为

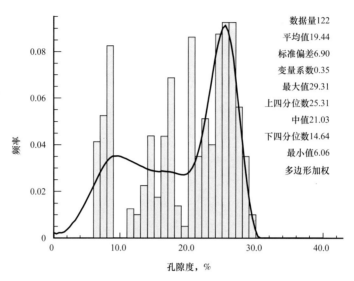

图2-20　考虑多边形去聚权值的122口井数据直方图

其中真实参考直方图以黑线示出，25%～30%之间的数据比例已经校正，并且0～20%孔隙度范围内的数据分配的权
值已经增加

表2-5　图2-17示例中所示的平均值和方差

	平均值		标准偏差	
参考值	18.72		7.37	
等权值	22.26	+18.9%	5.58	−24.3%
多边形去聚	19.44	+3.8%	6.90	−6.4%
单元去聚	20.02	+6.9%	6.63	−10.0%

$$w_i^{(c)} = \frac{1}{n_l \cdot L_o} \qquad\qquad （2-20）$$

权值 $w_i^{(c)}$（i=1，…，n）介于（0，1］，相加之和为1；$\sum_{i=1}^{n} w_i^{(c)} = 1.0$。这些权值与各单元中的数据量成反比：具有一个数据的单元中的数据获得 $1/L_o$ 的权值，具有两个数据的单元中的数据获得 1/（$2L_o$）的权值，具有三个数据的单元中的数据获得 1/（$3L_o$）的权值，以此类推。

图2-21阐释了单元去聚过程。将感兴趣区域划分为 L=36 的单元网格，有 L_o=33 个占用单元，通过向右和向下任意移动网格边界上的数据来建立各占用单元中的数据量，对于落在最右边的单元列中的数据，其权值如图2-21所示。权值取决于单元大小和网格网络的起点。

值得注意的是，用于去聚的单元大小不是用于地质或流动模型的单元大小，其简单地定义了允许分配去聚权值的中间网格。当单元尺寸非常小时，各数据处在其自身的单元

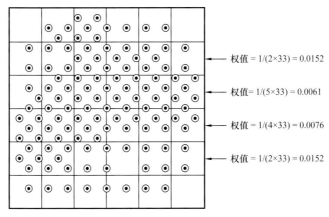

图 2-21　单元去聚图

最后一列中的 13 个数据的权值如图所示，所有其他数据的权值均以同种方式建立

中（L_o=n）并获得相等的权值。当单元尺寸非常大时，所有数据均落入一个单元（L_o=1）并被同等加权。最佳网格起点、单元形状和大小的选择需要一些灵敏度研究，请考虑以下准则：

（1）当井垂直（或几乎垂直）时，执行二维去聚操作。当存在可以优先采样某些地层间隔的水平或高偏斜井时，考虑执行三维去聚操作。

（2）单元的形状取决于数据的几何构型；在这一点上，我们不寻求量化空间连续性。因此，调整单元的形状以与优先采样的主要方向一致。例如，如果井在 X 方向上比在 Y 方向上更密集，则应当减小 X 方向上的单元尺寸。

（3）选择单元大小，以便在稀疏采样区域中使每个单元都近似具有一个数据。检查结果对单元尺寸微小变化的灵敏度，其结果很可能表示去聚权值在一个或两个异常高或低的井中发生改变。

（4）在具有许多数据且已知高值或低值区域均已被过采样的成熟区域中，可选单元大小，使得权值给出数据的最小（或最大）去聚平均值。为一系列单元大小绘制与单元大小相对应的去聚平均值，然后选择具有最低去聚平均值（聚集在高值区域中的数据）的单元大小或具有最高去聚平均值（聚集在低值区域中的数据）的单元大小。优先选择基于稀疏采样区域中的数据间隔的单元大小，因为该方法通常会过度校正分布。

（5）必须选择合适的单元去聚网格的起点和单元 L 的数量，使得所有数据均包括在网格内。固定单元尺寸和改变起点通常会改变去聚权值。为了避免这种人为因素影响，对于相同的单元格尺寸，应该考虑多个不同的起点位置 $N_{起点}$（Deutsch，1989；Deutsch 和 Journel，1998）。然后针对各起点偏移，对去聚权值求平均。

现请看 122 口井的示例，通过在 75 到 1025 个网格单元中尝试 95 个不同的单元尺寸（以 10 为增量，每个单元尺寸具有 20 个不同的起点），确定具有 280 个网格单元的单元尺寸为最佳单元尺寸（GSLIB 中的 declus 程序自动快速进行此操作）。去聚平均值与相对应的单元大小的关系如图 2-22 所示。选择具有 280 个网格单元、去聚平均值为 20.02% 的单元尺寸。将单元去聚权值考虑在内的 122 口井的数据直方图如图 2-23 所示。

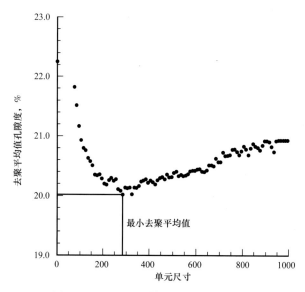

图 2-22　去聚平均值与对应的单元尺寸

需注意，等权平均值为 22.26%

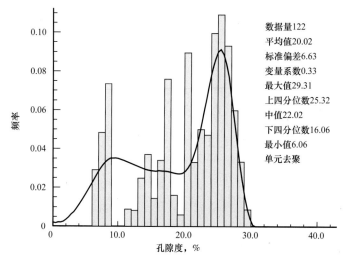

数据量122
平均值20.02
标准偏差6.63
变量系数0.33
最大值29.31
上四分位数25.32
中值22.02
下四分位数16.06
最小值6.06
单元去聚

图 2-23　考虑单元去聚权值的 122 口井数据直方图

真实参考直方图以黑线示出，25%～30% 之间的数据比例已在很大程度上得到了校正，

并且 0～20% 孔隙度范围内的数据分配的权值已经增加

25%～30% 之间的数据比例已在很大程度上得到了校正，并且 0～20% 孔隙度范围内的数据分配的权值已经增加。汇总统计信息见表 2-5。

在该 122 口井的示例中，多边形去聚使得统计更接近于参考直方图中的统计信息。这不是一个普遍的结论。当感兴趣区域的界限（边界）清楚并且多边形的尺寸改变未超过 10 倍（最大面积/最小面积）时，多边形去聚效果良好。由于难以确定 Voronoi 区域在三维中的影响，在复杂的三维情况下，同样优先选择单元去聚。尽管已知表 2-5 所示的结果，多边形去聚工作在超出平均值时仍不能很好地执行。重要的是，两个去聚过程都会使得直方图更接近真实值。

（二）另一示例

图 2-24 所示的 63 口井来自西得克萨斯州碳酸盐岩储层。这些井均已用表示垂直孔隙度平均数的灰度编码示出。位于东北角处的井区集中于高孔隙度区域。感兴趣储层的厚度平均为 52ft。以 1ft 间隔采样的测井孔隙度的等权直方图如图 2-25 所示。需注意，平均孔隙度为 8.33%，标准偏差为 3.37%。

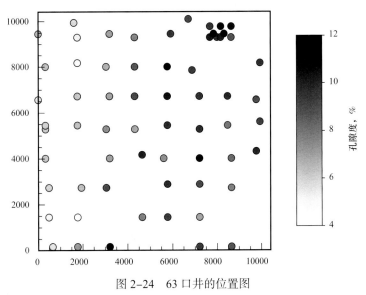

图 2-24 63 口井的位置图

这些井位置均用表示该井中孔隙度的垂直平均数的灰度圆示出。需对东北角处井的高孔隙度和聚集加以注意

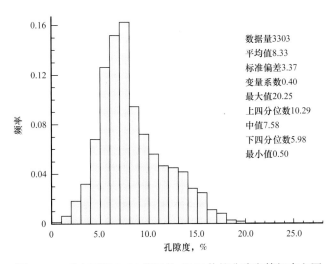

数据量3303
平均值8.33
标准偏差3.37
变量系数0.40
最大值20.25
上四分位数10.29
中值7.58
下四分位数5.98
最小值0.50

图 2-25 对应于图 2-24 所示的 63 口井的孔隙度等权直方图

采用面积单元大小为 1500ft，垂直单元大小为 10ft 的单元去聚，得到图 2-26 所示的直方图。去聚平均值为 7.99%，标准偏差为 3.23%。平均孔隙度减少了 0.34 个孔隙度单位

即减少 4.1%，标准偏差减小了 0.14 个孔隙度单位即减少 4.2%。等权孔隙度分布和单元去聚孔隙度分布的 Q—Q 图如图 2-27 所示。去聚分布对 8% 和 16% 之间的孔隙度值分配较小的权值。

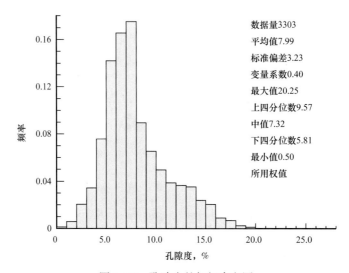

数据量3303
平均值7.99
标准偏差3.23
变量系数0.40
最大值20.25
上四分位数9.57
中值7.32
下四分位数5.81
最小值0.50
所用权值

图 2-26　孔隙度的加权直方图

其中单元去聚权值来自面积单元大小为 1500ft，垂直单元大小为 10ft 的单元去聚

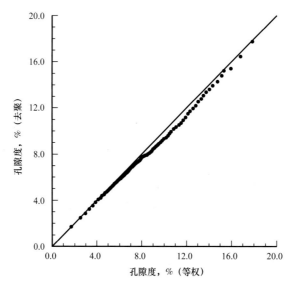

图 2-27　有无去聚的孔隙度值 Q—Q 图

去聚已降低了在 8%～16% 孔隙度范围内的概率

对于一些应用，平均降低 4% 可能是无关紧要的。然而，有时候 4% 代表了重要含烃量。

（三）使用多个变量进行去聚操作

去聚权值主要基于数据的几何构型来确定。因此，存在已经被等同采样的多个变量时，仅计算一组去聚权值。存在不等同采样时，需要计算不同的去聚权值。例如，渗透率数据通常比孔隙度数据更少，这就需要计算两组去聚权值。

去聚权值主要用于确定每个变量的代表性直方图，然而，还需要了解多个变量之间的相关性。同一组去聚权值可以对影响相关系数的每一对变量进行加权（GSLIB 中的 scatplt 程序支持此加权）。

（四）校正非代表性数据

仅在具有足够数据来分配更大和更小权值时，去聚操作才有效。除非在储层的优质和劣质区域中都有足够的数据覆盖，否则常规的多边形去聚和单元去聚方法不足以确定代表性分布。当具有足够的地震或地质数据时，可以据此事先了解高收益优势区域。第一口井将有可能位于最好的地区。然后，在储层开发中，可以构建地质统计模型以进一步规划开发工作。到那时，需要无偏统计数据。本部分的重点是使用二次地震或地质数据来确定代表性统计和概率分布，换句话说，校正非代表性数据（Pyrcz 等，2006）。

首要要求是次级变量的空间分布。次级变量可以是地震属性、手绘等值储层质量（RQ）变量，或者若储层质量与深度相关，则简称为结构深度。下面所提出方法早期应用于丹麦白垩储层，其中孔隙度随深度显著减小。

图 2-28 示出了储层的平面示意图，其中井位于构造顶部附近。这是为了在开发初期，能在数量有限的井中使产量最大化。该图上的虚线表示远离中心逐渐减小的深度等值线。

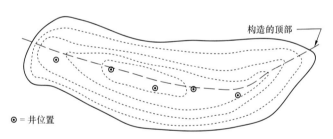

图 2-28　沿储层构造顶部钻井图

有时，储层质量随深度发生系统性的降低；虚线表示远离中心逐渐减小的深度等值线；在这种情况下，必须校正孔隙度和渗透率的分布

除了次级变量的详尽示意图之外，还需要次级变量（例如深度）和所考虑储层性质（例如孔隙度）之间的校准关系。校准关系如图 2-29 所示。最好有更多的实际数据来支持图 2-29 所示的趋势。在这种情况下，构造顶部有五口井，数据必须来自一些外部信息源，例如，在沉积环境中类似储层的经验。

可以合并图 2-28 和图 2-29 中所示的信息以提供孔隙度的代表性分布。所需的两条信息是：

（1）次级变量，例如，各井位置的深度（y）；（2）次级变量 y 和感兴趣的 z 变量之间的双变量关系。

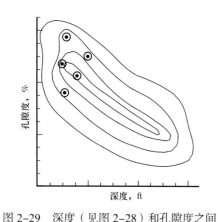

图 2-29　深度（见图 2-28）和孔隙度之间
的校准交会图

五口井的数据为井深度较浅而大多数储层深度较
深时的数据，等值线为等概率线

表示为 A 的感兴趣区域由多个位置 $\boldsymbol{u}$（$\boldsymbol{u}\in A$）离散化。符号 $\boldsymbol{u}$ 表示地质建模单元的三维坐标。地质建模单元都具有相同的体积。次级变量 $y(\boldsymbol{u})$（$\boldsymbol{u}\in A$）在所有位置均可用。对于各次级变量 $y(\boldsymbol{u})$ 值，存在对应概率分布 z，表示为 $\hat{f}_{z|y}(z\,|\,y=y(\boldsymbol{u}))$。这些条件概率分布来自校准关系。在图 2-28 和图 2-29 的示例中，对于浅（低）深度 y 值，条件分布将表现出高 z 值，而对于较大深度值则表现出低 z 值。

所有 y 值的分布（$\boldsymbol{u}\in A$）表示整个感兴趣区域。因此，可以通过累积所有条件分布来构建主 Z 值的代表性分布：

$$f_z^*(z)=\sum_{\text{all }\boldsymbol{u}\in A}\frac{1}{C}f_{z|y}\big[z\,|\,y=y(\boldsymbol{u})\big] \tag{2-21}$$

其中，C 为归一化常数，确保 $f_z^*(z)$ 总和为 1。图 2-30 给出了此过程的图示：由于井的位置，数据分布（实线代表的概率分布）存在偏差，次级数据随处可见，并且可以建立代表性分布（y 轴下方的虚线），同时公式（2-21）可以用于计算由虚线所示的垂直 z 轴侧的代表性分布。许多软件都可以对这种简单的求和过程进行编码。我们发现最终的代表性或去聚分布 $f_z^*(z)$ 完全取决于次级变量和校准。实际 z 数据仅有助于建立校准关系。当然，这些 z 数据也被用作随后地质统计学建模中的局部数据。

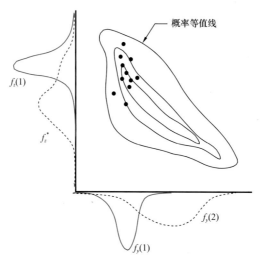

$f_z(1)$, $f_y(1)$ —初级（z）和次级（y）变量在井位置图的分布
$f_y(2)$ —代表整个区域的次级（y）变量的分布
f_z^* —代表整个区域的次级 z 变量的分布

图 2-30　推导代表性概率分布的校准程序图，采用公式（2-21）计算分布 $f_z^*(z)$。

次级数据和校准可以来自地震数据。图 2-31 示出了代表性直方图的计算，使用了地震数据的穷举网格（左上）、地震属性的相应直方图（右上）以及地震属性和孔隙度（中间）之间的二元关系，以获得孔隙度的分布（底部）。中心校准交会图上的垂直线源于垂直井；每个井下有许多对应于单个地震属性值的孔隙度值。

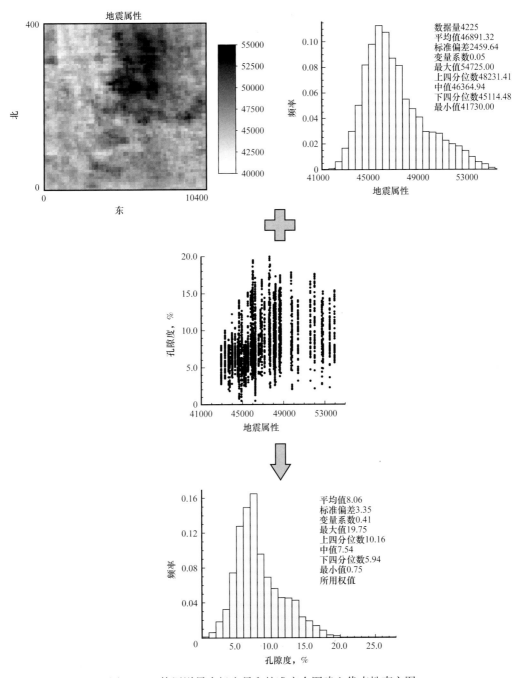

图 2-31　使用详尽次级变量和校准交会图建立代表性直方图

创建代表性直方图或创建平均值的另一种方法是构建地质趋势模型。趋势模型的平均数对总体平均数进行合理估计。可以校正由数据导出的直方图或比例，从而从趋势模型再现平均数。

对于非代表性数据而言，跳过去聚或一些其他形式的校正可能会导致储层模型有偏差。除了通过去聚来校正偏差之外，有时还需要通过平滑直方图和交会图。

七、平滑直方图和交会图

当样本数据较少时，直方图中会出现锯齿状尖峰。如果存在较多的样本数据，则不太可能出现这些尖峰，这些尖峰是数据缺乏时人为造成的结果，应该被平滑掉。由于必须通知的双变量类的数量，单变量直方图中的分辨率的缺乏和尖峰问题在双变量直方图（交会图）中变得更加严重。例如，如果孔隙度和渗透率直方图需要 100 种类别，则双变量直方图需要 10000 种类别。这种情况被称为维数灾难。在无建模或平滑的情况下，很少有足够的数据来可靠地通知双变量直方图。通常，采用平滑直方图的方式来改善分布的视觉呈现，并且该平滑对模型结果没有显著影响，因此，不必投入大量的精力和时间。

平滑单变量和双变量分布的第一常规方法是将参数概率分布模型（诸如正态分布、对数正态分布或幂律分布）拟合到样本数据中（Johnson 和 Kotz，1970；Scott，1992）。这些参数模型克服了与样本直方图中的分辨率和尖峰相关的所有问题。然而，真正的数据很少能够配备具有很少参数的参数分布。

第二种方法是用核函数（Silverman，1986；Scott，1992）（即一个参数概率分布，其平均值等于基准值和小方差）替换各数据。通过将这些核函数相加来获得平滑分布。所得分布通常不能同时满足样本数据的平均值、方差和重要分位数，并且尽管变量为正，也有可能显示负值。

第三种方法是将直方图平滑问题作为优化问题（Journel 和 Xu，1994；Xu 和 Journel，1995；Deutsch，1996）。再现关键汇总统计信息，其被认为是由样本数据可靠通知的。例如，可以施加数据限制、去聚平均值和方差、某些分位数（例如中值）、线性相关系数、双变量分位数（对于散点图中的非线性行为）以及平滑度测量。所有方法的方法论细节可查阅参考文献。

（一）平滑直方图

平滑直方图的四个示例如图 2-32 所示。GSLIB（Deutsch 和 Journel，1998）中的 histmth 程序用于所有四个不相关的示例。一般而言，不存在关于平滑的最佳参数的固定指导方针。尝试在交叉验证分数的基础上优化平滑参数是可实现的（Scott，1992），但这可能不值得付出努力。如果分布过于平滑，则重要的细节可能会丢失。另一方面，如果平滑太"小"，则保留数据稀少的人为结果。

（二）平滑散点图

图 2-33 示出了 243 个孔隙度或渗透率数据对的平滑散点图。首先计算显示在孔隙度

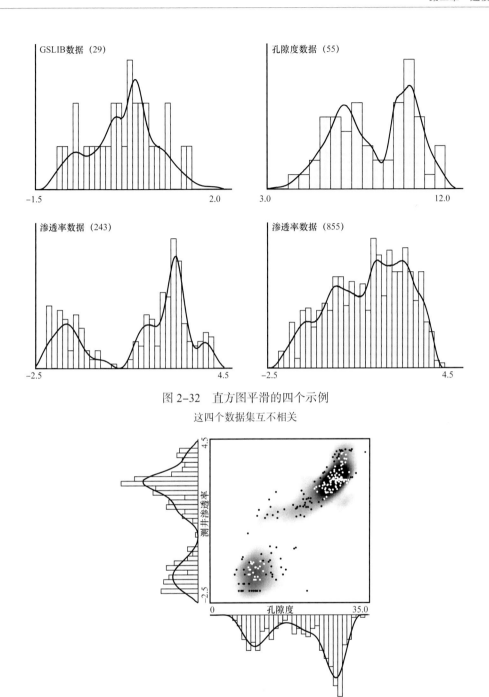

图 2-32　直方图平滑的四个示例

这四个数据集互不相关

图 2-33　243 个孔隙度或渗透率数据的平滑散点图

轴下方和渗透率轴的左侧的平滑孔隙度和渗透率分布。然后平滑双变量分布，以满足这两个边际分布。低概率时，灰度为白色，高概率时为黑色。所示的最终平滑分布已经被限制为边际分布、一些选择的双变量分位数和平滑度的量度。

　　GSLIB（Deutsch 和 Journel，1998）中的 histmth 和 scatsmth 程序用于该示例。此外，未对散点图平滑精准量进行客观估计。必须进行视觉验证。

八、蒙特卡罗模拟

蒙特卡罗方法或随机方法普遍应用于现代科学中。

在这部分中，仅限于介绍蒙特卡罗模拟概念和讨论其特定的实现方法（自举）。地质统计模拟概念，即一种占据由变差函数模型施加的空间约束的蒙特卡罗模拟的扩展形式，将在后面部分提出。

蒙特卡罗模拟是采用指定概率绘制模型的术语。蒙特卡罗模拟的经典示例为绘制缸中彩石，或从帽子中挑选纸片（写上不同的结果）。为了简洁，将蒙特卡罗这个前缀删除，用模拟表示。用于生成模型的机械和电子设备在 50 多年前被数字算法快速替代。这些算法的设计目的在于生成具有随机数数学性质的伪随机数，即在 0 和 1 之间均匀分布而且无相关性。为了简洁，将"伪"这个前缀删除，用随机数表示。与随机数生成相关的历史和文学丰富多样。最新的随机数生成器之一是在 GSLIB 中常用的 ACORN 生成器（Wikramaratna，1989）。同时也使用 Marsaglia 的随机数生成器（Marsaglia，1972）。Ripley（1981）所著书中提出了一些额外背景和随机性的测试标准。目前在地质统计学中使用的随机数生成器还没有记录到任何大问题。

通过生成在 0 和 1 之间均匀分布的随机数 p，以及计算累积概率分布函数（CDF）的倒数，来实现从任意概率分布模拟模型的分位数方法：

$$y = F^{-1}(p) \tag{2-22}$$

为分类变量和连续变量定义累积分布函数 $F(p)$ 及其倒数 $F^{-1}(p)$。通常需要大量的模拟模型，即 $y^{(l)} = F^{-1}(p^{(l)})$，$l = 1, \cdots, L$，其中 L 是一个大数目并且 $p^{(l)}(l = 1, \cdots, L)$ 是用算法和特定"种子"数生成的随机数集合。无论数量 L 如何，随机数集合总是可以用算法和种子数再生。

这种简单而强大的蒙特卡罗模拟概念是大多数现代地质统计技术的核心。在后续章节中，对于在储层模型模拟中考虑不同类型的空间相关性和整合数据做了详细解释。接下来所述的简单自举技术和其他方法提供了用于评估输入统计中的不确定性的有力工具。

九、参数不确定性

地质统计工作流程依赖于多个等概率模型来表征不确定性。过去，许多人保持输入统计恒定，并利用模型之间的遍历性波动来表征不确定性。然而，这种方法通常低估了不确定性（Wang 和 Wall，2003）。由于应用恒定输入统计时，模拟模型之间高于和低于平均数的局部波动相抵消，从而降低了不确定性，所以模型通常意味着非常小的不确定性（Babak 和 Deutsch，2007a）。

目前认为，统计输入中的不确定性也应当量化和整合。通常，输入统计中的不确定性是不确定性的重要来源，对储层预测的不确定性具有相当大的影响。例如，±3% 孔隙度分布平均值的不确定性可导致 ±3% 储层体积的变化（假设无复杂因素）。

然而，对于没有万能解决方案的地质统计学，参数不确定性的评估仍然是一个具有挑战性的课题。为了解决这个重要的课题，提出了多种方法，每种方法都有自身局限、假设和已解决的不确定性部分。例如，尽管自举是用于评估参数不确定性的有力工具，但其没有考虑数据之间的空间相关性。虽然空间自举考虑数据的空间相关性，但其仅考虑数据冗余，而不考虑与兴趣域的数据的相关性。另行提出两种将兴趣域考虑在内的方法，但这两种方法缺少简单性和灵活性。方法的正确使用将取决于问题的仔细说明。对于严格的不确定性建模，需要检查所有的不确定性来源。

评估不确定性模型中的不确定性可能很具吸引力。考虑到推导一阶不确定性的局限性和挑战，对二阶不确定性（即不确定性的不确定性）及其后的进一步研究将是不可行的，也是不切实际的。这种付出所得结果将不可靠或不可解释。

（一）自举

蒙特卡罗模拟技术的普遍应用是由 Efron（1982）及 Efron 和 Tibshirani（1993）提出的自举方法。自举是一种统计重采样技术，其通过从原始数据重采样来量化统计中的不确定性，换句话说，"靠自身努力成功"。

考虑图 2-34（a）所示的 17 个渗透率数据。由于只有 17 个数据，所以平均渗透率具有很大的不确定性。可通过以下过程使用自举来量化平均值的不确定性。

（1）从 17 个渗透率值的分布中绘制（模拟）17 个值。这可以看成是替换型图。也就是说，可以不止一次地选择一些值，并且可以永远不选择其他值。

（2）计算渗透率值 K 的平均数，并将其作为一个可能的平均数进行保存。

（3）多次返回到步骤 1 来评估平均值的不确定性。

图 2-34（b）示出了如果过程重复 1000 次，平均渗透率的不确定性。可以使用相同的蒙特卡罗法过程来评估包括相关系数在内的任何所计算统计量中的不确定性，例如，从 N 个配对观察中绘制 N 对，计算 p，以及重复多次。图 2-35 示出了地震属性和孔隙度之间的校准交会图，线性相关系数为 0.54。

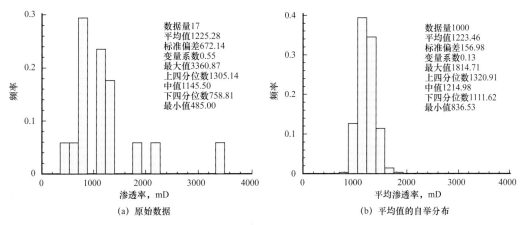

图 2-34　17 个渗透率数据的直方图

需注意，样本平均渗透率 1225 保持不变，自举简单地量化平均渗透率的不确定性

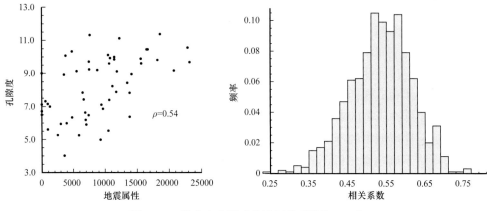

图 2-35　校准交会图（线性相关系数为 0.54）

还可以使用自举来评估诸如可采油气等更为复杂统计中的不确定性。在这种情况下，过程如下：

（1）通过对表面和流体接触面进行随机建模来量化岩石总体积的不确定性（该方面的技术将在后面章节中做介绍）。

（2）如上所述，量化净毛比、净储层岩石孔隙度和使用自举时的油饱和度的不确定性。

（3）然后，在绘制岩石总体积、净毛比、净储层岩石孔隙度和油饱和度进行自举模拟操作，并将其相乘以获得油体积。重复进行模拟，以获得地质储量中不确定性的完全分布。

这种不确定性评估在储层评价早期（未考虑流动模拟）可能是有价值的评估。如本文所述，储层动态预测需要更为详细的地质统计学建模。

自举假定各数据彼此独立，并代表基础总体。可在具有宽间隔井的储层评价早期进行独立假设，然而，不能对高度相关数据（例如，沿井附近进行测量所得数据）和井距近的井进行该假设。

在数据是独立的情况下，自举在样本规模上为任何感兴趣的参数提供不确定性。如前文所述，这种方法非常灵活，可以应用于任何参数，但样本独立性通常不是储层建模问题中的合理假设。

即使数据间隔很大，趋势通常带来某种形式的相关性，或者在一些情况下，可能存在负相关（即，与高值相关的低值，反之亦然）。在空间问题中，可以考虑"空间"自举和在随机模拟中重新采样（Journal，1994），以解释样本之间的相关性。

（二）空间自举和替代

相关性通常在空间上存在于单个变量的数据样本之间和变量之间。如果应用自举并忽略这种相关性，那么产生的偏差可能引起对不确定性的评估。这种偏差通常显著低估不确定性。空间或相关自举是一种自举方法，其中，在随后的抽样与样本分布替换之间满足相关性（Journel 和 Bitanov，2004；Journel 和 Kyriakidis，2004；Feyen 和 Caers，2006；Maharaja，2007；Kedzierski 等，2008）。

对此存在各种实用方法，包括在数据位置处模拟模型或通过具有正确的空间连续性和直方图的一组模型来扫描井模板。空间自举的一个重要特征是其结果独立于模型域。因此，随着相关性的范围增加，不确定性也增加。Bras 和 Rodriguez-Iturbe（1982）对后者特征做出的解释为空间连续性的增加减少了有效数据的数量。

空间自举是在不考虑感兴趣区域的情况下，在样本量度（即样本在体积内的位置或体积的大小）上选择不确定性的方法。

存在一些近期提出的备选方案，用于在数据间存在空间连续性的情况下评估参数不确定性。Babak 和 Deutsch（2007）提出在结果不确定性模型中也应考虑域的大小和数据在该域内的位置。可以设想，如果对整个域采样，而不是仅对域的一部分进行采样，则直方图不确定性模型可能不同，并且随着空间连续性的增加，来自各个数据的信息内容相对于建模域增加。换句话说，更好的数据覆盖和数据与域之间所增加的相关性使得数据为该域提供更多的信息，并且可以减少不确定性。这是空间自举所不能获得的。

Babak 和 Deutsch（2007）提出了一种称为条件有限域法的空间自举的替代方法。该方法基于将相对于数据位置的域考虑在内的递归模拟，并且导致参数不确定性随着空间连续性的增加而减少。在第一步中，模拟一组条件模型。来自各个模型的统计量均被应用于模拟各个新的模型组。重复该过程，直到不确定性模型由于条件约束和有限的模型大小而稳定。最终的模型分布集合代表分布中的不确定性。

Deutsch J L 和 Deutsch C V（2010）提出了一种基于克里金的方法，进而从克里金估计方差中计算平均值的不确定性，称为全局克里金法。由于该方法提供了平均值不确定性的模型，同时明确地考虑数据和域效果之间的空间相关性，所以该方法很具吸引力。该方法简单且非迭代，依赖于将在下一部分中呈现的克里金系统。然而，该方法并不灵活，因为它仅在分布均值中提供不确定性，不同于先前呈现的在全分布或任何其他统计中提供不确定性的方法。

考虑到样本位置、空间连续性以及感兴趣的区域，全局克里金法有益于评估整个模型体积支持大小的分布均值中的不确定性。

Villalba 和 Deutsch（2010）提出了用于评估趋势不确定性的随机趋势法。使用此方法，趋势模型的多个模型通过随机化趋势系数来适合于数据。此方法考虑数据位置和感兴趣的区域，并在体积支持大小内提供平均值不确定性。

（三）整合参数不确定性

可采用空间自举等上文所述方法来计算诸如直方图、半方差图和相关系数等输入统计的多个模型。这些统计数据可以与特定的模型相匹配，以产生将统计输入中的不确定性考虑在内的不确定性模型。应检查参数不确定性模型，确保其不违背对数据分布的已知逻辑和物理约束。例如，孔隙度分布应当具有适当的形状和不大于由岩相、压实和胶结确定的孔隙度物理约束的非负值。

有时可能需要情境法。例如，可存在低和高直方图情况，而不是使用一组直方图模型来表征直方图不确定性。当应用情境法时，需要针对各场景的概率以及利用各场景模型的比例做出决定。有关更多详细信息，参见第五章第三节不确定性管理。

十、贝叶斯统计

贝叶斯统计是统计学的一个主要分支，具有与频率论者观点完全不同的参考框架。贝叶斯统计利用概率逻辑建立有用的概率关系（Sivia，1996）。当需要组合多个信息源或者将条件概率从可访问的 $P(A|B)$ 反转到不可访问的 $P(B|A)$ 时，这工具极其强大，用于考虑无重复数据以构建分布的概率问题。贝叶斯框架中概率逻辑的基本构件为如下乘积法则：

$$P(A, B)=P(A|B)P(B) \tag{2-23}$$

可以重新排列乘积法则来表示贝叶斯更新

$$P(A|B) = \frac{P(A,B)}{P(B)} \tag{2-24}$$

十一、工作流程

图 2-36 展示了将不同岩石类型或相分开的流程图。区分不同岩石类型及创建统计和统计显示时，考虑采用迭代算法，以保留地质或统计学上的重要区别。这需要根据具体的命名方案和模型所需的详细程度，在每个沉积相或岩石类型中分层次地工作。

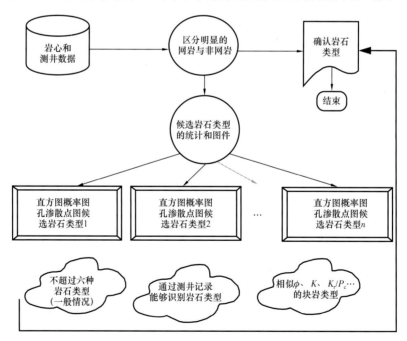

图 2-36　选择岩相或岩石类型的地质统计建模工作流程

图 2-37 展示了为后面相建模建立的具有代表性的全局总体相分布比例的工作流程。正如在本章之前所探讨的一样，单纯考虑同量加权往往不够。可能需要进行去聚分析。地质趋势也可能需要纳入考虑范围。同时，还可以利用地震数据。

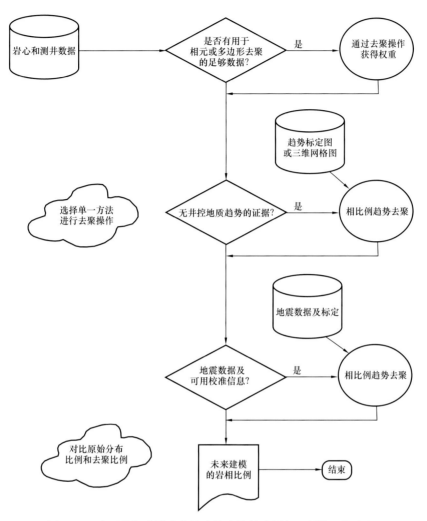

图 2-37 为后续相建模确定具有代表性的全局相比例的工作流程

　　图 2-38 展示了确定孔隙度和渗透率变量代表性直方图的工作流程。优先采样将对连续变量的直方图和统计产生影响，就像相分布比例一样。后续建模所需的统计数据有所不同，但去聚步骤与岩相所需步骤相似。

　　图 2-39 展示了数据转换的工作流程。很多情况下都需要使用数据转换：（1）校正测井测量产生的偏差；（2）确定地质统计模拟值的分布；（3）在空间统计和地质统计模拟建模之前转换为正态分布或高斯分布；（4）转换为标准分布，以便可以清楚地识别空间差异。转换是直接的，但必须同时开展检验工作。

　　图 2-40 展示了建立双变量标定关系，用于后续协同模拟或建模的工作流程。地震数据、生产数据或地质趋势变量的使用在地质统计储层建模中很常见。在这种情况下，目标变量和次级变量之间的标定是至关重要的。本工作流程的主要步骤是提取数据对，并使对应的交会图更平稳。

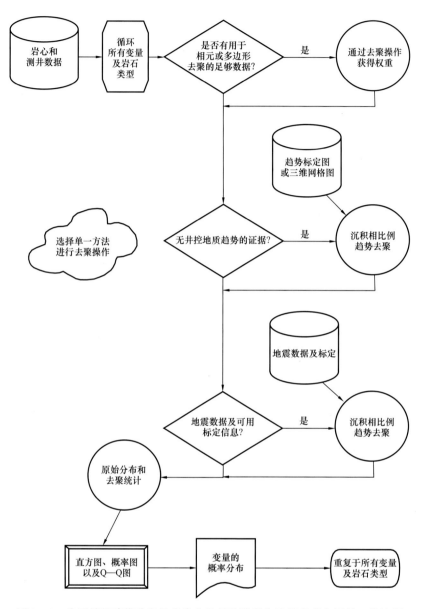

图 2-38　为后续相建模确定具有代表性的孔隙度和渗透率直方图的工作流程

　　图 2-41 为检查直方图以及地质统计模型的统计再现工作。必须比较统计显示并解释 Q—Q 图。

　　图 2-42 展示了在全局统计数据中计算不确定性的工作流程。可以应用自助法来计算全局统计量中的不确定性。通常考虑的全局统计数据包括（1）均值和方差；（2）整个直方图；（3）两个目标变量之间的相关性。自助法不应该在具有显著空间相关性的数据中使用，因此要检查空间相关性。在存在空间相关性的情况下，可以使用空间自助法或其他替代方案。

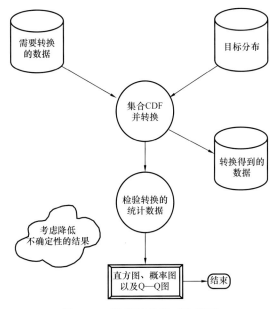

图 2-39 数据转换的工作流程

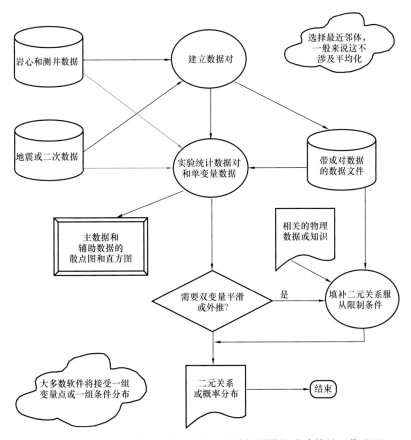

图 2-40 建立双变量标定关系，用于后续协同模拟或建模的工作流程

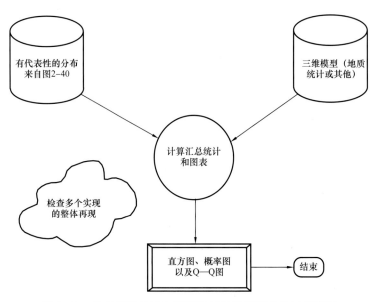

图 2-41　检查模型的直方图以及统计数据再现的工作流程

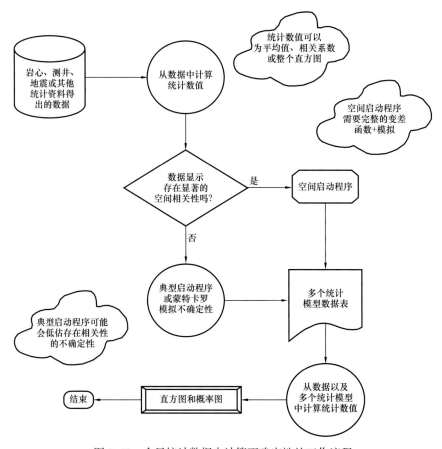

图 2-42　全局统计数据中计算不确定性的工作流程

十二、小结

需要一个稳定的决策汇集来自多个观测点的数据，以推断具有代表性的统计数据，并将这些数据作为输入统计数据应用于相似的储层中。这些统计数据包括各种单变量、双变量和空间统计（在下一节中讨论）。地质统计算法重现这一统计数据有一定的局限性。

数据转换为我们调整分布提供了方法（例如记录更加可靠的岩心孔隙度）或将我们的分布通过建模的方式转换成符合要求的分布（例如后面即将讨论的高斯方法中的高斯公式）。去聚法和除偏法提供的工具在收集应用有误差的数据时，提高了输入统计的代表性。

不确定性建模需要评估输入统计中的不确定性。诸如启动程序、空间启动程序、条件有限域以及全局克里金法量化输入统计中的不确定性，该类输入统计通过改变多个储层实现的输入参数来对模型的不确定性进行统计而得出。在选择适当的方法时，需要仔细考虑和确定特定的不确定问题。

贝叶斯统计学为解释概率和概率逻辑与新的信息源结合或更新提供了一个有用的参考框架。多变量扩展需要对联合概率做一个具有挑战性的推论。而在下一节中，将提出概率组合方案，以便在具体假设下概括这些概率。

第三节　量化空间相关性

地质统计建模的一个重要方面是建立用于后续估值与模拟的空间相关性的量化方式。每个储层中每个变量（相标志、孔隙度和渗透率）的空间变异性均不同。通过目标的形状、大小和关系，对基于目标建模（下一节中介绍）的空间相关性进行量化。

这些空间措施与基于目标的建模方法是不可分割的（参见第四章第四节，基于目标相的建模，具体讨论见基于目标的建模）。

变差函数是在孔隙度和渗透率建模过程中最常用的空间相关性量度，也常用于基于相元相的建模。随机函数（RF）的概念和基于变差函数的空间相关性测量的理论背景在随机函数部分中阐述。计算实验变差函数部分描述了计算变差函数的步骤。选择变差函数计算参数对于获得简洁、可解释的样本变差函数至关重要。

变差函数的解释原理在解释实验变差函数小节中有所描述。其中，对地层旋回、垂直和平面趋势以及分层造成的影响作了详细描述。通常，没有充足的数据来准确地计算和解释储层特有的变差函数。水平变差函数小节提供了模拟数据以及程序，通过更多的软地质数据来补充有限的井数据。建立与软地质资料一致的建模实验变差函数是使用基于克里金法的各类技术之前必要的步骤；变差函数建模小节将详细描述变差函数建模。

交叉变差函数小节介绍了多个变量之间交叉变差函数的计算、解释和建模。从软件和数据的有效性来看，交叉变差函数的推理和建模过程可能很枯燥乏味。此外，还对由各种马尔可夫类模型提供的近似值以及服从同位协同克里金的模型进行了讨论。

近来，基于多点统计的模拟已经广泛应用于分类变量。多点统计小节将由变差函数提供的空间连续性模型延伸到多点统计。从现有数据来推断这些统计数据是不切实际的；因此，目前的做法是从一个被称作训练图像的详尽模拟模型中提取多点统计数据。此外，还针对构建训练图像做了讨论。在第二章第四节的初步映射概念中，介绍了一种将多点统计集成到一个储层相模型中的实用方法，在第四章第三节多点相建模中，介绍了实施细节并提供了实例。

空间连续性模型用于地质统计储层建模，而不是仅仅作为统计输入。如上一节所述，它们是评估统计数据不确定性的输入，诸如空间启动程序、条件有限域以及基于克里金的不确定性。此外，空间连续性模型还应用于将分布和变差函数缩放到适当的模型规模。体积方差关系一节讨论了数据或模型单元的大小支持与这些样本之间变异性的关系。这对于理解诸如直方图这样的统计参数如何在岩心样本尺度到储层模型单元格尺度之间的变化是至关重要的。在没有明确说明该尺度支持变化的情况下，储层模型中的储层性质方差可能过高。提出了变差函数平均体积值（直方伽马值）和离散方差的概念。第五章第二节模型后处理介绍了处理数据和模型比例的实用方法。

一、随机函数概念

本节中的资料在其他地质统计学文献中均有更加全面的论述，例如采矿地质统计学（Journel 和 Huijbregts，1978）、应用地质统计学导论（Isaaks 和 Srivastava，1989）、自然资源评估地质统计学（Goovaerts，1997）、地质统计学模拟：模型和算法（Lantuéjoul，2001）、空间数据统计（Cressie，1991）、空间变异（Matern，1980）或地质统计学：建模空间的不确定性（Chilèsand 和 Delfiner，2012）。本节的内容旨在确保本书的完整性。初次阅读时可跳过本节。这些细节将更有效地回答诸如为什么传统的地质统计方法仅限于两点变差函数统计等问题。

通过随机变量（RV）z 的概率分布建立关于非抽样值 z 的不确定性。数据调节后 z 的概率分布通常是与位置相关的；因此，在 $z(\boldsymbol{u})$ 中，$\boldsymbol{u}$ 为坐标位置向量。随机函数（RF）是在感兴趣的领域内定义的一组随机变量（RVs）——例如，$\{z(\boldsymbol{u}),\ \boldsymbol{u}\in$研究区域 $A\}$ 也简称为 $z(\boldsymbol{u})$。通常随机函数的定义受限于具有相同属性的随机变量，例如 z；因此，将定义另一个随机函数来模拟第二个属性的空间变异性，例如 $\{y(\boldsymbol{u}),\ \boldsymbol{u}\in$研究区域$\}$。

正如随机变量（RV）$z(\boldsymbol{u})$ 的特征在于其累积分布函数，随机函数（RF）$z(\boldsymbol{u})$ 的特征为在研究区域 A 内对于任何数字 N 以及任何 N 位置的选择 $\boldsymbol{u}_i$，$i=1,\ \cdots,\ N$ 及所有 N 变量累积分布函数的集合：

$$F(\boldsymbol{u}_1,\ \cdots,\ \boldsymbol{u}_N;z_1,\ \cdots,\ z_N)=概率\{z(\boldsymbol{u}_1)\leqslant z_1,\ \cdots,\ z(\boldsymbol{u}_N)\leqslant z_N\} \qquad （2-25）$$

正如使用 RV $z(\boldsymbol{u})$ 的单变量累积分布函数来表征 $z(\boldsymbol{u})$ 值的不确定性，多变量累积分布函数参见方程式（2-25）用于表征 N 值 $z(\boldsymbol{u}_1),\ \cdots,\ z(\boldsymbol{u}_N)$ 的联合不确定性。

任何两个 RVs $z(\boldsymbol{u}_1)$、$z(\boldsymbol{u}_2)$ 或更普遍的 $z(\boldsymbol{u}_1)$，$y(\boldsymbol{u}_2)$ 的双变量（$N=2$）累积分布函数都非常重要，因为常规地质统计程序仅限于单变量 $F(\boldsymbol{u};z)$ 和双变量分布：

$$F(\boldsymbol{u}_1, \boldsymbol{u}_2; z_1, z_2) = 概率\{z(\boldsymbol{u}_1) \leqslant z_1, z(\boldsymbol{u}_2) \leqslant z_2\} \tag{2-26}$$

一个重要的双变量累积分布函数 $F(\boldsymbol{u}_1, \boldsymbol{u}_2; z_1, z_2)$ 为协方差函数，该函数定义为

$$C(\boldsymbol{u}_1, \boldsymbol{u}_2) = E\{z(\boldsymbol{u}_1) z(\boldsymbol{u}_2)\} - E\{z(\boldsymbol{u}_1)\} E\}z(\boldsymbol{u}_2)\} \tag{2-27}$$

然而，当需要更完整的总结时，可以通过考虑 $Z(\boldsymbol{u})$ 的二元指示变换来描述双变量累积分布函数 $F(\boldsymbol{u}_1, \boldsymbol{u}_2; z_1, z_2)$

$$I(\boldsymbol{u};z) = \begin{cases} 1, & 若 Z(\boldsymbol{u}) \leqslant z \\ 0, & 其他 \end{cases} \tag{2-28}$$

然后，在方程式（2-26）中以不同阈值 z_1 和 z_2 表示的前一个双变量累积分布函数表现为指示变量的非中心协方差：

$$F(\boldsymbol{u}_1, \boldsymbol{u}_2; z_1, z_2) = E\{I(\boldsymbol{u}_1; z_1) I(\boldsymbol{u}_2; z_2)\} \tag{2-29}$$

（2-29）关系式为指示地质统计形式体系的关键（Journel，1986）：它表明双变量累积分布函数的推断可以通过样本指示协方差来完成。

概率密度函数（pdf）的表示与分类变量更具关联性。例如，

$$f(\boldsymbol{u}_1, \boldsymbol{u}_2; k_1, k_2) = \mathrm{Prob}\{z(\boldsymbol{u}_1) \in k_1, z(\boldsymbol{u}_2) \in k_2\}, k_1, k_2 = 1, \cdots, K \tag{2-30}$$

为 $z(\boldsymbol{u}_1)$ 和 $z(\boldsymbol{u}_2)$ 的双变量或两点分布。当从实验比例中确立时，这种两点分布也被称为两点直方图（Farmer，1992）。

取 K 个结果值，$k=1$，$\cdots$，K 的分类变量 $z(\boldsymbol{u})$ 可以由一个自然产生的分类变量或离散为 K 类的连续变量中产生。

将随机函数概念化为 $\{z(\boldsymbol{u}), \boldsymbol{u} \in$ 研究区域 $A\}$ 不是用于研究变量 Z 完全已知的情况。如果所有 $z(\boldsymbol{u})$ 变量在 $\boldsymbol{u} \in$ 研究区域 A 内已知，那么就没有任何问题，也不需要随机函数的概念了。随机函数模型的最终目的是对未知结果 $z(\boldsymbol{u})$ 中 $\boldsymbol{u}$ 的位置进行一些预测性描述。

任何统计数据的推论都需要一定的重复抽样。例如，需要通过对变量 $z(\boldsymbol{u})$ 进行重复抽样来评估累积分布函数

$$F(\boldsymbol{u}, z) = 概率\{z(\boldsymbol{u}) \leqslant z\} \tag{2-31}$$

然而，在许多应用中，在任何单个位置 $\boldsymbol{u}$ 上最多有一个样本可用，这种情况下，$z(\boldsymbol{u})$ 是已知的（忽略采样误差），并且无须考虑随机变量模型 $Z(\boldsymbol{u})$。基础统计推断过程的范例是在位置 $\boldsymbol{u}$ 上交换不可用的复制，以便在其他空间和／或时间内的另一个复制可用。例如，累积分布函数 $F(\boldsymbol{u};z)$ 可以从同一区域内由其他位置收集的 z 样本的分布中推断得出，$n_\alpha \neq \boldsymbol{u}$。

如第二章第二节的初步统计概念所述，这种复制交换与平稳性的决策相对应。平稳性是随机函数模型的一项属性，而不是基本物理空间分布的属性。因此，其无法在数据中检查。将数据汇集到岩石类型统计中的决定为数据中的先验，无可反驳；然而，如果不同岩石类型的差异对于正在进行的研究至关重要，则其为不合适的后验。更多讨论见 Isaaks 和 Srivastava（1989）。

如果 RF$\{z(\boldsymbol{u}), \boldsymbol{u} \in A\}$ 的多变量累积分布函数参见方程式（2-25）在经过 N 个坐标向量 $\boldsymbol{u}_k$ 平移后不变，则其在 A 区域是平稳的，即，

$$F(\boldsymbol{u}_1, \ldots, \boldsymbol{u}_N; z_1, \ldots, z_N) = F(\boldsymbol{u}_1 + 1, \ldots, \boldsymbol{u}_n + 1; z_1, \ldots, z_n), \forall \text{平移向量} 1 \qquad (2\text{-}32)$$

多变量累积分布函数的不变性包括任何低阶累积分布函数的不变性，包括单变量和双变量累积分布函数，以及所有时间的不变性，包括所有类型的协方差参见方程式（2-27）或（2-29）。平稳性决定可以进行推论。例如，唯一的平稳累积分布函数

$$F(z) = F(\boldsymbol{u}; z), \quad \forall \boldsymbol{u} \in A \qquad (2\text{-}33)$$

可以从范围 A 中各个可用的 z 数据值的累积样本直方图中推断出。然后可以从平稳的累积分布函数 $F(z)$ 中计算出稳定的平均值和方差：

$$E\{z(\boldsymbol{u})\} = \int z \mathrm{d}F(z) = m, \qquad \forall \boldsymbol{u} \qquad (2\text{-}34)$$

$$E\left\{[z(\boldsymbol{u}) - m]^2\right\} n = \int [z - m]^2 \mathrm{d}F(z) = \sigma^2, \qquad \forall \boldsymbol{u} \qquad (2\text{-}35)$$

平稳性的决定还可以从所有 z 数据值的样本协方差中推断出平稳协方差。z 数据值大致由向量 $\boldsymbol{h}$ 分离得出。

$$C(\boldsymbol{h}) = E\{z(\boldsymbol{u}+\boldsymbol{h})z(\boldsymbol{u})\} - \left[E\{z(\boldsymbol{u})\}\right]^2, \forall \boldsymbol{u}, \boldsymbol{u}+\boldsymbol{h} \in A \qquad (2\text{-}36)$$

当 $\boldsymbol{h}=0$ 时，平稳协方差 $C(0)$ 等于平稳方差 σ^2，即，

$$\begin{aligned} C(0) &= E\{z(\boldsymbol{u}+0)z(\boldsymbol{u})\} - \left[E\{z(\boldsymbol{u})\}\right]^2 = E\{z(\boldsymbol{u})^2\} - \left[E\{z(\boldsymbol{u})\}\right]^2 \\ &= Var\{z(\boldsymbol{u})\} = \sigma^2 \end{aligned} \qquad (2\text{-}37)$$

通常使用符号 $C(0)$ 作为方差。

在某些情况下，标准化的平稳相关图优先考虑：

$$\rho(\boldsymbol{h}) = \frac{C(\boldsymbol{h})}{C(0)} \qquad (2\text{-}38)$$

在其他情况下，考虑称为变差函数的另一二阶（两点）时刻：

$$2\gamma(\boldsymbol{h}) = E\left\{[z(\boldsymbol{u}+\boldsymbol{h}) - z(\boldsymbol{u})]^2\right\} \forall \boldsymbol{u}, \boldsymbol{u}+\boldsymbol{h} \in A \qquad (2\text{-}39)$$

在平稳性决定下，协方差、相关图和变差函数是表征两点相关性的等效工具：

$$C(\boldsymbol{h}) = C(0)\rho(\boldsymbol{h}) = C(0) - \gamma(\boldsymbol{h}) \tag{2-40}$$

这种关系取决于平稳性决定，意味着平均值和方差是恒定的，与位置无关。这些关系是解释变差函数的基础。即：（1）平稳变差函数的基台平稳值是方差，它是对应于零相关的变差函数值；（2）当变差函数值小于基台值时，$z(\boldsymbol{u})$ 和 $z(\boldsymbol{u}+\boldsymbol{h})$ 之间的相关性为正；（3）当变差函数超过基台值时，$z(\boldsymbol{u})$ 和 $z(\boldsymbol{u}+\boldsymbol{h})$ 之间的相关性为负。

这三个原则取决于对方差 σ^2 模型知识的掌握情况，σ^2 必须是有限的。储层中岩石物理性质的方差确实是有限的。此外，对方差的认知，应比任何实验变差函数值更加精确。因此，实验方差可能与模型方差有关。评估方差的不确定性时，可以考虑第二章第二节中的启动程序。

$\boldsymbol{h}$ 散点图可用以阐述此类原理。$\boldsymbol{h}$ 散点图为"头"值 $z(\boldsymbol{u})$ 与"尾"值 $z(\boldsymbol{u}+\boldsymbol{h})$ 的交会图。"头"和"尾"这两个词的使用与向量 $\boldsymbol{h}$ 有关。图 2-43 显示了与典型半变差函数图上三个滞后向量相对应的三个 $\boldsymbol{h}$ 散点图。半变差函数图上 1.0 的水平线位于模型方差 1.0 的位置。

平稳性的决定对于地质统计模拟方法的适用性和可靠性至关重要。跨地质相合并数据可能掩盖重要的地质差异；另一方面，将数据分成过多的子类别可能会因每个类别的数据过少而导致统计数据不可靠。统计推断的规则是汇集最大数量的相关信息以产生预测性说明。

平稳性是随机函数模型的一项属性。因此，如果研究规模发生变化或者能获取更多的数据，那么平稳性可能会发生改变。如果研究的目标是全局性的，那么局部的细节可能不重要；相反，可获得的数据越多，统计学上明显的区分就变得越有可能。

二、计算实验变差函数

概率符号中，变差函数被定义为期望值见方程式（2-41）：

$$2\gamma(\boldsymbol{h}) = E\left\{[z(\boldsymbol{u}) - z(\boldsymbol{u}+\boldsymbol{h})]^2\right\} \tag{2-41}$$

变差函数为 $2\gamma(\boldsymbol{h})$。半变差函数为变差函数的一半，即 $\gamma(\boldsymbol{h})$。变差函数这个词通常可以与半变差函数互换使用。从实验上来说，滞后距 $\boldsymbol{h}$ 的半变差函数被定义为由 $\boldsymbol{h}$ 分开的值平均平方差：

$$\hat{\gamma}(\boldsymbol{h}) = \frac{1}{2N(\boldsymbol{h})} \sum_{N(\boldsymbol{h})} [z(\boldsymbol{u}) - z(\boldsymbol{u}+\boldsymbol{h})]^2 \tag{2-42}$$

其中 $N(\boldsymbol{h})$ 为滞后 $\boldsymbol{h}$ 的对数。在计算实验变差函数之前，必须解决以下问题：

（1）数据变量是否需要转换或消除明显的趋势？参见第二章第四节，初步映射概念，具体将在下文讨论。

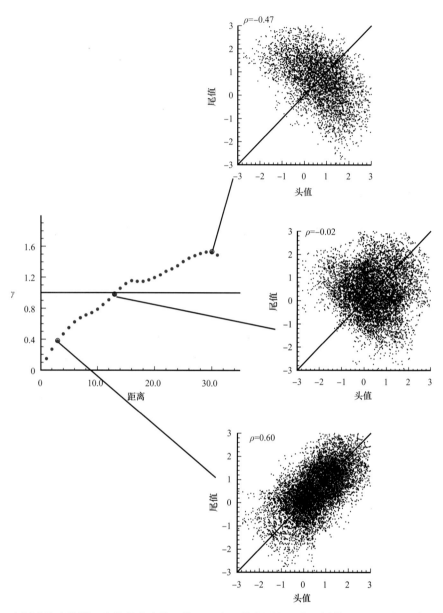

图 2-43　实际孔隙度数据正态值的半变差函数，三个 h 散点图与三个不同滞后距相对应（请注意，当半变差函数值低于基台值时，h 散点图上的相关性为正，当半变差函数等于基台值时，相关性为零，当半变差函数高于基台值时，相关性则为负）

（2）对于位置 u 和距离向量 h，我们是否有正确的地质或地层坐标系？见下文。

（3）应该考虑哪些滞后距 h 和相关容限？见下文。

有许多不同变异函数类型的空间变异性测量可以考虑（Cressie 和 Hawkins，1980；Astrong，1984；Omre，1985；Srivastava，1987b；Srivastava 和 Parker，1989；Deutsch 和 Journel，1998）。这里提出的做法是在适当的地层坐标系中使用具有正确数据变量的传统半变差函数。克里金和模拟背后的理论需要使用协方差或变差函数。在最稳健值与离群值之间可选择的变差函数类型测量只能用于识别相关性和各向异性的范围。

（一）建立正确的变量

变差函数计算之前要选择用于变差函数计算的 Z 变量。变量的选择在传统克里金应用中显而易见；然而，数据转换在现代地质统计中是很常见的。使用高斯技术则需要对数据及其变差函数提前进行正态转换（第二章第四节）。指示技术要求在计算变差函数之前对数据进行指示变换（第二章第四节）。

转换之前的一个重要考虑因素是数据的体积规模。限制或粗化数据规模使其与地质建模更具相关性。例如，许多地质模型的垂直分辨率为 0.5m；因此原始数据（分辨率通常为 0.1m）是被粗化到这个更大的分辨率的。不同变量最常见的处理方法是：仅取最常见的相、平均孔隙度和几何平均渗透率。无论多小规模的相，在整个 0.5m 厚度上求数据的平均值。必须小心谨慎，以免无意中引入误差。变差函数必须是建模规模上的变量。

正确的变量也取决于后续模型构建中趋势的处理方式。通常，在地质统计建模之前，清除区域或垂直变化趋势，然后将其添加到剩余数据（原始值减去变化趋势）的地质统计模型中。如果这两步建模步骤被纳入考虑范围，则剩余数据的变差函数就不可或缺。然而，在趋势和剩余数据的定义中引入伪象结构是有风险的。

选择正确变量的另一个方面是离群值的检测和消除。极高和极低的数据值对变差函数影响较大，因为每一个数据在变差函数计算中都进行了平方运算。应删除错误数据，更值得关注的是合理高值，它们可能会掩盖大部分数据的空间结构。对数或正态值转换减轻了离群值的影响，但只有在后续地质统计计算中考虑适当的逆变换时才适用。

（二）坐标变换

第三章第二节中提出的坐标变换在进行变差函数计算之前是很有必要的。当直井存在时，只要仅在合适的地层和相类型数据中进行计算，垂直变差函数便不依赖于地层坐标变换。然而，水平变差函数对地层 z_{rel} 坐标变换非常敏感。在此类地层坐标变换之前，计算变差函数可能导致建模者得出数据没有水平相关性的错误结论。数据稀疏也可能导致相同的错误结论。

地质现象的独有特征为空间相关性。坐标变换误差、数据稀疏、参数计算误差等诸多因素可导致不存在空间相关性的错误结论。纯块金模型尽量不要使用。

当地层褶曲程度很大时，可能会要求更加精细且遵循曲线形态的坐标变换（Dagbert等，1984）。gOcad 集团已经研发出了精细的构造展开方案（Mallet，1999，2002）。

数据和坐标变换是计算和解释变差函数的先决条件。进行变差函数计算的数据一旦准备就绪，就有必要考虑选择滞后距及 h 值了。

（三）变差函数方向和滞后距的选择

变差函数极少具有各向同性。地质连续性和变差函数连续性依赖于方向。在沉积构造中，垂直方向的连续性通常小于水平方向的连续性。此外，水平连续性取决于沉积方向和随后的成岩蚀变。连续性方向通常通过地质解释或数据的初步等值线得知。通过计算多个方向的变差函数来寻找连续性主要方向的想法不可取。

关键的第一步是确定垂直方向。该方向与等时地层对比相垂直，连续性通常最小。这通常是考虑了第三章第二节概念模型的概述而计算得出的方向 Z_{rel}。地层内部出现斜坡沉积构造的原因是一个很复杂的问题（图 2-44）。在这种情况下，垂直方向将在某个方位垂直倾斜下沉。

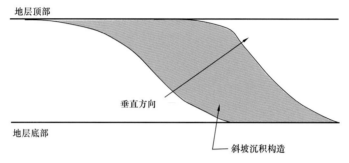

图 2-44　存在斜坡沉积构造的平坦地层，地质连续性与每个斜坡沉积的曲线方向相同

地质统计计算中的各向异性或方向连续性通常是几何学的。三个角度定义正交的 x、y 和 z 坐标，然后通过三个范围参数来缩放距离向量的分量以确定标量的距离，即，

$$h = \sqrt{\left(\frac{h_x}{a_x}\right)^2 + \left(\frac{h_y}{a_y}\right)^2 + \left(\frac{h_z}{a_z}\right)^2} \qquad (2-43)$$

其中 h_x、h_y 和 h_z 是三维坐标空间中向量 h 的分量，a_x、a_y 和 a_z 为主方向上的缩放参数。相等距离的等值线必须为椭圆形。该几何各向异性概念在变差函数建模一节中有更详细的介绍。

储层中的各向异性由确定连续性"主要"和"次要"水平方向的单一角度来定义。假设垂直方向垂直于水平方向。

大多数情况下，应该使用合理的地质原理来建立对沉积和成岩作用的理解。这样一来连续性的主要和次要方向就显而易见了。在模糊不清的情况下，可以在多个方向上计算变差函数以观察更大或更小连续性的方向，但一般没有足够的数据来完成这项工作。

变差函数图将多个方向的变差函数计算为其逻辑极值。计算许多方向和距离的变差函数。然后，将变差函数值加在中心的滞后距为零的图上（图 2-45）。在变差函数图上选择滞后间距或像素的大小考虑的因素如下。Isaaks 和 Srivastava（1989）广泛研究了变差函数图。GSLIB（Deutsch 和 Journel，1998）中的 varmap 程序计算了具有网格或分散数据的变差函数图。变差函数图的主要用途是检测连续性的主要和次要方向。需要注意的是，变差函数图干扰很大，并且在处理稀疏数据时几乎毫无用处，这正是在对各向异性方向知之甚少的情况下出现的状况。一旦垂直和两个水平方向选定，下一个要做的决定则为变差函数滞后距。

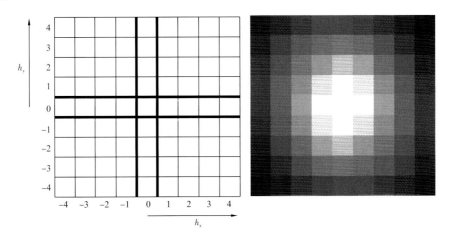

图 2-45 变差函数图图解（左侧为方形滞后模板，所有 $nx \cdot ny$ 对都进行了变差函数计算，然后在右侧绘制灰度图，白色为低值，黑色为高值）

（四）滞后距

进行变差函数计算的方向一旦确定，选择滞后距就势在必行。这不是常规网格数据的问题。在感兴趣的方向上，网格节点之间的间隔是滞后距。在数据分布不规则的情况下，规范变得更加复杂。

对于不是常规网格的数据，必须确保有足够多的距离和方向容限数据；即方程式（2-43）中的 $N(h)$ 应足够大来进行可靠的变差函数计算。单独考虑垂直方向，因为其距离范围与水平方向的距离范围存在显著差异。最后，垂直方向和水平方向将一起建模；然而，计算是单独进行的。

在垂直和水平方向的容限参数选择上，有一个重要的权衡。我们想让每个滞后 $N(h)$，中的数据都尽可能地大，使得变差函数尽可能可靠。同时，我们也想尽可能地限制容限参数，以便尽可能地使距离分辨率和方向各向异性问题得以彻底解决。不可避免地，在任何特定情况下实现正确的权衡需要对选定的容限参数进行迭代细化。

1. 垂直滞后距

图 2-46 为垂直滞后的容限参数：距离，h；距离容限，h_{tol}；角度容限，a_{tol} 和带宽，b。此类参数选择的一些指导：

（1）通常选择的滞后间隔距离 h 与数据间隔的大小一致。测井孔隙度数值数据间隔为 0.5ft，因此选择 $h=0.5$ 的单位滞后距和 0.5 的倍数。如上所述，这应该为被阻塞的数据升级。使用原始数据并不是一个好主意，因为有更多的数值；正确的变差函数为正确数值范围内用于建模的变差函数。

（2）通常选择单位滞后距 h 的一半作为距离容限 h_{tol}。当近乎规则的网格上存在大量

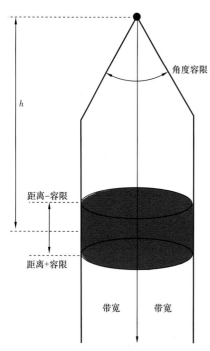

图 2-46　由距离 h、滞后距容限、角度容限以及带宽说明的垂直滞后距图解

数据时，该容限可能会减少到单位滞后距的四分之一。在数据较少的情况下，该容限 h_{tol} 也可以增加到单位滞后距的四分之三。增加容限超过单位滞后距的一半则会导致一些数据对形成多重滞后。当报告的任何滞后少于 50 个数据对的时候，建议这样做。

（3）当井未达到完全垂直时，则需要考虑角度容限 a_{tol}。我们经常使用 10° 到 20° 的容限。高角度斜井和水平井不利于垂直变差函数的计算。

（4）有时利用带宽参数 b，以限制垂直方向产生的最大偏差。斜井可以考虑带宽。在计算水平变差函数时，通常需要使用垂直带宽参数。

还必须选择距离滞后的数值。选择滞后数 n_h，使总距离 $n_h \cdot h$ 在所考虑的方向上约为储层大小的一半。例如，在 70ft 厚且每 0.5ft 都有数据记录的储层中，以 0.5ft 作为滞后间隔距离选择 70 个滞后。在储层中心不允许使用超过储层大小一半的距离滞后数据。变差函数变得不稳定并不代表整个储层。此外，长距离的变差函数通常不会在后期地质统计建模当中使用。

2. 水平滞后距

图 2-47 为水平滞后的容限参数：距离 h，距离容限 h_{tol}，水平角度容限 a_{tol}^h，水平带宽 b_{hor}，垂直角度容限 a_{tol}^v 和垂直带宽 b_{ver}。以上给出的距离、距离容限和滞后数值相关内容在这里同样适用。其他注意事项如下：

（1）水平各向异性不存在的情况下，水平角度容限参数 a_{tol}^h 可能会设定到 90° 或更大，这就意味着集合了所有水平方向。从而，得到全方向水平变差函数。

（2）水平各向异性存在的情况下，容限 a_{tol}^h 必须尽可能地被限制。如果太小，可靠变差函数计算中的数对就太少；如果太大，最后得到的就是各向异性的模糊图片。建议从 22.5° 开始进行灵敏度研究。

（3）有时利用带宽参数 b_{hor} 来限制水平方向产生的最大偏差。当计算全向变差函数或数据较少的情况下，设置较大的数值。对于数据充足的方向变差函数来说，数值可设置得较小，比如，设置为单位滞后距的 1～3 倍。

（4）由于垂直方向过大的变异性，垂直角度容限 a_{tol}^v 应设置得足够小。通常，将小角度容限，例如 a_{tol}^v=5° 和垂直带宽 b_{ver} 的组合设置为较小数值，例如 b_{ver}=2ft，有效地限制了对大致相同地层位置上数据的计算。

与垂直变差函数相同，选择滞后数，使总距离 $n_h \cdot h$ 为变差函数所表示的区域尺寸的一半。例如，在 10000ft 厚且每 1000ft 都有井存在的储层中，以 1000ft 作为滞后间隔距离选择 5 个滞后。

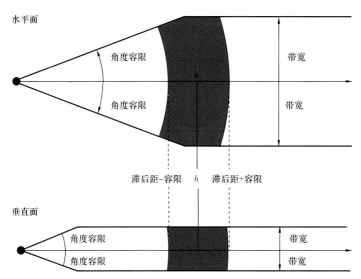

图 2-47 由滞后距 h、水平距离容限、水平角度容限、水平带宽、垂直角度容限以及垂直带宽说明的水平滞后距图解

水平方向上的数据间隔通常比垂直方向上的更不规则，使得建立单位滞后间隔距离更加困难。滞后直方图可能成为在水平方向上选择滞后距的有用工具。

滞后直方图显示了落入不同距离等级的数对。图 2-48 为两个水平方向的滞后直方图。在这种情况下，进行变差函数计算的自然滞后间隔由这些直方图中的峰值周期来表示——例如，在 2000、3000、3800、4500、5600 和 7500ft 的 Y 方向。选择容限 500ft，滞后间隔 1000ft 将导致每个滞后中出现最多数对。任意选择的数值通常都会太小，可能会导致变差函数变得嘈杂。

三、解释实验变差函数

变差函数的解释很重要。计算得出的变异点不能直接使用，因为：（1）结果中有噪声出现则该结果会大打折扣；（2）地质解释应该用于最终变差函数模型的构建；（3）我们需要对所有距离和方向都适用的合理变差函数。基于这些原因，我们必须理解实验方向变差函数，然后开展适当的建模工作。

在变差函数解释中，一个看似简单却被广泛误解的概念是基台值。在理想的理论中，基台值既是随机函数的平稳无限方差，又是研究区域内数据支持体的离散方差。在实际情况中，基台值处的变差函数较为平稳。储层不是无限的，变差函数不会在其应该变得平稳的地方变平稳。在实际的地质统计储层建模中，基台值是带入变差函数计算数据的等权方差（1.0，如果数据是没有经过去聚加权的正态值）。

地质统计学家们对基台值的定义没有达成普遍的共识。有些人认为，基台值是变差函数变得平稳的地方；然而，诸如趋势和带状各向异性之类的大范围"不平稳"将导致变差函数图点相隔甚远而变得非常不稳定。虽然在距离较大的情况下计算得出的变差函数值的数量多于等权变差函数，但是等权变差函数总是比从试验点拟合稳定性要可靠得多。阿姆

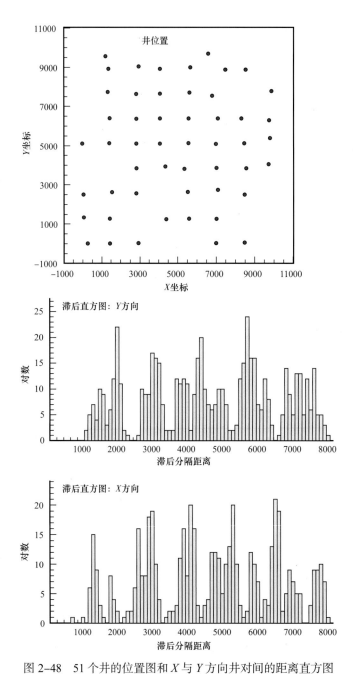

图 2-48　51 个井的位置图和 X 与 Y 方向井对间的距离直方图

两种情况下均考虑了 45° 的角度容限，此类直方图可选择用于变差函数计算的滞后距和容限，这种情况非常简单

斯特朗（1984）、Cressie 和 Hawkins（1980）以及 Gringarten 和 Deutsch（1999）的文章中可以找到更多关于该方面的讨论。

全距为变差函数到达基台值的距离。全距通常取决于方向，通常水平方向显示出更强的连续性（全距较大）。有时，连续性太好而没有明显的全距。全距仅仅是变差函数的一个参数。变差函数的整体形状很重要。

（一）地质变异性

变差函数解释包括解释不同距离尺度上的变异性。变差函数是方差与距离或是地质变异性与方向和欧几里得距离的图表。不同的距离尺度可观察到不同的特征。块金效应是小于最小实验滞后的距离行为。

（二）块金效应

块金效应指在原点处变差函数的不连续性。这种不连续性是测量误差和尺度小于最小实验滞后的地质变异总和。这种小规模变差函数结构对粗化和流动研究很重要。

测量或数据位置分配中的任何误差都会转化为较高的块金效应。稀疏数据也可能导致明显的高块金效应。超过30%的"真正"地质块金效应是异常的。实际上，大多数石油数据中都不存在块金效应。这是因为沉积环境中的大多数变量都只是局部连续的。此外，通常情况下测井数据的间隔大于测量报告中的间隔，这导致平滑的数据的产生以及块金效应的缺失。

（三）几何各向异性

大多数沉积过程赋予相、孔隙度和其他岩石物理特性的空间相关性。空间相关性的大小随分离距离而减小，直到不存在空间相关性为止。长度尺度或相关性的变程取决于方向。通常，由于沉积的横向距离较大，相关性的垂直变程通常远小于其水平变程。尽管相关性变程随方向而变化，但相关性下降的特性在不同方向上往往相同。存在这种特性的原因与瓦尔特相序定律的原因相同，即垂直方向上的地质变化与水平方向上的地质变化相似。这种类型的变差函数称为几何各向异性。

（四）周期性

地质现象往往在地质时期重复出现，导致相和岩石物理性质出现重复或循环变化。这赋予了变差函数循环往复的特征。也就是说，在地质周期的长度尺度上，变差函数将先呈现正相关，随后呈现负相关。由于地质周期的规模或长度不是恒定的，因此这些周期性的变化经过一定距离后就衰减了。这种循环有时被称为空洞效应，来自协方差形态的频谱分析。

图2-49为河道渗透率的垂直半变差函数。在距离0.8m处的高半变差函数值表示河道的平均厚度约0.8m。在1.2～1.6m的距离范围中，一般说来，半变差函数为不同河道中相似地层位置的比较值。

（五）大规模趋势

几乎所有的地质过程都会产生岩石物理性质分布的一个趋势——例如，向上变细或向上变粗的垂直趋势，或从沉积体积的近端到远端储层质量逐渐降低（图2-50）。这种趋势导致变差函数在较大距离处显示为负相关。在向上变细的沉积序列中，底部的高孔隙度

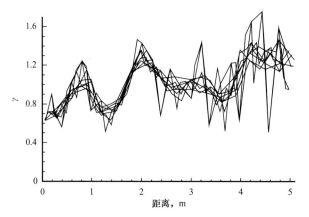

图 2-49　由河道接连交替而得出的渗透率变差函数

在距离 0.8m 处的高变差函数值表示约 0.8m 的河道厚度，在 1.2～1.6m 的距离范围中，
一般说来，变差函数为不同河道中相似地层位置的比较值

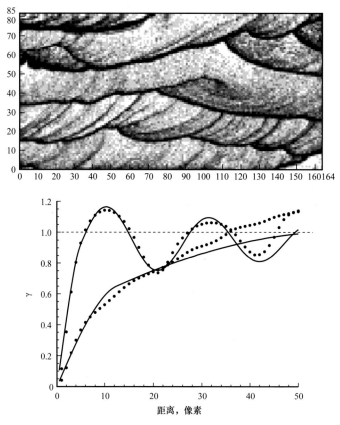

图 2-50　风成砂岩的灰度图及其对应的垂直和水平变差函数

变差函数是由灰阶值的正态转换其中深色代表细粒、低渗透砂岩后计算得到的，
注意垂直方向上的变差函数表现的重复性

与顶部的低孔隙度呈负相关。指示地质趋势的大规模负相关表现为变差函数超过基台值 $C(0)=\sigma^2$ 增加。正如我们将在后面看到的那样，在地质统计建模之前删除系统趋势可能是适当的。如果尺度小于建模单元或者存在大量数据，趋势并不重要。趋势将通过数据调节在最终模型中重现。大多数实际储层建模是在井数据稀疏的情况下进行的，因此，趋势建模很重要。然后，我们应当推测剩余数据的变差函数，该函数通常比具有趋势的变量显示的结构要少。

在某些情况下，可通过不同方式细分数据来解释趋势，即重新考虑稳定性的决策。图2-51 展示了通过细分中间区间可将顶部较低不连续的值与底部较高更连续的值分开。

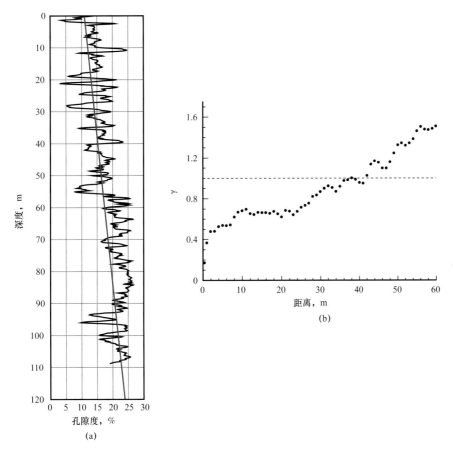

图 2-51　（a）所示为三角洲层序的孔隙度测井曲线，（b）所示为相应的正态值变差函数
变差函数受向上变低的孔隙度趋势的影响而不断增加，并突破了基台值 1.0；基台值上方的变差函数表明在那个距离处为负相关，这一点是正确的；底部的高孔隙度值意味着顶部的孔隙度偏低

（六）带状各向异性

带状各向异性是一种几何各向异性的极限情况，其中一个方向的相关性变程超出区域范围，从而得出一个未到达基台值或方差的方向变差函数。实际上，带状各向异性被建模为几何各向异性的极限情况。后文将介绍两种重要的特殊情况。

（七）平面趋势

平面（水平）趋势对垂直变差函数有一定的影响，使得垂直变差函数不能达到岩石物性的最大变化范围。垂直变差函数在较长的距离范围内存在正相关（变差函数 $y(h)$ 小于基台值 $C(0)=\sigma^2$）。图 2-52 中给出了示意图。图 2-53 示出了这种情况下的垂直变差函数。

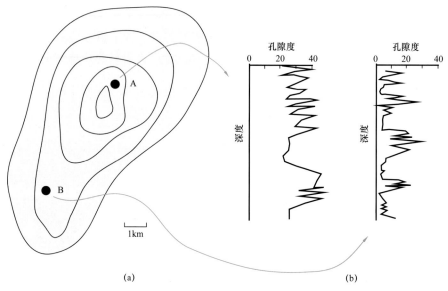

图 2-52　在有平面趋势的背景下（如图 a 所示），每一口井的资料难以体现变量的完整变化；也就是说，高值地区中的井（例如，井 A）主要表现为高值，反之，低值地区中的井（例如，井 B）主要表现为低值；这种情况下的垂直变差函数不能反映变量的完整变化；即其呈现了带状各向异性

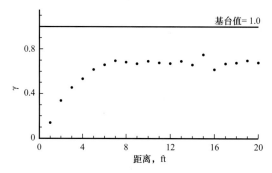

图 2-53　孔隙度正态垂直变差函数呈现了带状各向异性，在这种情况下，垂直变差函数点在基台值的下部变得很平缓（这与图 2-54 相对应）

（八）分层

在储层整个展布范围，甚至是在我们所考虑的细分层范围内，通常存在地层层状特征或垂直趋势。水平变差函数在较长的距离范围内存在正相关（变差函数 $y(h)$ 小于基台值 $C(0)=\sigma^2$）。虽然在建模时对大尺度地层进行了明确处理，但是仍然可能通过确定性解释

无法处理小尺度地层和地质特征。这类变差函数特性也称为带状各向异性，因为当一些方向变差函数未达到基台值时就会表现出来。

（九）常见问题

变差函数解释时唯一最大的问题是缺乏计算可靠样品或实验变差函数的数据。信息太少，无法进行解释。解释可靠变差函数的数据太少并不意味着没有变差函数。只是因数据缺乏而有所隐藏或掩盖。使用类比数据并熟悉具有类似沉积环境的其他储层对于填补数据缺失非常重要。

集群数据通常存在于异常区，例如高质量储层地区。这类数据可使得第一变差函数滞后距太高或太低，从而可能会导致变差函数结构解读错误。最常见的解读错误为太高的块金效应和短时间旋回特性。该问题的解决方案包括：（1）删除集群数据；（2）舍弃短距离异常高的变差函数点；（3）使用更稳健的两点统计法，例如：样品相关图，而非变差函数。样品相关图定义为

$$\rho(\boldsymbol{h})=\frac{C(\boldsymbol{h})}{\sqrt{\sigma \cdot \sigma_h}} \tag{2-44}$$

其中

$$C(\boldsymbol{h})=\frac{1}{N(\boldsymbol{h})}\sum_{N(\boldsymbol{h})}\left[z(\boldsymbol{u})\cdot z(\boldsymbol{u}+\boldsymbol{h})\right]-m\cdot m_h \tag{2-45}$$

$$m=\frac{1}{N(\boldsymbol{h})}\sum_{N(\boldsymbol{h})}z(\boldsymbol{u}), \qquad m_h=\frac{1}{N(\boldsymbol{h})}\sum_{N(\boldsymbol{h})}z(\boldsymbol{u}+\boldsymbol{h}) \tag{2-46}$$

$$\sigma=\frac{1}{N(\boldsymbol{h})}\sum_{N(\boldsymbol{h})}\left[z(\boldsymbol{u})-m\right]^2 \tag{2-47}$$

$$\sigma_h=\frac{1}{N(\boldsymbol{h})}\sum_{N(\boldsymbol{h})}\left[z(\boldsymbol{u}+\boldsymbol{h})-m_h\right]^2 \tag{2-48}$$

由于使用了滞后特定的平均值和方差值，因此这一方法是很可靠的。

异常值可能会使得变差函数难以解读或者有干扰。滞后散点图，即$[z(\boldsymbol{u}),z(\boldsymbol{u}+\boldsymbol{h})]$数对的交会图，反映了可从计算变差函数的数组中删除的问题数据。图2-45示出了与三个不同滞后距相对应的三个$\boldsymbol{h}$散点图。

（十）去趋势

如上所述，所有地质统计建模操作中第一个重要的步骤是确定正确的建模变量，确保（如有可能）该变量在研究范围内具有平稳性。事实上，如果变量表现出系统的趋势性，必须先确定这种趋势，并在变差函数建模和地质统计学插值或模拟前去除掉。然后，对剩余数据进行变差函数分析及所有后续估计或模拟。最后，再将趋势加入估计和模拟的结果上。

　　确定合理趋势模型和删除趋势的特定部分存在一定的问题；然而，确定性地考虑大规模趋势等确定性特征是必不可少的。大规模趋势的存在使变量变得不稳定；特别是，期望平均值不受位置约束是不合理的。部分简单趋势模型的剩余数据更易认为是平稳的。

　　数据中的趋势存在与否可通过实验变差函数判断，即变差函数是否持续上升并超过理论基台值（参见前面部分）。简单来讲，这意味着数据对之间的距离增加时，数据值之间的差异也会系统性增加。

　　为了阐述以上内容，图 2-54 中清晰地展示了孔隙度沿井分布的趋势。由于砂岩粒度向上变细，孔隙度随深度的增加而增加。图 2-56 中右上方所示为与该孔隙度数据相对应的（正态转换）变差函数，显示了明显高于基台值 1 的系统性增长 ③。将线性趋势拟合到孔隙度曲线，然后从数据中删除。所产生的数据构成了新的相关特性，图 2-56 的左下角所示为其曲线形态。如右图所示，转换后数据的（正态）变差函数清晰地显示了在大约 7 个距离单位处达到理论基台值 1 的结构。

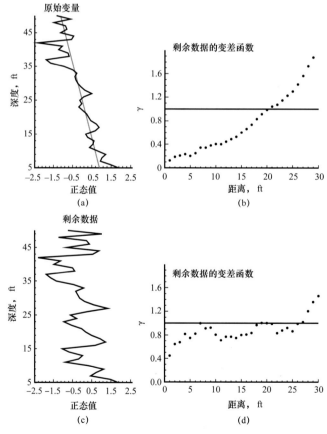

图 2-54　去趋势示例及对变差函数的影响

（a）所示为原始孔隙度值的正态变化；（b）所示为这些数据的变差函数，清晰地展示了其趋势；（c）所示为剩余数据的正态变化（从左上方所示的线性趋势看）；（d）所示为剩余数据的变差函数

③　可以将权系数或分形变差函数模型拟合至图 2-56 右上方的实验变差函数；然而，由于这些模型不具有基台值，因此不能用于序贯高斯模拟等模拟算法中。

示例

实验变差函数可以综合反映这些不同特性。观察这三张图片及其在图 2-55 中相对应的变差函数，我们发现了所有提到的特性：块金效应、几何各向异性及带状各向异性。中间示例中的垂直趋势，旋回性在最下面的图片中最为明显。

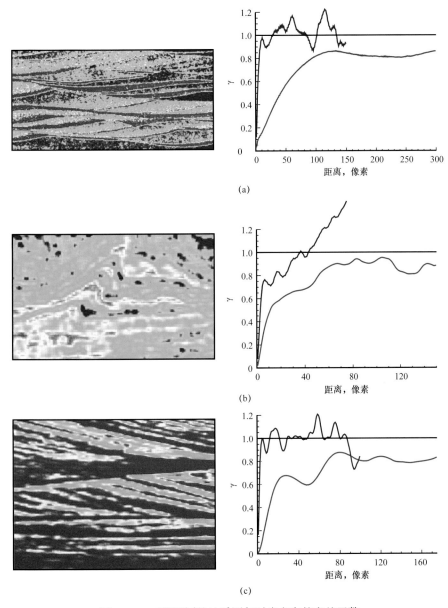

图 2-55　三张不同的地质图与对应方向的变差函数

请注意旋回性、趋势、几何各向异性及带状各向异性；（a）图片是人造风成砂岩中的迁移波痕示例（来自美国风洞实验室）；（b）图片是河流环境的复杂变形叠合示例，原始岩心照片来自《砂岩沉积环境》第 131 页（Scholle 和 Spearing，1982）；（c）图是三角洲沉积环境的大型交错层理示例，原始照片源自《砂岩沉积环境》第 162 页（Scholle 和 Spearing，1982）

图 2-56 所示为储层中八个不同层的测井孔隙度的 8 个垂直正态变差函数。第 4 层的变差函数是最有代表性的，从某种意义上说，它表明了块金效应较低，并达到了基台值 1.0。所有其他情况则综合了旋回性（第 1～8 层）、垂直趋势（第 2～7 层）及平面趋势（第 3、5 和 6 层）。图 2-57 展示了 3 层的测井数据，以说明周期性、垂直趋势和平面趋势。有关变差函数建模的小节中展示了更多示例。

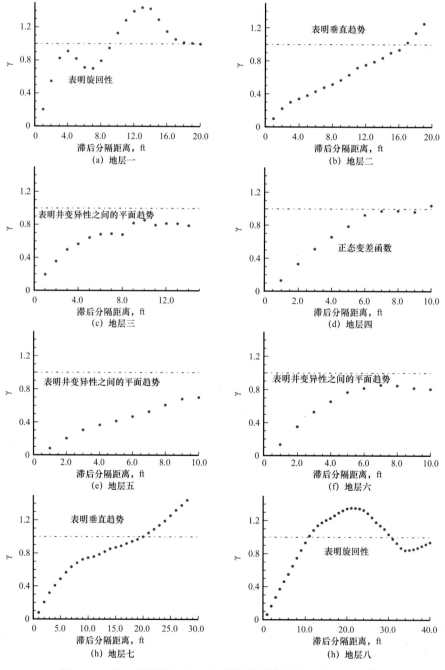

图 2-56　同一储层内针对 8 个不同地层的孔隙度正态变差函数

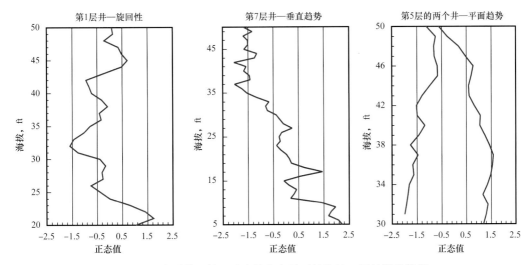

图 2-57 表明旋回性、垂直趋势和平面趋势的 3 层的测井数据

四、水平变差函数

地质统计储层建模面临着一个比较特别的问题。大多数井（尤其是探井）都是垂直的。这样就可以直接推断出垂直变差函数，但是要推断出可靠的水平变差函数是非常困难的。若样品水平变差函数中的干扰非常高，其中一个明显的错误是采用一个纯块金模型，这个模型与实验变差函数值非常吻合。这是个便捷但不切实际的替代方案。我们的目标是针对潜在现象推断出最佳参数；而不是获得最匹配的不可靠实验统计。我们必须考虑水平井、地震数据、概念地质模型和模拟数据等次级信息。然而，不管在什么样的情况下，都需要通过专家判断将模拟数据的全局信息与稀疏的局部数据相结合。若水平数据较为稀疏，则通过两个关键步骤合成水平变差函数：

（1）确定可通过带状各向异性解释的变差函数部分，即导致水平方向上持续正相关的地层。

（2）基于次级数据，建立水平与垂直各向异性比。综合水平变差函数由带状各向异性（第一步）与粗化垂直变差函数组成。

图 2-58 所示为这两个参量的示意图。带状各向异性分布及水平与垂直各向异性比都存在相当大的不确定性。在随后的地质统计模拟中进行敏感性研究。

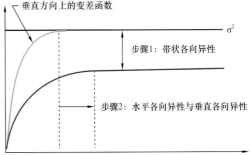

（一）带状各向异性

可能存在稳定的分层使水平变差函数有不同的基台值，即表现出带状各向异性。在有足够多数据的情况下，可从方向变差函数中

图 2-58 该示意图表明在数据稀少的情况下，水平变差函数推断所需的两个考虑因素：带状各向异性数量及水平与垂直各向异性比

观察得到。在数据稀缺的情况下，必须从现有井数据或概念地质模型中推断出带状各向异性。

概念地质模型实质上是关于空间变异性的专家意见或判断。没有储层是单独存在的。在同一沉积盆地内、世界不同区域或现代沉积中都可能有类似储层，可以指示空间变异性的模式。此处考虑的带状各向异性为通过储层分层解释的各向异性的一部分。一般情况下，在总变异性的 0～30% 之间。

现有数据可能由于太少且太稀疏，而无法计算可靠水平变差函数。然而，带状各向异性由储层范围内的各向异性组成，用两口井就可以观察到。在相同的地层垂直坐标下，可以构造一个 h 水平散点图。相关系数为带状各向异性相对大小的一个估计，相关系数较大即表示带状各向异性较大。相关系数为 0 时，表示不存在带状各向异性。该值不能盲目使用。异常值或缺少数据都可能导致该方法不可靠。图 2-59 为两个垂直井的示例。

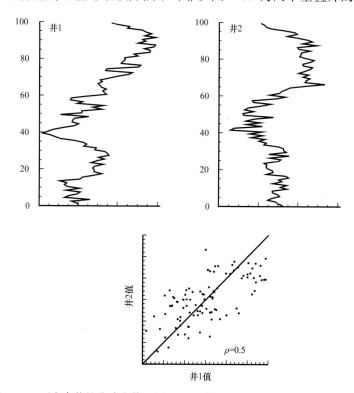

图 2-59　两个直井的孔隙度值及同一地层位置孔隙度值相互匹配的交会图

（二）水平与垂直各向异性比

水平变差函数模型可包括按比例缩放的垂直变差函数点，以显示之前校正的曲线平稳段及显示校正后的距离尺度。距离尺度通过水平与垂直各向异性比确定。考虑采用水平井、地震数据、概念地质模型和类比数据等次级资料来确定所需要的各向异性比。

水平井对推断水平变差函数并没有太大帮助。水平井很少追踪第三章第二节概念模型中描述的地层时间线或地层坐标。当井接近地层水平时，应计算实验水平变差函数。请注意，即使较小的水平偏离都可能导致相关性大幅度降低，即低估了水平连续性。

从地震数据不能直接得到变差函数分析中考虑的相、孔隙度或渗透率。尤其是垂直观察的尺度要大得多。然而，地震声波响应与这些岩石物理性质有关。可以将地震数据视为具有附加误差的潜在岩石物理变量的非线性平均值。若为线性平均，则体积尺度差异会对变差函数产生可预见的变化（参见本节稍后讨论的体积变差函数），通过平均尺度增加相关性变程。这对于垂直变差函数而言非常重要，因为平均垂直尺度通常比垂直变程大许多倍。大尺度的地震数据对于水平方向并非很重要，因为水平相关性变程比水平平均距离大许多倍。解决方法是利用地震数据的水平相关性变程。

地震数据的大规模横向覆盖使得计算明确的且易于解释的水平变差函数和水平相关变程成为可能。通过水平地震变差函数和垂直变差函数，针对所研究的变量，计算水平与垂直各向异性比。

下面是将概念模型用于变差函数推断的一些注意事项。这类概念模型通常以模拟数据为基础，这些模拟数据可能来自其他更广泛采样的储层、地质过程模拟或露头测量。

不管在什么样的情况下，都需要通过专家判断将类比的全局信息与稀疏的局部数据相结合。已经出版的资料中有这类数据，例如 Kupfersberger 和 Deutsch（1999）的汇编物。图 2-60 所示为沉积背景下的一些典型的各向异性变程。

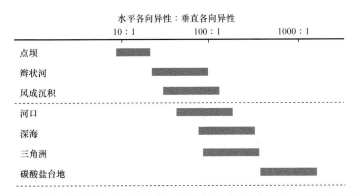

图 2-60　通过现有文献和经验得出的某一水平与垂直各向异性比，可推广利用其核实实际运算并补充非常稀疏的数据

基于地质过程的模型能够模拟沉积物搬运、沉积和侵蚀等物理过程，以描绘储层演化期间的性质变化。这种过程模型还不是可行的储层建模工具。不管怎样，我们希望能够表现出储层非均质性的一般特征（Davis 等，1992；Webb，1992）。可以显示出优势渗流通道或沉积结构等重要特征（Anderson，1991）。地质过程模型受地质变量约束，这些变量构成了地层记录，例如物源供给数量和类型。即使相单元的观察位置和几何形态不能准确再现，利用其他一般的特征也可用于推断水平变差函数（Ritzi 和 Dominic，1993）。它们可用于构建训练图像，从训练图像中提取水平变差函数。

　　计算实验变差函数。可考虑用类比数据来补充不充分的数据。这些变差函数必须与储层的地质模型一致。最后，必须对变差函数建模。

五、变差函数建模

　　实验变差函数点没有直接用于克里金法和模拟等随后的地质统计步骤中。将实验点拟合到参数变差函数模型，必须对实验变差函数建模有以下三个原因：

　　（1）在地质统计计算的搜索区域范围内，所有距离和方向向量 h 都需要变差函数。然而，我们只针对确定的滞后距和方向（通常只沿着连续性的主要方向）计算变差函数。若现有实验数据对太少或没有，则需要内插 h 值的变差函数。特别是，我们通常计算水平和垂直方向的变差函数，但是地质统计模拟方案要求计算非对角方向上的变差函数，其中距离向量同时受到水平和垂直方向上的影响。

　　（2）有必要整合在计算的实验变差函数中不明显的其他类比地质认识。

　　（3）变差函数测量 $y(h)$，相应的协方差模型必须具有正定性数学性质，即我们必须能够在克里金法和随机模拟中使用变差函数及其协方差。正定模型确保克里金法方程式可以求解且克里金法方差为正。

　　出于这些原因，地质统计学家将样品变差函数与具体已知的正定函数（像球状模型、指数模型、高斯模型和空洞效应变差函数模型）拟合。需要注意的是：可以使用任何正定变差函数，包括列表变差函数或协方差值（Yao 和 Journel，1998）甚至是基于体积的几何偏差（Pyrcz 和 Deutsch，2006）。使用任意函数或变差函数值的非参数表需要进行初步检查，以保证正定性（Myers，1991）。通常结果不会是正定的，且需要一些迭代程序来调整这些值，直到满足正定性要求。

　　传统的参数模型可以拟合以上讨论的所有地质特性，并能够直接转换到现有的地质统计模拟代码中。

　　变差函数模型可构建成已知正定合理变差函数的正和：

$$\gamma(\boldsymbol{h}) = \sum_{i=1}^{nst} C_i \Gamma_i(\boldsymbol{h}) \tag{2-49}$$

　　其中 $y(h)$ 为关于所有距离和方向向量 $\boldsymbol{h}$ 的变差函数模型，nst 为变差函数或结构套合的数量，C_i，$i=1$，$\cdots$，nst，为各结构套合的方差贡献，且 Γ_i，$i=1$，$\cdots$，nst，为基础合理变差函数。各基本结构的方差或"基台值" Γ_i，$i=1$，$\cdots$，nst 为 1；那么方差贡献 $\sum_{i=1}^{nst} C_i$ 的总和为服从变差函数模型的方差。

　　为了简单起见，由于井数据通常很少，我们更倾向于仅使用一个结构。这不是一个好方法，因为通过垂直变差函数可观察到短程和远程结构。此外，需要用到不止一个结构来解释条带状各向异性，也可以用少量井资料来识别。

　　一般而言，变差函数能够达到理论基台值。给出各结构套合的常用合理变差函数模型，然后介绍如何将它们组合成最终的变差函数模型。

（一）合理变差函数模型

图 2-61 所示为实践中常用的六个变差函数模型。块金效应、球状、指数型和高斯模型具有明显的稳定性或基台值。这些结构中的每一个都将按照方程式（2-49）中所示乘以方差 C_j 值。

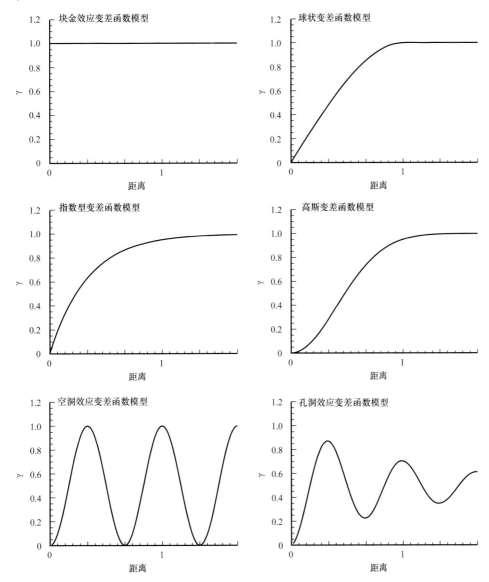

图 2-61　六个常用的变差函数模型：块金效应、球状、指数型、高斯模型、空洞效应模型及孔洞效应模型

各变差函数模型将距离 h 作为一个参数。通过将距离向量 h 分解成三个主要分量 h_{vert}、$h_{h-major}$ 和 $h_{h-minor}$ 来计算标量距离。按照惯例，$vert$ 为垂直方向或符合地层 Z_{rel} 坐标的方向，$h\text{-}major$ 为符合垂直于 Z_{rel} 坐标连续性最大的水平方向，及 $h\text{-}minor$ 为垂直于 Z_{rel} 坐

标连续性最小的水平方向。然后按以下公式计算距离：

$$h = \sqrt{\left(\frac{\boldsymbol{h}_{\text{vert}}}{a_{\text{vert}}}\right)^2 + \left(\frac{\boldsymbol{h}_{h-\text{major}}}{a_{h-\text{major}}}\right)^2 + \%\left(\frac{\boldsymbol{h}_{h-\text{minor}}}{a_{h-\text{minor}}}\right)^2} \qquad (2-50)$$

一般而言，需要三个角来确定公式（2-50）中的三个方向。然而，我们通常只需要一个方位角来确定主要（major）和次要（major）方向，因为垂直方向是通过地层来确定的。距离变程参数 a_{vert}、$a_{h-\text{major}}$ 和 $a_{h-\text{major}}$ 可因各个结构套合不同而不同。对它们进行计算或迭代调整，使所有方向样品变差函数都能正确拟合。计算 H 参见方程式（2-50）时考虑所有距离变程参数 1 范围内从 h 到无穷小。通过方差贡献增加结构套合参见方程式（2-50）；因此，以下结构套合的无量纲基台值为 1。

1. 块金效应

除了在 $h=0$ 时外，都为常数 1，$h=0$ 时方差为零：

$$\Gamma(h) = \begin{cases} 0 & \text{if } h = 0 \\ 1 & \text{if } h > 0 \end{cases} \qquad (2-51)$$

块金效应是由于测量误差和地质小尺度构造造成的，即出现在比最小数据分离距离还小的范围内的特征。块金效应只代表总变异性的一小部分。

2. 球状

一种常用的变差函数模型，以线性方式增加，然后在距离为 1 处达到基台值 1。

$$\Gamma(h) = Sph(h) = \begin{cases} \left[1.5h - 0.5h^3\right], & \text{if } h \leqslant 1 \\ 1 & \text{if } h \geqslant 1 \end{cases} \qquad (2-52)$$

该变差函数方程式与相隔一段距离的两个球体交叉的体积有关。任何形状都有可能。我们常用球状变差函数，因为其呈线性增长，在实践中更常见。而且它的斜率并没有下文所述的指数型变差函数那么高。

3. 指数模型

变差函数形状类似球状，即在原点附近为线形，逐渐逼近基台值 1。指数模型和球状模型的主要差别在于，其增长得比球状更快，且渐进地达到基台值：

$$\Gamma(h) = Exp(h) = 1 - e^{-3h} \qquad (2-53)$$

高斯模型：指数中的平方项使得该变差函数结构在短距离范围内呈抛物线形状。

$$\Gamma(h) = Gau(h) = 1 - e^{-3h^2} \qquad (2-54)$$

短距离处的连续性代表典型的连续现象如构造面和厚度等。

4. 空洞效应模型

周期性模型：

$$H_a(h) = 1.0 - \cos(h\pi) \qquad\qquad (2\text{-}55)$$

空洞效应变差函数只能在一个方向上起作用，即将三个距离参数中的两个设置成无穷大 ∞。通常不使用该变差函数模型，甚至在数据具有周期性时也不例外。

5. 孔洞效应模型

指数型协方差与空洞效应模型之乘积：

$$\mathrm{DH}_{d,a}(h) = 1.0 - \exp\left(\frac{-3ha}{d}\right) \cdot \cos(ha) \qquad\qquad (2\text{-}56)$$

因为地质旋回很少位于同一距离尺度，所以孔洞效应模型比空洞效应模型更常用。孔洞效应变差函数也只能在一个方向上起作用。

有许多其他变差函数模型。幂模型 $\Gamma(h) = h^w$，其中 $0 < \omega \leqslant 2$，是趋势特性或分位数特性的一个示例。

（二）变差函数建模总结

交互式软件有效地帮助了变差函数建模。变差函数建模的原理与规程都是一样的，条件是将结果转移至传统的地质统计建模软件。

（1）确定结构套合的数量，即方程式（2-49）中的 nst。这个数字应尽可能小，为了灵活捕捉变差函数不同方向上的重要变化。

（2）对于各结构套合，$i=1$，…，nst，选择变差函数模型类，即 Γ_i，基本模型；方差贡献，该结构套合为 C_i；及各向异性参数，用于确定距离参见方程式（2-50），即水平方位旋转角和 a_{vert}、$a_{h\text{-major}}$ 及 $a_{h\text{-major}}$。

（3）用所有方向上计算的点显示拟合模型。如有必要通过迭代来改善参数，以实现"良好"的拟合。短距离特性和明显的各向异性必须拟合良好。周期性小、带状各向异性小及长变程趋势通常都是无关紧要的。

符合下面例子的最终变差函数模型并未揭露变差函数拟合的迭代性质。

（三）示例

图 2-62 所示为加拿大储层的水平和垂直变差函数。这些变差函数是将基台值标准化至 1.0 的指示变差函数。水平距离标尺单位是 m；垂直距离标尺与厚度有关，可根据水平和垂直变差函数确定五个方差区域（表 2-6 和图 2-62）。第一个小分量（方差的 5%）为各向同性块金效应。接下来的三个为具有不同范围参数的指数型变差函数结构。需要三个指数型变差函数结构来获取垂直变差函数上方差值大约为 0.3 的转折点及方差区域 0.8～1.0 中垂直变差函数的长变程结构。第五个孔洞效应变差函数结构仅适用于垂直方向，且不给方差增加净贡献。阻尼分量为垂直变程 0.06 的五倍。孔洞效应在很大程度上是美观的，因为它对随后的地质统计计算几乎没有影响。

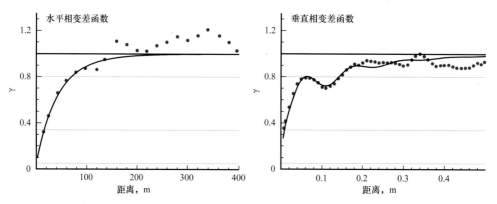

图 2-62　通过水平和垂直指示变差函数来检测储层中是否存在砂岩
（注意可利用八个水平井来计算良好水平变差函数）

表 2-6　与图 2-62 中所示的变差函数对应的变差函数参数

方差贡献	变差函数类型	水平距离，m	垂直距离，m
0.05	块金效应		
0.29	指数型	100.0	0.015
0.46	指数型	175.0	0.450
0.20	指数型	100.0	0.500
0.20	孔洞效应	∞	0.060

　　图 2-63 所示为西得克萨斯储层的孔隙度正态值变化水平与垂直变差函数。该数据为美国石油公司提供给斯坦福大学测试和研究地质统计方法的数据。水平变差函数具有5000ft 的变程。垂直变差函数清晰地展示了由于平均孔隙度中系统平面差异引起的附加方差分量（带状各向异性）。通过图 2-63 中的水平和垂直变差函数确定了三个方差区域（表2-7）。前两个为具有几何各向异性的球状变差函数结构。最后一个球状结构具有垂直方向上的带状各向异性。

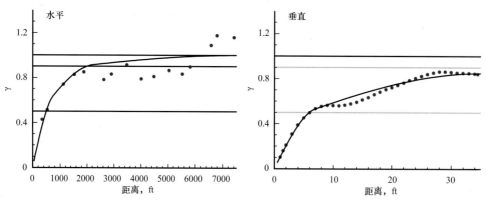

图 2-63　西得克萨斯储层的孔隙度正态变化水平与垂直变差函数（这些数据为美国石油公司提供给斯坦福大学测试和研究地质统计方法的数据）

表 2-7　与图 2-65 中所示的变差函数对应的变差函数参数

方差贡献	变差函数类型	水平距离，m	垂直距离，m
0.50	球状	750	6
0.40	球状	2000	50
0.10	球状	7000	∞

图 2-64 和图 2-65 展示了相（石灰岩编号为 1，白云石和硬石膏编号为 0）和通过沙特阿拉伯储层计算的孔隙度变差函数，原始变差函数见 Benkendorfer 等（1995）。注意可解释的水平变差函数及一致的垂直和水平变差函数。我们注意到在有孔隙度的情况下存在带状各向异性，而不是相指示变差函数。

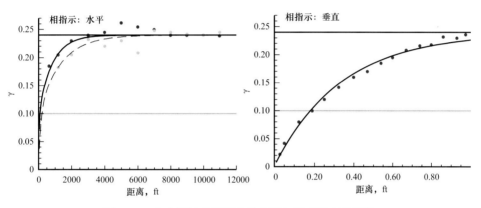

图 2-64　主力阿拉伯储层中的水平与垂直相变差函数

最上面的图展示了两个方向的水平变差函数参见表 2-8，最下面的图展示了垂直变差函数

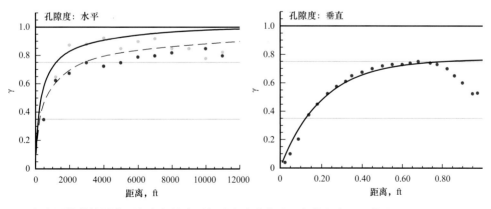

图 2-65　主力阿拉伯储层中石灰岩相的水平与垂直孔隙度（正态值）变差函数（最上面的图展示了两个方向的水平变差函数见表 2-9，最下面的图展示了垂直变差函数，注意垂直方向上的带状各向异性，其能够指示是否存在平面趋势）

针对图 2-64 中的相变差函数确定两个方差区域（表 2-8）。注意这种情况下的基台值为 0.24（与石灰岩和白云岩的相对比例有关）。两者都为各向异性指数型结构。针对图 2-65 中的孔隙度变差函数确定三个方差区域（表 2-9）。第三个区域展示了垂直方向上的带状各向异性。

表 2-8　与图 2-66 中所示的变差函数对应的变差函数参数

方差贡献	变差函数类型	北西到南东的水平距离，ft	北东到南西的水平距离，ft	相对垂直距离
0.10	指数型	150.0	4000	0.8
0.14	指数型	2500.0	4000.0	1.2

表 2-9　与图 2-67 中所示的变差函数对应的变差函数参数

方差贡献	变差函数类型	北西到南东的水平距离，ft	北东到南西的水平距离，ft	相对垂直距离
0.35	指数型	400	500	0.6
0.40	指数型	2000	4000	0.6
0.25	指数型	12000	40000	∞

六、交叉变差函数

实际上在所有储层建模情况下，都有必要对多个变量的联合分布进行建模，例如：地震阻抗、相、孔隙度、渗透率及剩余水饱和度（Behrens，1998）。通常的做法是考虑两两相关性对它们进行连续建模。

（1）建立最佳地震属性，可能为不同地质属性的复杂组合；

（2）将地震数据作为次级变量创建相的地质统计模型；

（3）将地震数据作为次级变量在各相范围内对孔隙度进行建模；

（4）将孔隙度作为次级变量在各相范围内对渗透率进行建模；

（5）利用最佳次级变量（即与建模变量最相关的变量），继续使用剩余水饱和度等其他变量。

针对若干变量设计地质统计模型，然而，很难在实践中得以应用。我们只考虑两个变量 Z 和 Y 之间的空间相关性。在第四章第一节大规模建模中讨论了整合大量变量的实用方法。

同位 Z 和 Y 的交会图为两个变量之间的相关性提供了基本的评估。一般情况下，通过同位的或成对的值 $z(u_i)$、$y(u_i)$，$i=1$，$\cdots$，n 之间的关系不足以获得两个变量之间全部的空间关系。还必须考虑某个滞后距 $z(u_i)$、$y(u_i+h)$，$i=1$，$\cdots$，$n(h)$ 隔开的成对的值之间的交叉空间关系。通过下文所定义的交叉变差函数来衡量两个变量之间的交叉空间相关性。

可以不使用交叉变差函数。可通过同位值的相关性建立交叉空间关系模型。这些同位或马尔可夫模型（Zhu，1991）因其简单而广为流传。若存在从测量（地震）或之前地质统计模拟中尽一切可能采样的次级变量，则以这类模型为基础的隐含假设都是合理的。将在明确了更普遍的交叉变差函数之后开发这些模型，讨论解释原理并呈现协同区域化线性模型的建模。

单一变量（z）半变差函数的经典定义：

$$\gamma_{z,z}(\boldsymbol{h}) = \frac{1}{2}E\left\{[z(\boldsymbol{u}) - z(\boldsymbol{u}+\boldsymbol{h})]^2\right\} = \frac{1}{2}E\left\{[z(\boldsymbol{u}) - z(\boldsymbol{u}+\boldsymbol{h})][z(\boldsymbol{u}) - z(\boldsymbol{u}+\boldsymbol{h})]\right\} \quad （2\text{--}57）$$

针对两个变量（z 和 y）扩展至交叉半变差函数：

$$\gamma_{z,y}(\boldsymbol{h}) = \frac{1}{2}E\left\{[z(\boldsymbol{u}) - z(\boldsymbol{u}+\boldsymbol{h})][y(\boldsymbol{u}) - y(\boldsymbol{u}+\boldsymbol{h})]\right\} \quad （2\text{--}58）$$

变差函数为 $z(\boldsymbol{u})$–$z(\boldsymbol{u}+\boldsymbol{h})$ 之差乘以其本身而得到的平均乘积。交叉变差函数为 $z(\boldsymbol{u})$–$z(\boldsymbol{u}+\boldsymbol{h})$ 之差 z 与相同位置和滞后距的 $y(\boldsymbol{u})$–$y(\boldsymbol{u}+\boldsymbol{h})$ 之差 y 的平均乘积。交叉变差函数为变差函数的直接扩展。

为了更好地理解交叉变差函数，考虑使用标准化变量（平均值和方差分别为 0 和 1）并展开平方项：

$$\gamma_{z,y}(\boldsymbol{h}) = \frac{1}{2}E\left\{z(\boldsymbol{u})\cdot y(\boldsymbol{u}) - z(\boldsymbol{u}+\boldsymbol{h})\cdot y(\boldsymbol{u}) - z(\boldsymbol{u})\cdot y(\boldsymbol{u}+\boldsymbol{h}) + z(\boldsymbol{u}+\boldsymbol{h})\cdot y(\boldsymbol{u}+\boldsymbol{h})\right\} \quad （2\text{--}59）$$

回想一下第二章第二节中对标准化变量，协方差和相关系数的定义：

$$\begin{aligned}
\gamma_{z,y}(\boldsymbol{h}) &= \frac{1}{2}\left[C_{zy}(0) + C_{zy}(0) - C_{zy}(\boldsymbol{h}) - C_{yz}(\boldsymbol{h})\right] = C_{zy}(0) - \frac{1}{2}\left[C_{zy}(\boldsymbol{h}) + C_{yz}(\boldsymbol{h})\right] \\
&= \rho_{zy}(0) - \frac{1}{2}\left[\rho_{zy}(\boldsymbol{h}) + \rho_{yz}(\boldsymbol{h})\right] = \rho_{zy}(0) - \rho_{zy}(\boldsymbol{h})
\end{aligned} \quad （2\text{--}60）$$

用相关系数替换协方差，例如：用 $\rho_{zy}(\boldsymbol{h})$ 替换 $C_{zy}(\boldsymbol{h})$，可能仅仅是用标准化变量替换，其中 $\sigma_Z^2 = \sigma_Y^2 = 1$。设 $\rho_{zy}(\boldsymbol{h}) = \rho_{zy}(\boldsymbol{h})$，相当于假设协方差 z 和 y 为对称的[④]。

当 $\boldsymbol{h}=0$ 时交叉半变差函数等于 0，就像半变差函数一样，因为 $\rho_{zy}(\boldsymbol{h}=0) = \rho_{zy}(0)$ 见方程式（2--60）。在滞后距较大时，变量 z 和 y 通常不具有相关性；即 $\rho_{zy}(\boldsymbol{h})$ 接近零。因此，交叉半变差函数的基台值为同位值 z 和 y 的相关系数 $\rho_{zy}(\boldsymbol{h})$（0）见方程式（2--60）。假设变量 z 和 y 已标准化。半变差函数的基台值为方差；滞后距为 0 时交叉半变差函数的基台值为协方差（标准化变量的相关系数）。

滞后距为 0 时的协方差或相关性可为负数，交叉变差函数也一样。方程式（2--60）中的关系可用于解释交叉变差函数。像变差函数一样，基台值以上的值意味着不相关，而基

---

④　当相关变量 z 和 y 都有一定程度地偏离对方时就会产生非对称交叉协方差。有时测井曲线也会发生类似情况。任何软件都不能够拟合和使用非对称交叉协方差；因此，数据宜进行深度偏移并通过传统的对称交叉协方差或交叉变差函数进行建模。

台值以下的值意味着正相关。事实上，以上讨论的所有解释，包括几何各向异性、趋势、周期性和带状各向异性，都适用于交叉变差函数。

（一）示例

举一个相关变量的例子，对北阿尔伯塔油砂作业区的沥青百分含量和碎屑百分含量进行 1396 次测量。这些数据分布于面积为大约 $10km^2$ 的二维水平面中。沥青百分含量和碎屑百分含量是影响油砂作业区采油的两个关键因素。评估它们的空间变异对于提炼设备的过程控制是非常重要的。考虑各变量的正态值变化。图 2-66 所示为同位测量的交会图。注意，相关性 $\rho_{zy}(0)$ 为 −0.73，意味着交叉变差函数模型的基台值约为 −0.73。该负相关从地质学角度上讲是合理的；即哪里的碎屑越多，沥青就越少。

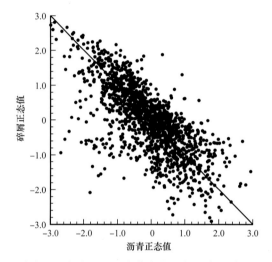

图 2-66　碎屑百分含量的交会图（正态值变化）与沥青百分含量（正态值变化）

相关性 $\rho_{zy}(0)$ 为大约 −0.73

图 2-67 所示为沥青百分含量的正态值变化变差函数，图 2-68 所示为碎屑百分含量的正态值变化变差函数及图 2-69 所示为两者之间的交叉变差函数。

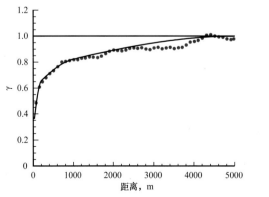

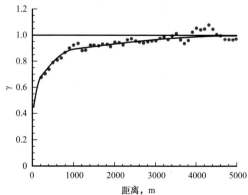

图 2-67　沥青百分含量的变差函数（正态值变化）　图 2-68　碎屑百分含量的变差函数（正态值变化）

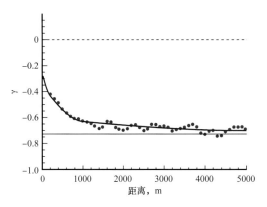

图 2-69 碎屑百分含量（正态值变化）与沥青百分含量（正态值变化）的交叉变差函数

不能单独拟合变差函数，因为相应的（交叉）协方差必须为共同正定。协同区域化线性模型（LMC）几乎只用于具有两个或多个变量的变差函数建模。有关同位协同克里金法的协同区域化模型和其他这类模型都是该协同区域化线性模型的极限情况。协同区域化线性模型（LMC）采取以下形式：

$$\gamma_{Z,Z}(\boldsymbol{h}) = b_{Z,Z}^0 + b_{Z,Z}^1 \Gamma^1(\boldsymbol{h}) + b_{Z,Z}^2 \Gamma^2(\boldsymbol{h}) \cdots \qquad (2-61)$$

$$\gamma_{Z,Y}(\boldsymbol{h}) = b_{Z,Y}^0 + b_{Z,Y}^1 \Gamma^1(\boldsymbol{h}) + b_{Z,Y}^2 \Gamma^2(\boldsymbol{h}) \cdots \qquad (2-62)$$

$$\gamma_{Y,Y}(\boldsymbol{h}) = b_{Y,Y}^0 + b_{Y,Y}^1 \Gamma^1(\boldsymbol{h}) + b_{Y,Y}^2 \Gamma^2(\boldsymbol{h}) \cdots \qquad (2-63)$$

其中，Γ^i，$i=1$，…，nst 为普通变差函数模型组成的结构套合，如上文所述。所以，协同区域化线性模型相当于利用相同的变差函数结构套合对每个直接和交叉变差函数进行建模。在下列约束条件下可以更改基台值参数（b 值）：

$$\left. \begin{array}{l} b_{z,z}^i > 0 \\ b_{y,y}^i > 0 \\ b_{z,z}^i \cdot b_{y,y}^i \geqslant b_{z,y}^i \cdot b_{z,y}^i \end{array} \right\} \quad \forall i \qquad (2-64)$$

拟合协同区域化线性模型的第一步是选择汇集结构套合：Γ^i，$i=1$，…，nst。有以下注意事项：

（1）通过变差函数类型（形状）和各向异性变程（界定各向异性的角度及每个方向上的变程）确定各个结构套合；

（2）选择结构套合使实验变差函数上所有重要的特征都可以建模。

可以考虑采用自动拟合算法，有许多软件可以进行自动拟合（Goovaerts，1997）。图2-67、图 2-68 和图 2-69 中拟合的变差函数曲线源于以下模型：

$$\gamma_z(\boldsymbol{h}) = 0.3 + 0.3\Gamma^1(\boldsymbol{h}) + 0.25\Gamma^2(\boldsymbol{h}) + 0.15\Gamma^3(\boldsymbol{h}) \qquad (2-65)$$

$$\gamma_{z,y}(\boldsymbol{h}) = -0.25 - 0.1\Gamma^1(\boldsymbol{h}) - 0.25\Gamma^2(\boldsymbol{h}) - 0.1\Gamma^3(\boldsymbol{h}) \qquad (2-66)$$

$$\gamma_y(\boldsymbol{h}) = 0.4 + 0.2\Gamma^1(\boldsymbol{h}) + 0.25\Gamma^2(\boldsymbol{h}) + 0.15\Gamma^3(\boldsymbol{h}) \qquad （2\text{-}67）$$

其中 $\Gamma^1(\boldsymbol{h})$ 为变程为 200 m 的球状模型，$\Gamma^2(\boldsymbol{h})$ 为变程为 1000 m 的球状模型，$\Gamma^3(\boldsymbol{h})$ 为变程为 5000m 的球状模型。这是一个合理的协同区域化模型，因为 $0.3 \times 0.4 \geq (-0.25)^2$、$0.3 \times 0.2 \geq (-0.1)^2$、$0.25 \times 0.25 \geq (-0.25)^2$ 且 $0.15 \times 0.15 \geq (-0.1)^2$。

协同区域化线性模型可扩展到三个或多个变量。然而，在实践中很少这样做。正如本节开头所述，变量通常是成对考虑的。

（二）马尔可夫协同区域化模型

许多人认为协同区域化线性模型的应用很难实现。一种更为简单的替代方案是利用单一的相关系数参数对交叉变差函数进行建模。当交叉变差函数不能通过数据可靠地拟合时，这种简化是合理的。这种简化是由马尔可夫型假设导致的，即一种数据类型完全超过并置的硬数据和软数据。经典的马尔可夫模型，有时被称为马尔可夫模型 I，假设硬数据 z 优于软数据 y。通过以下方程式给出交叉变差函数为

$$C_{zy}(\boldsymbol{h}) = BC_z(\boldsymbol{h}), \qquad \forall \boldsymbol{h} \qquad （2\text{-}68）$$

其中 $B = \sqrt{\sigma_z^2 / \sigma_y^2} \cdot \rho_{zy}(0)$，$\sigma_z^2, \sigma_y^2$ 为 z 和 y 的方差，且 $\rho_{zy}(0)$ 为并置数据 z —— y 的相关系数。应用此协同区域化模型需 z 变量 $\sigma_z^2 - \gamma_z(\boldsymbol{h})$ 的协方差和并置数据的相关系数。

第二个马尔可夫模型，有时被称为马尔可夫模型 II（Journel，1999；Shmaryan 和 Journel，1999），假设软数据 y 优于硬数据 z。通过以下方程式给出交叉变差函数

$$C_{zy}(\boldsymbol{h}) = BC_y(\boldsymbol{h}), \qquad \forall \boldsymbol{h} \qquad （2\text{-}69）$$

其中 B 与上文所述相同。应用此协同区域化模型需要 y 变量 $\sigma_z^2 - \gamma_z(\boldsymbol{h})$ 的协方差和并置数据的相关系数。

与马尔可夫模型相比，完整的协同区域化线性模型灵活性更大，结果更理想。马尔可夫模型的选择取决于交叉变差函数更像 z 变差函数还是更像 y 变差函数。当 y 数据的数据量较大时，例如来自地震数据，那么第二个马尔可夫模型 II 很可能是最适合的。

在马尔可夫方法中还要解决一些实施细节，包括其他变差函数；即若采用马尔可夫模型 I 则为变差函数 y，若采用马尔可夫模型 II，则为变差函数 z。若为估计保留单个并置数据，则没有问题。将在接下来的章节中对这些和其他应用细节予以说明。

七、多点统计法

下面讲述了从之前讨论的两点变差函数扩展到空间统计的目的，定义了多点统计法，并提供了计算方法。在下一节中对利用多点统计法构建模型的序贯法进行了详细的讨论，且在第四章第三节多点相建模中涵盖了实施细节和建模实例。

（一）多点统计法的目的

两点统计法不能刻画出曲线特征及量级关系（在第四章第二节基于像元的相建模中讨论的截断高斯模拟除外）。曲线特征在自然形成的构型中很好识别。例如：考虑曲流河和深水沟道、分流朵叶体的分散模式及伴有点礁的生物丘。有人可能会认为线性特征是例外，而复杂的曲线构型更常见。两点统计法将变程和方向参数化，且在每个滞后距 h 中只考虑两个点。因此，两点统计法不能刻画曲线特征。该限制产生的实际结果是，变差函数定义的随机函数具有一个通式，可表征为孤立的或合并的椭球体的产物，由可能具有各向异性的线性特征产生。

量级关系描述了从一种特定种类到另一种类或从特定连续值域到另一值域的转换概率。例如：考虑从河道轴线至轴线外直到边缘，以及从上临滨面至下临滨面至海相的自然转移。分类属性的特定转换是很常见的。

变差函数未描绘出曲线特征和量级关系时，这些特征仍然可以通过调节和非平稳统计模型加入最终的结果模型中。在成熟储层背景下，密集数据调节可能会产生除了变差函数以外更复杂的结构。在密集数据背景下，这可能就足够了，然而建模者必须谨慎，因为这可能会带来意想不到的伪像，例如远离数据处的不均匀性变化。另外，任何输入统计都可以认为是非稳定的，且可在所有位置建模。表征非稳定局部变量各向异性模型可能是一种有效的解决方法（参见第二章第四节初步映射概念中的讨论）。

（二）多点统计法的定义

下文给出了多点统计法的定义以及相关的说明和术语。Strebelle（2002）介绍了多点统计法的术语和名称，并全面覆盖了技术的发展历史和前人成果。

考虑一种属性 z，可取 K 个状态，或连续变量 $K-1$ 具有门槛值 z_K，$k=1\cdots K$。多点数据事件可由未知量 $z(\boldsymbol{u})$ 表征，与未知量位置隔开的已知值 n 可由滞后向量 $\boldsymbol{h}_\alpha$，$\alpha=1$，$\cdots$，n 表征，其中数据值用 $z(\boldsymbol{u}+\boldsymbol{h}_\alpha)$ 表示，$\alpha=1$，$\cdots$，n。该数据事件的结构被称为数据事件模板。图 2-70 中展示了 4 个已知位置（5 点多点统计，包括 $\boldsymbol{u}$ 处的未知位置），实际上在三维 D 中需要很多点，可能要 10～40 个点，来刻画实际的非均质性。假设本节中之前的描述稳定，为了进行空间推理，我们需要条件概率分布函数来计算未知量，条件是数据事件 $P(z(\boldsymbol{u})=z_k|d_n$。

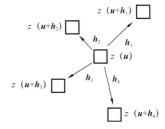

图 2-70 多点事件及相关名称的图解

（三）多点统计法的推论

第一眼看上去，如 Strebelle（2002）所述，这是一个非常困难的推论问题。首先，考虑必须计算的条件概率。对于模板中的 K 类情况和 n 个数据事件位置的情况，存在 K^{n+1} 种条件概率。当具有两个以上的分类，或 20 个以上的数据事件位置时，可能的条件概率数量变得不切实际的大（例如，类别最小数：k=2；以及在三维中的极小模板，n+1=20，导致可能的条件概率已经超过 100 万）。其次，考虑在可用数据的典型稀疏采样密度下只推测变差函数两点统计的困难。由于可用数据间距和方向有限，通常缺乏特定方向和距离的实验数据对。对于多点统计，实际数据不可能表示绝大部分可能的多点结构。前述问题通过以下方式解决：（1）限制模板中类别和数据事件的数量；（2）搜索树进行条件概率的有效存储和检索（Strebelle，2002）；（3）具有一系列二元类别的多重网格和分层方法，后者通过从训练图像中借用统计数据来实现（Guardiano 和 Srivastava，1993）（在第四章第三节中讨论过）。

在当前实践中，空间连续性多点模型是训练图像，其针对模型范围内推断出的非均质性做了详尽地三维展示。训练图像应局限于多点统计中考虑的类别，并且应具有以下两种特征：对转换函数具有重大影响且具有再现被选择数据事件模板的可能性。鉴于训练图像足够大，应采用足量的重复试验来计算所需的多点条件概率。

在多点方法中，空间连续性推断步骤成为建模步骤。此举导致与先前讨论的有关重复性、隐含假设、数学表达和再现的基于变差函数的空间连续性推论之间产生根本性的差异。应考虑采用上述讨论的多点统计学的独特能力来表征和强化曲线和排序特征。采用变差函数无法实现表征和强化曲线和排序特征。

有些人认为可以重复利用变差函数。原因在于，实验变差函数是根据现有数据计算出来的，且正定变差函数模型在很大程度上服从于实验变差函数。在大多数情况下，空间连续性模型来自现有数据。目前，没有根据数据构建训练图像的实际工作流程。Boisvert 等（2007）建议采用检验训练图像与现有数据兼容的方法，但建构训练图像大体上仍然是主观的。

正常情况下，基于变差函数的方法依赖于隐式随机函数模型。在高斯模拟的情况下，隐式随机函数模型具有最大熵特征（在本节前述的高斯性成本讨论中论述过）。有些人会认为，基于图像的随机函数模型虽然是主观的，但并不依赖于潜在的、难以理解的隐式随机函数模型。

所以，变差函数模型是空间连续性的紧凑分析模型，在数学上对于所有方向和距离都是有效的。在假定平稳性的情况下，该模型可以有效地用于推断任何两个位置之间的协方差。这些协方差应保证是正定的。因此，它们可用于克里金方程，以最小化估计方差。另外，如体积方差关系这一节所述，变差函数可用于模拟随尺度大小变化而变化的方差，并且变差函数模型本身可以根据支持尺寸的变化进行缩放。尽管基于变差函数的方法可以被推广到变量模型像元支持的尺寸，如非结构化网格的情况那样，但是当前没有多点模拟实现的方法来解释变量单元尺寸。

多点统计随机函数连续性模型是条件概率的离散列表。而且，目前还没有可以从该列表中插入新的一致条件概率或更改支持大小的方法。换言之，若未从训练图像中提取到数据事件，则数据事件不可用；并且无法评估与列表的其余部分一致的条件概率。即使改变为低阶统计，如全局概率密度函数，也不可能直接与多点统计随机函数连续性模型融为一体。

变差函数模型可不受限制地应用于分类变量和连续变量。目前，实用多点方法仅限于分类变量（参见第四章第三节有关连续多点相建模的内容），必须采用其他方法（通常采用基于半变差函数的方法），对不同相中的连续储层性质进行建模。这并不见得是一个主要问题。因为在许多环境中，相是非均质性的重要约束条件。因此，相中连续储层性质的建模可能会作为次要考虑因素。如第四章第三节所述，将连续属性置入多点统计相模型中仍是一个挑战。

通常，采用基于变差函数的方法在最终模型中可以再现正定变差函数模型。事实上，在用最低验收标准进行模型检查时，Leuangthong 等（2004）建议检查变差函数再现。原因在于，不好的再现意味着需要解决实现问题（在第五章第一节中讨论过）。虽然可将所有特征放入训练图像中，但不能保证最终模型中出现再现。再现的条件是，设计数据事件模板和第四章第三节多点相建模中讨论的具体实现问题。设计训练图像时应考虑到这些限制，否则可能会造成工作量浪费或沟通不畅。考虑加入不可能重现的高分辨率、连续和长变程特征所需的时间，将其在最终模型中的期望传达给项目团队。

八、体积方差关系

调和不同尺度的数据，是油藏描述中长期存在的问题。在地质统计储层模型的构建过程中，必须考虑岩心数据、不同类型的测井数据以及地震数据。这些数据的尺度不同，在构建地质统计模型时，忽略尺度差异是错误的（Tran，1996）。

20 世纪 60 年代和 70 年代，地质统计规模法首先运用于采矿业中，关注的是不同规模的可选采矿单元（SMU）的矿产级别。可以扩展这些技术，来解决涉及岩心、测井曲线和地震数据的问题；然而，在石油储层建模的背景下，存在以下局限性：（1）测井数据和地震数据测量中的不确定体积；（2）小尺度变差函数结构的不确定性；（3）多个响应的非线性平均值，包括声学性质和渗透率。在此回顾了经典缩放法的必然结果，但需要进一步研究来克服这些限制。

体积方差关系的第一个重要概念是空间或离散方差。离散方差 $D^2(a, b)$（Journel 和 Huijbregts，1978）是较大体积 b 中（即在方差的经典定义中）体积 a 的方差：

$$D^2(a,b) = \frac{1}{n} \sum_{i=1}^{n} \left(\underbrace{z_i}_{\text{Support } a} - \underbrace{m_i}_{\text{Support } b} \right)^2 \qquad (2\text{--}70)$$

在地质统计背景下，几乎所有方差都是离散方差。通常，体积 a 是类点硬数据（·），以及体积 b 是整个感兴趣区域（A），因此 σ^2 可记为 $D^2(\cdot, A)$。

离散方差之间的一个重要关系是方差可加性关系，有时被称为克里金关系：

$$D^2(a,c) = D^2(a,b) + D^2(b,c) \qquad (2\text{--}71)$$

方差概念的可加性在任何有关方差分析的统计书中都有详细的解释。从岩心尺度到地质建模尺度的范围内，假设 $a = \cdot =$ 硬岩心数据的体积，$b = v =$ 地质建模单元的大小，$c = A =$

感兴趣区域（储层）。请参看以下公式：

$$D^2(\cdot, A) = D^2(\cdot, v) + D^2(v, A) \tag{2-72}$$

总之，储层中岩心值的方差是地质建模单元的岩心值方差加上储层中地质建模单元的方差之和。值得注意的是，这取决于线性平均，其对于孔隙度和相比例是正确的，但对于渗透率是不正确的。

在进一步研究离散方差之前，有必要讨论直方伽马值的含义和算法。当向量 h 的一个极限表示域 $v(u)$，且另一个极限独立地表示域 $V(u')$ 时，"直方伽马"值表示 $\gamma(h)$ 的平均值。体积 $v(u)$ 和 $V(u')$ 的大小不必相同。不需要并置 u 和 u' 的位置。当然，体积和位置可以是相同的：$v(u) = V(u')$。直方伽马值用数学符号表示为

$$\bar{\gamma}\left[v(u), V(u')\right] = \frac{1}{v \cdot V} \int_{v(u)} \int_{V(u')} \gamma(y - y') \mathrm{d}y \mathrm{d}y' \tag{2-73}$$

其中，v 和 V 分别是 $v(u)$ 和 $V(u')$ 的体积。在三维空间中，该积分表达式是一个六元积分。这在地质统计学的早期从业者中并不受欢迎。

虽然 $\bar{\gamma}\left[v(u), v(u')\right]$ 存在特定的解析解，但可通过将体积 $v(u)$ 和 $V(u')$ 离散成多个点并简单地对变差函数进行平均来系统地评估 $\bar{\gamma}\left[v(u)\right], V(u')$：

$$\bar{\gamma}\left[v(u), V(u')\right] \approx \frac{1}{n \cdot n'} \sum_{i=1}^{n} \sum_{j=1}^{n'} \gamma(u_i - u'_j) \tag{2-74}$$

其中，n 表示 u_i，$i=1$，$\cdots n$ 时，离散化体积 $v(u)$，以及 n' 表示 u_j，$j=1$，$\cdots n'$ 时，离散化体积 $V(u')$。离散化是使代表相同分数体积的点之间的间距规则。选择 n 或 n' 点的数量足够大，以提供稳定的近似数值 $\bar{\gamma}\left[v(u)\right], V(u')$。实际上，$n=n'=100$ 到 1000 更为合适。一维中 100 个点、二维中 10×10 个点、三维中 $10 \times 10 \times 10$ 个点数量就足够了，可以对直方伽马值进行稳定估计。

从离散方差和直方伽马值的定义可得出两个重要的关系：

$$D^2(v, V) = \bar{\gamma}(V, V) - \bar{\gamma}(v, v) \tag{2-75}$$

以及 $v=\cdot$ 和 $V=v$ 的特殊情况：

$$D^2(\cdot, v) = \bar{\gamma}(v, v) \tag{2-76}$$

这些告诉我们，一旦有空间连续性的变差函数模型，则可计算任何特定的离散方差或体积相关方差。矿业地质统计学（Journel 和 Huijbregts，1978）一书中进行了推导。

存在线性平均变量的情况下，从准点尺度到地质建模尺度 v 的体积变化需要如下条件：

（1）无论何种尺度，平均值保持不变；

（2）方差减少至可预测值 $\sigma^2 - \bar{\gamma}(v,v)$ ；

（3）尺寸体积的直方图形状应更对称。

剩下的问题是，建立一个形状变化模型。许多分析模型（Isaaks 和 Srivastava，1989）针对分布的形状如何变化做了具体的假设。经验表明，这种分析模型在方差小的情况下有效，比如低于 30%。然而，一般来说，必须采用数值法来确定地质建模单元值的直方图形状。也就是说，模拟类似点尺度值的分布平均到所需的块范围 v ，并直接观察所得直方图形状。

同时，通过这些关系也可以衍生出变差函数范围和基台值参数的变化。见 Journel 和 Huijbregts（1978），Deutsch 和 KupfersbergeR（1993）以及 Frykman 和 Deutsch（1999）提及的相关内容。如本小节开头所述，现有程序存在局限性，必须在系统应用于石油储层建模实践之前通过其他研究来解决。一个重要的局限性是，这些程序适用于线性平均变量的固定随机函数模型，并且仅以变差函数为特征。

一个关键的局限性是，假设变差函数表征空间变异性。通常，地质特征比仅由变差函数获得的特征复杂得多。沉积物的一个显著特征是由地层边界表面定义几何形状，一个前景广阔的新发展领域是基于表面的建模。

这些原则是第五章第二节模型后处理中，针对模型缩放讨论的关键先决条件。

九、工作流程

本节的核心思想是，将地质统计建模中使用的空间相关性量化。大部分工作流程与这一量化相关。

（一）变差函数计算采用的数据准备

图 2-71 说明了为变差函数计算准备数据的工作流程。必须将类型数据变量编码为一个指标。连续变量必须去趋势，为高斯模拟进行正态转换以及为连续变量指示模拟进行指示变换。

（二）离散数据的变差函数计算

图 2-72 说明了计算离散数据变差函数的工作流程。直井常常可以计算垂直变差函数。当井的数量很少时，必须从类比数据中推断出水平变差函数。在有足够数量数据的情况下，可计算全向水平变差函数，然后计算方向性变差函数。

（三）三维变差函数模型

图 2-73 说明了创建三维变差函数模型的工作流程。一旦确定了三个主要方位的变差函数，则建立三维模型。可通过改变三个方向的变程参数，达到各方面良好的匹配。

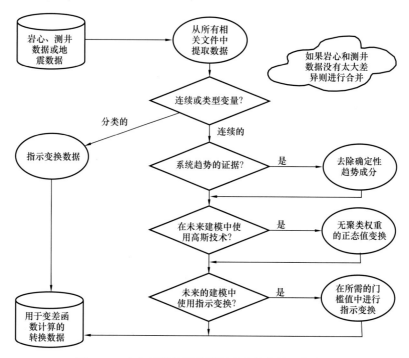

图 2-71　变差函数计算数据提取和转化的工作流程

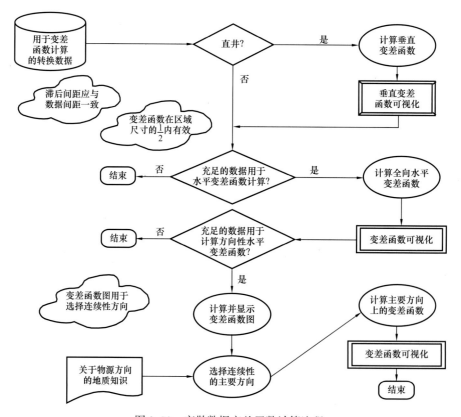

图 2-72　离散数据变差函数计算流程

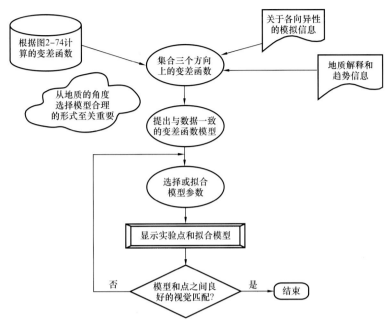

图 2-73　三维变差函数建模的工作流程

（四）拟合协同区域化的线性模型

图 2-74 说明了建立协同区域化线性模型的工作流程。同位协同模拟不需要协同区域化的线性模型，而完全克里金（或协同模拟）却需要这样的模型。使用相同的联合结构套合时，其系数必须满足正定性标准。

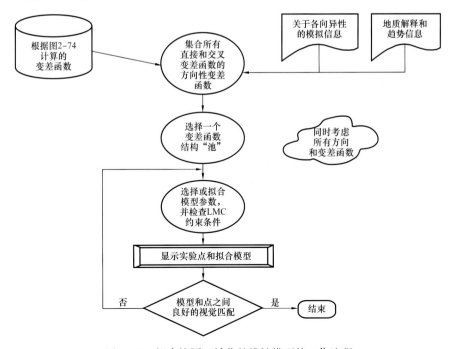

图 2-74　拟合协同区域化的线性模型的工作流程

十、小结

本节涵盖了表征空间连续性的基本概念和方法。与第二章第二节中针对各种单变量和多变量的描述一起，这些措施成为限制下一节中讨论的评估法和模拟法的基本输入统计。

针对变差函数计算、解释和建模已经进行过详细讨论。在数据稀疏的情况下，虽然这些任务很困难，但对地质统计建模却至关重要。引入了多点统计法作为捕获类型变量的曲线和排序模式的方法。这需要更高层次的推断，因此需要依赖于详尽的训练图像。在第四章第三节多点相建模中针对实施细节进行了讨论。

此处介绍体积方差关系，因为它们基于变差函数模型并且是第五章第二节讨论的模型缩放的先决条件。

根据第二章第一节中介绍的必备地质概念，以及第二章第二节和本节中介绍的统计概念，现准备在下一节中介绍这些概念在映射中的应用。

第四节　初步映射概念

地质统计学涉及各种应用于空间数据分析、估计、模拟和决策的技术。地质统计学领域广泛，这里的目标实际上是对油藏建模中使用的概念进行介绍。克里金法、协同克里金法和模拟概念被简化为单一的储层导向部分。简单的讨论了将非基于克里金的模拟方法联系起来，如多点模拟和基于对象的模拟。本节还介绍了关于第三章第二节概念模型和第三章第三节问题描述的讨论背景。第四章提供了更完整的实施细节和实例。

克里金法是传统绘图应用的主力，也是基于变差函数的地质统计模拟方法的重要组成部分。因此，《克里金法和协同克里金法》针对估计方差、简单克里金方程和协同克里金法进行了详细描述。虽然这一节可在第一次阅读过程中被跳过，但仍需要了解这些内容，便于了解第四章中介绍的基于变差函数的常用模拟方法。

《序贯高斯模拟》呈现了这种非常重要的连续属性建模算法。该算法普及的原因在于，其在创建具有正确空间统计的数值模型时相对简单和有效。针对包括高斯假设的目的、含义和限制进行讨论。多变量高斯分布可以根据简单克里金的估计和方差，计算不确定性的局部分布。全局分布由这些条件分布适当地再现。多变量高斯分布产生的这种便利，是以可能影响转换函数的最大熵模型作为代价的。

《指示变换和模拟》将模拟范例扩展到连续变量和类型变量的变换指标。因此，每一类别的空间连续性以及连续分布的控制得到了改进，并形成了非常自然的软数据整合框架。

概率或 p 场模拟方法具有一定的普及性，因为它们可灵活地解释诸如地震数据之类的二级数据；而且，概率场模拟提出了 p 场方法。

同时，可使用多点统计来计算序贯模拟范例中所需的局部条件概率分布。多点模拟这一节中介绍了这种方法。此举导致了集合曲线和排序特征的分类模拟模型。多点方法的实施细节和替代方法在第四章第三节多点相建模中进行介绍。

《基于对象的模拟》介绍了一种在模型中随机放置参数几何图像的建模方法。虽然第四章第四节进行了全面的介绍，但为了完整性，这里先提供了一个简短的介绍。优化建模算法这一节，介绍了将构建储层模型作为一个最优化问题求解。在统计约束和调节约束下，储层模型被视为经典的最小化组合问题。并且介绍了一个模拟退火框架和演示。

《二级数据集成替代方案》收集了各种二级数据的集成方法。包括一个贝叶斯更新的例子、常用的同位协同克里金、逐步条件变换、云变换、概率组合方法以及超级变量的使用。公平地考虑所有二级数据是地质统计建模中具有挑战性的部分，不同的情况下，不同的解决方案适用于不同的情况。

考虑到各种特殊因素，映射地质变量变得很复杂，例如不连续性、趋势、改变连续性方向。趋势说明这一小节中，列出了若干此类特殊考虑因素。在许多方面，这一节是本书最重要的部分之一。这里讨论的考虑因素甚至在统计分析和空间统计数据之前都是相关的。在提出关键的克里金概念和模拟概念之后，需要讨论趋势或局部变化方法。关于构建趋势模型方法的详述，顺延到第四章第一节中进行讨论。

本章提出的数学方法并不难，但对于地质统计学或统计推断的新手来说，这些算法可能有点难以理解。从实践的角度来看，这不是必需的。然而，地质统计油藏建模的一些实现细节和局限性只有在理解这些基础之后才能体会到。

一、克里金法和协同克里金法

地球科学中的一个常见问题是，根据有限的样本数据创建一个区域化变量图。这一问题最初是通过手工绘制等值线图来解决的，它提供了数据的趋势和不确定性。应始终将手工绘制重要变量（如有效厚度）等值线图作为调查数据的趋势、各向异性和其他基本特征的手段。早期的机械绘制等值线算法是从手工绘制等值线图的原理演化而来的。这种算法的目标是创建平滑等值线图，并显示与手工绘等值线图相同的地质趋势。这种算法现在仍然很受欢迎。

也有其他人，主要是数学家和工程师，想建立适合特定用途的映射。换言之，他们认为映射值在某种客观意义上来说应该是最优的。最优性的一种衡量标准是无偏性，也就是说，这个映射应该具有正确的平均值。可以直接实现全局无偏性。然而，使用过于简单的估计方法，是以高估低值和低估高值为代价来实现全局无偏性的。也就是说这些估计值是具有条件性偏见的。南非采矿工程师 Daniel Krige 对纠正这种偏见非常感兴趣。因为将实际具有低等级的矿场预测为高等级是不能接受的。Georges Matheron（1961，1962）提出的克里金插值法是为了纪念 Daniel Krige 在 20 世纪 50 年代初（1951）的开创性工作而命名。

最小二乘优化法已使用了 200 多年了。早期的地质统计学家（Goldberger，1962；Math eron，1962）提出的想法是构造一个估计值 $z^*(u)$，它在方差最小的意义上是最优的，也就是说，真值 $z(u)$ 和估计值间的误差最小：

$$SE = \left[z(\boldsymbol{u}) - z^*(\boldsymbol{u}) \right]^2 \tag{2-77}$$

当然，真值仅可从数据位置，而不是被估计的位置知晓。因此，如统计学中经典例子一般，在研究区域 A 内具有相同数据结构的所有位置 u 的方差 SE 最小，认为是平稳的。

地质统计学中的大多数估计值是线性的。原始数据可能已经以非线性方式变换为多项式系数、指标或幂型转换值。然而，转换变量的估计值仍然是线性的，即，

$$z^*(\boldsymbol{u}) - m(\boldsymbol{u}) = \sum_{\alpha=1}^{n} \lambda_\alpha \cdot \left[z(\boldsymbol{u}_\alpha) - m(\boldsymbol{u}_\alpha) \right] \tag{2-78}$$

其中，其中 $z^*(\boldsymbol{u})$ 是未采样位置 $\boldsymbol{u}$ 处的估计值；$m(\boldsymbol{u})$ 是未采样位置 $\boldsymbol{u}$ 处的先验平均值；λ_α，$\alpha=1,\cdots,n$ 是应用于 n 个数据的权重；$z(\boldsymbol{u}_\alpha)$，$\alpha=1,\cdots,n$ 是 n 个数据值；$m(\boldsymbol{u}_\alpha)$，$\alpha=1,\cdots,n$ 是数据位置处的 n 个先验均值。若无关于趋势的先验信息可用，则可将所有先验平均值设置为恒定常数 $m(\boldsymbol{u})=m(\boldsymbol{u}_\alpha)=m$。

从经典回归估计值的角度来看，我们可以想象添加一些涉及两个或多个数据的项，如乘积 $[z(\boldsymbol{u}_\alpha)-m(\boldsymbol{u}_\alpha)][z(\boldsymbol{u}_\beta)-m(\boldsymbol{u}_\beta)]$。然而，这在实践中并未实现。限制我们线性估计的最重要因素是简便。同时结合多个数据需要测量多个数据和正在估计的属性之间的相关性。这是多点的相关性度量，而不仅仅是我们迄今为止考虑的两点变差函数或协方差。

以下得出权重 λ_α，$\alpha=1,\cdots,n$ 的经典回归方法，由于历史原因被称为克里金法（kriging）。

数值建模的原理是，确定性地考虑已知的地质约束条件和几何约束条件。因此，系统地考虑已知趋势的残差，即使用残差数据值：

$$y(\boldsymbol{u}_\alpha) = z(\boldsymbol{u}_\alpha) - m(\boldsymbol{u}_\alpha), \qquad \alpha=1,\cdots,n \tag{2-79}$$

趋势建模的主题——即确定储层中所有位置 $\boldsymbol{u}$ 的趋势或先验平均值在本节的结尾处说明。当无大规模的可预测趋势时，平均值可被认为是已知和固定的全局平均值，对于该区域或储层中的所有位置，$\boldsymbol{u}\in A$，$m(\boldsymbol{u})=m$。

不论如何决定平均值 m，残差变量 y 被认为是平稳的；即 $E\{y(\boldsymbol{u})\}=0$，$\forall \boldsymbol{u}\in A$，具有平稳的协方差 $C_Y(\boldsymbol{h})$ 和变差函数 $2\gamma_y(\boldsymbol{h})$。采用高斯方法会进行残差数据变量 Y 的正态变换。平稳性决定将应用于正态变量，并且在正态转换后将计算变差函数。如前所述，平稳性假定统计适用于研究区域，例如特定储层层位中位于特定相内的孔隙度。

尽管有点重复，但在审查所需的统计数据方面是具有价值的。y 变量的平均值或期望值为 0，也就是说，$E\{y\}=0$。平稳方差为 $\mathrm{Var}\{y\}=E\{y^2\}=C(0)=\sigma^2$。平稳残差数据的变差函数定义为

$$2\gamma(\boldsymbol{h}) = E\left\{ \left[y(\boldsymbol{u}) - y(\boldsymbol{u}+\boldsymbol{h}) \right]^2 \right\} \tag{2-80}$$

以及协方差定义为

$$C(\boldsymbol{h}) = E\left\{y(\boldsymbol{u}) \cdot y(\boldsymbol{u}+\boldsymbol{h})\right\} \tag{2-81}$$

变差函数与协方差之间的关系是

$$C(\boldsymbol{h}) = C(0) - \gamma(\boldsymbol{h}) \tag{2-82}$$

这个结果很重要，因为其可以对实验变差函数进行灵活地计算和建模，然后在数学计算中使用协方差，如克里金法。

现在，在无可用数据的位置考虑线性估计：

$$y^*(\boldsymbol{u}) = \sum_{\alpha=1}^{n} \lambda_{\alpha} \cdot y(\boldsymbol{u}_{\alpha}) \tag{2-83}$$

其中 $y^*(\boldsymbol{u})$ 是估计值，以及 λ_{α}，$\alpha=1$，$\cdots$，n 是施加到 n 个数据值 $y(\boldsymbol{u}_{\alpha})$，$\alpha=1$，$\cdots$，$n$ 的权重。该估计值的误差方差定义为

$$E\left\{\left[y^*(\boldsymbol{u}) - y(\boldsymbol{u})\right]^2\right\} = \sigma_E^2(\boldsymbol{u}) \tag{2-84}$$

虽然不知道真值 $y(\boldsymbol{u})$，但可使用期望值[5]来扩展该误差方差项，并且将误差变量扩大为

$$
\begin{aligned}
&= E\left\{\left[y^*(\boldsymbol{u})\right]^2\right\} - 2 \cdot E\left\{y^*(\boldsymbol{u}) \cdot y(\boldsymbol{u})\right\} + E\left\{\left[y(\boldsymbol{u})\right]^2\right\} \\
&= \sum_{\alpha=1}^{n}\sum_{\beta=1}^{n} \lambda_{\alpha}\lambda_{\beta} E\left\{y(\boldsymbol{u}_{\beta}) \cdot y(\boldsymbol{u}_{\alpha})\right\} - 2 \cdot \sum_{\alpha=1}^{n} \lambda_{\alpha} E\left\{y(\boldsymbol{u}) \cdot y(\boldsymbol{u}_{\alpha})\right\} + C(0) \\
&= \underbrace{\sum_{\alpha=1}^{n}\sum_{\beta=1}^{n} \lambda_{\alpha}\lambda_{\beta} C(\boldsymbol{u}_{\beta}-\boldsymbol{u}_{\alpha})}_{\text{冗余度}} - 2 \cdot \underbrace{\sum_{\alpha=1}^{n} \lambda_{\alpha} C(\boldsymbol{u}-\boldsymbol{u}_{\alpha})}_{\text{接近度}} + \underbrace{C(0)}_{\text{方差}}
\end{aligned} \tag{2-85}
$$

误差方差的最终方程是非常有趣的；它是任何一组权系数 λ_{α}，$\alpha=1$，$\cdots$，n 的误差方差的数学表达式。显然，估计方差取决于协方差模型或变差函数模型。估计方差方程中有三个方面：

（1）冗余度：数据越冗余它们之间的协方差 $C(\boldsymbol{u}_{\alpha}, \boldsymbol{u}_{\beta})$ 将越高，估计协方差越大。

（2）接近度：数据越靠近被估计的位置协方差 $C(\boldsymbol{u}-\boldsymbol{u}_{\alpha})$ 将越高，估计方差越小。

（3）方差：当所有数据太远而不能接收任何权系数时，估计方差等于方差或 $C(0)$；也就是说，$\lambda_{\alpha}=0$，$\alpha=1$，$\cdots$，n 时，估计值是已知的局部均值 $y^*(\boldsymbol{u}) = m(\boldsymbol{u})$。

方程式（2.17）使我们可以计算任何一组权系数 λ_{α}，$\alpha=1$，$\cdots$，n 的估计方差；然而，

---

⑤ 该估计方差的表达式使用如下内容进行推导：（1）期望值的线性关系，即 $E\{A+B\}=E\{A\}+E\{B\}$；（2）平稳性的隐含假设，例如 $E(y(\boldsymbol{u}_{\beta}) \cdot y(\boldsymbol{u}_{\alpha}))=C(\boldsymbol{h}=\boldsymbol{u}_{\beta}-\boldsymbol{u}_{\alpha})$。

我们的目标是计算最小化该估计方差的权系数。因此，应遵循经典的最小化步骤。

（一）简单克里金法

计算关于每个权系数 λ_α，$\alpha=1$，$\cdots$，n 的表达式（2-84）的偏导数并设置为零。由此可以求出估计方差最小时的权系数方程。二阶导数可证明其为最小值。但是，最大估计方差是无穷大，因此任何克里金法都必须是最小值。该过程在数学中非常经典。有关权系数的表达式（2-84）的偏导数 λ_α，$\alpha=1$，$\cdots$，n，计算为

$$\frac{\partial\left[\sigma_E^2(\boldsymbol{u})\right]}{\partial\lambda_\alpha}=2\cdot\sum_{\beta=1}^{n}\lambda_\beta C(\boldsymbol{u}_\beta-\boldsymbol{u}_\alpha)-2\cdot C(\boldsymbol{u}-\boldsymbol{u}_\alpha),\qquad\alpha=1,\cdots,n \qquad (2-86)$$

这些偏导数可能设置为零，以计算最小化估计方差的权系数：

$$\sum_{\beta=1}^{n}\lambda_\beta C(\boldsymbol{u}_\beta-\boldsymbol{u}_\alpha)=C(\boldsymbol{u}-\boldsymbol{u}_\alpha),\qquad\alpha=1,\cdots,n \qquad (2-87)$$

具有 n 个未知权系数的 n 个方程的方程组，被称为简单克里金（SK）方程组。这些方程在最优化理论中也称之为正态方程（Luenberger，1969）。

例如，考虑一个已知三个数据值的情况：

$$C(\boldsymbol{u}_1-\boldsymbol{u}_1)\cdot\lambda_1+C(\boldsymbol{u}_1-\boldsymbol{u}_2)\cdot\lambda_2+C(\boldsymbol{u}_1-\boldsymbol{u}_3)\cdot\lambda_3=C(\boldsymbol{u}-\boldsymbol{u}_1) \qquad (2-88)$$

$$C(\boldsymbol{u}_2-\boldsymbol{u}_1)\cdot\lambda_1+C(\boldsymbol{u}_2-\boldsymbol{u}_2)\cdot\lambda_2+C(\boldsymbol{u}_2-\boldsymbol{u}_3)\cdot\lambda_3=C(\boldsymbol{u}-\boldsymbol{u}_2) \qquad (2-89)$$

$$C(\boldsymbol{u}_3-\boldsymbol{u}_1)\cdot\lambda_1+C(\boldsymbol{u}_3-\boldsymbol{u}_2)\cdot\lambda_2+C(\boldsymbol{u}_3-\boldsymbol{u}_3)\cdot\lambda_3=C(\boldsymbol{u}-\boldsymbol{u}_3) \qquad (2-90)$$

其矩阵表示法可以写成

$$\begin{bmatrix} C(\boldsymbol{u}_1-\boldsymbol{u}_1) & C(\boldsymbol{u}_1-\boldsymbol{u}_2) & C(\boldsymbol{u}_1-\boldsymbol{u}_3) \\ C(\boldsymbol{u}_2-\boldsymbol{u}_1) & C(\boldsymbol{u}_2-\boldsymbol{u}_2) & C(\boldsymbol{u}_2-\boldsymbol{u}_3) \\ C(\boldsymbol{u}_3-\boldsymbol{u}_1) & C(\boldsymbol{u}_3-\boldsymbol{u}_2) & C(\boldsymbol{u}_3-\boldsymbol{u}_3) \end{bmatrix}\begin{bmatrix} \lambda_1 \\ \lambda_2 \\ \lambda_3 \end{bmatrix}=\begin{bmatrix} C(\boldsymbol{u}-\boldsymbol{u}_1) \\ C(\boldsymbol{u}-\boldsymbol{u}_2) \\ C(\boldsymbol{u}-\boldsymbol{u}_3) \end{bmatrix},\boldsymbol{C}\lambda=\boldsymbol{c} \qquad (2-91)$$

通过转置左侧 $\boldsymbol{C}$ 矩阵并将其与右侧 $\boldsymbol{C}$ 向量相乘来获得权重。请注意，左侧 $\boldsymbol{C}$ 矩阵包含数据中所有有关冗余的信息，而右侧 $\boldsymbol{C}$ 向量包含被估计位置处数据的接近度相关的所有信息。

克里金法可以求解这个线性方程组。矩阵 $\boldsymbol{C}$ 是对称的。如果协方差（或相应的变差函数）符合正定函数，并且没有具有相同支持的两个数据位于同一位置，则矩阵是半正定矩阵。

图 2-75 显示了使用 11 个数据的克里金估计值图。在这种情况下，变差函数是高斯变差函数，无块金效应，且无各向异性。

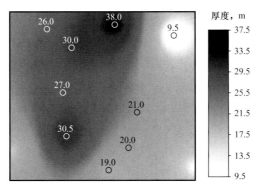

图 2-75　采用高斯变差函数绘制的克里金厚度图（注意数据点之间的平滑插值）

（二）克里金方差

如果使用简单克里金法来计算权重，则可以简化估计方差的方程，即

$$\sigma_E^2(\boldsymbol{u}) = \sum_{\alpha=1}^{n} \lambda_\alpha \underbrace{\sum_{\beta=1}^{n} \lambda_\beta C(\boldsymbol{u}_\beta - \boldsymbol{u}_\alpha)}_{\text{待替换}} - 2\sum_{\alpha=1}^{n} \lambda_\alpha C(\boldsymbol{u} - \boldsymbol{u}_\alpha) + C(0) \tag{2-92}$$

简化为

$$\sigma_E^2(\boldsymbol{u}) = C(0) - \sum_{\alpha=1}^{n} \lambda_\alpha C(\boldsymbol{u} - \boldsymbol{u}_\alpha) \tag{2-93}$$

当"待替换"部分被克里金方程的右端替换时，可得方程式（2-93）。

克里金法可能被看作一个空间回归，因此其通常创造了一个平滑的估计值。加权线性加和的 n 个数据往往远离低估计值和高估计值，更多的是接近平均值。克里金法解释了数据之间的冗余度和研究数据的特定距离度量，即变差函数模型。克里金法的另一个显著优点是可以量化估计值平滑度，即克里金估计值的方差可计算为

$$\mathrm{Var}\{Y^*(\boldsymbol{u})\} = E\left\{\left[y^*(\boldsymbol{u})\right]^2\right\} - E\left\{y^*(\boldsymbol{u})\right\}^2 = \sum_{\alpha=1}^{n}\sum_{\beta=1}^{n} \lambda_\alpha \lambda_\beta E\left\{y(\boldsymbol{u}_\beta) \cdot y(\boldsymbol{u}_\alpha)\right\} - 0^2$$

$$= \sum_{\alpha=1}^{n} \lambda_\alpha C(\boldsymbol{u} - \boldsymbol{u}_\alpha) \tag{2-94}$$

再来一次，方程式（2-94）中的最后一个替换位于克里金等式（2-94）的右端。方程式（2-94）可以告诉我们任何位置 $\boldsymbol{u}$ 的克里金估值 $y^*(\boldsymbol{u})$ 的方差。当数据位置 $\boldsymbol{u}=\boldsymbol{u}_\alpha$，$\lambda_\alpha=1$ 使用克里金法时，该方差是平稳方差 $C(0)$；所有权重为零，且 $C(\boldsymbol{u} - \boldsymbol{u}_\alpha) = C(0)$；同时，平稳方差 $C(0) = \sigma^2$。远离局部数据的方差为零，因为没有给出任何数据的权重。也就是说，所有权重都为零。

克里金估计值图比真实变量图更平滑。从数据位置来看，这种平滑性特别明显。克里

金的平滑性与克里金方差成正比，且在克里金方差为零的数据位置处无平滑性。估计值数据十分平滑，远离估计等于平均值的数据，且克里金方差为平稳方差 $C(0)$。可将缺失方差或平滑效果写成：

$$缺失方差 = C(0) - \sum_{\alpha=1}^{n} \lambda_\alpha C(\boldsymbol{u}, \boldsymbol{u}_\alpha) \qquad （2-95）$$

当我们描述模拟的理论背景时，这种不寻常的概念可以帮助我们理解。

（三）克里金法的其他形式

还有其他形式的克里金法对平均值做出了不同的假设。欲知更多信息，参见 Deutsch 和 Journel（1998），Goovaerts（1997）和 Journel 和 Huijbregts（1978）的研究成果。根据地质解释的趋势对残差使用简单克里金法是首选方法，因为模拟的理论需要简单克里金法支持。其他类型的克里金法可用于估计或特殊情况。

普通克里金法（OK）根据克里金邻域中使用的数据估计出一个常数平均值 m。然后，简单克里金法是用这个隐含估计的平均值残差来完成的。普通克里金法已经广泛应用于制图，因为其在趋势方面相当稳健。然而，需要有足够的数据来可靠地估计每个位置的平均值。在油藏生命周期的早期情况中，情况并非如此。

通用克里金法（UK）或带趋势模型的克里金法（KT）假设平均值遵循特定的多项式形态，例如在北东 30° 方向上是线性的。平均表面被拟合为多项式趋势的缩放。随后，使用隐含计算的平均值残差执行简单克里金法。通用克里金法在外推中是不稳定的，因为拟合的平均表面系数不稳定。与普通克里金法一样，通用克里金法需要足够多的数据来可靠地估计平均值。

具有外部漂移的克里金法考虑了可能来自次级变量（如地震）的非参数趋势形状。平均表面被拟合为外部漂移变量的线性缩放。随后，使用隐含计算的平均值残差执行简单克里金法。

（四）协同克里金法

一般来说，"克里金"这一术语用于线性回归，使用与被估计的属性相同的数据。例如，通过在相同体积支撑上定义的相邻孔隙度样本值来估计未被采样的孔隙度值 $z(\boldsymbol{u})$。

保留术语协同克里金法一词，用于线性回归，也用于在不同属性上定义的数据。例如，孔隙度值 $z(\boldsymbol{u})$ 可根据孔隙度样本和相关声阻抗值的组合进行估计。

在单一次级变量（y_2）的情况下，$y(\boldsymbol{u})$ 的简单协同克里金估计值被写为

$$y^*_{\text{COK}}(\boldsymbol{u}) = \sum_{\alpha_1=1}^{n_1} \lambda_{\alpha_1} y(\boldsymbol{u}_{\alpha_1}) + \sum_{\alpha_2=1}^{n_2} \lambda'_{\alpha_2} y_2(\boldsymbol{u}'_{\alpha_2}) \qquad （2-96）$$

其中，λ_{α_1} 是应用于 $n_1 y$ 样本的权重，而 λ'_{α_1} 是施加到 $n_2 y_2$ 样本的权重。表达式（2-97）是标准化变量的简单协同克里金法；换言之，y 和 y_2 的方法被假设是已知且为零。克里金

法需要一个 y 协方差模型。协同克里金法需要协方差函数矩阵的联合模型，包括 y 协方差 $C_y(\boldsymbol{h})$、y_2 协方差 $C_{y_2}(\boldsymbol{h})$、交叉 y—y_2 协方差 $C_{yy_2}(\boldsymbol{h})$，以及交叉 y_2—y 协方差 $C_{y_2y}(\boldsymbol{h})$。

考虑到 K 个不同变量时，大部分 K^2 协方差函数需要协方差矩阵。此类推论在数据方面条件要求很高，甚至随后的联合建模尤为冗长（Goovaerts，1997）。这是在实际中未广泛使用协同克里金法的主要原因。为简化协同克里金法所需的繁琐推理和建模过程，诸如并置协同克里金法和马尔科夫模型（见下文）的算法被开发出来。

除了繁琐的变差函数或协方差推理，协同克里金法与克里金法是相同的。此外还存在普通克里金法和通用克里金法的协同克里金等价物，其中平均值是根据邻域数据隐式进行估算的。欲知更多信息，请参考 Carr 和 Myers（1985）、Chilès 和 DelfineR（2012）、Doyen（1988）、Goovaerts（1997）、Journel 和 Huijbregts（1978）、Myers（1982，1984）及 Wackernagel（1988）。

二、序贯高斯模拟

可设计多种算法来创建随机模拟：（1）由于尺寸限制，不会广泛使用矩阵方法（LU 分解）（必须求解 $N \times N$ 矩阵，其中 N 代表位置数量，可用于数百万个储层应用）；（2）转向带法（Emery 和 Lantuéjoul，2006），其中在一维线上模拟变量，然后组合成三维模型，但由于假象问题，而不经常应用；（3）采用快速傅氏变换算法的频谱方法可提高 CPU 速度，但调节数据需要比较麻烦的克里金步骤；（4）由于限制性自相似性假设，未广泛采用分形；（5）由于 CPU 的要求，不会经常使用移动平均法。

近年来，储层建模应用中采用的通用方法是序贯高斯模拟（SGS）方法（Hu 和 Ravalec-Dupin，2005；Isaaks，1990）。该方法简单、灵活、效率高。让我们回顾一下序贯高斯模拟的理论。并且，回忆一下简单的克里金估计值：

$$y^*(\boldsymbol{u}) = \sum_{\beta=1}^{n} \lambda_\beta \cdot y(\boldsymbol{u}_\beta) \qquad (2\text{-}97)$$

和相应的简单的克里金体系：

$$\sum_{\beta=1}^{n} \lambda_\beta C(\boldsymbol{u}_\alpha - \boldsymbol{u}_\beta) = C(\boldsymbol{u} - \boldsymbol{u}_\alpha), \quad \boldsymbol{u}_\alpha = 1, \cdots, n \qquad (2\text{-}98)$$

克里金估计值和其中一个数据值之间的协方差可以写成

$$\mathrm{Cov}\{y^*(\boldsymbol{u}), y(\boldsymbol{u}_\alpha)\} = E\{y^*(\boldsymbol{u}), y(\boldsymbol{u}_\alpha)\} = E\left\{\left[\sum_{\beta=1}^{n} \lambda_\beta \cdot y(\boldsymbol{u}_\beta)\right] \cdot y(\boldsymbol{u}_\alpha)\right\}$$

$$= \sum_{\beta=1}^{n} \lambda_\beta \cdot E\{y(\boldsymbol{u}_\beta) \cdot y(\boldsymbol{u}_\alpha)\} = \sum_{\beta=1}^{n} \lambda_\beta C(\boldsymbol{u}_\alpha - \boldsymbol{u}_\beta) = C(\boldsymbol{u} - \boldsymbol{u}_\alpha) \qquad (2\text{-}99)$$

协方差是正确的！请注意，最后一次替换来自上面所示的克里金方程式。克里金方程式强制认证数据值和克里金估计值之间的协方差是正确的。然而方差太小，且克里金估计值本身之间的协方差是不正确的。因此可以通过对克里金估计值之间的协方差按顺序进行修正，即在以后的预测中使用先前的预测值。

虽然克里金估计值和数据之间的协方差是正确的，但方差太小。固定随机函数的方差应为 $\sigma^2 = C(0)$。这个固定模型的方差应保持不变：

$$\sigma^2(\boldsymbol{u}) = \sigma^2, \qquad \forall \boldsymbol{u} \in A \tag{2-100}$$

克里金法的平滑效应意味着该方差的减少，特别是在远离数据值的位置。克里金法另一个有趣的属性是，克里金估计值的方差是已知的：

$$\mathrm{Var}\left\{y^*(\boldsymbol{u})\right\} = C(0) - \sigma_{\mathrm{SK}}^2(\boldsymbol{u}) \tag{2-101}$$

可得知多少方差正在遗漏：克里金方差 $\sigma_{\mathrm{SK}}^2(\boldsymbol{u})$。必须在不改变克里金法协方差再现性质的情况下，反向添加此遗漏方差。

可将具有零均值和正确方差的独立分量添加到克里金估计值中：

$$y_s(\boldsymbol{u}) = y^*(\boldsymbol{u}) + R(\boldsymbol{u}) \tag{2-102}$$

可计算模拟值 $y_s(\boldsymbol{u})$ 与估计中使用的数据值之间的协方差：

$$\mathrm{Cov}\left\{y_s(\boldsymbol{u}), y(\boldsymbol{u}_\alpha)\right\} = E\left\{y_s(\boldsymbol{u}), y(\boldsymbol{u}_\alpha)\right\} = E\left\{\left[\sum_{\beta=1}^{n}\lambda_\beta \cdot y(\boldsymbol{u}_\beta) + R(\boldsymbol{u})\right] \cdot y(\boldsymbol{u}_\alpha)\right\}$$
$$= \sum_{\beta=1}^{n}\lambda_\beta \cdot E\left\{y(\boldsymbol{u}_\beta) \cdot y(\boldsymbol{u}_\alpha)\right\} + E\left\{R(\boldsymbol{u}) \cdot y(\boldsymbol{u}_\alpha)\right\} \tag{2-103}$$

注意，由于 $R(\boldsymbol{u})$ 与任何数据值无关，因此 $E\{R(\boldsymbol{u}) \cdot y(\boldsymbol{u}_\alpha)\} = E\{R(\boldsymbol{u})\} \cdot E\{y(\boldsymbol{u}_\alpha)\}$。残差的期望值 $E\{R(\boldsymbol{u})\}$ 为 0。因此，$E\{R(\boldsymbol{u}) \cdot y(\boldsymbol{u}_\alpha)\} = 0$。

因此，模拟值和所有数据值之间的协方差是正确的；即，$\mathrm{Cov}\{y_s(\boldsymbol{u}), y(\boldsymbol{u}_\alpha,)\} = \mathrm{Cov}\{y^*(\boldsymbol{u}), y(\boldsymbol{u})\} = C(\boldsymbol{u}, \boldsymbol{u}_\alpha)$。

鉴于这两个特征，（1）再现克里金的协方差；（2）通过添加独立残差保持恒定的协方差。序贯高斯模拟算法如下：

（1）如图 2-76 中的步骤（a）所示，将原始 z 数据转换为标准正态分布（将在"正常"空间中完成所有工作）。我们稍后会看到通常这样处理的原因。

（2）如图 2-76 中的步骤（b）所示，将调节数据放入模型中[⑥]。

（3）如图 2-76 中的步骤（c）所示，转到随机位置 $\boldsymbol{u}$，并搜索所有相邻数据和先前模拟的结点。

（4）如图 2-76 中的步骤（d）所示，使用这些数据和先前模拟的结点应用克里金法，以获得克里金估计值和相应的克里金方差：

---

⑥　此前，此步骤需要某种类型的缩放关系，以从井支持转移到模型网格支持。近期的工作（Deutsch，2005）提出了在需要模型单元平均储层性质（如流动模拟和一些复杂的体积计算，如涉及门槛值）的传递函数之前，在模型结点处的井支持下建模的工作流程。

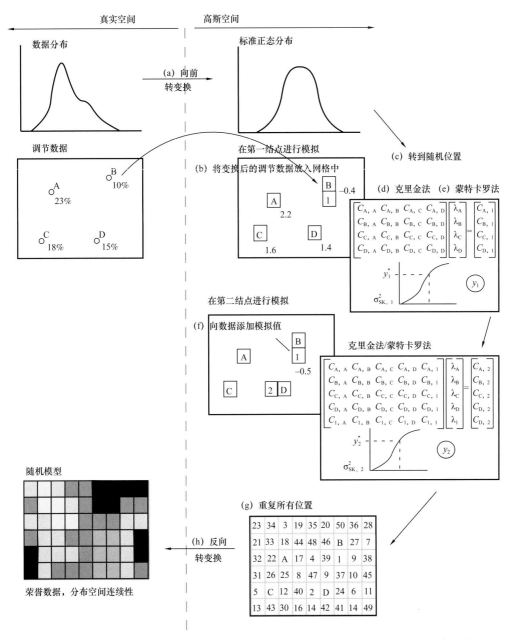

图 2-76　针对前两个模拟结点（1 和 2），扩展了四个调节数据（A，…，D）的序贯高斯模拟图
注意，左侧表示原始数据空间（未转换）；右侧表示高斯空间（变换后，假设所有分布形式均为高斯形
式），在本书相关文本中详细列出了步骤（a）至（g）

$$y^{*}(\boldsymbol{u}) = \sum_{\beta=1}^{n} \lambda_{\beta} \cdot y(\boldsymbol{u}_{\beta}) \qquad (2\text{-}104)$$

$$\sigma_{\mathrm{SK}}^{2}(\boldsymbol{u}) = C(0) - \sum_{\alpha=1}^{n} \lambda_{\alpha} C(\boldsymbol{u}, \boldsymbol{u}_{\alpha}) \qquad (2\text{-}105)$$

（5）绘制一个遵循正态分布的随机残差 $R(\boldsymbol{u})$，其中平均值为 0，方差为 $\sigma_{\mathrm{SK}}^{2}(\boldsymbol{u})$。

（6）添加克里金估计值和残差，以得到模拟值：

$$y_{s}(\boldsymbol{u}) = y^{*}(\boldsymbol{u}) + R(\boldsymbol{u}) \tag{2-106}$$

注意，如图 2-76 中的步骤（e）所示，$y_{s}(\boldsymbol{u})$ 同样可通过从平均值 $y^{*}(\boldsymbol{u})$ 和方差 $\sigma_{\mathrm{SK}}^{2}(\boldsymbol{u})$ 的正态分布中获取。利用经典的蒙特卡罗模拟法绘制独立残差 $R(\boldsymbol{u})$。其中任何可信的伪随机数发生器都是可采用的。将"种子"保留到随机数发生器以便在需要时重建模型。

（7）如图 2-76 中的步骤（c）所示，将 $y_{s}(\boldsymbol{u})$ 添加到数据集中，以确保带该值和所有未来的预测值的协方差是正确的。如上所述，这是序贯模拟的关键思路，即将先前的模拟值作为数据，以便再现各模拟值之间的协方差。

（8）如图 2-76 中的步骤（g）所示，以随机顺序访问所有地点。其中随机顺序或随机路径并无理论上的要求。然而实践表明，常规路径可引发假象（Isaaks，1990）。

（9）如图 2-76 中的步骤（h）所示，在填充模型时，将所有数据值和模拟值反变换。

（10）通过重复使用不同的随机数字种子，创建任意数量的模型。不同的种子会导致不同的随机数序列。因此，每个模拟结点都有不同的随机路径和不同的残差。每个模型都同等可能被绘制，并且通常被称为等概率的。

（一）高斯模拟理论

以下讨论深入阐述了支持高斯模拟的理论，包括使用高斯分布形式的目的、描述储层的高维模拟形式、高斯性成本，以及模拟规模。

为何选择高斯分布形式？使序贯高斯模拟工作的关键数学特性并不限于高斯分布形式。无论数据的分布如何，使克里金法的协方差再现均保持不变。并且，无论残差分布的形状如何，可通过增加随机残差工作进行方差校正（平均值必须为零，且方差等于克里金方差）。

为何选择高斯分布形式？使用除高斯分布形式之外的任何分布形式，将导致不正确的模拟值全局分布出现。平均值可能是正确的，以及方差和所有值的变差函数是正确的，但是形状不是。这在高斯空间里算不上什么问题，因为其所有分布是高斯分布（Anderson，1958），其中包括最终模拟值的分布。

还有另一个使用高斯分布的理由：中心极限定理告诉我们，使用高斯分布是为了通过顺序添加随机残差来获得模拟值。

（二）蒙特卡罗模拟

该模拟可描述为来自一个模拟位置数为 N 的多元分布的联合蒙特卡罗模拟。单变量分布中的蒙特卡罗模拟很简单（参见第二章第二节讨论），但高维分布中的蒙特卡罗模拟就要复杂得多。考虑到空间关系和本地数据处理都应得到利用。这就需要一个多元分布来描述模型中可能作为样本的所有位置之间的关系。鉴于典型储层模型（即数百万个网格节点）的大小，高斯模型是现有的唯一实用的多变量模型。如上文所述，我们将所有变量的单变量转换应用于高斯分布，并假设所有多变量统计都是高斯分布。

序贯模拟可认为是通过贝叶斯定律完成的多元高斯分布的递归分解（参见第二章第二节的描述和定义）。回顾产品规则：

$$P(A,B) = P(B \mid A) \cdot P(A) \tag{2-107}$$

联合概率 $P(A, B)$ 通过条件概率 $P(B|A)$ 和边际概率 $P(A)$ 计算得出。通过这种关系，我们可以结合 A 的单变量概率和给定 A 时 B 的条件概率，从联合概率中进行抽样。因此，我们可以继续将这个关系扩展到三变量分布。

$$P(A,B,C) = P(C \mid B,A) \cdot P(B \mid A) \cdot P(A) \tag{2-108}$$

贝叶斯定律的递归应用如下：

$$
\begin{aligned}
P(A_1,\cdots,A_N) &= P(A_N \mid A_1,\cdots,A_{N-1}) \cdot P(A_1,\cdots,A_{N-1}) \\
&= P(A_N \mid A_1,\cdots,A_{N-1}) \cdot P(A_{N-1} \mid A_1,\cdots,A_{N-2}) \cdot P(A_1,\cdots,A_{N-2}) \\
&= P(A) \prod_{i=1}^{n} P(B_i \mid A,B_1,\cdots,B_{i-1})
\end{aligned}
\tag{2-109}
$$

这可以描述为 A_j 关于 N 的联合事件的模拟，其顺序进行如下：

（1）通过边际分布 $P(A_1)$ 绘制 A_1；

（2）通过条件分布 $P(A_2|A_1=a_1)$ 绘制 A_2；

（3）通过条件分布 $P(A_3|A_1=a_1, A_2=a_2)$ 绘制 A_3；

（4）通过条件分布 $P(A_N|A_1=a_1, A_2=a_2, \cdots, A_{N-1}=a_{N-1})$ 绘制 A_N。

重要的是，这种递归应用贝叶斯定律从高阶联合概率分布抽样是理论上有效的，而且不需要近似值或假设。现在我们可以回顾下贝叶斯定律递归应用背景下的序贯高斯模拟。序贯模拟要求了解关于 $N-1$ 的条件分布，N 为模型中网格节点数。随机路径的第一个位置是通过边缘分布进行模拟的。如果数据可用，则第一个值对数据和边缘分布是有条件的。当我们沿着 N 个网格节点上的随机路径进行序贯模拟时，由于先前模拟节点的序贯包含，所以调节有所增加。给定所有先前模拟的节点和数据，我们通过条件分布进行提取。通常会限制搜索距离来清除先前模拟的与被模拟位置没太大关系的节点和数据。这大大加快了模拟，同时对结果没有太大影响。

（三）高斯成本

高斯技术数学简单性的代价是最大熵的性质（Journel 和 Deutsch，1993），这意味着最大空间无序性超过了规定变差函数的相关性。一个可能的结果是，模拟极端值的连通路径的可能性降低了。这将对流动模拟的结果产生影响，但是在不进行流动模拟的情况下，就不可能知道这将是多么的重要。

最大熵的结果是 SGS 模型的空间结构可能比真实储层的空间结构少。这对于渗透率

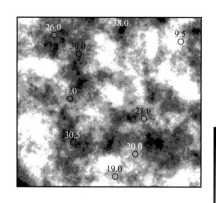

图 2-77　为进行说明而创建的两个 SGS 模型
请注意在这两种情况下如何复制数据，由于相关范围小于
平均数据间隔，模型中存在很大的不确定性

等变量来说可能是重要的，因为高渗透率值和低渗透率值的连续性对流体流动预测具有显著的影响。当对空间结构的附加知识可以量化时，可以考虑诸如指示地质统计学或模拟退火等其他模拟方法。

尽管使用高斯模拟存在这些后果，序贯高斯模拟算法仍被广泛使用。图 2-77 展示了储层厚度的两个 SGS 模型。空间相关性与输入的变差函数匹配；高、低值都组合在一起。

（四）模拟规模

接下来，将介绍模拟规模。虽然所有估算和模拟方法都有规模，但模拟时应重现输入统计量，且这些统计信息具有假定的支持大小。例如，如第二章第三节中讨论的体积方差关系的概念，井支持、网格单元支持和储层支持的直方图和变差函数图通常都是不一样的。传统上来说，模拟模型都假定为网格单元支持大小。也就是说，相、孔隙度、渗透率和其他储层性质是模型中每个网格单元的有效性质。此工作流程要求将数据和相关统计信息扩展到网格单元支持大小，然后在此支持大小上进行模拟。模型被查看时，网格单元标有或"涂有"代表着整个单元的单一储层性质。例如，在模型中的每个 $u_\alpha=1$，…，N 的位置，单个模型单元可用相的模拟结果 $f(u_{\alpha=1})$ =sand 表示，其中孔隙度 $\phi(u_{\alpha=1})$ =15%，水平渗透率 $K_v(u_{\alpha=1})$ =550mD，垂向渗透率 $K_h(u_{\alpha=1})$ =40mD。但实际上，从数据支持到网格支持的扩大是具有挑战性的（见第五章第二节中有关缩放的讨论）。事实上，一般的扩大并未得到严格地处理，甚至是被忽视。这个问题已被标为缺失的规模。此外，地震整合需要非唯一的缩减，以达到一致的规模，这一点往往也被忽略（Kalla 等，2008）。

替代工作流程是在数据支持规模上进行模拟（Deutsch，2005c）。例如，井数据在网格单元中被合成为一个单一的值，但其被认为是代表着网格单元中沿着典型垂直或近似垂直的轨迹上的井支持，并且地震数据在分辨率允许的情况下得到保留而不会减少。包括相关性在内的统计以数据支持大小进行计算。模拟的模型被认为是点支撑。这样的模型精确地可视化为模型空间中模拟值的网格，因为模拟模型不会告知模拟节点之间的位置。然而，使用单元绘制的可视化模拟模型更方便。因此，重要的是明确陈述假定的数据规模支持，以避免误解。此工作流程避免了之前提到的规模问题。事实上，对于许多体积传递函数，网格上的数值积分是足够的，并且不需要再进行增加。例如，当给定网格足以描述储层时，可通过在孔隙度和饱和度网格上积分来计算石油地质储量。然而，流动模拟确实需要流动网格单元规模上的有效性质。因此，从数据支持大小的模拟网格到流动网格支持大小都须要进行放大。即使是上述的传统工作流程也通常需要从储层模型规模到流动规模大小的二次扩大。由于新的工作流程，网格为基于流量的扩大提供有效约束，所以从模拟数据支持到流动网格支持大小的扩大很好处理。

第二种方法很方便，因为它通过推迟或避免缩放来减少工作流程复杂性，但是第一种方法更常用。两者都就模型规模进行讨论。第二章第三节中描述了用于缩放统计输入的统计方法，第五章第二节中将模型缩放作为模型后处理进行介绍。

三、指标形式统一化

指标形式统一化的关键点是以通用格式对所有数据进行编码，即作为概率值（Journel，1983；Sullivan，1985；Alabert，1987；Journel 和 Alabert，1988，1990；Gómez-Hernández 和 Srivastava，1990；Journel 和 Gómez-Hernández，1993）。这种方法的两个主要优点是：（1）通过常见概率编码简化了数据集成；（2）有更大的灵活性来说明极端值的不同连续性。Goovaerts（1994）广泛研究了指标方法的比较效果。

连续数据变量的指标方法需要比高斯技术付出更多的努力。应用于分类数据的指标形式在相建模中得到广泛应用，特别是对于碳酸盐岩储层和高净毛比硅质储层。无论是何种变量，指标方法都直接进行分布（直方图），其分布为所估计的每个未采样位置的不确定性模型。然而，连续数据的实施细节与分类变量有很大不同，因此对这两种方法分别进行讨论。

（一）连续数据

由于第四章第六节中讨论的伪像，连续变量的指标方法并不受欢迎。为了完整性和广泛应用，本文介绍了该方法。连续变量的指标形式主义的目的是直接估计未抽样位置 $\boldsymbol{u}$ 的不确定性 $F_z(\boldsymbol{u})$ 的分布。累积分布函数以一系列阈值：z_k，$k=1,\cdots,K$ 进行估计。作为示例，图 2-78 展示了提供不确定性分布的五个阈值的 $K=5$ 概率值。首先将数据编码为指示符或概率值来进行概率值评估。位置 $\boldsymbol{u}_\alpha$ 的指示符编码写为

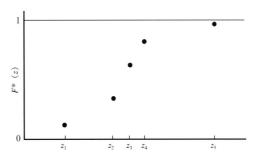

图 2-78　在五个阈值系列 z_k，$k = 1$，…，5 中，概率分布 $F(z)$ 的示意图

$$i(\boldsymbol{u}_\alpha;z_k) = \text{Prob}\{Z(\boldsymbol{u}_\alpha) \leqslant z_k\} = \begin{cases} 1, & \text{if } z(\boldsymbol{u}_\alpha) \leqslant z_k \\ 0, & \text{otherwise} \end{cases} \qquad (2\text{-}110)$$

该指示变量的期望值是平稳的先验概率，小于阈值，即 $F_Z(z_k)$。如上示方程式（2-109），我们考虑残差数据：

$$y(\boldsymbol{u}_\alpha;z_k) = i(\boldsymbol{u}_\alpha;z_k) - F(z_k), \alpha = 1,\cdots,n, k = 1,\cdots,K \tag{2-111}$$

如方程式（2-82）所示，考虑该残差的线性估计：

$$y^*(\boldsymbol{u};z_k) = \sum_{\alpha=1}^{n} \lambda_\alpha(z_k) \cdot y(\boldsymbol{u}_\alpha;z_k) \tag{2-112}$$

其中 $y^*(\boldsymbol{u};z_k)$ 是在阈值 z_k 处的先验概率的估计残差，$F(\boldsymbol{u};z_k)$，$\lambda_\alpha(z_k)$，$\alpha=1,\cdots,n$，是权重；$y(\boldsymbol{u}_\alpha;z_k)$，$\alpha=1,\cdots,n$，是残差数据值。

在阈值 z_k 处未采样位置的指示克里金产生的累积分布函数计算为

$$F_{ik}(\boldsymbol{u};z_k) = \sum_{\alpha=1}^{n} \lambda_\alpha(z_k)[i(\boldsymbol{u}_\alpha;z_k) - F(z_k)] + F(z_k) \tag{2-113}$$

在没有数据（$n=0$）的情况下，不确定性分布的指示克里金（IK）估算只是该阈值处的先验平均值，即 $F(z_k)$。

指示克里金过程在所有 K 阈值 z_k，$k=1,\cdots,K$ 重复，这离散了连续值域 Z 的变异性间隔。通过组合 K 指示克里金估算构建的不确定性分布代表着未采样值 $z(\boldsymbol{u})$ 的不确定性的概率模型。该指示克里金程序需要对应每个阈值 z_k，$k=1,\cdots,K$ 的相关性的变差函数测量，以确定权重 $\lambda_\alpha(z_k)$，$\alpha=1,\cdots,n$；$k=1,\cdots,K$。

正确选择指示克里金的阈值 z_k 是至关重要的：如果阈值太多，推理和计算变得多余，繁琐而昂贵；如果阈值太少，分布的细节则会缺失。通常选择 5～11 个阈值。阈值很少高于 0.9 分位数或低于 0.1 分位数，因为很难准确推断出相应的指标变差函数。阈值通常选择等间隔的分位数，例如，经常选择九分之一。第四章第六节孔隙度和渗透率建模中将对实施细节进行更详细的介绍。

指示克里金表达式中的指标残差数据 [见方程（2-111）] 源自被认为是完全已知的硬数据 $z(\boldsymbol{u}_\alpha)$；因此，指标数据 $i(\boldsymbol{u}_\alpha;z)$ 在值为 0 或 1 的意义上是准确的，并且在任何界值 z 处均可用。有许多应用，其中一些信息归因于如地震数据这样的软辅助数据。该软数据可以以种种方式进入指示克里金。

软数据进入指示克里金的第一种方法是将它们用于本地变量的先验概率值 $F(\boldsymbol{u};z_k)$。通过考虑并置的硬数据和软数据，软数据可校准为硬数据。硬数据与软数据绘制交会图，然后可提取软数据变量级别的原始数据变量的条件分布。考虑到每个位置 $\boldsymbol{u}$ 处的软数据变量，$F(\boldsymbol{u};z_k)$ 值取自条件分布。图 2-79 的底部说明了这一点。第二种方法是将 $F(\boldsymbol{u};z_k)$ 值作为协同克里金法背景中的协变量，而非先验平均值。可以使用任何合理的协同区域化模型，包括协同区域化的线性模型或并置模型。马尔可夫—贝叶斯模型（Zhu，1991）是针对软硬指标数据专门制定的协同区域化模型。

软数据的第三种方法是将它们视为不等式约束或软指标数据。在位置 $\boldsymbol{u}_\alpha$ 处，不等式数据告诉我们 z 值在下限 $z_{低}(\boldsymbol{u}_\alpha)$ 和上限 $z_{高}(\boldsymbol{u}_\alpha)$ 之间，也就是，

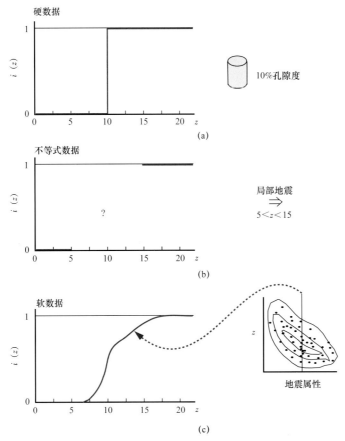

图 2-79 （a）硬数据的示意图，其中指标变量 i 为 0 或 1；（b）不等式数据，其中指标数据为低于下限的 0 和高于上限的 1；（c）软数据衍生分布

$$i_{\text{inequality}}(\boldsymbol{u}_\alpha; z_k) = \begin{cases} 0, & \text{if} \quad z_k < z_{\text{低}}(\boldsymbol{u}_\alpha) \\ \text{undefined}, & \text{if} \quad z_{\text{低}}(\boldsymbol{u}_\alpha) \geqslant z_k \leqslant z_{\text{高}}(\boldsymbol{u}_\alpha) \\ 1, & \text{if} \quad z_k > z_{\text{高}}(\boldsymbol{u}_\alpha) \end{cases} \tag{2-114}$$

不等式约束数据可用于定义的阈值；否则，没有"缺少或未定义"阈值的数据。图 2-79 说明了硬数据、不等式约束和软数据的指标表示。

（二）指示变差函数

指示的形式的主要优点之一是能在每个阈值处详细说明空间连续性。这相当于详细说明低中高值的特定问题的连续性。图 2-80 表示七个阈值的指示变差函数。这些变差函数是根据层状砂岩的二维全部的图像计算出的。请注意不同阈值多变的带状各向异性和块金效应。计算的变差函数值和模型应通过除以 $p(1-p)$ 来标准化为单位方差，其中 $p=F(z_k)$ 是全局指示变量的平均值或 1s 的部分。指示变差函数的参数（相对块金效应、范围等）是相关的，因为它们来自常见的连续变量原点。

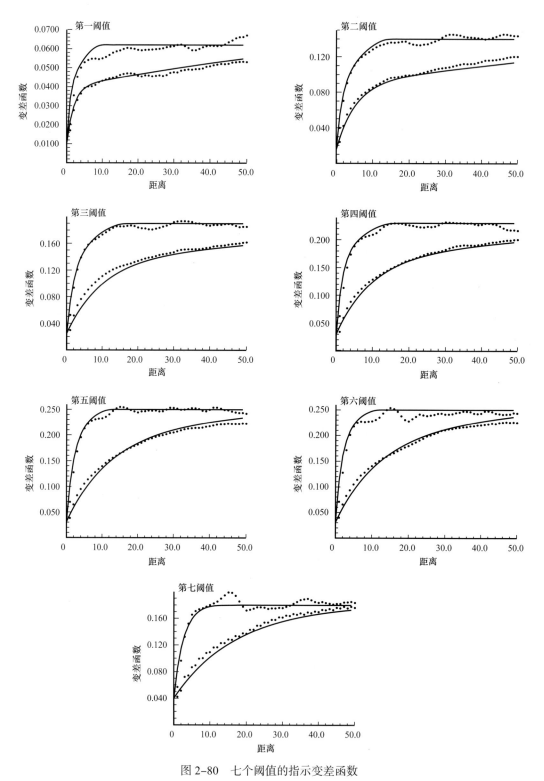

图 2-80   七个阈值的指示变差函数

请注意不同阈值多变的带状各向异性和块金效应，此外，还要注意变差函数在低阈值和高阈值的不同

（三）排序关系

指示衍生概率值 $F_{ik}(\boldsymbol{u};z_k)$，$k=1$，$\cdots$，$K$ 的系列必须满足累积分布函数的要求，即 0 和 1 之间的非递减函数。指示克里金无法保证这一点，因此应用了后验校正，所需改动通常很小。大偏差意味着数据有问题或与指示变差函数不协调。GSLIB（Deutsch 和 Journel，1998）中记录的校正方法是简单并且有效的。

（四）分类数据

分类变量的指示形式的目的是直接估计分类相变量中的不确定性分布。概率分布由每个类别的估计概率组成：$p^*(k)$，$k=1$，$\cdots$，K。例如，图 2-81 显示了 5 个相的 $K=5$ 概率值。首先将数据编码为指示符或概率值来进行概率值估算。

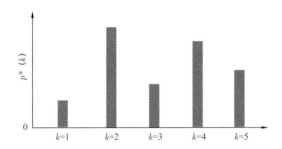

图 2-81　五种相类型的概率分布示意图 $p^*(k)$，$k=1$，$\cdots$，5

$$i(\boldsymbol{u}_\alpha;z_k) = 概率（现有的相 k）= \begin{cases} 1, & 如果相 k 在 \boldsymbol{u}_\alpha 处出现 \\ 0, & 则, \end{cases} \qquad (2-115)$$

该指示变量的预期值是相 k 的固定优先概率，即 $p(k)$。如上所示，我们考虑残差数据：

$$Y(\boldsymbol{u}_\alpha;z_k) = i(\boldsymbol{u}_\alpha;k) - p(k), \alpha=1,\cdots,n,\ k=1,\cdots,K \qquad (2-116)$$

这些残差数据的克里金法用于导出在未采样位置处的每个相 $k=1$，$\cdots$，K 的概率。再次，每个相 $k=1$，$\cdots$，K 都需要变差函数测量相关性。指示克里金带来的是位置 $\boldsymbol{u}$ 处的不确定性模型：

$$p_{ik}(\boldsymbol{u};k) = \sum_{\alpha=1}^{n} \lambda_\alpha(k) \cdot [i(\boldsymbol{u}_\alpha;k) - p(k)] + p(k),\ k=1,\cdots,K \qquad (2-117)$$

地震和其他辅助数据源可以被编码为软概率，用于协同克里金法；详见第四章第六节孔隙度和渗透率建模。

（五）排序关系

估计概率 $p_{ik}(k)$，$k=1$，$\cdots$，K 必须满足概率分布的要求，即值非负且总和为 1。与连续变量一样，指示克里金法无法保证这些排序关系的要求，因此应用了后验校正。如果它们是负值，则将概率设置为零，然后根据下述方程式重置：

$$p^*(k) = \frac{p_{ik}(k)}{\sum\limits_{k=1}^{K} p_{ik}(k)}, \qquad k=1,\cdots,K \tag{2-118}$$

这可以确保它们总和为 1。与合理概率存在很大偏差则意味着数据或变差函数有问题。

（六）序贯指示模拟

高斯（SGS）背景中描述的序贯模拟概念可以扩展到基于指标的不确定性模型。在随机路径上按顺序访问网格节点。在每个网格节点上可以：

（1）搜索附近的数据和以前的模拟值；

（2）执行指示克里金来建立不确定性分布（必要时纠正排序关系的问题）；

（3）从不确定性分布中抽取模拟值。

然后通过用不同的随机数种子重复整个过程来生成多个模型。第四章第二节基于变差函数的相建模中针对实施细节进行了讨论。该指示方法为类型变量提供了灵活的基于变差函数的模拟方法，并使其能够限制每个类别的空间连续性。然而，指示方法不对各类别间的排序关系负责。指示变差函数只是一个从当前类别转换到任何其他类别的概率测量工具。要再现类别排序关系，需要截断高斯模拟或多点法。

（七）截断高斯模拟

截断高斯模拟法是另一种基于变差函数的生成类型变量的方法（Armstrong 等，2003）。可将该方法视为连续高斯模拟（或多次模拟情况下的多变量高斯模拟）的后处理（即截断）。算法步骤包括：

（1）截断连续的高斯分布来表示类别比例和排序关系（彼此有联系的类别应在相邻区域中）。

（2）引入一个连续的变差函数来表示所有相的空间连续性。

（3）计算一个连续模拟，其受限于转化成连续变量的类型数据（通常采用序贯高斯模拟）。通常的做法是将连续变量中每个区域的质心分配给相关类别。例如，如果"相 1"包括高达 -0.25（在高斯空间里）的较低尾部或连续分布中较低的 40%，则井位上的相 1 可编码为连续属性模拟的标准正态分布的 -0.84 或 P20。

（4）将连续模拟截断为类型模拟。门槛值会出现局部变化，以再现局部变量的类型比例。

然后通过用不同的随机数种子重复整个过程来生成多重实现。这种方法的关键特征与指示模拟不同，它通过截断的高斯模拟重现了排序关系，但失去了对每个类型空间连续性的显式控制。这种对于基本实施步骤的简单描述为第三章第二节概念建模中关于算法选择的讨论提供了充分的所需背景介绍，第四章第二节基于变差函数的相位建模中还讨论了更多的细节和更多的先进实施方法。

四、P 场法

序贯模拟通过构建一个能说明所有原始数据和先前模拟的网格节点的条件分布模型，并根据条件分布绘制蒙特卡罗模拟。然后，重复这个过程来生成多重实现。这种方法的 CPU 成本主要是由对每个新模型重新实现构造每个局部条件分布的成本。

在序贯模拟中，通过构建条件分布实现了模拟值间的相关性。Srivastava 提出了一种不同的方法（Froidevaux，1993；Srivastava，1992）。他的提议有两个关键点：（1）仅使用原始数据构建条件分布，以使它只能执行一次，而不是为每个实现都重复进行；（2）使用相关概率值从条件分布中抽取，而不是使用传统蒙特卡罗模拟中的随机数字方法。

所得到的模拟值中的空间相关性是在所得概率值之间的空间相关性模拟值中获得的。由于数据位置上的条件分布具有零方差，并且无论模拟概率值如何，原始数据值都能检索到，所以原始数据得到保留。当必须构建多个模型时，在 P 场模拟方面有很大的 CPU 优势。

图 2-82 和图 2-83 为程序的一维示意图。第一步是单独使用原始数据构建每个位置的不确定性条件分布（图 2-82）。三个相关概率域和相应的模拟值如图 2-83 所示。

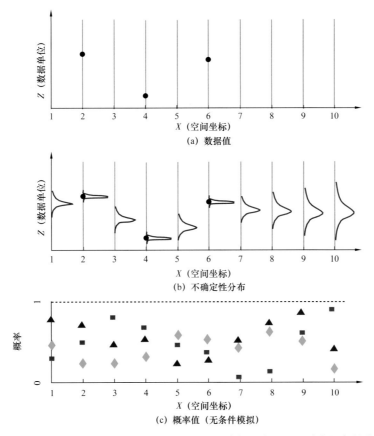

(a) 数据值

(b) 不确定性分布

(c) 概率值（无条件模拟）

图 2-82　P 场模拟的第一步是使用原始数据构建每个位置的不确定性条件分布

（a）一维示例调节数据；（b）不确定性分布；（c）来自无条件模拟的概率值，请注意，数据值附近（b）中条件分布的方差较低

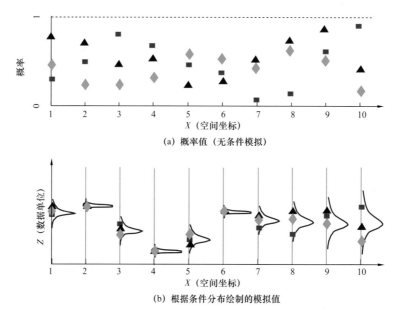

(a) 概率值（无条件模拟）

(b) 根据条件分布绘制的模拟值

图 2-83　P 域模拟的第二步是生成相关概率域，并在不确定性的条件分布中进行同步绘制

（a）三组相关概率值；（b）根据图 2-82 所示的不确定性分布所绘制的模拟值分布

　　P 场模拟法需要概率值的无条件实现。有许多数值方法适合不相关空间域的快速模拟，比如 FFT、分形、移动平均数和转向带法（Chu 和 Journel，1994；Gutjahr，1989；Hewett，1986，1993，1995）。而这些在这里都用不上。我们发现还有比通常使用的 SGS 方法更有效的技术。

　　尽管 P 场模拟法具有明显的优势，但它只能用于特定的地方。Froidevaux（1993），Pyrcz 和 Deutsch（2002），Srivastava 和 Froidevaux（2005）指出了两个假象。假象如下所述：（1）调节数据显示为局部最小值和最大值；（2）空间连续性不在条件数据旁再现。调节数据周围的数值过于平滑或是过度关联。

　　第一个假象是由调节和蒙特卡罗模拟的分离引起的。局部分布衰退为硬数据位置的阶梯函数。这导致模拟值向硬数据附近的硬数据值"压缩"。随着数据位置附近概率偏离 0.5，该假象变得更加明显。数据附近的概率域值大于 0.5 会出现局部最小值。概率值小于 0.5 则会出现局部最大值。唯一不会出现这个假象的情况是当数据位置的非条件相关概率值恰好为 0.5，但这是不太可能的。

　　第二个假象是调节数据附近的连续性有所增加。虽然对此有理论上相关解释，但这种偏差会导致实际问题。应该提到的是，在处理类型变量时这些假象并不明显，其使用的方法等效于截断高斯法（参见第四章第二节，基于变差函数的相位建模）。

　　P 场的常见变体形式是云转换模拟。在这种方法中，不确定性的局部分布是无条件的（通过拟合初级数据和次级数据之间的二元分布衍生），通过进行调节 P 场以绘制数据位置的数据值；因此，该方法不会受前面提到的假象所影响。下面的次级数据集成替代方案中详细讨论了这种方法。

五、多点模拟

先前描述的序贯模拟法可通过第二章第三节中介绍的多点统计学代换进行应用。其采用的是相同的步骤，包括在数据位置给模型分配数据，以及在所有其他模型位置沿着随机路径进行模拟，还应用了根据局部不确定性分布所进行的蒙特卡罗模拟以及模型中模拟值的顺序放置。其与先前描述的序贯模拟法之间唯一的区别是通过用多点模板对训练图像进行采样来找到局部条件概率分布。

尽管没有向高斯空间正向变换，也没有向原始单元反向变换，在构建训练图像（类似于为高斯模拟推导变差函数）之后，基本的多点模拟法还是以类似于高斯模拟的方式进行。步骤如下：

（1）把调节数据放入模型中。这一步骤需要通过网格单元对井数据进行分块来表示单元格内的单元比尺的有效性质。

（2）转到随机位置 u，并搜索所有相邻数据和先前模拟的节点。

（3）使用模型中观察到的数据结构来扫描相关训练图像以进行重复统计。对这些数据进行汇集，以计算位置 u 处的条件概率密度函数。Strebelle（2002）方法，这是预先完成的并存储在方便的搜索树中。条件分布相当于给定现有数据样板的每个相出现的概率，$d_n : p(z(u)=z_k|d_n)$，$k=1$，$\cdots$，K。

（4）从该条件概率密度函数出发进行蒙特卡罗模拟。生成随机数并选择特定的相，其累积条件概率小于或等于该相。

（5）该方法以随机顺序访问所有点。并且对于随机排序或路径没有理论上的要求；但是，实践证明（Isaaks，1990）常规路径会造成假象。

（6）通过重复使用不同的随机数字种子，创建任意数量的实现。不同的种子会导致不同的随机数序列，结果是在每个位置处有不同的随机路径和不同的相。

调制解调器方法与这些基本步骤不同，它可以提高运行时间、形式再现和内存存储效率。这些被看作是与计算效率和形式再现相关的各种实施细节的一部分，例如样板设计和搜索树以及集成多点统计的替代方法，这些方法记录在第四章第三节多点相建模中。

六、基于目标的模拟

基于目标的模拟是构建相的模拟模型的另一个框架。以前的方法都可以归类为基于单元格法：即这些方法利用统计约束，例如来自训练图像的变差函数和多点统计，来限制网格单元之间的空间连续性。所得到的模型对大尺寸几何形态没有直接控制，因此无法重现清晰的几何形状。

基于目标的模拟会生成有吸引力（视觉上清楚）的模型，其推崇的是通常由露头和高分辨率地震数据解释而来的地下理想几何形态。这是通过将几何形态按顺序放置到模型中来完成的。当特定储层几何形状易于识别和参数化，并对传递函数具有意义时，这些几何形状可以直接与基于对象的方法相结合。

此处有对基于目标的模型简介，而第四章第四节介绍了背景、实施细节和示例。基于对象的建模的两个主要考虑因素是几何参数化和几何布局。

（一）几何参数化

基于目标的建模的一个先决条件是储层非均质性可以通过参数几何来表现。例如，支流朵状复合体有多个朵状特征，河道复合体包含多个河道充填、相关的翼形天然堤和叶片状决口扇或具有页岩透镜体的大块砂岩。在这些情况下，构型都转换为参数几何图形。

第二个先决条件是信息可用于适当的参数。这些参数通常被认为是不确定的或与其他参数有关的。例如，朵状几何形状的特征是长度分布均匀，其最小值和最大值分别为500m 和2km，而朵叶体的深度和宽度与长度的比例分别为 1/100 和 1/2。当考虑常见的形状及其三维等效物，以及可以应用于这些常见形状的模型及修改形状的组合或合并（例如增加波动或弯曲度，任何维度变薄或增厚）的时候，几何形状集有无限的可能。组合也许会包括作为不同相的多个连接几何形状的联合，例如具有天然堤的河道、决口扇和分流朵叶体（图 2-84）。

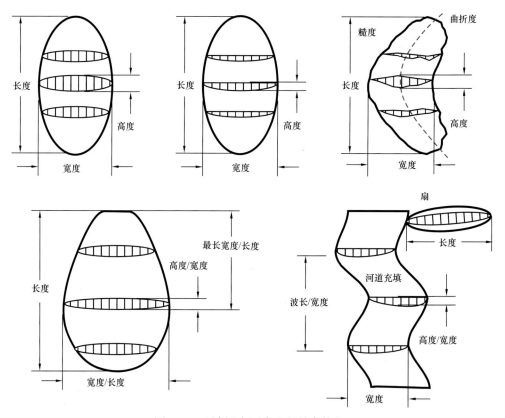

图 2-84　示例几何对象和相关参数化

对象的复杂性可以随长度、最大宽度和高度而变化（只考虑简单的椭圆体）；去除对象的上半部分会导致凹面向上填充，并且进一步增加粗糙度和弯曲度，出现复杂的几何形状；此外，参数之间的各种关系可能是已知和已利用的；例如，考虑朵叶体的长宽和高宽比或河道填充的高宽比和波长宽度之比；此外，多个对象之间还可能会相互连接，例如具有河道充填的决口扇沉积

（二）几何位置

这是该方法与基于单元格方法的另一个主要区别。虽然基于单元格的方法将数据分配给模型单元，并在所有其他单元沿着随机路径进行模拟，但是基于目标的建模使用背景相将模型空间初始化并随机放置几何图形，直到模型实现例如目标的全局比例这样的标准。采用此方法的第一个后果是，和基于单元格的方法一样，该方法对于井数据的调节不是自动的且得不到保证。实际上，基于目标的调节仍然是第四章第四节中讨论的主要问题。产生的第二个后果是需要对参数几何图形的布局进行统计约束。

在最简单的情况下，物体通过泊松点过程放置。也就是说，对象中心位于模型内随机位置。在更复杂的情况下，对象之间包含约束条件，例如，对象必须具有最小间距或形成对象集群，或者特定几何形状的密度随模型而变化。可以考虑使用各种各样的方法来放置几何体（图2-85）。更多复杂的参数化和放置方法可参见第四章第五节的相关过程模拟建模一节。此外，基于表面的建模与基于对象的建模密切相关，其主要区别在于重点是界定表面几何结构。

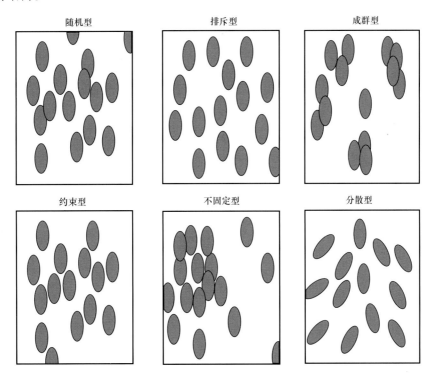

图 2-85　各种对象放置方法图（其中包括简单的随机放置，排斥、成群以及更复杂的约束，在这种情况下不重叠，非固定对象密度和方向）

有很多非常适合进行基于对象的模拟的实际情况。具体实施细节和示例见第四章第四节。尽管通过利用最优化算法匹配数据取得了一些成功，但调节问题仍限制了该方法的适用性。实际上，任何建模方法和相关的输入统计、调节数据都可能是一个最优化问题。

七、最优化建模算法

数据集成在储层建模中至关重要。模拟退火的优化技术已经在不同数据类型的集成中得到应用。其中主要概念是对初始模型的迭代校正，以给予所需空间特征、重视数据调节。还有一些与初始图像、扰动机制、模拟退火中使用的目标函数有关的问题。

模拟退火是一种已经适用于地质统计应用的组合优化领域的解决方法，它不是一种随机的模拟算法。这种方法需要谨慎实施，以避免诸如边缘效应、调节数据的不连续及有限的不确定性空间等假象。尽管模拟退火存在着问题，但是它在储层表征中已占有一席之地。更多细节见第四章第七节模型构建优化。

八、趋势说明

任何输入统计约束可以在所研究体积内的所有位置（ $\boldsymbol{u}_\alpha$ ，其中 $\alpha \in V$ ）上变化。最常见的是局部变化的连续方向和局部变量的平均值或被建模并集成到储层模型中的分类比例。关于这一点的细节信息以及每个建模方法的具体细节在后面的第四章第二节至第四章第七节中都有介绍。

（一）局部变化的连续性方向

储层相和岩石物理性质可能表现出不断改变的连续性方向。也就是说，连续性的主要方向可能取决于位置。以下有两个与局部变量连续性方向相关的问题，包括：（1）计算储层上的局部变量方向场；（2）局部变量场在估算和模拟中的集成。Boisvert（2010）在博士论文中详细论述了这些问题。

（二）计算局部变量方向

其中一个问题（像往常一样）是用来评估局部变化的数据。尽管地质概念和类比对局部方向有总体上的限制，但在许多稀疏数据设置中，由于数据缺乏，无法进行推断。与所有其他模型参数一样，如果输入不确定，那么这种不确定性应该通过具有多个参数场景或模型的建模来传递。在密集数据设置中，可以直接从数据中计算局部变量方向。这可以通过手工绘图、局部协方差图的惯性矩、直接估算和自动特征插值来实现。尽管在复杂的三维设置中，手工方法或者有效生成局部变量方向场的多个模型会具有挑战性，但如果有专业的知识，则首选手动映射，因为它能自由地集成信息。如果有详尽的数据，则局部惯性矩方法是很有效的。如果可以直接测量方向，则可以直接进行估算。唯一的问题是执行估算以重视方位角和角度的独特性质（例如，0 方位角 =360° 方位角）。这通常通过来自数据方向和数据权重长度的求和向量来完成。自动特征检测将折线与相似的值连接起来，并且在无幅度的情况下插入方向。

图 2-86 显示了一个示例数据集，其下面的详细像素图显示了各向异性的局部变化方向。这些数据来自（Isaaks 和 Srivastava，1989）Walker Lake 的研究数据。并可手动或使用惯性矩方法将方向模式化。

许多作者提出了处理局部变化的连续性方向的方法。其中心思想都是局部修改克里金方程式。Deutsch 和 Lewis（1992）使用局部连续性方向建立了局部克里金方程式。Xu（1995）在模拟蜿蜒河道环境中相分布的情况下应用了类似的程序。Horta 等（2010）应用了这样一个程序，只改动克里金方程式的右侧。而为说明数据冗余，左侧使用了各向异性的全局测量。

实施用于高斯和序贯指示模拟的具有变量各向异性的克里金法和模拟的典型方法是直接的。这个观点是在每个搜索范围内将其局部调整到各向异性的恒定方向。在存在局部变化的各向异性并确保所得克里金矩阵的正定性的情况下，通过为每个克里金保留单向各向异性方向，计算距离的问题大大简化。然后，改变各向异性在位置间的方向。

图 2-87 显示了具有两个局部方向各向异性的序贯指示模拟的示例。上半部分的方位角为 60°，下半部分角度为 120°。可以使用局部

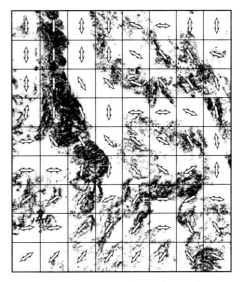

图 2-86 基于属性的精细分布上的大型网格网络中的方向向量说明，精细分布是来自 Isaaks 和 Srivastava（1989）的 Walker Lake 的数据

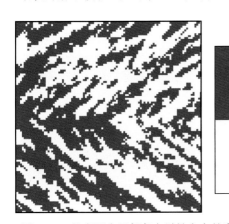

相1

相0

图 2-87 具有两个局部各向异性方向的序贯指示模拟示例（与下半部分不同，上半部分为 60°）

方向的任意复杂网格。然而，输入方向网格的再现取决于克里金搜索半径和调节数据。由于关键假设是各向异性在克里金范围内不会改变，复杂的小规模特征也将不会完整再现。

Boisvert（2010）、Boisvert 和 Deutsch（2011）提出了一种更严格的方法，以解释超出之前提到的局部轮换的局部变量方向。这种方法充分解释了局部变量方向模型。计算最近相邻数据和先前模拟的节点及其各自的距离，说明最短的各向异性距离，以找到相关的协方差来填充克里金矩阵。这是通过探索在模型中的两个单元间依次集成各向异性距离的各种可能路径来计算的。这个问题的难度相当于在大气和洋流中选择飞机和船只的路线。相比之下，直线路径被假定为先前的在局部邻域呈现恒定各向异性的方法。Boisvert（2010）应用 Dijkstra 算法来求解最短的各向异性距离。

这些最短的各向异性距离被直接应用于克里金和模拟。但是当它们作为有效的距离度量时，无法保证能产生一个正定的协方差矩阵。Boisvert（2010）应用多维标度将地质统计网格嵌入高维欧式空间，其可应用已知正定协方差函数来保证正定性。虽然这让克里金法和模拟法出现正定协方差矩阵，但缺点是最短各向异性距离只能近似得出。此外，这种

更严格的方法给估算和仿真增加了很大的计算量。

在存在局部变化的连续性方向的情况下，计算可靠的变差函数是很重要的。必须从本地数据和局部变量方向场中提取各向同性变差函数。而传统的软件不能应用此类信息。因此常见的替代方案是计算各向异性遵循几乎恒定方向的方向或子区域的变差函数。由于方向的混合，实际的各向异性将比观察到的更加显著。

（三）局部变化的平均值

趋势指总体倾向或模式，它是储层相或属性空间分布的确定性或可预测的方面。不同的作者对此有不同的定义。

几乎所有自然现象都有趋势。例如，孔隙度和渗透率的垂直剖面可以在每个连续地层内向上变细，这仅仅是因为粗颗粒在沉积事件中首先沉降。此外，也可能存在与沉积源的长期变化、沉积空间或沉积过程中的气候变化有关的其他大范围趋势。但是为何会存在系统性的大范围趋势没有这些趋势重要，并且这些趋势往往会影响储层性能预测的情况。

关于趋势的一切讨论都是主观的。所有地质统计学家都在分离确定性特征，如趋势和随机相关特征，模拟中存在这些特征。因为储层是确定性的，所以这种分离完全是建模者的决定。如果储层正好是已知的，则趋势和残差没有任何意义。趋势必然取决于现有数据。如图2-88所示。趋势呈现出标尺不同，趋势不同；数据不同，趋势不同。在稀疏数据的情况下变化都是随机的。随着可用数据变多，趋势模型越发精细，地质统计建模的内在变化变少。

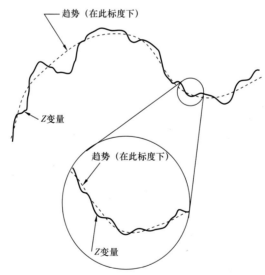

图 2-88　不同标度的趋势变化示意图
（在建模时必须考虑在趋势中增加多少变异性及考虑多少随机变化）

某些趋势可以根据一般的地质知识推断出来。例如，由于简单易懂的物理原理，可以通过向上变细可以知道深水沉积系统中单个沉积层内的孔隙度，且并不依赖于大量的数据得出。在某些情况下，要通过数据观察趋势是否存在。这与许多井数据有明显的矛盾。丰富的数据可以确定趋势，但因为数据会将其趋势特征作为所得模型的局部调节数据，故这方面并不是很重要，因此，人们不太看重显式趋势建模。在所有现实的储层场景中（与一些采矿或环境研究相比），用以在整个研究领域模拟趋势的井数据很少。只能在井附近再现趋势。在井数据分布较广的实际情况下，以下程序的一些变体形式是必须要考虑的。

所有克里金这样的地理统计学算法的隐含假设是——变量是固定的。这个假设意味着空间统计不再依赖于位置，例如，平均值和变差函数是恒定的，并且与整个研究领域相关。根据我们对数据的地质理解，我们知道趋势或所谓的非平稳性的存在，必须通过特殊的方法对其加以解释。

为了获得趋势情况，克里金的限制因素有所增加。具有趋势模型（KT）的克里金法能让多项式形状趋势在每个局部克里金周围进行拟合。具有外部漂移的克里金法能让自变量来定义局部趋势表面的形状。经验表明，当每个局部周围有足够的数据来定义趋势时，这些形式的克里金就是有效的。对于数据往往稀疏的实际储层建模来说，这些方法不能很好地解释趋势。

第四章第一节大型建模中有关于趋势模型构建与实际的实施指导。

九、二级数据集成替代方案

二级数据集成是建模中极具挑战性的环节，由于情况各有不同，无统一的解决办法。在不同的解决方法中，每种都有其自身的假设、优点和局限性。下述部分着重介绍协同克里金法、贝叶斯更新、逐步条件变换、云变换和概率组合方案。

（一）协同克里金法

协同克里金法的简化形式仅保留同位的二级数据 $y_2(\boldsymbol{u})$ 或被估计到最近节点 $\boldsymbol{u}$ 重置的数据 $y_2(\boldsymbol{u}')$（Doyen，1988；Xu 等，1992）。如果 $|\boldsymbol{u}-\boldsymbol{u}'|$ 的距离相对于 $y_2(\boldsymbol{u})$ 的影响量较小，那这就不成问题。协同克里金法的估计函数写为

$$Y_{\mathrm{COK}}^{*}(\boldsymbol{u}) = \sum_{\alpha_1}^{n_1} \lambda_{\alpha_1} y(\boldsymbol{u}_{\alpha_1}) + \lambda' y_2(\boldsymbol{u}) \tag{2-119}$$

相应的协同克里金系统要求知道 Y 协方差 $C_Y(\boldsymbol{h})$ 和 $y—y_2$ 交叉协方差 $C_{yy_2}(\boldsymbol{h})$。后者可通过以下模型进行估计：

$$C_{yy_2}(\boldsymbol{h}) = B \cdot C_Z(\boldsymbol{h}), \qquad \forall \boldsymbol{h} \tag{2-120}$$

其中 $B = \sqrt{C_y(0)/C_{y_2}(0)} \cdot \rho_{y_2}(0)$，$C_y(0)$，$C_{y_2}(0)$ 是 y 和 y_2 的方差，$\rho_{yy_2}(0)$ 是同位 $y—y_2$ 数据的线性相关系数。

仅由同位的二级数据组成的近似值不影响估计值（附近的二级数据通常在数值上非常相似），但它可能会影响所得协同克里金估算方差：该方差被高估，有时过分高估。在使

用克里金法（估算）时，这不成问题，因为克里金方差作用很小。在模拟环境中（见第四章第六节，其中克里金方差定义了条件分布的分布，从中可以得出模拟值），这可能是一个问题。然后，应通过一个因子（假定所有位置都是常数）来减少同位协同克里金方差，并经过反复试验来确定。Babak 和 Deutsch（2007）证明，通过采用内在相关模型，所有直接和交叉协方差函数都与相同的基本空间相关函数成比例，主要位置的所有二级数据得以保留，方差高估不再是问题。

（二）贝叶斯更新法

如第二章第二节所述，贝叶斯更新法为整合各种形式的二级数据提供了一个简单明了的框架。在第四章第一节中，贝叶斯框架用于大尺度制图。例如，可以将同位协同克里金法进一步简化为贝叶斯更新法（Doyen 等，1994，1996，1997）。这种方法因其简单易用，并且应用了地震数据而愈发受欢迎。

沿着随机路径在每个位置仅根据硬数据 i 使用指示克里金法来估计每种相的条件概率，$i^*(\boldsymbol{u};k)$，$k=1, \cdots, K$，然后使用贝叶斯更新法来修改或更新概率，如下所示：

$$i^{**}(\boldsymbol{u};k) = i^*(\boldsymbol{u};k) \cdot \frac{p[k \mid \mathrm{ai}(\boldsymbol{u})]}{p_k} \cdot C, \qquad k=1, \cdots, K \qquad (2\text{-}121)$$

其中 $i^{**}(\boldsymbol{u};k)$，$k=1, \cdots, K$，是用于模拟的更新概率，$p[k \mid \mathrm{ai}(\boldsymbol{u})]$ 是在位置 $\boldsymbol{u}$ 处相 k 由地震数据得到的概率，p_k 是相 k 的总体面积，C 是归一化常数，以确保最终概率的和为 1.0。因素 $p[k \mid \mathrm{ai}(\boldsymbol{u})]/p_k$ 的作用是根据校准相面积与全局面积的差异来增加或减少概率。如果 $p[k \mid \mathrm{ai}(\boldsymbol{u})]=p_k$ 是不包含超出全局面积的新信息的地震值 $\mathrm{ai}(\boldsymbol{u})$，则不认为存在任何变化。为确保精度，需要一个额外的步骤——即井位精确再现相观测。

此方法的简单性和实用性极具吸引力。贝叶斯更新背后有两个重要的隐含假设：同位地震数据显示了附近的地震数据和隐含假设地震尺度与地质单元尺度相同。对模拟出的实现进行相对简单的检查可判断这些假设是否会导致伪像。校准表（表 4-1）可利用地震数据和 SIS 实现进行检查；与原始数据计算出的概率接近，即表明此方法奏效。最终模型中的问题为高概率［大 $p(k \mid \mathrm{ai})$］数值会更高，低概率数值会更低。

（三）云变换

先前关于概率场模拟的内容中介绍了分离局部条件概率分布的构建和施加空间连续性的概念。这对云变换算法中集成二级数据十分实用。给定次要储层性质（如孔隙度）的详尽模型以及次要和主要储层性质（如渗透率）之间的双变量关系，可以模拟主要储层性质，即以孔隙度为条件模拟渗透率。这种方法的优点是，无论形式或复杂程度如何，双变量关系通常能很好地再现。考虑到复杂孔隙度和渗透率关系的重要性，这通常是模拟渗透率的首选方法。但是，必须注意确保主要变量分布和空间连续性是合理的。

给定在该位置 $f[k \mid \phi(\boldsymbol{u})]$ 处的孔隙度，可以通过蒙特卡罗模拟渗透率的条件分布确定位置 $\boldsymbol{u}$ 处的渗透率值。一系列条件分布作为前提条件得以构建（见图 2-89 中的三个分布）。一般来说，使用 10 个或以上的条件分布。用于构建条件分布的孔隙度"窗"可以重叠（请参见第二章第二节涵盖蒙特卡罗模拟的细节）。

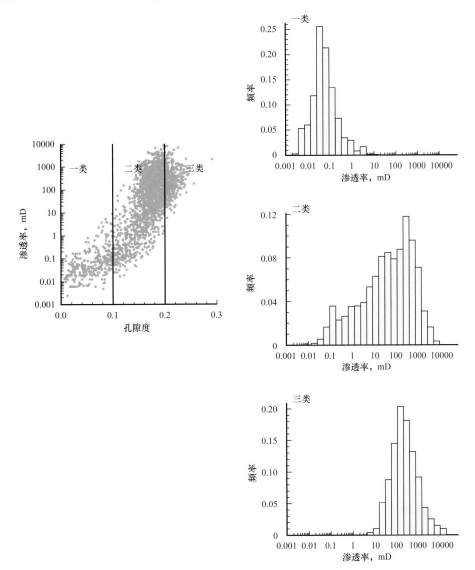

图 2-89　蒙特卡罗模拟具有三种条件分布的孔隙度与渗透率交会图

（实践中还会使用更多的条件分布，取三个以示说明）

通过应用于从条件分布中确定的 P 场的变差函数来施加渗透率的空间连续性。由于数据有限、测量精度和尺度问题，通常很难推断出渗透率变差函数。通常的做法是应用孔隙度变差函数，将其变程减少 1/3 至 1/2，因为渗透率的变程通常比孔隙度的变程更窄。这种方法假设孔隙度和渗透率的空间非均质性是相关的，如果不是这种情况——例如，在经过强烈成岩作用蚀变的岩石中或在具有杂基和裂缝渗透率的双重渗透系统中，则不适用 。无论如何，由于详尽孔隙度和相关条件分布所施加的特征，用这种方法再现变差函数是不精确的。

通过调节 P 场来实现渗透率调节，以从数据位置处的条件分布中获得正确的渗透率值。与 P 场模拟相反，从渗透率的条件分布中进行云变换局部分布是必要的。假定孔隙度在数据位置附近变差函数没有减小，调节并不是建立在局部分布上的。因此，前面提到的两个 P 场模拟的伪像并不存在。

（四）逐步条件变换

逐步条件变换为潜在的复杂多变量关系的储层属性联合模拟提供了一条有趣的途径，包括复杂的约束、曲线和异方差特征（Leuangthong，2003；Leuangthong 和 Deutsch，2003）。利用这种技术，可将每个变量依次且有条件地转换成先前的变量，形成一个独立的多变量高斯分布。由于每个转换的变量是独立的，它们可以分别进行模拟，然后反向转换以重新加强其多变量关系。

逐步条件技术与单变量情况下的正态变换相同。对于双变量问题，第二个变量的正态变换条件是第一个变量的概率类决定的。相应地，对于 k 个变量的问题，第 k 个变量是基于第（k–1）个变量有条件地变换的，即：

$$Y_1 = G^{-1}\left[\text{Prob}\{Z_1 \leqslant z_1\}\right] \tag{2-122}$$

$$Y_{2|1} = G^{-1}\left[\text{Prob}\{Z_2 \leqslant z_2 \mid Y_1 = y_1\}\right] \tag{2-123}$$

$$Y_{3|2,1} = G^{-1}\left[\text{Prob}\{Z_3 \leqslant z_3 \mid Y_2 = y_2, Y_1 = y_1\}\right] \tag{2-124}$$

例如，可以通过正确的条件分布从 Y_1 来确定 Z_1；可以通过 Z_1 和 Y_2 的模拟值来计算 Z_2。数据的条件变换产生变换的二次变量，这些二次变量现在是人为设定的变量，没有特定的物理意义。它是主要变量和二次变量的组合。此外，对于 $h>0$，原始模型变量的多元空间关系不会变换，也就是说，没有修改二元空间分布 $Y(\boldsymbol{u})$ 和 $Y(\boldsymbol{u}+\boldsymbol{h})$，三元分布 $Y(\boldsymbol{u})$，$Y(\boldsymbol{u}+\boldsymbol{h}_1)$ 和 $Y(\boldsymbol{u}+\boldsymbol{h}_2)$ 等。

该变换的结果使 $h=0$ 时转换变量保持其独立性。由于每一类 Y_2 数据被独立地转换为正态分布，$Y_{2|1}$ 和 Y_1 之间的相关性在 $h=0$ 时被清除。因此，由于转换变量的独立性，多变量问题的模拟无须联合模拟。这是以逐步条件方式转换多个变量的主要目的。

逐步条件变换有一些局限，包括：此方法需要足够的数据来表征多变量关系，且二次变量的模拟是在非物理变换空间中进行的。因此，在推断适宜的空间连续性模型方面存在困难。

（五）概率组合方案

考虑到衍生概率的几个潜在冗余来源，概率组合方案（PCS）已经在许多研究领域独立发展，以找出综合概率（Benediktsson 和 Swain，1992；Journel，2002；Lee 等，1987；McConway，1981；Rasheva 和 Bratvold，2011；Winkler，1981）。Hong 和 Deuts（2009a）为本文做了详细介绍。我们可以利用 PCS 来估计主要结果的概率，给定多个二级数据，

$p(P|S_1,S_2,\cdots,S_n)$，作为分别计算每个二级数据概率的函数，$p(P|S_1),p(P|S_2)$ 至 $p(P|S_n)$，其中主数据和二级数据表示为 P，S_i 中 $i=1$，n，且存在 n 种二级数据。工作流程如图 2-90 所示。

$$\frac{p\{P|S_1,S_2,\cdots,S_n\}}{p\{P\}} \sim \varPhi\left[\frac{p\{P|S_1\}}{p\{P\}},\cdots,\frac{p\{P|S_n\}}{p\{P\}},C\right] \qquad (2-125)$$

与主变量 P 无关的概率项归在标准项 C 中。$p(P)$ 是主要结果的总体概率。如果主变量是分类的，则该概率是特定类别 k 的一部分。函数 $\varPhi[\cdots]$ 是概率组合模型的通用记号。以下讨论了一些具体形式，包括比率永恒、条件独立性和加权组合。

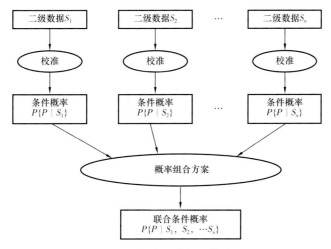

图 2-90 概率组合的工作流程

首先，应用校准来计算主变量的概率分布，单独给定每个二级数据源；给定所有二级数据，利用概率组合方案来组合这些主变量的概率分布

1. 比率永恒（PR 模型）

Journal（2002）研发了一种近似概率的比率永恒模型，其假设来源不同的概率增量比率是恒定的。这种方法在机器学习中被称为朴素贝叶斯模型。

尽管 PR 模型仅限于主变量二元的情况，不论数据 S_i 的数量，其估计的概率都满足闭合条件和正数。例如，$P_{PR}\{k|S_i,\cdots,S_n\}(k=1,\cdots,K$，其中 K 大于 2）的总和不会强制闭合（条件概率并不总是等于 1）。因此，我们将 PR 模型关于类别的估计表示为概率：

$$p_{PR}\{P|S_1,\cdots,S_n\} = \frac{\left(\dfrac{1-p\{k\}}{p\{k\}}\right)^{n-1}}{\left(\dfrac{1-p\{k\}}{p\{k\}}\right)^{n-1} + \prod\limits_{i=1}^{n}\left(\dfrac{1-p\{k|S_i\}}{p\{k|S_i\}}\right)} \in [0.1] \qquad (2-126)$$

2. 条件独立性

Hong 和 Deutsch（2009）证明了二元变量的 PR 和条件独立性的等效性。此外，还证明条件独立性执行闭合条件，并建议其使用 PR。在 $(S_1, \cdots, S_n)$ 条件独立性的假设下，组合条件概率的通用方程式变为

$$p\{k \mid S_1, \cdots, S_n\} = p\{k\} \cdot \prod_{i=1}^{n} \left(\frac{p\{k \mid S_i\}}{p\{k\}} \right) \cdot C \in [0,1] \qquad （2-127）$$

其中 C 是满足闭合条件的标准项，其独立于主变量 P。

3. 加权组合

比率永恒和条件独立模型假设二级数据之间是独立的。通过采用独立性假设，组合概率被简化为单个概率 $p\{P \mid S_i\}$ 的乘积。在某些情况下，简化模型可能导致严重的偏差，因为每个概率相乘将导致非常高的组合概率，且其可能与总体概率或预先模型 $p\{P\}$ 及每个二级数据的所有单个条件概率，$p\{P \mid S_i\}$，$i=1$，$\cdots$，n 不同。具体来说，如果考虑到多数用于集成且十分冗余的二级数据，则所得到的概率可能接近 1 或 0。

通过将单个概率与数据特定权重组合在一起来估算概率：

$$\frac{p\{P \mid S_1, S_2, \cdots, S_n\}}{p\{P\}} = \Phi \left[\left(\frac{p\{P \mid S_1\}}{p\{P\}} \right)^{w_1}, \cdots, \left(\frac{p\{P \mid S_n\}}{p\{P\}} \right)^{w_n}, C \right] \qquad （2-128）$$

Tau 模型是用于组合特定数据概率时最常见的加权模型之一。自 Journal（2002）首次开发以来（Krishnana，2004；Caers 等，2006；Castro 等，2006；Chugunova 和 Hu，2008），该模型已得到广泛应用。通过加上幂指数 τ_i，使 Tou 模型近似于 $p(P \mid S_i)$，$i=1$，$\cdots$，n，并且如下表示相：

$$p_\tau\{P \mid S_1, \cdots, S_n\} = \frac{\left(\frac{p\{k\}}{1-p\{k\}} \right) \cdot \left(\frac{1-p\{k\}}{p\{k\}} \right)^{\sum_{i=1}^{n} \tau_i}}{\left(\frac{p\{k\}}{1-p\{k\}} \right) \cdot \left(\frac{1-p\{k\}}{p\{k\}} \right)^{n-1} + \prod_{i=1}^{n} \left(\frac{1-p\{k \mid S_i\}}{p\{k \mid S_i\}} \right)^{\tau_i}} \in [0.1] \qquad （2-129）$$

除了引入控制基本概率 $p\{k \mid D_i\}$ 分布的幂权 τ_i 外，Tau 模型还具有与比率恒定模型相同的形式。类似于 PR 模型，Tau 模型仅适用于主变量 P 二元的情况。不能保证 $p_\tau\{P_k \mid S_i$，$i=1$，$\cdots$，$n\}$（其中 $k=1$，$\cdots$，K）的总和是 1。

lambda 模型由 Hong 和 Deutsch（2007）开发。它可以解释为引入数据特定权重 λ_i 的条件独立性的扩展模型。如果只考虑 $\lambda_i = \tau_i$，$i=1$，$\cdots$，n 和二元类别，则 P_{pr} 和 P_λ 实际上是一样的。λ 模型不限于二元的情况。因此，λ 模型是一个更广义的加权组合模型。

在加权组合模型中，选择适当的权重十分关键（Krishnana，2004）。如果二级数据间的数据冗余被完全表征，且只能通过幂来表示，则可以找到最优权重。然而，这几乎是不可能的。校准法可视为直接量化冗余的替代方案。例如，获取权重将井位真值和该位置处真值的估计概率之间的误差 P_λ 最小化（Hong 和 Deutsch，2007）。

所有这些概率组合方案都试图从每个二级数据的可评估条件概率中单独计算条件概率

$p\{P|S_1, \cdots, S_n\}$。但是，如果全多变量分布 $p\{P, S_1, S_2, \cdots, S_n\}$ 可用，则所有所需的条件组合和条件概率将可通过对多变量分布采样而直接求解。这被称为多维估算（MDE）（Hong，2009）。鉴于通常情况下的数据有限和维度灾难（即如果需要 100 个数据来模拟单变量分布，则需要 10000 个数据来模拟双变量分布，需要 1000000 个数据来模拟三变量分布），这种方法极具挑战性。

十、工作流程

（一）克里金法绘图示意图

图 2-91 为克里金法绘图的工作流程。克里金类型决定了平均值是否必须明确映射。其结果适用于可视化数据趋势，也可能适用于平滑变化的曲面。

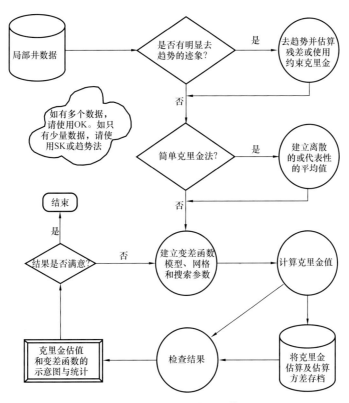

图 2-91　用克里金法绘图工作流程

（二）平稳、变量的序贯高斯模拟（SGS）

图 2-92 为平稳随机函数的序贯高斯模拟（SGS）工作流程。离散的代表性分布和变差函数模型为关键输入。还有一些其他的细节，如搜索，但其基本上与克里金所需的相同。

图 2-93 为表示局部不确定性的指示克里金工作流程。一个非常类似的程序可用于类型或连续变量的指示模拟。

图 2-94 为构建孔隙度、渗透率或相建模的趋势模型的工作流程。为方便起见，首先构建了一维垂向趋势和二维平面趋势，然后将其组合成三维趋势模型。

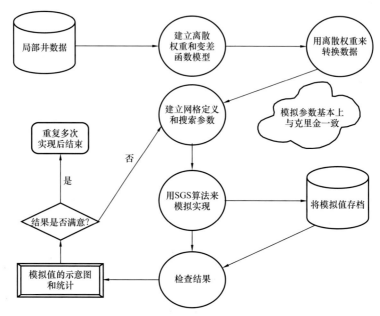

图 2-92　平稳随机函数的序贯高斯模拟（SGS）工作流程

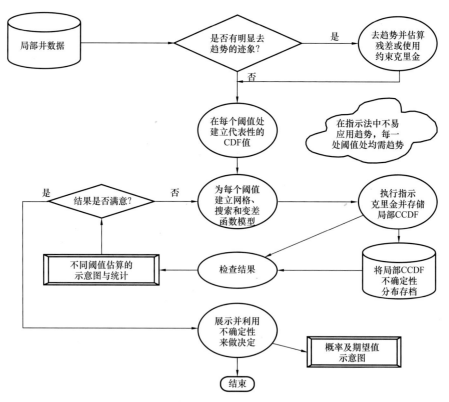

图 2-93　表征局部不确定性的指示克里金工作流程

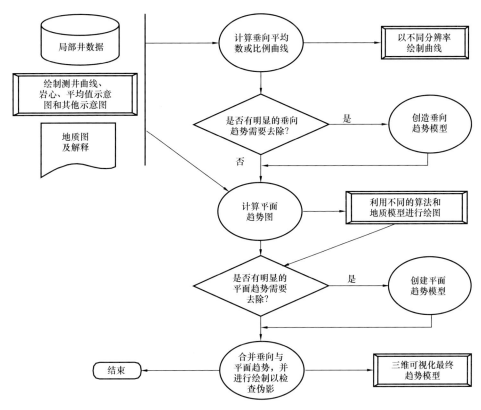

图 2-94 构建孔隙度、渗透率或相建模的趋势模型工作流程

十一、小结

从第二章第二节和第二章第三节的统计先决条件出发，我们现在有一个解决地质统计学储层建模问题各种方法的工具箱。第二章第三节中介绍的基于变差函数的克里金提供了远离数据位置的线性无偏估计值。序贯高斯模拟法可校正克里金法的平滑度，再现全局统计，同时牺牲局部精度，但可通过多个等概率实现和参数不定性提供不确定性模型。

指示方法可提供有用的框架来表征和模拟分类变量，或加强对低值、中值、高值空间连续性的控制。此外，指示编码允许直接输入软数据，并将其编码为每个类别的概率。

P 场模拟是一种新颖的模拟方法，它将不确定性和模拟的局部分布计算与正确的空间连续性和全局分布进行分离。这极大提高了速度，因为这些局部分布仅需针对每个位置进行一次计算即可产生多个实现，而且还增加了集成信息的灵活性和简易性。

（一）表征局部不确定性的指示克里金

多点模拟试图利用多于变差函数法所考虑的两点来增加空间连续性模型的复杂程度。该方法需要训练图像来推断这些统计数据，目前仅限于分类变量。

基于对象的模拟可清晰地再现储层单元几何形状。模型中这些几何形状的参数化及其位置约束非常灵活。然而，与所有以前的方法（基于单元格）不同，基于对象的调节没有保障，并且往往在数据密集时，以及在详细趋势和二级数据存在时具有挑战性。第四章第五节介绍了基于对象建模的一个变体，称为过程模拟或基于事件建模。这些模型对目标起作用，但包括时间层序的概念和目标几何形态及位置的过程模拟规则。

（二）三维趋势建模

优化算法提供了灵活的方法来对模型施加几乎任何约束。与本节中提出的序贯方法相反，优化算法依赖于迭代，且可以扰乱模型，以匹配任何期望的标准。

例如，可通过优化来放置对象，以匹配基于对象模型的条件，校正基于变差函数模型中的高阶统计量，或匹配流动性能。从这个角度来看，按权威数据分类，优化并不属于地质统计建模方法，而是一种可以匹配这些能够在任何地质统计建模方法中应用的统计数据的方法。虽然可以通过优化来实现更大的灵活性，但迭代通常对 CPU 性能要求更高，且并不能保证收敛性。

所有这些方法中均可以考虑非平稳性。这些可能包括局部变量平均值、比例、连续性或对象密度、几何形状或方位。因为平稳性是一项决定，而非假说，所以此项选择不能进行检测。不过，这是将地质信息整合到模型中的重要决策和机会。如果跳过这个步骤，那么在整个模型中，除了调节数据和二级数据强加的特征之外，全局统计数据假定为恒定不变。

二级数据集成可采用多种不同的方法。协同克里金、贝叶斯更新、逐步条件变换、云变换和概率组合方案各有其独特的功能和局限，并用于处理任何储层建模情况中的二级数据。

为了将本节中讨论的各种方法联系起来，特绘制此概述图，将地质统计绘图中的每个方法都落实到位（图 2-95）。重要的是，为下一章中的数据清单、概念模型和问题公式化的后续讨论做好了铺垫。这些方法的更多细节、实施问题及示例将延至第四章讨论。

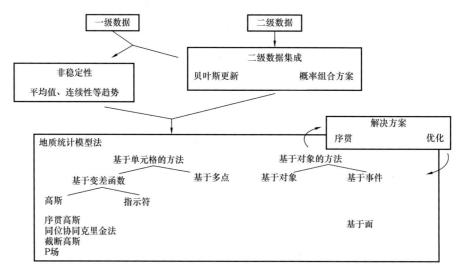

图 2-95　本节介绍的各概念间关系图

二级集成法可为建模准备二级数据，而非平稳性建模法可用于集成所有可用数据（包括一级数据和二级数据）；有许多建模方法可能会被它们重现的统计数据推翻；虽然序贯解法常因其效率和简单性而被采用，但优化法要灵活得多

第三章　建模前提条件

第二章介绍了与地质统计概念相关基本模型的原理、量化空间相关性的方法以及构建估算图和模拟模型的方法。本章将把这些基本概念融入地质统计储层建模中。首先，讨论数据清单部分中的可用数据，然后指导如何将地质统计描述转换为概念模型中提到的储层模型，最后讨论问题公式化中通用的建模策略。第四章将继续介绍各种建模方法的细节和示例。

第一节　数据清单

地质统计储层模型旨在重现所有局部数据以说明具体数据的规模及精确度。局部信息有多种来源和类型，包括直接和间接的局部测量和模拟概念信息。局部信息是对储层中某个位置处目标储层性质的测量，具有特定的尺度和测量精度。远离采样位置的信息需要一个平稳性和空间相关性的模型。直接测量包括直接分析和解释地下部分岩心，以提供例如孔隙度和渗透率数据。间接测量例如测井曲线和地震属性剖面，利用岩石响应特征，而不从地下提取样本。通过对其进行建模以推断研究点的具体测量值。模拟概念信息的获取来自储层外，如成熟储层、露头、水槽试验和基于物理的模型。所有这些信息的集成是地质统计储层建模的最大挑战和优势之一。

《数据事件》介绍了数据事件的概念。这将数据的传统定义扩展为在具有年份、质量控制和检查流程、限制和问题以及规模和地质总量记录位置的数值。通过增加各项数据的严谨性，可在减少数据相关的错误和后续数据检查的时间基础上实现改良。

《井数据》描述了以岩心形式对储层进行直接取样，及以测井曲线形式（含沉积相的高分辨率与钻井液）进行一系列详细的间接测定。现代成像测井通过提供关于沉积构造和断层数据来提供更高的分辨率。

地震数据提供了有关大尺度储层几何形态的重要数据，且当分辨率足够时，提供关于储层结构的数据，甚至可能是储层属性的指示数据。

动态数据来自试井、生产数据和四维地震数据。这些数据源不断涌现，提供有关储层流动响应的重要数据。其中介绍：复杂反演问题新挑战，和大尺度支撑尺寸以及与储层属性间的复杂关系。

通常情况下，有多种模拟数据可用。这些数据虽然位于储层外部，但可提供信息、概念和统计数据，可以应用于具有合适平稳性决定的目标储层。这些类型的数据包括成熟油田、露头、地貌、高分辨率地震、实验地层学和数值计算模型。

本节中的内容涵盖了各种类型数据的通用概念、其用处以及一般数据考量。第四章介绍如何使用不同建模方法来应用这些数据。

新手建模者可使用基本的储层模型数据。中级建模者和建模专家可从数据事件概念的引入和对模拟源（如地貌、实验地层学和数值计算模型）的考虑中获益，而这些模拟源并不常用于协助储层建模。

一、数据事件

Alahaidib 和 Deutsch（2010）引入的数据事件概念是所有可能形式中的一种有用的数据格式化。在标准地质统计学中，数据表示为 $z(u_\alpha)$，$\alpha=1$，$\cdots$，n，其中 u 表示 n 个位置中的各测量位置。这个简单的概念有其不足，因为现代地质统计学几乎总是与多个相关变量有关，每个变量都具有自己的尺度和不同的误差内容，以及特殊位点和非特殊位点。此时，数据被更全面地描述为数据事件，$\alpha=1$，$\cdots$，n。各数据事件 α 的特点为图 3-1 中所示的一组属性。图 3-1 中所示的属性列表可能增加额外的属性。一组通用的数据属性包括：

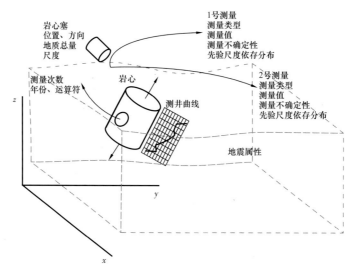

图 3-1　数据事件图

在储层的某一位置处，存在多种数据类型，包括岩心、测井曲线和地震属性；岩心中包含岩心塞可以产生更详细的信息，包括位置、地质总量、尺度等；分两次分别对岩心塞进行测量，包括测量类型、测量值和相关不确定性等；对于所有所示数据类型，可以全面展开（未按规定比例画出）

（1）可能存在单次测量或多次相关的测量。测量涉及相同的位置、尺度和地质总量（见下文）。任何此类属性发生变化时，都应将测量看作是一个独特的数据事件。每一次测量都包括：具有相应单元的测量、测量类型描述及测量所固有的不确定性。测量类型描述包括所使用的测量方法或工具的详情。列出有关数据质量的信息，例如：年份、检查测量的步骤、有关测量的限制或问题及对测量的所有纠正，以确保正确测量。此外，还包括后续进程，例如转换、清理和过滤。最后，若采用离散技术，则离散权重可能与计算更具代表性统计的各次测量有关。

（2）对于特殊位点的数据，需要一个位置或锚定位置来将数据事件放置在储层内。这就需要多个坐标系中的位置，例如原坐标和地层坐标。对于非特殊位点模拟数据而言，可包含一应用区，用以描述信息类似的储层子集。

（3）数据尺度通过数据量和数据形态予以确定。通常，利用方向的各向异性比来描述数据形态，以说明采样窗口大小。对于岩心数据，尺度指岩心的大小，但对于测井曲线而言，尺度由工具的穿透深度和分辨率而决定。

（4）应确定有关测量的地质总量，例如沉积带、相、构型级次、地质单元或估算域。这一点很重要，因为其提供了有关怎样根据不同数据事件中汇集特定的方法来从数据事件中建模的信息。

原始数据只包含这些数据中的一部分。然而，项目组的专家通常可获取遗失的信息。当需要花费更多的精力进行编制时，完整的数据事件描述将确保数据最大限度的利用，降低数据相关大错误的发生概率，并为数据集成提供更佳的沟通和较快的循环时间。数据有时被称为硬数据或者软数据。硬数据表示在测量中没有重大不确定性时储层属性的局部测量。地质统计学模型在硬数据位置处严格遵循其原有数值，该属性被称为精确性。软数据表示对具有重大不确定性的储层属性进行更不精确的局部测量。通常情况下，采用软数据对硬数据进行标定或指示硬数据趋势。部分建模方法，如指示法（参见第二章第二节初步统计概念），可直接对数据不确定性做出解释。

以下为地质统计学储层建模各种可用数据类型的简单概括。所有这些数据类型都有一个庞大的知识体系，但是这里主要针对可集成至模型的数据类型、尺度和范围进行基本描述。其中，省略了一些数据形式，因为它们的解释和应用需要储层地质学家和工程师通常没有的专业知识，包括地球化学。众所周知，对于建立概念模型和地层对比而言这些都是重要的数据源。

二、井数据

本节中，井数据仅限于在井筒内或近井地带测量的数据。这包括各种特殊位点的测量，其分为从井眼中取出的岩心上直接的测量和通过测井和成像工具的间接测量。试井中的生产数据单独考虑，暂不讨论岩屑。

井数据通常是储层中硬数据的唯一来源。所有其他数据均视为软数据。后续内容中应介绍有关井数据面临的挑战。岩心数据存在采样问题，通常有岩心数据的井非常有限。有时由于取岩心成本和技术困难而不取岩心。测井曲线在很大程度上依赖于标定和地层假设。因此，井数据具有不可避免的不确定性和试样代表性问题。

我们利用挪威北海库克组的研究数据来说明井数据的重要性（Folkestad 等，2012）。选择此项研究的原因在于：（1）在缺少充分的地震信息时，井数据为有关构造以及储层性质的主要数据源；（2）利用较少的岩心数据标定了测井曲线；（3）利用现代成像测井推断沉积构造并大大帮助了测井解释。非常感谢 Elsevier 先生允许我们转载图片。感谢 Folkestad 先生的审核以及提供的高质量图像。

（一）岩心数据

地质学家将岩心数据视为直接取样和目视检测储层的唯一机会。岩心通常用于校准所有其他测量和储层概念模型。岩心和相关的取样岩心塞可进行物理实验，以确定孔隙度和渗透率，为确定形成和时期提供有关储层质量和矿物学分析的信息。此外，沉积结构和构造（Boggs，2001）及遗迹化石（Walker 和 James，1992）有助于推断沉积和沉积后作用，微生物化石有利于确定时间序列。但是，岩心采集大大增加了钻井成本，因此通常只取井筒内的一部分岩心，这进一步导致了这种重要数据的缺乏。

由于缺乏岩心采样，有关采样代表性的问题非常尖锐。首先，如第二章第二节初步统计概念中提到的，有关离散的讨论，一般优先在最好的岩石上钻井。然后可从井的最佳质量部分进行选择性地取样。差质量岩石的岩心甚至可能不可恢复。最后，通过视觉检查岩心选择岩心塞，以采集储层性质。考虑到实验室分析化验的费用，岩心的差质量部分通常不会送去分析化验。在粉砂或致密的岩石上做这些分析化验是不可行的。各个步骤都有可能增加岩心测量储层属性的取样偏差。

尽管可能存在偏差但仍有必要仔细管理数据，因为岩心数据还是非常有价值的。图3-2 所示为北海库克组的一组分段岩心照片示例。Folkestad 等（2012）的解释指出了各种有助于确定沉积环境的结构。

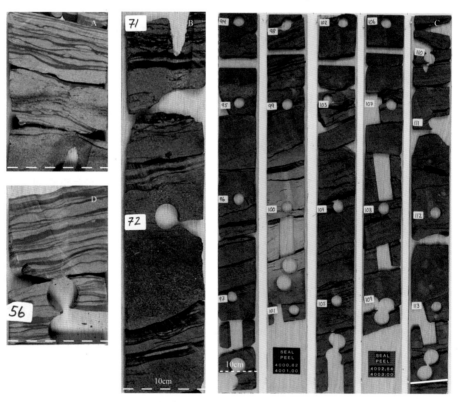

图 3-2　北海库克组浅海砂岩储层的分段岩心照片

岩心数据显示了进积作用的河流或三角洲沉积环境；以下是 Folkestad 等（2012）的岩心解释汇总；A：中粒砂岩及不对称波痕、压扁层理、煤和泥屑；B：砂岩覆盖的具有向上变细趋势的砂岩沉积单元；C：交错层理的砂岩层；D：互层的砂岩和粉砂岩，以及不对称波痕和泥盖；得到 Elsevier 的许可后，由

Folkestad 等（2012）进行转载

例如，遗迹化石表明其是一个浅海环境，压扁层理指示潮坪环境，而交错层理表示高能环境。显然，这些观测对于将储层地质史整合在一起是很关键的。

（二）测井曲线

钻井之后，有各种方法可以收集井附近地层的数据。这些方法包括例如：电缆测井、传统井径仪测井、电阻率测井、电位测井、中子密度测井和 γ 射线测井。运用一系列这样的工具，以及专家的解释、测井曲线之间的对比、岩心校正、岩石属性的假设和数学模型等方法进行孔隙度的测量或者渗透率和岩性在垂直方向 dm 级的软测量及离井筒的可变渗透深度的测量。对于更多关于测井曲线的获取及解释的信息，读者可参阅 Krygowski 等（2004）和 Eillis 与 SingeR（2010）的论文。

例如，井径测井对井筒直径进行了测量，且可指出干扰其他测井曲线的井筒问题（井壁坍塌和冲刷导致工具与岩石接触不良）。无源 γ 射线工具可对页岩和黏土含量进行直接估计。γ 射线、中子密度和声波测井用于测量地层体积密度，校准后可推断孔隙度。地层岩性和流体（包括气体）的相互作用使得分析更复杂。通过岩心、已知的岩性和流体标定测井解释结果，并受到多个测井曲线和有关模拟现场测井响应经验的支持。图 3-3 中提供了一系列来自浅海北海储层的测井曲线示例，以及有关同位岩心的描述。测井资料包括井径（CALI）测井、γ 射线（GR）测井、电阻率（RT）、体积密度（RHOB）测井和中子孔隙度（NPHI）测井，以及采集岩心的描述和解释。

另外，传统的测井曲线有助于解释地层层面、断层和储层流体（例如油水界面）。同样，最近各种井筒成像工具已投入广泛应用。油基显微成像器（OBMI）和全井眼地层微成像仪（OBMI）等工具利用许多沿圆周定向的微电阻率传感器对整个井筒（360°）以毫米级分辨率成像。这些工具提供了额外数据，例如：层理结构和倾向有助于进一步推断地质概念模型和指定井位置的沉积相。这是其主要优势，因为这些数据之前只能通过典型的稀疏采样取心获得。成像测井通常应用更广泛，因为取心成本非常高并降低了钻井速度。返回至 Folkestad 等（2012）研究的北海浅海储层，成像测井在模型构建中起到了关键作用，其提供了高达 5mm 级的详细沉积构造。利用 FMI 确定层理、低角度层理、交错层理、变形及斑状等各种结构，以及生物痕迹化石等遗迹化石相。图 3-4 所示为一个通过上述工作流程得到的 FMI 测井实例。

若可用井具有良好的代表性，则按岩心数据标定的测井曲线可以显示整体储层边界曲面和地层相关类型（参见第四章第一节大型建模），并可提供有关非均质性的宝贵信息以及储层属性的趋势。

三、地震数据

地震数据包括通过激发声波穿过储层并记录、处理反射声波而采集到的各种信息，其是地球物理学的一个重点。地球物理学是一门综合性的学科。以下讨论相当粗略，请读

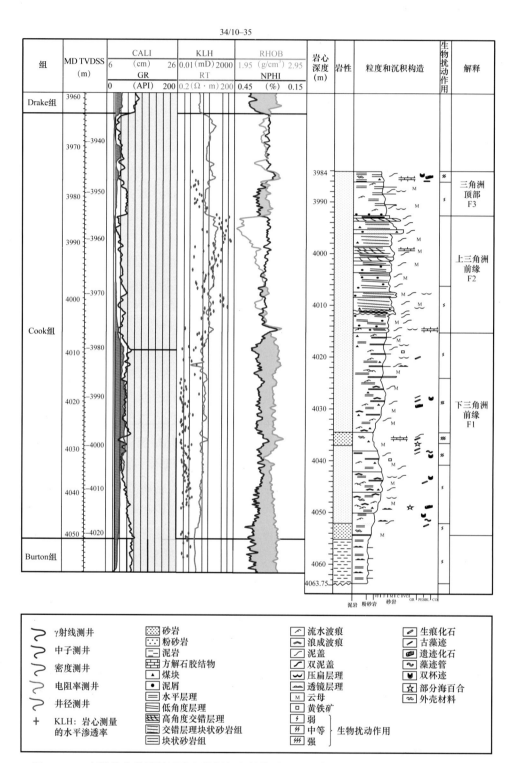

图3-3　一套测井曲线及通过岩心数据解释的构造及北海库克组浅海砂岩储层的地层单元
根据岩心解释为向上进积的河流或三角洲沉积环境（注意一般向上变粗），并用于标定测井响应；得到
Elsevier 的许可后，由 Folkestad 等（2012）进行转载

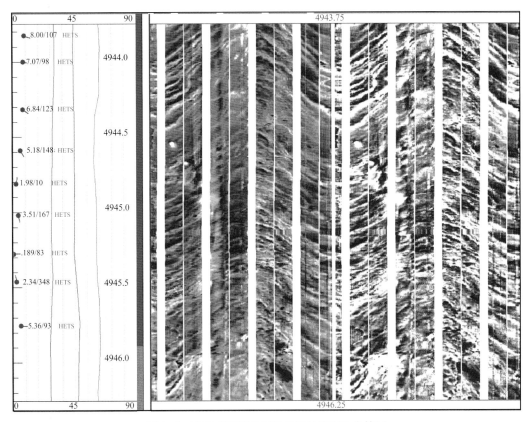

图 3-4　FMI 成像测井包括北海的浅海砂岩储层

极性显示正常时电阻岩石显示为明亮色，导电岩石显示为深色；有两组四轨道，左边一组具有绝对色标，而右边一组具有相对色标，以放大局部特征；通过四轨道可以 360° 观察电阻率，且正弦曲线可以表明地层的倾斜角度；Folkestad 等（2012）解读了薄层（棕色条）和小规模的波状纹理；得到 Elsevier 的许可后，由 Folkestad 等（2012）进行转载

者参考 Gadallah 和 Fishe（2010）有关地震采集、处理和解释的文本以及 Posamentier 等（2007）的地震解释。

　　扫频是指发射到地下的声音频率的集合。地震波反射表明可能存在岩石类型变化且反射的属性（振幅和极性）提供了相关性质变化的数据。通过转换这些反射记录可以间接测量声阻抗或岩石密度和声速的过渡（Bosch 等，2010；Buland 等，2003；Dubrule，2003）。

　　通过适当的时深转换和波前几何校正、偏移，可以利用这些反射解释大尺度构造，包括地层相关类型和边界面。所产生框架的不确定性是有关速度模型和误差的一个地震可分解性函数。

　　地震数据的分辨率是变化的，因为地震数据的可分辨极限受到噪声、数据质量及地震解释工作人员水平的共同影响（Bertram 和 Milton，1996；Sharma，1986）。常用的一个经验法则为：可分辨极限为 $\frac{1}{4}\lambda$，其中 λ 为 p 波的波长。由于声速随深度增大而增加并优先过滤高频扫描，因此分辨率随深度增加而减小。另外，由于多次波、反射波再次反射以及偏移和速度场中的误差可能会产生假象。

$$\lambda = \frac{v}{f} \qquad\qquad (3-1)$$

其中，γ 为波长，v 为声速，f 为反射主频。随着深度增加，波长和分辨率降低，速度增加且频率降低。垂直可分辨极限如下所示。

浅层疏松固结砂岩

$$v \approx 1800\text{m/s}, 60\text{Hz}, \frac{1}{4}\lambda = 7.5\text{m} \qquad\qquad (3-2)$$

深部古生界碳酸盐岩

$$v \approx 4500\text{m/s}, 15\text{Hz}, \frac{1}{4}\lambda = 75\text{m} \qquad\qquad (3-3)$$

在储层建模过程中，有四种方式用于考虑地震数据，可能只需粗略的考虑连续体的尺度。首先是地震衍生构造解释，即揭示了大规模储层几何形态的表面网格及断层位置（第四章第一节中讨论的大型储层建模）。其次是通过地震数据对储层沉积环境和构型的解释（第三章第二节概念模型中对该信息进行了具体的讨论）。再次是通过地震数据解释储层属性，可应用于单个模型单元，例如相比例变化和孔隙度。通常地震分辨率小于单个单元的分辨率，例如假定垂直平均（第四章第二节至第四章第六节考虑将该信息纳入相和连续储层属性模型）。最后是微震监测，用于分辨诱导裂缝和流体流动（Maxwell 和 Urbancic，2001）。本文尚未涵盖新兴技术的集合。

一般而言，从大尺度构造到储层沉积环境，再到地震衍生储层属性，尺度逐渐降低，地震数据集成的难度和结果中的不确定性增加。例如在许多储层环境中，地震数据对储层的几何形态有很好的约束、对推测储层构造提供了一些指示，并可能对储层属性具有比较弱的约束。

与推测构造和构型相比，推测地震衍生储层属性更加困难。这种方式需要岩石声学属性和精确校准来提供强力假设。最终结果表明在相比例和孔隙度中具有大尺度变化和趋势。可能需要通过后处理来处理校准结果中的噪声以及地震数据中的假象。

图 3-5 所示为阿拉斯加北海岸早白垩世地震线示例。该地震线包括一组有关浅三角洲和河流沉积环境的进积型斜坡沉积。这类地震数据具有储层位置、几何形态、连通性和储层质量等潜在宝贵信息。

四、动态数据

数据集成的关键在于考虑试井、历史开采数据和四维地震数据。这些数据为与静态相、孔隙度和渗透率非线性相关的时间变化响应。考虑储层描述中的动态数据集成为一个热门的研究领域。以下简要介绍与生产数据相关的研究与开发进展情况。

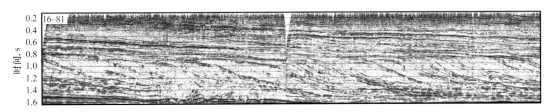

图 3-5　美国阿拉斯加国家石油储层波弗特海海岸哈里森湾南部的下白垩统托罗克组
斜坡沉积的一条地震线

美国地质调查局铺设了地震线，且可通过公开方式获得，Chris Kendall 教授提供的高分辨率图片
可从沉积学研究学会的地层学网站获得，在得到沉积学研究学会许可后进行转载

　　早期通过数学反演进行数字历史拟合的方法受到以下阻碍：（1）过长的 CPU 执行时间，即使相对较小的储层模型也是如此；（2）限制、简化假设条件，例如压力与储层属性之间的线性关系；（3）以牺牲地震和地质学等其他数据源为代价，只考虑一种数据类型；（4）多相流数据难度较大。虽然该领域的一些研究有了一些进步，但是最常见的历史拟合程序仍然为人工迭代。

　　生产数据测量实质上是在空间中的一个单点产生有效属性而不是在大范围内。仅通过生产数据尝试建立精细的地下模型是不可能成功的。有一种可行的手段是利用井的生产数据建立粗化尺度的渗透率图。然后将这些图用于约束地质统计学储层建模中的其他可用数据。

　　生产数据可以用于改善全局储层参数的估计，例如储层属性的平均值和变差函数。

　　估计之后，这些统计参数将被作为地质统计学技术的输入，以构建储层模型。生产数据的贡献在于改善了对描述储层非均质性统计参数进行的估计。

　　通常情况下，从来源来看，生产数据可总结为三大类：单井测试数据、多井测试数据和多井多相历史生产数据。

　　用于单井测试压力数据和解释性工具的数学反演法已经基本就位（Earlougher，1977；Oliver，1990a，b；Sabet，1991；Raghavan，1993；Horne，1995）。这就是试井分析研究的主题。一些典型的单井测试数据为 RFT 数据、压降试井或压力恢复试井数据、各种速率测试数据、生产测井数据和固定式压力计数据。这些数学反演法的主要结果为得到大量有效孔隙度和渗透率值。这些大尺度属性在很大程度上可以在地质统计学建模中得以解释（Alabert，1989；Deutsch，1992a；Deutsch 和 Journel，1995）。

　　与单井测试数据相比，多井测试数据覆盖区域更广泛，并提供了井之间的具体连通性数据。有一个重要的问题是，是否有足够的数据可用于建立多井位之间确切的连通性。

　　根据生产机理，历史生产数据来自不同源头。可根据储层衰竭是否具有水压驱动、气顶驱动、注水和注气进行分类。每一个都存在独特的执行特点和解释问题。

　　不可能对储层模拟中参数识别的主题进行全面回顾。一些合理的文献综述包括Jacquard 和 Jain（1965）、Gavalas 等（1976）、Watson 等（1980）、Yeh（1986）及 Carrera、Neuman（1986）、Feitosa 等（1993a，b）和 Oliver（1994）已在地下水水文学中编制了类似的内容。

五、模拟数据

有多种可用的模拟数据。按照定义，这些数据是相对于储层的外部数据，且并非指定位置数据，即使它们被认为适用于储层的特定区域。以储层历史的解释和第二章第一节中描述的相关地质概念为基础确定适当的模拟数据，包括大型盆地形成与充填及储层构型概念。地质特点确定之后，可将具有类似储层地质特点的可用成熟油田、露头和高分辨率地震数据划分为可接受的模拟数据。某些情况下，模拟数据可延伸至数字进程模型和实验地层模拟。无论模拟及推断出与研究储层类似的程度如何，类似的性质和可能存在差异的任何警告都应保留在模拟数据事件中（见本节之前对有关数据事件的讨论）。

（一）成熟油田

成熟油田提供了一个好的类比选项，具有高采样率的优势，可以获得可靠的储层属性分布和丰富的生产经验。数据采样可能不够密集（并考虑到研究储层的稀疏采样），不足以完全消除有关储层历史的不确定性。因此成熟油田作为类比可能存在一定不确定性。可利用多个模拟场景解释该不确定性（见第五章第三节不确定性管理）。另外，数据可能并不足以确定高分辨率元素和次级构型。

然而，在数据稀疏时，成熟油田为验证我们对油藏推断和开发决策中的判断提供了宝贵的机会。成熟油田的资料不确定性曾经也与研究储层类似而不成熟。对比类似油田可提供关于潜在错误和系统性偏差的一些指示。

（二）露头

露头提供了一个独特的观测岩石的机会，可以相对直接的对其观测和采样，并不受分辨率的限制，但受露头出露程度的影响大尺度特征观测会受限。各种世界级露头都是因其在 10～100km 范围内出露而闻名。例如：南非卡鲁流域（Préat 等，2010；Pringle 等，2010）和美国犹他州布克悬崖（Howell 和 Flint，2003）。值得一提的是，在极少数情况下，研究储层在距有效储层有一定距离的地方出露。美国怀俄明州 Williams Fork 组是其中一个例子，且露头可能具有丰富的模拟数据集（Pranter 和 Sommer，2001）。

研究露头的典型方法包括照相拼接、实测剖面和取岩心。若是照相拼接，则要拍摄多张照片，拼接在一起，小心地将由于透视和露头面不规则产生的失真最小化并利用合适的光线将清晰度最大化。对于实测剖面，铺设高分辨率测线，以提供粒径、类型、沉积构造、断层等信息。在实测剖面具有足够的密度且在多张照片的帮助下，在各种级次对露头进行充分阐述（图 3-6）。有时尝试直接通过露头测量储层属性。这通常包括利用取心工具取心，以进行类似钻井岩心上的分析，对粒径、矿物学、孔隙度和渗透率进行评估。

露头研究的现代发展产生了两个潜在的重大变化，即激光雷达（光探测和测距）调查和提前量化。LIDAR 是一种基于激光的测量工具，其能快速地在三维空间中绘出厘米级露头。另外，LIDAR 提供了有关反射的数据，通过调整可提供有关岩性和粒度的数据。

在 LIDAR 数据集上固定感光镶嵌幕是很常见的，以构造可有效解读的高分辨率虚拟露头。从任何角度、远距离和视野外观测具有便利性，还有数字化特征和测量距离和角度的能力（Pyles 与 Jennette，2009）。无可否认地，由于在分辨率和数据上的限制，虚拟露头不会完全代替观察真实岩石。

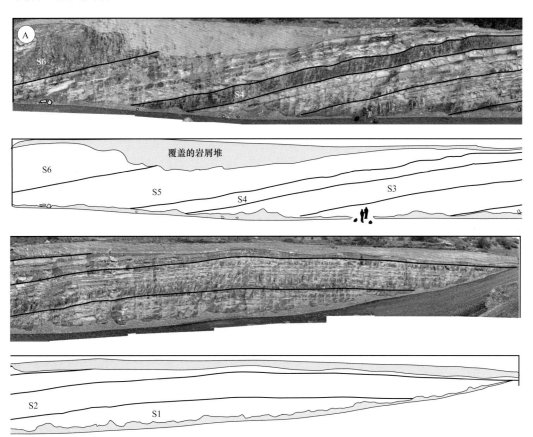

图 3-6　Punta Barrosa 组席状杂岩及其中各元素表示为席状单元 S1—S6 的照相拼接和线条绘制痕迹
详细的野外调查确定了整个横向上广泛连续的席状及由于运输和沉积作用产生有限的侵蚀和各种沉积相；经沉积地质学协会允许转载的图片，来自 Fildani 等（2009）绘制的图 2-1 和 Andrea Fildani 提供的高分辨率图

而且，应用改进版量化方法已是露头研究的大势所趋。例如，露头研究通常包括：描述各储层单元的各类几何参数，以及外源挤压参数的相关比例和分布趋势。此举一直力求使露头研究更直接地用于储层建模。而且，众多学者已采取进一步的措施，对露头采用空间统计学研究方法，使用补偿指数（Wang 等，2011）以及 Ripley 的 K 函数（Hajek 等，2010）来测量储层元素叠置。

许多示例可证明露头研究有助于进行储层推断，例如具有异常出露的深水河道和岩席的南非卡鲁组。与此同时，构建了关于深水河道和岩席的堆叠及内部非均质性的详细模型，以更好地了解墨西哥湾深水区的深水河道和岩席（Préat 等，2010；Pringle 等，2010）。

但是，露头数据存在一些明显的局限性（Lantuéjoul 等，2005）。首先，数据通常为二维数据。平面图的不规则性使部分数据超出图形尺寸，因此在露头后钻孔或使用探地雷达（Li 和 White，2003）。此外，露头呈现观测偏差。露头保存了坚硬的岩石，而较软的岩石（例如页岩）则被侵蚀。因此，如果较软岩石占主导地位则难以形成露头。而且，岩石风化可能会改变岩石，并影响原岩特征的观察。

（三）浅源、高分辨率地震模拟

高分辨率地震模拟通常源自测量深层目标时的浅层成像。虽然这些浅层数据集不太可能对实际储层成像，但可能是针对深层目标的有效模拟或被认为是针对其他储层的有效模拟。与主要致力于垂直地震剖面解释的传统地震地层学相比，使用高分辨率地震模拟来表征平面构型被称为地震地貌学。Posamentier 等（2007）对地震地貌学进行了很好地概述。

关于高分辨率地震模拟的优点先前已有讨论。与之前讨论的露头相比，高分辨率地震模拟在大范围内观察完整三维和随时间演化（在加积系统中表现为垂直维度）的能力极具吸引力，并且促进了地震地貌学的发展。

Posamentier（2003）描述的墨西哥湾德所托海底峡谷内密西西比三角洲约书亚河道系统，是应用高分辨率地震数据的很好例证（图 3-7）。浅源地震研究有助于理解和预测河道化墨西哥湾储层的非均质性。非常感谢 Elsevier 允许我们转载图片。同时，还要感谢 Posamentier 提供的高分辨率图片。

浅源地震数据有助于更好地理解构型，但地震可解析性的限制阻碍了对露头的详细研究。此外，这些地震模拟不能校准构型概念，而浅源地震数据也受到"高位偏压"的影响。从地质学角度讲，我们目前处于高位体系域，伴随河谷加积、大陆架沉积和深水盆地静止。因此，所有浅层近期沉积物都是全球高位体系域的一部分。然而，水位下降期和低位地貌可能会有很大的不同。

（四）地貌学

如第二章第一节所述，地貌学是针对地貌演化的研究，其中包括侵蚀、搬运和沉积岩石的过程。现场测量参数化并在物理模型中测试以表征沉积物搬运规律是地貌学的基础（Dietrich 等，2003）。地貌学对于了解储层形成起着重要的作用。虽然这是一个有价值的研究领域，但必须注意将地貌学变为沉积学，并在岩石记录中保存这些特征。

鉴于曲流河道实际上可能被保留为大型均匀砂单元，大家认为这非常具有挑战性。储层地质统计学模型主要集中在当前储层非均质性的量化上，而地貌学则主要集中在显著的空间和时间尺度上的地貌演化。因此，显然这种概念的转变是必需的。在专家应用的基础上，地貌学的理解对于建立一个完整的储层历史很有用。这些概念可通过实验地层学和数值过程模型进行探索。

（五）实验地层学

实验地层学是一种重建地质过程尺度模型的尝试。例如，Paola（2000）和 Paola 等

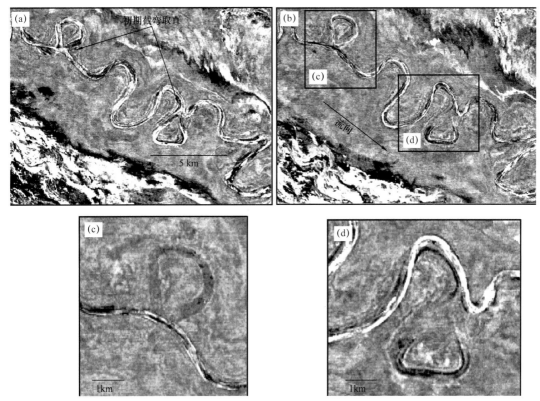

图 3-7 墨西哥湾密西西比三角洲德所托海底峡谷近海的浅源地震资料

通过从地震数据中获取的时间序列，可观察到约书亚河道的演变；包括河道向下迁移和截弯取直；在（a）中，两个截弯取直即将发生；在（b）中，截弯取直已完成；在（c）和（d）中，为截弯取直后已被废弃的河道

（2001）提供了针对相关方法、能力和局限性的概述。一般来说，这些模型被认为是弱模拟，甚至是一种隐喻说法。因为在表示空间范围、时间范围、过程和材料性能方面存在棘手的问题。但是，可应用实验模型来回答关于体系特征的具体问题。例如，外源控制和自身响应或沉积趋势之间的一般关系。

圣安东尼瀑布实验室的实验性地球景观（侏罗纪水槽），即是一个著名的实验地层学示例。侏罗纪水槽具有精确控制盆地、沉积物、水量输入和海平面沉降的能力，并保存有实际的沉积物结构（图3-8）。这些特征包括斜坡沉积、河道冲刷、各种沉积底床类型、急流冲刷和河谷侵蚀。

实验地层学对潜在储层非均质性具有新的认识。例如，Paola 等（2009）对深水弯曲河道沉积粒度和厚度分布提出了新的见解。这表明在凹岸上沉积的较粗、较厚沉积物存在明显的不对称性。实际上，外部天然堤具有与河道中心相当的粒度。这为在深水环境下，河道内颗粒粒度趋势和河道外储层砂质量变化提供了证据（图3-9）。这些概念很可能适用于地质统计学储层模型的统计和非平稳描述。

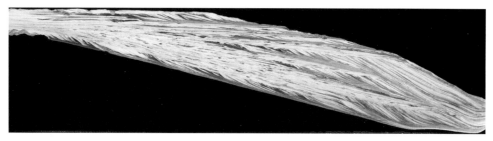

图 3-8　圣安东尼瀑布实验室的实验性地球景观（侏罗纪水槽）的倾向剖面

该实验的细节可在 Paola 等人 2001 年的研究中获得；图片经 Chris Paola 教授提供并经过许可转载；
有关设备的详细信息，请参见 Paola 等（2001）的描述

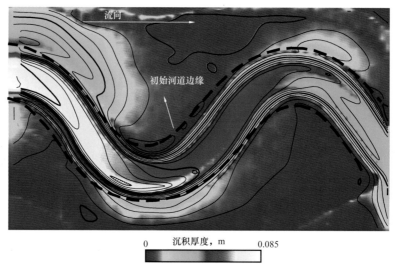

图 3-9　由 24 个浊流沉积引起的海底曲流河道演化的厚度图

此图基于 Straub 等（2008）的实验工作，由 Kyle Straub 教授授权提供并允许转载

　　目前的实验地层模型存在着多种局限性。而且，它们通常与缩放比例和内聚性有关。目前，尚无一种可严格缩放这些体系的方法。在更严格的缩放约束条件下，实验不会超过实际时间范围（水和沉积物的排放速率与适当比例的流动条件相匹配后将非常低）。此外，按比例缩小的细粒颗粒变得如此之小，以至于它们不容易沉淀。根据相关的文献说明，很难重现自然体系中能够产生河岸稳定性和耐侵蚀性的内聚力。因此，大多数实验缺乏封闭的河道流动，模型大部分湿润的部分更加像辫状河。Hoyal 和 Sheets（2009）已描述了能够产生凝聚性的独特材料组合。Paola 等（2009）对实验地层学的应用和局限性进行了一般性讨论。然而，由于认识到局限性，这些实验产生了有价值的见解。

（六）数值过程模型

　　地球演化过程的数值模型可表征为三种类型：地表演化模型、沉积物搬运模型和动力学模型。地表演化模型试图捕捉地形的大规模变动，例如山谷侵蚀和三角洲进积。而沉积物搬运模型侧重于河流、泥石流或浊流中沉积物的运动。动力学模型试图模拟水流和基质

的复杂耦合（Slingerland 和 Kump，2011；Syvitski，2012）。

所有这些模型的共同之处在于具有对过程的理解、计算设备以及初始边界条件无法得到的局限性。例如，虽然很好理解河道流动过程，但只能通过经验模型来描述径流中的颗粒运动。原因在于，尚无第一原则导出的侵蚀方程（Parker，2012）。由于计算成本有限，通常进行大尺度（空间和时间）建模，并且通常不会在储层尺度模型上产生高分辨率非均质性。最后，这些模型通常对初始条件和边界条件非常敏感。这对于储层来说，是非常困难或不可能推断的。这需要将盆地恢复到储层形成时期，以及从可能不再存在的物源推算流入量和类型。因此，这些模型不太可能提供具有局部精确性的储层预测。

然而，这些模型是学习各种外动力作用和内动力作用的复杂相互作用，以及由此产生的储层几何形态、趋势、甚至流动非均匀性的宝贵工具。在第四章第五节中，讨论了这些过程模型，作为过程模拟建模的过程规则来源。

（七）将类比数据应用于储层建模

类比数据的集成存在固有的局限性和不确定性。在第三章第二节概念模型中，提供了一些将信息整合到地质统计模型中的例子。通常，将类比数据应用于储层建模有两种典型模式：在概念模型中输入一致的细节以及约束统计输入。

在第一种情况下，类比数据提供了一致的细节，这些细节无法从目的储层的数据或其他信息中获得。例如，有限的测井数据可表明各种储层河道，而浅源地震模拟可识别空间上由古河谷限制的河道复合体。在这种情况下，可采用类比来约束河道的平面范围。

在第二种情况下，储层模拟采用输入统计。这可能包括各种形式，如验证、约束和采纳。对于验证而言，通过与类比数据比较来验证目的储层的数据分布和概念。例如，根据稀疏测井数据推断的孔隙分布能得到类似的成熟油田的数据支持。约束形式利用模拟统计来改进目标储层统计。这可能采取有条件修改的形式，例如使用具有先验分布模拟进行缩放或贝叶斯更新。在最后的情况下，统计数据从类比数据输出到目的储层。这需要在目的储层和类比数据之间有很强的平稳性选择。在某些勘探环境中，很少或没有局部数据的情况下，对类比数据的依赖不可避免。

六、数据注意事项

有许多与数据集成有关的各种考虑因素。首先，所有数据类型具有不同的尺度、精度和覆盖范围。其次，应对数据进行检查、清理和准备，以进行统计分析和应用建模。最后，可能需要校准数据，包括从次要信息到与目的储层属性相关联的条件概率的转换。

（一）规模、准确性、覆盖范围和应用范围

所有先前列出的数据源均具有相关的分辨率或测量范围、准确度、覆盖范围和应用范围。一般来说，储层数据来源有一个尺度和覆盖范围方面的权衡。例如，岩心数据提供非常高分辨率的信息，但其覆盖范围非常小。而地震数据可提供非常大的储层覆盖范围，但通常分辨率非常低。

另外，在准确性和覆盖范围之间也涉及权衡。在这种情况下，应考虑到储层属性的精度，如孔隙度。钻井岩心为储层属性的描述提供了最高准确度，但覆盖范围最小。测井曲线牺牲了一些准确性来提高覆盖范围。地震数据可能具有非常大的覆盖范围，但测量储层属性的准确性远低于由井得到的数据。这在表 3-1 中有所体现。

表 3-1　综述可用数据和建立储层模型的信息

类型	分辨率	覆盖范围	应用范围
岩心	⊆∞	非常低	采样 / 标定
测井曲线	10cm	低	储层属性或趋势、表面
成像测井	⊆5mm	低	沉积构造或断层
地震	10m	≤完整的	趋势、次要、表面
生产数据	10～100 m	中等	储层性质
成熟油田的类比数据	10～100 m	≤完整的	所有先前验证
露头	⊆∞	无	概念、输入统计
地貌学	⊆∞	无	概念
浅源地震	≥元素	无	概念、输入统计
实验地层学	⊆∞	无	概念
数值过程	≥复合体	无	概念

（二）数据校验

经验丰富的地质建模者的观察结果是，前提性数据清理、格式化和检查约占储层建模项目的 80%。这是由于现代储层数据集的复杂性和庞大规模导致的。现代储层数据集通常包括收集的各种不同类型和来源的数据。为进行数据维护工作，首先要考虑收集数据的成本，以及由于错误处理数据而导致的错误成本，可能使储层失去开采机会。

第一种类型的数据问题是数据错误。包括测量、转录或存储中导致某些或所有值不正确的问题。例如，单位混乱可能导致储层厚度夸大或井位偏移。必须注意特定的约定俗成的单位，例如长度单位英尺，以及面积单位米。尽管与地质统计分析相关的总结和可视化方法可能存在问题，但地质统计学工具仍然不能识别这些问题。

可采用各种方法来检查数据错误。通过搜索数据库的无效值（非数字值或合理范围之外的值）、缺失值和重复值序列的简单方法，可能对发现明显错误卓有成效。绘制数据直方图和散点图，有助于识别可能需要注意的异常值。将数据值导入到地图中，可能有助于检查空间一致性并识别"不合适"的数据值。

第二种类型的数据问题是偏差。更为微妙的问题是，可能需要对数据库进行仔细调查和审查，如偏差。例如，可查看每个样品活动、操作者或同年份的统计数据，从而确定偏差。此外，可能需要返回原始数据，并检查相关解释以确保准确性。通过应用本节前述的数据事件，可使用更完整的数据事件来缓解这些问题。

第三种类型的数据问题是，数据类型之间的一致性。例如，岩心渗透率数据可能显示平均渗透率为50mD；而测井数据可能显示渗透率平均值为30mD。其中也许存在有断裂或其他高渗透率特征，使得大规模有效渗透率比岩心测得渗透率数据高。因此，有必要在建模之前修正或完善岩心数据。除此之外，试井分析程序中可能会用到不适当的解释模型。因此，在使用该数据之前，有必要进行再解释。地质统计学工具可识别不一致的数据，但不能协助解决任何差异。不同数据类型必须由参与储层建模的各专业人员进行协调。一般而言，数据的不一致性可通过参照其他数据类型解释每一原始数据的方式而得以缩减。

相对而言，只遵照可用数据的数值储层模型要更容易构建些。例如：（1）平均孔隙度的手绘等高线图将遵照平均测井数据及地质走向，但不会呈现测井数据的详尽信息或试井的流动属性特征及历史生产数据特征；（2）统计模型将遵照局部测井数据及某些非均质性统计数据，但其可能不会呈现能影响流量预测的重要地质特征；（3）生产或地震数据的大尺度反演将遵照其生成数据，但其不会呈现小尺度非均质性以及其他的一些可能很重要的地质约束。

地质学储层建模以及本书所面临的挑战是，同时说明有不同分辨率、质量及确定性的各相关地质、地球物理及工程数据。通过创建"共享地球模型"来呈现所有相关数据的理念并不新鲜，参照Gawith等（1995）。

（三）数据校准

数据校准是地质统计学建模中应用的宝贵工具。该方法的核心是，对所测量属性和关注属性之间的关系进行建模，然后利用该关系将每一测量的软数据值映射到推断属性的软指示中。例如，可采用校准来将地震属性映射成特定相的概率。在另一个示例中，具有可用储层属性时可采用校准来填充缺失相的分配（第四章第六节和图3-10）。在第二章第二节中，采用校正（以除偏的形式）来修正次要数据的偏差分布，以及二级数据和主要数据之间的建模关系。

校准方法是通用的，只要保持每个性质的一致性，就可以应用连续和分类的任何组合、任何二级变量（此处简单地表示出一个变量）的数量、测量性质和推断性质及尺度。一般步骤是，对测量数据（无须分类）进行分组，以允许在每个分区中汇集多个样本。确定分组间隔大小使得在每个间隔中具有足够的样本以获得可解释的结果，而不是采用过大尺寸使重要信息被掩盖。其结果是，每个分组间隔中的分布为条件分布（连续概率密度函数或分类比例）。可能存在重要的约束信息或专家判断未捕捉到的校准结果，或由于数据太少引发的噪声。可能需要以其他方式平滑或修改结果。

通过校准关系映射测量变量，将引发推断变量的软指示。例如，如果页岩分数（V_{sh}）是测量变量，则V_{sh}可能表明砂岩相的概率很高，层间砂岩和页岩的概率很低，且页岩的概率非常低。该信息可直接作为指标框架中的软数据（参见第二章第二节和第四章第六节中的演示）。

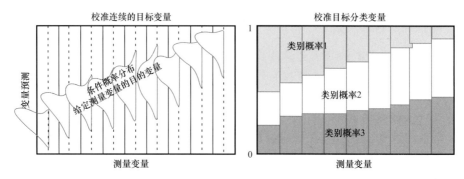

图 3-10　连续或分类目标变量的校准图示

在连续的情况下，测量变量的每个分组间隔或类别内推断概率密度函数；在分类情况下，由条的相对长度推断出比例

七、小结

地质统计学面临的巨大挑战是，将各种数据源整合到统一的数值地质模型中。此类数据源包括直接测量、间接测量和模拟信息。

数据事件方法需要更严格地处理数据，但也因此将改善许多地质统计研究固有的针对大量数据的管理。另外，必须注意充分检查整合到项目中的数据和信息。数据准备阶段和清理阶段的错误通常会对模型造成负面影响，从而影响决策质量。下一节中，将引入地质概念模型作为整合这些数据的框架。然后，第三章第三节将阐述重要的储层建模问题和相关的工作流程。

第二节　概念模型

本节将介绍与概念模型相关的一般概念，以及将此类概念纳入地质统计模型的考虑因素。重点是大尺度框架建模，然后在该框架内对储层属性进行建模，并选择合适的地质统计建模算法和评估所需的统计输入。本节将介绍第二章第一节初步地质建模概念中提到的概念，并讨论如何将它们编码为第二章第二节初步统计概念和第二章第三节量化空间相关性中描述的统计结构，以及将其输入到第二章第四节初步映射概念中描述的非均质性建模方法。此举为第四章第一节大规模建模中描述的大规模建模的应用以及和第四章第二节至第七节中描述的储层尺度模型提供了基础。此类建模涵盖了针对储层属性的地质统计学模拟算法。本节还准备了第三章第三节问题公式化中关于工作流程制定更详细的讨论。在介绍这些主题时，本节提供了潜在方法的一般性指导和比较。重点是，在我们正在尝试建模的背景下，需要模拟哪些空间变量来满足项目目标；而第四章则侧重于如何建成具体模型。

《概念地质建模》涵盖了与概念地质模型信息整合相关的一般概念。这些概念包括符合目的的建模、可行性、要集成的信息、集成此信息的限制，以及忽略信息的成本。

《建模框架》针对储层框架结构的基础知识进行了讨论。这些是与地层网格建设相关的实际可行的概念，如解释地层对比类型和断层作用。这是第四章第一节大尺度建模中，大尺度框架建模算法的先决条件。

《建模方法选择》对在可用的地质统计学储层建模算法之间进行选择做了讨论，以将储层属性填充到框架模型中。针对目标、软件、专业知识、数据密度和地质复杂性等考虑因素进行了讨论，并针对具体的示例提供建议算法。关于针对工作流程制定的考虑因素更详细的讨论，见第三章第三节问题公式化。

《统计输入和地质规律》针对地质统计算法输入的一般形式进行了讨论。每个地质学储层建模算法的具体输入延后到与其相关部分（第四章第二节至第六节）进行介绍。本次讨论则侧重于讨论概念地质模型在约束这些算法的特定参数方面的重要性。

一、概念地质模型

了解我们正在建模的现象至关重要。概念地质模型是将所讨论的物理过程、局部数据和可用模拟整合到储层的单一或多个（作为综合不确定性模型的一部分）一致的定性模型中。

如第二章第一节初步地质概念所述，重构储层起源背后的地质事件至关重要。理想地说，对我们正在建模的现象寻求更深入了解应该是我们的关注点。实际上，由于现代学科整合，这是至关重要的。地球科学家和工程项目团队成员将在综合项目团队内跨越学科界限。通过整合，地球物理学家、地质学家、地质统计学家、储层工程师和钻井工程师的工作已不再是跨学科的工作。通常，通过模糊化这些边界来实现高效率并提高决策质量。图3-11给出了储层地质统计学与相邻学科之间相互作用的示意图。

图 3-11 储层地质统计学与相近的地球科学以及工程学科之间的联系

可将概念地质模型作为展现原始沉积过程和后续过程的影片，如构造和成岩作用蚀变（图3-12）。想象一下，从现代开始，该地质影片逆向回放，剥离数百万年沉积，恢复被侵蚀的沉积物、断层和压实作用。该能力是地质科学的核心，也是一种更全面地了解地质现象的尝试。尽管地质模型无法通过有限的数据源解析此影片，但对该概念模型的最佳可行性鉴别至关重要。

虽说从地质年代上看，储层是动态的，但我们的目的是暂停此影片，并用能够整合空间数据和统计数据的地质统计工具来抓拍地表下的瞬时状态，并量化不确定性，但不直接考虑这些物理过程。了解该影片（包括在暂停的地质时间之前的框架）可提高模型的质量，改善模型的不确定性。

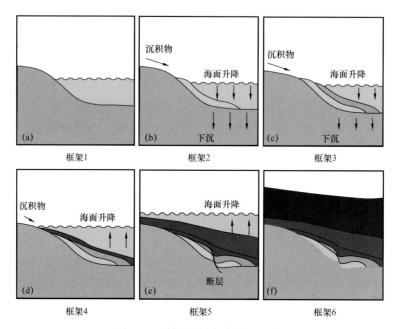

图 3-12　储层形成倾向剖面图解

（a）中为可沉积空间；（b）—（d）所示的陆源沉积中，盆地下沉与海平面旋回，沉积的储油砂层（黄色和橙色）最终被海洋页岩（深灰色）所掩埋；（e）和（f）中，储层断裂，且进一步被密封页岩所埋藏

　　理解影片中非暂停框架之外的其他部分后，可实现从静态、表面的理解到更加完整理解地球动力学的转变。我们重现储层构型的起源和潜在的沉积后蚀变，如断层作用和成岩作用。这与从岩石地层学到层序地层学的改进有异曲同工之处。再延伸到对时间的理解上，模型面临更加严格的准确性和一致性检查。我们的重任在于不仅要在井与井之间插入构型，还要确保该类特征在一系列事件中的表现近乎合理，从而达到更高的确定标准。

　　本节涉及将暂停的影片中的该类定性概念转换成储层模型。包括地质构架和该构架中的非均质性，具有特定地质统计相和性质模拟算法。我们需要从该地质概念模型中提取显著特征，并将其整合到储层地质统计模型中。

　　本节将在整合范围内提供一般指导和比较。第四章第一节提供了如何整合构架建模的具体实施细节；第四章第二节至第五节介绍了各种相的模拟算法；第四章第六节展示了多种属性的模拟算法；并在第四章第七节中进行了优化。

　　在设计建模工作流程和选择第三章第三节问题公式化中所讨论的具体步骤时，应考虑以下概念：

　　（1）什么样的信息应被考虑？（a）该模型的目标是什么？（b）该信息是否有数据作为支持？（c）概念是否一致？（d）什么样的信息能被整合？

　　（2）倘若信息没有明确整合到模型中会怎样？

　　（3）概念模型存在不确定性吗？

　　（4）工作流程是否可行？更多详细描述，请参见各章节。

什么样的信息应被考虑？要将概念地质信息的规模和类型整合到模型中，就需要做出一个决定数据。这将构成一个函数，内容包括上述目的和可行性、数据可用性、质量、如第三章第一节所述的覆盖范围，以及地质统计算法的能力和限制。在选择时，可考虑以下几个问题：该模型的目的是什么？该信息是否有数据作为支持？结果是否一致？什么样的信息能被整合？这个决定是否会因为项目团队其他成员的期望而变得复杂？

该模型的目的是什么？正如第一章第二节所讨论，地质统计模型通常只是半成品，最终成果是应用地质统计模型转换函数的结果。例如，转换函数可以是流动模拟，最终结果为采收率。在第三章第三节问题公式化中，将对地质统计模型应与目标相适应这一说法做出解释。在当前情况下，需要考虑对转换函数产生影响的数据。输入数据应潜在地影响转换函数，以证明将其整合到最终模型中所做的努力。

以下示例将证明该论述。如果溢岸不能显著地增加储层体积，且不改变储层连通性，那么在储层模型中区分天然堤和漫滩则不起作用。在某些致密地层中，沉积构型可能没有显著的影响，因为孔隙度由成岩蚀变所主导，渗透率受裂缝约束。在这种情况下，详细的构型建模可能较难实现。

该信息是否有数据作为支持？由于数据稀缺，局部数据通常不足以观察概念模型的所有方面。即概念模型因整合所有其他信息而超出了局部数据的范围。例如，根据过程和现代模拟可以预测出大尺度趋势，但根据现有的地震数据却无法做到。露头完好的岩层可观察到高分辨率的相和孔隙度变化趋势，但由于井数据的合并、侵蚀、解释不精确以及一维性质的缘故，在井数据处理中往往无法得到解析。这种情况下，可以考虑省略该信息，从而即便在没有局部数据支撑的情况下，该数据也能得以加强，或者也可以将该数据纳入具体模型中，以通过该概念特征的影响来评估转换函数的风险。

概念是否一致？应将概念模型与局部数据进行比较和测试。与局部数据相矛盾的概念模型是不合理的。鉴于受数据尺度和覆盖范围的限制，该检查可能并非总是合理，抑或可能存在较高的不确定性。此外，在复杂的地质背景中，概念模型可能包括从广泛学科当中推导出来的部分，这些学科包括层序地层学、地球化学、地球物理学等。必须将所有组成部分制成一组一致的概念，以便整合到模型中。

什么样的信息能被整合？概念数据必须转化为当前储层构型的定量描述，然后将该定量描述编码为最适合地质统计算法的框架或输入统计。这项工作非常重要，因为地质统计模型受限于一组输入统计，在网格化和趋势约束以及建模算法的限制下严格遵守该输入统计。例如，基于变差函数的方法仅限于可由变差函数描述的空间概念。非均质性模型由输入和隐性假设来描述；因此，必须明确整合与最终成果（暂停的动态图）有关的地质过程的概念数据。此外，与储层的地质作用顺序相关的概念必须转化为最终保存成果中的概念模型；否则该类概念不会在模型中再现。过程模拟地质统计为可以整合的数据提供更大的灵活性，但成本较高，如第四章第五节所述。

倘若信息没有明确整合到模型中会怎样？正如所述，不通过输入参数和调整条件应用的特征将不会被重现。在没有约束的情况下，产生的非均质性将由建模方法的平稳性和隐含假定来确定。对于前者来说，由于平稳性假设，如果不受约束，统计数据将与模型上的统计数据相同。对于后者来说，超出输入统计约束的非均质性将趋于最大混合程度模型。该模型的特征表现为具有最大的无序性以及连通性的实际成果。第四章第六节中，关于高斯假设做了进一步探讨。

概念模型存在不确定性吗？概念模型可能被认为具有不确定性。如前所述，不可能有充足的数据来建立概念模型的所有组成部分。如果存在明显的不确定性，并且考虑到先前有关目标和可行性的限制，则可为概念模型设立多重情景，并由地质统计模型来转移这种不确定性。对此，第三章第三节问题公式化中有进一步讨论。

工作流程是否可行？考量因素包括该信息的重要性、成本的漏算以及复杂程度增加的相关成本和风险。该选择可基于专家判断和经验，因为很难量化某一具体信息的价值并且增加了相关的复杂程度。

所有此类问题都与建模专业人士的能力以及建模项目可用的时间与资源有关。列入特定类型的概念信息可导致工作流程的复杂程度明显增加。复杂程度越高，出错和再循环的可能性就越大，特别是在复杂程度超出当前建模专业人士能力范围的情况下。一般来说，程度越复杂，完成项目所耗费的时间就越多。需要应用实际核算与预期核算才能成功。

最后，在选择构架和地质统计方法方面要有权衡。每一种工作流程及方法存在其容易整合的数据、能大致整合的数据，以及无法整合的数据。例如，基于对象的模型可以很容易地对几何数据加以整合，但只能大致重现趋势模型，却不能再现密集井或详细的趋势信息。

但是，存在各种利用地质信息来约束地质统计非均质性的方法。以下内容涵盖了使用概念模型来约束大尺度模型构架、地质统计算法的选择，以及制定统计输入来约束这些算法。该步骤是将基于数据和相似体的概念模型转换为地质统计储层模型的核心，是在面对不确定性时通过转换函数的应用而做出的最佳决策（图3-13）。

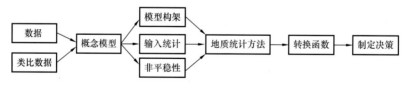

图3-13　常规工作流程，包括由数据和类比数据构建一个概念模型，将该概念模型转换成模型构架、输入统计以及非平稳性，来约束地质统计方法，构建转换函数，从而达到制定最优决策的目的

二、模型构架

储层建模的第一步是建立主要的储层体系结构，即含油气层的几何形态以及相邻的重要地质构造。储层"容积"必须由格状网填满，使其可以直截了当地解释现有数据的种类，特别是与分层和地层对比有关的地质数据。

本小节涉及建立地层的、特定层的笛卡尔坐标网格系统，即在适当的网格系统中建立相、孔隙度和渗透率模型。第四章介绍了相、孔隙度和渗透率建模技术。这里仅提供有关网格化考虑因素的基本概要，更多详细探讨参见 Mallet（2002）以及 Caumon 等（2005b）的著作。通常，地质统计建模的地层网格系统不是为流量模拟而选用的网格系统；于后者来说，还必须考虑井的安放位置、流体流动过程、数值精度以及 CPU 成本。第五章第二节模型后处理中讨论了流动模拟的平均尺度。

构架建模诸多方面均需有所考虑，其中包括地质建模、地层对比和坐标系、储层几何形态中断层及不确定性的解释说明。

（一）地质建模网格化

大多数储层建模中使用的以及贯穿于本书的基本拓扑为由角点平面网格和等间距垂直网格定义的笛卡尔坐标（图 3-14）。高程与各个网格节点或网格单元角相关联。与整个网格单元相关联的高程构成以单元网格为中心的规范（图 3-15）。网格节点的分布间隔通常是固定的，即，具有恒定的 X 与 Y 间隔；实际上，大多数现代地质模型都建立在方形平面方格之上。

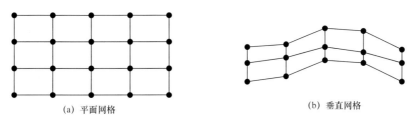

(a) 平面网格　　　　　　　　　　　(b) 垂直网格

图 3-14　用于地质统计模型网格的基本拓扑：角点表面和等间距网格

(a) 基于纵坐标的连接　　　　　　　(b) 基于网格索引的连接

图 3-15　以单元为中心的网格按单元格索引编号（图 b 的虚线）进行连接，而非 Z 坐标高程（a）

纵坐标垂直于水平面测量——即等间距厚度，即便地层倾斜时也垂直测量。有时，纵坐标垂直于地层倾角测量；也就是说，考虑了真实厚度。构造变形强烈的区域中可能会遇到地层倾斜很陡的情况，必须做特殊处理。

标准做法则应使单元格沿垂直 Z 轴对齐。图 3-16 展示了该方法（a）及替代方法，在替代方法中，单元格与垂直于边界面的直线对齐。后一种替代方案将以更高的计算成本实现更精确的水平距离。

图 3-17 所示为在计算水平距离时所有单元格的边界垂直对齐而产生的失真。为了减轻这一弊端，也为使网格作用更高效，可以旋转主 X、Y 及 Z 坐标，以符合储层的整体走向与倾向。倘若倾斜程度极大，可以建立一组新的正交坐标。尽管可以定义单步转换，但是两步法更为明确：（1）旋转水平坐标 X 和 Y，沿着地层单元的走向和倾斜方向对齐

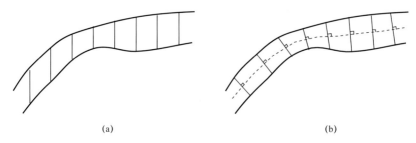

图 3-16   建立平面网格的两种方法：（a）单元格或节点垂直堆叠；（b）单元格或节点与垂直于边界面的
直线对齐（第一种方法结合了普遍适用的纵坐标，又因其计算简单而被广泛使用）

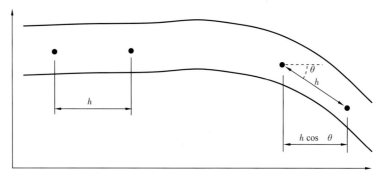

图 3-17   两对数据点位于相同的地层 Z 坐标，并以相同的距离 h 隔开，然而，右边这对数据点看起来靠
得更近

（图 3-18）；（2）旋转新的 X 方向与倾斜方向对齐。第一次平移（原点为 x_1^0，y_1^0），x（x_1）
和 y（y_1）顺时针旋转 α 写为

$$\begin{bmatrix} x_2 \\ y_2 \\ z_2 \end{bmatrix} = \begin{bmatrix} \cos\alpha & -\sin\alpha & 0 \\ \sin\alpha & \cos\alpha & 0 \\ 0 & 0 & 1 \end{bmatrix}\begin{bmatrix} x_1 - x_1^0 \\ y_1 - y_1^0 \\ z_1 - z_1^0 \end{bmatrix} \text{ 或 } [x_2] = [R_{z_1}][x_1] \tag{3-4}$$

新得到的 x_2 和 y_2 分别在倾斜与走向方向对齐（图 3-18）。以倾角 β 旋转的第二次平
移（z_1^0 处为原点）写为

$$\begin{vmatrix} x_3 \\ y_3 \\ z_3 \end{vmatrix} = \begin{vmatrix} \cos\beta & 0 & -\sin\beta \\ 0 & 1 & 0 \\ \sin\beta & 0 & \cos\beta \end{vmatrix}\begin{vmatrix} x_2 \\ y_2 \\ z_2 \end{vmatrix} \text{ 或 } [x_3] = [R_{y_2}][x_2] \tag{3-5}$$

因此，$[x_3] = [R_{y_2}][R_{z_1}[x_1]$，或乘以两个旋转矩阵：

$$\begin{bmatrix} x_3 \\ y_3 \\ z_3 \end{bmatrix} = \begin{bmatrix} \cos\alpha\cos\beta & -\cos\beta\sin\alpha & -\sin\beta \\ \sin\alpha & \cos\alpha & 0 \\ \sin\beta\cos\alpha & -\sin\beta\sin\alpha & \cos\beta \end{bmatrix}\begin{bmatrix} x_1 - x_1^0 \\ y_1 - y_1^0 \\ z_1 - z_1^0 \end{bmatrix} \tag{3-6}$$

三维旋转矩阵可反转用于逆转换。

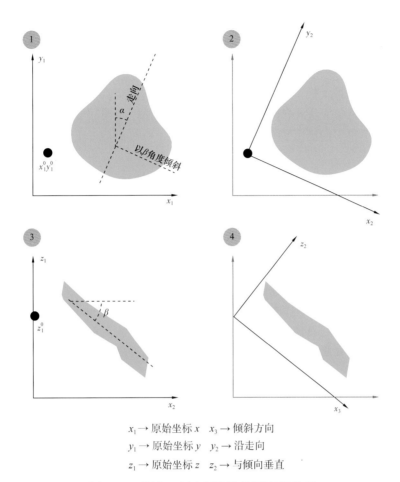

$x_1 \to$ 原始坐标 x $x_3 \to$ 倾斜方向
$y_1 \to$ 原始坐标 y $y_2 \to$ 沿走向
$z_1 \to$ 原始坐标 z $z_2 \to$ 与倾向垂直

图 3-18 旋转 Z 坐标系得到倾斜的地层单元

（二）单元格尺寸

关于网格大小的选择存在诸多需要考虑的因素。其中一个首要的考虑因素则是模型的最终尺寸以及可用的计算机资源。目前，具有一亿个单元的模型接近实际上限；大型模型储存价格昂贵，可视化速度以及操纵也比较缓慢。选择单元格大小的简单方法如下：

（1）确定目标储层总体积。例如，考虑体积为 10000ft×10000ft×200ft 的包络层。

（2）选择井中观察到的代表非均质性的垂直"地层"网格单元大小 ds。例如，ds=2ft。

（3）选择一个目标模型大小，如拥有 1000 万个单元格的模型。

（4）计算后继平面网格大小 da，该情况下：

$$\frac{10000}{da} \cdot \frac{10000}{da} \cdot \frac{200}{ds} = 10000000$$

算出的 da=31.6。将 da 值取整到 50ft 将产生 200×200×100 单元的模型，总计 400 万个单元。

（5）根据需要迭代，可实现单元总数、地层单元格大小和平面单元格大小之间的平衡。当然，没有必要使用方形平面单元格。明显的平面各向异性可被矩形单元容纳，但这并不常见。

根据预先设想的最大模型尺寸选择单元格大小并不完全令人满意。对更多特定储层的考虑值得思考。也许单元大小能更粗化一些，以满足储层建模研究的所有目标？或者，如果单元尺寸可以小很多的话，则可以考虑用小区域（分段模型）上的高分辨率模型来补充整个储层模型。

首先要考虑的是，模型应适合特定的项目目标。评估储层体积时需要相对粗化的模型。用于研究生产井附近的水和天然气时需要详细模型（为此目的，可考虑采用小区域的分段模型）。通常情况下，项目目标往往会发生变化，且模型的使用也将超出最初的预期。因此，即使在初始建模目标没有明确要求的情况下，也应构建更多细节。

除模型尺寸外，第二个考量因素为，必须选择平面和"地层"网格，以便可以通过最终模型来处理重要特征（储层边界、断层、重要的内部岩相变化和岩石物性变化）。例如，需要1ft的垂直单元大小来表示相对薄的页岩（1～3ft之间）。至于是什么构成重要特征，需要进行判断。确定某一具体特征是否重要的唯一确定方法是将其构建到模型中，然后考虑最佳替代方案。如果简单模型的流动反应与更"正确"模型的流动反应相去甚远，则该特征就很重要。

第三个考量因素是分辨率，其要求确保从地质模型到流动模拟模型之间的粗化有实质意义。一般来说，在粗化的流动模拟模型中，每一个坐标方向至少应有三个地质网格单元。否则，结果将会太不稳定。该考量因素基于流动仿真粗化程序中的离散化误差。某些粗化算法，如功耗平均，对地质网格单元数量不敏感，但也不太准确。

（三）三角网格

用数字表示的具有三角形切面的地质曲面对于复杂褶皱和断层表面的处理非常灵活。经典笛卡尔网格不适用于褶皱作用强烈的曲面，例如，对于给定的 X—Y 位置，具有多个 Z 值。众多软件中，gOcad软件（Mallet，2002）实现了三角网格，并可以很容易地处理这种复杂性。

基于四面体的网格方案用于由三角化曲面网格界定的地质网格单元。基于四面体的拓扑结构尚未在地质统计学中使用，原因如下：

（1）四面体并不都具有相同的体积。这使得地质统计工具的应用及硬数据和软数据的整合举步维艰。

（2）有限差分粗化和流动模拟程序均不接受该拓扑。

由于和有限差分流量粗化以及模拟程序的直接联系，目前的石油工业几乎只使用笛卡尔网格。由四面体网格定义的复杂几何结构通常被转换为笛卡尔网格进行地质统计计算。然后，将所得到的模型进行逆转换。若干基于四面体和其他非笛卡尔网格的直接网格总量技术已开发，但许多技术和软件问题阻止了其投入实际应用（见第六章）。

（四）地层对比与坐标

储层由一系列原生地层组成，这些地层可能在储层的平面延伸范围内相关（Wagoner 等，1990）。定义该地层对比的曲面网格与年代地层或层序地层框架相符合，也就是说，层与层之间的界面对应于特定的地质年代，该特定地质年代分离两个不同纪的沉积期或沉积后侵蚀的一个周期。如第二章第一节初级地质建模概念所述，在地质统计建模之前，建立一个合理的地质构架至关重要。有关地层构架的确定以及重要性的参考文献包括（Weber，1982；Weber 和 Van Geuns，1990；Bashore 和 Araktingi，1995；Catuneanu，2006；Caumon 等，2005b）。

图 3-19 显示了深海沉积露头处的河道特征照片（浊流沉积）。拍摄的区域长约 69m，高 43m。底部的照片展示了在露头上识别出的地质曲面；四个（部分）地质层均得以定义。图 3-20 展示了两种可能的笛卡尔网格化方案。顶部方案适用于对地质细节进行建模。而更为简单的底部方案对大尺度的三维建模来说则绰有余裕。建立如图 3-20 顶部地层坐标的步骤如下所示。

图 3-19　深海沉积露头处的河道特征照片（浊流沉积）（拍摄的区域长约 69m，高 43m，底部的照片显示了在露头上识别出的地质界面）

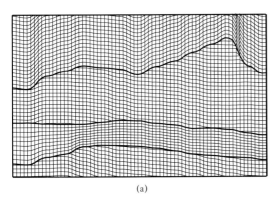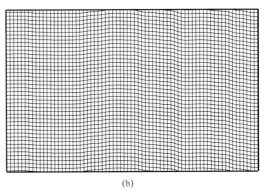

(a)　　　　　　　　　　　　　　　　　(b)

图 3-20　适用于图 3-19 所示地质特征的两种可能的笛卡尔网格化方案

（a）方案适用于对地质细节进行建模，而更为简单的（b）方案对大尺度的三维建模来说则绰有余裕

储层由多个地层构成。层序地层分析表明，每一层都对应于储层形成的特定时期。这些地层的分界面与重大的地质变化有关。"层"的定义是模糊的。此处，地层指介于5～100ft厚的储层单元，可以在多个井之间对比，并能在相当大的平面范围上进行绘制。该类地层被定义为在地质上把储层大规模细分成均质单元。大多数储层被分为5～10层。这些层在层序地层上有时被称为层序；但是，在地质统计建模中考虑的层无需与地质层序中的定义相对应。

每个层均由现有的顶部和底部层面网格来定义：$z_{et}(x, y)$ 和 $z_{eb}(x, y)$，其中 x 和 y 是平面坐标；et 指现存的或目前的顶部，eb 表示现存的（这里的）底部。由于差异压实和随后的构造变形作用，层面网格并不平坦。此外，该层可能已经被后期沉积事件侵蚀，或者该沉积可能填充了现有的地形。层内相和储层性质的连续性不一定基于现存的（当前）边界层面的网格。额外的对比网格则用来定义每层内部地层的连续性或对比类型。获取地层连续性的一个普遍方法是在顶部和底部层面对比网格之间按比例对沉积相和储层性质的连续性进行建模。这里用到的网格可能不对应任何现有或过去的层面；然而，它们对后续的地质统计建模却大有裨益。顶部对比网格说明了岩层顶部的侵蚀。底部对比网格说明了在岩层底部的超覆或充填的几何形态。顶部和底部对比网格像其他层面网格一样，具有相同的格式，但他们更多来自地质解释，而不是来自地震和井数据的直接解释。

图 3-21 展示了四种常见的对比类型。实线表示现有的顶部和底部层面网格（在所有四种情况下均相同），虚线代表对比网格。沉积（地层）的连续性在上下相关网格之间成比例，地层符合现有的顶部和底部特征。由于差异压实或沉积速度的差异，地层的厚度可能会发生变化，并且可能在构造上产生变形，出现断层；然而，对比网格与现有网格却保持一致。

削截：地层符合现有底面特征，但在顶部已被侵蚀。底部对比网格与现有底面特征相符。顶部对比网格定义了不同程度的区域剥蚀厚度。

超覆：地层与现有顶部（无侵蚀）特征相符，但已填充现有地形，因而底面对比网格与现有底面不符。

综合作用：地层既不符合现有的顶面特征，也不符合现有底面特征。需要两个额外的对比网格。

将纵坐标定义为对比顶面和对比底面网格之间的相对距离。这将使我们有可能推断出水平相关性的原始测量值，并在最终数值模型中保留地质构造。

每一地层都是根据四个层面网格得到的相对地层坐标 z_{rel} 独立建模：（1）现有顶面 z_{et}；（2）现有底面 z_{eb}；（3）对比顶面 z_{ct}；（4）对比底面 z_{cb}。

$$z_{rel} = \frac{z - z_{cb}}{z_{ct} - z_{cb}} T \tag{3-7}$$

坐标 z_{rel} 在地层底面为 0，在地层顶面为 T。T 表示为使坐标 z_{rel} 得到合理距离单位的厚度常数；最常见的是，T 是使用 z_{et} 和 z_{eb} 层面网格地层的平均厚度。该转换可能会被逆转

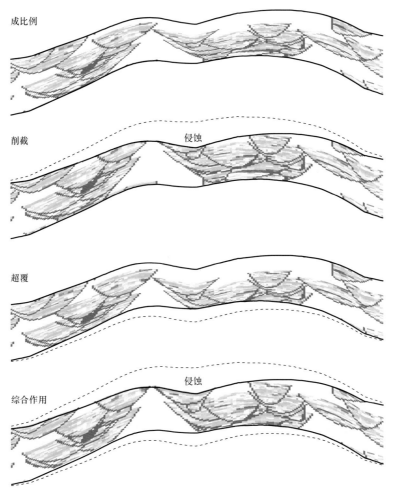

图 3-21　不同地层对比类型示例（内部河道说明了成比例的变形、侵蚀和上超；请注意，代表现有储层的实线在所有四种情况下都是相同的；削截、上超和组合情况下的虚线代表地质相关网格）

$$z = z_{cb} + \frac{z_{rel}}{T}(z_{ct} - z_{cb}) \tag{3-8}$$

　　将所有深度测量值转换为 z_{rel} 则允许在常规笛卡尔 x、y、z_{rel} 坐标中对每一储层地层进行建模。沉积相和其他储层性质的位置在可视化、体积计算或流动模拟输入之前转换回实际坐标 z。在现有间隔 $z \notin (z_{eb}, z_{et})$ 之外，将不存在反向变换的 z 值，因为在现有的顶面之上及现有底面之下的位置提前已经知晓，且被排除在建模之外。图 3-22 所示为现有网格和已恢复网格之间的非均质性。虚线网格和实线网格之间的白色区域用于地质对比，但不在储层中。他们将被排除在建模之外；也就是说，不会研究这些区域的沉积相和物理属性。

　　图 3-23 所示为不同厚度的 11 个地层。图 3-23 中所示已根据储层顶部进行平滑处理。各地层具有不同的地层对比类型。

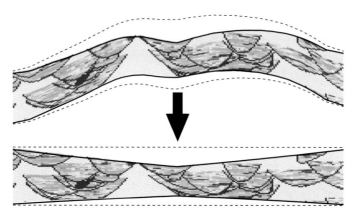

图 3-22　代表现有层面网格与转换成为 z_{rel} 坐标空间之间的非均质性（虚线网格和实线网格之间的白色区域用于地质对比，但不在储层中）

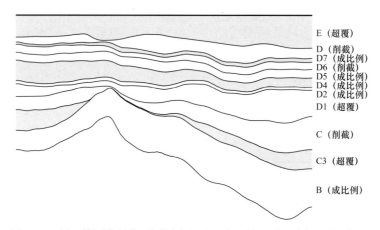

图 3-23　同一储层内具有不同厚度和对比类型的 11 个不同地层的截面图

（五）纠斜功能

如上所述，坐标旋转和地层坐标变换的两个目的为允许计算原始"水平的"相关性测量值，及反映最终数字模型中的地质构造。

若存在用地质统计学建模技术难以实现大尺度起伏或弯曲的情况，则考虑其他变换，假设连续性是单向的。例如：图 3-24 阐明了大型河道或河谷型构造的纠斜过程。沿主连续性方向的 Y 坐标保持不变。X 坐标校正为距中线的距离，即：对于任一点 x, y, 新 X 坐标定义为

$$x_1 = x - f^c(y) \qquad （3-9）$$

其中 $f^c(y)$ 为波动中线与 X 常量直基准线的偏差（图 3-24）。该校正的主要优势是易于逆向转换。对于储层范围内所有的 y 值，必须预先知道大规模波动的中线。同样，不能有太大的弯曲；主要方向不能有太多弯曲或逆转，否则不能对函数 $f^c(y)$ 进行唯一定义。

图 3-25 所示为不同厚度的四个地层。图 3-25 中为实际的露头。

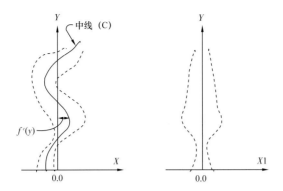

图 3-24 沿着弯曲的河道中线从河道方向至河道坐标系的变换

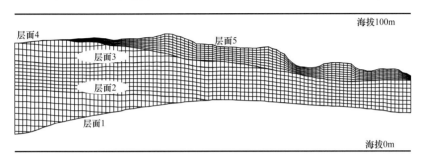

图 3-25 具有不同厚度和对比类型的四个不同地层的露头截面图
（由于不能显示层内属性，因此不能清晰地看出对比类型）

（六）特殊考虑

纵坐标 z_{rel} 需要储层区域范围内的顶部和底部对比网格。当地层倾角为"陡"时，这些就不好确定了。图 3-26 所示为确定目的层流体界面的图解示例。仅仅使用原来的纵坐标 Z 并考虑后续地质统计学建模步骤中的倾角可能使建模变得更简单。

图 3-26 中的顶部和底部层面对比网格可间隔很大一段距离。顶部对比网格可能开始接近左边现有的顶部网格，但是它随后将在右边海拔很高的位置。虽然底部对比网格具有与顶部对比网格相同的"倾斜度"，但是左边的海拔还是很低。两个网格之间的间隔很大。与油水界面或油气界面对齐的恒定海拔网格可用于顶部和底部对比网格。这些网格仅通过储层厚度隔开。如上所述，最大连续性的方向在 x，y，z_{rel} 坐标空间中不是"水平方向"；在随后建模时需要考虑走向和倾角。

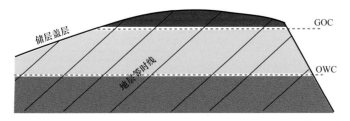

图 3-26 地层倾斜时（倾角可能仅为 1°～5°；此处所示为明显垂直放大）油气接触面（GOC）和油水接触面（WOC）的图解

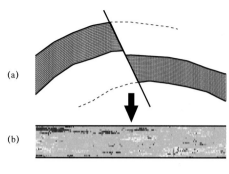

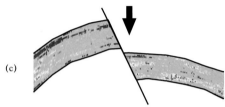

图 3-27　对断层地层建模

（a）图所示为断层位置和根据现有层面延伸
恢复的层面；（b）图所示为具有特定岩石物
理属性的恢复网格；（c）图所示为现有断层
网格范围内的属性

（七）断层

断层所呈现出的问题多种多样，具有一定挑战性，其中一些问题未在本书中探讨。直接的正断层，例如图 3-27 中横截面所示，可通过以上所述的对比网格和地层坐标变换进行处理。

逆断层也存在问题，因为在一些 x，y 位置处有多个层面值（图 3-28）。该问题的一种解决方案是假设断层垂直穿过地层。然后我们回到各层仅仅需要四个层面网格的情况。这种断层"垂直化"比较粗糙，但是如果断层比较陡峭且断距不大，则是一种合理的假设。例如，图 3-29 所示为50ft 厚 2000ft 宽的地层，正断层倾角 70°，断距为150ft。水平断距为 cos（70）× 150=51.3 ft，相对于整个地层区域范围来说较小。假设垂直断层在中间，造成的误差不足 26ft。地质建模单元的网格大小通常超过该尺寸。

有些情况下，在发生极大错断的厚地层中，断层垂直化不足以捕捉储层的几何形态。

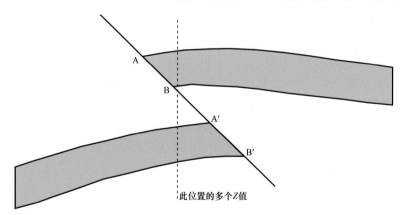

图 3-28　说明需要新水平坐标的逆断层示例（某些位置需要多个 Z 坐标值）

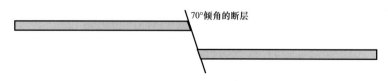

图 3-29　无垂直放大的断层地层示意图（假设垂直断层对最终地质模型的影响很小）

有许多解决方案：（1）各断块单独建模；（2）可扩大水平坐标，以消除重复。第一种方案比较简单，且未扭曲水平距离。断块间岩石物理属性的对比，可通过考虑之前模拟的断块结果，执行序贯建模来实现。详细过程如下：

（1）确定断层位置并对断层面建模。

（2）标记断块上所有地质建模网格单元和井数据。

（3）在各断块中构建 Z_{rel} 坐标系。

（4）针对各断块构建沉积相、孔隙度和渗透率（如稍后章节所述）的地质统计学模型。若要与目前研究的断块对比，则可以考虑之前建模的断块。

上述两种方案将贯穿本文，即：（1）计算修正的恢复网格或垂直断层的 Z_{rel}；（2）单独对各断块建模。需要注意的是，地质统计学方法并不限于解析几何和建立网格。事实上，在写这本书的时候，有关非结构化网格沉积相和属性地质统计学建模的深入研究就非常热门了。地质统计学储层建模的未来是直接对复杂几何形态建模，而非此处引入的坐标"修复"（Mallet，2002）。

（八）储层几何形态中的不确定性

评估储量的不确定性时，大尺度储层几何形态的不确定性通常是最重要的。每一个地质统计学储层模型都应该考虑随机层面网格与井数据和地震数据相容（Jones 等，1986；Hamilton 和 Jones，1992）。在第四章第一节大尺度建模中将介绍层面网格随机模拟程序。

三、建模方法选择

地质统计学储层建模依赖于独具特色的建模算法工具箱。在第二章第四节初步映射概念中引入了各类方法，包括基于变差函数、基于多点、基于对象等方法。这些方法在输入统计类型、执行这些输入的能力及执行便利性方面各不相同。以下讨论的重点是方法选择，以及一般考虑因素，如可用数据量和类型、储层流体类型、地质非均质性和输入统计。稍后在有关各方法的具体章节（第四章第二节至第七节）中讨论各种算法、示例和执行细节。

下面会介绍第二章第一节中所涵盖的地质概念与这些算法之间的联系。另外，还包括这些方法及其相关折中方案之间的深度比较。该指南从定性角度给予说明。由于方法的复杂性与整个工作流程执行和建模目的之间相互作用的复杂性，这样做就显得很有必要（参见第三章第三节问题公式化）。这些选择最好能得到技术人员的支持，其可通过经验和考虑建模目标来实现。

算法选择中最重要的考虑是可行性。必须有软件和专业知识。首先满足这些标准，然后在方法选择时应考虑到以下方面。

（一）考虑流体性质

储层建模方法选择的核心在于决定影响转换函数的储层非均质性特征。当转换函数以流体流动为基础时，考虑流体性质非常重要。例如：天然气储层可能对遮挡物不敏感，且需要显著的障碍才能阻碍流动，同时稠油储层可能对遮挡物敏感，即使是储层属性和非均质性的一些细小变化也会对稠油流动产生重大影响。

（二）地质复杂度

地质复杂度被定义为储层具有小范围的非均质性特征，或具有大范围的非线性特征和随机性，以及能导致高度不均匀流动的属性。举一个地质复杂度的例子，连续页岩褶皱是流体流动的重要屏障，它可能引起储层流体通道淤积，影响注入流体流动。

这是一个功能性定义，将地质复杂度定义为可能难以或不可能用有限统计和随机函数模型描绘的特征，例如：在第二章第四节初步映射概念中引入的基于网格单元的方法，如所有基于变差函数和 MPS 等方法。这些复杂度通常更多的是可修正为几何参数化和基于规则的参数化，作为基于对象和过程模拟方法的输入。然而，人们还认识到数据调整立马成为一个问题，正如下面即将讨论的。

（三）数据注意事项

建模方法选择中存在的一个主要约束是调整数据的数量，其他数据的详细程度或分辨率，以及趋势等概念衍生的约束。储层模型的井数据和地震约束可用性范围很广。在某些勘探或早期开发环境中，可能只有几口井，而在成熟油田，有成千上万口井密集地分布，拥有高分辨率地震资料来进行储层属性可靠的对比。遵照数据和建立地质复杂度模型的目标通常相互矛盾。

第二章第四节初步映射概念中描述的方法可用于连续性研究，一方面，能提供非常密集的数据；另一方面能提供上文定义的地质复杂度（图 3-30）。变差函数和多点算法是基于网格单元的，因此在提供井数据和趋势时具有无限制的能力。多点算法可重现比基于变差函数方法更多的地质复杂度，因为整合了更多统计，但是不能与地质细节相匹配，包括几何形态、大范围构造、相互关系及可能具有基于对象和过程模拟算法的内部趋势。具有通过降低灵活性，提高处理密集的井数据及非常具体的分类趋势数据的能力。事实上，在一些应用领域，过程模拟算法就好比基于过程的模型而且失去了直接调整井数据和分类趋势数据的能力。

条件数据			地质数据
基于变差函数	基于多点	基于对象	过程模拟

图 3-30　地质统计学算法类型的连续性，其中连续性表明重现条件数据（井和趋势）
和地质数据的内在能力

考虑到密集数据通常会妨碍基于对象和过程模拟方法的应用。在这种背景下，基于对象的典型方法通常不会调整数据或产生带有条件数据的模型。若储层模型不符合局部条件数据，那么首先将会失去可信度，其次很可能不会满足研究目的（即：转换函数中有重大错误）。然而，密集数据是有益的，因为数据本身可能具有重要、长期复杂的特征，应用这些方法不能充分体现这些特征，例如基于变差函数和基于多点的方法，通过调整而不是输入统计来再现这些特征。

（四）尺度考虑

如第三章第三节问题公式化中所讨论的，模型的尺度和分辨率从纹层级别分辨率的微钻孔模型到分辨率极低的盆地模型都可能会有很大的不同。纹层尺度上所表达的非均质性与地层尺度、单元尺度、复合尺度、复合体等所表达的非均质性截然不同。在所有自然背景下，非均质性都与尺度有关。自相似尺度不变量（有时称为分形）非均质性是有限的。可能会有一些波痕、坝、沙丘跨尺度堆叠的有趣实例，然而分流朵叶体中的朵叶体，或河道复合体内的河道，在不同尺度上流体流动的非均质性似乎有很大的不同。例如：细粒纹层的页岩不如分离构型复合体的厚页岩单元保存得多。在讨论非均质性时，必须规定尺度，在后面的讨论中，都假定是典型的储层尺度。

当建模方法选择受可用数据和尺度的影响时，概念模型也是很重要的。一般工作流程就是，映射相关概念模型构件至输入统计（针对所选择的建模方法），然后利用这些输入统计约束所选择的建模方法。概念模型和输入统计类型可作为选择标准，且不是唯一的；因为各种输入统计可能来自一个概念模型，各种概念模型可能也有类似统计。所以，在以下讨论中，我们首先要考虑的是从概念模型角度来选择建模方法，包括映射至输入统计，然后我们要考虑的是通过可用输入统计和概念模型的一些评论进行模型选择。

（五）通过概念模型选择建模方法

在接下来的讨论中，我们要考虑的是沉积环境的各种常见概念模型，然后将其映射至输入统计，再到地质统计学方法中应用这些输入。此概述非常粗略但具有说明性。储层构型的详细讨论可参考 Walker 和 James（1992）及 Galloway 和 Hobday（1996）对储层连通性影响的简述，对所讨论的河流、深海和碳酸盐岩沉积环境提供了合理的地质复杂度，且所呈现的概念易于延伸到其他沉积环境。

（六）河流

河流沉积环境可形成多种多样的构型（Galloway 和 Hobday，1996；Miall，1996；Walker 和 James，1992）。下文描述的是冲积扇及辫状河。

通过重力和水流输送的共同作用形成冲积扇（图 3-31）。当两种机制同时出现时，存在由近端到远端的一种趋势，近端由泥石流（大量物质搬运）沉积的冲积扇占主导，远端由水沉积和泥石流沉积的相互作用形成，

泥石流沉积与水沉积之间的最大差异是结构。泥石流产生分选差且不成层的结构（在单个事件中）。这些沉积包括细砂基质支撑的中砾石和巨砾石。水沉积产生中等至良好分选的河流携带物、具有板状交错层理且成层良好的砾石及颗粒分选不好的泥质叠瓦状碎屑（Wasson，1977）。

由于频繁的冲刷，保留的非均质性特征为叠瓦状小尺度地层及随着坡度降低远端变细的大尺度趋势。这些概念可直接映射至详细的非平稳相比例模型中，且空间连续性可通过基于单元格、基于变差函数的连续性模型充分展示。若小型沉积相序明显，那么截断高斯

或多点统计可用于除了长变程比例趋势模型外的模型中。在沉积相范围内，储层属性可利用近远趋势的序贯高斯模拟进行模拟，以表征粒径变细，向盆地内部孔隙度和渗透率降低的特征。

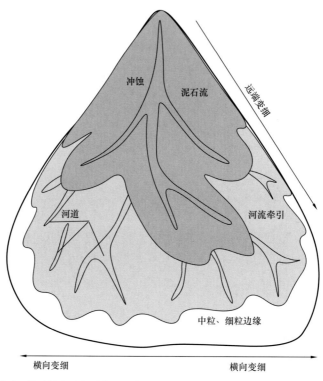

图 3-31　冲积扇从分选不好的泥石流到分选良好的河流牵引沉积的转变示意图，一般粒径在冲积扇范围内远端和横向变细，个别地层为叠瓦状，降低了地层和单元保留的尺度

　　辫状河道保留了一些长变程河道特征，然而河道叠瓦作用和河道迁移冲刷作用可以破坏这些特征。由于局部古土壤地层可能会形成复杂的遮挡物，且通过局部冲刷可破坏这些遮挡物。若河道淤积和古土壤连续性很明显，则在基于对象的模型方法范围内可能最好用几何参数表示。若冲刷和叠瓦作用很明显，则这些特征可能只会小范围出现，且可利用多点统计或半变差函数获得。河道范围内的储层属性可利用序贯高斯模拟进行模拟。但是如果河道高度连续，则可能需要沿着河道，对局部可变方位模型强加属性连续性。

　　曲流河道可保留广阔的点沙坝衍生的倾斜异相地层，其具有水流通道、遮挡和障碍物，形成了复杂的内部非均质性（图 3-32）。充填河道的废弃页岩可成为大型连续障碍物，阻断倾斜异相地层。需要基于对象建模来重现大范围的废弃河道特征及一般点沙坝几何形态。想要获取实际倾斜异相地层的几何形态及内部非均质性可能需要更复杂的过程模拟（Has sanpour 等，2013）（图 3-33）。

（七）深海

　　深海沉积背景通常会形成河道和岩席构型。深海河道通常具有高连续性、低弯度及砂

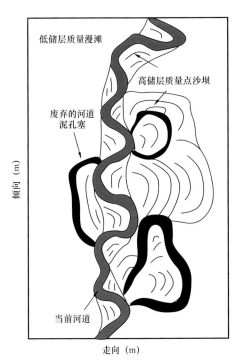

图 3-32 曲流河构型示意图（请注意，多个点沙坝的叠瓦作用会使充填了泥的废弃河道截断广阔的砂岩席状体，当个别河道具有大范围构造时，所保留的构型在空间上被破坏了）

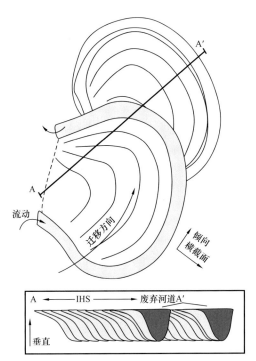

图 3-33 一组叠瓦状河流倾斜异相地层示意图（点沙坝），废弃河道被页岩充填形成非储层的障碍或遮挡物，且 IHS 具有 Thomas 等（1987）确认的各种属性趋势

质充填、页岩溢岸的属性。通常表现为有序或紊乱的叠置形式。对于前者，后期的河道就是之前河道转化的结果；对于后者，所有河道相互之间都无关。可利用基于对象方法重现紊乱的或简单有序的形式。十分紊乱且高度合并的河道会降低地质复杂度并破坏大范围特征，这就可以考虑利用多点统计建模。可利用河道叠置规则编码过程模拟的方法来重现有序的河道。基于对象或过程模拟方法也可以解释通常在深海河道中观察到的从轴、离轴到边缘的相组合转变（图 3-34）。

补偿分流朵叶体的反复沉积形成了深海岩席（图 3-35）。促使沉淀物流向朵叶体的河道可保留在临近的朵叶体内。朵叶体储层质量通常与由轴到边缘，由近端至远端粒度逐渐变细有关。所产生的构型为朵叶体叠置，近端有不同储层质量河道，潜在的连续页岩遮挡物将朵叶体分离。一种方式是，按照与朵叶体建模相反的方式在朵叶体砂岩基质范围内对页岩褶皱建模。若页岩为高度连续复杂或几何性复杂，那么可在砂岩背景下通过页岩褶皱基于对象的模拟方式进行重现（图 3-36）。若页岩褶皱不连续，那么序贯指示模拟或多点统计可应用于模拟页岩。截断高斯模拟或多点统计可应用于模拟从内朵叶体到外朵叶体的相变。对于两种办法而言，储层属性是利用序贯高斯模拟在相范围内进行模拟的。

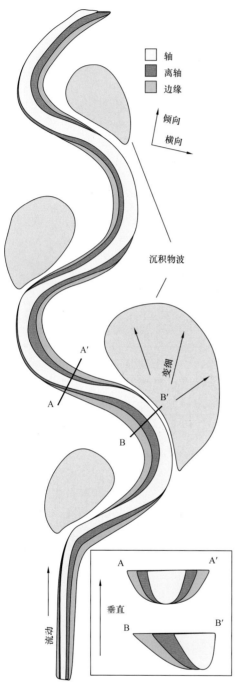

图 3-34　单个深海浊流沉积物河道示意图
河道通常包括轴、离轴和边缘相组合，按储
层质量降序排列；内部充填和外部几何形态
的非对称性通常直接与河道平面形态有关；
另外，弯曲周围的流动剥落会引起对于流动
很重要的粗漫滩相（沉积物波）沉积

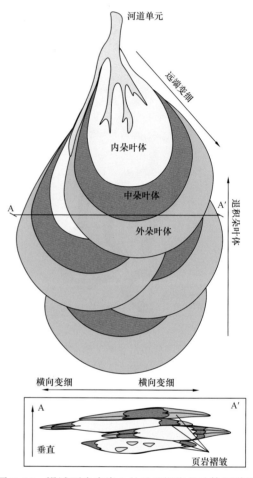

图 3-35　漫滩页岩中嵌入的叠置深海朵叶体河道示
意图（河道通常包括轴、中间和边缘相组合，按储
层质量降序排列；当各朵叶体远端的储层质量直接
降低时，这些朵叶体叠置可能会导致泥盖保留在波
瓣与相组合之间）

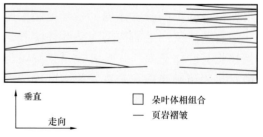

图 3-36　朵叶体组合设置为相背景，页岩褶皱为对
象建模的深海朵叶体叠置横截面示意图，页岩在朵
叶体边缘附近的丰度更大

（八）碳酸盐岩台地

碳酸盐岩台地包括多个生长周期和常见的礁前相到礁后相的转变，其中礁后相由于能量低保留了较细的沉积物。然而，这些相趋势通常经成岩作用而有了明显的改变，叠加了预期的大范围储层属性。在基于沉积相的储层属性仍然很明显的环境中，周期和相转变可映射和建模为局部可变相比例，注意加积、退积或进积形成的轨迹。当这些都不确定时，可利用多个实现方案。可利用多点统计或截断高斯模拟相，以保留顺序关系。当相中存在复杂的曲线特征时，优先选择多点统计。在成岩作用已破坏连续储层属性的相控背景下，可直接利用推断的趋势（如有）模拟连续储层属性。若成岩蚀变较小，过程模拟方法可将复杂相几何形态、转变和DIONISOS（Granjeon，2009）等过程模型产生的周期、沉积物补给、海面升降及第二章第一节中讨论的可容空间等局部约束应用于所产生的模型。

（九）通过输入统计选择建模方法

以下讨论详细列举了可集成到储层模型的统计信息类型、方法选择的影响及对概念模型的引用（即通常在具体沉积环境中观察到的特征）。

1. 相特征的复杂度

非均质性特征的整体复杂度是一个重要的考量因素。粗略检查几乎所有露头、高分辨率地震或概念模型［例如Walker与James（1992）中所述的那些模型］认为，地质非均质本身是复杂的。根本问题是储层模型需要多大的复杂度来满足项目目标？该问题的答案是储层建模方法选择中的主要考虑因素。基于变差函数的方法通常限于线性特征，且非稳定统计的各种执行方式可用于放松这种限制。多点方法还可以重现各种小型几何形态；但是，当这些非均质性的尺度、复杂度和非稳定性增加时，重现的成果变得更加接近实际研究对象了，且重现的特征可以在未对非稳定性进行明确说明的情况下变成模糊的混合体。基于对象的方法可提供实现清晰几何复杂性的灵活性，同时过程模拟提供了几乎无限制实现复杂度的能力。

2. 融合与隔离

复杂度通常受构型融合或隔离的影响。在此背景下，融合与隔离涉及最终储层模型中独特构型元素的保留程度。在高度融合的储层中，由于强烈侵蚀、再沉积和叠瓦作用，通常未保留大范围的特征。例如，高度融合的河道综合体保留了一个大的砂体，可能还有些剩余无关砂的漫滩或废弃充填。由于河道充填侵蚀界面上有许多河道充填，因此个别河道不是很明显。当中间过程和形式很复杂（同期的辫状河道或正在演变的曲流河道）时，保留的属性可能很简单（图3-32）。在这些背景中，基于变差函数或多点方法可能足以获得这些保留的特征，而非尝试利用基于目标的方法对河道明确建模。若存在多河道侵蚀的综合作用，则河道内可能不具有易于参数化的几何形态，但可利用基于变差函数和多点统计建模。再一次，在高净毛比环境下，集中精力对非净特征进行建模是有利的。

3. 相比例趋势模型

通常可获得有关相比例的局部变化信息，相比例趋势存在于几乎所有储层中。地震数据衍生的趋势可提供有关沉积相的信息，或地质概念可以提供相关信息。垂直趋势通常与储层上的他生和自生控制有关。例如：储层质量周期可能与海面升降周期、主要冲刷或沉积学作用有关，就像向上变细的浊流层剖面。平面趋势通常与沉积物源和运输、沉积过程相关，图3-35中所示深海分流朵叶体的情况也是如此，更具体地说就是图3-37中所示的平面趋势。

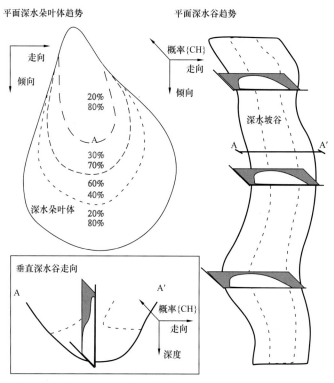

图 3-37　深水趋势模型示意图

平面深水朵叶体趋势由平面图所示的河道（灰色）、轴线（黄色）、内侧（橙色）和边缘（绿色）的不同比例区域定义；该趋势包括从河道到朵叶体轴线的转变，到朵叶体内侧的转变，以及到朵叶体边缘远端的转变；深水坡谷趋势模型，由河道（CH）相的概率组合平面模型和垂直连续模型表示；在平面图中，河道更有可能沿斜坡谷的轴线，位于斜坡谷的底部；虚线表示绘制的河道，为河道相比例较高的区域

平面和垂直趋势可结合在一起。例如：从平面上看，深海坡谷中的重点研究区可推测为具有高比例高储层质量河道相的区域。位于重点研究区边缘处，流动能量损失可能会导致低质量的储层沉积相比例增大。在垂直方向上，从边缘到靠近底部的边缘处通常具有大量河道，并且这些河道沿着靠近顶部的轴线集中（图3-37）。可采用碳酸盐缓坡储层中的构造图推测古水深和水动力的全三维效应，从而限制局部碳酸盐生产潜力以及由此产生的局部可变比例的地层相。当垂直趋势数据和平面趋势数据都可用时，应将其组合成单个一致的三维趋势模型（第四章第一节）。

当趋势数据分辨率高（等于或低于各个储层单元的分辨率）时，首选基于单元格的建模。原因在于，基于对象的方法不能再现高分辨率趋势。相反，当趋势数据不太具体时，基于对象和过程模拟的方法再次变得实用。

4. 相序关系

部分地质环境形成一定的相序关系。例如，退积型海岸形成从河流到海岸，再到海洋的自然向上过渡（MacDonald 和 Aasen，1994）（图 3-38）。当此类特征在储层范围内变得重要时，建模者可选择采用截断高斯模拟或多点方法来重现相序关系。在另一种相序排列的情况下，河流相储层可由单独的弯曲河道组成，例如河道内过渡相，包括滞留沉积、轴向砂、边缘砂、废弃沉积，以及与天然堤和决口扇相关的溢岸相变。由于几何复杂程度高，这些相变可采用嵌套式基于对象的方法进行建模（Deutsch 和 Wang，1996）。

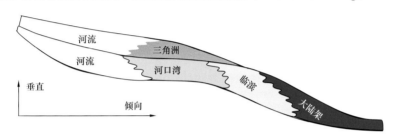

图 3-38　退积型和进积型海岸的两大体系域和相关沉积环境横断面

5. 曲线相特征

储层中可出现各种尺度的弯曲特征。诸如先前的盐诱导地势和谷的测深限制可能与大规模沉积相互作用有关，导致大规模曲线性。由于沉积过程的相互作用，较小范围的曲线性是沉积单元尺度固有的。例如，河道中的螺旋流动和底层的易蚀性形成曲折河道；并且失去约束后，能量耗散形成叶状。大尺度弯曲度可能受任何基于单元格或基于对象的方法趋势模型或局部可变方位角域约束。当这些特征处于较小规模内时，多点算法便于重现这些小规模曲线特征的一般形式。

6. 远程相连续性

一些储层环境以超远程连续性结构为特征。例如，砂质充填斜坡谷河道可能形成独立、连续的在泥漫滩上流动的河道（图 3-39）。在此类极端情况下，只有基于对象或过程模拟的方法才能重现这些特征。基于变差函数的多点方法不适用于再现此类远程特征，其中包括再现人为破裂。这可能会对模型的流动行为产生显著影响。因为

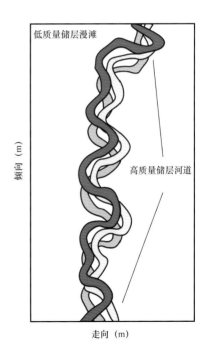

图 3-39　在深水河道中经常观察到的有组织堆叠模式的单独河道示意图

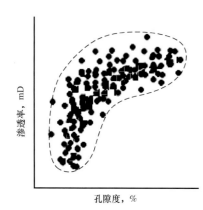

图 3-40　非线性特征的渗透率和孔隙度关系示意图

远程连续特征倾向于限制扫描，而分解特征倾向于改善扫描。

7. 孔隙度和渗透率的关系

采用流程建模获得特定形式的孔隙度和渗透率的双变量关系是必要的（图 3-40）。在这种情况下，二级数据集成方法以及云变换的具体算法，对确定精确的双变量关系是首选。基于变差函数的方法的联合模拟，只能最大限度地符合双变量关系。然而，云变换可能不符合空间连续性和直方图，以及基于变差函数的联合模拟方法。除选择建模方法外，所选建模方法的具体算法参数和统计输入也基于地质概念模型。

四、统计输入和地质规律

统计输入和地质规律是针对具体建模方法的约束条件。首先讨论统计输入，因为它们是所有地质统计学储层建模方法所共有的特征。随后讨论地质规律，即对于某些基于对象和所有过程模拟方法的特定输入更为一般的形式。

（一）统计输入

统计输入在特定建模算法的限制范围内直接约束模型的形式。此类输入依赖于概念模型的量化（由局部数据支持）。统计输入的类型包括：以连续累积密度函数或分类概率密度函数形式（包括类别数量的规格）分布的储层性质、局部变量平均值或比例模型形式的局部趋势数据、由基于变差函数方法的变差函数描述的连续性、多点模拟的训练图像或基于对象模拟的几何参数。除此之外，还有与算法实施过程相关的各类具体参数。在与各算法相关的部分中已对此进行了讨论。

用于量化概念模型以限制统计输入的方法，取决于局部数据的可用性。在稀疏数据情况中，可能在很大程度上依赖于概念模型；而在密集数据情况中，概念模型可简单地应用于一致性检查。例如，在稀疏采样储层中，概念模型可应用于选择密集采样的成熟储层模拟，从而推断实际储层的不可用统计。概念模型可说明碳酸盐缓坡，并且可从更全面采样的类似碳酸盐缓坡输出所需的统计量，例如全局直方图。当更多的局部数据可用时，可采用概念模型填写或检查输入统计数据。例如，概念模型可应用于选择模拟露头和高分辨率地震数据，以约束基于对象的模型中涉及的河道单元的几何形状。在另一种情况下，应用与沉积物源和古流动方向相关的地质概念来约束储层模型的连续性方向。在所有这些例子中，与概念模型相关的决策最终将对输入统计数据和转换函数产生潜在的重大影响。

在某些情况下，这些参数可能包括超出上述统计输入的地质规律。请注意，地质规律可定义为可能适用于储层模型的所有可能约束条件的归一化；但在随后的讨论中，为了清楚起见，规律排除了上述讨论的统计输入，并提及超出这些统计输入的限制。关于地质规律的例子包括以下约束条件：河道对象彼此相斥并且可能不交叉。河道被引到先前的河道和集群，并且河道对象以注入的形式附着到单一河道中的厚砂上。地质规律可以进一步整合与构建储层事件顺序相关的地质数据。请注意，此类规律通常涉及储层单元和复合体的相互作用，因此仅适用于基于对象和过程模拟的方法。当地质规律依赖于沉积序列时，它们仅适用于过程模拟方法。在第四章第五节中，将对规律进行更详细的讨论。

（二）将概念模型编码为统计学输入

存在各种将概念信息编码为定量统计输入的方法。虽然局部数据为定量输入提供了机会，但是总的来说，概念地质模型将是定性且全局适用的，而不是局部精确型。

一种常见的方法是，利用钻井数据推断诸如分布、趋势和空间连续性之类的统计输入作为变差函数和几何形态，然后应用概念模型来改进推理。例如，可能难以根据可用数据直接推断诸如分布、水平变差函数或全三维趋势的最小值和最大值。概念模型可提供信息以提高此类统计输入的可靠性。

可采用贝叶斯法（参见第二章第四节针对制定的初步映射概念），以利用概念模型（及相关相似体）来制定所需统计输入的预先模型，如分布和趋势模型（构成局部分布）。随后，可采用局部数据制定概率函数。同时，可采用贝叶斯更新计算整合概念模型和局部数据的后验分布。若先前的分布受到局部数据的严重影响，则对该模型未必公平。原因在于，贝叶斯更新假定使用新的信息进行更新。

（三）其他注意事项

选择这些输入时，应考虑以下概念，例如统计代表性、尺度、输入统计不确定性，以及模拟数据的使用。

如第二章第二节初步统计概念中所讨论的，很少收集具有统计学代表意义的储层数据。实际上，经常以有偏差的方式收集可用的采样数据。采用诸如去聚和除偏的工具以及用于校正非代表性数据的其他方法，构建用于模拟的代表性输入。原因在于，地质统计模拟仅简单再现此类输入，并且不能在算法内校正此类统计的代表性。

此外，我们必须意识到，有限的取样数据不太可能涵盖任何分布的极端情况。适当外推输入统计的最小值和最大值（例如分布尾端）仍然具有挑战性。通常，给出岩性和压实的物理约束可能有助于提供最终的分布范围，例如零孔隙度和最大可能孔隙度。

任一输入统计量都有一个隐含尺度，且所有建模方法都假设了一个模型尺度。岩心、测井曲线和地震尺度的储层属性分布不尽相同。必须根据模型中假设的尺度进行编制和调整储层属性测量。否则，在测量范围（例如岩心或测井）内观测到的分布变异性、空间连续性、相关性等会被错误地假设成储层模型尺度（通常大很多倍）。在第二章第三节量化空间相关性中，介绍了支持体积更改的工具。并且，在第五章第二节模型后处理中，讨论了模型缩放。

另外，在第二章第二节初步统计概念中，介绍了估计输入统计不确定性的概念和工具，如辅助程序、条件有限域和克里金方法。由于样本数据有限、空间连续性导致样本之间的冗余、模型中的数据位置及模型大小，这些工具可用于评估输入统计数据的不确定性。一旦量化了这种不确定性，就可决定是否在建模工作流程中纳入此类输入统计的不确定性。在第五章第三节不确定性管理中，提供了有关不确定性管理的更多细节。

已经针对基于概念模型使用类比储层进行了讨论。过度依赖于具有相似沉积环境的储层之间参数不变性的决定相当吸引人。例如，所有泥盆系碳酸盐岩台地储层具有相同或非常相似的输入统计。虽然明智地汇集相似体是有用的，但由于许多局部因素通常不明显，储层往往有其独特之处。即使是在相似地质时代的类似沉积体系中，起源、构造、盆地形态和沉积后历史的变化都可能会导致巨大的差异。所有这些都强调将各可用的局部信息融入关注储层，并学习其独特的地质特征。在使用类比方法时，关键决定是选择类比储层。这是一个有力的平稳性决策。如第二章第二节初步统计概念所述，由于这不是假设情形，因此其不能被测试。

五、工作流程

本节的核心思想是，确定储层的地质特征。图 3-41 说明了确定关注储层地质特征的工作流程。关键的第一步是，将所有可用数据（包括井数据、地震数据、概念信息和经验）整合到负责构建储层的连续事件序列中。根据该事件序列，建立了地层分层和区域的框架。随后，在该大尺度框架内模拟相和连续储层属性。

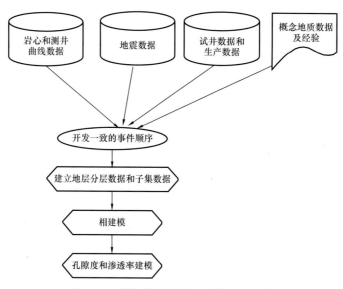

图 3-41　讲述储层地质记事的工作流程

六、小结

本节已涵盖了与概念模型的制定相关的一般概念，以及将这些概念纳入地质统计模型的考虑因素。需要将此步骤编码为建模框架、输入统计信息和方法选择。

须做出决定将哪些地质概念融入模型中。与此同时，要考虑符合目标的建模、可行性、集成此信息的算法限制以及忽略数据的成本等因素。

建模框架涉及地层网格建设的实际概念，如解释地层对比类型和断层作用。网格设计必须有适当的分辨率来高效地捕获必要的非均质性，同时还需要地层对比和转换，以最好地代表储层的空间连续性。

各种地质统计学工具之间的选择尤为重要。选择每个工具都需要权衡，选择适当将建成最好的模型以满足项目目标。然后，必须根据特定的建模方法确定统计输入和量化地质规律。存在各种各样的考虑因素，如统计代表性、尺度、输入统计不确定性和使用类比信息。

目前，我们已经拥有了首要必备的建模知识，编制了我们的数据库，并将我们的数据和地质概念映射到建模选择中。因此下一步，我们可将这一切放在一起形成建模工作流程。下一节（第三章第三节问题公式化）涉及建模目标、建模约束和工作流程设计。

第三节　问题公式化

本节介绍了与问题公式化相关的一般概念。对于数据清单的仔细处理（第三章第一节数据清单中的讨论）和概念模型的开发（第三章第二节概念模型中的讨论），问题公式化是开发地质统计学储层建模项目的工作流程图。这是符合目的设计的工作流程，以满足在具体建模限制条件下的既定目标和宗旨。严格报告和记录是项目成功和未来工作的关键。本节主要依据 Deutsch（2010a，2011）的讨论而成。

《目标与宗旨》介绍了进行地质统计学储层建模项目的原因，并努力确定最终产品。除了量化资源不确定性的典型目标之外，存在大量其他的建模目标。例如，确定是否需要更多数据，规划未来的发展，或甚至建立一个模型，创造一个整合数据和概念的机会，并将其作为可视化和沟通的工具。必须明确确定目标和宗旨。并且，必须将工作流程设计为在满足建模制约的情况下实现这些目标（Koltermann，1996）。

《建模工作约束条件》讨论了限制可用资源以满足项目目标的约束条件。专业时间、计算设备和资本都是有价值的，且它们的可用性将受到多个竞争项目的限制和共享。除此之外，项目所需的专业知识可能不足。必须在这些限制条件下设计工作流程，以确保可行性。

《合成古盆地》介绍了本书其余部分中使用的合成盆地和相关的储层数据集，以演示储层工作流程和具体建模方法。这些合成储层数据集提供了合理的实例及涵盖各种尺度、数据密度和沉积环境的灵活性。

《工作流程》讨论了受模型范围、所需变量及其相互关系强烈影响的工作流程设计。采用典型的建模步骤介绍了常见工作流程，并说明了具体的工作流程。然而，重要的是要认识到，必须在建模约束条件下，精心设计工作流程以符合建模目的。我们所提供的例子具有说明性，但未介绍如何建模的具体方法。

《报告和文件》讨论了严格报告和记录的重要性和考虑因素。对于大多数项目，在分析和执行工作流程期间，信息和数据量大大增加。对多个区域的多个变量进行多次迭代操作的组合，引发了重大的数据管理挑战。在无严格文档记录的情况下，就会发生错误，且当项目团队成员重新开始新的项目时，将会丢失原项目文件。

一、目标和宗旨的定义

一直以来都是为了一个目标来建立地质统计模型。在学术界，可建立小型模型来教授特定技术的理论、实施和限制。可建立模型来协助开发新技术。虽然该目的不可能使经济利益最大化或做出最好的发展决策，但从一开始就应该清楚了解，实践中，存在许多不同的目标。通常，模型是为多个目标而建立的，最佳实践需要了解研究目标，因为研究目标将影响研究量或关注领域、待建模变量、建模规模、数据准备和模型后处理。大部分地质统计学研究的目的，通常涉及以下变形或组合：

（1）构建一个描述所有可用数据的数值模型。该数值模型整合所有可用数据，统一了解现场情况，为进一步调查提供数值支持。该模型将用于可视化地质趋势，了解数据可靠性、空间分布，以及了解哪个位置数据太少，无法揭示真实分布的情况。该共通地质模型，是各项目团队成员之间，以及团队与管理层以及其他利益相关者之间有价值的沟通工具。

（2）评估现场资源，即计算关注部分的总体积、该总体积内关注部分的空间排列及其属性。同时，也会考虑到最终的开采技术和经济状况。存在符合开采过程关注的空间规模、有害岩石属性价值以及岩石属性的阈值。

（3）以指定规模量化资源的不确定性。不确定性措施可用于支持技术决策或分类及公开披露。评估相对较小规模（具体位置或网格）的不确定性相对简单，但大规模量化全局资源的不确定性则需要通过高分辨率建模量化和转换参数的不确定性。

（4）调查与可能显著地影响连通性和区域化的一系列地质情况相关的地质风险。此类模型整合了一系列具体的地质因素，如封闭断层和流动断层、连续页岩褶皱，以及储层中可能存在的显著构型趋势。尽管这些特征可能不足以纳入常规的不确定性模型中，但是这项调查提供了量化非均质性影响和调节计划的理由。例如，进一步取样或开发，以及应对设备突发事件。

（5）输出统计数据用于描述、表征、分类或非均质性比较，或用于另一模型中的研究。可构建具有或不具有局部数据的储层非均质性模型，以建造非均质性的统计描述。此类模型可用于探索非均质性组分之间的约束，或对非均质性类型进行分类。举例来说，在统计上量化和比较构型几何形态和具有连通性的非均质性可能非常有用。除此之外，模型可能会提供统计数据来支持其他模型。例如，多点统计的训练图像或是在数据稀疏条件下计算相关变差函数的数值模拟。再比如可构建河道化连续属性模型，以导出高斯模拟的变差函数参数。

（6）决定是否需要附加数据或确定附加数据值。收集密集排列数据的费用是昂贵的，但是做出错误的开发决定或不能为下游烃加工提供所需产品也会产生昂贵费用。从统计学的角度来看，可通过精心设计的地质统计学研究评估附加数据的估值。此类模拟研究对概念模型的不确定性不会有帮助。

（7）评估储量，即计算在考虑到经济阈值和开采方法的技术限制后将开采的资源量。该估值可基于多变量评估值和在特定沉积区域中应用的经济阈值。同时，必须考虑开采规模及未来数据变得可用的可能性。

（8）对可能适合特定地质非均质性的不同开采过程进行评估。可评估不同开采计划的效能和经济效益，从而为长远考虑选择候选开发区域。着重关注地质变量仿真模型和不确定性仿真模型。

（9）制定未来发展规划，为项目评价提供工程和经济投入。在多数情况下，只有一个模型会受到详细的评估，以确定项目的其他方面，如设施、加工、废物管理等是否可以一起正常工作。支持未来决策的地质统计模型，将考虑在最终决策之前获得额外数据的可能性。

（10）对钻井位置做出最终决定，或对井和设备等进行定位。最终决定要求在当前所有可用数据的基础上进行尽可能最佳的局部估计。而且，不能考虑附加数据，因为那就太晚了。

地质统计研究的细节，将在很大程度上取决于具体的研究目标和设计的工作流程。也就是说，这项研究必须符合目标。此外，还有其他重要的建模工作约束条件影响了建模工作流程的设计。

二、建模工作约束条件

显然，研究的目标和宗旨应对所需的资源和专业知识产生影响，但事实上并非如此简单。资源和技术专长具有局限性，且在规划工作流程时必须考虑到其限制条件。

由于需要维持资金管理并使利润最大化，分配给研究的资源将受到限制。这些资源包括专业时间（即专业人员人数和每人可能投入的时间）、项目时间表、计算设备和总预算。

专业时间是宝贵的。许多组织在维持运营能力时面临了种种困难，只能通过招聘具有专业技能的个人、开发个人技能和保留这些人才来维持运营能力。另外，即使有专业人士，也有各大项目挤占了专业时间。综合上述所述，这些因素都限制专业人员的数量及其分配给每个项目的时间。

除此之外，通常项目完成的绝对时间限制涉及最大化项目价值、整体项目规划及与合作伙伴和内外部服务提供商的协议（如地震数据采集、钻井、设备、租赁条款等）。项目延迟完成就是延迟未来的现金流，是潜在的处罚，将会导致项目延迟成本高昂。

随着计算能力的加快，一般来说，加工和储存能力并非限制因素；相反，这些问题通常与数据管理和可视化有关。大型高分辨率模型具有一千万至一亿个单元格，在各个地区和相位上实现多个关注变量，且采用新信息进行多次迭代和更新。因此，越来越难以对该模型进行管理和询问。

与此同时，必须优先考虑项目需求。最终，总预算通常会受限于平衡时间、数据收集和设备利用。

另外，项目完成人员的专业水平非常重要。而且，地质学专业人士在专业知识方面的水平差异很大。该类专业人员中有很大一部分是具有多年石油和天然气行业从业经验的地质学家和工程师，在勘探、开发、数据采集、地震解释、测井、生产优化等方面经验丰富。这些专业人员都是优秀的全能型人才，能够运用常规地球储层建模商业软件中文件齐全且经过良好测试的各类工具。不过他们可能了解，也可能不了解所使用工具的数值细节。我们建议至少对"盖子下面发生了什么"有最基本的了解，因为这对避免许多潜在的实际误区、选择研究方法以及推断输入参数来说必不可少。

恰恰相反的是，专业人员还可能是这方面的专家。储层建模专业人员目前可能在同行评议的文献中，以自己的工作为科学尽绵薄之力，编写建模方法，并被业内外所认可。这些人能够将自定义的工作流程放在一起，以适应研究的特殊需要。另一个极端的情况是，储层建模专业人员几乎没什么经验，也许只能简单地将建立和记录的工作流程付诸实施。

而现有专业人员拥有的技能介于前两种极端人员之间。建立救护和审计程序可避免因失误或理论错误而导致的不正确结果。由于现有专业知识，该项目时常受固定方法和工作流程的局限。

最后，无论现有的资源和专业知识如何，在项目上都存在基本的竞争限制。项目管理协会提到了一个名词叫"项目三角"，该"项目三角"被简化成为质量、时间以及成本（其他版本包括更多的边角）。一般来说，不可能同时满足所有三个相互矛盾的部分：一个项目只能选择两个部分。一个项目质量可以很好，建设速度快，但成本却不便宜。一个项目质量可以很好，成本又便宜，但建设速度却不会很快。一个项目建设速度快而且成本便宜，但其质量却不一定过关。设计地质统计项目工作流程时，必须对该类互相矛盾的约束加以考虑。

三、合成古盆地

演示工作流程及各个算法时使用了多个示例数据集。我们使用真实数据集及合成数据集的组合。目前，已经开发了四个合成储层实例。数据集是合成的，其原因如下：（1）每一个数据集中实际储层属性的真实模型均已知，不存在与本书无关的测井记录和地震解释问题；（2）数据集可以设计用于展示不同规模及在不同沉积环境下特定的工作流程；（3）数据集可以自由地应用和分享，而不存在机密问题。

我们设计了一套从河流到三角洲到碳酸盐岩台地，再到深水浊流沉积物的数据集，称为合成古盆地。图3-42为合成盆地位置图。该示例非常简单，其沉积体系位于保存完好且无断裂的单一体系域内。

解释储层性质时假设其是没有错误的，另有说明时除外——例如，在论证数据的光滑整合情况时。对于每个数据集的测井记录及在某些由地震衍生的储层性质如孔隙度、渗透率及饱和度是可获取的。尽管数据集覆盖较为密集，但在需要时，它们会被过滤，以提供稀疏或不完整的数据示例。以下为各个合成储层实例的简要介绍。

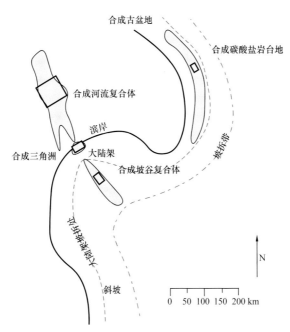

图 3-42 具有总体地形特征的合成古盆地位置图以及合成储层数据集位置图

(一) 河流储层

河流储层为典型的曲流河沉积系统，具有两个分离的复合河道带及叠瓦状侧向加积，包括：河底滞留沉积、侧向加积、废弃的泥浆淤塞和漫滩相。储层性质受到沉积相的控制，在河底滞留沉积和侧向加积中储层性质良好，泥质夹层充当渗流屏障。漫滩上的储层质量较差（图 3-43）。

(二) 深海储层

深海储层为典型的深水坡谷河道化沉积体系，漫滩泥中形成鞋带状储层砂体。由于与沉积浊流相关的粒度分离，不同的相在河道内均存在可以预测的形式，从河道轴、河道离轴到河道边缘，储层质量逐渐降低。复合水道内的河道通常以杂乱无章的形式和井井有条的形式堆叠。深海储层包括一条位于坡谷底部的紊乱复合水道，与另一条有序不紊的复合水道并置斜接（图 3-44）。

(三) 三角洲储层

三角洲储层包括多个三角洲朵叶体单元，其相从砂岩沉积相转换成砂岩与页岩互层沉积相。多重朵叶体单元的补偿性堆叠及外源循环导致复杂的非均质性，但总体来说连通性良好。向着三角洲边缘（横向且向底部），岩性具有由砂岩占主导地位到砂岩与页岩互层的趋势，垂向旋回与海平面升降旋回有关。储层属性受到沉积相的强烈控制（图 3-45）。

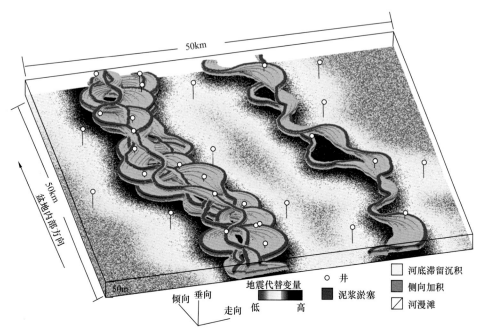

图 3-43　储层网格区域和井位上绘有沉积相，以及二维平面上绘有地震属性的
河流储层真实模型侧视图

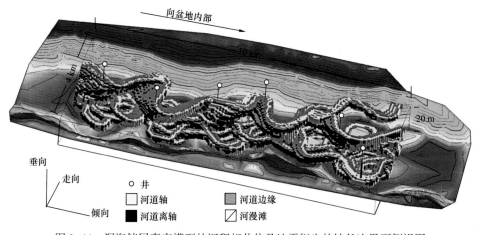

图 3-44　深海储层真实模型的沉积相井位及地震衍生的坡谷边界面侧视图

（四）碳酸盐岩储层

碳酸盐岩储层为陆架边缘的加积台地。陆架边缘碳酸盐的产生和高能形成以斜坡破碎角砾岩和细粒颗粒石灰岩为边界的粘结岩核心，并向盆地海洋泥岩转变。相与储层性质之间存在很强的相关性，其中储层质量最好的部分存在于粘结岩当中，其次是颗粒石灰岩中，最后是角砾岩中（图 3-46）。

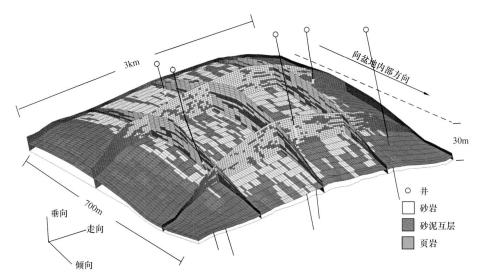

图 3-45　三角洲储层真实模型倾向、走向、平面剖面及井位斜视图

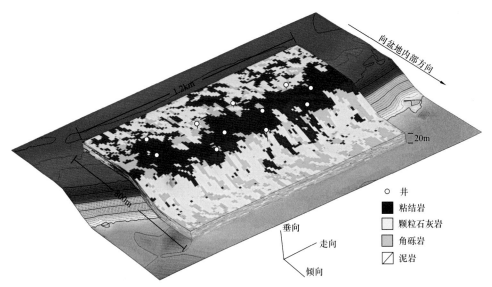

图 3-46　带有井位的碳酸盐岩储层真实模型斜视图
在隐藏着泥岩的储层区域上绘制出沉积相，由地震资料确定储层底面

四、建模工作流程

　　工作流程为一系列建模步骤，旨在满足建模约束下的建模目标。该工作流程代表了实现在第三章建模先决条件中所讨论概念的步骤，包括从数据和专业知识到概念地质模型，再到数值表示，到评估模型性能的转换函数以及最优决策的最终确定。

　　如前所述，该工作流程应与建模目标相符合。隐含于符合目标之中的是合适的尺度这一概念，这需要在多个尺度、不同变量以及与建模目标一致的自定义步骤组合中开展工作。其中每一项要求都会在之后详细介绍。

（一）模型变量

研究的目标将决定建模使用的变量。这些变量应尽早列举出来，并对现有数据进行评估（见第三章第一节数据清单）。应理解数据之间的关系，某些变量被一个接一个地分开建模，以便向其赋予相关关系，但是如果某些变量没有明显关系将被同时建模。此外，所有数据源都有自己的分辨率和覆盖范围。基于这些考量因素，项目复杂性伴随着高度多变量问题而大大增加，即有许多变量需要被建模。利用变量与决定忽略的变量之间存在的经验关系所做出的简化能提高项目的可行性，但也存在使得模型结果失真的可能。

一般来说，添加变量会大大增加工作流程复杂度。另外，多元统计的推断一般会导致数据数量呈指数增长，并推断出多种关系。通常，必须做出某些多元分布假设。

（二）模型尺度

研究的目的将决定建模的尺度。地质统计研究中始终面临尺度问题，某些早期选择对后面的计算影响巨大。储层面积通常非常大（10^8 m^3 或更大），无法在数据测量的规模上创建数值模型。此外，考虑到在目标与宗旨的定义小节中描述的目的，或许需要建立一个井孔、储层子集、储层或更大尺度的模型。该类尺度从以 mm 计量到以 km 计量。小尺度模型可放大。但是，就网格数量而言，数字模型大小必须易于管理——在储层间隔相当厚的情况下，在面积 $3km^2$ 的平面，厚度适中的储层中，其大小大约为 10^{10} dm^3。处理该大小模型三个储层属性的 100 次实现的计算机内存将超过 10000 千兆字节。尽管拥有庞大的计算机资源，采用该类大型模型开展工作的实用性并不高。此外，对于岩心部分的小规模属性来说，立方分米级也已相当之大，而对于正进行评估的大尺度来说，截面又很小。

这不仅仅是计算机资源的问题，这些数据不能支持高分辨率模型。在广阔井间区域，极高分辨率模型不存在任何支持数据。由于来自岩心照片及成像测井立方毫米级尺度数据的可用性，或许井筒附近极高分辨率模型具有可行性。

由于该类原因，可能需要不同尺度的多个模型。提出三种重要模式类型：

（1）大尺度多变量区域制图；

（2）常规三维储层建模；

（3）井附近高分辨率迷你建模。

不论模型尺度大小如何，模型的四个尺度都应被理解和记录：（1）目标面积/容积；（2）展现岩石属性或目标容积变量的目标分辨率；（3）在目标分辨率内所需的离散化，为目标分辨率提供有意义的升级优化；（4）将用于在离散尺度上赋值的数据尺度。

一些非均质性的细节将不可避免地丢失。断块模型大区块之间观察不到岩心样品间的可变性；然而，将小规模可变性的影响无偏差地转移到更大规模至关重要。该步骤涉及上述四个尺度的选择以及这些尺度对于研究目标的适用性。

该类多尺度模型适用于储层管理的不同目的。无论尺寸大小及目的如何，都得使用某些地质统计工具。首先解释通用的地质统计工作流程。然后，以工作流程为例，介绍了区域制图、储层建模及迷你建模的具体细节。

如第二章第四节中所讨论，处理模型尺度的替代方法为将模型视为原始数据尺度上估计值或模拟值的一个网格（Deutsch，2005c）。相反地，在常规工作流程中，储层性质被认为存在于模型单元之中，并代表模型单元。该方法中，模型以数据尺度构建，但只能在模型单元的质心处得以传递。该构架下，在转换函数得以应用之前，粗化会立即被拖延。例如，流动模拟假设单元储层性质在流动模拟单元中具有代表性和均匀性。必须注意，粗化需要在所有流动网格块内拥有足够的模型网格数量，并对每个属性进行缩放，以表示流动块上有效的储层属性。

（三）常见工作流程

常见的工作流程在第一章导言中通过列举一个简单的例子进行了介绍和说明。鉴于第二章中提供的所有建模先决条件，现准备进一步扩展这一常见的工作流程，然后列举部分实例。该工作流程以研究目标为重点而得以发展，其中研究目标包括之前已经讨论的与研究资源和专业知识相关的问题。无须使用所有步骤，并且每一步的使用程度都可能因适合建模目的的不同而发生显著变化。无论该项目目标和尺度如何，基本方法和多数工具都是一样的（Chiles 和 Delfiner，2012；Yarus 和 Chambers，2006）。地质统计学的通用工作流程可以通过六个步骤进行概括。

（1）明确目标和数据；

（2）建立概念模型；

（3）推断统计参数；

（4）估计每个变量；

（5）模拟多个模型；

（6）后处理模型。

该类步骤总结如下：（1）明确本研究的目的，盘点现有可用的测量数据；（2）制定关于目标区域或体积的概念模型，包括储层，划分为与具体情况相关的子集，以及明确如何由每个选定子集内的位置决定每个变量的均值；（3）推断出所有需要的统计参数，以在各子集内创建各变量的空间模型及整合所有的趋势模型；（4）在各个未采样处估算各变量的数值；（5）模拟多个模型，从而以不同的规模评估节点的不确定性；（6）最后，对统计、估计模型及模拟模型进行后处理，以提供用于决策判断的信息。该类步骤的详细实施过程将取决于研究的目的。每步详情如下。

第一步：必须根据研究目标来确定研究范围，即研究所需的工作投入、要预测的变量、与评估相关的规模及具体的估计、模拟和后处理步骤（如本节前面所讨论）。如第三章第一节数据清单所述，必须编制数据清单来检查所有来自测井、地震数据及生产数据的现有测量数据。数值模型应在数据的规模和准确性范围内重现所有该类测量数据。这两个步骤与潜在目标相互协调，明确获得更多数据的需求，数据也影响项目目标的完成。

该项步骤至关重要。一般来说，时间应更多地投入到开展地质统计的准备工作中。了解数据及研究目的需要花费大量时间，并应确保建模工作流程的设计与研究目的相符。清理数据需要花很长时间，通常，没有无用数据或错误数据，只是格式不同，缺失数据、数据的年份不同等。准备统一格式的数据需要花费大量时间。然而，满足先决条件和继续使用地质统计学来达到研究目标之间必须要有一个平衡。

第二步：还必须建立一个概念模型，该概念模型应包括对模型空间分布及模型内部模拟数据、不同子集和过渡的地质学理解。了解数据的地质背景对增补稀疏数据，以及对模型的设置和建模工作流程的选择至关重要，如第三章第二节概念模型所述。

整个建模体积很少在一个步骤中完成。存在基于地质带、岩石类型和沉积相的逻辑子集。如有可能，将成因属于同一类的岩石放在一起保存。该类细分应足够大，以包含充分的数据而获得可靠的统计，但也应足够小，以分离地质特征获得局部精度。采用分层系统（例如参见第二章第一节初步地质建模概念），其中研究区被划分为不同的带，或是被分为不同区域，在该带或该区域内，沉积相被不同成岩作用控制。划分这些带的界面和几何限制可以通过确定性建模或地质统计工具进行建模。然后，以所选择的网格分辨率在每个带内对沉积相进行建模，并伴随局部成比例的变化。最后，在所有相中赋予岩石连续属性。建模体系细分的选择会对最终地质数值模型的建立产生重要影响。

每个连续变量的平均值取决于该变量在所选子集内的位置。地质带内岩石类型和相比例分布往往呈现明显趋势。即便数据很少，也可以理解该趋势。分类变量几乎总是存在局部变化的均值模型。连续分类变量更有可能存在常量均值模型。该步骤的结果是，产生地质统计分析体积和根据均值对位置建模的子集。子集和趋势模型的选择相当于平稳性决定。最终模型的逻辑测试为能否在不同尺度与变量内与概念模型具有一致性。

第三步：推断出所有要求的统计参数。所需的统计参数将取决于所选择的技术，反过来，这些技术又依赖于为该区段内每个固定子集而选择的概念模型，如第三章第二节概念模型中所述。几乎在所有情况下，都需要推断每一分类的单变量比例及每一分类内所有连续变量的直方图。该类单变量分布从数据开始计算，并代表整个子集进行计算。另外，还必须确定空间变异性测量方法。在传统的马特隆式地质统计学（Matheron，1971）中，变异函数用来量化每一种分类和岩石属性的空间变异性。

同时，还存在其他需要借助尺寸分布（基于对象的建模）或训练图像（多点统计）的技术。这些统计资料和方法已在第二章有所讨论。当数据稀疏时，这些统计参数被认为是不确定的，并且记录了若干场景。根据研究的目的，在随后的地质统计学模型中参数的不确定性得以量化并得到解释。

第四步：在各个未采样地点对各变量进行估算。该类估算基于数据，不使用随机数据。估算通常以下述形式进行：克里金考虑指标、数据转换、协同克里金法、根据需要而采取的局部变化手段。只要有可能，在连续变量的多元高斯背景下，分类变量及正态计分的不确定性直接由指示变量加以估算。这给每个未采样位置提供了一个最好的估计及不确定性的度量。这完全建立在前三个步骤的数据和判定基础之上。该结果对于资源评估很有用，且诸如模拟这样的检查（下一节讨论）可能会掩盖推理及实施问题。某些地质统计技术，诸如基于对象的建模及多点统计技术，都只在模拟模式当中使用。在该类情况下，执行者将运行多个模型，并将结果总结为相位比例。

第五步：模拟所有层面、体积、相和储层属性变量的多个实现，以量化节点的不确定性，并提供适合于流动模拟的非均质性模型。模拟技术往往与估算技术紧密联系。估算结果用于检查资源或储量并用于首次估算。大体积的不确定性同时取决于多处地点的不确定性。模拟多个实现是量化大规模不确定性的唯一实用方法。此外，地质非均质性的细节可能对采收率、储量和生产计算产生很大的影响。

第六步：后处理模型结果。必须将不同变量的模型结合全力。模型是多数研究中的中间产物，通常应用于转换函数，以支持决策的制定。通过该类模型，至少能直观、概括地了解地表下的物质。

在某些情况下，地质统计模型的最终价值还体现在作为共通的地质模型，为项目团队共享。在该模式下，模型旨在实现数据整合、交流、达成共识或工具培训。模型数值推动了地质概念的详细量化和不同数据来源的整合，能够在面对数据有限和不确定性时提升科学性。

有时，统计参数本身就很有用；变差函数所限定的范围可用于理解地质特征的数据间隔及预期的长度尺度。该类模型可运用于对全局发展决策的支持，而无须参照转换函数。在其他情况下，估算步骤中的估算模型可以提供未采样地点的预期结果，以及提供对数据收集和不确定性管理大有裨益的局部不确定性测量。

大多数模型都受到转换函数的影响，该函数为目标响应提供不确定性模型，然后用于决策的制定。该类转换函数可测量以下内容：（1）静态响应，特别是体积和连通性分析；（2）动态响应，特别是在采收率、流量及流量构成方面；（3）储层的力学响应，如压实和人工压裂裂缝；（4）热采或增产的响应等。模拟模型为后续工程设计提供了大范围的不确定性及输入。通常，必须对多个模型进行排序，以便从中选择一部分来实现从计算方面讲更为昂贵的转换函数（第五章第二节模型后处理）。

（四）工作流程示例

下面说明工作流程。为每个工作流程描述了适用于常见工作流程的步骤，包括：明确目标和数据、建立概念模型、推断统计参数、估算变量及模拟多个模型和后处理模型。

1. 体积的二维测绘

该工作流程之目标在于在适当地点对原油（或天然气等其他资源）进行估算。典型数据包括地层厚度、平均孔隙度及平均含油饱和度。厚度数据来自测井，且该平均孔隙度和平均含油饱和度为测井曲线经过岩心标定后的平均值。

概念模型为简单的、未断裂的储层，其中地层单元在很大的距离上延伸。厚度、孔隙度及饱和度有望在储层区域平稳变化。统计推断不是该问题的主要方面。应用于数据间插值绘图的估算法将从本质上进行划分，从而导致代表性均值的再现。空间连续性模型将被赋予极高的连续性，以至使得生成的图件十分平滑。

解决该问题仅需一个估算模型。克里金法用于绘制每个储层性质的二维图。厚度、平均孔隙度和饱和度，如果这三个变量之间存在重要关系，则可以运用协同克里金法来加强这些关系。另外，如果在概念模型中确定了趋势且不太可能由数据加强（数据密度不足），则可针对每一属性的趋势进行建模，并通过具有某一趋势的克里金法来加强。

模型后处理仅仅是基于每个位置上三个图结果求和的体积计算。

$$OIP = \sum_{\alpha=1}^{n} t(\boldsymbol{u}_\alpha)\phi(\boldsymbol{u}_\alpha)s_o(\boldsymbol{u}_\alpha)$$ （3-10）

图中 $\alpha=1$，…，n 个位置。

2. 区域绘图

区域测绘的目的是了解资源，由储层指数来定义。该储层指数基于某一定义，如连续净沥青或渗透率顶点，且在相当大的面积上具有不确定性。这将指导一系列的储层管理决策，包括不同租赁地区估值、新数据获取、开发顺序以及地面设备布局。该工作流程的详细示例由 Ren 等（2006）和 Deutsch（2010a）提供。

该类模型的区域覆盖范围涉及许多区域，或者是多个乡镇（1000km²）。垂向尺度是预期能产油的地层的整体有效厚度。建模的总容积可以是几十千米乘以几十千米，再乘以几十米厚度，即数十亿立方米的岩石。沉积相及其他属性详细的纵向分布至关重要，但该数据缺失而只能采取相关的一维测量，具体测量包括结构标记、总间隔、净间隔、净属性、以及诸如漏失带和底层水等复杂因素。该类由井计算得出的一维测量数据以约 50～400m 的正方形区域网格分辨率建模。因此，在地质统计模型中可预测成百上千个位置及数十个变量。这非常合理，也很实用。

目的是根据诸如连续净沥青或渗透率高值这样的定义为储层指数的存在提供不确定性示图。另外一个目的是整合各种各样的区域化数据，以提供最佳不确定性模型，并理解多变量关系及所有数据源的数值。对这样大的规模而言，对储层非均质性不做特殊的研究。因此，具有大单元尺寸的二维模型就足够了。

现有数据包括一组相当密集的井数据，其中包含测量良好的主变量及储层指数，允许在多个次要数据和主变量之间进行校准。次要数据包括从概念模型和井数据绘图得到的不同地质变量，包括顶部深度、基底深度、厚度、沉积轴和沉积源的距离及各类地震属性。

该储层的概念模型表明该储层应为结构简单、经得起二维绘图检验且横向分布广泛的储层，局部具有良好的储层质量，且存在于标准井距之间。

推断的统计数据包括基于井主要变量的分布和空间连续性。此处可推断出用于数据检查的详尽二级数据分布。同时，所有数据均转换为高斯分布，用于第四章第一节大规模建模中描述的多变量工作流程。该步骤的结果是，给出主要数据和二级数据的多变量关系模型，以及每个数据源和组合不确定性的局部分布模型。

可从局部分布中着手进行模拟。该模拟通过第四章第一节描述的方法来满足多变量关系和空间关系。同时，计算主变量的多个二维模型。后期处理包括，利用本地 $P10$、$P50$ 和 $P90$ 的映射及条件方差（某个位置处所有实现的方差）对储层指标的不确定性进行汇总。这些不确定性模型，可用于确定潜在储层甜点的位置。此外，此类映射还可采用遗漏的特定数据进行迭代计算，并进行比较，以确定特定信息源的值。

3. 微观建模

微观建模的目的是，量化小规模地质非均质性，并将其影响转移到储层建模中

（Deutsch，2010a）。其与代表性垂直渗透率值的计算密切相关，并补充进行了有限数量的岩心塞测量。岩心塞经常优先定位，以避免页岩或泥岩中无流量测量，并避免在小范围内不稳定的非均质性测量值。因此，在岩心数据中完全捕获高分辨率地质非均质性是不可能的。而且，通常对岩心塞进行稀疏采样，并且其可能位于优质储层中。对小尺度泥岩特征进行抽样是非常困难的。

微观建模的结果可用于改进对储层范围建模的统计输入。垂直渗透率的详细信息对流动模拟具有重要意义。在储层建模之前，进行微观建模是合理的。在实践中，这些多尺度模型是迭代地构建的，并且随着附加数据的出现而不断重复。

微观建模被定义为，以立方毫米分辨率建立大约 $1dm^3$ 的刻度。此举旨在从岩心照片和成像测井升级到基本数据规模。微观建模旨在纠正非代表性岩心数据。通常，试井数据或生产数据用于校准地质模型，以纠正具有代表性的问题。然而，许多重油的黏度过高使得试井变得困难，并且必须在可将足够的生产数据用于校正之前构建模型。

成像测井提供圆柱形数据，岩心照片提供平面数据。由于增加了数据密度，通常不对趋势进行建模，且假定统计参数为固定值。与此同时，相对比较容易推断给出密集数据分布的统计参数。而且，相对于正在创建的模型大小，相关范围通常很大。此举可能导致模型结果的大幅度波动。

估算仅用于检查。模拟用于创建在井资料中观察到的非均质性模型。微型模型通过照片或成像测井模拟。微型模型模拟包含三个步骤：（1）采用序贯指示模拟或多点模拟，以分配立方毫米范围内的砂或泥指标；（2）使用属性估算值逐个给沉积相分配孔隙度；（3）采用属性估算值，根据孔隙度逐个给沉积相分配渗透率。估算值以纯砂岩厚度和纯泥岩厚度为基础。在非常小的毫米范围内，渗透率应近似各向同性。

后处理将在更大范围内粗化有效孔隙度等结果。有效孔隙度被计算为小范围内的算术平均值。通过直接求解给出任意边界条件（如恒定压力梯度）在其他方向上流动和无流动的压力方程后，可计算有效方向渗透率。由于小尺度地质特征的各向异性，垂直渗透率和水平渗透率之间的差异将随着范围增大而增加。Wen（2005）介绍了可用于微观建模的高分辨率沉积构造建模方法和软件，而 Massart 等（2011）为具有微观和微型建模单元的潮控异相砂岩提供了一个例证。

4. 微型建模

微型建模也是对小范围地质非均质性进行量化，并将其影响转移到储层建模中。但是，微型建模涉及从数据尺度粗化到储层模型的标准分辨率。为了实现该目标，采用稍大的尺度，并定义为以立方分米的分辨率对立方米尺度进行建模。

如同微观建模一样，数据密度高时，允许进行相对简单的统计推断。但是，从井的水平方向描绘非均质性，可能仍具有挑战性。除此之外，该估算应用于模型检查，并且如果采用基于对象或多点模拟，则该估算可能不适用。

微型模型采用微观建模和测井曲线的统计参数进行模拟。微型模型往往不符合特定的井数据。相反，无条件模型用于了解孔隙度、垂向渗透率和水平渗透率之间的尺度依赖关系。

　　如同微观模型一样，后处理将在更大范围内粗化有效孔隙度等结果。此举为储层属性的缩放关系提供了数值基础，并且识别了可能对储层范围的储层属性具有影响的小范围特征。

　　5. 储层建模

　　储层建模旨在为连通性计算和流动模拟提供地质输入。流动模拟通常用于了解和优化不同储层的开发选择。经济分析需要估算生产和注入速率。同时，也将根据流动模拟结果估算开发时间和成本。

　　此类模型的面积（$10km^2$）限制为相对较小的部分。垂向尺度是流动模拟器中会考虑的地层厚度。数值模型的垂直分辨率通常居于 $0.25\sim0.5m$ 之间。原因在于，它允许模型解决影响流动模拟的重要障碍。模型的平面分辨率通常介于 $10\sim50m$ 的方形单元格之间。因此，总体积为 $10\times10^8m^3$ 的岩石需要 1×10^7 个单元格。建模的变量相对较少，其中包括沉积相、含水饱和度、孔隙度、垂向渗透率及水平渗透率。该模型尺寸和变量数量在具有可用计算机资源情况下合理可行。

　　数据包括沉积相、孔隙度、饱和度和方向渗透率，其主要源于井数据。垂直尺度在 $0.25\sim1.0m$ 之间。一定程度的垂直粗化或重组块是有必要的，因为原始数据的尺度通常为 $0.1m$。沉积相粗化最常见，饱和度和孔隙度采用算术平均的方法，且渗透率一般通过孔隙度转换计算得到。若在小范围内沉积相中存在高频变化，那么应定义组合异岩相。

　　以概念模型为基础，储层总是被细分为多个地层。地层厚几十米，且连续穿过大多数或所有储层区域。在对各沉积相范围内的饱和度、孔隙度和渗透率变量建模之前，在地层范围内对沉积相建模。沉积相的数量通常在 $3\sim8$ 之间，相太少就不能反映重要特征，而太多的相会导致相分配的不确定性较多。

　　趋势几乎都是为了沉积相建模的。垂直比例曲线通过井数据计算，且区域比例可通过井数据或地震数据计算。这些都融合在三维比例立方体中进行相建模。此外，还可为含水饱和度进行趋势建模，因为其通常对海拔具有强烈的依赖性。通常不考虑孔隙度或渗透率的趋势，因为通过相对储层构造子集可获得主要趋势（见第四章第一节大尺度建模）。

　　储层建模统计参数化包括：（1）确定各地层带范围内各相的代表比例——这通常通过趋势建模完成；（2）在各相和地层带范围内为各连续储层属性确定直方图——若未采用趋势建模，则考虑离散；（3）针对各主要变量正态分布变化确定各相和变差函数的指示变差函数；（4）计算各连续储层属性之间的相关性（在正态分布单元中）。比例直方图和变差函数都在第二章中讨论过。其他技术也可用于相建模，例如基于对象建模和多点统计。这些技术的输入参数分别为尺寸或形状分布和训练图片。

　　对相同多元高斯背景下的相比例和连续变量进行估计，可便于区域映射。这类估计并不常见，因为这些传统储层模型的主要特征是代表非均质性，并针对非均质性对不同过程的流动反应产生的影响进行量化。估计变量的主要目的在于检查模拟结果（下一步）。一般情况下，建模者会简单检查模拟的模型是否可合理地重现规定的统计参数。在储层建模时，估计并非重要步骤。

　　依次模拟沉积相和储层属性的多个实现（通常为100），以复制局部不确定性和变量之间的相关性。建模沉积相的最大数量一般限制为 7。沉积相分布用于约束饱和度和孔隙度的分布。在各相范围内模拟孔隙度值，并在各单元格处以协同相和孔隙度值为基础模拟渗透率值。模型是非均质的，且可以度量不确定性。这些多元实现方案被认为是可能实现真实分布的实现方案，并进行相应地后处理。

所有实现方案的资源都可以进行评估。为流动模拟选择一个或多个实现方案，因为处理流动模拟结果所需要的计算和专业时间很长。当所产生的不确定性将用于储层管理时，排列和选择实现方案的过程很重要。代理模型或反应层面模型可构建于实现的概要统计与流动属性之间。储层建模旨在理解有关非均质性对采收率预测的影响。垂向和水平渗透率的空间分布对流动预测具有很大的影响。

6. 区段建模

区段建模旨在进一步解决和理解储层构型的流动属性。区段模型为储层模型子集的高分辨率构型模型（见上文）。区段模型范围内的单元格尺寸通常因某个因素降低 $\frac{1}{4} \sim \frac{1}{10}$，导致垂直单元格范围在几厘米至 10cm，且平面范围在 1~10m。由于区段子集通常是储层的一小部分，因此单元格计数易于控制。上文提到的迷你模型在均匀相范围内构建，为较大型建模提供属性特征。区段模型的不同在于，该模型可跨越多个相，旨在高分辨率流动建模，通常位于垂直或水平井附近。

在区段模型中，构型包括由于尺度和算法限制从储层模型中遗漏的水流通道、遮挡物和障碍物，都要仔细执行和测试。

数据类似于储层建模，需要利用主要源于井数据的沉积相、孔隙度、饱和度和方向渗透率，将数据解析至较高的分辨率。

概念模型用于一般地层分层和地层趋势，同时也用于各种高分辨率构型场景。例如：概念模型表明可能存在横向连续页岩褶皱、障碍物或通道滞留沙石。即便是认为不可能提供风险测量和支撑缓解措施，也可加上这些独到的特征。

统计参数化包括以适当高分辨率对储层模型（小尺度）进行的参数化及描述高分辨率构型特征的参数添加。这些参数可能很难从数据中推导出来，且可能需要对模拟数据集强烈的依赖。

估计和模拟考虑因素与储层建模类似。后处理通常包括连通性分析及流动模拟，以评估详细储层构型的影响。结果可为储层模型尺度选择提供支持，或说明该模型需要较大的分辨率，或需要确认是否存在重大的构型风险。

7. 其他工作流程考虑因素

当地质统计学储层建模工作流程放在一起执行时，需要考虑多个其他因素。

首先，必须分配足够的时间来整理研究目标、特殊位点数据、模拟数据及理解位点概念。项目前期所花费的时间应与认真开始工作的时间之间保持平衡。当然，必须留下进行地质统计学研究和满足研究目标的时间。通常情况下，必须忽视某些数据，必须接受数据库中的某些错误风险，避免忽略某些地质情况，而且还必须接受对地质环境的理解不够充分的情况。妥协是不可避免的。

大部分地质统计学研究均重复进行，因为更多数据变得可利用或目标产生变化。很少有特殊地质统计学研究是对之前从未建模的储层新数据进行首次分析。最佳做法是集合并审核之前所有相关的工作报告、图件、模型和数据文件等，以避免犯可预防的错误，并改进之前因没有时间、数据或资源而产生的问题。

大多组织均设立了有关执行储层建模工作流程的程序。这其中包括确定的重大事件、定期审核和决策。在项目重大事件一致的情况下，可随时跟踪项目进度。另外，这为描述和比较项目之间进程提供了有效的沟通工具。项目组范围内及项目组以外的利益相关者定期进行的项目审核，这通常有相关的正式程序，以公平地进行关键性同业互查。这些审查中的技术输入为建模提供了改进机会，可对工作流程进行调整，甚至是做出重大变更并重复利用改良工作流程。设立的决策将评估项目的进程并决定继续还是放弃努力。当所有这一切都具有挑战性且项目组有很大负担时，这种监督，有时候甚至是重复工作或终止一个项目的选择对于优化项目价值而言至关重要。

五、报告与文件编制

给内部项目报告与文件提供实用性的建议时，本书中未尝试解释正式储量和资源报告规定（例如按照美国证券交易管理委员会的规定）。关于这方面的信息，请参见当前相应管辖区颁布的标准及规定。

储层建模项目报告与文件编制属于劳动密集型的，似乎不会推进项目目标。同样，考虑到数据的所有结合和迭代、数据转换和校准、地质概念发展及初始建模期间推导的统计参数，很难保证文件编制符合时代的趋势且是有序的。若未进行相应的文件编制，则有很高的风险会产生严重的错误或不必要的重复工作。文件编制时，必须强调假设和限制，必须维护决策，并且这些步骤必须能被合格熟练的专业人士重复。

（一）数据文件编制

许多地质统计学储层建模项目整合了大数据库，并需要各种数据清理、数据格式化、校准、变换及尺度运算。最佳做法是仔细记录数据清单及存在于数据库和概念理解中的限制条件。第三章第一节数据清单中描述的数据事件概念的利用在此派上用场。各数据集甚至是数据集中的单个数据都具有元数据，可详细说明其起源、同年代产品、操作员操作例如变换、校准等，以及未来可能会提出的潜在数据问题，这将大大改善模型质量且便于修订。

在许多项目中，特别是在初步分析时，数据版本成倍增加，因为尝试将运算符的各种结合操作用来提取各变量的数据关系或变量之间的趋势。例如：可将各种过滤器应用于地震响应图中，以尝试揭示与储层属性的关系，或者各种趋势可能适合的数据，尝试将非均质性分成与概念模型相匹配的合理确定性分量和随机分量。混合这些数据和数据衍生版本可引起明显误差。另外，努力将质量控制应用于数据库进行备案，以提供质量保证，并防止后续需要再重新解决这些问题。

编制文件时，完整的书面报告是更好的，尽管大家一致认为基于展示的文件编制在许多机构变得越来越常见。我们建议要谨慎，因为基于展示的格式通常不会为理解和复制之前的项目工作流程提供充足的细节。

（二）地质概念

地质概念趋向于定性或半定性。因此不负责储存典型的储层建模应用程序，这些程序通常储存数据集、项目文件、手稿和参数。最好用绘制的地图、图解和图标表示。出于这个原因，必须努力提供详细的报告，与包含实际数据和衍生数据的项目保存在一起。这就要数据和模拟之间有充分的沟通支持地质概念模型、相关不确定性模型和考虑的替换方案。本书参考数据库和建模项目中命名相同的相关数据事件。

（三）地质统计学算法

地质统计学是一门不断演化的科学，具有多个版本的工具。这些工具或算法通常随着时间和发展而变化。这些变化可能很明显，因为有算法或新参数的加入，或可能因隐藏于项目内部的算法变化变得更微妙。例如：过去几年里开发出了许多新版本的多点统计，以及各种实施细节和能力。将其与微妙的算法变化（例如"隐藏"法）对比，可自动分配最优搜索参数到克里金法和模拟，或在模拟之后对各种实现方案自动应用分布变化，以迫使进行直方图变换。

为了保证可重复性，指出地质统计学算法的版本及具体实施细节非常重要（除了输入统计、随机数种子和执行参数以外）。若项目为开放源码，则可纳入项目或商业软件，软件版本需注意供应商的软件更新信息。

（四）不确定性模型

在地质统计学方面，不确定性模型表示为实现方案总体，其是充分利用参数、输入统计和概念不确定性的结果（更多详情见第五章第三节不确定性管理）。最佳做法是将该不确定性模型的细节纳入文件编制，包括针对各输入和决策评估的不确定性及将这些不确定性输入多个实现方案的方法。这包括有关实验方法设计的细节，例如：全因子或Plackett—Burman部分因子设计法，以及排列实现方案所做出的努力。

排序独具挑战性。百分比排序在应用到模型实现方案中时具有极端的"粘性"。重要的是，确切的排序标准包括排序的模型。另外，还可能误用排序的模型。例如：项目中，在全球采收率排名第90位的模型实现方案可标记为$P90$。随后，该实现方案可能错误地应用$P90$结果来分析连通性、容量说明、两口井之间的局部流量等，它只是针对应用于原来排序的具体标准的$P90$结果才是明确的。

（五）经验教训及工作展望

文件编制时应考虑受众，包括再次接管项目的新项目组。通常，通过总结经验教训，这可大大提高工作质量和工作效率。这些有价值的信息应明确记录，以协助工作的开展。同样，考虑在项目组之间分享经验教训，因为对相似项目有利。经验教训的示例可包括：

一系列解释或提高数据可解释性的具体步骤、去除变量及简化项目工作流程的能力，甚至是清理数据所需要的努力程度。所有这些对于任何附加工作而言，都可能是宝贵的考虑因素。

（六）工作流程自动化

建模工作流程可以自动化。许多地质统计学建模软件包中具备该能力，甚至在使用独立公共域建模应用程序时，可通过脚本处理和批量处理使工作流程自动化。在许多情况下，这增加了构建工作流程的时间，但是大大降低了修改和重做工作流程所需的工作量。一般来讲，很少有工作流程只执行一次。考虑到这一点，建议（在可能的情况下）采取自动化，节约的成本。同样地，通常以脚本手稿形式的自动化为工作流程、工作流程步骤的文件编制、应用的算法、参数和输入统计提供明确的审计跟踪。将评论纳入脚本或工作流程自动化程序是个不错的想法，以提高可读性，还能解释重大的选择、非传统方法，甚至是可选择的想法或建议。

六、工作流程

本节的中心思想是构建符合目的的建模工作流程，以利用有效项目资源满足具体的项目目标。图3-47展示了可用于解决各种储层建模问题的常见工作流程。这包括下列步骤：明确目标和数据、制定概念模型、推断统计参数、估算变量及模拟多个模型和后处理模型。根据项目需要，针对所需的定制，该常见工作流程可增加或减少步骤。

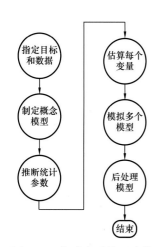

图3-47　解决各种储层建模
问题的工作流程

七、小结

第二章建模原理中讲述了基本原理，并引进了许多常见建模工具。在本章中，我们描述了构建使用常见建模工具的工作流程的考虑因素和方法。第四章建模方法将介绍各种建模方法及实施细节和示例。

第四章 建 模 方 法

本章将介绍建立储层模型的各种方法和工作流程。大比例尺建模一节是指按照大于地质统计学常用储层模拟的比例尺进行的建模与填图。这包括整合用于大比例尺建模的不同数据源的边界曲面、域、面域、趋势和方法。

《基于变差函数的相建模》对相和相建模进行了评述，并介绍了用于相模拟的基于变差函数的传统方法。这些方法应用广泛并具有很强的实证性。

《多点相建模》介绍了相建模中近来广泛使用的 MPS 方法。这种方法能够更好地符合地质概念，同时也保持了基于像元的能力以符合条件数据。

《基于目标的相建模》探讨了一种更接近地质体真实几何形态的相建模方法。基于目标的模型在视觉上很有吸引力，因为其所产生的模型实现了对野外露头、高分辨率地震类似物和现代沉积物理想化几何形态的再现。

《过程—仿相建模》介绍了通过借助规则将地质过程编码到模拟算法中，以试图重现更多地质复杂性的方法。

《孔隙度和渗透率建模》探讨了通常在相约束下模拟孔隙度和渗透率等连续储层属性的各种方法。

《模型构建优化》介绍了一种作为复杂约束整合和调节替代方案的优化方法。

第一节　大比例尺建模

大比例尺建模是指按照大于地质统计学常用储层模拟的比例尺进行的建模与填图，这些将在第四章第二节至第四章第六节中进行讨论。这可能包括限制储层体积的平面界限和边界曲面建模、结构框架和地层相关性、区分不同储层子集的面域标识、构建趋势来模拟和约束面域内的变化以及整合各类数据的填图技术，以加深对大比例尺特征的认识。这些均是储层建模中的重要初始决策，甚至可能与大比例尺勘探建模相关。

结构和边界曲面小节介绍了建模关注域的建立。这是一种关键的网格化框架，是对可汇集和应用统计数据的地下容积所做出的平稳性决策的一部分。虽然列出了实际考虑因素，但很明显，这部分建模的好坏与良好的地质制图和对地层的判断密切相关。

关注域通常可细分为具有不同平稳储层属性的区域。在许多情况下，这是对位于同一网格域框架内的不同相或更大比例尺子集进行建模的决策。面域的标识小节探讨了与面域相关的决策，例如子集数据和边界的选择方法。

第二章第四节初步填图概念介绍了趋势模型的应用和在地质统计学算法中加入趋势的方法。趋势模型构建小节介绍了趋势构建的实际方法和实现细节。包括手工填图法、距离反比法和移动视窗法等方法及趋势检查和其他考虑因素。

多变量建模小节介绍了在大比例尺上整合各种次级数据源的工作流程，提供了有关主变量的信息，以及符合主变量间变量关系的不确定建模方法。这些工具提供了强大的整合数据的能力来辅助建立大比例尺模型，例如本节所涉及的域、面域和趋势。

一、结构和边界曲面

边界曲面定义了储层的结构，通常是整个储层模型的外部约束或储层内独特的地层单元（Caumon 等，2009）。这相当于使用域或容积的概念，进而应用地质统计学模拟。这可能是平稳性决策中最重要的一个方面，对储量计算、生产计划和经济预测具有最重要的影响。边界曲面（以及应用时的相关面域）内的容积是用模型网格框架（第三章第二节概念模型）和固定输入的统计数据及非平稳趋势（必要时）所限定的固定域。

这种方法采用自有网格系统将储层模型分成了不同的组。其可能适用于各种比例尺，如体系、复杂积层和复合体。通常，元素和子元素构型更易于通过像元或基于目标的建模方法进行建模，如第四章第二节至第四章第六节中所述（见下文）。在较小比例尺度上使用边界曲面建模将非常耗时，效率低下，并且可能无法得到可用信息。

我们以一个三角洲储层的边界曲面模型为例。边界表示为从一个域到另一个域的过渡面。例如，边界由合适的网格框架、输入数据和内部定义的非平稳趋势模型确定，限定了整个三角洲储层的范围，或者可以定义多个边界以区分三角洲的各个组成部分，且每个组成部分均具有适当的网格框架、输入统计数据和非平稳趋势模型。图 4-1 所示为三角洲储层倾向剖面，分别应用了单个与两个域表示三角洲顶积层和前积层的域。

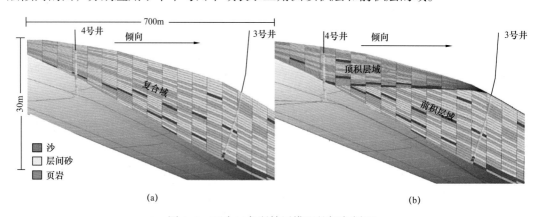

(a)　　　　　　　　　　　　　　　　　　(b)

图 4-1　两个三角洲储层模型的倾角剖面

（a）图应用了单个域；（b）图应用了两个表示三角洲顶积层和前积层的域；通过应用两个域，可表示出
地层相关性和侵蚀不连续性，但代价是更为复杂，建模时间也更久

确定结构和边界曲面是平稳性决策的重要组成部分。平稳性的一个重要方面是域内的统计属性均是单独建立的，并且限制的空间范围必须比研究的变量更易于建模。如果完全不清楚边界的空间范围，并且不具备有关界限性质的可靠概念性地质知识，那么也许不该划分这些域。数据和概念形式的信息必须可用，从而可提供帮助。

储层建模面临着边界曲面和域方面的各种挑战。储层可以是具有不同流体界面的各种构造和地层圈闭。在为油—水和气—油界面的情况下，相关边界曲面可以代表与相、元素、复合体、复杂积层或与不同储层流体相关的整个储层或特定储层单元。边界曲面可以代表顶部和底部地层不整合面、封闭性断层或类似的非储层断层过渡面。边界曲面模型对储层容积和开采也有其潜在的影响。

（一）对容积的影响

边界曲面限定最终范围，从而圈出每个储层域的容积（如果按单个域进行建模，则为整个储层）。在许多储层中，域边界曲面垂直错动数米或横向移动数十米至数百米会影响储层开采是否有经济价值的判断。与地层和构造夹层及流体界面有关的几何复杂性会进一步突显容积相关边界曲面位置的重要性。

（二）对开采的影响

边界曲面提供了储层构造和范围的模型。这对储层开发方案的设计非常重要。例如，为了设计水驱开发方案，注水井的位置需靠近储层范围，从而优化注水井位置，或可对生产井的位置进行优化，使其接近下倾面边缘。定向井的改进增加了良好边界曲面和边界曲面不确定性模型的重要性。这些模型对优化和降低前述开采方案的风险至关重要。

（三）方法学

边界曲面建模的一般方法如下：
（1）收集所有相关硬数据；
（2）应用概念模型和次级数据，以在缺少硬数据的位置进行填图；
（3）设计合适的不确定性模型。

（四）收集硬数据

第一步，考虑概念模型，决定将哪些数据汇集在一起进行有意义的分析。虽然下面的讨论针对的是域的选择，但这些概念可延伸到下一步域内面域选择的比例尺。这种选择在地质建模中的各种稳定性决策中很常见，是典型的集总与拆分两难困境。以下的一些考虑因素可能有助于做出收集多少数据的决策——或者换句话说，延伸平稳性的程度。在某些情况下，可能适合使用多种方案或沿井面域或域的实现对汇集的数据进行不确定性建模（见图4-2b的不确定性边界曲面井截距）。

必须对域边界曲面的不确定性（即域的位置和容积）进行建模。该决策中存在权衡取舍，与确定性趋势及随机残差的平衡类似，见本节后文。

域内和域间均存在不确定性和变异性的划分。当所建立的域模型更具体时，模型不确定性会下降。另一方面，较大的域导致更显著的平稳性假设。对于较大容积，域统计数据与位置无关。一般来说，对于较大域，输入的局部信息较少，并且所得到的模型组织较少，特征更多样。生成信息最丰富模型的一个中心前提是，应将所有有价值和可靠的信息输入模型中。

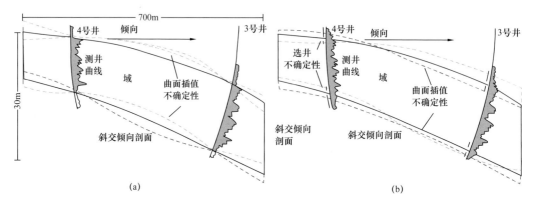

图4-2　示有两口井和指示储层质量的相关测井曲线的三角洲储层斜交倾向剖面示意图

（a）由于储层单元顶部和底部的界面突变，汇集数据的决策简单明了；（b）由于储层顶部和底部的渐变过渡面，汇集数据的选择更具挑战性，域的界面可能不确定；在这两种情况下，曲面插值的不确定性可能会增加

　　Wilde（2011）提出，可以利用Q—Q图在视觉上直观地帮助做出平稳性决策。在这种方法中，将各种子集的分布与全局分布进行了比较。通过这种可视化，可以很容易地观察到各子集间及每个子集与全局间连续变量分布的相似性和差异。

　　与45°线明显不同的子集可以设置为其自身域，并且可以将在地质上合理的并列子集汇集在一起。值得注意的是，单变量的分布不是区分域的唯一考虑因素，空间非均质性、填图能力和网格也是重要的考虑因素。

　　沿井域的选择与从井处延伸的储层距离有关。在许多情况下，储层范围用储层质量相与不良储集岩间明显的不整合面表示。然而，这些相可能会表现出非均质性，而无明显的井间连通性迹象，从而导致难以选择是否要将其纳入储层域中。在其他情况下，相变可能是暂时的，从而导致储层质量逐渐下降，可能的表现有整个体系的垂直海侵或海退。在这些情况下，很难决定储层域边界的位置。显然，垂直扩展井位处的域将更多的过渡相岩层与储层域汇集在一起可获得更大的容积，但同时会降低储层域内的平均储层质量。

（五）绘制缺少硬数据位置的域

　　建立缺少数据位置的固定域范围通常具有挑战性。将所选域与数据位置分隔开的边界或界限可能很明确，因而采用了确定性建模，或者它们可能相当不确定而采用了随机建模。如上所述，平稳性的一个重要方面是域内的统计性质是不同的，并且界限的空间范围必须比直接相关的变量更容易建模。

　　模型边界或界限的最常见确定性建模方法是在地震剖面上对它们进行数字化，在剖面之间构建插值曲面，或者利用引导式自动拾取程序识别来自三维地震的层面以直接对边界曲面进行建模。

　　固定域需要对储层的整个范围进行绘图。很显然，这是影响储量和开发方案的重要决策。这一决策通过基于所有相关信息整合的良好地质填图得到了完美解决。以下是可能有所帮助的一些考虑因素。

类似于井位处的域分配，也应认识到平均储层质量与容积之间的权衡取舍。例如，以三角洲储层的储层质量分布平面趋势图（图4-3）为例。在明确的储层和非储层边界之间设置储层边界可能很困难。显然，扩大储层范围将会增加储层容积，同时平均储层质量会下降。

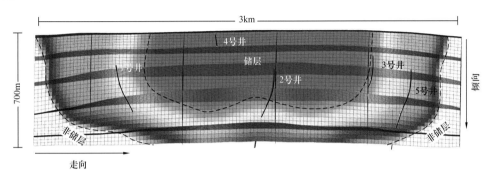

图4-3　古盆地合成模型中三角洲储层的储层质量分布平面趋势图
（冷色表示储层质量良好，暖色表示储层质量较差）

储层容积与储层质量之间的平衡众所周知，且相对于边界品级，其相当于采矿业中的"品级吨位曲线"（见图4-4中的示意图）。虽然在储层地质统计学中不常用，但某些概念还是可以互通的。随着储层进一步延伸到过渡相，储层容积会增加，但平均储层质量会下降。将统计分布从主要储层扩展到过渡岩石上是不合适的，必须尽力去除统计数据的误差或偏差。做出有关储层域的决策时，可以通过比较各种数据汇集时的储层容积和储层属性统计数据来观察这种决策的影响。

（六）边界曲面不确定性模型

当具有合理置信度对确定性边界进行建模时，最佳做法是在固定域之间进行建模。如果量化不确定性是研究目的的一部分，那么必须时常考虑界限内的不确定性。

这可以通过考虑边界曲面的不确定性对项目目标的重要性来加以评估。曲面不确定性图示见图4-2。

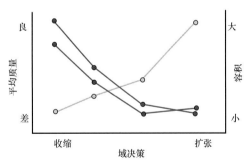

图4-4　古盆地合成模型中三角洲储层质量的
平面趋势图

蓝线和红线是两种平均储层质量性质，而绿线则是
储层体积

考虑到对储层容积和潜在不足的一级控制以及数据控制的边界分辨率有限，这种不确定性通常是一个重要的考虑因素。此外，考虑到边界曲面解释中涉及的各种假设和误差，假设完全已知是不合理的，即使有良好的数据控制也不会没有不确定性。对于基于地震的面填图方法，速度模型解释中可能存在系统误差和局部误差，从而导致显著偏差。

曲面中的随机偏差可通过模拟曲面上的差异值加以考虑（Deutsch，2011；McLennan

和 Deutsch，2007）。典型的工作流程是对顶面构造（或地震数据最能反映的层面）进行建模，并通过地层柱向上或向下施加等间距线厚度。应注意确保每个步骤的数据调节及与底面的合理偏差。应使用曲面平均偏差的不确定性，可采用引导重采样法（见第二章第二节初步统计概念）来计算平均偏差的不确定性。应注意考虑所有的误差来源。例如，地震可分辨能力的限制可能会导致产生小幅度的短程误差模型，而速度场中的不确定性可能被建模为边界曲面中的大幅度、长相关或一致移位。以下总结了一套解释这种考虑因素的合理程序。

假设基准算例层面无偏差，并假设与基准算例的偏差遵循高斯分布。这种假设可能是合理的。如果对分布的了解更加清楚，那么正态变换和回归变换将取代下面采用的简单（非）标准化方法。必须获得基准算例值（构造或厚度）：$[z_b(\boldsymbol{u})，\boldsymbol{u} \in A]$，其为来自地震二维网格的值。一般来说，这些值适用于井数据：基准算例层面中不确定性的全局估计值 σ_δ，根据时间解释不确定性及时深确定性建立单个数字（如果认为这些误差是独立的，则为其总和）。这将基于对地震数据的检查及可能的不同解释之间的差异。平均值的不确定性是根据标准误差和独立数据（大井距井）的数量来计算，如果涉及井，则需要空间辅助程序。可以考虑绘制局部变化的不确定性图。曲面波动的连续性可通过对地质分层和相关等厚线厚度进行变差函数分析来计算。

这些参数必须从可用数据中建立。通过建立可能不等于零的目标均值来进行模拟，模拟偏差并将其添加到基准算例层面中。该模拟的细节见 Alshehri（2009）的论文。如果目标均值恒为零，则所得到的边界曲面可在基准算例层面之上和之下实现局部波动，但是预计储层容积不会发生净变动。如果这些波动相对于储层构型和趋势尺度较小，那么这可能对总储层不确定性产生极小的影响或根本没有影响，也就是说，一个位置处的储层厚度减少，则另一个位置处的储层厚度就会增加。因此，建议考虑全局变化及目标平均偏差为零的可能性。此外，显著的小尺度波动可能会导致不符实际的域内孤值。

与之前的模拟法不同，边界曲面可用专门设计的层面来表示。当层面几何性和约束复杂度较高时，该方法可能是最佳选择，并可最大化整合应用地质专业知识。在这种情况下，设计各种层面集以跨越层面解释中的不确定性。如第五章第三节不确定性的管理中所述基于场景的不确定性一样，需要足够数量的场景且必须分配每种场景的概率。

在某些情况下，可通过 McLennan（2008）与 Wilde 和 Deutsch（2011）提出的基于距离的方法实现边界的自动化建模。这种方法的优点是能够处理典型采矿地质体的复杂层面。在这些方法中，在具有平滑性假设的数据之间插入了边界，且基于距域内（在最可能边界处从零开始递减的负坐标）和域外（从最可能边界开始递增的正坐标）最可能边界的距离建立了距离函数。边界的实现是通过系统地应用距离函数阈值使域全局扩张或侵蚀域，或通过生成距离值阈值使域产生局部扩张或侵蚀来生成的。

二、面域标识

在由边界曲面定义的模型域内，通常需要将模型进一步划分为平稳面域。"面域"一词可表示域网格框架内单独建模的任何子集。通常包括具有单变量、多变量或空间统计数据显著变化的可填图储层单元，这些单元不易用非平稳趋势模型来进行解释，但由于将其作为独立域进行建模时具有不连续性、规模性和不规则性的特征，因此会显得很单调。此外，面域适合单个网格框架；因此，它可以包含在单个域中。

常用的面域是相（有关相建模的信息，请参见第四章第二节至第六节）。相分类可采用不同的统计方式，但它们通常具有非均质性且不连续；因此，不应按其自身域进行建模。它们应被分隔开，否则储层属性将在所有相之间混合，从而导致重要信息丢失。

面域可以不同尺度存在——例如，表示复合体和复杂积层。子集化为域或面域之间的决策，是一种为了方便和网格化的安排。再者，如果子集表示地层相关样式的连续大尺度变化或需要网格分辨率来表示非均质性，那么应该分配一个新的域；否则，面域将作为模拟模型单独平稳子集的有效手段。

在域的边界曲面中所探讨的所有考虑因素均与面域相关。储层的容积直接受良好储层质量相比例的影响，并且范围受相（或面域）的局部变化比例模型的影响。面域决策会影响储层的连续性。因此，它们可能会影响储层开发计划。最后，面域是平稳性模型的重要组成部分。选择哪种方式取决于变异性程度，以包含面域内与面域间的区域。例如，一个极其详细具体的相方案可能在每个相内具有非常小的储层质量变化，并且大多数变化存在于相与相之间。对于此类模型，相建模对储层属性非均质性具有最主要的约束作用，随后的连续储层属性模拟具有的重要性则越来越小。相反，较不具体的相模型汇集了各种各样储层质量的储集岩，从而导致相类别可能更少、相内变异性显著以及相间变异性更小。

在这种情况下，连续储层属性模拟更显重要。人们很容易想到使用用于面域分配的纯统计工具。当然，不合适采用未考虑储层属性（即储层容积和非均质性的主要驱动因素）的相分配。例如，应避免基于物源、矿物组成和结构但与孔隙度和渗透率关联性弱的相方案。然而，依靠井分析化验的储层属性的统计聚类和分类方法可能会丢失与空间连续性和地质填图相关的重要信息。例如，一个可能并非最有效统计聚类的相分类可能会更符合地质实际和可填图架构。

面域边界可分为硬边界或软边界两类。硬边界通常采用基于面域的建模来进行假设。根据该假设，整个边界均无连续性，并且数据条件仅强加在数据事件的已标识面域内。例如，在具有硬边界的砂岩、互层砂岩及页岩模型中，从砂岩到互层砂岩、砂岩到页岩或互层砂岩到页岩的孔隙度均不存在连续性。砂岩中的高孔隙度带可能与互层砂岩中的低孔隙度带相邻。此外，砂岩中的孔隙度样品对互层砂岩或页岩的相邻孔隙度模拟无任何影响。砂岩中的高孔隙度区域可能靠近互层砂岩中的低孔隙度区域。这是一个强有力的假设，可能会对所得到的储层非均质性模型具有重大影响。

软边界以各种方式放宽了这一假设。一种方法是保持每个面域内定义的全局统计数据，但允许在整个面域边界上对来自其他面域的相邻数据进行调节。Larrondo（2004）与Larrondo 和 Deutsch（2004）则提出了更为复杂的方法，该方法涉及面域统计数据在整个边界面域上的混合。

面域边界类型假设很重要。作为直接从井数据中测试边界类型的方式，Larrondo（2004）和 Wilde（2011）提出了界面剖面的概念（图 4-5）。面域一经定义，就会根据与边界的距离绘制出储层属性的曲线图。期望线或曲线可能适合说明边界的性质。硬边界应通过跨边界属性的离散变化来表示，而软边界应指示出边界附近的过渡带。

硬边界和软边界可应用于上述域的边界曲面上。这并不常见，因为域边界曲面通常表示地层的不连续性；因此，预计会采用硬边界。但是，软边界可能会提供改进模型的方法，即在适当的时候考虑模型域以外的信息。域和面域内的属性可能会受到趋势模型的进一步约束。

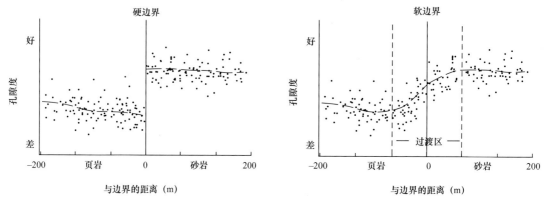

图 4-5　页岩和砂岩相孔隙度接触界面剖面图示
（a）为硬边界，边界处的孔隙度离散变化；（b）为软边界，页岩与砂岩相之间的孔隙度渐进过渡

三、趋势模型构建

第二章第四节初步填图概念讨论了：（1）解释输入统计数据趋势的一般方法，例如连续性方向、连续方式和分类比例等；（2）通过分解确定性趋势和随机残差来纳入趋势的方法。这些方法提供了在上述建模面域内和有界域内加入趋势的方式。在本小节中，讨论了趋势构建的机制。

Caers（2005）、Chiles 和 Delfiner（2012）、Deutsch 和 Journel（1998）、Goovaerts（1997）及 Isaaks 和 Srivastava（1989）等提供了关于趋势建模的一般指南。趋势建模没有纯粹客观的方法，与所有其他平稳性问题一样，趋势建模也是一种理论可行但缺乏实践依据的做法。

确定性和随机性变异的分离必须小心谨慎。确定性组成部分的过拟合会减少不确定性并导致过拟合属性模型的非均质性变化过小。不符合储层属性变化的确定性方面会导致属性模型无法再现真实的地质趋势、忽略重要信息，从而可能导致储层预测效果不佳。

我们对趋势的认识将随着所获数据量的增加而变化，并且可通过获得更大覆盖范围和更高分辨率的数据而变得更加精确。分类比例或连续平均变化的尺度通常应远大于数据间距，并应得到地质概念模型的支持。任何具有更高分辨率但无数据支持的趋势均应谨慎使用，并应辅以概念与类似物方面的强力论据。

将储层视为在任何平稳性假设中都过于复杂且多变的是不切实际的，并且也不可能将具有不同沉积和成岩控制的复杂集体组合在一起，也无法假设会出现预测模型。

以下重点介绍建立分类趋势的方法，我们称之为局部变量相比例模型。我们重点关注分类情况，因为它比连续的非平稳平均值更常用，但所有概念均可通用，并且可能进行扩展。

（一）建立趋势的方法

有许多方法可用于构建趋势模型（Gonzalez 等，2007；Kedzierski 等，2008）。一般而言，这些趋势通常基于平面、二维和垂向一维进行计算，然后集合成完整的三维趋势模型，数据密度足够时可以直接计算三维趋势。有关制定三维趋势的更多信息将在本节展示。使用二维和一维趋势的优点是过拟合不再是一个问题。

（二）手动绘图

传统的手动绘图是整合地质知识的一种有效方法。这些方法非常灵活，可以整合从地质概念模型中获得的任何平滑趋势特征。然而，这些方法通常很耗时，并且对于直接构建完整的三维趋势模型而言也不实用。现代方法允许计算机自动插值，从而优化概念信息和集成的效率。这是针对稀疏数据的推荐方法，因为随后描述的任何机器拟合方法在稀疏数据中均表现不佳。

（三）移动窗口

移动窗口平均为计算趋势模型提供了一个灵活工具。指定窗口大小，然后在面域或区域上进行扫描，并将窗口内数据的平均值分配给窗口的质心。这需要对没有数据的位置（扩展窗口或假设全局统计数据）做出一些假设，并且可能会造成域边缘伪像，因为在边缘处可用于平均的数据较少。通常，唯一可用的参数是窗口大小。增加窗口大小可使趋势更为平滑，但减小窗口大小可带来更多的局部变化。

Manchuk 和 Deutsch（2011）提出了一种更灵活的趋势建模方法，包括窗口各向异性和非均匀权重。窗口各向异性权重可以基于空间连续性及有利属性的可能各向异性和每个方向上的数据密度给定（图4-6）。例如，在典型的井数据集中，垂直（或近垂直）采样率远高于平面采样率。统一的移动窗口可能平均掉重要的垂直信息。

可以使用高斯加权来替代典型的均匀加权。在没有额外数据的情况下，所有数据都相等这一

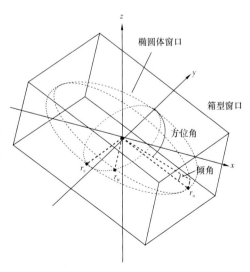

图4-6 箱形和椭圆体平均窗口及相关参数
（据 Manchuk 和 Deutsch，2011）

假设是客观的。然而，均等加权法有一个缺点，即它可能会产生不连续的趋势，这些趋势显示为伪像。或者，高斯加权函数可使用类似于高斯分布函数的函数来计算权重：

$$w_i = \exp\left(\frac{-9R_i^2}{r^2}\right)$$

（4-1）

其中，R_i 几何距离（以第二章第三节量化空间相关性中讨论的方式证明各向异性）是指该窗口中从 u_α 到第 i 个数据的距离。使用高斯权重假定更接近 u_α 的数据比远离 u_α 的数据更重要（通常是这样的）。如果该窗口为显式定义，则 r 是指最终的各向异性范围。如果该窗口为隐式定义，则 r 应定义为从 u_α 附近找到的 n 个点之间的最大距离。无论是隐式窗口还是显式窗口，r 的选择均可确保连续趋势，即使该窗口的微量偏移导致数据交换。均匀和高斯权重的例子分别如图 4-7 和图 4-8 所示。

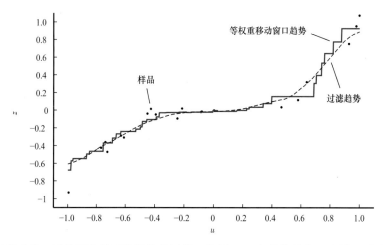

图 4-7　等权重移动窗口平均导致的不连续趋势示例，使用 0.24 个单位的窗口半径，不连续性可被过滤（据 Manchuk 和 Deutsch，2011）

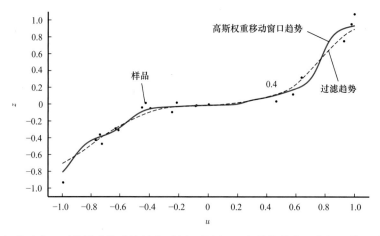

图 4-8　高斯加权移动窗口平均导致的连续趋势示例，使用 0.5 个单位的窗口半径，该过滤处理可用来平滑结果（据 Manchuk 和 Deutsch，2011）

（四）反距离

反距离基于所述数据的反距离加权平均值来计算局部趋势值。将权重应用于该距离中，从而说明远离估计位置的不利影响。通过增加权重，使该趋势更为具体（距离越远，权重越轻）；通过减少权重，使该趋势更为普遍。可以通过该距离的几何变换来施加各向异性（与第二章第三节量化空间相关性中所解释的相同）。在反距离加权之前，应为所述距离增加一个常数，以避免过度拟合，并增强该趋势的平滑性。

（五）克里金法

克里金法（如第二章第四节初步绘图概念中所讨论）提供了一种计算空间连续性的有效估算方法。用户可以改变输入的变差函数模型，来直接影响趋势模型的大部分。较小的连续性范围会导致趋势模型远离数据位置处更快地接近全局平均值。一般来说，块克里金法应该考虑具有相当高块金效应（30%～40%相对块金效应）的变差函数。还应该考虑放大搜索半径，以避免伪像。

（六）建立确定性趋势模型

对于前面提到的任何方法，均必须避免高估空间变异性，并确保趋势不过拟合。这些概念是相互关联的。两者都导致该趋势所描述的方差过大，并且剩余数据过少，因此只能作为残差而无法进行随机建模。该趋势通常应具有平滑的特点，可以通过局部数据和地质概念来合理了解。此外，该趋势不能完全再现数据。这将导致残差统计分析没有残差。

为了确保反距离趋势应用的趋势精确性，首先应对数据进行平均化（例如，平面趋势的垂直平均化或垂直趋势的平面平均化），或者应为该距离加上一个常数。对于基于克里金的趋势，该数据可采用类似方法进行平均化，或者可应用具有离散网格单元的块普通克里金法。为了保证平滑性，移动窗口应当足够大，采用低于正常值的反距离权重来实现反距离加权，并且块克里金法可以应用块金效应。

在实践中，我们首先考虑垂直趋势，然后考虑平面趋势。垂直趋势分析的第一步是对井数据进行目视检查。在考虑任何地质统计模型之前，应了解地质学上的大多数趋势。应构建连续变量的垂直趋势图或相的垂直比例曲线，以寻找和量化垂直趋势。图4-9显示了每个趋势示例。

这里有很多有关连续趋势曲线（图4-9a）的评论。当所有点均接近同一平均值或在简化的箱形图中存在相当多的重叠时，则在建模时不需要考虑垂直趋势。当这个图上具有明显的特征时，应该考虑趋势。这些点可以直接应用于所述趋势上。也就是说，在每个地层层段内，该趋势或平均值被认为是恒定的，并且等于层段内数据的平均值。拟合多项式模型需要更多时间，并且应检查拟合是否合理；然而值得指出的是，应避免出现选定间隔边界处的不连续伪像。

图4-9右侧的相比例曲线可以得出类似的结论。可应用不同技术来说明连续变量和分类变量的趋势。

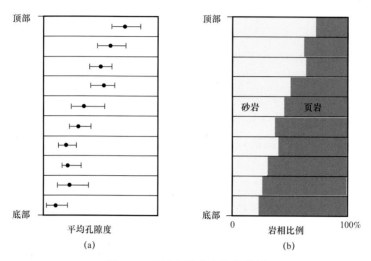

图 4-9   地层中的垂直趋势示例

该层被划分成相等的地层层段（在这种情况下为 10 层）；计算连续属性的平均值，以及不同相的比例；黑点是落在该地层层段的所有孔隙度测量值的平均值；附加行是落入该区间值的 80%（或其他任意）概率区间

考虑图 4-10 中的实例。如果井距相对较远——也就是说 d_1 和 d_2 间的井距相对于水平变程的范围较大，那么在许多实现中，位置 A、B 和 C 将具有相同的平均值。这将是错误的，即使没有相邻的井数据，A 的平均值也应该大于 C，应拟合垂直趋势并使用残差来强化这一趋势。

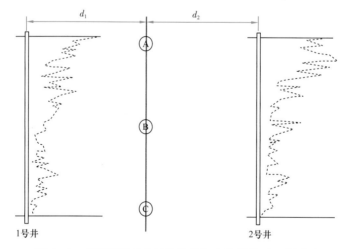

图 4-10   显示明显垂直趋势及其相应位置的两口井图示

三个位点 A、B 和 C 的预期平均值或平均值应该不同；然而，如果 d_1 和 d_2 的井距超出相关范围，并且未对该趋势进行明确建模，则它们将是相同的

平面趋势通常与垂直趋势分开建模。可视化和拟合三维趋势模型很难同时进行，并且存在过度拟合的危险。拟合垂直趋势较平面趋势更容易些。当然，在进行任何地质统计建模之前，必须将平面和垂直趋势调整为一致的三维趋势模型。

对于相指示变量，应在地层垂直范围内计算每个相的比例。对于连续变量，应在地层垂直范围内计算该变量的平均值（在每个相中）。这些值示于平面图上，并通过手动或计算机进行绘制。图4-11给出了两幅平面图的图示。应该使用左侧的趋势，而不应使用右侧的趋势。我们应寻找比数据间隔更大的趋势或变化。一般来说，如果对是否需要趋势模型存疑，则不应对趋势进行建模。可以审查未构建趋势的模型，以确认所再现的大部分特征已符合要求。

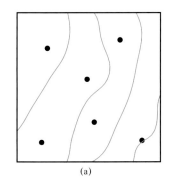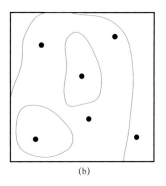

(a)   (b)

图 4-11 关于平面趋势的两幅平面图

（a）示例显示了比数据间距大得多的趋势；（b）示例尚不太清晰；在这种情况下，我们可能会选择不进行平面趋势建模（b）

平面趋势可通过网格平面图在同一网格间距（与稍后构建的地质统计相和属性模型相同）上进行建模。现在，必须将平面趋势图 $m(x,y)$ 和垂直趋势曲线 $m(z)$ 合并为三维趋势模型。

还没有将趋势图与趋势曲线进行合并的独特方法。理想情况下，应提供额外的地质知识，以确定最佳方法。简单实用的方法是将垂直曲线缩放到正确的平均平面上：

$$m(x,y,z) = m(z)\frac{m(x,y)}{\overline{m}} \tag{4-2}$$

其中 $m(x,y,z)$ 是最终的三维趋势值，$m(z)$ 是 z 位置的垂直趋势，$m(x,y)$ 是该（x, y）位置的平面趋势值，$\overline{m}$ 是所认为的该变量的全局平均值。这种方法相当于将垂直趋势曲线缩放到正确的平均平面上。应当检查生成的三维趋势模型 $m(x,y,z)$ 的非物理结果。一个可能的问题是高值太高，而低值又太低。可以为 $m(x,y,z)$ 设置上限和下限。

方程（4-2）的替代方法是对趋势值进行平均化——即 $m(x,y,z) = [m(z)+m(x,y)]/2$，但这往往会使趋势平滑很多，以至于不能在随后建模中复制。Hong 和 Deutsch（2009b）提出了基于加权概率组合方案的分类比例模型的组合方法。

$$p_k(x,y,z) = \left(p_k\frac{p_k(x,y)}{p_k}\right)^{w_1}\left(\frac{p_k(z)}{p_k}\right)^{w_2} \in [0,1] \tag{4-3}$$

其中 w_1 和 w_2 是施加在每个比例比率上的权重，其可限制平面和垂直分量的相对重要性。加权模型转换到条件独立模型，只需令 $w_1=w_2=1$。该比例比率的最小值为零，但理论上，它没有最大的界限。通过将比例归一化为1.0，从而对所得的趋势模型进行强制闭合。

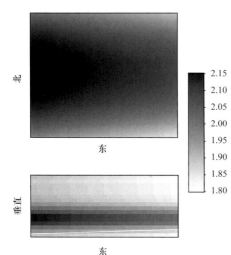

图 4-12　储层内（地层垂直坐标）对数渗透率三维趋势模型水平和垂直横截面

图 4-12 显示了渗透率对数的趋势模型（来自实际储层研究）。该垂直趋势非常明显。图 4-12 显示了整个储层三维趋势模型的两个截面。

这些步骤为所有的 x, y, z 位置建立了一个全范围的确定性趋势模型。针对局部变量比例模型的步骤是相同的。现在，我们应考虑如何使用该趋势模型。对于连续变量，有三种方法：（1）分解为均值和残差；（2）将趋势视为次级变量；（3）根据趋势对感兴趣的变量进行建模。首先讨论这些方法，然后讨论分类变量。

（七）分解成均值和残差

这个想法是将原始的连续 z 变量（孔隙度或渗透率）分解成局部变化的均值和残差：

$$z(\boldsymbol{u}) = m(\boldsymbol{u}) + r(\boldsymbol{u}) \tag{4-4}$$

在整个储层的所有位置上定义局部变化的平均值 $m(\boldsymbol{u})$ 或 $m(x, y, z)$。残差 $r(\boldsymbol{u})$ 仅在数据位置处定义。可以在所有位置估计残差，并将其加到数值模型的均值上；然而，更合适的是模拟残差的多次实现，并将其添加到均值上，以创建基础连续变量的多次实现。

将数据任意分离为趋势和残差可能会获得伪像非物理 z 值，也就是说，孔隙度的负值是由于将过大的负残差加到较低的均值上，孔隙度的值过大是由于较大的正残差加到了较大的正均值上。大多数伪像是独立于先验均值对残差建模的结果。

计算 z 值、m 值和 r 值的方差，这是很好的做法。根据方差和协方差的定义（参见第二章），我们可知：

$$\sigma_z^2 = \sigma_m^2 + \sigma_r^2 + 2C_{r-m}(0) \tag{4-5}$$

式中，σ_z^2、σ_m^2 和 σ_r^2 是 z、m 和 r 值的方差，$C_{r-m}(0)$ 是 m 和 r 的协方差。$C_{r-m}(0)$ 可以是负值或正值。如果它相对接近零，那么应该很少单独考虑它们。该趋势的重要性可以通过比率 σ_m^2/σ_z^2 来确定，所述比率是指通过趋势或局部平均值解释的变化的分数。

如果 r 和 m 之间的关系显著，也就是 $C_{r-m}(0)/\sigma_z^2 > 0.15$（采用标准化单位），那么这些伪像可能很重要，并且必须考虑平均值和残差之间的残余相关性。

第二章第四节提出的简单克里金形式假定在所有位点都有一个局部可变均值 $m(\boldsymbol{u})$。

（八）次级变量

这里的中心思想是将局部变化均值 $m(\boldsymbol{u})$ 视为次级变量 $z_2(\boldsymbol{u})$，用于残差 $r(\boldsymbol{u})$ 或原始数据变量 $z(\boldsymbol{u})$ 的协同克里金或协同模拟。将 z 变量作为主变量具有直接得到 z 直方图和变差函数的优势。

局部平均值或次级变量 $z_2(\boldsymbol{u})$ 可通过绘图应用于所有位点（见第二章第四节）。传统的协同克里金形式需要主变量和 $z_2(\boldsymbol{u})$ 变量之间协同区域化（LMC）的线性模型。由于该变量的来源，$z_2(\boldsymbol{u})$ 的变差函数可能非常平滑。z 和 r 的变差函数不会那么平滑。LMC 需要对变差函数进行结构套合：一些具有较高的连续性（高斯），一些具有较低的连续性（球状）。

由于次级变量（局部平均值）可用于所有位置，因此可考虑作为同位的替代方案。如第二章第四节所述，将次级变量作为同位的替代方案仅需要主变量和次级变量之间的相关系数。然而，次级变量的平滑性可能会给同位协同克里金带来麻烦。

（九）有条件的趋势

与趋势建模相关的问题来自趋势和残差分离建模，以及未能说明趋势和残差之间的关系，其中最重要的是异方差性。Deutsch（2011）提出了直接使用目标属性（无残差）的方法，并对符合该趋势模型的属性进行建模。在这个框架中，我们可构建一个模型。

$$F\left(z\,|\,t_i < T < t_{i+1}\right) \tag{4-6}$$

对于 $i=1,\cdots,n-1$，其中 n 是趋势模型的截断。该模型和方法等同于第第二章第四节初步绘图概念中所述的条件云变换模拟。虽然该方法再现了趋势和目标变量之间的关系，并且目标变量可进行直接建模，然而，该方法虽可防止产生不切实际的值，但是可能存在与条件云变换模拟共有的有关直方图和变差函数再现的问题。

分解成均值和残差也许是最简单的方法，除非用模拟再现原始 z 值的直方图时出现重大问题。

该趋势模型进行后续建模的方式取决于所采用的相建模的类型。第四章第二节和第四章第三节讨论基于像元的建模。第四章第四节讨论基于目标的建模，第四章第五节讨论过程模拟方法。这些章节将讨论使用比例值的具体方法。

（十）类型变量

局部变量相比例可以与第二章第三节中给出的类型变量指示变换一起使用。从地质学角度看，平均相比例的趋势模型是合理且符合预期的。这里存在垂直和平面趋势。这些趋势模型的构建方式与连续变量相同。

当有两种相类型时，只需要一种趋势模型；第二种相的比例或概率是 1 减去第一种相的比例。当有三个或更多（$K>2$）相时，这些相的比例总和应等于 1。可能需要一个重新标准化的步骤：

$$p_k^* = \frac{p_k}{\sum_{k'=1}^{K} p_{k'}} \tag{4-7}$$

该趋势模型进行后续建模的方式取决于所采用相建模的类型（即基于像元的建模、基于目标或过程模拟）。这些章节将讨论使用比例值的具体方法。

（十一）建立趋势的不确定性模型

如果趋势模型存在明显的不确定性，则可以选择不使用趋势模型，或者在可能的情况下，对这种不确定性进行建模，以便通过建模工作流程进行建模。这可以通过基于多种解释，以保留多种趋势方案来完成。如果采用机器方法计算趋势模型，则可以通过更改趋势参数（如窗口大小或变差函数模型）来改变趋势拟合。通过局部或全局转变趋势来解释不确定性，这样可能更有意义。鉴于趋势建模中主观程度较高，趋势模型中的不确定性最好依据专家判断进行评估。

（十二）趋势修正

以下讨论考虑了约束条件和整体比例。应注意在保留趋势模型空间特征的同时更正趋势。

趋势模型可能会受到一些限制。一个常见例子是要求局部变量比例在各个位置的总和为 1.0，也称为封闭性。当有两种相类型时，只需要一种趋势模型；第二种相的比例或概率是 1 减去第一种相的比例。因此，封闭性仅针对三个或三个以上的相分类而言。有些方法（例如具有统一权重的移动窗口趋势）应该自动遵守这个约束条件，但是对于其他趋势计算方法，则无法保证该条件。典型做法是对分类趋势模型进行局部标准化，以确保封闭性。

$$p^{\text{stand}}\left(\boldsymbol{u}_\alpha;k\right)=\frac{p^{\text{stand}}\left(\boldsymbol{u}_\alpha;k\right)}{\sum_{k=1}^{k}p^{\text{stand}}\left(\boldsymbol{u}_\alpha;k\right)},\quad \forall \boldsymbol{u}\in A,\ k=1,\cdots,K \tag{4-8}$$

另外，趋势值可能会超出已知的约束条件——例如产生负孔隙度值。首先，谨慎计算趋势，不要过度拟合趋势模型，避免做出过度推断，以尽量减少这些问题。如果这些问题仍然存在，作为最后的手段，则可能需要通过局部平滑来截断该趋势模型。

趋势模型应该遵循全局分类比例或连续均值。如果趋势模型显著偏离，则最终模型可能会因该趋势模型而有所偏差。趋势模型的简单全局变换可以应用于小的变化。

$$p^{\text{cor}}\left(\boldsymbol{u}_\alpha;k\right)=p\left(\boldsymbol{u}_\alpha;k\right)+\left[p^{\text{target}}\left(k\right)-p^{\text{current}}\left(k\right)\right],\quad \forall \boldsymbol{u}\in A,k=1,\cdots,K \tag{4-9}$$

式中，$p^{\text{cor}}\left(\boldsymbol{u}_\alpha;k\right)$ 是已修正的局部比例，$p\left(\boldsymbol{u}_\alpha;k\right)$ 是初始偏差趋势模型，$p^{\text{current}}\left(k\right)$ 是初始全局比例，$p^{\text{target}}\left(k\right)$ 是类别 k 的目标整体比例。当然，这种修正有些风险，因为这种系统性转换可能会使局部值变得不合理，并且会破坏封闭性，因此需要进行封闭性修正。在趋势计算时应该注意确保全局比例的紧密匹配，并且在任何修正之后均应检查结果。

（十三）趋势适用性

没有制定客观标准来判断趋势模型的适用性。但是，一些指标可用于检查不合理的趋势特征。这些标准包括以下内容：该趋势应该与全局均值或比例（如上所述）相匹配；在应用残差时，该残差的平均值应为零，并且该趋势和残差不相关。如果该趋势与全局输入统计量不同，或者该残差的均值不为零，那么该趋势可能会在模拟时引入偏差。如果趋势和残差之间存在相关性，则可能会引入伪像（作为趋势的分解部分），并且可假定该残差具有独立性。

鉴于这些指标已得到满足，可根据所得模拟实现的性能表现来检查该趋势。Leuangthong 等（2004）提出了一套适用于模拟实现的最低验收检查标准，包括全局分布和变差函数的再现（见第五章第一节模型检验）。这很重要，因为趋势和残差的分解会破坏这些统计数据的极值。Hong 和 Deutsch（2009c）将其应用于趋势中，并指出分类变量的趋势可通过预测相和真实相之间的高度相关性来检验。Deutsch 和 Journel（1992）和 McLennan（2008）提出了一种基于数据期望值（与趋势匹配）来检查趋势模型合理性的方法。

$$\text{实际分数} = E\Big[I\big(\boldsymbol{u}_\alpha;k\big) \mid p\big(\boldsymbol{u}_\alpha;k\big) = p \Big], \qquad \forall p,k = 1,\cdots,K \tag{4-10}$$

其中，$I\big(\boldsymbol{u}_\alpha\big)$ 是位置 $\boldsymbol{u}_\alpha$ 处的类型指标，$p\big(\boldsymbol{u}_\alpha;k\big)$ 是并置的趋势比例。鉴于趋势模型概率的连续性，建议使用分类方法。将每个位置的趋势模型概率 $\boldsymbol{u}$ 分为 K 类。对于这些类型中的每一类，应确定趋势模型具有指标 I_k 的位置处数据比例为 p。可以将每个趋势类型中具有指标 k 的数据的实际比例与趋势模型的预期比例作交会图（图 4-13）。

如果趋势模型完全合理，则图 4-13 中显示的点应位于容差范围内的 45° 线上。该容差取决于每个点所用的数据数量。趋势模型比例遵循多项分布，因此可以使用经典统计方法来确定 99% 的置信区间。假设真实趋势模型比例为 p_k，则基于 n 个数据点观察到的实际趋势模型比例 p 的概率由二项概率分布给出（Montgomery 和 Runger，2007）：

$$\text{Prob}\big(P = p\big) = \binom{n}{np}\frac{p^{np}}{n}\big(1 - p_k\big)^{n(1-p)} \tag{4-11}$$

这可以使用高斯分布进行近似处理，$B\big(n, p_k\big) \approx N\big[\, n_{pk},\ n_{pk}\big(1 - p_k\big)\,\big]$。构建 99% 置信区间所需的累积概率（0.005 和 0.995）可以使用二项概率分布或适当的高斯近似法来计算（Deutsch 和 Deutsch，2009）。

（十四）其他趋势考虑因素

其次，平衡确定性趋势和随机残差之间的变化很重要。我们不应该过度拟合数据，因为这会导致产生一个非常小的随机残差和一个不合理的小不确定性模型。相反，我们也不应忽视由数据和地质概念支持的趋势数据，因为这可能会导致产生不合理的大不确定

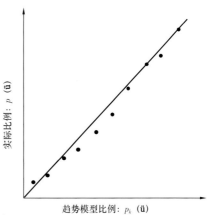

图 4-13 分类趋势模型的合理图
在线上即表明是一个合理的趋势模型，高于该线则表明该趋势模型过于笼统，低于该线则表明该趋势模型过度拟合或过于具体（Deutsch 和 Deutsch，2009）

性模型。一些趋势计算方法具有直接约束拟合水平的参数。对于其他情况，可以应用过滤器来平滑趋势模型结果。

外推法是一种具有挑战性的方法。必须注意确保在数据之外趋势建模的假设可靠，并且外推距离是合理的。一种模型是假定远离外围数据的趋势恒定不变。另一个模型是趋势外推，趋势值随距离数据的增加而增加或减少。后者需要强有力的数据支持，并且可能会产生不合理的趋势值。适度的外推是不可避免的，因为目标储层范围的边缘部分很少被采样，但是可采用极端外推来处理。

四、多变量绘图

传统的地质统计学技术已被设计用来模拟静态岩石属性中的非均质性和不确定性模型。这适用于转换函数的输入。当我们的目标是数据整合和不确定性评估，并且不需要详细的实现时（有关这些工作流程和其他工作流程，请参见第三章第三节问题公式化），有些时候我们是这样做的，尤其是在勘探尺度上（在大尺度储层框架建模时）。事实上，这些模型往往是不确定性平面图，它将所有可用的局部密集数据和稀疏采样的硬数据集成起来，以帮助勘探决策（Ren，2008）。这些模型可能对开发大比例尺框架很有用—例如，定义领域、面域和趋势。

在这些情况下，可能会有许多不同的变量：通过测井曲线、岩心和现场测试，直接测量大比例尺遥感变量、解释趋势状变量和其他响应变量。该问题范畴被称为大比例尺多变量，通常有 10～30 个甚至更多的目标变量。这些数据通常具有独特的覆盖范围、尺度和年份，并且彼此可变地相互关联和冗余。

在所有可用变量中，通常有两种类型的数据变量。主变量进行预测时具有不确定性，可以在为数不多的位点处获得（即从井眼或井位处直接测量储层性质）。在第三章第一节数据清单中，将这些数据称为主要硬数据，并记为 y_p，即为 $y_{p,i}, i=1, \cdots, N_p$ 主变量。二级变量有助于预测主变量，并且通常可以更为广泛地获得。二级变量包括地球物理测量、地质趋势及概念图，这些变量可能包括各种衍生图，例如推断得出的等高线、距物源的距离、沉积时的水深等。考虑 N_s 二级数据变量（$y_{s,i}, i=1, \cdots, N_s$）。该位置通常表示为 u_α，其中 α 是数据索引。

这些统计技术（如主成分分析、因子分析、ACE 和聚类分析）可用于总结变量之间的关系，但是它们不考虑空间相关性。传统的地质统计技术结合了空间结构，但是在存在许多二级变量的情况下，这些技术很难进行应用。

人们已经设计出许多地质统计技术用于处理多个变量（见第二章第四节初步绘图概念）。这些技术可解释变量之间的空间关系，并且可测量每个估算位置的不确定性。该方法采用的主要技术是协同克里金法，它适用于多变量高斯或指标框架。还有一些简化的假设，如同位协同克里金法和贝叶斯法。所有这些技术的主要难点是对相关的直接和交叉变差函数测量的推断，这需要大量的数据。对于 K 变量，它们总共需要（$K+1$）$K/2$ 个变差函数模型，这在实践中相当困难。自动拟合算法很有帮助，然而，当 $K=10$ 时，或在使用相对较少数据并具有较多变量的情况下，仍然存在推断问题。

采用高斯或贝叶斯形式的同位协同克里金法可简化过程，只考虑同位二级变量。这也消除了上述进行大量变差函数建模的需要。虽然这种简化存在方差膨胀等相关的实施问题，但经证明，该方法非常实用。这些用于考虑多个变量的地质统计学方法实际上只考虑了1~3个二级变量。在大尺度多变量背景中，要同时考虑常见的10~30个次级变量并没有捷径可走。我们必须针对变量数过多的问题使用相关的多元统计和地质统计工具来解决。

Deutsch 等（2005）提出了大尺度多变量背景建模的工作流程，其过程如下：

（1）对单变量进行高斯转换并假设多元高斯性：（a）利用正态方程将次变量合并成与每个主变量相关的局部似然分布；（b）映射每个主要数据以形成仅来自局部数据的先验分布；（c）根据各自主要数据的先验分布和似然分布计算后验分布。

（2）使用 LU 或 P 场组合的方法，从具有正确空间和多元结构的局部分布中评估联合不确定性：（a）使用 P 场模拟根据这些局部分布进行模拟，以确保正确的空间连续性；（b）应用 LU 模拟，在每个位置模拟的所有变量之间建立正确的相关结构。

（3）将数据从符合高斯分布转换回原始数据空间。

该工作流程的结果是产生一个联合不确定性模型，形式为在目标范围内所有位置处，每个主要数据集成所有可用的主要和二级信息并遵守多元和空间关系的一组实现。请注意，在这种情况下使用先验、似然和后验等词有点武断。本质上，我们是先计算两个条件分布，然后将它们合并为一个以两个数据源为条件的分布。

（一）二级数据的似然函数

针对各位置处的各主要变量，将所有二级变量均合并为单个似然分布。当然，各位置处可用次级变量的数量可能会有所不同。符号 $N_s(\boldsymbol{u})$ 表示位置 $\boldsymbol{u}$ 处可用二级数据的数量。

似然分布的均值和方差可直接通过第二章第四节初步绘图概念中论述的正态方程或简单协同克里金方程组来计算。多个变量之间的冗余或不同位置处的多个数据是估计中的关键。正态方程（克里金）通过变量之间的相关性和我们以最佳方式预测的结果来解决冗余问题。第二章第四节初步绘图概念中论述了用于计算权重及随后用于计算克里金估计和克里金方差的方程组。请注意，二级数据与其自身的相关性位于左侧，而各次变量与特定的主变量间的相关性位于右侧。

所有二级数据对与所有二级数据和主要数据之间的相关系数需根据经过高斯转换的主要和二级数据来计算。似然分布（用"似然"表示）可归纳为所有位置和主要变量的一组均值和方差值：

$$\bar{y}_{\text{like},p}(\boldsymbol{u}), \sigma^2_{\text{like},p}(\boldsymbol{u}), \qquad p=1,\cdots,N_p, \forall \boldsymbol{u} \in A \qquad （4-12）$$

这些分布是位置 $\boldsymbol{u}$ 处所有可用次级变量的"简化"版本。最终的似然分布考虑了次级变量之间的相关性和冗余，以及二级数据与目标主要变量之间的相关性。

由此得到的权重可能不稳定并且不直观，并被视为是过大的正权重或负权重。

Manchuk 和 Deutsch（2005）建议依次移除最冗余的次级变量或与主变量相关性最小的次级变量。他们提出了一种衡量各次级变量对敏感性分析重要程度的度量方法，该方法能确保不会因为要提高解决方案的稳定性而移除掉了重要变量。他们的方法是依次移除变量并基于克里金方差的变化计算重要性。

$$重要性 = \frac{\sigma_{k,i}^2 - \sigma_k^2}{\sigma_k^2} \qquad （4-13）$$

其中，i 是指移除的变量，$\sigma_{k,i}^2$ 是该配置的克里金方差，而 σ_k^2 是考虑所有变量时的克里金方差。这种关系建立的前提是，变量越有助于减少克里金方差，它就越重要。为深入了解所有次级变量的相互作用，我们将探索完整的组合方式——例如，在保留所有其他变量时删除变量 1、在保留所有其他变量时删除变量 2…，仅保留变量 2 等所有其他可能的组合情况。

此外，解的不稳定性可能是由于二级数据与主要数据之间的尺度差异，以及使用了全部二级数据直接进行二级数据相关性分析和缩放主要数据用于直接分析主要与交叉主要与次要相关性所致。这可能不会形成正定方程组。正定性方程组的后处理可提高稳定性（Deutsch，2011）。

给定正态方程的稳定解，结果是仅得到基于同位次级数据对各位置处似然分布的估计值；除此之外，没有考虑到空间信息。这些值归纳了目标主变量相关二级数据中可用的所有数据。主要变量的空间数据通过先验分布得到。

（二）局部数据的先验分布

各主变量的不确定性分布采用简单克里金法根据周围数据（空间意义上）进行预测。这些估计值称为先验分布，用"先验"表示。类似于似然分布，先验分布的参数通过正态方程获得，此时，相关性表示主要数据在其他空间位置（即标准克里金法）处的接近度和冗余。

不同位置处所有主要数据之间的相关系数直接来自半变差函数或相关图模型。先验分布可归纳为所有位置主要变量的一组均值和方差值：

$$\bar{y}_{\text{prior},p}(\boldsymbol{u}),\sigma_{\text{prior},p}^2(\boldsymbol{u}), \qquad p=1,\cdots,N_p,\forall \boldsymbol{u}\in A \qquad （4-14）$$

这些分布归纳了相同变量类型周围数据的空间信息。然后组合似然和先验分布，以得到最终更新的分布。

（三）贝叶斯更新

由于两个输入分布在形态上属于高斯分布，因此所得的更新分布也将是高斯分布。更新分布分别由更新均值和方差，$\bar{y}_{U,p}(\boldsymbol{u})$ 和 $\sigma_{U,p}^2(\boldsymbol{u})$ 定义。这可利用第二章第二节初步统计概念中介绍的用于高斯分布的贝叶斯更新简化形式来完成。

上面定义的更新分布必须进行回归转换，以将主要变量回归到其原始分布。这项技术的要素并不新鲜；然而，这是一种将所有内容放在一起进行可靠简单估计的新方式。我们做马尔可夫筛选假设，通过同位的二级数据筛选出对相邻二级数据的影响。再进行另一项假设，即不同位置处不同类型的主要数据也已被筛选出来。在大多数情况下，这些假设的后果并不严重。为判断其重要性，可应用完整的协同克里金法。

百分位数或任意数量的分位数可以从各主要变量的局部更新分布进行回归转换。从而可计算出局部分布的任何归纳统计，包括期望、局部方差、$P10$、$P50$ 和 $P90$ 的值等。这些归纳可以用来描述局部不确定性，并有助于做出井位和数据收集决策。各位置处 $\forall \boldsymbol{u} \in A$ 每个 N_p 变量的局部不确定性不允许多元计算或较大容积的不确定性存在。局部不确定性模型分别用于每个位置和每一主要变量。为提供一个关于多元和空间关系的联合不确定性模型，需采用模拟法。

（四）联合不确定性

我们通常对经济值或净值计算等衍生变量感兴趣。多个变量必须组合在一起。输入变量中的不确定性分布有时可以通过分析进行组合，但仅可在简单计算的情况下进行。一般来说，需采用模拟法。产生多个实现，对每个实现进行处理以建立衍生变量，并汇总衍生变量中的不确定性分布。

P 场模拟和 LU 模拟分别是施加空间和多变量相关性的便利方法。可以应用 P 场模拟直接从主要数据的不确定性局部更新分布中进行采样，同时加入正确的空间连续性，并根据主要数据样本和其他模拟数据进行建模。

随后，在局部应用 LU 模拟，以在各位置 $\boldsymbol{u}$ 处的主变量实现之间建立正确的多变量结构。与 N_p 变量的局部多元问题情况一样，选择 LU 模拟作为小系统的快速模拟法。这可通过将各位置处各主要变量的 P 场模拟值与多元相关矩阵 $y_p^{\text{LU}}(\boldsymbol{u})=\text{L}y^{p-\text{field}}(\boldsymbol{u})$ 的下三角矩阵 $\boldsymbol{L}$ 相乘来实现。LU 模拟的结果是局部标准化，以匹配局部更新的均值和方差。

$$Y_{c,p}(\boldsymbol{u}) = y_p^{\text{LU}}(\boldsymbol{u}) \cdot \sigma_{U,p}(\boldsymbol{u}) + \bar{y}_{U,p}(\boldsymbol{u}), \qquad p=1,\cdots,N_p, \forall \boldsymbol{u} \in A \qquad （4-15）$$

预测多个主要和次级变量的不确定性是地质统计学的一个重要研究领域。多元高斯模型下的贝叶斯更新为这种推断问题提供了一个简单且可靠的解。LU 和 P 场模拟可对复杂衍生变量和大面积不确定性进行计算。该程序可能看起来像一个技术大杂烩。各组成技术均需要数据集成或解释多变量或空间结构的特定目的。更简单的技术将忽略数据结构的某些方面。

（五）假设与限制

当然，也存在一些局限性和假设，如代表性数据、统计均质性和多元高斯性。这种方法属于高斯法，也就是说在分析之前，必须将所有数据变量都转换为单变量高斯分布，并且结果必须进行回归转换。可使用各变量的参数分布模型或非参数正态分数转换。应注意对原始数据直方图进行去聚或去偏差。在对各变量进行单变量转换之后，将变量假设为多元高斯分布。应检查是否有非高斯行为的明确指示：非线性关系、比例效应（方差对均值的依赖性）和多元约束（饱和度的常数和约束）。如果是这种情况，则可能需要考虑进行特殊转换。有两种选择，对数比和逐步条件转换（第二章第四节初步绘图概念）。这些假设的详细情况见 Deutsch 和 Zanon（2007）。

虽然这种方法将集成空间和多元结构，但各位置处多元关系的这种额外的集成可能会破坏对一些转换函数可能很重要的空间非均质性。出于这个原因，这种方法更适合用于重点研究联合不确定性模型的大比例尺绘图情况，这与将储层规模实现的协同模拟应用于典型基于流的转换函数相反。

五、归纳与可视化

由于需要检查和传达相关决策并给出对后续储层建模的一级影响，框架建模可从一些专门的归纳和可视化技术中受益。而且，多元绘图结果中的显式数据集成可为共同可视化数据源及其关系提供独特机会。

对于域或区域，可以应用各种方法。例如，可以根据全局输入统计信息对地域或地区的统计进行可视化和检查。例如，可将各域中各区域的孔隙度分布与整个域和区域或任何相关子集上的合并全局孔隙度分布进行比较。为论证储层属性的显著差异，可应用统计比较方法或多元可视化方法。

可以利用域顶面和底面及等值线图来检查边界表面、区域和趋势不确定性的容积变化，并检查概念模型中的构造模型和地震数据反映的任何构造约束。这一点至关重要，因为这个阶段的错误可能会对容积甚至是随后的开采决策产生重大影响。例如，移动尖灭线或油水界面可能会改变最佳井位。

发布数据的比例图对于确认趋势的合理性及与地质概念模型的一致性非常重要。对于分类变量，应同时查看所有比例模型以确保它们之间的一致性。趋势合理图（前面讨论过）可进一步增强这种可视化。

为测试区域之间存在的边界类型，可以应用界面剖面。边界通常假设为硬边界，并且往往对储层连通性有重大影响。作为检查，计算最终储层属性模型上的界面剖面也很有用（第五章第一节模型检查）。

总结不同地域或地区的不确定性时必须仔细。如果地域之间存在相关性，那么跨地域的任何复合不确定性模型均必须考虑到这一点。例如，如果全局储层质量与相邻地域之间存在相关性，则在归纳时没有考虑到这种相关性便会导致不确定性被低估。

期望模型对于检查输入趋势模型的再现及局部数据和次要数据的影响是很有价值的。本节介绍了通过与硬数据进行比较来检查趋势模型的方法。

最后，大比例尺多变量工作流程允许进行各种可视化和归纳，这些可视化和归纳可能有助于局部与全局不确定性的探讨和交流。例如，McLennan 等（2009）提出了一种裂缝建模应用，其中包括可视化详尽的二级数据，先验均值和方差图，似然均值和方差图及更新后的局部不确定性分布的特定百分位数。这提供了一个很好的机会来查看稀疏原始数据和详尽的二级数据对更新后的不确定性模型的不同影响。此外，完整的多变量不确定性模型可以用于非常有趣的模型查询。例如，所有联合概率图都是可用的，如在任何区间（通过其相关的上限和下限定义）之间的孔隙度、渗透率、饱和度等的概率。另外，低阶条件分布也都是可用的。

有关模型检查的更多讨论，见第五章第一节模型检查；模型总结可见第五章第二节模型后处理；不确定性管理见第五章第三节不确定性管理。

六、剖面总结

大比例尺建模指上述比例尺上的建模和制图，并作为地质统计储层性质模拟的约束条件之一。其中包括边界面建模以表征储层域，域内区分不同子集的面域识别，面域内变化的趋势构建及整合各种类型数据的定量映射技术。这些都是储层建模中重要的初始工作流程和决策。

随着框架、面域、趋势的确立和所有变量的整合，我们就准备好可以应用统计算法估计和模拟框架内的属性。本章其余部分涵盖了各种基于变差函数、基于多点、基于目标、过程模拟和基于优化的算法，这些算法填补了地质统计储层模型中的框架。

第二节　基于变差函数的相建模

由于感兴趣的岩石物理性质与相类型密切相关，所以通常而言，储层建模中相非常重要。对相的了解限制了孔隙度和渗透率的变化范围。而且，即使孔隙度和渗透率的分布不依赖于相，饱和度函数也取决于相。本节介绍了基于变差函数的相建模方法。

第三章第二节概念模型指导我们如何在给定了可用数据、统计输入、概念地质模型和项目目标的情况下选择合适的相建模方法。第四章第一节大比例尺建模对在统计数据不同的地区进行相建模展开了讨论。关于相建模的评论部分提供了关于何时应用相建模以及何时选择基于变差函数、MPS、基于目标和过程模拟技术的详细指导，详见第四章第二节至第四章第五节。

序贯指示模拟部分介绍序贯指示模拟（SIS），这是一种广泛使用的基于像元的相建模技术。SIS 的背景在第二章第四节初步制图概念中进行了讨论。本节中将更详细地讨论包括地震数据整合在内的实施细节。

第二章第四节初步建模概念中简单介绍了使用截断高斯模拟作为指示模拟的替代方案。截断高斯模拟部分更完整详细地说明了截断高斯模拟方法。如前所述，通过截断连续的高斯模拟来创建分类相的实现。其介绍了确定相序、连续条件数据、正确变差函数和地震数据整合的实施细节。

基于像元的相模型往往表现出不符实际的小尺度变化，可以用图像处理技术去除。清理基于像元的相实现部分提供了一种简单而强大的图像清理算法。尽管本节介绍了这些方法，但它们也可能与其他基于像元的分类建模方法（如第四章第三节多点相建模中讨论的 MPS 模拟）相关。

一、相建模评论

第二章第一节初步地质建模概念中介绍了相是一种区分储层质量的岩石分类。通常，相是基于不同粒度或成岩蚀变划分的。也就是说，砂岩和页岩之间及石灰岩和白云岩之间的储层质量通常存在明显的区别。然而，在本书中，相通常不太明确，并且可能代表具有不同储层性质输入统计数据和趋势的不同区域（如上一节所讨论）。相与任何构型级次中的定义都没有关联，可能包括岩相、相关联甚至构型元素。我们关心的不是如何定义相类型，而是如何构建可能用于随后储层决策中的实际三维相分布。

第一个问题是在孔隙度和渗透率建模之前是否考虑相。需考量事项包括：

（1）相必须对孔隙度、渗透率或饱和度函数存在显著控制。否则，相的三维分布模拟将没有什么用，因为不会降低不确定性，而且所得到的模型没有更多的预测能力。重要控制的定义存在不可避免的模糊性：不同相的孔隙度或渗透率直方图应具有显著不同的平均值、方差和形状，例如超过30%。不同相的饱和度函数测量结果不应重叠。

（2）必须能在井资料，即从测井资料和岩心资料中识别这些相。仔细分析岩心数据可以识别许多相。然而，这些精确的相的三维建模仍存在很大的不确定性，除非它们也可以从更丰富的测井资料中确定。这一点很容易确认；不能从岩心数据的目测检查结果中获取地质数据，除非所有井都有岩心数据。

（3）选择相时的另一个限制条件，即它们必须具有直接的空间变化模式。相的分布应至少与孔隙度和渗透率的直接预测一样容易建模。

相的选择是一个难以解决的问题，取决于实际情况，而且对此可能没有明确的解决方案。越简单越好。两种相，"净"储层岩石类型和"非净"岩石类型通常便已足够。有时存在两种不同质量的"净"岩石类型，它们具有明显不同的空间变化模式。很少考虑四个或更多"净"岩石类型。有时存在两种不同的"非净"岩石类型，如沉积页岩和成岩作用控制的胶结岩类型，它们也具有不同的空间变化模式。考虑三种或更多"非净"岩石类型是非常罕见的。因此，最多有五种不同的相类型。定义完相后，必须集合相关数据并选择三维建模技术。

第三章第二节概念模型包括基于可用输入统计数据和概念地质模型来选择建模方法的详细讨论。以下是与相建模相关的简要讨论。相建模的可选择方法：（1）基于变差函数的地质统计建模；（2）多点统计；（3）基于目标的随机建模；（4）过程模拟；（5）确定性建模。存在充足的数据和相分布证据可以解决三维分布的疑问时，总是首选确定性建模。许多情况下都有反映地质趋势的证据，这应该包含在随机相建模中。

随机相建模的五个主要步骤如下：（1）相关井数据及平面和垂向地质趋势数据必须在待建模的地层中进行组合；（2）地震属性通常以相近的方式与相相关联，如果有的话，必须对地震数据进行测试，以确定其是否符合概率；（3）相建模必须确定去聚，要有具空间代表性的全局相比例；（4）空间统计，如变差函数、训练图像或粒度分布必须汇总为随机建模的输入；（5）必须构建和验证三维相模型。这些步骤中的每一步都将与不同的相建模技术进行讨论。

孔隙度和渗透率建模之前，通常采用基于变差函数的技术创建相模型（Dubrule，1989，1993；Langlais 和 Doyle，1993；Murray，1995；Xu，1995）。基于变差函数的技术的普及是可以理解的：（1）可以通过构造重现局部数据；（2）可以从有限的井数据中推断出所需的统计对照数据（变差函数）；（3）可直接处理软地震数据和大尺度地质趋势；（4）对于没有明确的地质相形态的地质环境，即当相受到成岩作用支配或原始沉积相构造改造较少，变程较小或混合变异模式的地质环境，结果似乎符合实际。当然，当相具有明显的几何形态时，例如砂质充填废弃河道或岩化沙丘，应考虑基于目标的相算法（第四章第四节，基于目标的相建模）；或者如果存在更大的复杂性时，可能需要考虑相关的时间层序过程模拟相算法（第四章第五节过程模拟相建模）。

所有基于像元的相建模方法（包括 MPS 模拟）都可以很容易地再现局部硬数据和趋势。如第二章第四节初步建模概念中所述，在通过模型网格沿随机模拟路径进行序贯模拟之前，将硬数据直接分配给模型网格单元。沿着序贯路径的详细趋势、数据可能被集成到每个像元中，从而便于集成趋势和二级数据。相比之下，非基于像元的方法（基于目标和过程模拟）在数据密集环境或存在详细趋势和二级数据的情况下相当具有挑战性。

直接再现数据的灵活性是有代价的。因为基于像元的相模型是沿随机路径逐个像元进行模拟的结果，所以没有地质体或几何构型的概念。例如，基于像元的模拟可能导致相邻单元具有相同的或相关的相，但没有可用于识别这些几何形态的严格方法。这限制了为随后的连续储层属性模拟提供连续趋势的能力。尽管已经尝试从像元中"检测"几何形态，并将趋势模型拟合为这些几何形态，但这些方法在面对几何复杂性和几何形态的重叠时无法发挥作用（Pyrcz，2004）。对于非基于像元的相建模方法，这些几何形态是已知的，并且可以直接在具有几何形态的模型中计算连续属性趋势模型（第四章第四节基于目标的相建模和第四章第五节过程模拟相建模）。

正如第二章第一节初步地质建模概念中所讨论的，沉积体系指特定沉积背景（例如河流、三角洲、滨岸体系或深水沉积体系）中的地下部分。有成因联系的沉积体系被划分为体系域。例如包含河流和滨岸体系或三角洲和深水体系的组合。许多储层都属于单一沉积背景。因此，相的总体非均质性保持一致；因此，建模选择适用于整个储层。

尽管如此，地质沉积体系可能会在模型范围内发生变化，因为沉积体系转换可能是过渡性的，或者储层可能包含多个沉积背景。例如，河流体系可能会表现出从河口向盆地影响逐渐增加，或者河流和相关陆相可能急剧转变为三角洲和其他海相。无论采用基于变差函数还是其他建模方法，必须在相建模中考虑到这种大尺度的相变。

大多数相建模方法可以使用非平稳统计来解释沉积环境的变化。特定的相建模方法可以具体说明这些转变。基于多点的方法可能适用于在每个沉积环境中应用多个训练图像，可用特定的基于目标的建模来处理这种趋势；也就是说，将这些目标构造成在整个储层中逐渐变化。河道与其对应的滨岸面或海洋对应物有关；浊流河道与深水岩席和朵叶体对应物有关。

解释沉积体系大尺度变化的另一种方法是将面域划分为大尺度面域或域（如第四章第一节大比例尺建模所述）。然后，在每个面域内分别对相进行建模。依次建模，比如说从最近端到最远端，数据处理从一个面域覆盖到另一个面域。这再现了区域间边界处相的逐渐变化。对不同区域的单独建模可能会导致在边界处出现人为的不连续点。

二、序贯指示模拟

我们已经讨论了序贯指示模拟（SIS）的构建模块。第二章第二节初步统计概念中讨论了代表性全局比例和指示形式的计算。第四章第一节大尺度建模中讨论了局部变化比例模型的构建。第二章第三节量化空间相关性涵盖了变差函数计算的所有细节。还有一些实施细节，特别是关于地震数据的，也应进行讨论。

SIS 广泛用于成岩控制相，因为结果具有高度变化性，并且可以通过空间相关性的各向异性和变差函数充分表征（Deutsch，2006）。考虑 K 个不同的相类型 s_k，$k=1,\cdots,K$。对于特定相 s_k 在特定位置 u_j 的指示变换等于在该位置相 s_k 的概率：如果是该相，则为 1，否则为 0。

每个数据位置都有 K 个指示变换。SIS 包括以随机顺序访问每个网格节点。在每个网格节点处通过以下步骤分配相代码：

（1）查找附近的数据和之前模拟的网格节点；

（2）用克里金法建立条件分布，即计算在当前位置每个相出现的概率：p_k^*，$k=1,\cdots,K$；

（3）从一组概率中绘制出一个模拟相。

用不同的随机数种子生成多次实现来重复整个过程。使用随机路径可以避免由于固定路径和限定搜索的组合所产生的伪像，而这是限制克里金矩阵大小所必需的。同时使用原始数据和以前的模拟值，确保得到的实现在原始数据之间，原始数据和模拟值之间及模拟值对之间正确的空间结构。

图 4-14 是一个来自综合古盆地碳酸盐岩储层的 SIS 示例。该模型包括四个相：粘结灰岩、颗粒灰岩、角砾岩和泥岩。粘结灰岩和颗粒灰岩沿走向的连续性更大，而角砾岩沿倾向的连续性更大；他们在地质上是可预测的，并且可使用方向指示变差函数说明和模拟。采用局部变化比例来限制相模拟的趋势，在礁顶中以粘结灰岩为主，礁翼以粒状灰岩和角砾岩为主，礁顶向陆侧泥岩分布更为普遍。

图 4-15 是在综合古盆地三角洲储层中的 SIS 应用实例。这一模型中通过三个指示变差函数模拟砂岩、砂泥互层、页岩。使用各相的局部变化比例来约束各相的趋势，三角洲平原以砂岩为主，三角洲前缘以砂泥互层和页岩为主，前三角洲以泥页岩为主。指示变差函数模型中砂岩和页岩的连续性低于砂泥互层。此外，请注意，在此处 SIS 并未如预期一般显示出清晰的相序。即使每个相的垂向变程都非常短，但相趋势模型将每个相集中在模型的不同部分，提高了相实现的垂向连续性。

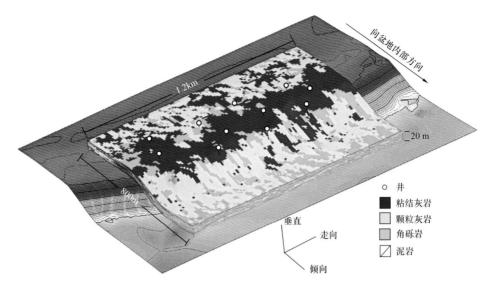

图 4-14　基于粘结灰岩、颗粒灰岩、角砾岩和泥岩局部变化比例的 SIS 实现的走向剖面、倾向剖面和层面切片的侧视图，用于约束碳酸盐岩台地的相趋势

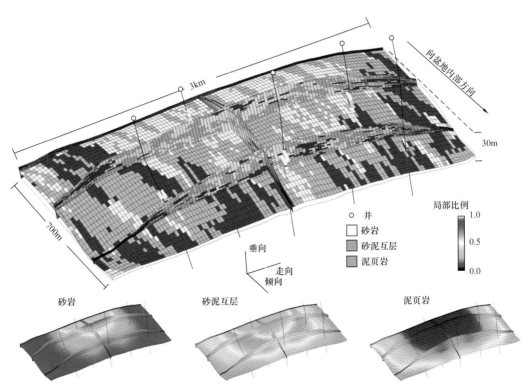

图 4-15　SIS 实现的走向剖面、倾向剖面和层面切片的侧视图及砂岩、砂泥互层、页岩和页岩的局部变化比例，加入三角洲平原以砂岩为主，三角洲前缘以砂泥互层和页岩为主，前三角洲以泥页岩为主的相趋势

（一）SIS 中的地震数据

地震数据通常在约束相模型方面具有重要价值。地震数据在储层上的覆盖范围相当广泛，可能对相变化非常敏感。当然，相在比地震测量体积更小的比例尺范围内变化，而且在相同相内存在声波性质的变化。第一步是校准地震数据和相比例（见第三章第一节数据清单）。

通常井资料较少而地震资料较为丰富。SIS 的水平指示变差函数仅根据井资料无法明确定义。解决方法是使用地震数据来帮助定义三维变差函数模型。

指示模拟的核心是使用克里金法来确定每种相的条件概率。在存在地震数据的情况下，必须使用某种形式的协同克里金法或块克里金法来解释地震数据。第三步，选择协同克里金的形式并汇集所需的输入参数。

（二）地震资料对相的校准

协同克里金不需要将地震数据根据相比例进行精确地校准；可保留原始地震单元，并通过硬指示数据和软地震数据之间的交互协方差进行校准。因为：（1）校准概率值的单元是我们所理解的；（2）交互变差函数或交互协方差通常很难在井数据稀疏的情况下推断出；（3）校准允许整合其他数据和限制条件。所以尽管协同克里金更具灵活性，我们仍偏好使用校准后的概率值。

地震数据在下文中被称为声阻抗（ai），但它可以是任何被认为相关的属性。不需要使用声阻抗，任何地震属性或衍生物都可以使用相同的程序。ai 变化的范围被分成了许多类。类别太少容易造成重要关系丢失。类别太多，每个类别的数据都不足以可靠地推断出与相之间的关系。通常划分基于 ai 直方图的十分位数的 10 个类别就够了。

图 4-16 显示了井位处地震属性的直方图。上图是通过水平灰线指定的十分位数的累积直方图。通过从累积直方图到下方直方图的九条垂直灰线来标识 10 类地震数据。编号从 1 到 10，标于两个直方图中间。确定这些分类本质上是随机的。

校准过程包括确定每类地震数据中每个相的概率，即

$$p\left(k\,|\,\mathrm{ai}_j\right), \quad k=1,\cdots,K, \quad j=1,\cdots,N_{\mathrm{ai}} \tag{4-16}$$

式中，$p(k|\mathrm{ai}_j)$ 是第 j 个地震类 ai_j 相 k 的概率。在井位处对这些概率进行评估。对于每个 ai 数据，每个井位处每个相都有相应的实际比例。这一校准工作得到一张先验概率表。表 4-1 显示了 $K=3$ 相类和 10ai 类的空校准表。

表 4-1　地震声阻抗（ai）校准相比例表

ai class	p（k=1，ai）	p（k=2，ai）	p（k=3，ai）
$-\infty$-ai_1	—	—	—
ai_1-ai_2	—	—	—
ai_2-ai_3	—	—	—
…	—	—	—
ai_9-∞	—	—	—

构建这样的校准表时特别需要注意的是地震数据的垂直分辨率。可以以小采样率（2ms或更少）记录地震数据（ai 值）；然而，"真正的"垂向分辨率可能更粗糙。需要考虑一个实际大小的垂直窗口来计算先验概率。否则，校准将不能表示真实的地震分辨率，而小尺度噪声可能掩盖地震数据的信息价值。

当校准概率 p（$k|ai_j$）偏离每个相的全局概率 p_k 时，地震数据将能推导出其他数据。理想情况下，校准概率接近 1 和 0；但由于相的小尺度变化和每个相内声学性质的可变性，实际情况从来不是这样。

描述在协同克里金中使用这些先验概率之前，将讨论推断指示变差函数。

（三）推断指示变差函数

无论使用哪种指示模拟变量，都必须推断出一组 K 指示变差函数，描述每种相类型的空间相关结构。变差函数推断中的主要难点在于水平方向，通常很少有井资料可用于计算可靠的水平变差函数。但垂直分辨率通常能够计算

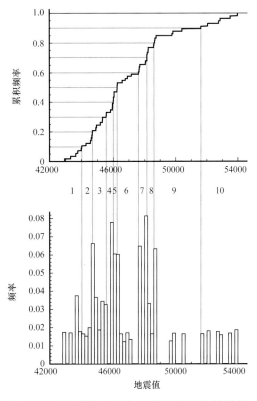

图 4–16　等间隔定义的 10 类地震属性的累积直方图和直方图（每类的数据数量相同）

可靠的垂直变差函数。地震数据提供了极好的信息来源，指导如何选择指示变差函数的水平参数。

将依次计算每个相指示变差函数。第一步，计算井数据的垂直指示变量 γ_k（h），并通过方差 p_k（$1-p_k$）将其标准化为单位基岩。其次，根据相应的地震比例，即 p（$k|ai_j$）值计算水平变差函数。地震比例变差函数取决于相类型 $k=1,\cdots,K$；然而，由于比例来自相同的基础岩石声学特性，所以不可避免地存在重叠。地震变差函数也被标准化为单位基岩。最后，垂直和水平变差函数与垂直指示变差函数的形状相吻合。仅从地震比例变差函数中获取长度比例尺或变程以及带状各向异性。有关变差函数建模的更多细节，请参见第二章第三节量化空间相关性。

这种混合方法通过很多假设来确定指示变差函数。最重要的假设是地震比例变差函数能够提供水平指示 i 变程的合理估计。如果地震与相比例相关，而且地震的垂直平均不太明显，则这是合理的。由于地震变差函数的变程通常比指示的水平变程要长（见第二章第三节量化空间相关性中关于数量差异的讨论），所以必须考虑通过水平地震数据略微减小水平变程。

（四）局部变化平均值

与协同克里金法不同，校准后的地震数据概率可以用作克里金法的局部变化均值；也

就是说，可通过克里金估计相 k 的概率为

$$\hat{i}(\boldsymbol{u};k)=\sum_{\alpha=1}^{n}\lambda_{\alpha}\cdot i(\boldsymbol{u}_{\alpha};k)+\left[1-\sum_{\alpha=1}^{n}\lambda_{\alpha}\right]\cdot p\big(k\,|\,\mathrm{ai}(\boldsymbol{u})\big) \qquad （4-17）$$

式中，$\hat{i}(\boldsymbol{u};k)$，$k=1,\cdots,K$ 是用于模拟的局部估计概率，n 是局部数据的数量，λ_{α}，$\alpha=1,\cdots,n$ 是权重，$i(\boldsymbol{u}_{\alpha};k)$ 是局部指示数据，并且 $p[k|\mathrm{ai}(\boldsymbol{u})]$ 是考虑位置 $\boldsymbol{u}$ 处的相 k 的地震推断概率。局部数据较少时，权重与数据的总和很小，而地震推断概率的权重较大。当局部数据的权重较高时，地震推断概率的权重较低。

这组概率 $\hat{i}(\boldsymbol{u};k)$，$k=1,\cdots,K$ 必须针对次序关系进行修正（见第二章第四节初步映射概念）；否则，SIS 程序将保持不变。这一程序简单而且相当有效。变差函数控制对地震数据没有明确的影响。这种控制需要某些形式的协同克里金。

（五）贝叶斯更新方法

最简单的协同克里金形式是同位协同克里金或贝叶斯更新方法（Doyen 等，1994，1996，1997）。这种方法很流行，因为它可以简单方便地解释地震数据。回顾第二章第四节初步映射概念中对贝叶斯统计的简短介绍。

沿随机路径的每个位置（回顾第二章第四节初步映射概念中描述的过程），使用指示克里金估计每个相的条件概率，$i^{*}(\boldsymbol{u};k)$，$k=1,\cdots,K$，然后通过贝叶斯更新方法修改或更新概率，如下所示：

$$i^{**}(\boldsymbol{u};k)=i^{*}(\boldsymbol{u};k)\frac{p\big[k\,|\,\mathrm{ai}(\boldsymbol{u})\big]}{p_{k}}C,\qquad k=1,\cdots,K \qquad （4-18）$$

式中，$i^{**}(\boldsymbol{u};k)$，$k=1,\cdots,K$ 是模拟的更新概率，$p[k|\mathrm{ai}(\boldsymbol{u})]$ 是考虑位置 $\boldsymbol{u}$ 处相 k 的地震推断概率，p_{k} 是相 k 的总体比例，C 是一个标准化常数，以确保最终概率之和为 1.0。因子 $p[k|\mathrm{ai}(\boldsymbol{u})]/p_{k}$ 用于增加或减少概率，取决于校准相比例与整体比例的差异。如果 $p[k|\mathrm{ai}(\boldsymbol{u})]=p_{k}$，则不考虑变化，在这种情况下，地震数值 $\mathrm{ai}(\boldsymbol{u})$ 不包含超出整体比例的新信息。需要额外的步骤来确保在井位处再现相观测。

这种方法的简单性和实用性很吸引人。贝叶斯更新方法背后包含两个可能很重要的隐含假设：（1）地震数据附近的同位地震数据筛选；（2）隐含假设地震数据的尺度与地质单元大小相同。通过对模拟实现的相对简单检查，判断这些假设是否造成伪像。可以使用地震数据和 SIS 实现检查校准表（表 4-1），与原始数据计算得出概率的高度近似表明该方法运行良好。在最终模型中高概率 $[p(k|\mathrm{ai})]$ 被扩大到更高的值；低值则会更低，这将揭示问题。有关模型检查的更多讨论，请参见第五章第一节模型检查。

（六）马尔可夫—贝叶斯软指示克里金

地震数据被校准到概率单位后，可以使用指示克里金来将这些数据整合到 SIS 的改进条件概率值中（Alabert，1987；Journel，1986a；Zhu 和 Journel，1993）。

上述贝叶斯方法是一种仅使用井数据来更新指示克里金法结果的方法。可使用不同来源的信息，如井数据和地震数据。有了充足的数据后就可以直接计算和模拟协方差矩阵和互协方差函数（每个相 k 对应一个互协方差）。马尔科夫—贝叶斯模型提供了一种方法来替代这一困难的做法（Zhu 和 Journel，1993）。为简单起见，我们用协方差编写这一模型。需要的三个协方差是 C_I（h；k），即相类型 k 的硬相指示数据的协方差，它可以根据井数据或井和地震数据的组合计算得到（见第二章第四节，初步绘图概念及以上）、C_{IS}（h；k），硬相指示数据与地震概率值（$p[k|\text{ai}(u)]$ 值）之间的互协方差，以及 Cs（h；k），地震概率值的协方差。以下模型给出后两个协方差：

$$C_{IS}(u;k) = B_k C_I(h;k), \quad \forall h \tag{4-19}$$

$$C_S(u;k) = B_k^2 C_I(h;k), \quad \forall h > 0$$
$$= |B_k| C_I(h;k), \quad h = 0 \tag{4-20}$$

通过对校准的地震概率的简单处理获得系数 B_k：

$$B_k = E\{P(k|\text{ai}(u))|I(u;k) = 1\} - E\{P[k|\text{ai}(u)]|I(u;k) = 0\} \in [-1, +1] \tag{4-21}$$

$E\{\cdot\}$ 是期望值或简称算术平均值。如果地震数据有效，$E\{P[k|\text{ai}(u)]|I(u;k)=1\}$ 接近 1；也就是说，如果是这种相，则这种相的地震预测概率非常高。如果地震数据有效，$E\{P[k|\text{ai}(u)]|I(u;k)=0\}$ 接近 0；也就是说，如果不是该相，则该相的地震预测概率非常低。

K 个参数，B_k，$k=1, \cdots, K$，测量软地震概率以区分不同的相。最好的情况是 $B_k \approx 1$，而最坏的情况是 $B_k=0$。当 $B_k \approx 1$ 时，地震概率数据 $P[k|\text{ai}(u)]$ 被视为硬指示数据。相反，当 $B_k=0$ 时，地震数据会被忽略；即，它们的克里金权重将为零。

只保留同位的地震数据作为同位的协同克里金选项（Xu 等，1992）。第二章第四节介绍了该模型和备选方案。

（七）数据块协同克里金法

上面介绍的协同克里金法都是近似值，试图尽量避免计算交叉变差函数或协方差、拟合完整的协同区域化模型、处理地震数据的大尺度性质。我们可以把这项工作做好。所有变差函数和交叉变差函数都可以计算出来（第二章第三节量化空间相关性）。假设地震数据提供了相指示数据的线性平均值的数据，这些变差函数可以按比例缩小到点尺度。一个协同区域化模型可以被拟合（第二章第三节量化空间相关性）。最后，可以在 SIS 中执行数据块协同克里金法，这将考虑地震数据的实际尺度及从声阻抗到相比例的校准"柔软度"。

大多数地质统计建模软件认为不同的数据类型处于相同的空间比例尺。尽管如此，一旦建立了一个小比例尺的协同区域化模型，则变差函数的线性空间平均值就可以很容易地用在协同克里金法方程中。在传统的 SIS 程序，例如 GSLIB（Deutsch，2006）中的序贯指示模拟中实现数据块协同克里金法是非常简单的。

（八）实现评论

SIS 适用于已经被成岩改造或岩石物理性质不连续、几何形态不清晰的非均质相。上面已经描述了 SIS 的步骤，并在本章最后的工作流程中进行了总结。一些评论如下：

（1）需要通过趋势建模确定的分块或可靠的局部比例来计算代表性整体比例。

（2）每种相类型都需要指示变差函数模型。事实上，所需的指示变差函数有 $K{-}1$ 个自由度。二元系统只需要一个变差函数，因为一个相的连续性完全指定了另一个相的连续性。我们计算并拟合 $K{\geqslant}3$ 时的所有 K 个变差函数。K 个变差函数之间的不同将在次序关系问题中显现出来。

（3）序贯模拟框架中使用的克里金法类型适用于处理地震数据。

关于用于地震数据的协同克里金法类型的冗长讨论可能会引起混淆。这些方法提高了计算的复杂性以及对数据的要求。越简单越好，只要其与可用数据不矛盾。

（九）套合指标

SIS 的另一种实现方式是以套合或分级次的方式应用。例如，考虑第一个 SIS 来分离净相和非净相。然后，第二个 SIS 可以应用在净相中，以区分不同类型的净相。这个过程允许有效地捕获相之间的"套合"关系。截断高斯模拟也考虑相之间的转换。

三、截断高斯模拟

截断高斯模拟的关键思想（Armstrong 等，2003；Beucher 等，1993；Emery，2007；Matheron 等，1987；Xu 和 Journel，1993）是生成一个连续高斯变量的实现，然后在一系列阈值处截断它们，以创建分类相实现（见第二章第四节初步绘图概念中的简短介绍）。

图 4-17 显示了一个一维示意图。虽然这个例子只是一维的，但其说明了截断高斯模拟背后的许多概念。沿着下轴线显示的分类模拟源自粗黑色曲线所示的连续高斯模拟。相的截断高斯变量的阈值不一定要求是恒定的，我们看到在第一阈值更高的右侧有更大比例的相 1。

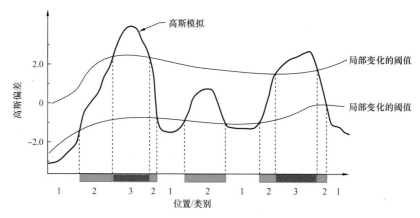

图 4-17　截断高斯模拟如何工作的示意图（连续高斯变量在一系列阈值处被截断，以创建分类变量实现）

（一）相的排序

截断高斯模拟的一个重要特征是生成相模型的排序。相代码是从一个潜在的连续变量中生成的。在图4-18示例的三个相中，我们最容易看到介于1和3之间的相2。当连续变量从低到高变化非常快时，代码1很少会在代码3旁边。

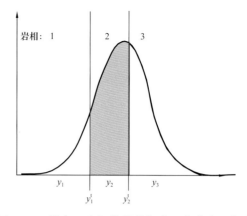

图4-18　具有三个相代码的标准正态分布，每个相（y_1、y_2 和 y_3）有两个阈值（y_1^t 和 y_2^t）和三个连续 y 值，每个相的比例是标准正态曲线下的面积

这种排序是处理有序相的截断高斯模拟的一种重要优势。例如，相可以由泥岩的含量定义：1= 泥岩；2= 砂泥互层；3= 纯砂岩。截断高斯模拟可能适用于这种情况。在另一种情况下，由于沉积过程，相可能是按照成因排序的，例如滨岸储层中的临滨、前滨和后滨。由于对每个相的空间连续性的明确约束，当没有明确的排序时，SIS 将能更好地起作用。从地质背景来看，相的正确排序通常很明显。

（二）比例、阈值和条件数据

相比例被认为是恒定的，或者其已经用第四章第一节大比例尺建模中的趋势建模技术模拟为局部变量。在任何情况下，假设每一有序相的比例在层 A 中的每个位置 u 处都是已知的，即 $p_k(u)$，$k=1,\cdots,K$，$u \in A$。这些比例可以变成累计比例：

$$\mathrm{cp}_k(u) = \sum_{j=1}^{k} p_j(u), \qquad k=1,\cdots,K, \ \forall u \in A \qquad （4\text{-}22）$$

式中，定义 $\mathrm{cp}_0=0$ 和 $\mathrm{cp}_K=1.0$，因为在所有位置的比例总和为 1.0。将连续高斯变量转化为相的 $K-1$ 阈值由下式给出。

$$y_k^t(u) = G^{-1}\big(\mathrm{cp}_k(u)\big), \qquad k=1,\cdots,K-1, \forall u \in A \qquad （4\text{-}23）$$

式中，$y_k^t(u)$，$k=1,\cdots,K-1$，$\forall u \in A$ 是截断高斯模拟的阈值，$y_0^t=-\infty$，$y_K^t=+\infty$，$G^{-1}(\cdot)$ 是标准正态分布的逆累积分布函数，$\mathrm{cp}_k(u)$，$k=1,\cdots,K-1$ 是位置 u 的累积概率，见公式（4-22）。给定一个正态的偏差或变量，这些阈值可以分配一个相代码：

$$\text{facies at } u = k \qquad if y_{k-1}^t(u) < y(u) \leqslant y_k^t(u) \qquad （4\text{-}24）$$

局部变量阈值，见公式（4-23）引入了趋势数据。高斯值 $y(u)$ 被认为是平稳的，即 $E\{Y(u)\}=0$，$\forall u \in A$。

分类相数据必须转换成连续的高斯条件数据，以便对平稳高斯变量 Y 进行条件模拟。有两点需要考虑。首先，必须考虑局部比例和相应的阈值，以确保在逆转换中获得正确的相。其次，对这些相进行分类，必须对分类数据产生的"尖峰"做出一些处理。处理局部变化的比例和阈值很简单，使用局部转换。分类数据尖峰平滑需要做额外的处理。

随机尖峰平滑（在 GSLIB 的 nscore 程序中使用）会引入不合理的小尺度随机性。可以使用更复杂的尖峰平滑（见二章第二节，初步统计概念），但这种方式几乎没有优势。

有关尖峰平滑参数的决定可能会引入其他假象。最简单的解决方法是将每个相正态转换为正态分布的一类的中心，也就是说，让尖峰不变：

$$y(\boldsymbol{u}) = G^{-1}\left(\frac{\mathrm{cp}_{k-1}(\boldsymbol{u}) + \mathrm{cp}_k(\boldsymbol{u})}{2}\right) \tag{4-25}$$

其中 $y(\boldsymbol{u})$ 是位置 $\boldsymbol{u}$ 处的正态转换，k 是位置 $\boldsymbol{u}$ 处的相代码，cp_ks 是公式（4-22）中的累积比例。所有相测量都进行转换并用于条件高斯模拟（例如，来自 GSLIB 的序贯高斯模拟）。

（三）变差函数

截断高斯模拟需要一个变差函数对应一个变量。这很方便，因为 K 个指示变差函数不需要以一致的方式进行计算和建模。但也存在一个显著的缺点，因为这种方法不能控制不同相的不同变化模式。一般来说，由于存在尖峰，使用公式（4-25）中上面定义的 y 数据来直接计算并拟合 y 变差函数并不是一个好主意。在有两个相（单个阈值 y_1'）的情况下，正态分数协方差通过一对一关系直接与相指标协方差相关（Journel 和 Isaaks，1984）。我们可以利用这种分析关系，但其只存在于两个相的情况。

规避这个限制的一种方法是考虑一系列高斯 RF $Y_k(\boldsymbol{u})$，$k=1,\cdots,K$，每个用于模拟（截断后）一个只有两个相的嵌套集合，也就是模拟嵌套至先前模拟集合的每个集合。这将是前面关于序贯指示模拟的讨论中提到的嵌套指示方法的更复杂版本。但是这种方法没有得到进一步开发，因为这些相很少具有这种嵌套变化性的任意模式。

另一种近似法包括从 K 个指示变差函数的一些平均值中反演单一协方差模型 $C_Y(\boldsymbol{h})$。正是通过模拟再现了这个单一平均指标变差函数，而不是任何特定的相指标变差函数模型。

Pluri 高斯模拟（PGS）扩展了截断高斯方法，用于模拟多个高斯 RF（$K>2$）、非嵌套相调用。与 $K=2$ 的情况相反，多个、非嵌套相的模拟涉及高度非唯一的反演。已经有学者考虑了基于试验和错误选择输入正态分数协方差和多个高斯 RF 之间交叉协方差的迭代程序，但只获得了有限的成功（Loc'h 和 Galli，1996）。

PGS 最近的应用（Armstrong 等，2003；Galli 等，2006；Mariethoz 等，2009）已经证明了其能够遵循高阶连接关系的灵活性和实用性。在实践中，需要 PGS 的经验来表征相规则，通过决定多个高斯 RF 之间的相关性和将这个高阶空间截断成 K 个相。

推荐的方法是采用最重要的指示变差函数，并用数字方式将其反演为相应的正态分数变差函数。这可以用 Kyriakidis 等（1999）的论文中相关代码以数字方式完成。正态分数变差函数具有相似的范围和各向异性，其形状更平滑——也就是说，在较短的距离处更加类似于抛物线或"高斯"。图 4-19 说明了指标与用于一系列不同相比例的高斯变差函数之间的关系。

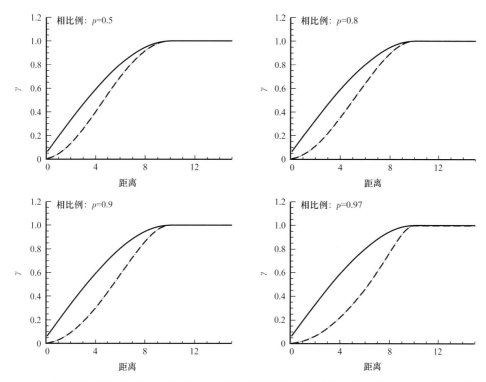

图 4-19　对于不同单变量比例，实线表示相应的标准化指示变差函数，虚线表示正态分数半变差函数

图 4-20 说明了使用错误变差函数进行截断高斯模拟的结果。高斯实现、截断指示实现和（a）指示变差函数对应于使用标准指示变差函数进行正态分数（高斯）实现。请注意，由此产生的指示变差函数具有太高的块金效应。（b）实现使用了理论上正确的正态分数变差函数。

（四）实施评价

截断高斯模拟适用于已经成岩改造的，没有明确的几何形状，并且以某种可预测的方式排序的非均质相。截断高斯模拟的步骤已在上文进行了描述，并在本节末尾的工作流程中进行了总结。得出如下看法：

（1）与 SIS 一样，需要通过趋势建模确定的分块或可靠的局部比例来计算代表性整体比例。这些比例决定了局部变化的阈值和条件数据。

（2）最重要的相类型需要指示变差函数模型。该变差函数被转换为用于模拟高斯变量的变差函数。在实践中，其形状变成高斯形状。

（3）条件高斯模拟的实现通过局部变化的阈值截断，以创建相实现。

截断高斯模拟需要与 SIS 基本相同的专业人员参与和 CPU 的良好表现。选择一种或另一种的考虑因素是基于相的排序或嵌套。截断高斯模拟应该用于明确排序并且各个相几何形状的各向异性没有显著差异的情况。

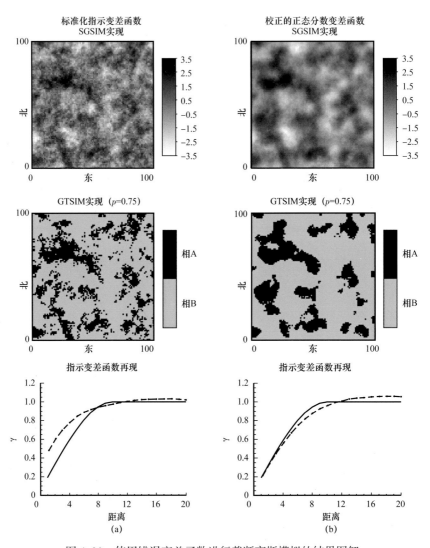

图4-20　使用错误变差函数进行截断高斯模拟的结果图解

高斯实现、截断指示实现和（a）的指示变差函数对应于使用标准指标变差函数进行正态分数（高斯）实现；请注意，由此产生的指示变差函数具有太高的块金效应；（b）的实现结果使用了理论上正确的正态分数变差函数

　　图4-21是来自人造古盆地三角洲储层的截断高斯模拟实例。在这个模型中，一个局部可变的方位角模型应用于连续性模型，以模拟在三角洲中常见的分流相关性（扩大的古流）。相包括砂岩、夹层砂页岩和页岩。请注意，自然排序关系使用截断的高斯函数再现，使用砂至夹层砂以及页岩至夹层页岩转换。

四、基于精细像元的相实现

　　基于像元的相实现的过程中存在一个不可避免的短比例尺变化问题，这在地质上是不现实的。在某些情况下，这种变化会影响流量模拟和预测的储量，这是一个考虑实现精细算法的更合理的理由。第二个问题是相比例经常偏离其目标输入比例。特别是相对较小比例（5%～10%）的相类型可能不太匹配。在指示模拟中，这种差异的主要来源是排序关系修正（估计的概率修正为非负数，总和为1.0）。对于常用的顺序关系修正算法没有明显的备选方案。后处理实现以兑现实现目标比例是一种方便且有吸引力的解决方案。然而这种后处理带来的不可避免的后果是减少了不确定性的空间。整体比例的不确定性可以通过诸如引导辅助程序来提前确定，然后用于下面介绍的精选算法中，以便为每个场景设置比例（有关更多信息，见第五章第三节不确定性管理）。

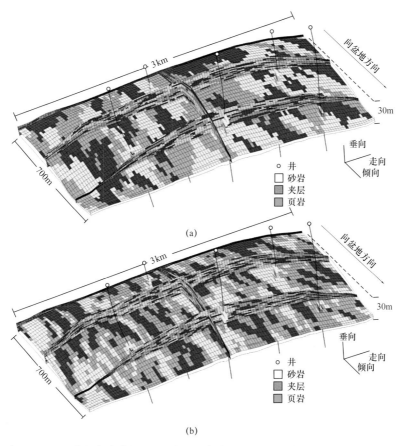

图4-21　SIS实现（a）和截断高斯模拟（b）实现的倾斜视图及走向截面、倾向截面和水平切片（对于这两种情况，应用局部可变方位图来局部旋转转变差函数的主方向，以产生分流模式）

在图像分析和统计领域，一些工作者已经解决了图像精选的普遍问题（Andrews和Hunt，1989；Besag，1986；Geman，S和Geman，D，1984；Gull和Skilling，1985）。与相关图像分析方法密切相关的精选相实现的一项提议是基于膨胀和侵蚀的概念而来的（Schnetzler，1994）。这种方法非常适合于精选二进制（仅两个相）图像。然而，对两种以上的相类型没有普遍的延伸扩展。人们可以一次考虑一个嵌套应用和两个相。

可设计迭代或模拟退火类型算法来精选相实现（见第四章第七节模型构建优化）。这些方法可能非常强大。然而，却存在一些实际问题：（1）其倾向于CPU密集型；（2）很难确定许多调节参数的适当值；（3）经常需要训练图像。

最大后验选择或 MAPS 技术基于局部邻域将每个位置 $\boldsymbol{u}$ 的相类型替换为最可能的相类型（Deutsch，2005c）。局部邻域的每个相类型的概率是基于：（1）与位置 $\boldsymbol{u}$ 的接近程度；（2）该值是否为一个条件数据；（3）与目标比例不匹配。

考虑 N 个位置的指标实现 $i_k^{(0)}(\boldsymbol{u})$，$k=1,\cdots,K$，$\boldsymbol{u}\in A$，取 K 个相类型之一，s_k，$k=1,\cdots,K$。对于处于任何特定顺序的相 s_k，$k=1,\cdots,K$ 没有要求。实现中每个相类型的比例为 $p_k^{(0)}=\mathrm{Prob}\{I_k^{(0)}=1\}\in[0,\cdots,1]$，$k=1,\cdots,K$，且 $\sum_k p_k^{(0)}=1$。每个相类型的目标比例为 p_k，$\in[0,\cdots,1]$，$k=1,\cdots,K$，$\sum_k p_k=1$。

考虑以下步骤来精选实现 $i_k^{(0)}(\boldsymbol{u})$，$k=1,\cdots,K$，$\boldsymbol{u}\in A$，并使比例 $p_k^{(0)}$，$k=1,\cdots,K$ 更接近目标概率（$p_k,k=1,\cdots,K$）。在 N 个位置处，$\boldsymbol{u}\in A$，基于周围指标值的加权组合计算局部概率 $q_k(\boldsymbol{u})$：

$$q_k(\boldsymbol{u})=\frac{1}{S}\sum_{\boldsymbol{u}'\in W(\boldsymbol{u})}w(\boldsymbol{u}')\cdot c(\boldsymbol{u}')\cdot g_k\cdot i_k^{(0)}(\boldsymbol{u}'),\quad k=1,\cdots,K \qquad (4\text{--}26)$$

式中，S 是一个标准化常数以使 $\sum_k q_k(\boldsymbol{u})=1.0$，$W(\boldsymbol{u})$ 是以位置 $\boldsymbol{u}$ 和 $w(\boldsymbol{u}')$，$c(\boldsymbol{u}')$，为中心的点的模板，并且 g_k，$k=1,\cdots,K$ 是解释与 $\boldsymbol{u}$ 条件数据接近程度的加权，其与整体比例不匹配。更准确地说：

（1）$w(\boldsymbol{u}')=$ 加权数，用以定义邻域或模板以实现精选。局部邻域的定义和邻域内的加权 $w(\boldsymbol{u}')$ 控制着实现精选的程度。结果的外观用于确定最佳邻域（见下面的示例）。

（2）$c(\boldsymbol{u}')=$ 加权数，以确保再现条件数据。在所有非数据位置 $c(\boldsymbol{u}')=1.0$ 并且等于 C；在条件数据位置 $C\geqslant 10$，$\boldsymbol{u}'=\boldsymbol{u}\alpha$，$\alpha=1,\cdots,n$。这种不连续函数可确保优先使用条件数据。

（3）$g_k=$ 加权，以确保精选图像中的相比例更接近目标整体比例：如果该相的原始实现具有太高的比例，则特定相的概率 q_k 将降低，并且如果原始实现具有太低的比例，则概率 q_k 将提高，具体而言，

$$g_k=\frac{p_k}{p_k^{(0)}},\quad k=1,\cdots,K \qquad (4\text{--}27)$$

其中 p_k，$k=1,\cdots,K$ 是目标比例，$p_k^{(0)}$，$k=1,\cdots,K$ 是初始实现中的比例。进一步的比例因数（f_k，$k=1,\cdots,K$ 乘以 g_k 值）可以通过试错法来确定，以获得更接近的匹配。

局部邻域的尺寸和加权 $w(\boldsymbol{u}')$ 的性质对结果的"精选度"有重要影响。一般来说，当使用较大的窗口时，图像看起来更精细。图 4-22 说明了如何用三个不同的模板 W 和加权 $w(\boldsymbol{u}')$ 来精选 SIS 实现的。也可以将各向异性引入到模板 W 和加权 $w(\boldsymbol{u}')$ 中，以避免各向异性特征的"平滑"。必须使用试错法来确定任何特定情况下的加权。

条件数据由局部邻域内的加权 $c(\boldsymbol{u}')$ 执行；在所有非数据位置，$c(\boldsymbol{u}')$ 等于 1.0，并且在条件数据位置，$c(\boldsymbol{u}')$ 等于一个更大的数 C，$\boldsymbol{u}'=\boldsymbol{u}\alpha$，$\alpha=1,\cdots,n$。图 4-23 显示了精选前后的两个 SIS 实现。井数据在两种情况下都再现。在垂直井中观察到的相持续远离井。远离的程度取决于 C 的幅值和精选模板 W 的尺寸；条件数据只能影响模板 W 内的那些节点。

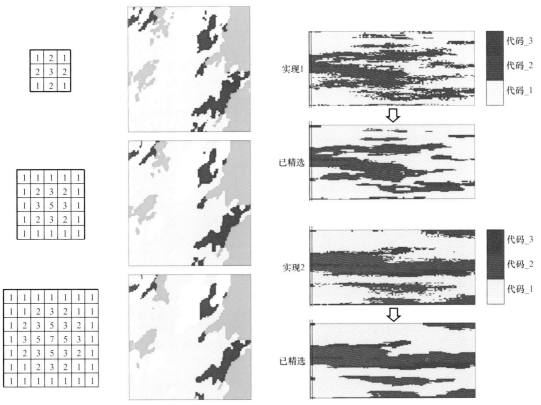

图 4-22 三个模板和从 SIS 实现开始的对应精细
图像

图 4-23 精选前后的两个 SISIM 实现（请注意，
在左侧的垂直井数据串处再现条件数据）

　　加权数 g_k, $k=1$, …, K 将精选图像引向整体比例：如果该相的原始实现的比例过高，则特定相的概率会降低，如果原始实现的比例太低，则特定相的概率会提高。如式（4-26）所示，这个比例不是强加的；而是简单地调整概率以使其与真实值更接近。一般而言，相比例的变化是不确定性的固有方面，目标比例的完美再现并不是关键目标。

　　精选分类相实现的动机是纠正嘈杂的相实现，这些实现在地质学上通常不现实，并且与精选图像具有不同的流动特征。实现精选算法的一个缺点是，为了美好、精选、漂亮图片的缘故，可能会删除相中的真实短比例尺变化。

五、工作流程

　　图 4-24 显示了从地震数据校准相比例的工作流程。结果可以用于 SIS 或截断高斯相模拟。

　　图 4-25 说明了使用序贯指示模拟（SIS）和地震数据进行相建模的工作流程。

　　图 4-26 说明了截断高斯模拟之前所需的预处理步骤的工作流程。必须确定局部不同的阈值和比例。相的正态分数转换传递给 SGS。

　　图 4-27 说明了使用截断高斯模拟的相建模的工作流程。平稳 SGS 在第四章第六节中描述。

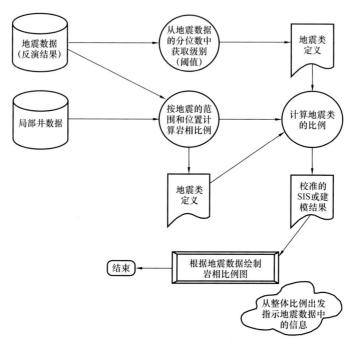

图 4-24　根据地震数据的相比例校准的工作流程

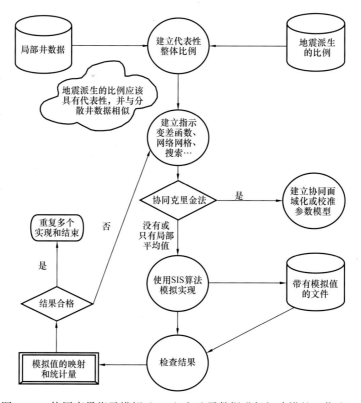

图 4-25　使用序贯指示模拟（SIS）和地震数据进行相建模的工作流程

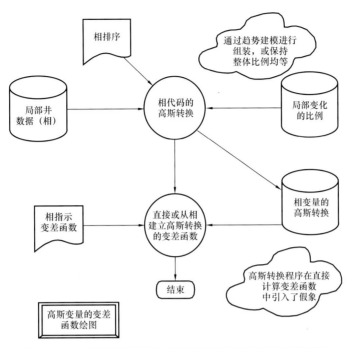

图 4-26 在截断高斯模拟之前需要的预处理步骤的工作流程

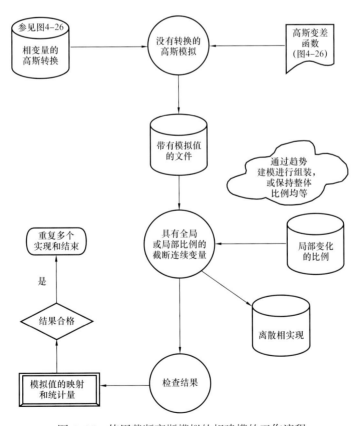

图 4-27 使用截断高斯模拟的相建模的工作流程

图 4-28 说明了基于像元的相实现的工作流程。工作流程是迭代的，以达到正确的精选水平。应小心避免精选真正的相应的短比例尺相变化。

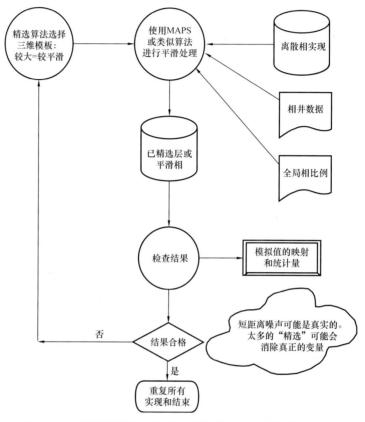

图 4-28　相建模精选，精选基于网格单元相实现的作业流程

六、总结

相通常是储层非均质性的重要制约因素。为此，我们本章的大部分内容将讨论相建模（第四章第四节至第四章第五节）。本节将从确定建模相和选择相数的标准开始。这些标准将与第四章第二节至第四章第五节中讨论的任何其他相建模方法相关。

这第一个相建模章节侧重于基于变差函数的方法和传统相处理的主干部分。序贯指示模拟提供了一个强大的框架和灵活性来解释每个相的空间连续性。对于此类设置，其中相排序关系对满足项目目标至关重要，截断高斯模拟已被提出作为一种可行的替代方案。如果需要更多的复杂性和曲线特征，则可考虑基于多点的方法（见下一节）；如果需要清晰的几何图形，则考虑基于目标的方法（第四章第四节，基于目标的相建模）；最后，如果需要沉积过程的复杂相互作用，则考虑过程模拟方法（第四章第五节，过程—模拟相建模）。

对于基于像元的方法（即基于变差函数和多个点），由于算法限制，例如为指示模拟讨论的顺序关系，可能会将短比例尺噪声引入到模拟中。由此提出了一种简单的图像精选方法来纠正这个假象。并在过程中使用试错法来得到适当的平滑程度。

通过讨论相模拟概念和传统的基于变差函数的相建模方法，将讨论每种附加的相建模方法，然后讨论模拟连续性相关的章节，如孔隙度、渗透率和饱和度（第四章第六节，孔隙度和渗透性建模）。

第三节　多点相建模

自从本书第一版以来，多点模拟（MPS）在储层相建模中的广泛使用一直是地质统计学方面的一项重大进步。在第二章第三节量化空间相关性中，介绍了从培训图像导出的多点统计量的概念；在第二章第四节初步绘图概念中，将包含这些统计量的算法步骤作为顺序模拟框架中的克里金法的替代方法。本节介绍使用 MPS 的相建模。

《多点模拟》审查了 MPS 的背景和方法。新进展已经产生了用于相建模的实际 MPS 方法。所得的模型通过利用代表储层非均质性的培训图像来改善地质输入。MPS 仍在经历持续发展。

遍及本节，我们提到了这些发展，但是我们的讨论和演示还是基于 Strebelle（2002）的常用方法。

MPS 的顺序模拟产生了一种高效实用的方法，可以减少假象，同时轻松遵守与趋势约束和数据条件相关的约束条件。

《输入统计》讨论了各种统计输入，包括整体比例、从培训图像中获得的空间连续性模型，以及局部变量比例尺、方位角和相比例。

《实施细节》包含与搜索树、多点模板设计和连续趋势相关的具体细节。对于储层非均质性的实际再现，要求有效计算和存储平稳多点统计量。分区搜索树（Boucher，2009）或更有效的方法—数据结构可以提高 MPS 处理复杂空间非均质性的能力。而且，智能多点模板设计可以最大化模板中可用点的影响。最后，与其他基于像元的相建模方法一样，对相模型内的连续储层性质施加趋势并不复杂。文中也提到了一些潜在的方法。

一、多点模拟

Strebelle（2002）全面回顾了 MPS 的发展。早期的 MPS 方法基于迭代方案，并且由于计算时间和建立可接受收敛的相关困难性导致结果不切实际。Farmer（1988）和 Deutsch（1992b）在模拟退火中应用 MPS 作为目标函数的组成部分。Caers 等（1999）应用马尔可夫链蒙特卡罗模拟，Srivastava（1992）应用 Gibbs 采样器。这些方法对于处理大量的多点事件来说并不实用。

Guardiano 和 Srivastava（1993）引入了一种基于顺序序贯模拟的非迭代方法。这是第二章第四节预绘图概念中列出的算法步骤的基础。可以直接从培训训练图像计算条件概率，但由于需要在实现内扫描每个新模拟节点的整个训练培训图像，因此这在计算上非常复杂。Strebelle（2002）在模拟之前计算了所有条件概率，并将动态数据存储搜索树应用于高效的存储和检索，并且仅将有限数据事件模板中可用条件概率的有限考虑因素应用于培训图像。一旦计算，该搜索树可以应用于在模拟期间查找所有模拟节点所需的条件概率。本节中显示的 MPS 示例是基于 Strebelle（2006）中讨论的此方法的最新版本。最近 Lyster 和 Deutsch（2006）使用基于 Gibbs 采样器的 MPS 方法重新研究了迭代方法（见第四章第七节模型构建优化）。

在储层网格比例尺上具有适当特征的训练图像设计对 MPS 相建模至关重要。面临的主要挑战包括维数灾难。也就是说，需要大量的条件概率来表征多点事件（回顾第二章第三节量化空间相关性中的 K^{m+1}，其中 K 是相的个数，n 是未知位置的已知点的个数）。认识到最新出现的研究可用于提高 MPS 的速度和能力从而处理不同尺度的非平稳特性，见下文关于 Chugunova 和 Hu（2008），de Vries 等（2008）和 Straubhaar 等（2010）的讨论。Mariethoz 等（2010）提出了一种不依赖数据存储的直接抽样方法。取而代之的是，他们会对特定数据事件的训练图像进行采样，此特定数据事件要求把公差应用到来自模型和训练图像数据事件的近似值观测中。

基于 MPS 的相建模技术正变得越来越受欢迎，因为它们保留了硬数据和软数据的易调节性和基于像元模拟的趋势，并集成了基于目标模型的一些几何和曲线特征。MPS 方法在储层建模中的实用性已经在各种出版物（Caers 等，2003；Harding 等，2005；Liu 等，2004）中得到了证明。

MPS 的使用由以下观察结果推动：（1）通过构建重现局部数据；（2）所需的统计控制（训练图像）是直观的并且其鼓励了地质学家和储层建模师之间的沟通；（3）对软地震数据和长距离地质趋势直截了当的处理；（4）对于地质相具有几何形态，但缺乏清晰边界的地质背景而言，这些结果似乎是真实的。

这种非均质性在许多沉积环境中是普遍存在的。例如，当相受原始沉积相控制时，却被叠印为成岩蚀变或相变造成的复杂保存结果。当然，当相显示遵循清晰的几何图案时，例如砂充填的废弃河道或岩化沙丘，应考虑基于目标的相算法（第四章第四节，基于目标的相建模）。或如果与时间序列相关的复杂性更大，则可以考虑过程—模拟相算法（第四章第五节，过程—模拟相建模）。三角洲储层中的 MPS 训练图像和模拟实现示例参见图 4-29，并回顾图 4-21 中 SIS 和截断高斯实现与其进行比较。

多点相建模和所有相建模的主要步骤是通用的，包括：（1）相关井数据连同平面和垂直地质趋势数据必须在被建模的地层中进行组合；（2）地震属性通常以相似的方式与相关联，如有，必须测试地震数据以确定它们是否校准到相概率；（3）必须确定相的分块、空间代表性、整体比例。以下步骤是多点相建模独有的：（1）必须使用显著性特征并在同一规模上构建训练图像或训练图像集作为储层模型，并且必须使用适当尺寸构建用于提供数据模板的条件概率。（2）从训练图像中计算条件概率并存储在搜索树中，之后可以通用到其他相方法中。（3）必须构建和验证三维相模型的序贯模拟。重要的是提前确定这些从训练图像中数据事件的频率评估得到的条件概率是有效的。接下来将讨论这一问题及 MPS 的独有步骤和相关考虑事项。

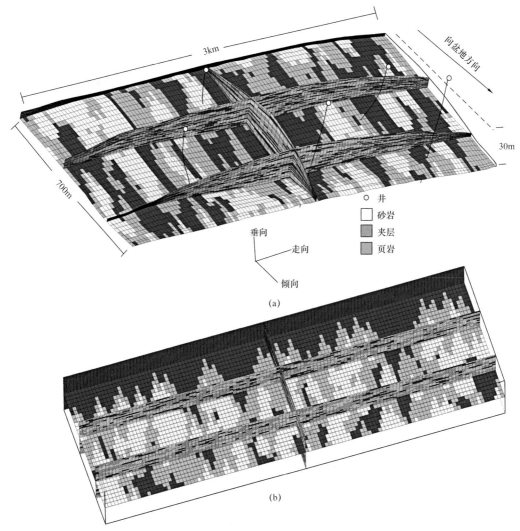

图 4-29　带显示训练图像（图 b）和井约束模拟三角洲储层（图 a）的单个 MPS 实现

注意在实现中不同的朵叶体几何形态和相嵌套；相比于使用 SIS 和截断高斯模拟构建的相同模型（见第四章第二节图 4-21，基于变差函数的相建模模型）；注意，训练图像是一个规则的平坦网格，其平均单元格尺寸来自上图的储层网格

二、使用 MPS 的序贯模拟

以下是关于通用序贯 MPS 方法的一些详细信息。第二章第三节中，一个多点事件被定义为关于未知位置 $z(\boldsymbol{u})$，由一个滞后向量，$z(\boldsymbol{u}+\boldsymbol{h}\alpha)$，$\alpha=1$，$\cdots$，$n$，所表示位置的一组数据值。Strebelle（2002）证明，给定一个数据事件，如果解出了单一正态方程在未知位置 $\boldsymbol{u}$ 处的结果，则精确解即为条件概率，也称为贝叶斯关系。

$$P\{z(\boldsymbol{u})=z_k \mid d_n\} = \frac{P\{z(\boldsymbol{u})=z_k, z(\boldsymbol{u}+\boldsymbol{h}_\alpha)=z_{k_\alpha}\}}{P\{z(\boldsymbol{u}+\boldsymbol{h}_\alpha)=z_{k_\alpha}\}} \qquad （4-28）$$

因此，扫描训练图像提供了序贯模拟所需的条件概率函数，可以从与位置 u 处发生特定事件的相关数据事件的频率除以数据事件的总数来直接计算；所以，从训练图像中计算出的条件概率对于模拟是有效的。图 4-30 中显示了这种计算的示例，使用一个简单的四点数据事件和训练图像中识别的三个副本。由于三分之二的事件在未知位置 u 处具有浅灰色值，所以指定该比例为浅灰色的概率并指定三分之一为深灰色的概率。

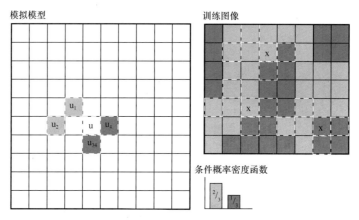

图 4-30　在局部搜索邻域中给定四点位置 u 上的模拟（通过扫描训练图像得到位置 u 处的相频率除以总事件次数，对条件概率进行采样；在这种情况下，浅灰色为 $\frac{2}{3}$，深灰色为 $\frac{1}{3}$）

如果某个特定的 n 点数据事件没有充足的副本以计算条件概率，则通常的做法是从数据事件中丢弃点，直到副本被发现。例如，如果在训练图像中没有特定的 10 点统计量（或者副本太少），则丢弃离感兴趣位置 u 处最远的点，$u+h$，从而产生 9 点统计量。丢弃点直到可以评估条件概率。

如第二章第四节初步绘图概念所述，通用的 MPS 方法沿着随机路径顺序运行模拟。尽管顺序随机路径减少了失真，提高了数据调节度并且实现了高效模拟，但此方法可能使得重现长距离连续特性变得困难，例如河道。

但使用随机路径仍有许多好处。序贯模拟中应用的顺序路径可以沿着模拟路径充分展布特性。此外，如使用随机路径，对全局统计的任何修正（在下一节中讨论）均不应产生局部偏差，而顺序路径可能造成低或高面域的偏差，因为模拟试图平衡全局统计。而且，调节失真受随机路径限制，而顺序路径则可能由于相邻先前模拟节点的强烈影响导致数据附近的不连续性。

最后，在模拟的早期阶段随机路径导致在每个数据事件中被通知的多点相对较少（先前模拟的节点和数据），并在模拟的后期阶段导致数据事件中被通知的多点相对较多。因此，早期模拟值从训练图像中被微弱的通知（仅基于模板和数据中的极少数先前模拟节点），并且过度约束后期模拟节点。由于这种影响，MPS 可能无法重现长距离连续性特征。使用随机路径模拟长距离特征就像在没有勘测的情况下从河流两侧建桥。随机添加这些特征，但之后未能正确连通；而随机路径上的稍后节点（在桥的中间填充）可能会导致在训练图像中不存在数据事件。回想一下，如果在训练图像中没有找到特定的数据事件，则离模拟位置最远的点将被丢弃以减少多点统计中的点数，直到在训练图像中找到该事件。这样可以继续进行模拟，但会出现问题，例如截断长距离特性（即桥没有连通）。

可以应用多重网格方法，从每个节点 n_1^{th} 到每个节点 n_2^{th}，…，n_m^{th} 运行模拟，其中 n 在 m 步逐渐递减到每个节点（Tran，1994）（见图 4-31 中的图解）。这有助于首先应用长距离特征，然后填入短距离连续性模型，并且能成功提高基于变差函数方法中的长距离连续性。但是，使用 MPS 空间模型更加具体；甚至使用多重网格长距离特征往往是一个问题。

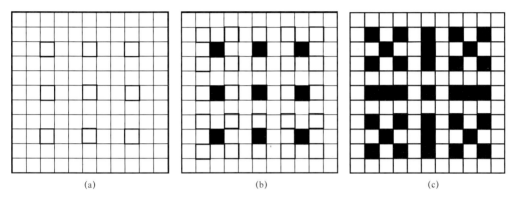

(a)	(b)	(c)

图 4-31　从左到右运行模拟的多重网格模拟示意图

对于第一步，每第三个网格节点都是以随机顺序进行模拟（a 图）；对于第二步，每第二个网格节点都是以随机顺序进行模拟（b 图）；对于最后一步，所有其余网格节点都是以随机顺序进行模拟

图 4-32 中显示了一个复杂的训练图像，产生的 MPS 实现没有任何局部约束。注意，尽管出现了许多短距离特征，但未能很好的重现长距离特征。此外，模拟以固定的方式分配所有特征。有必要重申这些具有长距离特征的问题也存在于所有其他基于网格单元的方法中。与 MPS 的区别在于其空间连续性模型更具体。因此，其长距离特征的丢失更为明显。

提高训练图像特征重现的方法包括：（1）使用足够大的训练图像以确保尽可能多的数据事件和尽可能多的副本；（2）使用后处理方法局部修正模型（Strebelle 和 Remy，2005）；（3）使用顺序路径的应用；（4）如下一节所讨论的强加非平稳约束。

Strebelle 和 Remy（2005）提出了追踪模拟实现和训练图像之间不一致性的后处理技术，其作为从数据事件中丢弃的节点数，找到所需的条件概率。该方法提供了在每个模拟节点处出现的模拟实现与训练图像之间不一致的指示。后处理通过重新模拟高度不一致的节点来应用。

Suzuki 和 Strebelle（2007）证明，长距离连续性的问题可以使用初始粗化水平的多重网格模拟来解决（Tran，1994）。他们证明重现长距离训练图像特征是由于随机路径的原因，并且可以通过顺序路径进行修正（Daly，2005）。如前所述，顺序路径可能存在失真和数据调节的问题。Suzuki 和 Strebelle（2007）建议使用顺序路径进行第一次粗化多重网格模拟，然后切换到随机路径进行随后的加密多重网格模拟。

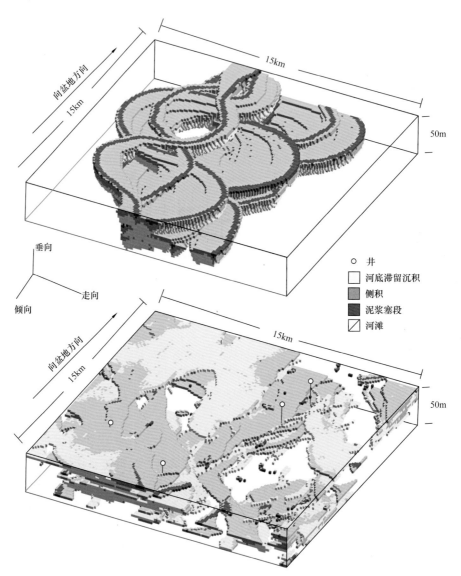

图 4-32　加入非常复杂、非平稳模型的河流储层模型的 15km × 15km 剖面模拟

其作为训练图像并在所示井以外无约束，虽然重现了一般的几何形态，但是截断了长距离连通性结构，例如见泥浆塞段，并且其特征以固定的方式扩展从而填充储层

非平稳约束对于约束一般的长距离特征非常有用。这将在接下来的章节中说明。

三、输入统计

与所有基于网格单元的方法一样，MPS 可以轻松整合各种来源数据。典型的统计输入包括整体比例、训练图像、局部变量比例及方位角和软二次数据。

（一）整体比例

多点方法不明确约束每个相的整体比例（p_k，$k=1, \cdots, K$）。使用序贯高斯模拟，前向和后向变换确保了在统计波动范围内输入分布的重现，并且使用序贯指标模拟，局部 PDF 基本上是基于硬数据和软数据的无偏局部估计量。事实上，鉴于输入统计，整体比例的偏差通常被视为不确定性观测的一部分（见第五章第三节不确定性管理）。

使用 MPS 没有这种无偏性期望。生成的实现整体比例对训练图像中的比例很敏感。因此，空间连续性观测带有关于整体比例的数据。为了尽量减少这个问题，通常的做法是将训练图像的整体比例设置为模拟实现的目标整体比例。

这很复杂，因为事实上模拟仅受应用到模拟中的条件概率影响。也就是说，如果只使用来自训练图像子集的条件概率，或者更频繁地应用特定的条件概率，则来自这些借用条件数据的训练图像中的位置将影响模拟实现中的整体比例。鉴于这些问题，预计偏离目标整体比例并与任意实现选择相关。不认为这些变化会对不确定性评估产生有意义的影响。

需要某种修正以确保实现与目标整体比例匹配。一种方法是使用 GSLIB 的 Trans 算法来修正实现的整体比例而不中断调节（通过限制硬数据附近的变化实现）（Deutsch、Journel，1998）。Strebelle（2000）提出了一个伺服系统，该系统在沿着随机路径局部模拟实现过程中对整体比例施加动态加权。

（二）非平稳统计

在 MPS 上强加各种局部变量统计是很常见的。推导非常高阶（点的数量非常大）统计以获取非平稳性中存在的长距离特征是困难和低效的（图 4-32）。事实上，从训练图像的简单静止特征中脱离通常会导致所产生的模拟实现中的特征混合。当这些大范围特征可映射时，应该用非平稳统计的模型来明确描述它们，例如局部可变的相比例、方位角、范围甚至变量训练图像。当这些特征明显不确定时，可能需要多个体现形式或场景来解释其相关的不确定性。

Strebelle（2002）提出通过扩展公式（4-28）来整合二级数据。如果不止考虑了并置的二级数据，则需要二级数据的训练图像。

$$P\{z(\boldsymbol{u}) = z_k \mid d_n, y\} = \frac{P\{z(\boldsymbol{u}) = z_k, z(\boldsymbol{u} + \boldsymbol{h}_\alpha) = z_{k_\alpha}, y\}}{P\{z(\boldsymbol{u} + \boldsymbol{h}_\alpha) = z_{k_\alpha}, y\}} \qquad （4-29）$$

其中 y 是在所有位置可添加的辅助数据。

通常，局部可变比例通过使用简单加权方案（其中权重确保数据调整不会中断）或更为复杂的概率组合方案（第二章第四节初步绘图概念中提出的 Tau 模型）更新到从训练图像中计算出来的局部条件概率（Harding 等，2005）。这种方法可能会导致概率大幅度偏离训练图像规定的概率，从而导致从训练图像中得不到数据的特征。

局部可变方位角和范围可以通过模板的简单旋转和缩放来整合（Strebelle，2006）。这种方法很有效，因为它允许使用根据训练图像的初始扫描计算出的条件概率。但也应该认识到，搜索树中表示的多点统计数据提供了一个与模型单元范围直接相关的离散空间连续性模型。这与提供一致的空间连续性模型的变差函数模型相反，所述模型适用于所有距离和方向，并且可以被缩放以明确地说明数据和模型单元的可变支持尺寸。因此，多点统计的任何缩放或旋转都不那么严格，并且可能依赖于有限数量的分级旋转角和比例尺，以及不明确考虑范围的最近数据的近似值和以前被分配到数据事件模板中模拟的节点。图4-33 给出了具有局部可变方位角和局部可变尺度的三角洲储层的实现事例。局部可变方位角施加分流模式，而局部可变尺度导致远端元素尺寸减小。另一个例子示于图4-34，其增加了局部变化相比例，以实现从砂岩到互层砂页岩再到页岩的由近及远的过渡。

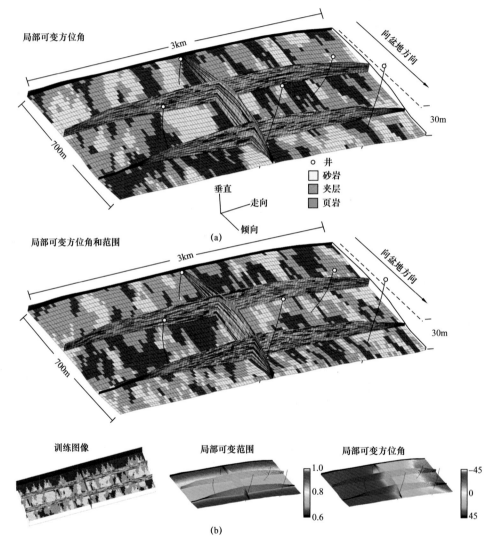

图4-33　用具有指示训练图像、井、局部可变方位角（图a）以及局部可变方位角和比例尺（图b）的MPS模拟三角洲储层的单一实现

注意分流模式和远端曲流舌尺寸的减小，与图4-29中使用MPS构建且没有局部变量约束的相同模型相比较

　　处理这些非平稳性的另一种方法可能是将模拟模型划分为面域，并使用为每个面域的局部统计数据设计的训练图像（de Vries 等，2008；Wu 等，2008）。然而，这需要对过渡训练图像（5个或5个以上训练图像）进行建模，并仔细绘制面域图以确保边界处平稳一

致的过渡。de Vries 等（2008）通过模拟储层距离的质心，应用反距离加权法对每个树项的条件概率进行加权。这些方法增加了建模难度，减少了从地质概念到训练图像到模型的数据的直观流动（Boucher，2011）。

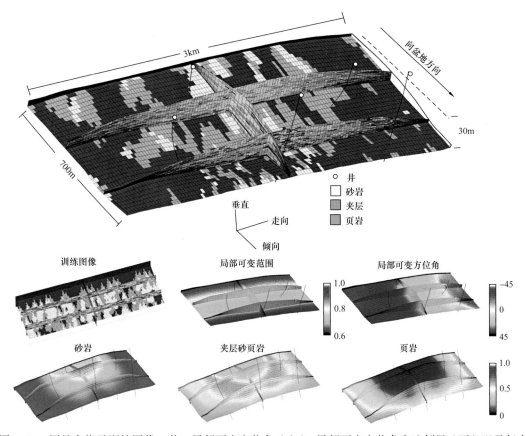

图 4-34　用具有指示训练图像、井、局部可变方位角（上），局部可变方位角和比例尺（下）以及每个相局部变量比例的 MPS 模拟三角洲储层的单一实现

注意分流模式和远端朵叶体尺寸的减小，以及从砂岩到夹层砂页岩再到页岩的由近及远的过渡，与使用 MPS 构建的相同模型相比，图 4-33 中没有局部相比例的变化

Boucher（2009）提出了一种基于过滤分数和计算机的搜索树划分的更为自动化的方法。通过这种方式，算法自动从训练图像中分离条件概率计算的平稳段，然后在局部应用这些搜索树段。这需要一些映射面域的方法来标识应用到每个搜索树段的体积，这些搜索树段可以通过手动完成，或者通过使用训练图像中标识的相同自相关分区类模拟来完成。

Chugunova 和 Hu（2008）建议应用辅助数据，例如沉积能量模型或源程序持续映射在训练图像和储层模型空间上的距离。然后在模拟过程中应用这些辅助信息来约束训练图像面域，以借此获取储层模型内特定位置的固定统计量。该方法有效放宽了训练图像中统计量的平稳性假设，在具有类似辅助信息的量上假定了平稳性。

对于这些方法，可以将多个二级数据和趋势与上述的概率组合方案整合。在多个辅助变量和趋势存在的情况下，第四章第一节大比例尺建模的大量多变量工作可以首先应用于将多个二级数据组合成一个变量，作为模拟的辅助变量。

（三）训练图像构造

空间连续性的多点模型就是训练图像：一个在模型范围内推断了相类别非均质性的足够大的详尽三维表现，没有任何局部性。训练图像不需要与模型具有相同的大小，但它应该足够大，以便有足够的重复数据用来计算多点条件概率，但也不用大到不必要地减缓模拟速度。训练图像应限于多点统计中考虑的类别，并应具有被判断为对传递功能具有显著影响以及很有可能利用选定的数据事件模板进行再现的特征。训练图像不需要局部精确或条件约束。提取空间统计数据以在施加平稳约束条件下应用于模拟实现。

有多种方法来构建这些训练图像。Pyrcz 等（2007）构建了一个常见沉积环境下典型储层特征的训练图像库。该图像库将允许用户简单地选择他们的空间连续性模型。通过能实时为任意数量的类别和比例绘制特定非均质性的训练图像生成器可以实现更大的灵活性。Maharaja（2008）和 Boucher 等（2010）设计了无条件的基于目标的模拟程序来建立训练图像。此外，基于目标的程序，像 Deutsch 和 Tran（2002）开发的方法，甚至模拟过程的方法，都可用于建立训练图像（Pyrcz 等，2009）。

然而，训练图像的一个关键限制是它们必须假定为静止的，并且为了获得最佳结果应尽可能简单。训练图像的复杂性通常会导致在搜索树中存在混合的局部细微差异和非平稳性，并导致在模拟实现中产生模糊特征。出于这个原因考虑，训练图像应该包含简单的特征（参考图 4-32 中复杂的训练图像和缺乏非平稳性模型的结果）。前文的小节中已经讨论过，局部复杂性在模拟中最好是由非平稳特征施加。

MPS（如第四章第二节基于变差图的相模型中的基于变差图的方法）通过构建再现局部硬数据，并轻松反映局部趋势。如第二章第四节预先绘图概念中所述，硬数据在沿随机路径进行序贯模拟之前直接分配给模型网格单元。这允许对任何可用局部数据的密度进行调整，但是这也为密集数据的设置带来了一些独特的挑战，因为空间统计来自训练图像而不是来自数据。这就让数据与多点空间连续性模型之间可能产生矛盾，可能导致数据附近不连续性的假象。

事实上，不能保证训练图像的特征将在实现中再现。这给训练图像构建和 MPS 模型检查带来了一些额外的挑战。Boisvert 等（2007b）提出通过比较各种数据和训练图像统计数据，如运行的分布、厚度分布和一维多点统计数据，来检查训练图像和数据的兼容性，以避免数据和训练图像之间产生矛盾。Boisvert 等（2010）提出对多点直方图和比例尺关系进行统计比较，这些数据可用于检查储层实现过程中训练图像多点统计数据的再现。然而，这是一个具有挑战性的话题，因为多点统计数据通常比基于变差图的空间连续性测量更难概括和可视化。

四、实施细节

搜索树和仔细选择的数据事件模板是影响 MPS 方法效率和 MPS 实现质量的重要实施细节。另外，可能需要在模拟相模型中模拟连续趋势。

（一）搜索树

条件概率的高效存储和检索对于 MPS 的快速应用非常重要。序贯模拟期间，在每个模拟节点中搜索训练图像所需的条件概率需要大量的计算。Strebelle（2002）提出使用动态存储方法——搜索树来有效地存储和检索条件概率。如前所述，Boucher（2009）提出了分区搜索树概念，以解决训练图像的非平稳性问题。

其他人则提出了更高效的存储方法。Straubhaar 等（2010）提出了一种需要较少 RAM 存储，并允许并行计算条件概率的列表结构。随着条件概率的更有效计算和存储，MPS 内可能实际应用的点数和相数增加，从而可建立更复杂的储层模型。

（二）MPS 模板

MPS 模板选择可能会显著影响 MPS 的实现。这些影响因素包括模板范围，模板中的点数和定位。通常，该模板被假定为一个用户定义或自动推断范围、方向和各向异性的简单椭球体形状，并且考虑到椭球体内的所有节点。Lyster 和 Deutsch（2006）提出两点熵作为多点模板中每个节点信息内容的快速替代。该过程需要先扫描具有最大实用模板的训练图像，然后基于最小熵阈值去除节点。

$$H_{\max} = -\sum_{k=1}^{K}\sum_{k'=1}^{K} P_{kk'} \ln P_{kk'} \qquad （4\text{-}30）$$

其中 k 是可能相的数量，$P_{kk'}$ 是相 k 在中心点 $\boldsymbol{u}$ 处出现和相 k' 在模板的点 $\boldsymbol{u}+\boldsymbol{h}_\alpha$ 处出现的概率。更高的熵表明更多的随机性，因此中心点、估计点、$\boldsymbol{u}$ 点和 $\boldsymbol{u}+\boldsymbol{h}_\alpha$ 点之间的相关性更小。因此，熵值最低点被视为包含最多的信息。

模板设计有多种考虑因素。首先，模板应足够大以表征目标的非均质性问题。然而，如果模板相对于训练图像的大小太大，则进行合理的统计推断的重复过少，并且模板的大部分边缘将不会被频繁使用。此外，模板大小对模拟时间和存储要求具有一阶控制。如第二章第三节量化空间相关性所述，所需条件概率的数量为 K^{n+1}，其中 K 是类别的数量，n 是模板中已知节点的数量，+1 是模板中的未知节点。此外，如果有辅助数据，这会增加到 $K^{n+1}S^{n_s}$，其中扩展的 S 为辅助数据可能类别的数量，n_s 为辅助数据的数量（Strebelle，2002）。

（三）持续趋势

与其他基于单元的相模型一样，MPS 在单元之间依次进行，而不需要任何明确的地质体或几何体系结构。例如，MPS 可能导致连接单元形成可识别的几何体，但这些几何体没有先验规范。例如，一个 MPS 模型可能会模拟舌状体，但这些舌状体是一组不容易被识别为舌状体的模拟节点的空间聚类，并被分配给网格；因此，模拟不能用唯一的波瓣指数标记每个波瓣。虽然当这些基于单元的几何图被隔离时，这个问题可能看起来微不足道，但这种情况通常会因为不易分离和识别的叠瓦状体或复杂的几何图而变得非常复杂。

这限制了为随后的连续储层特性模拟提供持续趋势的能力。例如，如果用 MPS 模拟河道模型，则可以预料河道内的连续储层属性与河道一致。在一些情况下，河道路径遵循连续性的特性，并且河道边缘和河道底部到顶部的储层物性都很好。虽然形成了几何图形，但相区内连续属性的特定关系不能与 MPS 工作流程轻松整合。

虽然已经尝试从基于单元的模型中检测几何图形，并将趋势模型拟合到这些几何图形中，但面对几何的复杂性和几何图形的重叠，这些方法也会失败（Cavelius 等，2012；Pyrcz，2004）。对于不基于单元网格的相建模方法，这些几何结构是已知的，并且可以直接计算建模几何中的连续属性趋势模型（参见第四章第四节基于目标的相建模和第四章第五节过程模拟相建模）。

五、工作流程

以下是与多点统计模拟相关的主要工作流程。图 4-35 说明了构建训练图像的步骤。第一步是将所有可用的数据，包括测井数据、地震数据、概念信息和经验，整合到沉积相框架中。这个框架包括相的数量，几何图形和相互关系。然后构造这个相框架的三维表现，并用可用的数据和概念进行检查。如果满意，则可以构建一致的趋势模型以在条件模拟中局部调整训练图像特征。应考虑并检查趋势模型和固定训练图像的相互作用。

图 4-36 说明了多点模拟中的步骤。从现有的信息（包括井数据、地震数据、概念信息和经验）中构建一个统一的训练图像和趋势模型。然后将井数据分配为模型网格中的数据。通过以随机顺序访问所有网格节点，然后应用下列步骤来进行模拟：汇集局部数据，从训练图像所构建的条件分布中取样，将局部趋势信息强加于条件分布，应用蒙特卡罗模拟，并将模拟值作为数据分配给网格。沿着随机路径重复此操作，直到访问到所有网格节点。

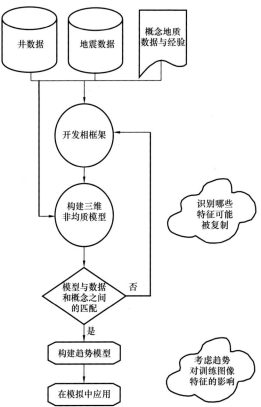

图 4-35　训练图像构建的工作流程

六、总结

本节介绍了基于多点的相模型，其是一种可以进一步将地质复杂性引入基于网格单元的相模型并增加曲线特征和排序关系的方法。由于直观的工作流程、灵活的数据、趋势和二次数据集成以及通过训练图像直接整合地质概念的特点，这种方法已成为常用做法。

这是一个非常活跃的研究领域。新的方法可以提高采用多点的统计方法来表示地质非均质性的效率以及利用位置特定和非平稳的训练图像来解释储层中非平稳信息的能力。

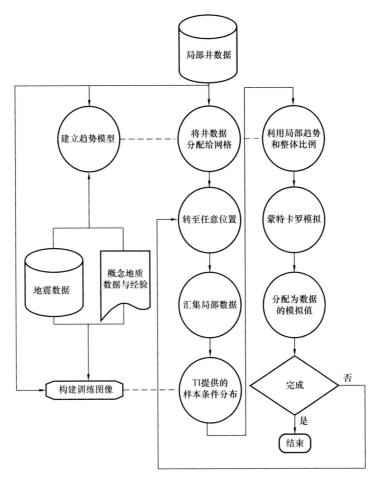

图 4-36　多点模拟的工作流程

在某种程度上，MPS 的概念导致了从统计描述的再现到图像处理和图像复制的地质统计学范畴的转变。在这个主题中，已经开发了另外的研究方法，如 FILTERSIM（Wu 等，2008；Zhang 等，2006）和 SIMPAT（Arpat 和 Caers，2005）。采用这些方法，可以从一组训练图像中提取模式，并对其进行分类，然后将其放入储层模型中。由于条件问题、大量的计算工作量和伪像的存在，这些方法目前不实用。

如果储层中预计有明显的几何形状，那么基于目标的相建模可能是最好的方法（下一节讨论）。如果储层非均质性包括复杂的堆积模式和与地质过程相关的相互关系，则可以考虑过程模拟方法（见第四章第五节，过程—模拟相模型）。

第四节　基于目标的相建模

在第二章第四节中，基于目标的相建模被认为是基于网格单元模拟（前面几节讨论的变差函数和多点方法）的替代方法。通过这种方法，可将参数化的架构几何形状按顺序放置到一个具有背景相初始化的储层模型中，直到满足一些标准为止，例如目标整体比例和数据调节。基于对象的相模型在视觉上非常具有吸引力，因为其所产生的相实现模型模拟了地表露头、高分辨率地震模拟和现代模拟中所解释的理想化几何形状。这些模型的结果是以清晰的地质形态和逼真的理想化非线性连续性为代表的相，通常处于不能用基于网格单元的方法建模的对象连续性趋势中。

在基于对象技术的背景小节中我们进行了讨论，包括可以考虑的一些地质形态的概述，基于对象的模型必须复制的相关数据以及用于对象放置的算法。

随机页岩部分提出了随机页岩背景下基于目标建模的概念。页岩对象被放置于净储层背景中。基于目标的建模在河流相建模的背景下得到了广泛应用。河流建模部分提供了一些与废弃砂质充填河道和漫滩相（天然堤和冰隙砂）建模相关的细节并讨论了实施细节，包括井和地震数据的整合。

非河流沉积体系介绍了其他沉积体系的注意事项。特别是对深水分流扇沉积体系的应用进行了论证。最后，工作流程部分介绍了基于目标的相建模相关的一些操作的工作流程图。

一、背景

第二章第一节初步地质建模概念中介绍了架构层分层的概念。从嵌套砌块的角度来观察储层是非常方便的。架构要素通常是将基本的储层构造块搭建成架构复合体，然后将复合体组建成架构复合体集。有时，将层系要素细分为层、地层和薄层也很有用。回想起之前我们留下了不明确的相定义（参见第四章第二节基于变差函数的相建模）。相描述了按照任何尺度将储层分为具有不同储层物性统计的可映射面域的任何类别。

从这个角度来看，相建模乃至基于目标的模型中的目标可能与要素、要素内的层甚至层中的小层相关。例如，河流环境中的基于目标的模型可以表征河道环境中的河道、天然堤和展开的架构要素。在另一种情况下，基于目标的模型可以表征河床甚至是阻碍流体流动的页岩遮挡层。在微型建模中，目标实际可能是薄层。不管目标的尺度如何，该目标都应该是储层的重要组成部分。其重要性是由体积贡献或对储层流动响应（流动管道、屏障或阻碍）的贡献所决定的。

可以应用一组基于目标的模型来跨越各种分层尺度。例如，还是在河流环境中，储层架构可以首先通过河道复合体的基于目标的模型进行建模，然后通过河道复合体内的基于目标的模型、要素内的基于目标的模型以及其他更小尺度的特征来进行建模。我们考虑通过连续的坐标变换和代表每个尺度的几何对象来对非均质性的遗传层次结构进行建模。然后使用符合特定比例尺或各种比例尺的沉积连续性的坐标系，以合适的尺度构建孔隙度和渗透率模型。一般来说，比例尺的数量是有限的，因为大尺度特征（例如复合体集以及复合体）可以与可获得的数据匹配，因此可以更好地通过合理的确定性绘图进行建模。此外，非常精细的特征（例如底层和薄层）可能不会对体积或流量产生显著影响，或无法在流量网格的尺度约束下表征出来（参见第四章第一节大比例尺建模）。

正如第二章第一节所讨论的，我们已在储层体系沉积学和地层学方面取得了重大成就。目前的综合性著作已经全面涵盖了沉积环境学的研究（Einsele，2000；Reading，1996；Walker 和 James，1992），而 Galloway 和 Hobday（1996）为资源调查提供了一种简便的方式。我们为基于目标的模型设计提供了一些关键信息，但是不可能记录一套全面的方法。建模必须考虑河流沉积环境。Miall（1996）的著作通过 500 张图片和 1000 个参考文献的形式展示了 16 种河流类型，并由此详细描述了河流沉积相、盆地分析和石油地质学。鉴于架构要素的基本定义与可描述的外部和内部几何形状相关，这些架构分层研究非常适合于了解基于目标的模型。

描述河流沉积的文献丰富多样。河流体系的定量计算机模型的历史也很悠久。早在 20 世纪 60 年代和 70 年代，Allen 的定性研究（1965，1978）产生了定量计算机模拟。大约在同一时间，Leeder（1978）也建立了定量模型。Bridge 与 Leeder（1979）在这一领域发表了相关文献，并发表了最近更新（Mackey 和 Bridge，1992）的计算机代码（Bridge，1979）。

尽管不是专门为河流相而设计的，但由于 Haldorsen 等所做的工作（Haloorsen 和 Chang，1986；Haldorsen 和 Lake，1984；Stoyan 等，1987），到 20 世纪 80 年代中期基于目标的模型开始在储层建模领域流行。此外挪威北海内河流相储层的重要性很快就推动了这些基于目标的河流相方法的发展（Clemensten 等，1990；Damsleth 等，1992a；Fsltetal，1991；Gundeso 和 Egeland，1990；Henriquez 等，1990；Omre，1992；Stanley 等，1990）。由于这些方法越来越多的在挪威北海储层中得到实际应用（Bratvold 等，1994；Tyler 等，1995），相关的理论和实践也经过了多年的改进（Georgsen 和 Omre，1992；Hatloy，1995；Hove 等，1992；Tjelmeland 和 Omre，1993；Tyler 等，1992a、b、c）。这些应用实例已经为河流相的其他油气产区奠定了标准。其他非挪威石油公司也发展了基于目标的建模技术（Alabert 和 Massonnat，1990；Khan 等，1996），并且基于目标的模型在储层建模软件中很常见。

最近，有关深水储层的架构分层研究也有所增加，其中包括 Beaubouef 等（1999）、Sprague 等（2002）和 Sullivan 等（2004）所做的研究。与河流对应物类似，这些研究详细描述了每种不同类型深水体系尺度的特征几何形状。例如，对于倾斜断层和积水体系中常见的朵叶体环境，分流式朵叶体复合体是由具有与沉积能量相关的内部填充特征的朵叶体要素组成的。通过将这些特征集成到基于目标的模型中，例如，Shmaryan 和 Deutsch（1999）的研究，这样对于深水架构分层特征的描述就成功了。

现在经常会在储层表征中创建基于目标的模型。建立基于对象的模型需要解决三个关键问题是（1）地质形态及其参数分布；（2）对象位置修改算法；（3）相关数据，以约束由此产生的结果。

基于目标的模型能够生成具有清晰几何形状的非均质模型，但这对于基于网格单元的方法来说是不可能的。基于目标建模的一个基本假设是，特定沉积单元的形状是清晰的，并可以采用参数化几何形状来对其进行描述。虽然沉积过程可能会产生可识别的几何形状，但由于再成型、叠置和成岩作用而产生的地质复杂性可能会导致产生形态更加分散或随机的特征，同时缺乏清晰的几何形状。在这些情况下，基于网格单元的方法可能会因其改进后的调节能力而受到青睐。尽管基于对象的模型可以经过后处理来减少几何脆性（由此导致噪声增加），但一般不可能将几何信息添加到基于网格单元的模型中。

如第二章第一节初步地质建模概念所述，重要的是不要混淆地貌学和沉积学的概念。使用基于目标的模型来模拟地球表面上的现代特征是很吸引人的。例如，物体可以被设计成代表河道、风成沙丘、碳酸盐礁等。然而，重要的是要确保这些储层沉积物特征是可以保存下来的，而不仅仅是暂时的地貌形态。例如，蜿蜒的河道可能会重新改造整个河谷，风成沙丘可能会攀升，并且两者都会分别形成与河道或沙丘几何形状无关的砂岩层压力。由于海平面升降和碳酸盐生长速率的影响，沉积、剥蚀、进积及退积严重影响了所保存礁体的几何形状，并且最终的几何形状可能与典型的理想礁体大不相同。另外，即使以简单的方式保存构造，所保存的几何形状可能改变。考虑与泥质漫滩上的砂质充填河道相关的差异沉降情况。由于河岸高度易受压实的影响，而砂质充填河道可能不容易受压实影响，因此沉积的凹面朝上并且平坦的顶部几何形状可能会变成向上的凸起。

这里的讨论并不是对不同沉积体系的地质概念的严格表述。我们考虑实用的方法，所谓实用即从地质学、流量模型和地质统计的角度来看，是务实的。通过遗传模型正演来进行储层建模的想法是很有吸引力的，但在此不予考虑。从尽可能多地使用侵蚀特性（顶部的年轻岩石）和其他地质原理的意义上来说，基于目标的模型是非成因的。这甚至可能包括整合约束目标重叠和聚类的统计数据。

大多数过程模拟相模型（见第四章第五节过程—模拟相模型）方法均依赖于目标和表面。在分离这两种方法的过程中，我们考虑了正向模型和过程规则后，得出了这一结论。如果算法设置的目标没有时间序列的概念，那么我们称之为基于目标的模型。如果算法按顺序设置目标，而没有将一个目标与下一个目标承接起来的规则，我们认为这仍然是基于目标的建模。如果算法按照时间顺序将目标设置在模拟沉积过程的规则中，那么我们认为这是一个过程模拟模型。

这是不同词语和语义学选择必然出现的结果。我们选择使用"基于目标"的建模。当然，这些基于目标的模型最终会成为一个单元集合，但它们不会被叫作基于单元的模型。在创建方法过程中而不是在结果格式中引用基于目标的模型。一些人喜欢用"布伦"模型，因为它具有更严格的统计学内涵。另一些人喜欢用"标记点过程"来表示目标质心的统计点过程，然后将目标属性（如大小、方向和相位类型）归于点过程。

（一）地质形状

对基于目标技术建模生成的形状没有固有的限制。这些形状由等式、光栅模板或两者组合的形式确定。它们可以放置在一个独立质心或中心线上（Wietzerbin 和 Mallet，1993）。例如，在弯曲面上设置河道填充横截面来说明河道的位置和相关的平面形态。这些形状可能是由含有参数的一套预定义形状聚合而成，甚至可能是在建模前已被指定或是随意抽取出来。地质形状可以分层建模，即可以大尺度使用一种物体形状，然后内部小尺度的地质形态可以使用不同的形状。这些形状在成因联系上息息相关。一些明显的形状如下：

（1）在洪泛区页岩和细粒沉积物的基质内是废弃的砂质充填的河道。一维中心线和沿中心线可变横截面建模构成了弯曲河道的形状。天然堤和裂隙物体可以连接到河道上（Deutsch 和 Wang，1996）。随着网状相的走向和缓慢移动，页岩塞、胶结物、页岩屑同其他非网状相可以相应设定在河道内。河道聚类成河道复合体或带状物可以由大型对象或作为对象布局算法的一部分来处理。

（2）较低能量的曲流河系统可以模拟为非网状背景内的砂质透镜或点沙坝（Caers，2005；Hassanpour 等，2013；Pyrcz 等，2009）。我们有时考虑拟建整个河道（如上所述），然后以某些可行的方式在河道内分配砂质和页岩。

（3）其他河道化的沉积体系，包括深水和河口体系，往往是通过将河道建模技术适用于系统特定的考虑因素（如河道尺寸，宽厚比和内部非均质性）来建模的（Shmaryan 和 Deutsch，1999）。从河道相到其他相类型的转换也可以通过有关的几何形状来完成。也就是说，从远处看，河道可能会在进入建模域后看起来更像朵叶体的几何结构（因为能量损耗和沉积物分散）。下面详细讨论河道类型系统。

（4）大陆架边缘的碳酸盐岩礁可能是由一个巨大礁石核心构成的，而角砾岩裂片则覆盖在前礁，补给礁和后礁面域上。颗粒岩可能会在礁体周围形成沉积。在这种情况下，成岩作用可能会大大改变基于目标的相模型的重要性。

（5）微不足道的，但我们可以为实际建模做出必要的假设。

（6）剩余的页岩可以被模拟为沙子矩阵内的圆盘或椭球体物体。这可能适用于高有效厚度与总厚度比的储层。尽管这些页岩所占的比例较低，但它们对垂直渗透率影响很大，因此也会波及水平井产量和锥进。

（7）三角洲储层可能被模拟为质量较差的沉积物基质中的扇形砂体单元。从历史上来看，基于网格单元的技术在这样的系统中已经得到广泛运用。

（8）临滨环境可以从近端或近岸相系统发展为远端或近海相。海岸线的位置可以模拟为地质（地层中的位置）和与该位置相关的特定顺序相。基于网格单元和基于目标的混合建模方案是可行的。

基于目标的建模的另一种形式是"基于表面的建模"，第四章第五节过程—模拟相模型 对此有简要的介绍，其未来的重要性在第六章有讨论。地层表面被视为地质目标，并依据基于目标的形式主义布伦建模。我们将这些方法与过程模拟相的建模方法分组，因为表面是按事件的时间顺序进行排列的，这些事件会填积和剥蚀不断发展的复合材料表面，而表面位置通常是由过程模拟规则确定的。然而，初始的基于表面的方法确实利用了表面的简单随机放置（Xie 等，2000），并且可以被认为是基于目标的方式。

（二）相关数据

现实相模型应能够再现每个数据源容量支持和精度内的所有可用数据。相关数据包括局部井数据、地震数据、生产数据和包括确定性对象、连接和趋势的地质解释数据。

局部井数据由三维储层中任意位置的已识别相的识别码组成。相可能通过直接岩心观测或推断测井数据得出来的结果。局部井数据采用了任意方向和位置上相类型交集的形式。

地震和生产的数据大部分是不精确的。表达这些数据的方法有很多种。一种方法是计算每个相的地震发生概率：

$$p_k(\boldsymbol{u}_V), \qquad k=1,\cdots,K, \ \forall \boldsymbol{u}_V \in A \qquad\qquad (4\text{--}31)$$

其中 $p_k(\boldsymbol{u})$ 是 $\boldsymbol{u}_V$ 处相 k 的概率或比例，$k=1, \cdots, K$ 相位代码，$\boldsymbol{u}_V$ 设定遍布储层 A，V 表示体积，代表相比例。请注意，第四章第二节基于变差图的相模型中的协同克里金形式主义采取了略微不同的表示法。

局部变化的相比例数据也可以从地质解释和制图中得到。沉积体系允许在规定面域内看到不同相的比例变大和变小。

某些相的地震、生产和地质数据可能不容易区分出来。例如，决口扇和沙坝的数据。基于目标建模的一个重要约束是重现分组相的比例。

从地震数据，井测数据或生产数据的解释或地质测绘中可以准确获得某些地质物体的位置。这类对象的位置必须是固定的，而不是让算法随机定位。除此之外还有其他与物体放置的相关信息：（1）了解某些物体的确切位置；（2）相同项的两个（或多个）井交叉点不表示同一个物体；（3）两个（或更多）井相同项的交叉点概率测量表示相同的物体。这些连接来源于特定岩心相的地质解释以及在不同井交叉点之间产生的与流体连续性压力相关的工程数据。许多基于目标的建模方法对这种连接的解释不置可否。

尽管基于网格单元模型容易再次产生密集井数据，局部可变比例和二次数据，但是基于目标的模型对此有一定的约束。由于特定的目标放置体系试图遵守条件数据，密集井数据可能会导致长时间运行或产生伪像。而这种长时间运行是由于反复同步匹配这些约束难点导致的。其中产生的伪像通常包括：（1）近井处明显不同的模型表现形式；（2）不切实际的几何形状；（3）几何形状中不切实际的变化（也可两者取其一）。

模型本身无法确定条件数据的位置，而且几何形状是平稳固定的（除非明确要求其非平稳），这是基于目标模型的两项基本检查。密集调节被定义为一种数据空间，其中包括接近几何尺寸和非平滑趋势或两者之一的数据，以及在物体比例以下具有显著变化的二次数据。例如，由于需要将河道横截面拟合到多个井，同时要在整个模型中形成逼真的平面形态，因此对空间不宽于河道的井进行调整是一个很大的挑战。另外，必须注意不要使趋势和二级数据产生矛盾。例如，高分辨率垂向细节不能以比河道厚度更精细的比例重现，并且相邻河道不能重现面域趋势的突然变化。在以下物体放置的讨论中出示了更多基于目标的条件偏差数据。

最后，这组数据包括了与对象大小、形状、方向和相互作用相关的不确定性分布。这些参数是针对特定问题的，但通常与某些不确定性相关。Hong 和 Deutsch（2010）提出了从井数据的指标函数中提取目标大小和比例的方法。从稀少井数据中建立可靠的参数分布图是非常困难的。事实上，很难从井暴露的露头中获得这些参数的可靠分布数据。最近收集构建基于目标的储层模型露头数据的例子包括 Willis 和 White（2000）、White 和 Willis（2000）及 Novakovic 等（2002）。

最近，地震成像技术的改进以及浅层类似物方法的使用降低了解决这一推断问题的难度。尽管如此，这些分布的推断仍然是基于目标建模最大的约束之一。

（三）无网格方法

基于目标的建模中的物体可以表示为连续的数学模型。例如，这可能由一个中心轴和与附加结构相关的几何参数组成（Georgsen 和 Omre，1992；Wietzerbin 和 Mallet，1993）。该方法隐含着网格的独立性。该功能的使用因实际不同而不同。有些方法在对象放置之前利用几何模型的即时光栅化来加快算法速度（Deutsch 和 Wang，1996），因此这些无网格几何图形并不容易获得，并且大多数基于目标的模型会快速将它们的参数几何图形栅格化为对象放置后的网格。其他方法包括一套沉积坐标，可用于了解整体的分层趋势（Pyrcz 等，2005b）。此外，最近一些基于目标和过程模拟的方法保留并存储了精确的目标几何函数，这些方法被称之为"无网格"方法（Hassanpour 和 Deutsch，2010；Pyrcz 等，2011，2012；Hassanpour 等，2013）。

Liu（2002）提出了无网格和无网状方法的一般性讨论。这种几何体系结构模型可以以图形方式在地质模型软件和 ASCII 文件（也可两者取其一）中保存和编辑。从而使之非常灵活的与模型交流。例如，可以通过将河道移动到一口井处来增加对井的影响，并以此来测试对流量响应的影响。另外，在任何分辨率都可以精确调整比例尺也是它的特点之一（Pyrcz 等，2012）。第四章第五节过程模拟相模型中提到了一个过程模拟相模型精确下调比例尺的例子。

（四）对象放置算法

对象的布伦放置是基于目标相建模的潜在基本算法。这些物体可能是从地层底部（Shmaryan 和 Deutsch，1999）或地层顶部（Viseur 等，1998）积累或建立起来的。或者，根据之后强加的一些随机过程和侵蚀规律（地层上较高处的沉积下切侵蚀年代更老的较低处的沉积），物体可能嵌入在基体相内（Deutsch 和 Wang，1996）。而无条件模拟很简单，物体被随机放置，直到不同相的整体比例重现。重现井稠密条件很困难。然而，已经有很多开发出来的算法都能够处理这个问题了。

必须放置这些对象以使它们看起来真实，并利用这些可用数据。这很重要。简单算法会在条件数据附近产生伪像。条件算法包括：强制数据再现的分析算法，先重现条件数据再填充剩余域的两步定位法，以及迭代模拟优化类型算法（在第四章第七节模型构建优化中提及）。

直接条件算法通过构造来修改目标的大小、形状或位置以符合局部条件数据。该程序可能适用于各种地形，但其中河道是最常见的。图 4-37 给出了河道目标中心线建模一维过程的图示。主要方向线的偏离采用地质统计学（通常为高斯）模拟进行建模。中心线偏离可以用于调节局部井数据。图 4-38 给出了两个简单的例子。

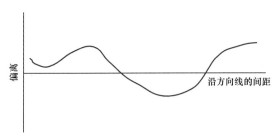

图 4-37　模拟河道目标中心线的一维变量图示，主要方向线的偏离采用地质统计学（通常为高斯）或者分析模拟进行建模

更复杂的中心线定义方案包括控制节点和开槽中心线，这会实际再现高度的弯曲特征。这些中心线可能通过分析方法与条件数据来匹配（Oliver，2002）。

通常，直接条件算法分两步走（Viseur 等，1998；Shmaryan 和 Deutsch，1999）。第一步是添加目标来覆盖局部相交点，即匹配所有不是背景相的条件数据；第二步是添加不违背已知背景相交点的其他目标，直到每个相类型达到正确比例。

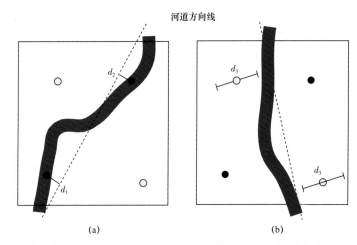

图 4-38　基于目标建模中直接条件河道中心线来表示局部数据的两个范例（对于图 b，河道被迫远离那些虚构的井）

不同对象放置方法呈迭代性。初始的一组目标放置在储层体积内以匹配不同相的整体比例。放置时可能违反局部井数据和各局部不同的比例。计算目标函数以衡量测量数据的不匹配度。然后，模型进行迭代计算，直到目标函数降低到足够接近零。此方法的详细信息将在第四章第七节模型构建优化中讨论。

最后，Alapetite 等（2005）介绍了一种新的方法，用于生成表示井数据和趋势的河道形式。应用输入数据来调节连续随机函数，然后截断来计算河道目标。虽然这种方法很新颖，但它因为依赖于基于网格单元的模拟的截断，所以不认为是基于目标的模型。

条件程序可能会给模型带来偏差。局部修正可能会导致在井或目标附近的储层结构发生明显变化。两步过程可能导致与井相交的目标与不相交的目标相比，密度发生显著变化。Hauge 和 Syversveen（2007）提出了检查基于目标的模型是否存在偏差的方法。

此外，与基于单元的模型不同，调节方法可能无法精确地考虑到所有的条件输入，这一点与确保复制调节（第一步，数据通常分配给网格节点）不同。所有调节方法都可能与稠密数据设置中的井和趋势数据存在一定程度的不匹配。随着调节的密度和复杂性增加，尤其是在条件数据（例如，井中河道元素的较高部分，同时通过局部面域趋势显示河道元素的低部分）之间存在矛盾的情况下，该问题变得更严重。当发生不匹配时，应首先检查数据和统计输入值是否存在冲突，然后可以使用后处理来清理井位处的调节或改进趋势匹配（Pyrcz 等，2009）。

有时候，数据调节可能无须注意。由于 MPS（第四章第三节多点相建模）已经相当普遍，因此对训练图像的需求日益增加。这些训练图像通常来自无条件的基于目标的模型（Pyrcz 等，2007；Maharaja，2008）。此外，Hovadikand Larue（2010，2011）已经展示了用无条件的基于目标的模型研究静态和动态连通性的工作流程。这项工作结合无条件的基于对象的模型使人们对目标几何形状、全局相比例以及连通性和流动响应之间关系有了新的认识。

二、随机型页岩系统

当有效厚度与总厚度的比值相当高（大于 80% 左右）时，将残余页岩（或相关的非净相）建模为砂岩基质内的目标非常合理。这些残余页岩在任何程度上不会影响水平渗透率，但可能对水平井的垂直渗透率、锥进、形成水的舌进以及动态预测产生显著影响。也可以用相同的步骤建立结核或缝合线模型。

随机页岩建模所需输入包括页岩几何尺寸、尺寸和方位参数等几何规格、井数据，另外还可能包括关于局部变化页岩比例的数据。其形状通常被认为是椭圆形的。厚度分布可以从井位置推断出来。长度与厚度比必须根据地质模拟数据或通过与其他数据类型（例如试井或生产数据）匹配来确定。另外的一些定向数据可以通过对沉积系统的了解来获得。如果页岩所占比例很小（比如小于 20%），则不可能有任何与局部变化比例有关的数据。

图 4-39 显示了三张随机型页岩系统的图像。每个截面都具有相同的页岩百分比（15%）和相同的厚度分布。我们只是系统地改变了椭圆形页岩的横向范围特征。

条件实现更为有趣。图 4-40 中三张图像显示了井位处砂层和页岩的次序。在这种情况下我们需要进行两个步骤，即首先添加页岩以实现井的交会，然后添加其他页岩（不违反井位处的砂岩交会）以弥补其余15% 的页岩。

三角洲储层是一个用来演示基于目标的页岩建模的很好例子，因为它的有效厚度与总厚度比值较高，同时有限的页岩比例可能对储层流量响应产生重大影响。我们对储层相进行分组并设置为背景，同时将页岩有条件地模拟为井数据（图 4-41）。另外我们使用 Deutsch 和 Journel（1998）的 GSLIB 的

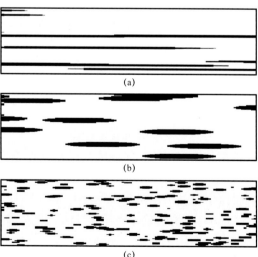

图 4-39　三个基于目标的随机页岩模型的图解
（三者的厚度分布相同，但横向尺寸明显不同）

图 4-40　三个基于目标的随机页岩模型，在垂直
井位重现砂层和页岩的次序

ellipsim 程序将页岩表示为椭圆体。其中页岩构成体积的 10%，走向和倾向上尺寸分别为 300m×400m。

SIS 可用于构建这些页岩褶皱模型，但不会再现清晰的几何形状。因为对于页岩选择的目标参数过于简单和线性化了。而针对弯曲的河道是基于目标技术的更复杂应用。

三、流量模型

从历史上看，人们一直努力将基于目标的建模用于漫滩页岩基质的废弃砂质充填河道模式（Deutsch 和 Wang，1996）。这些被 Galloway 和 Hobday（1996）归类为带状河流储层。

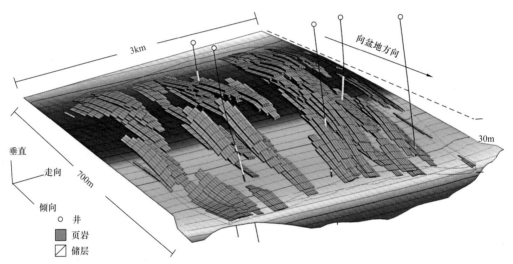

图 4-41　三角洲储层的页岩基于目标的实现（请注意，由于倾斜投影，倾斜轴会变长，储层相被隐藏以显示页岩对象）

采用与更复杂的沉积学模型相同的方案（Hassanpour 等，2013）或过程模拟方法来考虑更复杂的冲积砂几何形状，例如河心沙坝，由于侧向堆积导致侧向较大的砂区，更复杂的河流砂几何形状，以及更不连续的点状砂体（第四章第五节过程模拟相建模）。此外，同时模拟相关相，如堤坝砂、决口砂和河道砂内的胶结带。

图 4-42 说明了分层建模方法。首先将储层分成若干主要储层。图 4-42 显示了三个主要储层。三层中的每一层独立建模，然后重新拼装合并成完整的储层模型。步骤（b）表示从垂直不规则体积转变为规则三维体积的地层转换。在步骤（c）中随机模拟多个河道复合体。然后，如步骤（d）和（e）所示，将这些河道复合体中的每一个从不规则形状转换成规则的三维体积，随机模拟多个河道。如步骤（f）和（g）所示，每个河道依次从不

规则体积转化为规则的三维体积，并通过孔隙度和渗透性的基于网格单元的地质统计算法来进行填充。在步骤（h）和（i）中，表示河道的属性填充三维框被反演为它们的原始几何形状并定位于相应的常规河道复合体三维体积中。然后如步骤（j）和（k）中所示，当所有河道复合体都被河道属性填充时，它们被反演为其原始几何形状并定位于相应的常规储层体积中。如步骤（l）和（m）所示，最后的步骤为对储层进行反演并将其恢复到其原始储层位置。

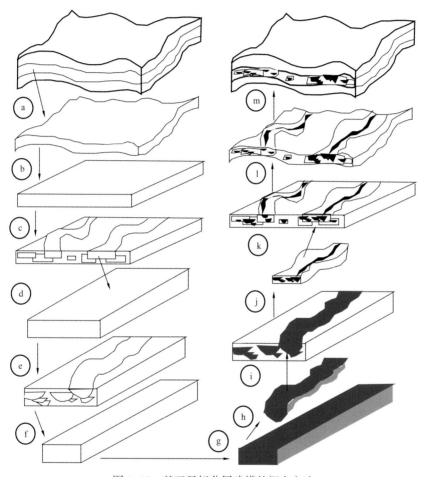

图 4-42　基于目标分层建模的概念方法

（a）提取每个储层；（b）计算地层储层坐标；（c）从该层提取每个河道复合体；（d）建立局部地层河道复合体坐标系；（e）从河道复合体中提取每个河道；（f）建立局部地层河道坐标系；（g）在合适的河道坐标系内确立岩石物理属性；（h）恢复河道坐标；（i）将河道放回河道复合体中；（j）恢复河道复合体坐标；（k）将河道复合体放回层中；（l）恢复层坐标；（m）将该层放回储层中

（一）坐标转换

基于目标建模的一个观点是坐标系根据适当的连续性主方向进行变换。连续性的方向取决于观测尺度和正在建模目标的具体地质特征。第四章第一节大尺度建模中介绍了不同的坐标转换。而在这里，它们在不同尺度下被连续地应用到建模过程中。例如：

（1）每个主要地层或序列都是独立建模的。特定层的相对地层坐标是根据现有顶层、现有底层、已恢复顶层和已恢复底层定义的。

（2）进行面域平移和旋转以获得与主要古坡向对齐的平面坐标系，即平均连续性最大的方向。

（3）河道通常在河道复合体或河道带中聚集在一起。河道复合体可能会有大比例尺的笔直起伏。河道复合体内的河道也被拉直以建立其岩石物理性质的模型。

（4）"拉直"后的河道复合体和河道并非同样宽。相对水平坐标使边界平行并简化了后续岩石的物理特性建模过程。

每个转换都是可逆的，并且可以在任何坐标系中查看和保存地质目标对象。使用合适的河道内坐标系，可以使得每个河道都载入了孔隙度和渗透性参数。垂直坐标系可以平行于顶部河道表面或在顶部和底部表面之间形成一定比例。每个河道的底部可能会有页岩碎屑或沉积基底，或能提高孔隙度、渗透率的粗砂。此外，从每个河道的底部到顶部可能存在系统性的孔隙度变化趋势。通过孔隙度建模程序中的趋势可以知道每个河道基底的位置，所以这些特征很容易处理。

（二）河流相目标

图4-43说明带状河流储层河流相的一种可能的概念模型。其中包括四种相类型，通过选择每种类型的几何规格以模拟观测结果理想化的形状。

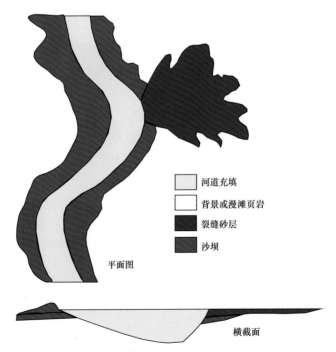

图4-43　流体相概念模型的平面图和截面图（其中包括漫滩页岩、砂质充填废弃河道、堤坝边缘砂和决口扇砂背景）

　　第一种相类型是不渗透的漫滩页岩，它被视为储层性质或嵌入砂体的基质。第二种相类型是充填在弯曲的废弃河道中的河床砂。由于沉积能量相对较高且随之产生的粗粒度，这个相的储层质量被认为是最佳的。河床砂体中可能有某些特殊的特征，例如：（1）异质河道填充，可能包含一些细粒非网状材料；（2）基底河道滞后沉积；（3）略微向上的河道淤积趋势。第三种相类型是沿河道边缘形成的沙坝。这些砂的质量被认为比河道充填的更差。第四种也是最后一种相类型则是在洪泛期间当堤坝被冲破并且砂体在主河道外沉积时形成的决口扇砂层。同样的，这些砂体的质量被认为比河道充填更差。如图4-43所示，并通常在河道曲率较高的地方形成决口。

　　流体建模的目标是河道和所有相关的天然堤和决口扇砂。更具体地说，为提高计算效率，目标被看作为一个可编码为河道砂、堤坝砂和决口扇砂的单元模板。也可以考虑将解析截面（矩形或半椭圆形）与中心线的一维函数组合起来。该模板显著减轻了CPU的负荷优势。如此实现的模型的连通性对底层网格大小的选择非常敏感。网格尺寸必须足够小，以保留模板表示的地质形态。

　　图4-44和4-45说明了用于定义废弃砂质充填河道的参数。通过方位角、与河道方向的平均偏差、平均偏离的"波长"或相关长度、厚度、厚度波动（和相关长度）、宽度与厚度比和宽度波动（和相关长度）来定义河道。根据概率分布，每个参数可以在一定范围内取值。

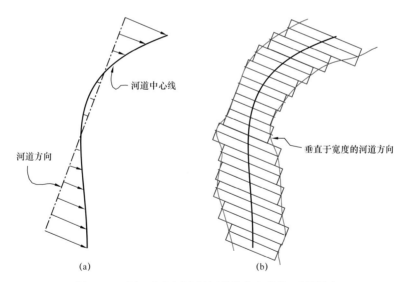

图4-44　用于定义河道目标的某些参数的面域视图

（a）河道方向角度和与实际河道中心线的偏差角度；（b）河道横截面片之间具有"块状"连接的变化河道宽度和厚度

　　图4-46显示了堤坝砂体可以采用的几何形状。使用以下三个距离参数来定义尺寸：A—堤坝的横向范围；B—河道基准面高程以上的高度；C—河道基准面下方深度。为了简单起见，几何形状将保持固定不变，只有尺寸会发生变化。一般来说，堤坝尺寸参数应取决于河道的大小；大河道有更大的堤坝。左右堤的大小可能不同。

　　随机游走程序可用于建立裂缝几何图形（图4-47）。沿河道轴线的裂缝的位置是以与

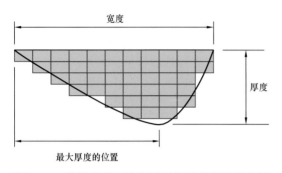

图 4-45　根据宽度、最大厚度的厚度位置定义的河道目标的横截面视图

曲率成比例增加的概率选择的沿河道轴线的裂缝的位置。从裂缝位置"释放"一些随机游走体，以确定其平面延伸（图 4-47）。其中的四个控制参数分别是：（1）裂缝砂到达河道岸的平均距离；（2）平均沿河道距离；（3）裂缝砂的不规则性或所使用的随机游走体的数量；使用更多的游走体会使得平滑的轮廓更加平滑。裂缝砂的厚度在逐渐靠近河道处呈现出从最大厚度逐渐线性减小的特点。

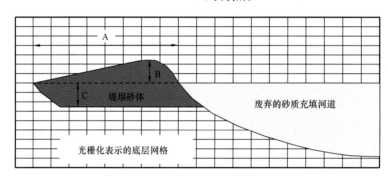

图 4-46　横穿废弃砂质充填河道和堤坝砂体的横截面（用 A、B、C 三个参数来定义堤坝砂体的大小）

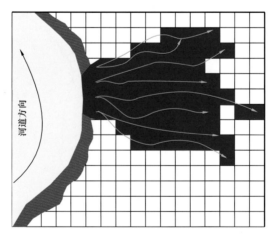

图 4-47　堤坝破裂形成的河道和裂缝的平面视图（在裂缝处释放许多随机游走体，以建立裂缝几何图形，数量、长度和横向扩散率控制裂缝的几何形状和大小）

（三）地质状况条件资料

很难从现有井和地震数据中推断出许多基于目标的模型的目标尺寸参数。井提供了有关厚度分布和不同相的比例的信息。然而，模拟露头、现代沉积系统和类似稠密钻探布井

油田的测量结果经常也需要进行调整。

　　另外，每种相类型（河道砂、泛滥平原页岩、决口扇砂岩和堤坝砂）的比例可以通过垂直比例曲线、平面比例图和参考整体比例来进行指定。参考整体比例表示为 P_g^k、$k=1, \cdots, K$，其中 K 是相的数量。垂直比例曲线指定相 k 的比例为垂直高程或时间的函数，并表示为 $P_v^k(z)$，其中 $z \in (0, 1]$。平面比例图将相比例指定为平面位置 (x, y) 的函数，并表示为 $P_a^k(x, y)$。这三种类型的比例可以通过井和地震数据的组合来获得。

　　垂直比例曲线和平面比例图可能具有隐含的整体比例，这些比例可能彼此不一致或与参考整体比例不一致。这些比例可以缩放。地质或几何参数的两个特征是：（1）根据概率分布，每个参数可以取一定范围的可能值；（2）值的范围随着地层位置或时间 z 而改变。因此，用地层底部和地层顶部之间离散的一组 z 值的一系列条件分布来指定定义每个河道的参数。

　　如前所述，一系列空间紧凑且与地质相关的河道被称为复合河道。复合河道的方向、形状和大小被视为基本建模单元。要想生成指定复合河道几何形状，需要输入以下参数：（1）角度 α；（2）偏离复合河道方向，和此偏离沿着复合河道轴线的相关长度；（3）厚度；（4）宽厚比；（5）复合河道内的有效厚度与总厚度比。因为每个河道的厚度和宽度不是恒定的，所以需要以下更多的参数来指定河道几何形状：（1）平均厚度；（2）厚度波动和厚度波动的相关长度；（3）宽厚比；（4）宽度波动和宽度波动的相关长度；（5）河道底部粗糙度。然而想要从现有数据得到这些参数的可靠推断，必然会遇到一些难题。

　　每口井都有对应的相，而数据可能来自任意数量的井。在建模的每个阶段都需要将原始坐标空间中的井数据转换为适当的坐标。

（四）模拟过程

　　上述所有地质参数必须在建模之前就给定好。而许多诸如此类的参数很难从现有数据中推断出来。一些参数，例如宽厚比，可能会是某些保持不变的常量。可以在其他参数上考虑敏感性研究，以判断其重要性并评估所得实现的视觉可接受性。

　　该模拟过程是有顺序的。首先，建立复合河道分布；其次，建立每个复合河道内河道的分布；第三，使用适当的河道坐标来指定孔隙度。最后，将渗透率有条件的赋予相和孔隙度。常规的基于变差函数的算法可用于孔隙度和渗透率建模。如果可能的话，应直接沿着井相顺序和相比例数据来调节相。可以用迭代过程完成井的相和比例曲线以及成图（参见前文关于坐标变换的讨论）。

　　再例如，我们利用古盆地。河流储层由大量的泥浆塞段河道充填侧向堆积而成，因此，它不适合上述的"鞋带"河流模型。尽管深水储层由一组类似于上述基于河流河道的模型的堆积河道组成。深水坝通常不被认为是储层，并在模型中被省略，而沉积物波可能会在深水河道以外形成，在这种情况下不把它们作为储层。为了演示，将此方法用于模拟一个单复合河道，以现有的井数据为条件（图4-48）。由此产生的模型可能是一个过于简化的固定低弯曲河道集合，但构建和再现保留河道的远程连续性（这是基于网格单元的建模方法无法实现的）是非常直接的。对于更为复杂的问题，例如对于不同的堆叠模式，则需要详细的局部比例模型或过程模拟方法（请参阅下一部分）。

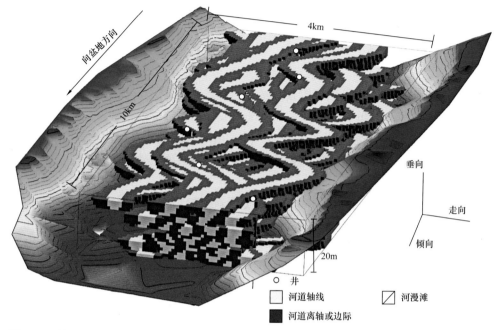

图4-48　使用基于河流目标的模型构建的深水储层（河道只包括两个相：轴、河道离轴和边际）

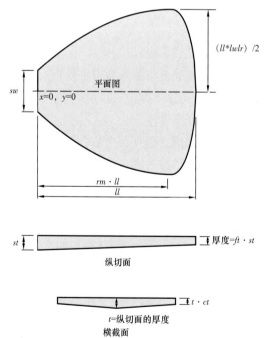

图4-49　描述三维朵叶体几何图形所需的参数

四、非河流沉积系统

　　基于目标的相建模适用于各种沉积环境。主要限制在于为地质目标提供合适的参数化。三角洲或深水曲流朵叶体是可以定义的对象的例子。下图4-49所示的是所谓"简单"朵叶体的几何参数。这组参数在过度简化的几何图形（太少的参数）和实现困难推理的灵活性（太多的参数）中间达到了平衡。图4-49所示的七个参数如下：

　　（1）sw＝起始宽度，通常设置为最终的河道宽度。但是，用户可以任意设定该参数。

　　（2）ll＝朵叶体长度，从河道到终点的朵叶体总长度。

　　（3）rm＝最大宽度的相对位置，朵叶体达到最大宽度，从朵叶体开始到$rm \cdot ll$的距离。

　　（4）$lwlr$＝朵叶体宽/长比值，最大朵叶

体宽度由 $lwlr \cdot ll$ 在相对位置 rm 指定的位置给出。

（5）$st=$ 起始厚度，河道旁边朵叶体的起始厚度（可能与该点处的河道厚度相关联）。这是朵叶体中心线的厚度。

（6）$ft=$ 最终厚度，在相对于起始厚度的终点处（朵叶体中心线处）的朵叶体厚度。

（7）$ct=$ 横截面厚度校正，从朵叶体的中心线到朵叶体边缘的厚度减小的量。

目标参数化可以很容易实现的，但其代价是需要使用额外的参数，这些参数必须从有限的观测数据中推测出来。自然延伸可以保持底部平坦持续一段距离，然后逐渐减小到朵叶体顶端的零厚度。

在平面视图中，对几何图形的约束包括：（1）宽度等于离河道在 $x=0$ 时，$-y=w$ 的转换点的起始宽度；（2）在 $x=1$ 时，$l-y=W$ 相对位置处宽度是最大值；（3）在 $x=L$ 时，$L-y=0$ 在最大朵叶体长度处宽度为零；（4）在 $x=1$ 时，朵叶体形状的切线斜率为零；（5）在 $x=L$ 处，朵叶体形状的切线斜率为无限值。而下面的等式满足以上这些约束条件：

$$y = \begin{cases} w + 4(W-w)\left[\dfrac{x}{2l}\left(1 - \dfrac{x}{2l}\right)\right] & 0 \leqslant x \leqslant l \\[4mm] W\sqrt{1 - \left(\dfrac{x-l}{L-l}\right)^2} & l \leqslant x \leqslant L \end{cases} \tag{4-32}$$

y 是距离中心线的距离，x 是沿中心线的距离，$w=sw/2.0$，$l=rm \cdot ll$，$L=ll$，$W=(ll \cdot lwlr)/2$。其形状基于第一部分（最接近与河道的连接）的 "$p(1-p)$" 形状和第二部分的椭圆形状。函数和一阶导数在朵叶体轮廓周围的所有位置均是连续的。

图 4-50a 显示了一系列不同参数的朵叶体形状。宽度 / 长度比值和相对位置参数的组合提供了朵叶体形状的灵活性。这种平面形状有一些自然延伸，包括：（1）为了更真实而增加了对朵叶体形状的随机变化（图 4-50b 显示了六个示例）；（2）考虑了不对称朵叶体几何形状，即 W、w、和 l 参数在裂片的 "顶部或底部" 上可能不同。

朵叶体可以位于河道的末端。图 4-51 与河道和朵叶体模板一起说明了此种关系。最终将由模拟算法和状况条件资料确定任何模型中河道和朵叶体的最终配置。平面变化的相比例和井数据可能会导致朵叶体位于首选位置。

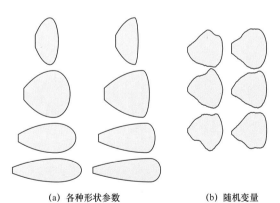

（a）各种形状参数　　　（b）随机变量

图 4-50　不同参数的朵叶体形状和增加的随机变化（a）各种参数的朵叶体几何图形示例；从上到下，宽长比从 2∶1 降到 1∶1 到 0.5∶1 到 0.33∶1；最大宽度的相对位置在左边 0.65，右边 0.85；（b）基本几何形状的 $W=0.5$，$w=0.01$，$L=1.0$ 和 $l=0.6$，并添加了 6 种不同的高斯模拟

五、工作流程

以下是与基于目标的相模型相关的主要工作流程。图 4-52 提供了对基于目标的建

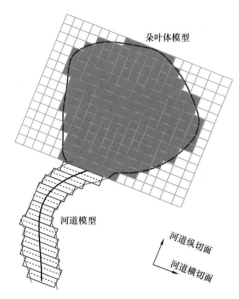

图 4-51　由模板表示的河道和朵叶体（在存在朵叶体的情况下，灰阴影区域与每个单元下的深度是很重要的）

模进行表征对象的步骤。第一步是应用所有现有数据，包括井数据、地震数据和概念数据，以确定储层中是否存在不同的几何形状。如果不是，则不应用基于目标的建模。如果存在不同的几何图形，则确定目标的放置规律以及目标的参数和相关参数分布。

图 4-53 说明了河流相建模的工作流程。主要操作是以再现所有现有数据的方式定位相目标的步骤。

图 4-54 显示了重要目标定位工作流程的更多细节。在实践中，有许多可以确保在井位处快速准确地再现局部条件数据的启发式方案。

六、总结

当可以用清晰的参数化构造几何形状表示储层结构时，基于目标的相建模是基于网格单元的相模型的一种可行的替代方案。将目标有顺序的放置于背景相初始化的储层模型中，以便符合条件、整体比例、趋势和二级数据。

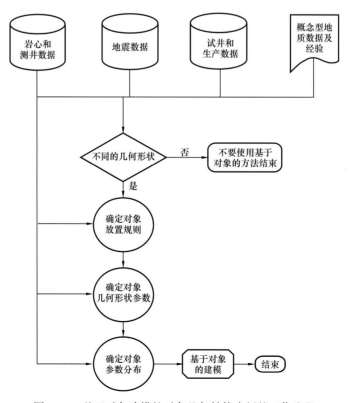

图 4-52　基于对象建模的对象几何结构表征的工作流程

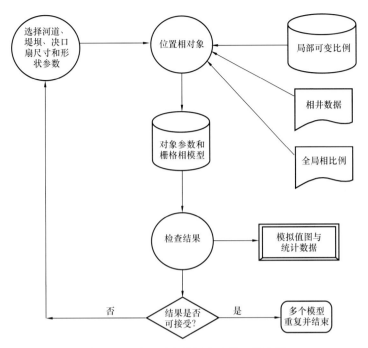

图 4-53 基于对象的河流建模工作流程

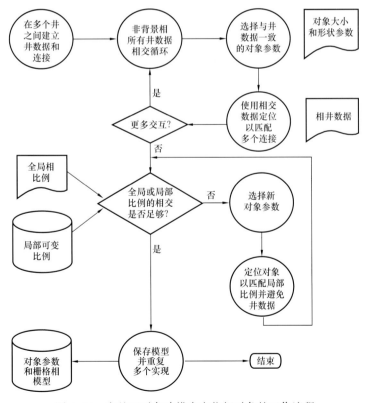

图 4-54 在基于对象建模中定位相对象的工作流程

这些方法已应用于各种设置，包括随机页岩、河流河道和深水河道及朵叶体。然而在高效构建密集条件数据、趋势和二级数据的模型方面依然面临着挑战。另外，制定特征参数几何图形和代表参数分布通常都很困难。

如果需要以储层构造单元之间关系的形式表示更大的地质复杂性，以完成项目目标，那么下一节中描述的过程模拟方法不失为一种选择。

第五节　过程模拟相模型

过程模拟相模型试图通过整合基于地质过程的规律来提高地质概念模型的整合水平（如第三章第二节概念模型所讨论的）。这些规则约束了由目标或曲面表示的储层构造的顺序构造。虽然这个框架使储层模型的非均质性得到改善，但是以稠密井数据和地震数据为条件来建模仍然是一个挑战（类似于上一节讨论的基于目标的建模）。本节介绍了有关这一新兴领域的一些细节以及实施该方法的一些示例。无可否认，目前除了 Wen（2005）的工作外，此方法在商业软件中并不常见。研究工作的重点是这一节，其已经获得了令人激动的成果和新应用。

《背景》介绍了过程模仿相建模的发展，包括关于其发展动力的讨论，以及过程建模和更传统的地质统计学之间的联系。

《过程模仿方法》介绍了过程模仿模型的网格，并讨论了正向建模、规则的类型以及对信息内容和调节的评论。示例实现小节通过几个示例模型对该方法进行了论证，其中包括对方法和应用的讨论。

一、背景

克里金法、序贯指示模拟、截断高斯模拟、基于对象建模、模拟退火或基于优化模拟、多点模拟等方法的发展，都是为了更好地再现地质概念，这是过程模仿方法的重点，虽然这一工作具有一定价值并在实践中成功应用，但仍可以再进一步改进地质现实条件。

在这样的背景下，过程模仿相建模方法是通过将地质规则整合到地质统计学框架中来进一步改进地质概念的再现的。目前的地质统计学算法（基于单元格或基于对象，利用变差函数、训练图像或几何参数）实现了根据可用调节数据和模拟推断空间统计数据的再现，但很少整合与沉积过程有关的信息。

实际上，由于构建传统地质统计学模型时没有使用任何时间或沉积层序概念，因此，常规建模方法在整合沉积规则方面的作用非常有限，而沉积规则恰恰解释了相地质体的交互作用和体内孔隙度或渗透率的非均质性。可考虑图 4-55 所示的深水储层架构，该架构基于一组专家推导的深水河道规则并使用过程模仿模型生成（Pyrcz 等，2012）。如果不通过非平稳型趋势和方位角模型实现极高约束，则无法使用标准地质统计学方法再现这些细节。

本节将描述过程模仿建模以及一种称为基于事件建模的特定方法。这一领域已有多种方法并已进行相关研究工作。其中包括基于事件的建模、混合建模、过程启发建模、以过程为导向的建模以及基于表面的建模。

该领域的早期工作包括对象和表面网格两方面,这两方面投入相当。如上一节所述,基于表面的方法是基于对象的方法的一种变形,可追踪界定对象边界范围的表面。

在过程模仿框架中,基于表面的方法根据几何模板描述了表面加积和侵蚀。图 4-56 所示为基于表面的过程模仿方法图,这与图 4-55 所示的基于对象的过程模仿方法形成对比。但是,由于基于对象的过程模仿方法通常用表面来定义局部梯度、限制和表面演化,并且使用对象来定义表面修改(即以某种方式实现对象和表面)。因此,基于对象和基于表面的过程模仿方法之间的界限较为模糊。

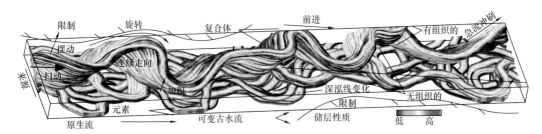

图 4-55　过程模仿法构建的深水储层的复杂模型
请注意指示真实河道行为和演变的确定特征(据 Pyrcz 等,2012)

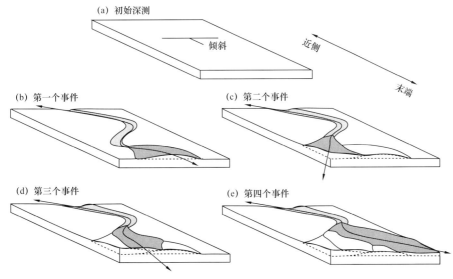

图 4-56　基于表面的模型,其中对沉积和侵蚀规则进行了序贯应用,该规则迫使基于对象的模板对表面进行加积和侵蚀(据 Pyrcz 等,2005a)

架构中心线和表面的地质统计学建模的初步工作分别包括 Georgsen 和 Omre(1992)及 Hektoen 和 Holden(1997)的工作,他们的工作对过程模仿方法框架的建立起到了重要作用。在基于对象的过程模仿前沿方面,Sun 等(1996)通过扩展 Howard(1992)的基于过程的一维河流河滩后退模型来构建河流模型。Lopez 等（2001）将这项工作完全应用到地质统计学领域，努力将该模型的条件限制在井数据和趋势中。在基于表面的建模方法前沿方面，Xie 等（2000）和 Deutschet 等（2001）介绍了包含储层性质分层趋势模型的各种基于表面的方法。Pyrcz 等（2005a）通过基于表面的模型论证了过程模仿方法，Abrahamsen 等（2008）开发了改进调节的新方法，并通过一维过程模型约束沉积事件中心线的几何形状。

其他一些发展一直围绕着过程规则开发（Pyrcz，2004；Cojan 等，2005；Jerolmack 和 Paola，2007；McHargue 等，2011；Pyrcz 等，2011）、改进调节（Miller 等，2008；Pyrcz 和 Deutsch，2005；Pyrcz 等，2012；Zhang 等，2009；Michael 等，2010），以及改进储层建模应用等进行（Wen，2005；Sylvester 等，2010；Pyrcz 等，2012），这些将稍后在本节讨论。本节将对基于 Pyrcz 等（2012）总结的基于事件的方法对方法和示例模型进行简要描述。关于该方法的更多详细信息，读者可参阅 Pyrcz（2004）、Pyrcz 和 Deutsch（2005）、Pyrcz 和 Strebelle（2006），以及 Pyrcz 等（2009）出版的读物。

我们认为直接解释地质规律和沉积过程的数值模型更符合实际，更适合准确预测储层性质。对这些过程模仿模型提出合理反对意见的人士指出，这些模型仅针对特定情况进行了调整，通常不适合用于多数不同环境。这需要若干不同的建模算法和程序来解决目前储层地质环境的广度问题。但是，特定场合的准确性解决了一般适用性的问题。

（一）基于过程的建模

第三章第一节数据清单中，将基于过程的建模作为模拟数据的可能来源进行了介绍。一系列工作围绕着沉积作用和成层过程的建模进行，例如，用于硅酸盐的 SEDSIM（Tetzlaff，1990）和用于碳酸盐的 DIONISOS（Granjeon，2009）。虽然过程建模中的方法和假设存在很大差异，但均包括以下步骤：定义初始条件和边界条件，对与搬运、沉积、保存和后沉积过程（如成岩作用和断裂等）相关的过程进行建模等。Paola（2000）和 Slingerland 和 Kump（2011）给出了基于过程的建模原理的总结和方法并对此讨论。

由于这些模型有助于开发与过程及生成架构的复杂交互相关的理论，并且可在具有良好约束的情况下提供预测模型，因此这些模型具有一定价值。在本书描述的地质统计工作流程中，这些建模方法有助于开发概念模型（第三章第二节概念模型）和储层框架（第四章第一节大型建模）。基于过程的模型可以更直接地应用于地质统计工作流程，例如通过将过程模型转换为局部可变比例模型来开发储层性质趋势模型，或者提取一系列的空间统计数据，包括方差参数和多点统计，地质统计学及建模使用的对象几何形状等（Pyrcz 和 Strebelle，2006；Pyrcz 等，2006；Michael 等，2010）。

应用过程模型需要对储层形成期间的古环境进行广泛描述，这通常很难推断。例如，由于盆地演化历史的复杂性和数据的有限性，对古地理和沉积物输入的评估往往存在问题。

最重要的是，基于过程的方法不适合整合局部观测结果。这是一个关键问题，因为井和地震数据再现是储层建模的核心。目前的调整方法通常采用对模型进行重大监督和修改，以大致匹配井和地震观测结果。在存在显著水平调整的情况下，这些方法是不切实际的。

此外，储层非均质性为基于过程的模型的输出，这些模型可能对输入极度敏感（甚至是混沌状态），从而导致过度广泛并对潜在的不确定性模型理解不足。通常采用伪逆建模，通过输入参数的迭代来尝试匹配预期架构（Tetzlaff，1990）。虽然通过这种方法获得了关于输入到输出架构的复杂交互相关的经验，并且所得到的模型内部一致，但是，在实践中对多个模型进行不确定性建模时使用这些方法将费时费力。

此外，基于过程的方法通常比传统的地质统计学模拟方法慢得多，并且许多方法不能生成储层规模的架构。生成的架构通常比储层规模大，它们不属于对储层流量预测至关重要的储层规模、要素或复杂架构，只代表平均行为。

生成储层规模架构的这些方法通常在较短空间范围内实现，并且要求较强的初始约束（例如，初始河道形状的绘制及将高分辨率的非均质性填充到河道中的过程模型）。

这时，基于过程的建模不能改进特定储层模型的地质现实条件，其解决方案存在于地质统计学建模和过程建模方法之间。如图 4-57 所示。本节将重点讨论以规则形式整合一些物理控制因素。虽然读者可能对诸如 FUZZIM（Nordlund，1999）和多孔自动机（Salles 等，2008）等示例感兴趣，但是本节不讨论使用快速代理加速进程并改进调节等内容。

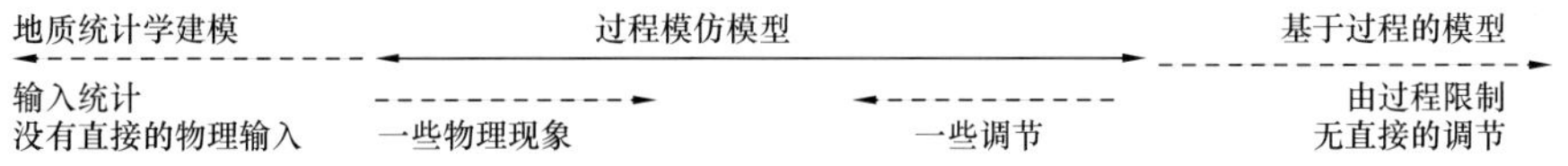

地质统计学建模	过程模仿模型	基于过程的模型
输入统计 没有直接的物理输入	一些物理现象 一些调节	由过程限制 无直接的调节

图 4-57 地质统计学建模与基于过程建模的简单比较，有机会利用过程模仿模型进入两者之间的空间

虽然后续讨论的重点是利用过程信息改善地质统计中的地质复杂性，但仍有机会将地质统计学概念整合到过程建模中。过程模型产生的非均质性量化对于开发过程和产品的空间关系及扩展关系的新概念都非常重要。这些新见解可能有助于利用第四章第一节所述方法形成拟整合至模型中的次要信息。

（二）改善的地质复杂性

在某些沉积背景和项目目标中，我们可能无法通过第四章第二至第四章第四节所述的基于单元格或基于对象的方法来充分表征储层的重要架构。这种限制是由地质统计学方法的共同特征所致，例如沿随机路径的模拟和非均质性局限于以平稳输入统计和非平衡趋势为特征的模拟方法。这些特征非常重要，这是因为这些特征确保了通过本地或模拟数据计算的输入统计数据的可靠性，而且重要的是，这些特征能够确保数据的有效调节。正因如此，一套可用于储层建模的地质统计工具应运而生。传统的地质统计方法仍然可以使用，它通常与本文描述的过程模仿方法结合使用。

对于随机路径，模型构建中不考虑时间序贯。这在基于单元格和基于对象的方法中很常见。在第四章第二节和第四章第三节中，在基于单元格方法的序贯模拟部分描述了随机路径，在第四章第四节中，在基于对象的模拟中讨论了对象的随机放置。随机序贯（与时间序贯相反）对于调节和确保全局和局部统计数据的再现至关重要，其次，其可避免出现伪影。但是，时间因素是地质概念的核心，随机路径地质统计方法不涉及时间概念。采用正向建模（即时间序贯）框架，基于事件的模型可以轻易整合这些地质概念。将时间整合为一系列事件。虽然可以强制执行规模层次，但没有严格考虑确切的时间流逝；相反，该方法解释了重要储层元素的放置（和侵蚀）序贯（见图 4-58 所示的基于事件模型的简单走向剖面图）。

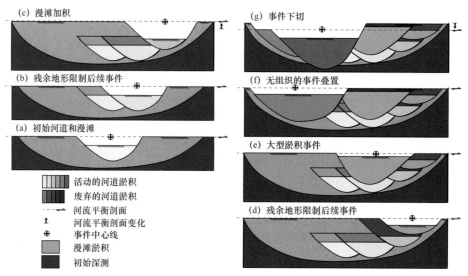

图 4-58　单走向剖面中的时间序贯，演示了通过基于事件建模中的不同他生参数的七个响应事件生成的架构，注意未淤积河道与淤积河道对叠置模式的影响（据 Pyrcz 等，2011）

　　地质统计学的另一个特点是使用非均质性模型，但这种模型仅限于可以直接获得的数据或模拟计算的统计数据。地质统计学模型不能预测非均质性，但可再现非均质性的静态统计描述，而这些数据之外的任何统计数据均由隐式随机函数模型确定。有些人可能会争辩说，这种从数据中再现统计数据的做法是通过限制从现有信息中推断的不必要特征来提高客观性的。当然，该特征确实提供了简单且可查证的建模假设。

　　但在产生高度地质复杂性方面，该框架为低效框架。一种更有效的方法是描述沉积事件相互作用的规则，并允许非均质性具有一定灵活性，进而以耦合规则的产物的形式出现。

　　因此，我们可能很难忠实于从本地数据和精准走向信息中获得的非常具体的非均质性概念。一种实用的方法是通过简化实际调节储层模型的规则集来再现所需的基本架构概念。然后，使用实验室数值方法采用高级规则来产生复杂的突发性行为。

　　突发性行为的两个分量是新的非均质性，这种非均质性不是直接施加的，而是从初始种子架构中获得的。由于可能被认为是种子形式和规则不匹配的伪影，但是这可以在给定种子形式的情况下通过反演所需的输入参数来处理；反之亦然，通过运行规则直到种子形式稳定并移除过渡产品的方法（Howard，1992）来进行处理。

　　模型输入里低熵特征未被明显约束，这种低熵特征的出现被认为是这些模型的预测性质的组成部分。这是一个具有挑战性的研究领域，我们需要探索预测价值和合理应用的范围。突发性储层规模特征的有效再现产生了新的概念和研究方向（McHargue 等，2010；Sylvester 等，2010；Pyrcz 等，2011）。

直接再现输入统计数据和较强调节是地质统计的重要优势，必须予以保持。这些是数据驱动方法的关键分量。但是，一些非均质性不适合这种随机路径方法和统计描述。沉积学和地层学术语可以更好地解释这些特征。沉积学和地层学的核心概念是由质量和能量平衡驱动且受地形和沉积物源约束的沉积和侵蚀过程的时间序贯（Walker 和 James，1992；Galloway 和 Hobday，1996；Reading，1996；Boggs，2001）。

过程模仿方法保留了若干地质统计学示例，同时改进了地质信息的整合。这类方法速度快，以稀疏数据为条件，并且可以强加一些统计特征和趋势。过程模仿方法牺牲了数据调节和输入统计数据再现的严格性，以有效地再现架构或者调节架构信息。不同输入之间存在的让步类型在地质统计方法中很常见。例如，趋势模型会降低指定方差模型的再现，云转换模拟可以再现详细的双变量关系，但是不能精确地忠实于输入直方图和空间连续性。

二、过程模仿建模

当元素间叠加叠置模式和相关非均质性等特定架构与模型响应相关时，对其进行建模至关重要。这些可以通过一组简单的规则来再现，这些规则描述了储层元素及其时空关系。例如，可以描述分流朵叶复合体，其规则是将后续事件纳入侵蚀地形，从沉积地形中退回，并且因梯度变化从河道转换到朵叶体（图 4-59）。

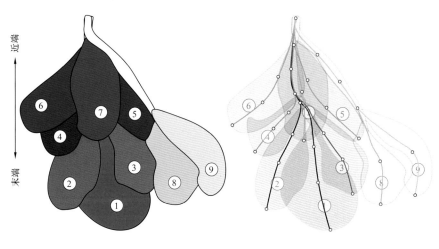

（a）事件几何形状　　　　　　　（b）事件控制节点和中心线

图 4-59　这种模式属于从沉积过程再现的简单规则，朵叶体附着在河道末端，河道因侵蚀地形而吸引架构，朵叶体因加积地形而排斥架构，朵叶体在梯度迅速下降的位置形成（据 Pyrcz 等，2006）

虽然这组规则直观且直接，但如果没有时间序贯，则无法在地质统计学建模过程中强加这些特征。在基于单元格的方法中，需要开发一个统计数据，以表征该规则的复杂非平稳乘积。在基于对象的模型中，需要有一个能够随机放置河道约束及形成这种复杂叠加叠置模式的朵叶体。至少需要一种描述这种复杂叠加叠置模式的统计数据，以及强加该统计描述的对象的放置方法。尽管这种方法可行，但是，这种方法可能会遗漏若干通过过程模仿方法再现的特征。选择何种过程模仿方法的最终决策取决于实现项目目标所需的地质精度。

以下讨论涵盖了过程模仿方法的原理，其中包括网格、时间序贯、规则类型及一些预测能力的一般性评价。

（一）网格

过程模仿模型的基本网格包括：模型状态属性定义、事件定义、事件放置及模型状态特性更新。

在模型域中定义和量化状态特性。这些特性可提供与规则交互的本地信息，包括描述任何尺度属性的特性，其中包括形态测量特性，如海拔、土壤流失性、梯度、梯度变化和派生特性，比如事件频率、事件趋近、可容纳空间、沉积厚度，以及诸如速度和能量近似值的过程属性。这些特性在模型构建过程中被初始化并更新。

事件和相关架构代表了基本储层建模单元。与基于对象的相建模中的相对象一样，事件以特定尺度定义，以满足项目目标——即影响储层容量和流动特征的基本网格。

尺度选择取决于模型所需的分辨率、可用信息和时间。可应用分层建模方法模拟从复杂集合到复合体及元素和元素内的各个储层规模的显著非均质性（Deutsch 和 Wang，1996；Pyrcz 和 Deutsch，2005）。事件可以包括由质心或中心线定义并具有相关参数几何形状的对象，也可包括具有嵌入或转移模式的复合对象。规则可用于作为模型状态函数来确定几何形状或几何形状的变化情况。

事件放置包括基于质心元素的定位和基于中心线元素的路线查找。路线查找可能包括事件对限制和积水的响应规则（Pyrcz 和 Strebelle，2006；Pyrcz 等，2006）。此外，路线可以对事件施加约束，这是因为事件受局部地形限制时，几何形状可能会发生变化。区域和垂直放置作为模型状态的函数需要规则。区域放置规则可以包含从基于前一个元素的简单规则到考虑模型累积状态特性的更复杂规则的范围。垂直放置可能基于简单的加减法或基于本地数据假设（Pyrcz，2004）。如图 4-56 所示可了解基于路线查找的事件放置及响应模型当前状态的几何形状和几何形状转换。

发生某一事件后，将更新本地状态特性。更新后状态变量将约束后续事件。根据规则复杂性不同，具有一系列实现方法。例如，可以通过先前事件的沉积来提高地形，且这样可以排斥后续事件。在更简单的随机方法中，可以使用局部频率的导出图来强制吸引或排斥后续事件（Xie 等，2000）。

（二）时间序贯

如前所述，可以应用时间序贯将直观约束和叠加叠置规则进行整合（例如考虑追踪随时间变化的地形演变）。此外，通过该框架可以将与他生周期相关的概念（见第二章第一节初步地质建模概念）与架构随时间发生的系统性架构变化进行整合，并生成可直接整合规模和层次的模型。例如，模型输入约束可以通过用户定义的他生曲线进行循环（Pyrcz 等，2011）。

（三）规则类型

过程模仿方法中有一系列基于规则的方法（图4-60）。可以制定简单的规则，对期望的叠加叠置模式或其他非均质性进行预测；相反，也可以制定与地形和其他状态特性内流动路径相关的规则，允许从模型中生成叠加叠置模式。在连续体一端有独立的随机规则，在这些规则中，对象被随机放置，而不像基于对象的模拟那样考虑以前的事件（第四章第四节）。这些规则最多可以包括约束具有聚集或排斥作用的一般叠加叠置模式的统计数据。在连续体另一端有完全耦合的过程结构，代表储层形成的基本原理、守恒定律和耦合过程。在过程模仿的应用中，确定了三种类型的规则。

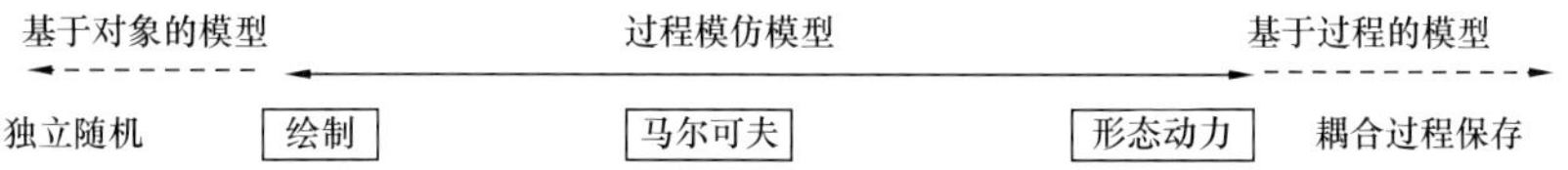

图4-60　过程模仿方法中规则实现的连续体（在基于对象的模型中，规则通常基于独立随机的对象放置，对整体叠加叠置约束可能有限，而基于过程的模型则是基于规则或严格的耦合过程和守恒定律，三种不同层次的过程模仿规则已被确定）

绘制规则是用户指定详细架构的规则实现，规则以完全可预测和一致的方式填充非均质性（Wen，2005）。

这些方法可以很好地控制非均质性，但是需要大量的用户输入和约束。马尔可夫规则仅依赖于先前事件（例如前面提到的河滩后退模型）。这些方法仅要求输入有限的用户约束就可以实现复杂逼真的架构。一般的特征应该是可预测的，但也可能会出现一些有趣的特殊特征。图4-61所示为一组河道可能适用的马尔可夫规则。形态动力规则通过模型的累积状态特性来约束后续事件（例如图4-56中讨论的分流朵叶体模型）。

一般来说，对于简单的架构，在标准的基于对象的方法中使用独立的随机规则是恰当的。对于更复杂的架构，则应使用绘制规则和马尔可夫规则来再现推断架构。在实际条件中，形态动力规则可能有助于施加限制约束——例如，浊流河道模型由深水储层模型中的坡谷约束。但是，整合详细的形态动力规则后生成的模型呈现出基于过程的模型固有的数值混沌（Pyrcz等，2012）。虽然可以有效使用调节方法，但整体结构的非均质性明显且具有突发性，很难约束实际的储层模型。例如，即使没有趋势模型，区域趋势也可能明显偏离一致。形态动力规则在短期内仍然是实验和研究的有用工具，但不适用于实际储层模型（McHargue等，2010；Sylvester等，2010；Pyrcz等，2011）。

规则可以按规则推断和规则表达的相关方法进一步细分。经验规则从数据或模拟中获得并被编码为几何形状和概率分布（元素几何形状、急流冲刷频率等）。预测规则需要对沉积过程和他生力做出一定的解释（急流冲刷位置规则以及流动对梯度的响应）。同时，该规则可以将确定性的格式化为常数、函数或关系和阈值，也可以将随机格式化为条件概率密度函数，更甚者，可以直接作为专家系统告知的模糊规则。

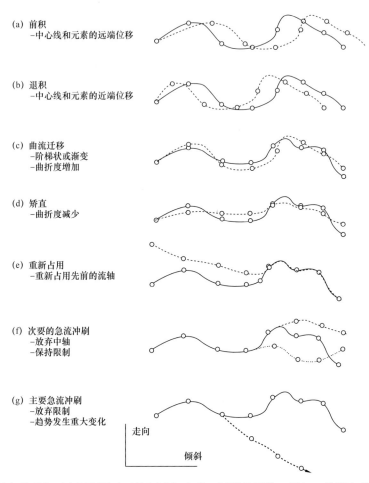

图 4-61　河道的各种马尔可夫规则图（后续河道仅为前一河道的函数，例如，前积会导致河道特征的前步，同时次要的急流冲刷会产生前河道分支）

　　此外，规则可以应用于模型的各个部分。几何规则对元素的内外部几何形状以及元素之间的转换进行约束。例如，几何规则可以将河道横截面与本部河道中心线曲率相关联。放置规则对元素的序贯放置进行约束。放置规则示例包括基于可容纳空间和底物可蚀性的沉积概率图或通过状态模型放置源河道的路由算法。起始规则对事件的来源和类型进行约束，可能与他生力和当前地形有关。终止规则对事件终止进行约束，通常沿模型外围的下沉位置终止，如果考虑事件积水，则可能在模型中终止。

（四）信息内容

　　在模型构建过程中，所有时间空间信息均会保留，并可用于约束后续模型事件或在任何尺度的元素内和元素之间的储层性质。该信息将模型内的所有时空位置与所有其他位置联系起来。例如，河道和堤坝的位置可能与相向上倾急流冲刷有关，漫滩位置可能与相邻河道有关，以及河道漫滩流可能与河道曲率有关。所有位置可与他生方法有关，其中包括能量、流量、沉积物供应、水深等（图 4-62）。

　　所有这些均无网格或独立于网格（见第四章第四节基于对象的相建模中的讨论）。但是，基于对象的建模的无网格方法有一些相似之处，

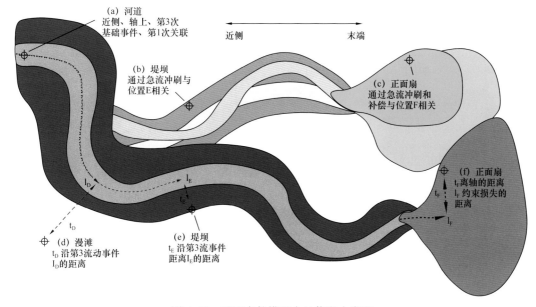

图 4-62　基于事件模型中的信息内容图

基于事件模型中的任何位置均可提取储层起源的信息：（a）位于轴上，靠近主河道基部，靠近起源；（b）位于与位置相关的堤坝上；（c）通过上倾急流冲刷；（d）漫滩，其中 I_D 处邻近河道的曲率可能发育的较
　粗粒的漫滩；（e）通过相向上倾急流冲刷；（f）相关的边缘正面展开（据 Pyrcz 和 Strebelle，2008）

　　信息级别是唯一的，其中包括状态和过程代理及这些信息与模型构建交互的能力。该级别的信息保存有助于实际建模中规则的实现。

　　此外，这些信息可用于详细的趋势和特性模型，以填充事件几何形状。这些信息可用于计算沉积坐标系、特性和局部可变方位场，它们可以组合起来形成特性趋势模型并约束随后的储层特性模拟。这些坐标包括距离河道填充深泓线的距离、河道填充位置处的河道曲率及沿河道填充走向的速度剖面（Pyrcz，2004；Pyrcz 等，2005b；Stright，2006）。

　　如第四章第四节基于对象的相建模所述，无网格工作流程可以实现模型细化。从深水储层模型的基于事件的模型中提取了两口井之间的扇形模型，以对模型细化进行论证（图4-63）。相关联和储层特性趋势模型按低、中、高的分辨率重新调整比例，没有导致信息丢失或需要通过构建另一个随机模型来重新生成模型。

（五）其他考虑因素

　　如上所述，在形态动力学及较少的马尔可夫规则实施情况下，模型可能呈现出突发性的特征。在这种情况下，架构的某些分量不是由输入显式定义。必须注意确保架构符合建模需求并且忠于本地信息。在极端情况下，初始状态和规则之间不匹配可能导致架构转

换。例如，最初发育的低弯度河道在马尔可夫规则的多个事件中变成高弯度。这类似于在地质统计学建模中，当数据统计与输入模拟统计不匹配时发生的空间变化。在另一个示例中，坡谷约束、路径路由和数据约束的组合将导致在许多模型中计算的预期河道密度图产生伪影，而基于对象和多点的相模型将生成更真实且一致的预期河道密度图。必须理解这种附加的信息和约束，并从地质方面进行查证。

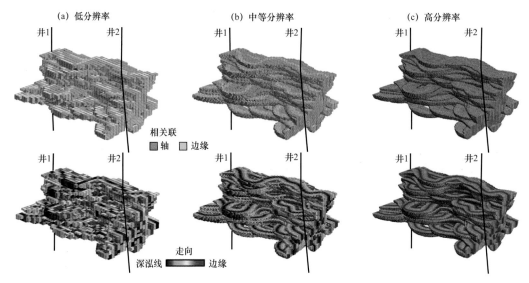

图 4-63　两口井之间的三个不同尺度下深水储层的扇形模型

该模型是由真实模型构建而成的，具体方法是将架构重新加载到具有低、中、高三种不同分辨率的三个不同网格中；内部河道趋势模型基于内部坐标，该坐标是以相对于河道深泓线和边缘的距离为基础；该真实模型通过过程模仿模型构建而成，用于深水坡谷河道中的河道叠置

调节高密度的井数据和特定的软信息和趋势仍然是一个挑战。事件对象之间的交互及前演框架的使用均增加了基于对象模拟的调节难度。

因为需要考虑到对象之间的规则约束和地震正演可以将模型移动到可阻止后续调节的位置，我们可能无法自由移动某一元素以匹配调节数据。此外，前向框架增加了忠实于全局比例与趋势的难度，这是因为无法简单地将另一事件放到任何位置来改进统计再现。目前有多种方法可以用于调节这些模型，包括：（1）在模型构建时动态约束模型参数以改进数据匹配（Lopez 等，2001；Abrahamsen 等，2008）；（2）后验校正与克里金调节（Ren 等，2004）；（3）伪逆向建模（Tetzlaff，1990），（4）适用于多点地质统计的训练图像（Strebelle，2002）；（5）几何形状与数据直接拟合（Viseur 等，1998；Shmaryan和 Deutsch，1999）；（6）从模型和相关统计中提取特征（Miller 等，2008；Pyrcz 等，2011）；（7）图像清洗后进行处理（Pyrcz 等，2009）。

上述每种方法均可在不同设置中证明其成功性。目前的任何过程模仿方法都整合了这些方法中的一些变体。重要的是检查生成的模型是否存在第四章第四节基于对象的相建模所述的调节不匹配和伪影。

（六）示例实现

以下示例演示了各种基于规则的实现。

1. 绘制规则方法

绘制方法可实现复杂河道架构的精确再现。用户可通过绘制关键元素和基于规则的插值对这些模型执行强约束。例如，其中一种方法包括绘制河流曲流河道带的初始和最终河道，并结合填充架构的几何参数化来构建详细模型（Wen，2005；Hassanpour 等，2013）。该方法有助于快速生成构筑群。复合群集需要根据绘制的多个复合体的嵌套精确参数化架构。这些方法已应用于测试结构流响应和扩展关系（Wen，2005）和在极稀疏数据的设置中的受条件约束。

2. 马尔可夫规则方法

使用马尔可夫模型方法时，后续事件仅由前一事件决定。因此，这允许这些模型随着时间推移而发展，但是大多数长期特征和所有短期特征均为先验特征。例如，河道放置由先前河道的位置和急流冲刷或侧积相关规则确定（Howard，1992；Sun 等，1996；Lopez 等，2001；Pyrcz 和 Deutsch，2005；Pyrcz 等，2009；Sylvester 等，2010）。

马尔可夫规则构建了河流储层模型的真实模型（图 4-64）。这些规则包括主要和次要急流冲刷和曲流迁移，同时给出了相关发生概率（分别为 10%、10%、80%）。对于每个事件，其事件类型首先从事件类型 PDF 中提取，然后再应用绘制事件的规则。

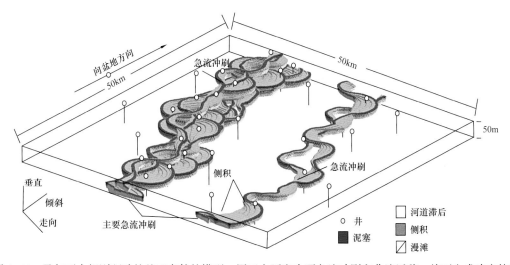

图 4-64　马尔可夫规则驱动的基于事件的模型，用于主要和次要急流冲刷和曲流迁移，从而生成确定特征

主要急流冲刷基于地震信息约束的河道源起始规则建立了新的河道中心线。通过次要急流冲刷发现，急流冲刷节点为前一河道中心线的曲率和近岸速度的函数，并在该位置建立新河道。曲流迁移利用基于规则的河岸后退的简化形式来生成侧向加积特征（由Howard 修改，1992）。

3. 基于规则的形态动力模型

对于形态动力模型，后续事件由模型的当前累积状态决定。这就导致了突发性行为的复杂演变——例如，分流朵叶复合体通过沿最陡梯度路径的河道和朵叶体侵蚀和沉积，并依赖于流动能量代理从侵蚀过渡到加积（Pyrcz 等，2005a，2006；Abrahamsen 等，2008；Zhang 等，2009）。这种类型的模型示例请参见图 4–65。注意，初始特征，包括单河道和朵叶，直接由规则确定，但后续特征，包括补偿叠置、前积、急流冲刷和退积均是通过询问规则无法事先确定的突发特征。这需要使用过程模仿模型来观察它们的交互作用。Pyrcz 和 Strebelle（2008）及 McHargue（2011）等给出了这种方法的另一个示例，该方法采用了深水坡谷模型，整合了他生力、底物可蚀性和流动约束，以动态模拟山谷侵蚀和填充。

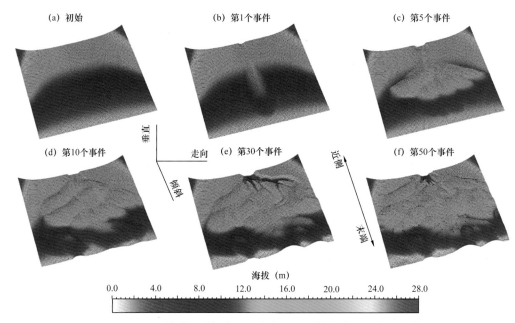

图 4–65　基于简单规则耦合的深水分流朵叶体的分流形态动力模型

（a）简单的初始深测模型；（b）初始事件发生在最陡的下降之后，并随着梯度的减小从侵蚀转换为沉积；（c）由于先前事件的残余地形产生多事件紧急补偿；（d—f）事件以各种频率出现突发性事件，包括急流冲刷、前积及退积等（Pyrcz 等，2006）

（七）其他应用

对过程模仿模型的应用进行了进一步评论。详细的、地质上现实的储层模型允许各种传统应用和新应用。

1. 传统地质统计

传统地质统计能够快速简单地建立一系列规模精确、信息丰富的详细储层架构数值表征，有助于传统的储层地质统计。

2. 包括训练图像和非平稳统计的潜在应用

多点统计需要详尽的训练图像来计算指定数据事件所需的大量条件概率（参见第四章第三节多点相建模）。很自然地会考虑使用过程模仿方法来提供训练图像。但是，经验表明，在不考虑训练图像中的非平稳性的方法中，训练图像的非平稳性和复杂性可能会降低多点统计实现的质量（第四章第三节）。通常，最佳实践是构建简化的训练图像并在多点统计模拟中施加非平稳性（Harding 等，2005；Strebelle，2002，2012）。考虑到这一点，在使用过程模仿模型生成训练图像时必须小心。在第四章第三节中，我们讨论了如训练图像库和生成器（Pyrcz 等，2007；Maharaja，2008）等更简化的方法。我们也可以利用过程模仿模型来提取常规的空间连续性模型（对非平稳性不太敏感），如半变差函数模型和指示半变差函数模型及转移概率。

另一个应用是从过程模仿模型计算非平稳统计数据，如趋势和局部可变方位角，并将其应用于指导传统的地质统计学模型。例如，在给定局部约束的情况下，基于事件的方法有助于推断一致且详细的局部可变方位角模型。考虑到保存的模型信息，这也不难。利用这些详细的架构设计非架构化网格也很有用。

3. 数值模拟模型

在更高级的应用中，基于事件的模型被视为有关储层的数值模拟模型。一旦做出此决策，就可以实现各种应用，包括确定结构关系、井风险分析和井数据的价值。不可否认，以下应用依赖于这样的强假设：所选各模型是类似的，并且代表相应不确定性模型。

了解模型结构参数之间或模型结构参数与诸如流体体积、连通性和流量响应的储层参数之间的关系很重要。这可以通过一组详尽的现实结构模型了解。例如，在简单的河道设置中，河道叠加叠置和系统加积率的影响与储层容量直接相关。可通过过程模仿方法完成这个实验，这是因为该容量不是单个河道体积的简单相加，也不受作为输入的模型的约束，而是规则固有的复杂保存运算符的结果（图 4-66）。在另一种情况下，可以将元素填充成分的保存潜力量化为具有代表性的统计量——例如，在加积和曲流河道模型中保留的轴向河道滞后分数。除此之外也可能进行更复杂的实验，例如量化各种类型和频率的河道急流冲刷的储层连通性。

Journel、Bitanov（2004）和 Maharaja（2007）通过从储层模型的空间自举来探索净毛比的不确定性。以类似方式提出将井设计用于一系列基于事件的模型，以计算任何相关井结果的相应概率分布，例如净回报时间、平均净毛比、上述特定阈值井的比例、独立的单元数量等。如果获得与模拟模型中井场选择性相关的信息，则可以通过选择性偏差表面来调整空间自举采样率（见图 4-67 中基于事件的模型的一组井样本和以井为基础的统计数据）。由于很难将三维架构概念转换为一组良好结果的一维概念（沿井轨迹），因此该工作流程具有一定作用。此外，该方法可实现多井设计及其相关风险的比较。例如，可以比较单个井可能的净毛比分布以及在多井模板上平均，从而提供通过多井缓解井风险的直接指示。此外，可以比较垂直井、水平井和斜井，以评估定向钻井增加的成本对降低钻井风险的价值。

作为井风险的延伸，可以分析井信息的价值。考虑到架构模型或模型的描述或汇总统计，通过一系列基于事件的数值模拟对井模板采样来评估井结果概率，是比较直接的方法。

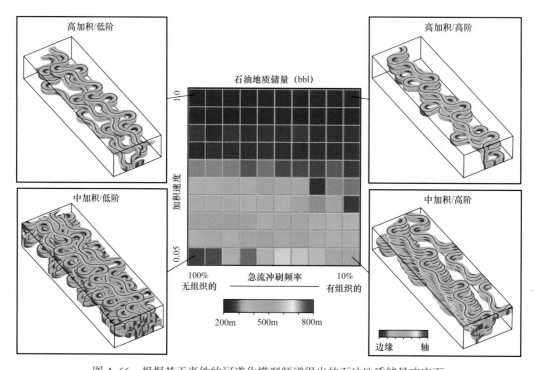

图 4-66　根据基于事件的河道化模型频谱得出的石油地质储量响应面
其中包括可变加积速度和河道组织受急流冲刷频率约束的程度；假设河道元素的沉积物填充组分保持不变，
那么石油地质储量主要受高加积速度约束，其次受河道元素的无组织叠加叠置的约束（据 Pyrcz 等，2011）

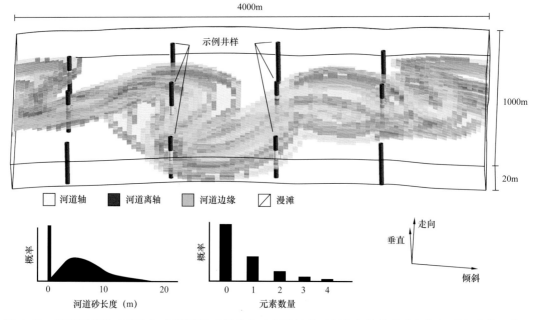

图 4-67　具有河道轴（黄色）、河道离轴（橙色）和河道边缘（绿色）的简单有组织河道复合体和等距
空间自举样本子集以及以井为基础的通过详尽采样获得的两个统计数据示例

通过贝叶斯反演法，可以在给定井结果的情况下评估特定架构的概率（Pyrcz 等，2012）。利用根据 Hong 和 Deutsch（2010）的指示变差函数获得的河床厚度，从井统计数据推断架构的概念。

对这种反演有一种简单的数值方法。这种方法可生成大量代表了储层不确定性的模型。然后从所有这些模型中采样各种井配置，并将关注的统计数据分箱并制成表格。图 4-68 所示为从 4000 个架构模型中获得的几口井模板的简单示例。注意 1 口井与 7 口井之间概率等高线的差异。井数量、井规则和井类型变化也会影响这些条件分布，并提供井设计价值相关信息，通过分离条件概率 P｛模型 | 井｝进行衡量。

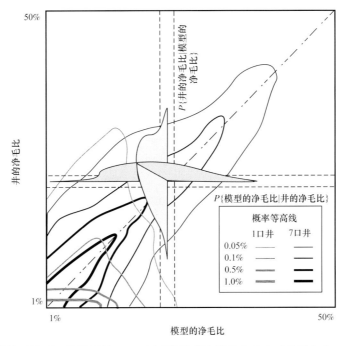

图 4-68　通过扫描得到的两口井模板的 4000 个河道模型计算的净毛比对比图和在一个或多个井双变量关系中观察到总量的双变量关系，在模型中反演净毛比的概率分布（条件分布中的分离程度即井净毛比已知时的模型净毛比表示用于通知储层的井信息内容）

三、工作流程

本节介绍了过程模仿模拟应用的方法和注意事项。图 4-69 说明了构建过程模仿模拟的步骤。首先将所有可用信息（包括井数据、地震数据、概念信息和经验）整合到相框架中。该框架包括具有数量、几何形状和相间相关性的概念相模型。可以从该框架推导出构架元素的几何参数和储层序贯构建的规则。模型构建包括按顺序添加元素以匹配局部和全局比例并调节数据。在满足所有约束时检查结果。我们可能需要对几何形状和规则进行迭代和更改，以匹配概念或改进调节。

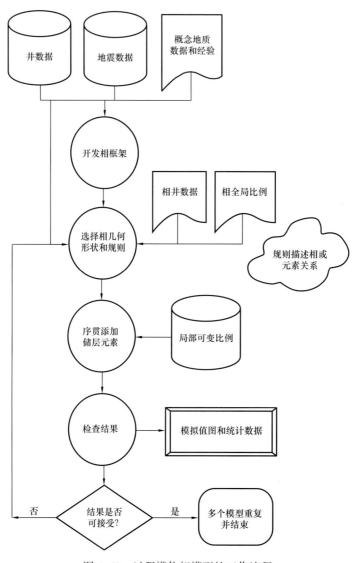

图 4-69　过程模仿相模型的工作流程

四、小结

过程模仿方法正在成为越来越常见的地质统计工具，其利用在前向环境中编码成规则的地质过程来进一步改善地质现实条件。当地质复杂性对项目目标至关重要且本地数据约束不足时，该方法很有用。

过程模仿方法要求对地质统计进行重组，并将地震正演和基于规则的输入进行整合。反过来，这些方法可能导致更具挑战性的调节和突发性行为，而这些行为要么可能有用，要么可能是伪影。在实际储层建模中采用简单的绘制规则和马尔可夫规则。基于形态动力规则的研究方法是非常有用的，但在短期内不会用于储层的直接建模。使用这些类型模型的新工作流程要求彻底检查模型（第五章第一节）。

　　构建合理的相模型以满足项目目标是地质统计学储层建模的一个重要方面。如下一节所述，下一步是对相框架内的连续储层性质（如孔隙度、渗透率和饱和度）进行建模。

第六节　孔隙度和渗透率建模

　　孔隙度、渗透率等岩石物理特性在每个相和储层中建模。页岩和非净相可以分配任意低值。但是，必须分配大多数相内的岩石物理特性来再现代表性直方图、变差函数以及与相关次要变量的相关性。为实现该目的，可使用第二章第四节初步映射概念中介绍的高斯技术和指标技术。本章将讨论实际建模中的注意事项和实现细节。

　　用于连续变量的多点方法属于比较活跃的研究领域，例如，可参见 Zhang 等（2006）、Honarkhah 和 Caers（2010）、Mariethoz 等（2010）、Mariethoz 和 Kelly（2011）的研究工作。虽然该研究领域具有很好的前景，但仍处于早期阶段，目前尚没有相关信息。因此，我们仍围绕常规的连续变量建模方法进行讨论。关于连续多点统计的一些讨论请见第六章特殊课题。

　　在许多储层建模问题中，储层非均质性的大部分受到相模型的约束。在这些情况下，相间的连续储层性质变异性大于相内变异性，相间的空间非均质性对流体流动的约束大于对连续储层性质的空间连续性的约束。在这些情况下，应将重点放在相模型上，然后在相框架内进行合理的连续特性建模。但是，有时没有离散的可映射相；因此，建模工作流程省略了相并直接进入可表征非均质性的连续特性。

　　《背景》描述了孔隙度和渗透率的特征及建模的考虑因素。由于孔隙度具有线性平均和低变异性特征，因此相对简单。渗透率建模相对更难。渗透率更多变，具有高度偏斜的直方图，非线性平均，并且必须再现与孔隙度的不完美关系。

　　《孔隙度高斯模拟中的地震数据》描述了如何使用序贯高斯模拟来构建孔隙度模型。在正确层坐标系内定义的每个相类型内模拟孔隙度。由于这种高斯技术的应用简单，并且可以灵活地创建真实的非均质性，因此被广泛采用。

　　《孔隙度—渗透率转换》描述了通过孔隙度—渗透率转换获得渗透率的基本方法，例如回归、条件预期以及通过孔隙度—渗透率交会图获得的简单蒙特卡罗模拟。只有当孔隙度和渗透率之间具有极好的相关性，或渗透率直方图的方差极小时，这些简单的技术才有效。一般来说，需要使用一些再现渗透率变差函数的技术。对于更一般的应用，也可以使用条件云转换模拟。

　　《渗透率高斯技术》介绍了将孔隙度作为次要变量来协同拟合渗透率的方法。高斯协同模拟可以很容易地应用并再现渗透率变化的基本特征。当渗透率表示复杂的空间变异性模式（如极值的异常连续性）时，必须考虑指标技术。

　　《渗透率指标技术》详细介绍了如何将指标技术应用于渗透率建模。

　　《工作流程》介绍了孔隙度和渗透率建模的工作流程。

一、背景

（一）变量

孔隙度和渗透率是储层表征所需的主要变量。页岩体积分数、阻抗、速度和残余水饱和度等其他变量也具有一定意义。这些变量将在下文中称为岩石物理特性、储层性质或特性。

孔隙度是指孔隙空间的体积浓度。由于孔隙度一般可变性不大且根据简单算术计算平均值，因此孔隙度为良性变量。目前对孔隙度的定义不尽相同。通常对有效孔隙度进行建模。总孔隙度包括不能通过实际恢复机制获得的体积。

渗透率和其他一些变量不是固有的岩石特性；其依赖于测量或规范之外的边界条件。这些变量可在几个数量级上变化。渗透率为速率常数或有效性质，不是简单的小尺度的平均值。渗透率建模时需要考虑以下几个因素：（1）应根据储层流体和压力条件修正数据，这些条件与实验室测量值不同，必须考虑根据测试导出的渗透率数据进行的先验校正。（2）水平到垂直各向异性是一个重要因素，可以对渗透率的主要方向分量进行建模，或者基于临相基础使用垂直于水平的全局各向异性比率。

正如第二章第四节初步映射概念中所讨论的一样，连续性平均值和方向的垂直趋势和区域趋势是共同的。相建模可解释一些趋势。必须对确定性的趋势进行建模，并做出关于如何解释趋势的决策——即协同克里金法或平均加残差方法。详细信息请参见第二章第四节。建模变量可能是残差而非原始单位。

（二）规模差异

必须将岩石物理特性分配给地质模型中的每个单元。如第一章所述，不考虑不同岩心测量间的体积差异、测井导出特性和地质建模单元大小。因此，实质上是在地层坐标空间中的规则网格上分配点比例值。这些值与整个地质建模单元有关，用于计算流体体积和流动模拟的特性。储层建模人员将越来越多地考虑井数据和地质建模单元之间的巨大体积差异（见第二章第三节量化空间相关性中关于规模缺失的讨论）；但是，这里提出的传统实践使用了具有显著预测能力的储层模型。第二章第四节初步映射概念中提出了替代工作流程，在该流程中假设了模型单元质心处的点大小特性，这有助于解决尺度问题。但是，需要放大某种类型来计算流动模拟的有效流动网格特性。有关尺度的更多详细信息，请参见第五章第二节模型后处理。

（三）相

在每个相和储层或区域内对孔隙度和渗透率进行建模（第四章第一节）。

不同时间沉积的储层有所不同。相同相和不同层内的储层性质可具有相似特征。但是，由于地层坐标系不同，我们必须单独建模。同一层中不同相内的特性通常明显不同且不相关。

不同相的特性可以在相不相关时独立建模。有时会使用“一刀切”的方法：（1）构建每个相的完整三维模型；（2）使用相模型合并模型，即孔隙度和渗透率取自适当的相依赖模型。这是一种浪费。在特性模拟过程中使用相模型作为模板的方法可以更快。仅在需要时预测，不会带来任何偏离或其他问题。

不同相中的特性可能彼此相关。也就是说，跨相边界的岩石物理特性之间存在相关性，见第四章第一节大型建模中对边界建模和边界类型检查的接触剖面方法进行的讨论。目前具有多种方法可以处理这种相关性：

（1）忽略相关性并在不同相中独立建立特性。跨相边界的相关性对体积和流动性能预测几乎没有影响。可以说这种相关性不属于一阶效应。

（2）考虑以不同相的特性作为次要变量的协同克里金法形式。对必要的同区域化模型的计算和建模比较困难。这种方法对于实际应用来说太笨拙。

（3）按顺序创建模型，即在一个相中构建孔隙度和渗透率模型，然后使用构建的模型来辅助对其他相的建模。这种方法类似于在矿床建模时使用逻辑矩阵的标准做法。

在分配当前相 j 时，逻辑矩阵指定是否使用另一个相 i 的数据。图 4-70 为相关示例。请注意，该矩阵可能不对称。

在图 4-70 的示例中，在河道相的模拟中使用了决口扇砂岩的测量结果，但河道砂岩的测量结果不能用于预测决口。这可能是由于地质考虑因素或数据采集考虑因素所致。一旦使用另一相的数据，则视为使用的数据来自与建模单元相同的相。可以考虑某种加权方案。

相数据 \ 在相中进行单元格建模	页岩	河道	决口扇	浓度
页岩	是	否	否	否
河道	否	是	否	否
决口扇	否	是	是	否
浓度	否	否	否	是

图 4-70 利用不同相（行）数据模拟其他相（列）中的岩石物理特性的逻辑矩阵图

（四）次要数据

在许多情况下，有一些次要数据需要考虑：地震波阻抗与孔隙度呈负相关，渗透率与孔隙度呈正相关，束缚水饱和度与渗透率相关。我们建模的特性通常具有相关性。生产数据的地震或反演可提供外部信息源。

建模一般按顺序进行。每个阶段可用的次要数据可能有多种类型：包括冗余类型或一种带来最多信息的数据类型。因此，大多数情况下，每个特性只考虑一个次要变量。当然，这不是理论上的限制，仅用于实际建模。第四章第一节大型建模中讨论了多个次要数据的处理以及合并为超级变量的方法。

通常，首先使用地震作为次要变量对孔隙度建模，然后使用孔隙度的先前模拟作为次要变量对渗透率建模。地震数据通过孔隙度模拟间接用于渗透率。

由于地质复杂性和地震数据采集的固有局限性，地震数据不能精确地测量平均孔隙度。通过地震数据得出的孔隙度可能与真实孔隙度相关，相关系数为 0.5～0.7。必须对每层储层的特定地震特性和相关程度进行校正。我们对这种精确度进行了解释。地震数据导出的孔隙度表示比典型的地质建模单元大得多。区域分辨率通常具有可比性。但是，垂直分辨率是地质建模单元分辨率的 10～100 倍。目前的地质统计学模型以 0.3～1m 的垂直分辨率构建，目前的地震数据显示的垂直平均值为 10～30m。一般情况下，我们通过考虑块协同克里金中的地震数据作为局部均值来解释这种尺度差异（第二章第四节初步映射概念）。

（五）模型数量

每个相的实现均应构建单一的孔隙度和渗透率模型。如上所述，相几何形状通常对流动来说更重要。因此，可能不需要生成太多孔隙度和渗透率的模型。可以生成少量的验证用模型，并且在随后的排序和流动模拟中解释相实现的不确定性。多数情况下都对每个相的实现进行了孔隙度和渗透率的模拟。第五章第三节不确定性管理详细描述了不确定性管理和生成模型数量。

二、孔隙度高斯技术

模拟区域化变量空间分布的方法有很多。但是，高斯模拟是创建忠实于本部数据、直方图和变差函数的模型的最简单方法。储层的主要突发不连续性通过结构和相模型获得。在大多数情况下，通过静态直方图和变差函数来量化合理均匀相内的特性即能满足要求。

讨论了序贯高斯模拟（SGS）的网格。第二章第二节初步统计概念讨论了代表性直方图的计算。第二章第四节初步映射概念讨论了局部变化平均值模型的构建。第二章第三节量化空间相关性包括了变差函数计算的所有详细信息。第二章第四节也涉及序贯高斯模拟的内容。仍有一些实施细节，特别是有关地震数据的细节，应予以讨论。

孔隙度数据或残余孔隙度值（通过减去局部变化平均孔隙度值获得）必须转换为正态分布。必须确立变差函数。序贯高斯模拟包括以随机顺序访问每个网格节点并执行以下操作：

（1）查找附近的数据和以前模拟的网格节点；

（2）通过克里金法构建条件分布，即通过简单克里金法计算均值和估计方差；

（3）从条件分布中绘制模拟值（均值为正，方差为第 2 步）。

用不同的随机数种子重复整个过程以生成多个模型。目前有多种方法通过概念或理论框架来理解这一过程。笔者更倾向于将孔隙度的多元分布视为多元高斯分布，然后通过贝叶斯定律递归应用将该分布分解为一系列条件分布。在计算每个条件分布时调用马尔可夫筛选假设，其中只有附近的值用于调节。几乎不需要假设，而且这个过程也很稳定。

三、孔隙度序贯高斯模拟中的地震数据

地震数据来源于储层，对孔隙度变化比较敏感。相模型中首先考虑地震数据提供的大量信息。需要获得的其他唯一信息是相内的孔隙度变化，而与相间的差异相比，相内孔隙度变化可能较小。校正程序将揭示地震数据是否应用于孔隙度的序贯高斯模拟。

（一）地震数据对孔隙度的校正

基于临相基础进行校正。校正取决于后面采用的建模程序：块协同克里金法要求将地震与孔隙度的垂直平均值进行校正，同位协同克里金法要求将地震数据与较小规模的数据进行校正。

可考虑多个地震属性。一般而言，声阻抗是最可靠的属性。应处理地震数据以提供单个地震属性，并提供作为地质统计学建模的次要变量。神经网络、判别分析、规则归纳和若干回归类型程序（本文未涉及）可用于获得单个地震导出的孔隙度。如果用于校正的井数据与用于获得单个地震属性的井数据相同，则校正可能看起来不切实际。这时我们应使用独立的井数据（从地震属性推导的数据）进行校正。然后，提取校正统计数据之后，使用所有井数据最终计算地震导出的孔隙度。

校正时考虑孔隙度的成对观测（在正确尺度上），且已组合地震属性：$Z_S(u_\alpha)$，$Z_\phi(u_\alpha)$，$\alpha=1,\cdots,n_c$。必须将两个变量转换为标准正态分布（第二章第二节初步统计概念）。相关系数的散点图给出了贯入储层相的19口井（包括侧向加积和滞后相）的河流储层模型的井平均值的对偶值。图4-71为交会图示例。只有相关系数用于高斯技术。假设双变量分布遵循具有椭圆概率等高线的双变量高斯分布。

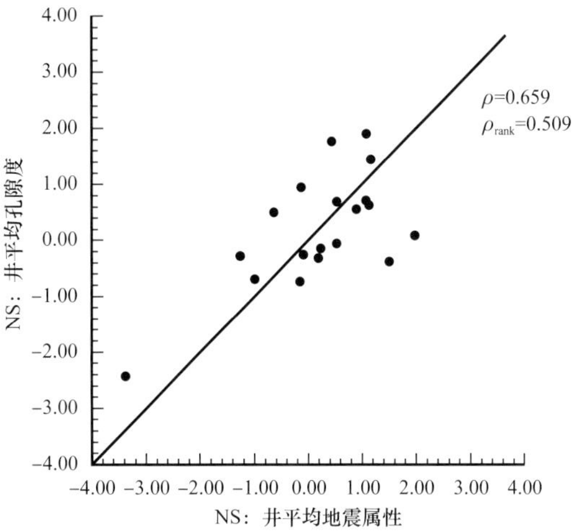

相关系数为相关性的两点测量。地震数据中的任何侧向偏移或不匹配都会显著影响相关系数。一般而言，如果将井数据与附近的非同位地震数据值进行比较，则相关系数会降低。可能需要仔细清理数据并重新定位。

图4-71 地震正态分数与孔隙度正态分数的校正（来自储层区内河流储层的19口井数据，数据相关性良好，相关系数为0.659，低阶相关系数为0.509，这表明相关性受单个数据点的强烈影响）

（二）水平变差函数推断

不论采用何种模拟变体方法，我们都需要完整的三维变差函数模型来描述孔隙度的空间相关结构。

变差函数推断的主要挑战是水平方向。地震数据为水平距离参数的选择提供了良好的信息来源。如第二章第三节量化空间相关性中所讨论的一样，除了采用从地震数据获得的水平范围外，还必须评估是否存在任何带状各向异性。

（三）局部变化平均值

除了协同克里金法，我们也可以将地震数据转换为孔隙度单位，然后作为局部均值。首先根据地震属性计算所有位置的平均孔隙度，相关示意图请参见图4-72。然后，使用地震导出的平均值在高斯模拟中使用简单克里金法。克里金估计量按照下列公式计算：

$$y^{*}(\boldsymbol{u}) - m(\boldsymbol{u}) = \sum_{\alpha=1}^{n} \lambda_{\alpha} \cdot \left[y(\boldsymbol{u}_{\alpha}) - m(\boldsymbol{u}_{\alpha}) \right] \qquad (4-33)$$

$$y^{*}(\boldsymbol{u}) = \sum_{\alpha=1}^{n} \lambda_{\alpha} \cdot y(\boldsymbol{u}_{\alpha}) + \left[1 - \sum_{\alpha=1}^{n} \lambda_{\alpha} \right] \cdot m(\boldsymbol{u}) \qquad (4-34)$$

式中，$y^{*}(\boldsymbol{u})$ 为克里金估计量或高斯模拟的条件分布均值，n 为本地数据的数量，λ_{α}，$\alpha=1,\cdots,n$ 为克里金权重，$y(\boldsymbol{u}_{\alpha})$ 为局部转换孔隙度数据，$m(\boldsymbol{u})$ 为考虑位置 $\boldsymbol{u}$ 处的地震导出的平均孔隙度（转换为高斯单位）。当本地数据较少时，对数据的权重之和较小，地震导出的平均孔隙度权重较大。当对本地数据的权重较大时，地震导出的平均值的权重就低。

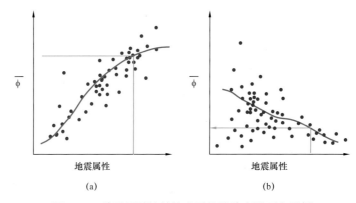

图 4-72　将地震属性转换为平均孔隙度的两个示例

可以为正相关或负相关；这里展示了一个在每个交会图中将地震属性转换为平均孔隙度的示例；相关性可以为正相关（a）或负相关（b）

（四）同位协同克里金法

必须使用某种类型的协同克里金法对地震数据进行加权，加权方式应能明确解释地震数据的"柔度"。Doyen（1988）展示了应用地震数据的协同克里金孔隙度的第一个应用。随后进行了大量的改进和简化工作（Xu 等，1992；Almeida，1993；Almeida 和 Journel，1994）。

第二章第四节初步映射概念中提出了同位协同克里金范式，第四章第二节基于变差函数的相建模在序贯指示模拟背景下对该范式进一步进行了解释。使用地震数据所需的唯一输入是孔隙度的硬高斯转换与地震的软高斯转换之间的相关系数。

如第二章第四节初步映射概念所述，只保留一个同位次要数据不会影响估计量（一般情况下，附近的次要数据的值非常相似），但可能会影响生成的协同克里金估计方差。这个方差被高估，有时甚至是明显高估。由于克里金方差定义了模拟值绘制的条件分布的扩展，这可能是个问题。然后，应通过反复试验确定的因子对同位协同克里金方差缩减（假设常数 $\forall \boldsymbol{u}$）。

模拟值方差应接近 1.0 高斯单位。从方差缩减因子 *varred*=1.0 开始，然后运行一个模拟来查看结果模拟值方差。方差缩减被系统地降低到 *varred*<1.0，直到该方差缩减到 1.0。方差缩减因子 *varred* 与模拟值方差之间可能存在高度的非线性关系。当地震数据比孔隙度数据更平滑时，更可能出现问题。

（五）块协同克里金法

同位协同克里金法为一种近似方法，可以避免：（1）计算交叉变差函数或协方差；（2）拟合同区域化模型；（3）处理大量的地震数据。与序贯指示模拟一样，我们可以把工作做好。可以计算所有变差函数和交叉变差函数（第二章第三节量化空间相关性）。可以通过分析模型确定相应的点尺度变差函数。可以拟合同区域化模型（第二章第三节量化空间相关性）。最后，可以在序贯高斯模拟中执行块协同克里金法，其将解释地震数据的规模以及根据地震数据对孔隙度进行校正的"柔度"。协同克里金法属于标准方法。可以直接在传统的序贯高斯模拟程序中实现块协同克里金，例如 GSLIB 中的 sgsim（Deutsch 和 Journel，1998）。

块协同克里金法的隐含假设是所有变量都呈线性平均。孔隙率可能就是这种情况，但是，地震变量肯定不是线性平均。尽管有这种假设，但比忽略测量尺度更好（Behrens，1998）。

（六）随机反演

用于整合地震数据的协同克里金方法的另一种替代方法是"随机反演"法。该构想可以直接解释 Elf 工作者在 20 世纪 90 年代早期提出的地震数据（Bortoli 等，1993）。该方法的基本构想是模拟声阻抗，通过前向地震模型处理阻抗，并通过拒绝采样选择阻抗模型，即再现原始地震数据的阻抗模型。然后将孔隙度与声阻抗相关。

Haas 提出的最初构想是生成一系列横截面模型，比如 10 到 100 个，并在每个横截面上执行正向地震建模。计算每个模型的前向模拟地震数据和实际地震数据之间的差异。然后，保留具有最接近原始地震数据的地震道的模拟横截面。以所有井数据和先前模拟的横截面为条件模拟每个横截面。Dubrule 和 Haas 及同事将原始方法应用到一维列上，一次一列（Dubrule 等，1998；Haas 和 Dubrule，1994），这加速了收敛。

文献中记载了不同版本的地质统计和随机反演（Lo 和 Bashore，1999；Sams 等，1999；Torres-Verdin 等，1999；Helgesen 等，2000；Francis，2005）。许多近期的方法都是从初始模型开始，并对整个模型中的每个单元进行多次循环（10~15 次）。在每次迭代时，根据某些决策规则保留相或声阻抗。决策规则基于模拟退火算法（见下一节）或与最接近的地震数据匹配的结果。

随机反演的地质统计输入为常规输入，即输入全局直方图和变差函数。这些必须通过将声阻抗与孔隙度相关联的岩石物理关系和将声阻抗与原始地震响应联系起来的小波进行补充。

（七）示例

以下示例基于第三章第三节问题公式化中介绍的合成河流储层模型。在这个示例中，先将侧积和河道滞后合并，然后对孔隙度和渗透率进行模拟。图4-73所示为二维网格地震数据的颜色标尺图像以及孔隙度的正态分数转换与地震变量的正态分数转换之间的散点图。考虑到孔隙度数据量小，因此，相关系数很高，为0.4。如图4-71所示，相关性随井的孔隙度平均值增加而增加至近0.6。相关系数可以随比例增大或减小，取决于直接和交会变差函数结构。

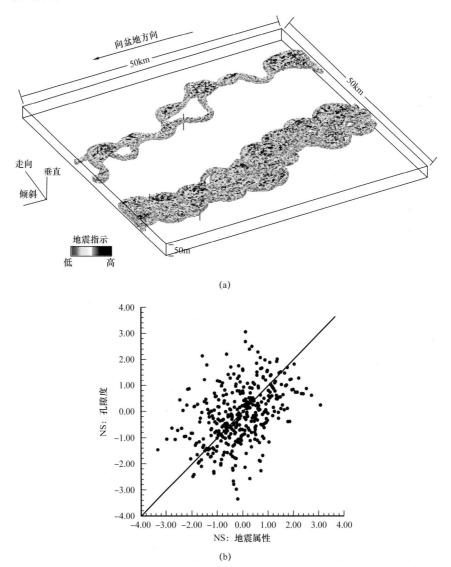

图4-73　河流储层模型的储层相模型的地震变量斜视图（图a）和以井为基础的孔隙度和向井投射的地震信息散点图（图b）（地震正态分数与孔隙度正态分数之间的相关性为0.41，考虑到孔隙度的数据规模，这种相关性属于非常好；如图4-71所示，在这种情况下，相关性随孔隙度平均值的增加而增加）

该区域共有 19 口井，请参见图 4-74 的孔隙度和渗透率测井。由于区域趋势通过地震数据获得，因此不考虑明确的趋势建模。图 4-75 所示为孔隙度正态分数转换的垂直和水平变差图。地层坐标在储层上下边界表面之间成比例。

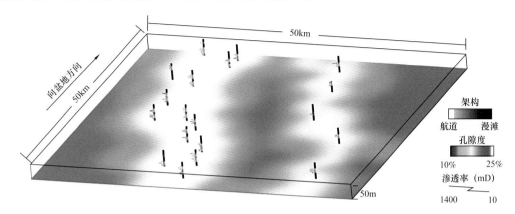

图 4-74 以颜色和渗透率测井线绘制的 19 口井斜视图

平均储层厚度的平滑图以灰度显示，以指示河道复合体的位置

使用地震数据并按照基于同位协同克里金模拟方法完成了序贯高斯模拟。图 4-76 所示为单孔隙度模型的斜视图。与图 4-73 相比，模拟孔隙度和次要地震数据之间的相关性很明显。这说明这是一种简单有效的特性建模过程。可使用孔隙度作为次要变量来建模渗透率，可构建多个模型，并对模型缩放，用于流动模拟。

四、孔隙度—渗透率转换

孔隙度基于临相基础建模。孔隙度模型直接用于评估孔隙容积、孔隙容积不确定性和基于孔隙度的连通性。可根据油气孔隙容积对多个模型进行排序和选择，见第五章第三节不确定性管理。但是，除用于流动模拟的孔隙度外，还需要渗透率。

将开发三种渗透率建模方法。孔隙度—渗透率转换小节包括孔隙度—渗透率转换，渗透率高斯技术小节对高斯技术进行讨论，渗透率指标技术小节介绍了指标技术。这些是为了增加复杂性和灵活性。由于下面内容介绍的大多数孔隙度—渗透率转换不能再现

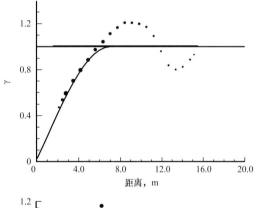

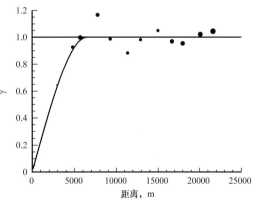

图 4-75 图 4-74 中三维孔隙度数据拟合模型的垂直和水平变差图

考虑到井的间距和数量有限，对水平变差函数的推断具有挑战性。方向变差函数没有显示出任何明显的特征

渗透率单变量和空间统计数据，因此，很少使用。尽管云转换方法可以生成合理的渗透率模型，但是高斯技术使用更广泛。当有足够数据来推断所需的复杂统计数据时，偶尔也会使用指标技术。

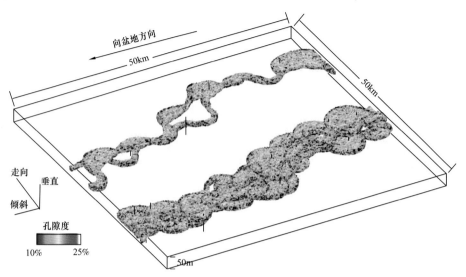

图 4-76　序贯高斯模拟生成的孔隙度模型斜视图

地震变量被认为是同位协同克里金法的次要变量，相关系数为 0.4，参见图 4-73 中的地震数据

（一）回归

可用经典回归法来建立孔隙度和渗透率之间的关系。通常情况下会使用渗透率的对数，这是因为许多渗透率直方图具有非正态和近似对数特征。回归方程为

$$\lg(K)^* = a_0 + a_1\phi + a_2\phi^2 + a_3\phi^3 \qquad (4-35)$$

式中，$\lg(K)^*$ 是渗透率的预测对数；α_i，$i=0,\cdots,n_R$ 是回归系数；

ϕ 为孔隙度。对数线性回归为常用方法，也就是说，只使用前两个术语。可使用二阶术语 $a_2\phi^2$ 来获得非线性特征。很少需要或推荐不小于 3 的高阶术语。大多数软件都是自动计算回归系数 α_i，$i=0,\cdots,n_R$；大多数统计书籍均有详细说明。

图 4-77 所示为四种孔隙度—渗透率交会图和二阶回归曲线示例。这些方程可直接用于预测给定孔隙度的渗透率。这种方法的优点包括：（1）方法简单，几乎是自动的；（2）可以大致再现孔隙度和渗透率之间的关系。

回归方法也具有缺点。高、低渗透率值被消除，也就是说，不太可能遇到数据中发现的极端预测值。可通过孔隙度获得预测渗透率值的变差函数或空间变异性，但是，渗透率通常比孔隙度更容易变化。

最后，基于回归的渗透率值不能解释超出孔隙度不确定性的渗透率特有的不确定性。而地质统计学模拟技术克服了这些局限。

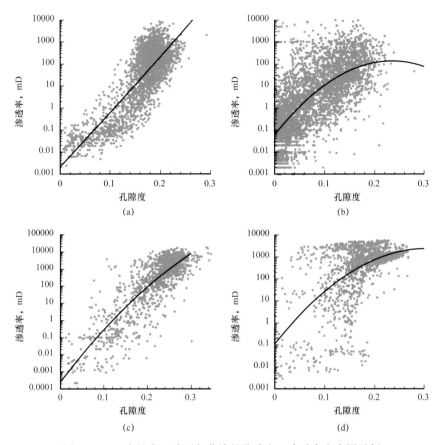

图 4-77　四个具有二阶回归曲线的孔隙度—渗透率交会图示例

（二）条件期望

假设（测井）渗透率和孔隙度之间的参数关系是限制性的。这个关系通常比公式（4-35）中使用的简单多项式关系更复杂。因此，给定孔隙度的渗透率的条件期望在获得复杂的非线性关系和给定孔隙度的渗透率的条件方差方面更灵活。条件期望转换概念如图4-72 所示。以下为构建条件期望曲线的程序：

（1）按孔隙度升序对 N 对孔隙度—渗透率进行排序。

（2）根据孔隙度选择移动窗口过滤器尺寸 M。这个数字取决于成对观察的数量。M 必须大于 10 才能避免不稳定波动。M 通常小于 $N/10$，以避免过度平滑。

（3）计算每次移动窗口平均值 M 的孔隙度—渗透率值的平均值，这可生成 $N-M$ 对平滑的孔隙度—渗透率值。

然后通过在平滑的孔隙度—渗透率对之间插值来预测渗透率。每个孔隙度等级的渗透率可以保持恒定，或者可以使用线性插值。最关键的决策是如何处理下尾（低于最低平均孔隙度值的部分）和上尾（高于最高孔隙度值的部分）。图 4-78 为对应图 4-77 中的配对孔隙度—渗透率数据的四条有条件期望曲线。

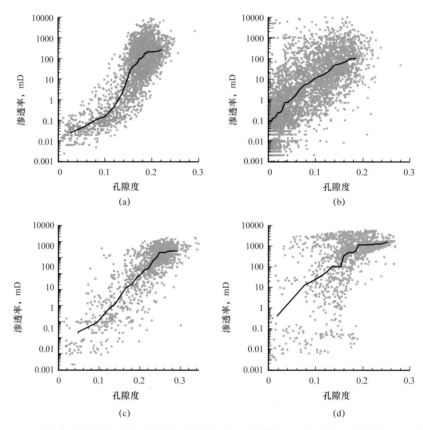

图 4-78　四个条件期望曲线的孔隙率—渗透率交会图示例（二阶回归方程如图 4-77 所示）

　　在孔隙度和渗透率之间可能存在的数据点太少，不能充分说明双变量关系。可以使用双变量平滑算法来填充交会图（Scott，1992；Deutsch，1996a）。

（三）通过条件分布进行蒙特卡罗模拟

　　条件期望曲线的概念可以更进一步。如果已知位置 u 的孔隙度 $f[k|\phi(u)]$，则可通过条件分布进行蒙特卡罗模拟，得到该位置的渗透率值。可构建一系列条件分布，见图 4-79。

　　一般使用 10 个或以上的条件分布。用于构建条件分布的孔隙度"窗口"可以重叠。第二章第二节初步统计概念对蒙特卡罗模拟进行了详细介绍。

　　通过这种模拟方法可再现渗透率的直方图和孔隙度与渗透率之间的完全散射。由于渗透率与孔隙度的相关性，预测的渗透率值具有一定的空间相关性。但是，由于不考虑先前绘制的渗透率值，预测渗透率值的空间变异性将过于随机。需要一种地质统计方法将正确的空间相关性传递给渗透率。

（四）云转换

　　云转换是指在通过条件分布（渗透率条件到孔隙度）实现的蒙特卡罗模拟中施加渗透

率空间相关性的一种方法。上述蒙特卡罗方法增加的基本内容是应用条件和相关的 p 场以通过条件分布绘制的。如第二章第四节初步映射概念中所述，p 场是一个具有特定相关结构的均匀分布 $U[0, 1]$ 随机函数，通常由平稳协方差函数 $C(h)$ 定义。对于云转换，p 场是有条件的，所以硬数据值是从条件箱的数据位置绘制的。

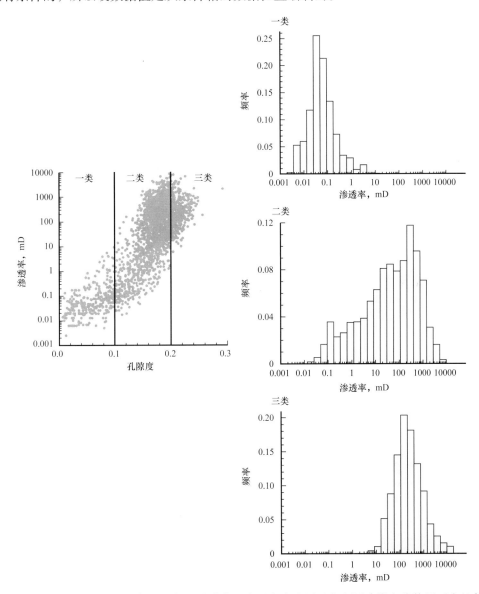

图 4-79　蒙特卡罗模拟的三个条件分布的孔隙度—渗透率交会图（在实际建模中将使用更多的条件分布，图中仅显示三个条件分布）

与前一种通过条件分布进行蒙特卡罗模拟方法一样，可以再现孔隙度和渗透率之间的完全散射，此外，p 场也存在一定的空间连续性。但是，不能保证再现渗透率的精确直方图和空间连续性模型。

　　一些人将云转换视为一种根据更好的已知孔隙度分布和孔隙度和渗透率关系（一种去偏形式）来推断通常知之其少的渗透率分布的方式。后处理通常用于校正直方图。应检查空间连续性。

　　将云转换应用于受先前模拟的孔隙度模型和孔隙度与渗透率的双变量关系约束的河流储层模型（图 4-80）。该模型基于配对井孔隙度和渗透率数据的致密化和外推拟合得到。使用十个条件箱来计算相关的条件分布。

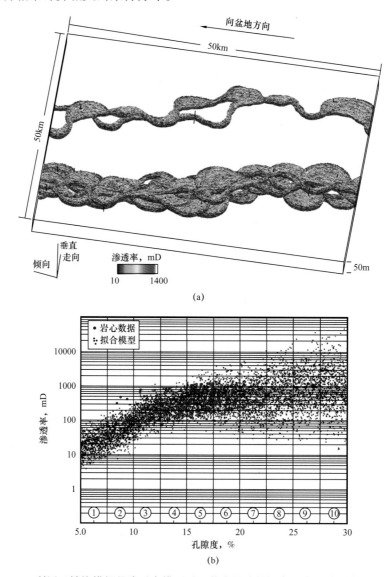

图 4-80　利用云转换模拟的渗透率模型（以井为基础的拟合双变量关系如图 b 所示）

五、渗透率高斯技术

　　《孔隙度高斯技术》中描述的协同克里金法（使用地震数据模拟孔隙度）对于与孔隙

度相关的渗透率非常有效。其中隐含的假设是孔隙度、渗透率以及孔隙度和渗透率的双变量关系遵循每个单变量高斯转换后的（双）高斯分布。步骤如下：

（1）正态分数转换孔隙度和渗透率。需要渗透率的正态分数变差函数和孔隙度和渗透率的正态分数转换之间的相关系数。完全协同克里金法将需要孔隙度和渗透率之间的同区域化线性模型（第二章第三节量化空间相关性）。

（2）使用孔隙度作为协变量来模拟渗透率的正态分数转换。检查结果并反向转换。

由于所有位置均有先前模拟的孔隙度，因此，协同克里金法非常有效。图 4-81 所示为与图 4-77 和图 4-78 中先前交会图相对应的四个正态分数孔隙度渗透率交会图示例。四种情况下所显示的双变量分布似乎不具有高斯技术所需的椭圆概率轮廓，这是因为它们不是双变量高斯分布。

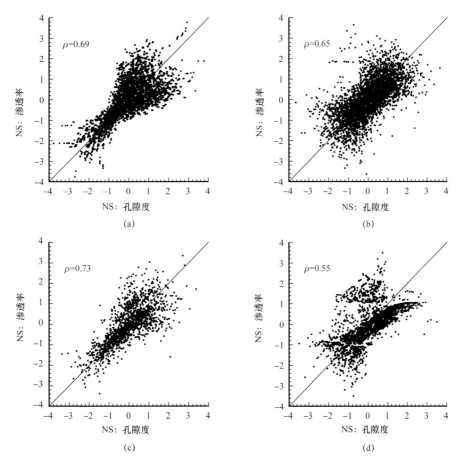

图 4-81　与图 4-77 和图 4-78 中先前交会图相对应的四个正态分数孔隙度—渗透率交会图示例（注意，四种情况下所显示的双变量分布似乎不具有高斯技术所需的椭圆概率轮廓）

一般情况下，因为这种高斯技术易于应用和再现大多数所需的特征，因此被广泛使用。但是，渗透率的一个特征是极低值（流动障碍）和极高值（流动通道）的连续性在后续流动建模研究中非常重要。

如第二章第四节初步映射概念中所述，高斯技术的一个特征是极值不连续。因此，并不是始终建议在渗透率建模时使用高斯技术。先前的相模型可获得大尺度的连续性。如果存在"良好"的相模型，则可能不太需要更复杂的渗透率模型。尽管如此，下一节描述的指示方法可用于解释极值的更大或更小的连续性。

高斯方法在获得潜在复杂的孔隙度和渗透率双变量关系（包括异方差性、非线性特征和约束）方面的局限性是潜在的更大问题。需要使用先前讨论的转换方法来获得这些关系。应通过比较孔隙度和渗透率数据与模型的散点图对高斯方法进行检查。

图 4-76 所示为孔隙度的协变量模型。图 4-82（b）为本示例的孔隙度和渗透率交会图。使用高斯模拟生成渗透率模型（在计算渗透率正态分数的变差函数之后）。图 4-82 上半部分所示为根据孔隙度使用高斯模拟法生成的渗透率模型。注意孔隙度和渗透率之间的良好相关性。样本相关系数精确再现，但可能无法再现双变量孔隙度和渗透率关系的具体特征。

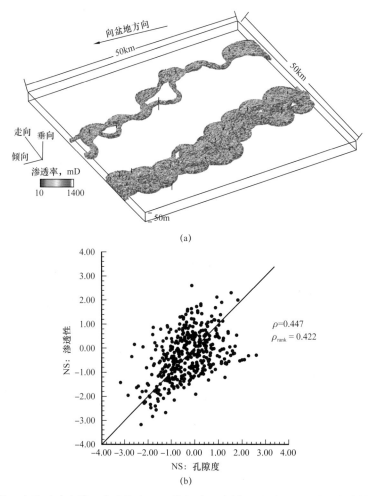

图 4-82　图为使用先前孔隙度模型作为协变量的模拟渗透率模型（图 4-76）（正态分数孔隙度和渗透率散点图及相关系数为 0.45 的应用如图 b 所示）

六、渗透率指标技术

第二章第四节初步映射概念中描述了克里金法和模拟法的指示范式。第四章第二节基于变差函数的相建模对相建模的指示协同克里金法进行了详细介绍。此处描述了渗透率的指示方法的实施细节。当低、高渗透率阈值空间连续性不符合高斯模型时，采用渗透率的指示方法。

这种更大灵活性的代价是需要更专业和更适合模型构建的 CPU 以及运算时间。需要采用某种形式的协同克里金法来解释与孔隙度的相关性。

指示克里金法直接估计了未采样点的条件概率分布，没有明确的高斯假设。渗透率变异性的范围以一系列阈值 Z_j，$j=1, \cdots, N$ 来划分。渗透率一般使用符号 k 或 K；因此，j 用于避免产生混淆。如第二章第四节初步映射概念中所述，在 0.1 和 0.9 分位数之间考虑 5~11 个阈值。最好从选择 9 个 10 分位数开始。为简化程序，可以考虑更少的阈值。可以添加额外的阈值以获得更高的分辨率。选择过多的阈值会导致严重的顺序违逆关系，这会破坏选择更多阈值的目标。

每个阈值都需要变差函数。大多数软件都能使这项工作轻松完成。但是，相同的变差函数可用于许多阈值；例如，0.1 分位数处的指示变差函数可用于 0.1、0.2 和 0.3 分位数。指示数据的共同来源将使指示变量图具有一致性，也就是说，各指示变差函数的点位效应和各向异性方向等参数应从一个截止值平滑过渡到另一个截止值。由于违反顺序关系，在指示模拟中很难再现显著不同的指示变差函数。

孔隙度值只有编码或转换为阈值 Z_j，$j=1, \cdots, N$ 时的渗透率的前后概率，才可考虑用于渗透率建模：

$$y\left(\boldsymbol{u};z_j\right) = \mathrm{Prob}\left\{Z(\boldsymbol{u}) \leqslant z_j \,|\, \phi(\boldsymbol{u})\right\}, \qquad j=1,\cdots,N_J \tag{4-36}$$

特定位置处的高孔隙率 $\phi(\boldsymbol{u})$ 通常会产生高渗透率，即小概率 $y(\boldsymbol{u};z_j)$ 小于低阈值 z_j。低孔隙率 $\phi(\boldsymbol{u})$ 通常会产生低渗透率，即大概率 $y(\boldsymbol{u};z_j)$ 小于低阈值 z_j。使用同位值交会图的条件分布来计算这些概率，详见孔隙率—渗透率转换小节。

然后使用克里金法对每个阈值的指示进行转换，直接估计每个位置 $\boldsymbol{u}$ 的渗透率的不确定性分布：

$$\left[i\left(\boldsymbol{u};z_j\right)\right]^* = \sum_{\alpha=1}^{n}\lambda_\alpha i\left(\boldsymbol{u}_\alpha;z_j\right) + \sum_{\beta=1}^{n'}\lambda_{\beta'} y\left(\boldsymbol{u}_\beta;z_j\right), \qquad j=1,\cdots,N_J \tag{4-37}$$

附近有 n 个硬渗透率数据，其指示转换 $i(\boldsymbol{u}_\alpha;z_j)$ 和 n' 附近的次要孔隙度数据（一般选择单个同位孔隙度值即可满足要求）指示转换 $i_{\mathrm{soft}}(\boldsymbol{u}\beta;z_j)$。权重 λ_α，$\alpha=1, \cdots, n$ 和 λ'_β，$\beta=1, \cdots, n'$ 通过指示协同克里金计算。

可以在每个阈值的 i—渗透率指示和 y—孔隙度指示之间建立同区域化线性模型（第四章第六节）。但是，通常采用更简单的马尔可夫—贝叶斯模型（Zhu 和 Journel，1993）。第二章第四节在分类指示数据的背景下介绍了这一点。

每个阈值均要求有校正参数 B_j，$j=1,\cdots,N_j$。校正参数和 i—渗透率指示变差函数充分指定了协同克里金法所需的直接和交叉变差函数（参见第二章第四节的讨论）。通过比较同位硬指示和软指示数据获得系数 B_j：

$$B_j = E\{Y(\boldsymbol{u};z_j)\,|\,I(\boldsymbol{u};z_j)=1\} - E\{Y(\boldsymbol{u};z_j)\,|\,I(\boldsymbol{u};z_j)=0\} \in [-1,+1] \qquad (4\text{-}38)$$

$E\{\cdot\}$ 是期望值运算符或简称算术平均值。如果孔隙度与渗透率高度相关，则 $E\{y(\boldsymbol{u};z_j)\,|\,I(\boldsymbol{u};k)=1\}$ 接近 1，$E\{y(\boldsymbol{u};z_j)\,|\,I(\boldsymbol{u};z_j)=0\}$ 接近 0。最好的情况是 $B_j\approx$ 1 时。当 $B_j=1$ 时，孔隙度指示数据被视为硬指示数据。相反，当 $B_j=0$ 时，可忽略孔隙度数据；也就是说，孔隙度的克里金权重将为零。

指示克里金（IK）——即用公式（4-37）估计每个阈值处的概率，会导致不确定性分布。然后将指示克里金导出的分布用于随机模拟，该模拟构成序贯指示模拟（SIS）算法的组成部分。渗透率的指示模拟步骤可概括如下：

（1）选择渗透率阈值并确定每个阈值的指示变差函数模型。相同的变差函数模型可用于多个阈值。

（2）使用同位孔隙度和渗透率值之间的交会图，将孔隙度值转换为次要指示数据（可使用 GSLIB 的 bicalib 程序）。

（3）计算每个阈值的 B 校正参数。如果这些参数都接近于零，则不需要使用孔隙度指示数据，这表明孔隙度和渗透率之间没有相关性。

（4）通过序贯指示模拟多个渗透率模型，该模型可再现：①渗透率调节数据和直方图；②不同渗透率阈值的连续性；③与孔隙度的相关性。

虽然我们已在这里讨论了连续指示模拟的完整性，但是由于伪像具有空间连续性，该方法在实际建模中无任何意义。由于连续箱之间存在急剧变化，类间的空间连续性通常很难再现。

七、工作流程

以下是与特性建模相关的主要地质统计工作流程。图 4-83 所示为根据井位孔隙度数据校正地震数据的工作流程。主要考虑因素为尺度差异和正态分数转换。应注意的是，孔隙率在正态分数转换后为非线性平均。

图 4-84 所示为利用地震数据采用序贯高斯模拟法进行孔隙度建模的工作流程。这与第四章第二节述及的工作流程（图 4-25）非常相似。但是，通常必须考虑地震数据和趋势。所示为额外的数据输入和实现的考虑事项。

图 4-85 为孔隙度—渗透率回归型转换的渗透率建模的工作流程。该工作流程简单明了，几乎不需要地质统计输入，这就是在实际建模中常用该方法的原因。

图 4-86 所示为利用孔隙度模型作为条件对渗透率进行建模的工作流程。为了简单起见，常使用同位方法；由于先前模拟的孔隙度值可用于渗透率模拟的每个网格单元，因此它们也是相关的。

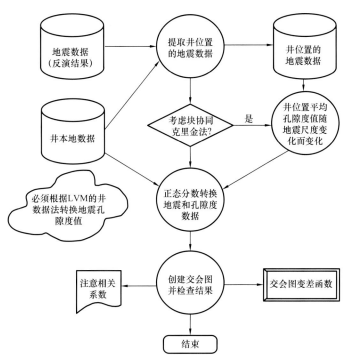

图 4-83　根据同位地震数据校正孔隙度的工作流程（有时必须扩大对附近地震数据的搜索，以纳入除同位数据以外的更多数据）

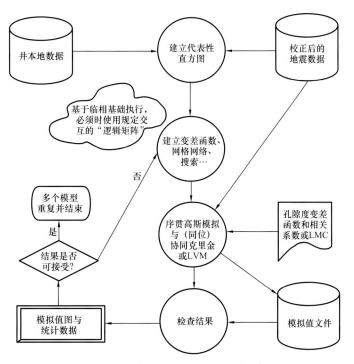

图 4-84　利用地震数据进行序贯高斯模拟法对孔隙度建模的工作流程

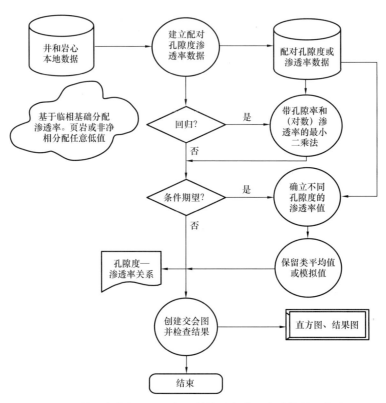

图 4-85　利用孔隙度通过回归型转换进行渗透率建模的工作流程

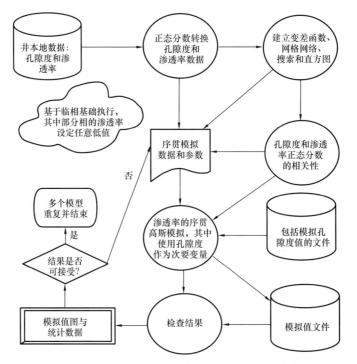

图 4-86　以孔隙度作为协变量的序贯高斯模拟法的渗透率建模工作流程

极高和极低渗透率值的连续性在流体流动预测中非常重要。序贯指示模拟是一种能够解释更好连续性的技术。

图 4-87 所示为利用先前孔隙度模型对渗透率进行序贯指示模拟的工作流程。

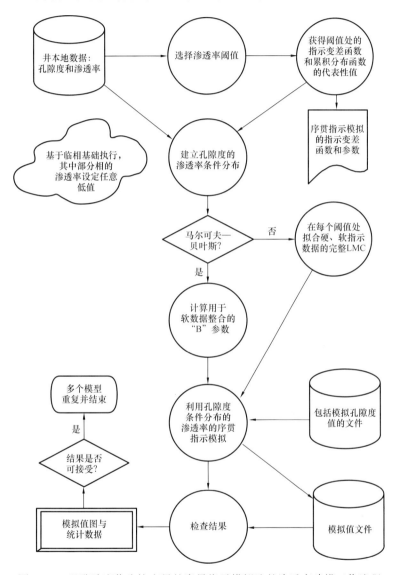

图 4-87　以孔隙度作为协变量的序贯指示模拟法的渗透率建模工作流程

八、小结

在每个相和储层内，对孔隙度、渗透率等岩石物理特性进行建模，或者建模时也可以不考虑相。尽管多点统计方法取得的新进展可能在短期内生成实用的连续特性工作流程（参见第六章特殊课题——连续多点统计中的讨论），但基于变差函数的方法仍然是实现这一目标的主要工具。

孔隙度的线性平均，表现出各向同性并且具有良好约束范围，通常接近 0% 至 30% 或以上（取决于岩石类型和压实与胶结历史）。因此，孔隙度建模相对简单。序贯高斯模拟通常对走向和次要数据（如果有）进行约束。

渗透率建模更难。其更多变，具有高度偏斜的直方图，非线性平均，表现出各向异性，并且取决于流体和边界条件。目前存在多种渗透率建模方法，具体取决于需要再现的统计输入和特征。孔隙度—渗透率转换允许忠实于孔隙度和渗透率之间的回归拟合或精确关系。

序号高斯模拟法近似地再现了渗透率的单变量和空间分布，但往往不能获得复杂的孔隙率—渗透率双变量关系。通过指示方法，有可能获得低渗透率和高渗透率值的可变空间连续性，但连续指示方法会在整个连续条件箱中产生人为的空间不连续。

下一节将介绍模型构建中采用的优化方法。通过这些优化方法可将各种数据和输入统计数据整合到储层模型中。

第七节　模型构建的优化

优化可提供另一种构建储层模型的方法。这些优化方法在数据和输入统计约束不适合克里金模拟法或基于训练图像的模拟法时非常有用。基于常规随机函数（RF）的模拟是指在第二章第四节初步映射概念中描述的序贯高斯模拟、序贯指示模拟和多点统计等方法中使用的非迭代序贯方法。基于随机函数的方法一般仅用于再现有限的统计描述。

相反，优化方法可以施加额外的约束，这些约束既可以合并到目标函数中，也可以与前向模型耦合。这包括复杂的逆向问题，如再现连接性和流动响应描述，这些描述不能直接在基于随机函数的方法中实现。虽然优化方法功能强大且灵活，但其实现通常更复杂且使用 CPU 更密集。通常很难建立和调整优化方法，以便在可管理的计算时间（或迭代次数）内使结果合理。

非储层建模（例如井位优化）步骤也可以考虑优化。第五章第三节不确定性管理对此进行了讨论。

《背景》介绍了在模型构建中应用优化方法的一般动机。其中包括对蒙特卡罗马尔可夫链方法及其一般工作流程的讨论。

模拟退火是模型构建的常用优化方法。该方法可以灵活地编码目标函数中的数据调节和统计约束并将其强加于最终模型。模拟退火的实现、应用以及实现过程中的潜在问题已被讨论。

《其他方法》介绍了其他优化方法，例如最大后验选择、吉布斯采样法以及进化算法和粒子群优化等自然启发方法。不可否认，目前这些方法在储层模型构建中应用比较有限。吉布斯采样法已用于训练图像的迭代多点统计，其他方法已用于更新模型并优化生产和地震数据匹配的输入统计和趋势。

由于在标准储层建模工作流程中使用优化非常有限，因此，建模新手可以跳过本节。

中级建模人员可以关注模拟退火小节，以更多地了解常用的基于对象的相建模工具

（例如 fluvsim）背后的算法（Deutsch 和 Tran，2002）。专家级建模人员可以阅读整个部分，以确定是否可以将复杂和不同的数据源与新的优化方法整合。

一、背景

到目前为止介绍的大多数建模方法均为直接方法，即基于常规的随机函数框架。在非迭代的序贯模拟方案中强加输入统计数据、硬数据和次要数据的调节和趋势。在基于变差函数的方法中，在每个未采样位置依次序贯应用克里金系统，以从直方图和变差函数特征的随机函数中提取。在多点方法的情况下，在每个未采样位置序贯应用单正态方程，这相当于直接从训练图像中的多点事件频率中获取的条件概率。这些框架是有效的，理论上是合理的。对每个模型节点进行一次模拟。因此，运行时间通常很快，并且先验证已知。

但是，有时无法对这种随机函数直接采样。这是由更复杂的极端数据和输入统计约束所致，或者需要解决逆向问题。例如，为忠实于硬软特征调节及趋势而在基于对象的方法中放置对象的方法较为复杂。这需考虑所有可能的几何参数化和放置规则，以及将这些几何形状与可用条件拟合的要求。目前没有用于收敛保证模型构建序贯采样的条件分布的分析解法。目前存在一些特殊方法，可以分两步序贯放置对象：首先是忠实于数据，然后忠实于全局统计（见第四章第四节基于对象的相建模中的讨论）。由于这种复杂性，大多数基于对象的建模方法均基于优化方法。其他复杂设置包括地震数据整合（Saussus，2009）和动态数据整合（Martinez 等，2012）。这些属于比较晦涩难懂的逆问题，通常依赖于将地震或流动模拟的正向模型耦合到优化引擎。

此外，高阶约束可能增加由常规的基于随机函数的方法无法再现的复杂性。例如，考虑通过模型实现良好的连通性。这种约束是可变储层单元之间的井间潜在曲折和复杂连通的函数。即使有井间连通性的有效统计描述，也没有直接的方法对序贯模拟方案施加如此复杂的约束。同样，尝试在直接框架中强加这些复杂约束时需要专门的方法，且不能保证生成没有伪象的收敛。

最后，地质量化和非均质性表征不仅限于变差函数和多点统计。STRATISTICS 是伊利诺伊州大学 Plotnick 教授开发的软件包，其中包括各种描述空间非均质性的基于点和栅格的统计数据。例如，孔隙度是一种基于栅格的统计数据，用于描述跨尺度空间非均质性的空间填充性质（Plotnick 等，1996）。Ripley 的 K 函数描述了空间点的聚集性、随机性或排斥性（Ripley，2004）。目前正积极将这些统计描述用于露头，以改进对这些自然样本和水槽实验的量化和分类，以便比较输入初始和边界条件的结果和灵敏度分析（Wang 等，2011）。在常规的基于随机函数的方法中，目前还没有强加这种统计描述的方法。但随着这些统计描述越来越为人们所接受，并且越来越多地从储层模拟中获得，通过优化方法有可能将这些统计描述整合到储层模型中（Plotnick，1986；Middleton 等，1995；Perlmutter 和 Plotnick，2002；Honeycutt 和 Plotnick，2008）。

在应用优化方法时必须谨慎。请考虑以下注意事项：

（1）无法保证收敛。模型有可能不忠实于输入统计约束，也有可能无法再现硬数据。优化可能停留在局部极小值中。应该仔细检查这些模型。

（2）不存在理论基础。因此，构建模型可能需要各种特殊的参数和技巧。这些参数和技巧可能无法在所有设置中很好地运行，并且可能需要有使用特定工具的丰富经验。

（3）实操中三维问题的维度可能太大而无法在合理的时间内解决。运行时间可能会很长，结果也可能不理想。

（4）复杂的输入约束和条件可能相互矛盾。尽管所有模拟方法都可能出现这种情况，但由于约束的潜在复杂性，我们更加难以预测这些矛盾并理解其结果。

本部分内容讨论的大多数优化方法均适用于马尔可夫链蒙特卡罗（MCMC）系列方法。该方法可用于处理无法使用分析解法直接采样的复杂设置（Gelfand 和 Smith，1990；Lyster，2007；Robert 和 Casella，2004）。MCMC 方法利用具有一系列变量的马尔可夫链，这些变量具有以下特性：

$$P\left(Z_i = z_i \mid Z_{i-1} = z_{i-1}, Z_{i-2} = z_{i-2}, \cdots, Z_0 = z_0\right) = P\left(Z_i = z_i \mid Z_{i-1} = z_{i-1}\right) \qquad (4\text{--}39)$$

如果马尔可夫链探索状态空间，那么当前状态 i 仅依赖于先前状态 $i{-}1$。当马尔可夫筛选状态 $i{-}2$，$i{-}3$，$\cdots$时，则不予考虑。在模型构建的背景下，状态 Z 可以表示在具有有限搜索邻域的位置 $\boldsymbol{u}$ 或任意位置 $\boldsymbol{u}_\alpha$，$\alpha=1, \cdots, n$ 的局部实现，其中 $n \leqslant m$，m 为储层模型中的位置总数。

MCMC 方法的类型包括随机游走、Metrolpolis–Hastings 算法、模拟退火和吉布斯采样法。对于随机游走，随机分量被添加到先前状态。随机游走虽然很有趣，但对于储层建模所需的典型复杂约束来说，随机游走并不是一种实用的优化方法。而 Metropolis–Hasting 算法利用接受—拒绝标准将马尔可夫链移向更可能的状态（Metropolis 等，1953）。

模拟退火是 Metropolis–Hastings 算法的一个特例，它提供接受有利和不利变化概率的能量和目标函数（Deutsch，1992a），而吉布斯采样法实现了从条件分布中重复采样，以获得具有代表性的、完整的、可能不可用的联合概率分布（Geman，1984；Casella 和 George，1992）。这仅是优化方法总体框架的一个方面。相反，模拟退火可归类为自然启发的优化方法（下一节讨论）。

此外，自然启发优化方案的概念相当强大。下一节将讨论的模拟退火与冶金退火类似。模拟退火是一种非常灵活的方法，用于整合各种数据和统计约束。对模拟退火讨论后，对进化算法和群优化等其他自然启发的方法进行了评论。

模型构建优化包括采用逆向建模的模型构建、复杂数据和统计约束，以及施加约束的模型更新。但是，除了储层模型构建之外，还存在各种优化应用。例如，在多个储层模型实现时使用优化以实现最佳开采计划或井位是一种常见的应用（Norrena 和 Deutsch，2002）。下面的内容将仅围绕将数据和统计数据整合到储层模型的优化中进行讨论，而井位优化将在第五章第三节不确定性管理中进行讨论。

基于优化的方法通常比常规的基于随机函数的方法更难应用。迭代和收敛方案通常要有通过专业知识获得的参数来确保输入能够产生有效合理的结果。毫无疑问，通过专家的精心应用，这些工具扩大了地质统计学储层建模的功效。

（一）方法

无论应用的具体优化方法如何，模型构建优化的基本设置如下：

（1）制定目标函数；

（2）生成起始点；

（3）对模型进行扰动；

（4）达到约束条件时停止。

上述设置详见工作流程小节中图 4-97 的工作流程，并将在下文做详细讨论。

（二）目标函数

目标函数是对拟施加于模型之上的约束的编码。在模拟退火中，目标函数表示当前模型与目标状态的接近程度。模拟退火目标函数的各种可能分量和设计考量因素将在下一节中列出。对于吉布斯采样法，目标函数表示为可预先计算的一组条件概率。凭借这两种方法，目标函数可由多个分量构成，每个分量代表模型上的不同数据和统计约束。目标函数分量各自的加权仍是这些方法所面临的挑战。

（三）初始模型

初始模型是迭代优化的起点。我们通常考虑规则网格的相指示 $i(\boldsymbol{u})$ 或岩石物理特性 $z(\boldsymbol{u})$，该规则网格为笛卡尔网格，尺寸 $i=1, \cdots, nx$; $j=1, \cdots, ny$; $K=1, \cdots, nz$（通常，$nx \cdot ny \cdot nz \approx 10^{5-7}$）

$$f_{i, j, k} = 相代码取值, f=0, 1, \cdots, n_F \qquad (4-40)$$

$$\phi_{i, j, k} = 孔隙度, \phi \in (0, 1] \qquad (4-41)$$

$$K_{i, j, k} = 水平渗透率, K \in (0, \infty) \qquad (4-42)$$

使用规则笛卡儿网格不是优化条件，但符合主要地层成层的笛卡尔网格能使目标函数的更新变得更加简单（见后文）。

存在不确定性或可能配置的空间是 N^k，其中 N 表示网格节点的数量，K 表示容许结果的数量。此空间比我们想象的更大，但我们只关心合理地接近所有可用数据的配置（在其可靠性范围内）。

不必考虑基于单元格的地质特征表示。优化中的"模型"可以是基于对象的地质相单元模型，例如河道、堤坝和决口扇等。那么，不确定性空间将是控制地质相体的特定定位和几何形状的参数。

考虑优化用初始模型构建的两个选项：（1）完全随机或定值模型；（2）某种更快（但不太灵活）的模拟算法的结果，且该结果能给予一些所需特征。虽然第二个选项提供了从较低目标函数开始的初始模型，但通常最好从随机或无明确意义的模型开始。选择初始随机模型的原因有很多。首先，错误位置上没有难以撤销的大规模初始特征。其实与配置初始随机图像相比，重新配置错误图像需要更多的迭代和时间。其次，选择初始随机模型还因为初始随机模型所产生的不确定性空间更大、更真实（Deutsch，1992a）。

（四）对模型进行扰动

优化方法通过随机访问模型中的所有位置 u_α^i，$\alpha=1$，$\cdots$，n，$i=1$，$\cdots$，m，其中模型有 n 个位置，m 表示迭代次数）并对当前模型 $[z(u_\alpha^{i-1})]$ 施加扰动来进行。对于每次迭代，建议在各个位置上均做出变更。运用决策规则来确定是否保留或放弃变更。若使用吉布斯采样法，则从更新的条件分布中提取新值。

（五）停止标准

当输入数据在其所需的确定性水平内再现时，应停止迭代程序。在有软数据或不精确数据的情况下，目标函数应有不精确性。因此，每个分量目标函数应该接近于零。如何接近零？正常情况下，不到1%的起始值能够确保输入统计的接近再现。若对输入统计的再现接近程度有任何疑问，可对结果进行检查。

实际上，一旦达到合理的 CPU 限制，该程序就会停止。在此种情况下，还必须检查每个分量目标函数的再现情况。缓慢收敛可能是因为一个确实需要诸多扰动和冲突目标函数分量的大难题而造成的，但这应通过仅保留最可靠的分量来解决。可能事先不知道存在冲突目标函数，但若注意到目标函数不会减至零，则可轻松发现它们。

不搜索全局最小值。输入统计不是那么精确，而且可能没有足够的 CPU 功率。能在可接受的公差范围内再现所有已知数据的模型是供后续储层管理决策的候选模型。我们可以找到许多可以再现所有已知数据的模型。这些模型综合在一起，表示由优化问题公式化所定义的随机函数隐式不确定性空间。

（六）迭代方法评论

虽然迭代通常意味着 CPU 运算时间比直接建模方法更长，但迭代方法仍有一些优点。例如，无须考虑局部邻域内的不规则、可变的样本模式。因此，搜索非常简单快捷。可以汇集所有局部近邻而无须通过某些搜索方案来找出最近近邻。此外，由于告知了所有局部邻域值，因此简化了与目标函数相关的计算。例如，在应用于模拟多点统计的吉布斯采样法示例中，多点模板中的所有节点均被填充，无须应用部分模板。

虽然迭代方法能够同时呈现多个数据和统计约束，但却可能在再现所有约束方面存在问题。首先，必须注意确保约束之间不存在矛盾。其次，如前所述，分量加权是一项挑战。即使仔细进行分量加权，某些方法也倾向于施加特定分量，同时牺牲另一分量。

Lyster（2008）在基于吉布斯采样的多点统计中注意到了该问题。据观察，当更新条件分布并按照常用方式来整合局部概率密度函数时，这可能会淹没与空间连续性相关联的分量。随着重要的空间连续性特征的丧失，局部趋势得以再现。Lyster 提出了以下程序：（1）每个位置的初始种子应从局部概率密度函数（而非全局概率密度函数）中提取，以帮助再现局部变量概率密度函数；（2）伺服系统应根据整个模型中每个相的概率密度函数面元划分情况，应用于局部条件概率。这会在每个趋势面元 B_k 中施加相的全局约束分数。

例如，在 k 相的 30%～40% 面元中，将有 30%～40% 的相 k。

二、模拟退火

以下讨论详述了模拟退火的方法和实施情况。初始模型、目标函数、扰动和停止标准等诸多考量因素是大多数优化方法共有的特征。

模拟退火法是一种引起了极大关注的优化技术。就实用性而言，模拟退火有效地解决了著名的旅行推销员问题，即一名旅行推销员必须到 N 个城市推销商品时，找出他访问每个城市一次后再回到起点的最短环状行程。

这是一个经典的组合最小化问题，其中解空间不仅仅是 N 个参数的 N 维空间。有一个离散但因子大的构形空间，如路线数量增加为 $N!$。另一个特征是没有"方向"或"向下的概念"。因此，最小化不能依赖于优化问题中常用的梯度或导数计算。

模拟退火背后的核心理念在于热力学的类推作用，特别是液体冻结结晶方式或金属冷却退火方式的类推作用。分子在高温下可以自由移动。随着温度缓慢降低，分子在晶体内排成直线，表现出系统的最低能态。玻尔兹曼概率分布 $P\{E\} \sim \exp\left(-E/\left(k_b T\right)\right)$ 表达了这样的观点，即在温度 T 下处于热平衡状态的系统将其分量分子的能量根据概率情况分布在所有不同的能态 E 之间。玻尔兹曼常数 k_b 是一个将温度与能量联系起来的自然常数。即使在低温下，能量也可能很高；换言之，系统有时会放弃低能态，转而支持更高的能态（Press 等，1986）。

Metropolis 等（1953）对这些原理加以扩展，用于数值模拟分子行为。系统将从能量配置 O_1 改变为能量配置 O_2，概率 $p = \exp\left[-\left(O_2 - O_1\right)/\left(k_b T\right)\right]$。当 O_2 小于 O_1（即始终采取有利步骤）时，如果采取不利步骤，则系统将始终发生变化，这被称为 Metropolis 算法。一般而言，利用退火的热力学类推作用的任何优化程序均称为模拟退火。

20 世纪 80 年代初，Kirkpatrick 等（1983）和 Černý（1985）将这些概念扩展到组合优化。他们在目标函数与热力学系统的自由能之间进行了类推（Aarts 和 Korst，1989；Press 等，1986）。使用类似于温度的控制参数来控制迭代优化算法，直到达到低能量（目标函数）状态。

Geman（1984）公布了首批空间现象直接应用中的一种，还将该方法应用于降质图像的修复。大约在同一时间，斯坦福大学的 Rothman（1985）将该方法应用于地球物理学中的非线性反演和剩余静校正估计。Farmer（1992）的独立研究公布了用于生成岩石类型模型的模拟退火算法。这引起了地质统计学家对该方法的极大兴趣（Deutsch，1992a；Srivastava，1990b）。

模拟退火的重要贡献在于规定了接受或拒绝给定扰动的具体时间。接受概率分布可由下式得出：

$$P_{\text{accept}} = \begin{cases} 1, & \text{如果 } O_{\text{new}} \leqslant O_{\text{old}} \\ \exp\left(\dfrac{O_{\text{old}} - O_{\text{new}}}{t}\right), & \text{其他} \end{cases} \tag{4-43}$$

该概率分布如图 4-88 所示。当 $O_{new} \leqslant O_{old}$ 时接受所有有利的扰动，当指数概率分布时接受不利的扰动。指数分布的参数 t 类似于退火中的"温度"。温度越高，不利扰动越有可能被接受。

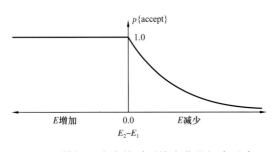

图 4-88　模拟退火中接受系统变化的概率（当目标函数减小时，概率为 1.0；当目标函数增大时，概率遵循指数分布）

在实际的退火过程中，不得过快降低温度，否则材料将"淬火"（在其演变中冻结），而且永远不会达到低能态。

模拟退火中也会出现相同现象。图像或模型会陷入次优状态，而且在参数 t 降低过快时永远不会收敛。在模拟退火的环境中，时间可被视为尝试扰动的总数。用于逐渐降低温度的方案称为退火计划。针对不同问题确定合适的退火计划仍是模拟退火应用于地质统计问题过程中的一大挑战。

（一）退火步骤

模拟退火的步骤类似于上文列举的建模优化方法的步骤，但有一些额外的考量因素。图 4-89 所示为应用于地质统计问题的模拟退火总体流程图。以下各节将考虑到退火特有的步骤和考量因素。

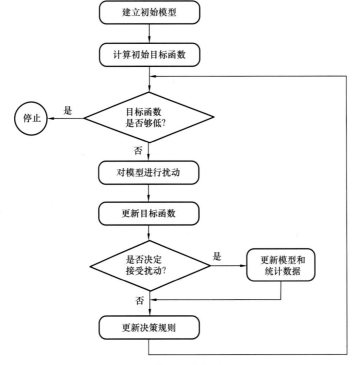

图 4-89　模拟退火步骤流程图

（二）初始模型

随机化的初始模型能最有效地避免伪影，并且能适当地表示完整的不确定性模型。模拟退火在相对较高的温度下提早"冻结"大规模特征，然后在较低温度下朝着细部收敛。必须设定初始高温，以便根据目标函数的所有分量来确定大规模特征。该高温会导致初始图像随机化，从而不能使用初始相关图像。

（三）目标函数

模拟退火需要能量函数或目标函数来测量与数据或所需特征的接近程度。通常有多个数据源被编码成单独的分量目标函数。这些分量综合在一起，形成总目标函数的加权和：

$$O = \sum_{i=1}^{N_c} \omega_i \, O_i \qquad (4-44)$$

式中 N_c 是分量的数量；ω_i，$i=1$，$\cdots$，N_c，是权重；O_i，$i=1$，$\cdots$，N_c，是分量目标函数。列出了一些可能的分量目标函数，并将讨论权重确定程序。

每个分量目标函数 O_i 是一个数学表达式，用于执行某些数据或给予模型一些所需的空间特征。所有分量目标函数都是对所需属性与三维模型之间失配的测量。以下目标函数中的上标符号 * 表示三维模型的属性，无下标符号表示目标属性。例如：

（1）所有储层模型必须再现来自岩心和测井数据的局部相、孔隙度和渗透率数据。这些数据可通过构建强制放入模型——即将它们分配给最近的网格节点位置，或者它们可作为目标函数的一部分得以再现。局部数据的分量目标函数如下：

$$O_i = \sum_{\alpha=1}^{n_{\text{data}}} \sum_{k=1}^{n_{\text{facies}}} \left[i\left(\boldsymbol{u}_\alpha; k\right) - i^*\left(\boldsymbol{u}_\alpha; k\right) \right]^2 \qquad (4-45)$$

$$O_Z = \sum_{\alpha=1}^{n_{\text{data}}} \left[Z\left(\boldsymbol{u}_\alpha\right) - Z^*\left(\boldsymbol{u}_\alpha\right) \right]^2 \qquad (4-46)$$

式中 $\boldsymbol{u}_\alpha$，$\alpha=1$，$\cdots$，n_{data} 是数据位置，上标符号 * 表示候选模型的相、孔隙度或渗透率，i（在此种情况下）是相指示，Z 是孔隙度、渗透率或含水饱和度等连续变量。每个变量可能有不同数量的数据；符号简单。

（2）相或连续变量的去聚代表性直方图也应通过数值模型再现：

$$O_{p_i} = \sum_{k=1}^{n_{\text{facies}}} \left[p_k - p_k^* \right]^2 \qquad (4-47)$$

$$O_{F_z} = \sum_{j=1}^{n_q} \left[F_Z\left(q_j\right) - F_Z^*\left(q_j\right) \right]^2 \qquad (4-48)$$

式中 p_k 是相的比例 $k=1$，$\cdots$，n_{facies}；$F_z\left(q_j\right)$ 是特定分位数 q_j，$j=1$，$\cdots$，n_q 的累积分布函数。分位数的数量 U_q 将由建模人员选择。再提醒一次，* 表示候选模型的属性。

（3）除了局部数据和正确的单变量分布外，储层模型还应再现空间相关性的两点变差函数测量：

$$O_\gamma = \sum_{j=1}^{n_h} \left[\gamma(\boldsymbol{h}_j) - \gamma^*(\boldsymbol{h}_j) \right]^2 \qquad (4\text{-}49)$$

选择滞后数量 n_h 来"注入"认为重要的所有空间相关性。若无空间相关性，则不必考虑距离和方向；由于是初始随机模型，分量目标函数未应用的所有特征均不会表现出相关性。

（4）空间相关性的多点测量可以轻松编码成目标函数。例如，特定 $\boldsymbol{h}$ 方向的 N 点连通性可由下式得出：

$$O_C = \sum_N \left[C(\boldsymbol{h};N;z_c) - C^*(\boldsymbol{h};N;z_c) \right]^2 \qquad (4\text{-}50)$$

式中 C 是阈值 z_c 时单位滞后 $\boldsymbol{h}$ 的多元 N 点协方差。可以考虑任意配置和尺寸的不同多点统计。若 N 很小，则可能有足够的数据用于可靠的推论；但在大多数环境中，这些统计数据需要从详尽的训练图像中导出（第四章第三节多点相建模）。

（5）如第四章第一节大规模建模中所述，确定性趋势在储层建模中非常重要。这种趋势可以作为分量目标函数输入。例如，在相比例垂直变化的情况下，我们得出：

$$O_v = \sum_{k=1}^{n_{\text{facies}}} \sum_{z=1}^{n_z} \left[p_k(z) - p_k^*(z) \right]^2 \qquad (4\text{-}51)$$

式中 $p_k(z)$ 是在地区切片 z 的相比例 k，$k=1,\cdots,n_{\text{facies}}$ 是相的数量，$z=1,\cdots,nz$ 是地区切片的数量。可按类似方式对地区差异进行考虑。也可按类似方式表达连续变量的平均区域和垂直差异。

（6）通常会考虑多种岩石物理特性——例如，相、孔隙度和渗透率。必须通过储层模型再现变量之间的关系，以便进行可靠的预测。例如，考虑孔隙度与渗透率之间的双变量分布：

$$O_{\phi/K} = \sum_{i=0}^{n_\phi} \sum_{j=0}^{n_K} \left[f(\phi_i,K_j) - f^*(\phi_i,K_j) \right]^2 \qquad (4\text{-}52)$$

式中双变量分布离散化为 $i=1,\cdots,n_\phi$ 是孔隙度等级，$j=1,\cdots,n_K$ 是渗透率等级，$f(\phi_i,K_j)$ 是孔隙度与渗透率对归为特定等级的概率。相关系数可被视为一种更简单的相关性度量。然而，双变量概率能更灵活地捕获非线性和复杂关系。

（7）当井数据稀少时，地震数据非常重要。地震数据与平均孔隙度之间的双变量关系可以作为双变量概率捕获，如上文式（4-51）所示。由于刻度井数量通常太少，所以不能推断完整的双变量关系。在许多情况下，不论可靠与否，我们只能推断孔隙度与渗透率之间的相关系数。地震数据与孔隙度之间的这种相关性可在正确数值范围内施加：

$$O_\rho = \left[\rho_{\bar\phi,\text{Impedance}} - \rho^*_{\bar\phi,\text{Impedance}} \right]^2 \qquad (4\text{-}53)$$

式中 $\rho_{\bar\phi,\text{Impedance}}$ 是典型的相关系数。

（8）另一个重要的数据来源是试井数据和历史生产数据。这些数据必须通过数值储层模型再现，以便进行可靠的未来预测。各种各样的生产数据经过不同的处理，第三章第一节数据清单中对这些动态数据进行了更详细的讨论。例如，我们可以构建一个分量目标函数，用于得出试井导出的有效渗透率：

$$O_{\text{wt}} = \sum_{i=1}^{n_{\text{well}}} \sum_{t=1}^{n_{\text{time}}} \left[\bar{k}\left(\boldsymbol{u}_i, t\right) - \bar{k}^*\left(\boldsymbol{u}_i, t\right) \right]^2 \tag{4-54}$$

式中 $i=1, \cdots, n_{\text{well}}$ 是井的数量，试井间隔 $t=1, \cdots, n_{\text{time}}$ 是时间间隔，$\bar{k}\left(\boldsymbol{u}_i, t\right)$ 是井 i 和时间 t 的有效渗透率。时间与空间之间的联系通常由 Oliver 加权函数（Oliver，1990a）完成。

当模型再现了数据或空间统计时，分量目标函数必须为正，并减小到零。

通常，实现收敛所需的扰动次数是系统中变量数量的 10 到 1000 倍。每次扰动后，必须对每个分量目标函数进行更新或重新计算。如下所述，我们应力求在局部扰动三维模型后能够对目标函数进行局部更新。鉴于 CPU 运行成本，避免对目标函数进行全局重新计算。

每个分量目标函数的单位各不相同。此外，每个分量目标函数减小到零的速率也不同。有必要对每个分量进行加权，以确保在全局目标函数中考虑到了所有分量 i。首先确定权重以确保每个分量具有相同的重要性。然后，我们可以提高特定目标函数作为主观选择或在冲突目标函数分量存在时的重要性。

决策过程中会考虑差异，但不使用目标函数的绝对量：

$$\Delta O = O_{\text{new}} - O_{\text{old}} \tag{4-55}$$

$$\Delta O = \sum_{i=1}^{N_c} \omega_i \Delta O_i = \sum_{i=1}^{N_c} \omega_i \left[O_{i_{\text{new}}} - O_{i_{\text{old}}} \right] \tag{4-56}$$

我们的目标是确定权重 ω_i，$i=1, \cdots, N_c$，以使每个分量对目标函数 ΔO 全局变化的贡献相等，即

$$\omega_i = \frac{1}{|\Delta O_i|}, \quad i=1, \cdots, N_c \tag{4-57}$$

可以向系统发起一定数量 M 的变化并计算平均变化，从而确定每个分量的目标函数平均变化。由下式得出近似值：

$$\overline{|\Delta O_i|} = \frac{1}{M} \sum_{m=1}^{M} |O_i^{(m)} - O_i|, \quad i=1, \cdots, N_c \tag{4-58}$$

这些权重可在整个退火过程中进行更新，但没必要这样做（Deutsch，1992a）。

（四）停止标准

如前文所述，当目标函数低得足以确保所有输入数据能在其确定性水平内再现时，应

停止迭代程序。对于模拟退火，分量目标函数应设计为能够归零。

此外，一旦达到合理的 CPU 限制，该程序也会停止。模拟退火还额外考虑到了退火计划。缓慢收敛可能是由于退火计划缓慢造成的，但这可改变（见下文）。此外，假设可以灵活地整合任何数据或统计约束，则需格外小心，以避免冲突的目标函数分量（回顾先前关于冲突分量的讨论）。

三、扰动机制

模拟退火的最初应用将"交换"视为扰动机制（Farmer，1992）。这种做法具有以下优点：初始图像的直方图不会发生变化，因此不需要将直方图放入目标函数中；但这种方案在有复杂的调节数据存在时是不灵活的。次级数据可以分量目标函数的形式获得，该分量目标函数可能会导致产生与初始模型所用直方图不同的直方图。

先前应用考虑每次在一个位置发起变化（Deutsch 和 Journel，1998）。所有位置均可加以考虑，然后再重新考虑特定位置。该方案有时被称为"热浴"算法（Datta–Gupta 等，1995）。热浴相对于随机网格节点选择的一些优点已有报道。

选定拟扰动的网格节点位置后，从全局直方图或局部分布中提取新值，同时考虑到附近网格节点位置处的值。全局分布不明确，并在 GSLIB 的 sasim 计划中实施（Deutsch 和 Journel，1998）。但考虑到局部分布，我们可以加速收敛。

可根据某些代表性变差函数得出的克里金权重和网格节点位置的小型局部模板来确定局部分布，前述小型局部模板不包括接受扰动的并置网格节点（图 4-90）。克里金权重对分类变量的局部比例进行直接估计。对于连续变量，需要提供一个位于可用分位数值之间的连续 cdf 模型。考虑到最小值、可用分位数和最大值之间的直接线性插值。

总之，该扰动机制的实现步骤如图（图 4-90）所示并如下所述：

（1）使用代表性变差函数确定点模板的克里金权重（不包括接受扰动的位置）。中值指标变差函数可能是一个不错的选择。

（2）按照升序 $z_{(1)}$, $z_{(2)}$, $z_{(3)}$, $\cdots$, $z_{(n)}$ 和 $w_{(1)}$, $w_{(2)}$, $w_{(3)}$, $\cdots$, $w_{(n)}$ 对模板中的数据进行排序。

（3）计算每个数据的 cdf 值

$$\mathrm{cp}_{(i)} = \sum_{1}^{i} w_{(i)}, \quad i=1,\cdots,n \quad (4\text{-}59)$$

式中权重 $w_{(1)},w_{(2)},w_{(3)},\cdots,w_{(n)}$ 总和为 1，$z_{\min}$ 时 $\mathrm{cp}_{(0)}$ 为 0，且 $z_{\max}$ 时 $\mathrm{cp}_{(n+1)}$ 为 1.0。

（4）确定中间 ccdf 值：

$$F\left(z_{(i)}\right) = \frac{\mathrm{cp}_{(i-1)} + \mathrm{cp}_{(i)}}{2}, \quad i=1,\cdots,n \quad (4\text{-}60)$$

（5）线性插值能够完整地说明 $F(z)$ 和 z 之间的关系。对于数据有限的高度偏斜数据分布，可以考虑更精细的"尾部"外推方法（Deutsch 和 Journel，1998）。

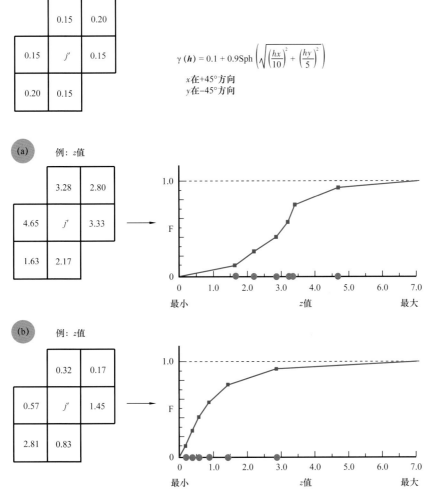

图 4-90 通过将克里金权重应用于局部数据而在位置 j' 上构建局部分布的图解
（a）值位于相对较高的区域；（b）值位于相对较低的区域

（6）最后，从这个局部 ccdf 值中提取位置 $\boldsymbol{u}_j$ 的新候选值 $z^{new}(\boldsymbol{u}_j)$。该候选值比从全局分布中提取的值更有可能被接受，因为它与局部邻域中的其他单元值一致。此外，由于它是从克里金建立的局部条件分布中提取的，因此扰动模型的变差函数更有可能得到改善。

请注意，若局部分布的方差大于目标直方图的方差，则将从全局分布中提取候选值 $z^{new}(\boldsymbol{u}_j)$。

图 4-90 顶部的权重考虑了各向异性球状变差函数模型。两组不同的局部数据，即条件分布（A 和 B），如图 4-90 所示。

模板大小 n_{tem} 是使用该方案构建局部分布所需的唯一附加参数。使用较大模板会造成 CPU 小损失，即将局部数据组合到分布中需要花费一些 CPU 时间。与仅从全局分布中提取相比，$n_{tem}=4$ 的扰动要多花 5% 的 CPU 时间。$n_{tem}=40$ 的扰动则多花 45% 的 CPU 时间。

从这个角度来看，较小的模板是首选。但较大的模板考虑更多的空间信息，而且需要较少的干扰来实现收敛。可以绘制出 CPU 时间与模板大小的对比图，以确定最小 CPU 值。典型结果显示，大小为 8～12 的模板可以得出最佳结果。CPU 时间减少至少一个数量级。

四、更新目标函数

每次尝试扰动后均应更新目标函数。尝试扰动的次数很多。如上所述，次数通常是变量数量或网格节点数量的 10 到 1000 倍。100 万网格节点问题会有 1000 万到 10 亿次尝试扰动。更新目标函数只会偶尔减慢收敛速度，但却是处理困难目标函数的最后手段。一般而言，每次扰动后必须更新目标函数的所有分量。在每次扰动后重新计算目标函数会造成非常大的 CPU 消耗。但在几乎所有情况下，均有可能不经全局重新计算即可更新基础空间统计。

以传统的变差函数为例。变差函数定义为下式：

$$\gamma(\boldsymbol{h}) = \frac{1}{2N(\boldsymbol{h})}\sum_{i=1}^{N(\boldsymbol{h})}\left[z(\boldsymbol{u}) - z(\boldsymbol{u}+\boldsymbol{h})\right]^2 \tag{4-61}$$

计算的全局代价与 $\alpha(nx-1)\cdot ny\cdot nz$ 运算成比例。然而，变差函数可通过很少的 CPU 运算进行更新：

$$\gamma_{\text{new}}(\boldsymbol{h}) = \gamma_{\text{old}}(\boldsymbol{h}) - \left[z(\boldsymbol{u}) - z(\boldsymbol{u}+\boldsymbol{h})\right]^2 - \left[z(\boldsymbol{u}-\boldsymbol{h}) - z(\boldsymbol{u})\right]^2 + \left[z'(\boldsymbol{u}) - z(\boldsymbol{u}+\boldsymbol{h})\right]^2 + \left[z(\boldsymbol{u}-\boldsymbol{h}) - z'(\boldsymbol{u})\right]^2 \tag{4-62}$$

式中值 $z(\boldsymbol{u})$ 被扰动至 $z(\boldsymbol{u}')$。更新的局部代价是两项操作。如图 4-91 所示，必须更新特定滞后 $\boldsymbol{h}$ 的 $+\boldsymbol{h}$ 和 $-\boldsymbol{h}$ 贡献。无论网格大小，均有这两项操作。

几乎所有空间统计均可进行更新，而且不会全局重新计算，包括上文中的目标函数示例：（1）局部数据；（2）全局分布；（3）相关性变差函数度量；（4）多点空间统计；（5）垂直和地区变化的比例或平均值；（6）两个变量之间的双变量分布；（7）任意规模的两个变量之间的相关系数。

有一些目标函数不能进行局部更新——特别是任何同时具有所有单元的函数，例如动态流数据。在这种情况下，若有可能，最好用较为简单的代理替换复杂的计算；例如，考虑反演的大规模特征或连通性多点度量。第三章第一节数据清单中详细讨论了动态数据的反演和"空间编码"。

当复杂数据无法用空间统计表示时，我们可以求助于全局计算。当然，难度较大的分量目标函数可能比其他目标函数分量更新得更少。实施变难，必须通过不断摸索来解决。

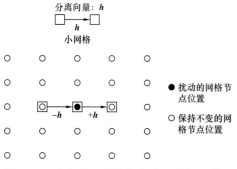

图 4-91　在变差函数计算中需要更新的滞后的图解

五、决策规则

模拟退火决策规则中的温度参数 t 不得过快

降低，否则图像可能陷入次优状态并且永不收敛。但若降低得太慢，收敛可能会不必要地放慢。关于如何降低温度 t 的规定被称为"退火计划"。有一些退火计划可确保在特定情况下实现收敛（Geman，1984；Aarts 和 Korst，1989），但它们对于实际应用来说都太慢了。确保收敛的一种退火计划形式如下：

$$t(p) = \frac{C}{\lg(1+p)}, \qquad p = 经过系统 \qquad (4-63)$$

在某些假设下，有可能会表现为系统会在正确选择 C 时收敛。这对于实际应用来说太慢了。

以下经验退火计划是一种实用的替代方案（Press 等，1986；Farmer，1992）。该理念是指从初始高温开始，并且只要接受了足够的扰动（K_{accept}）或者尝试了太多的扰动（K_{max}），就用一些乘积因子 λ 来降低该高温。当努力降低目标函数变得无济于事时，该算法停止。以下参数说明了该退火计划（见图 4-92 的图表）：

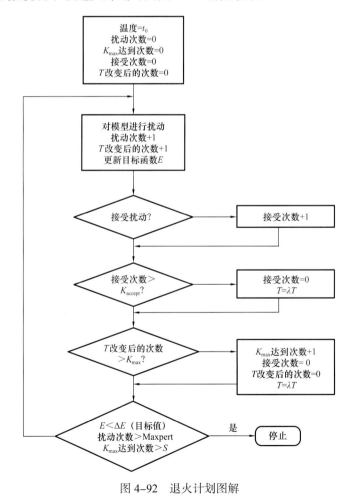

图 4-92　退火计划图解

t_0：初始温度。

λ：缩减因子 $0<\lambda<1$ 通常设为 0.1。

K_{max}：任何温度下尝试的扰动的最大次数（大约为节点数量的 100 倍）。

每当达到 K_{max} 时，温度乘以 λ。

K_{accept}：接受目标。接受了 K_{accept} 扰动后，温度乘以 λ（大约为节点数量的 10 倍）。

S：停止次数。若达到 $K_{max}S$ 次，则算法停止（通常设为 2 或 3）。

ΔO：表示收敛的低目标函数。

图 4-93 显示了全局目标函数对尝试扰动次数的典型减小情况。目标函数的降低速度是非线性的。目标函数保持着很高水平，但当达到临界温度时，它迅速下降直至收敛，最后目标函数缓慢下降。请注意图 4-93 中两条轴线上的对数尺度。

六、问题区域

模拟退火的应用中没有相当于冶金冷却的部分。但有一种表现为"热力学边缘效应"的伪影（图 4-94）。当温度迅速降低时，极值（图 4-94 中的黑色和白色）优先位于网格边缘（Deutsch 和 Cockerham，1994b）。这归因于目标函数的变差函数分量等原因。初始随机模型的纯块金变差函数可以通过在网格边缘放置高（和低）值来快速改进，但它们仅输入一次变差函数对而不是 $+h$ 和 $-h$。

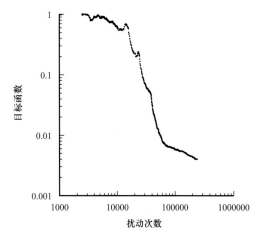

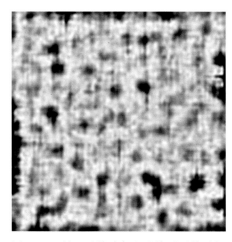

图 4-93　目标函数与扰动次数的典型减小　　　图 4-94　关于过快冷却和边缘对无特殊加
关系图　　　　　　　　　　　　　　　权引起的热力学边缘效应的图解

再现直方图并通过这种放置方式来改善变差函数。当然，这样做的效果不尽人意，我们可以考虑在软件中边缘对的特殊加权。

快速退火的另一个伪影是井数据附近的不连续性（图 4-95），其中两个井位附近存在人为不连续性。对于这样的图像，目标函数接近于零。尽管存在不连续性，但数据仍然得以呈现；白色相和黑色相的比例得以再现；变差函数得以再现。问题在于涉及调节数据的变差函数对被剩余的网格节点对淹没。收敛发生时没有特别注意通过构建而再现的调节数

据。这个问题的一种解决方法是对涉及调节数据的变差函数对施加额外的权重（Deutsch
和 Journel，1998）。

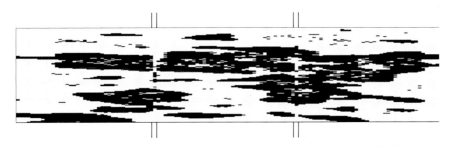

图 4-95　关于过快冷却和井位无特殊加权引起的调节数据位置不连续性的图解

　　输入统计准精确再现的可能性（图 4-96）是模拟退火的另一个问题。必须明确说明
输入统计的不确定性。以克里金法为基础的技术中存在"遍历性"波动，其以某种方式解
释了被模拟区域的输入统计变异性。模拟退火中存在一个问题，即输入统计的这种近似再
现会人为地减少最终的"不确定性空间"。若干案例研究（Deutsch，1992a，1994）表明
这不是一个问题。

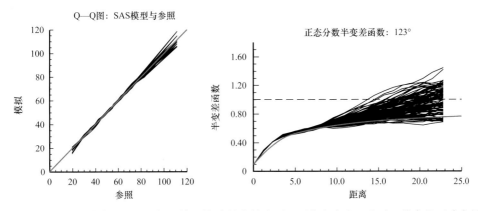

图 4-96　输入统计准精确再现的图解，输入统计的准精确再现可能会产生一个过于狭窄的不确定性空间

　　事实上，模拟退火的不确定性空间比基于克里金法的技术的不确定性空间更大。此
外，正如第五章第三节不确定性管理所述，单独的遍历性波动并不是一个充分的不确定性
模型。模型输入中显式的不确定性应被建模并经过建模方法处理。鉴于此点，模拟退火的
准确再现至关重要。

　　特别是当复杂目标函数需要多次扰动时，模拟退火方法的 CPU 时间要求会变得过高。
在试图降低 CPU 要求时，人们常常着手调整构成加权函数和退火计划的调整参数，而这
一过程相当耗费时间。而圆满完成这个过程所需的传统手段也是一个重大问题。

　　另一种公开的随机松弛技术是阈值接收算法（TA）（Dueck 和 Scheuer，1990）。阈值
接收算法与退火法和贪婪算法（参见下文论及的最大后验）唯一的不同在于决策规则中是
否接受不利扰动。若目标函数的变化小于指定的阈值，则接受不利的扰动。阈值的降低与

模拟退火中温度参数 t 降低的方式大致相同。

若考虑不同的目标函数、初始图像创建方式、扰动机制和决策规则，则有可能出现许多基于相同退火算法的不同变体。

七、其他方法

模型构建有很多其他优化方法，其中包括最大后验（MAP）法和吉布斯采样法。此外，我们简要评论了自然启发的方法，例如进化算法和群体优化法。

（一）最大后验法（MAP）

贝叶斯分类方案为模拟退火算法提供了一种变体（Besag，1986；Andrews 和 Hunt，1989）。Geman（1984）、Besag（1986）等的经典著作已被 Doyen 和 Guidish（1989）应用于地质统计学中。虽然遵循相同的基本算法，但保留了一切有利的扰动，并舍弃了一切不利的扰动。这种贪婪算法有可能会遇到高度次优的局部最小值，而且会因为难点问题而不能实现收敛。

（二）吉布斯采样法

吉布斯采样法是一种统计算法，最初由 Geman（1984）提出。它是 Metropolis 算法的一种特殊情况（Metropolis 等，1953）。该方法用于从复杂的联合分布或边际分布中抽取样本，而不需要分布的密度函数（Casella 和 George，1992）。吉布斯采样法的基本概念是对同一样本空间中以其他变量为条件的个别变量进行重新采样。提取以所有其他值为条件的新值，再重复该过程多次，得出联合（和边际）分布的近似值。例如，要确定 $f(X, Y, Z)$ 的密度函数，可以从 X^0、Y^0、Z^0 的初始状态（值）开始，然后从条件分布 $f(X^{i+1}|Y^i, Z^i)$，$f(Y^{i+1}|X^i, Z^i)$ 和 $f(Z^{i+1}|X^i, Y^i)$ 依次提取值。当提取了多个条件值时，(X, Y, Z) 的状态近似于来自联合分布 $f(X, Y, Z)$ 的样本。重复该过程多次即可根据经验构建联合分布的密度（或直方图）。

在地质建模的环境中，联合分布的样本就是模拟模型。在吉布斯采样法中，只有条件分布需要从联合分布中采样。虽然完整的联合分布在模型构建中是不可用的，但条件概率通常在每个位置都可用。例如，可以根据 MPS 的训练图像来确定所有必要的条件概率（第四章第三节多点相建模）。

对于地理空间建模，吉布斯采样法工作流程的优势在于没有严格规定必须确定条件分布。Srivastava（1992），Guardiano 和 Srivastava（1993）使用克里金法、两点统计法和多点统计法开发了新方法。Lyster（2008）开发了一种基于吉布斯采样法的 MPS 算法，即 mpsesim 法。除多点统计模板以外，还有可能将任何所需统计整合到条件中，例如局部变化平均值、次级数据和低阶统计，以确保其正确再现（使用第二章第四节初步映射概念中论及的概率组合方案）。

然而，吉布斯采样法不像模拟退火那样灵活。任何数据或统计约束均可编码到模拟退火目标函数中，而吉布斯采样法则需要一组条件概率。将复杂的约束（例如井间连通性）编码到所需的条件概率中并不是直截了当的。

（三）进化算法

进化算法，特别是遗传算法，已被提议用于帮助历史拟合储层模型（Soleng，1999；Romero 等，2000；Schulze-Riegert 等，2002；Williams 等，2004；Schulze-Riegert 和 Ghedan，2007）。这种自然启发的优化方案类似于物种进化。该方法需要解决的方案集和目标函数的成因表示，类似于对象函数的遗传表示。在遗传表示中表示每个模型单元是不切实际的。对于标准储层模型中典型的数百万至数千万个单元（回顾先前关于解空间巨大尺寸的讨论），这不仅从计算方面而言是禁止的，而且独立操纵每个单元还会破坏空间连续性。相反，典型的方法是对输入统计和参数进行遗传编码，然后再运用标准的地质统计学算法，如序贯高斯模拟等；因此，进化算法不适用于构建储层模型，而适用于优化集合模拟模型的输入参数。例如，Romero 等（2000）及 Romero 和 Carter（2003）曾利用遗传算法来优化属性趋势（由模型中的几百个控制点定义）、变差函数参数、各种断层和外壳属性，以改善与生产历史的匹配。

使用遗传算法可同时保留多个解，形成一个总体。扰动机制可反映有交叉和突变的子代的进化过程。初始化和停止标准类似于模拟退火所讨论的标准，随机初始状态更有效地探索不确定性和空间，停止标准通常与解的良好性或计算时间有关。

（四）粒子群优化算法

粒子群优化算法（PSO）是另一种有用的自然启发优化方法（Kennedy 和 Eberhart，1995）。Pedersen 和 Chipperfield（2010）对实用设置和应用提供了很好的总结和讨论。如同进化算法一样，该方法也构建了一个多解的总体（称为"群"）。在这种情况下，这些解（称为"粒子"）与位置、速度向量和已知最佳解（使目标函数最小化的占用位置）一起接种到解空间中。每次迭代中，每个粒子的速度用随机分量更新，并吸引其他粒子找到最佳解。对参数进行分配，以支持对群的搜索（随机运动）与收敛（移至已知最佳解）。Martinez 等（2012）展示了运用 PSO 来更新储层模型以呈现地震信息和优化储层开采的方法。

八、工作流程

本节介绍了使用优化方法来构建储层模型的过程。图 4-97 所示为优化的一般工作流程。这包括规定目标函数（包括匹配局部井数据、软数据和非均质性模型）、生成初始模型、计算当前模型的目标函数、对模型进行扰动、重新计算目标函数、确定是否接受或拒绝扰动和是否达到收敛。完成后，应立即用图和汇总统计对结果进行仔细检查。

图 4-98 所示为模拟退火的三维模型构建的工作流程。模拟退火的使用不是标准的，无法在工作流程上简单地呈现出来。正确设置和更新分量目标函数是一项挑战。

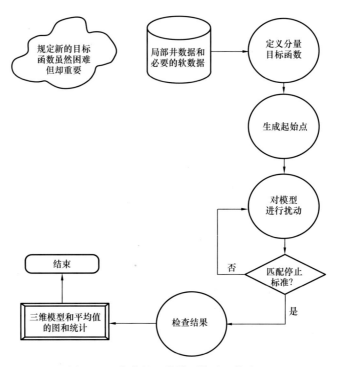

图 4-97　优化的三维模型构建工作流程

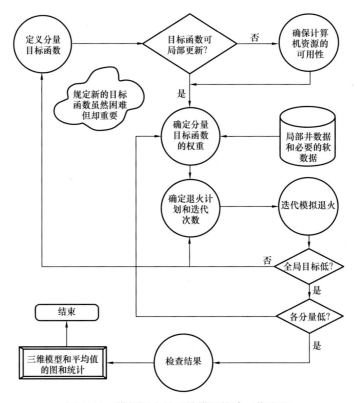

图 4-98　模拟退火的三维模型构建工作流程

九、小结

优化方法让我们有另一套方法来构建储层模型。虽然模拟退火通常用于构建基于对象的模型，但其他方法的应用却不太常见。虽然这些方法功能强大且灵活，但它们通常更为复杂且占用大量 CPU 资源。

通过对储层模型构建优化方法的简短讨论，我们总结了对储层模型构建的讨论。第四章介绍了从大规模到相建模的模型方法，包括基于变差函数的、多点的、基于对象的、过程模拟的、连续的储层属性建模，最后是关于优化方法的综合讨论。

在第五章中，我们将讨论模型应用，特别是模型检查（第五章第一节）、模型后处理（第五章第二节）和不确定性管理（第五章第三节）。

第五章 模型应用

地质统计学储层模型通常不是储层建模项目的最终产物。有建模应用程序可确保这些模型能够提供最佳的决策支持。

必须检查这些模型的准确性。模型检查章节对模型检查方法进行了评论，这些方法旨在确保输入统计和概念的数据得以再现，确保模型能够预测而无需调节，确保不确定性模型是合理的。

建模后处理通常用于调整模型规模或通过各种汇总从模型中学习，这些汇总提供了具有所有可用信息不确定性的局部和全局度量。虽然这些汇总中有一些可能被认为是转移函数，但模型转移函数的一般概念，例如体积计算和决策支持的流量响应，均不属于本书范畴。

不确定性管理指导人们开发不确定性模型和在有不确定性的情况下使用模型排序和决策的结果。

第一节 模型检查

如第三章第三节问题公式化所述，储层建模由许多相互依赖的建模步骤组成，每个步骤都有许多参数和假设。因此，出错的机会也很多。从客观意义上说，不可能对随机模型进行彻底验证。但有一些基本检查可用于检测地质统计学建模中的误差。我们至少需要熟悉建模工作流程的特性和局限性。

《背景》探讨了误差的来源，并提醒人们这些误差来源在复杂的工作流程中很常见。如第三章第一节数据清单所述，模型检查虽会揭露建模问题，但不能取代严格的数据检查和管理。本章节还探讨了与遍历性波动、非稳态模型及模型检查工具的其他应用相关的问题。

《最低接受》探讨了 Leuangthong 等（2004）的工作。他们建议进行一套基本模型检查，以确保重现数据和输入统计约束。这些包括检查数据、直方图、变差函数和相关系数再现。

《高阶检查》则探讨了 Boisvert 等（2007a）的工作，其工作旨在建立一套适用于多点方法的模型检查。尽管最低接受检查是有用的，但它们不说明来自训练图像的多点空间连续性约束。对多标度直方图、多密度函数和零面元的汇总被证明是检查这些多点模型的度量。

可以将每个井放在一边并根据剩余数据来预测相应的储层属性，从而检查地质统计估计。估计与模拟不同——模拟提供的是整个不确定性分布而非单个估计值。连续变量又与分类变量不同。交叉验证和刀切法小节讨论了同时用于连续变量和分类变量的模型估计检查方法。不确定性分布检查小节介绍了对同时用于连续变量和分类变量的模拟技术所进行的交叉验证过程。

模型检查至关重要，必须与地质统计学储层建模工作流程相结合。建模新手会发现本章节对于建模中潜在缺陷的示例很有用。建模新手和中级建模人员通过将这些检查整合到工作流程中，均将受益匪浅。这些检查往往很简单，即使特定的地球建模软件工具没有这些检查可用，我们也可以根据某些基本脚本和工作流程步骤添加这些检查。专家级建模人员可能已经熟悉了潜在的误差来源和最低接受检查，但仍可能对用于检查 MPS 模型和精确度图的高阶检查感兴趣，以便检查多个模型中的不确定性模型。

一、背景

模型检查非常重要，但却经常被忽视。可用的软件和工作流程通常缺乏模型检查所需的方法和显示。假设只要向算法提供一个输入项，则该输入项就会在得出的数值模型中重现，这是错误的。关于数值地质模型的问题，有一些共同的原因和评价：

（1）缺少文档编制通常会导致项目在外来出现误差。如第三章第三节问题公式化所述，良好的文档编制是防范未来误差的第一道防线。我们很少构建储层的首个模型，但其他人几乎肯定构建了储层的一些表示，而这些表示应该接受审查。

（2）数据解释和数据管理误差包括相的错误分类、数据库中数据事件或整个井的遗漏、移位或不正确的位置。这些误差可能无法通过模型检查来处理。虽然数据可视化可能有所帮助，但模拟模型往往会掩盖数据问题。强大的数据文档（第三章第一节数据清单）是预备知识，但彻底的数据检查是必不可少的，且超出了本书范畴。

（3）对输入统计约束的错误推断也很常见。例如，运用具有明显偏向性的自然数据分布将使模拟模型具有明显的偏向性。模型检查可识别出由于统计推断不良而引起的输入矛盾，但使用第二章第二节初级统计概念和第二章第三节量化空间相关性中所述的工具来实施仔细分析才是最佳做法。

（4）执行不力包括妨碍建模方法制作合理模型的决策。例如，过小的搜索限制将阻碍在模型中再现远程特征，或者过少的面元将导致云转换中产生面元划分伪影。模型检查会有效地揭示这些问题。

（5）模型参数误差是指建模方法所需参数的数据录入错误。例如，变差函数模型输入了不正确的范围，或者输入分布的尾部外推输入了错误的最小值。模型检查会立即揭露这些问题。

（6）当把地质统计学作为阻止框使用时，误解实施就会很常见。例如，运用相同的随机数种子来对孔隙度进行模拟，随后再对渗透率进行协同模拟；软件极有可能不知道要改变种子，但我们必须这样做。当检查孔隙度和渗透率双变量关系时，会检测到相关的人工膨胀。

（7）当整合各种数据源时，很容易出现输入矛盾。一个常见的例子是，将协同模拟的高连续性基本变量与低连续性次级数据组合在一起，在主要变量和次要变量之间产生很高的相关系数。显然，这些统计输入是矛盾的，不能在模型中共同再现。这会在模型检查中被发现。

鉴于方法和大型工作流程的复杂性，模型检查很重要，它可以节省由于模型不正确而浪费在项目回收和较差决策质量上的巨大花费。仔细检查地质统计学模型是最佳做法。有时数据很少，可能无法进行许多定量检查，以致于不可避免地依赖概念模型。至少，最终模型应遵循概念地质模型，而且估计模型或模拟模型必须正确再现并使用数据和所选择的统计参数。当输入具有很高的不确定性时，它们最好能够基于明确的决策实行而不是糟糕的实施或错误。

（一）数据准备

对网格的数据分配可能很复杂。如第二章第三节量化空间相关性所述，数据应按比例扩大到假定的模型支持大小。虽然孔隙度线性平均且在某种程度上可以直接处理，但相和其他分类信息不能以直观的方式扩大，而且渗透率不会线性平均，它们表现出各向异性，并使扩大变得复杂。再现薄层仍是一个挑战。

原始样本数据与并置网格单元中模拟的值之间的任何比较都会显示出某种程度的分散，其原因在于：（1）原始样本数据可能不在网格内；（2）值在网格内但已被识别为无效值和平衡值；（3）单元格中有多个值，而且分配给单元格的值是按比例放大的值。数据检查必须在模型检查之前执行。虽然映射数据可能是有价值的数据检查，但如前所述，模拟可能会掩盖数据问题。实际上，不太可能从模拟模型本身检测到数据问题。

对于以下任何检查，假设数据已经经过充分准备、格式化、清理、放大并分配给模型网格节点。

（二）统计波动

预计模拟模型会偏离输入统计。这属于统计波动或遍历性波动（Srivastava，1996）。统计波动起因于不确定性和储层的有限空间范围，随机的高值和低值没有无限域来完全抵消。作为实际结果，随着储层的大小相对于空间连续性的范围变大，模型统计应向输入统计收敛。

这些统计或遍历性波动是不确定性建模的一个分量（第五章第三节不确定性管理）（Leuangthong 等，2004）。一些建模方法，例如云转换和多点模拟，会定期执行分布变换来抑制波动并确保输入统计的精确再现。无论如何解释和使用这些波动，均可计算出可接受的遍历性波动水平，以帮助进行模型检查。

Deutsch 和 Journel（1998）讨论了域大小和变差函数模型对遍历性波动的影响；Goovaerts 从四种不同的模拟算法中探索了遍历性波动幅度和不确定性空间（Goovaerts，1999）；Srivastava 谈到了模拟从不确定空间中适当采样的能力（Srivastava，1996）；

Chiles 和 Delfiner 提出了使用积分范围作为实际遍历性的度量（Chiles 和 Delfiner，2012；Lantuejoul，2011）。

第二章第三节量化空间相关性中介绍的离散方差提供了另一种方式来"预测"人们所期望的遍历性波动量。这表示为相对于无限域假设的域的离散方差，即 $D^2(A, \infty)$；这可根据 $\bar{\gamma}$ 值从数值上计算得出，或者根据具有正确空间连续性的模型实现计算得出。若模型统计超过了预期的遍历性波动范围，则应检查问题公式化和模型参数。

（三）初步检查

分配给模型单元的数据显然必须在这些单元位置上再现。这与估计和模拟都有关。估计方法可再现趋势模型，并且在克里金法的情况下提供可以接受检查的局部不确定性分布。除这些约束以外，估计方法不会再现直方图或空间连续性模型；因此，对估计模型的检查是有限的。对于模拟模型，包括变差函数、相关系数和多点统计在内的所有输入统计均应接受检查。

如上所述，在某些情况下，模拟模型中预期的统计波动是已知的。要么该方法运用校正来执行再现，要么计算出预期的波动。这可以用作为模型实现的可接受性指南。

可将诸如自举（第二章第二节初级统计概念）之类的工具应用于数据集以计算出输入统计中的不确定性。这可用于制定标准来判断模型中统计波动的可接受性。

除此之外，还需要良好的判断力。关于输入统计可接受波动的决策应基于对这些统计的确定性及其相关波动对转移函数的影响的了解程度。

最后，储层中的真实分布仍然是未知的，不可能对数值地质模型进行彻底验证或检验（Oreskes 等，1994）。然而，地质模型可以接受一系列测试来提高其可信度并识别出重大的偏向性，而不是检验其正确性；这被认为是模型确认（Oreskes 等，1994）。这正是我们在本章节中的目标。

（四）非平稳性模型

储层是非平稳的，建模中所用的许多统计参数可以是局部可变的，并且在解释这种局部变化或非平稳性时，对于实现具有较高局部精确度的模型是很重要的。然而，使用诸如局部可变平均值、比例、方位、规模之类的非平稳性模型会使模型检查的任务变得复杂。例如，在下面的讨论中，建议在输入和实现之间检查变差函数。在有局部可变方位模型或甚至趋势模型的情况下，全局变差函数与输入变差函数不匹配。为了检查变差函数，必须消除局部可变方位或趋势模型的影响；因此，应使用与残差上的局部方位对齐的搜索模板来计算变差函数。

另外还可检查非平稳性模型的再现。这最好通过对整个模型上诸如平均值、比例和相关系数之类的统计进行移动窗口计算来实现。虽然这很有用，但应该注意的是，局部调节会更新这些非平稳性模型。换言之，模型上的预期值将接近数据位置附近的数据值。应在这些非平稳模型检查中识别出数据位置。

二、最低接受检查

（一）其他应用

为了检查模型，我们提供了各种模型检查方法来对模型进行量化和总结。然而，这些量化还有其他可能的应用，包括：（1）将建模方法相互比较以确定最能再现特定统计输入的方法；（2）对模型进行简单排序（见第五章第三节不确定性管理）；（3）确定模型对于特定目的的适合度；（4）帮助选择输入参数。

选择最符合项目目标的具体建模方法可能是一项挑战。这些测试可指出各种方法的性能，以呈现被认为重要的统计输入。例如，若确定孔隙度和渗透率双变量关系细节对流动模拟很重要，则检查这种关系的再现即可确定高斯协同模拟是否充分或者是否需要云转换。

简单的模型排序形式可能会以模型汇总统计为基础。例如，孔隙度模型的平均值可与石油地质储量有关，或者渗透率方差可与流动非均质性有关。

个别模型可能会被确定为不适合，并从表示不确定性模型的一组实现中丢弃。这些模型可具有不合理的特征或统计。模型检查提供了识别这些模型的机会。

可能难以评估适当的模型参数以产生合理的模型。例如，竞争数据和统计输入可能会扰乱特定统计输入的再现。使用建模检查的迭代建模让我们有机会调整模型参数以提高模型性能。

最低接受度的概念由 Leuangthong 等（2004）提出。本小节是对这项工作的总结。最低接受标准是指确认模型可接受地再现了可用数据和输入统计。但这并不意味着该模型在地质上是现实的或有利于生产预测的。这也并不表示该模型在远离数据的位置上进行预测时表现良好（这将在《交叉验证和刀切法》中介绍）。最低接受仅检查以下输入是否再现：（1）其所在位置上的数据值；（2）相关变量的分布；（3）以变差函数模型为特征的空间连续性；（4）以相关系数或完整散点图为特征的双变量关系。

如上所述，考虑到可用数据可对预期值进行更新或修改，预计会有统计波动，并且用预期值再现输入统计。此外，在多元模拟的情况下，应在可接受的波动内再现多元分布和相应的汇总统计。

具体实施细节可能会产生问题。在这种情况下，应仔细检查以确认问题的原因并确认这是否可接受。其中一些检查可以在单个模型上实施，但其他检查则需考虑到全套多个模型。

（二）目视检查

一组模型最先接受的检查应是可视化检查。这种可视化检查应强调低值区域和高值区域、趋势和连续性。项目团队应该会对这些特征感到满意。变异性和随之而来的不确定性应该是合理的。例如，在明显低的区域中应无高值，反之亦然。应将模型与概念模型和数据约束进行比较。通过手工绘制等高线图、距离反比法和其他估计技术等方法对简易地质趋势等高线进行比较，为模拟模型带来了一定程度的舒适度和信心。

幸运的是，现代三维模型软件可以实现高效的模型可视化以及切片、过滤和分段等各种操作。利用这些工具来充分了解模型是至关重要的。图 5-1 所示为碳酸盐岩储层的孔隙度模型示例。我们假设成岩蚀变极大地破坏了对孔隙度的相控制，并直接模拟孔隙度，其趋势模型与珊瑚礁相关的能量有关。通过模型和趋势模型显示一个平面剖面和五个倾斜剖面。

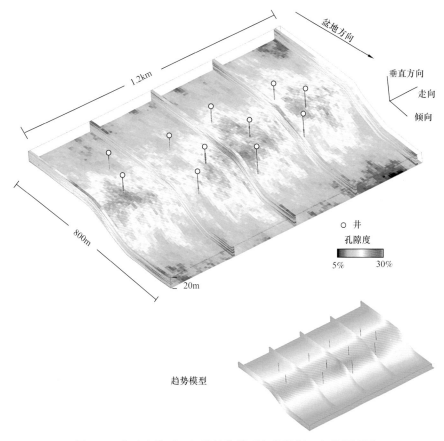

图 5-1 孔隙度模型、相关趋势模型和井数据日志的斜视图

我们需要认识到可视化的局限性。如前所述，模拟模型可能掩盖模型问题。要了解地质模型就必须共同考虑所有模型。下一节中讨论的后处理方法可能有助于总结模型。此外，由于垂直夸大和模型分辨率有限或模型规模较大，模型中的特征可能并不总是在地质学上看似合理。此外，储层范围很大，地质变异性肯定存在。

（三）数据再现

模型必须呈现数据位置上的数据。未能做到这一点的模型显然缺乏可信度，但也可能会遇到流量预测的重大问题。例如，射孔井段可能未与储层质量岩石对齐。数据再现可与网格分配和模拟方法调节中的问题有关。

　　如前所述，通过模型检查，假设数据已得到正确解释并已适当地分配给网格。应对分配给单元的数据进行数据再现检查，以探究模型的性能而非模型的解释。

　　基于单元格的建模方法不应遇到数据再现问题。第二章第四节初步映射概念中解释的克里金系统具有精确性。在具有零克里金方差的数据位置上对数据进行估计。因此，基于克里金法的模拟将在数据位置上提取数据值。此外，高斯、指示和多点方法的序贯模拟法通过将数据分配给数据位置的方式来初始化网格，而不是在这些位置上进行重新模拟。若这些方法未能在特定的单元位置上再现单元分配的数据，则会发生重大的实施错误，例如数据处理错误或无意中使用块段克里金法。

　　基于对象的方法、过程模仿方法和优化方法均不对数据调节做出保证。实际上，假设使用复杂几何图形来呈现潜在密集数据是很复杂的，那么放置例程（通常基于优化）很可能不会完全收敛并呈现所有数据。使用这些方法，就必须检查数据再现。若这是一个问题，则可能需要调整模拟例程或后处理调节校正（见第五章第二节模型后处理）。

　　为了验证硬数据调节，应生成分配给模型单元的数据与数据分配单元的模拟值的交会图。得出的交会图中的所有点应完全位于 45° 线上。应该对任何具有从 45° 线脱离的相关点的单元进行定位和研究。应该对未能与硬调节成功匹配的原因进行解释和纠正。

　　最后，数据再现时数据附近应无伪影。换言之，若数据位置未在模型上标记，则无法推断出其位置。常见的伪影包括被称为局部最小值或最大值的不连续性或数据。针对该问题的实际检查是指通过拦截数据的模型对各种切片进行目视检查。

（四）直方图再现

　　另一项检查标准是验证直方图是否再现。如第二章第二节初步统计概念所述，直方图是一阶模型控制。必须作出重大努力以确保输入直方图代表感兴趣区域。使用一切模拟方法识别出输入直方图。这可以通过来自输入数据的直方图隐含（尽管该原始直方图通常不具代表性）或通过一组数据和去聚权值或模化参考直方图明确地表示。在某些情况下，例如逐步条件变换（第二章第四节初步映射概念）和云转换（第四章第六节孔隙度和渗透率建模），可通过条件变换约束直方图。

　　在一种或另一种形式中，直方图是应再现的输入统计。为了验证直方图的全局再现，应检查模型的直方图。对模型直方图的直接检验是很重要的。虽然检查所有模型的直方图可能是不切实际的，但仍应检查一些随机选择的模型。检查几个表列或平均的汇总统计可能会错过重要的直方图再现问题，例如不合理的值和意外的直方图形状。

　　在这类目视检查中，要注意的关键特征包括对以下各项的再现：（1）直方图形状；（2）模拟值范围；（3）平均值、中位数、方差、最小值和最大值等汇总统计数据。对于碳酸盐岩储层，用较好和不好的直方图再现分别显示输入孔隙度直方图和两个模型的直方图（图 5-2）。

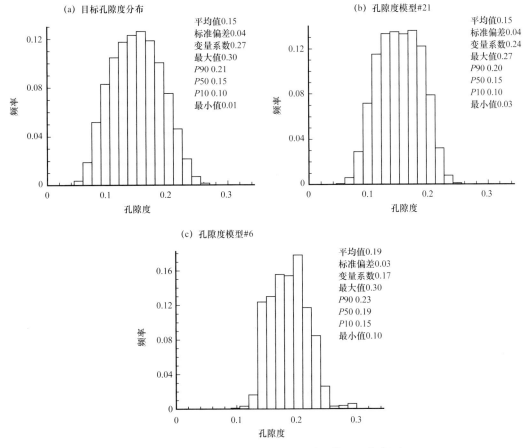

图 5-2　图 5-1 中碳酸盐岩储层孔隙度模型的分布图

（a）代表性孔隙度分布；（b）来自与目标井相匹配的模型的分布；（c）来自因与趋势处理不当和尾部外推不良有关的实施问题而导致匹配不良的模型的分布

　　分位数—分位数图（Q—Q 图）（第二章第二节初步统计概念）可更好地表示直方图再现，因为面元划分可以隐藏直方图中的一些特征。这类检查允许一次可视化多个模型。这些图可以并排查看，也可以在同一图上对多个模型进行比较，以便评估该组分布是否呈现了具有合理统计波动的输入直方图（图 5-2 中碳酸盐岩孔隙度分布的 Q—Q 图见图 5-3）。

（五）趋势再现

　　趋势模型表示的是储层属性局部预期值的模型。对趋势再现进行检查是很简单的。Boisvert（2010）提议在检查趋势再现情况时：（1）对单个模型进行全局检查；（2）对一组模型进行局部检查。了解趋势通常比评估储层模型短期变异性的有效性更为直接。

　　对单个模型的趋势全局再现情况进行评估，可确保趋势在整个模型中以预期的方式再现。例如，可以对分类趋势图指出比例介于 0.2～0.3 之间的所有位置进行检查。对于单个模型，这些位置的比例应为 0.25 左右。趋势模型的预期趋势比例（在这种情况下为 0.25）可以与模型中的实际比例进行对比。

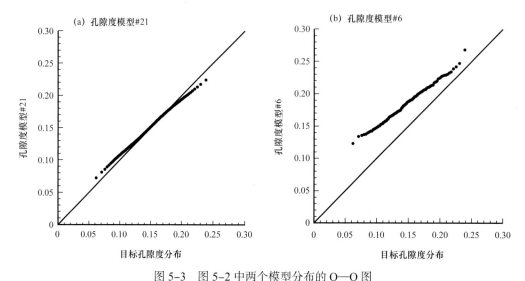

图 5-3　图 5-2 中两个模型分布的 Q—Q 图

（a）该图指出了模型匹配合理；（b）该图指出了各种问题，其中包括平均值显著增大、模型方差减小和尾部问题

图 5-4　全局趋势检查和结果解释的图解

将模型比例与趋势模型比例进行比较，以便检查趋势模型再现

该测试结果的图解如图 5-4 所示。模拟实施可能会对趋势过分强调。因此，当趋势比例较高时，模型比例甚至会更高，而当趋势比例较低时，模型比例甚至会更低。相反，若模拟实施对趋势的重视过少，则结果均会接近所有趋势面元的全局比例或平均值。

对局部趋势进行评估，可确保模型一般能够呈现特定位置上的局部趋势。通过计算局部差异，将每个位置上所有模型的平均比例与实际趋势比例进行比较。

$$m(\boldsymbol{u}) - \mathrm{E}\{Z^i(\boldsymbol{u})\}, \qquad i = 1, \cdots, L \qquad (5\text{-}1)$$

式中 $m(\boldsymbol{u})$ 是局部平均值或比例，L 是模型数量。在数据附近或在具有重要次级约束信息的情况下，预计会出现重大偏离。应对这些偏离情况进行调查和解释。该检查适用于碳酸盐岩储层模型的 10 个孔隙度模型（图 5-5）。

（六）变差函数再现

假设分配给模型单元的数据得以再现并且直方图是正确的，则对空间连续性模型进行检查。这里讨论的是检查基于变差函数的空间连续性模型，而《高阶检查》讨论的则是多点空间连续性。

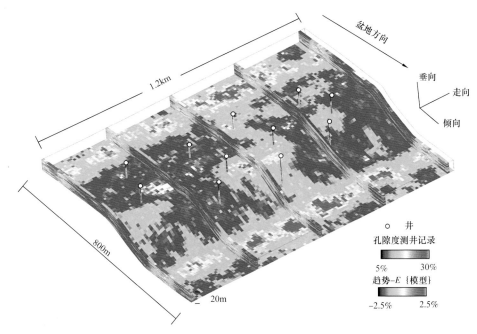

图 5-5 从趋势模型中减去 10 个模型平均值的残差的斜视图（残差用调整后的色标显示，以表示特征；可以看到调节数据的影响，其值通常高于井数据附近的趋势；一般而言，趋势再现情况良好，但可以通过使趋势模型更好地对准井数据来加以改进）

对于高斯模拟，重要的是要注意，因为仅直接施加残差的正态分数变差函数，故该检查必须在去除趋势的高斯空间中进行。回想一下，高斯模拟需要数据正态分数的变差函数。实现此点的方法可以是在检查变差函数之前抑制模拟算法的反向变换，或将模拟模型转换为标准正态。一旦在高斯空间中检查空间连续性，将数据的变差函数与实际空间中的模型（未转换为标准正态）进行比较可能会有启发。这些结果的偏离包括与高斯假设可接受性相关的问题。

应计算多个模型的变差函数，并将其与相同方向的输入变差函数模型进行比较（图5-6）。模型变差函数应在可接受的遍历性波动内再现（见先前论述）。若需要更高的精确性，Ortiz 和 Deutsch（2002，2007）及Rahman 等（2008）评论了各种用于量化变差函数中可接受波动的方法，并提出了变差函数再现的假设检验。

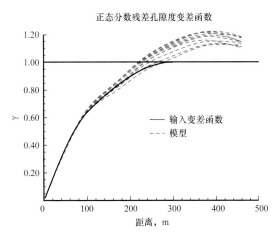

图 5-6 通过 10 个模型（趋势已去除）残差的正态分数变换与输入模型变差函数相比较而计算出的实验变差函数

请注意，波动是有限的，而且再现情况良好；一些数据约束趋势仍然存在于残差中，从而产生趋势特征

（七）双变量关系的再现

问题公式化通常包括受一系列双变量协

同模拟约束的多变量关系。例如，以下方法常被采用——在相内模拟孔隙度，以及用孔隙度协同模拟渗透率。在用同位协同克里金法进行协同模拟的情况下，变量的高斯变换相关系数是一项输入统计。应将每个变量的成对模型转换为标准正态，并检查相关系数。

此外还可交叉绘制真实空间模型。这将在每个变量完成单变量变换之后对与双变量高斯性假设相关的问题进行探究。若该检查揭示了可能会对转移函数产生负面影响的重大问题，则可选择将建模方法从高斯协同模拟改变为能再现双变量关系的方法，例如云转换。

对于云转换，应检查上述真实空间成对模型的散点图是否偏离模型化的散点图。典型问题包括面元划分伪影和尾部附近的异常值。若面元划分问题很严重，则可选择使云模型密集化并分配更多条件面元以消除面元划分的影响。若尾部附近存在异常值，则可能需要努力确保云模型能够充分覆盖每个变量的范围。

三、高阶检查

可能会需要更高阶的检查。例如，多点方法可以再现直方图和变差函数之外的特征。考虑到多点地质统计学对空间非均质性的控制程度更高，检查这些高阶统计对于确保输入统计的合理再现具有更重要的意义。如第四章第三节多点相建模所述，无法保证 MPS 实施将再现输入训练图像中的特征。对输入数据、训练图像和个别模型的目视检查和比较是最重要的检查之一。

此外，非平稳性模型通常与 MPS 一起应用，以辅助训练图像的强平稳性假设，或者甚至可以应用多个训练图像。当存在这些模型时，应在对输入数据和个别模型的上述目视检查中共同考虑它们。

量化更具挑战性。Boisvert（2010）试图扩展 Leuangthong 等（2004）提出的最低接受标准，以使其包含一组可能对 MPS 有用的高阶检查。

多点统计是判断模型可接受性的一项较难标准。由于维度非常高（回想一下，一个多点统计有 K^{n+1} 个条件概率，其中 K 是类别数量，n 是已知位置的点数量，+1 表示未知位置），故无法对多点统计进行可视化或汇总，而且这些条件概率没有直接的排序关系。为了证明这一点，具有图 5-7 中两个类别的简单四点统计要考虑完整的多点密度函数。请注意，多点密度函数中的每个面元均表示特定多点配置的频率。

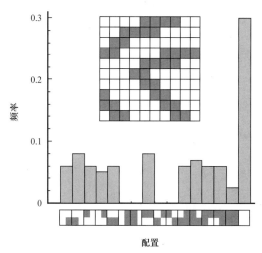

图 5-7　示例 TI 的多点密度函数，此示例演示了具有两个类别的四点配置（Boisvert 等，2007a）

Boisvert（2010）提出了可用于比较输入训练图像多点统计和相关模拟模型的备选指标和汇总统计，包括：（1）多标度直方图；（2）多点密度函数；（3）多点密度函数的丢失面元。

（一）多标度直方图

多标度直方图是指各种支持大小的直方图组。将原始模型按比例扩大到新的支持大小，从而计算每个直方图。在分类模型的情况下，属性会直接按照每个类别的连续比例缩放。多标度直方图的行为取决于训练图像和模型的基础空间结构。随着支持大小的增加，短期变异性和趋势的缺失会使变异性快速下降。

一种方法是在视觉上评估和比较训练图像缩放直方图的行为与模型的这种行为。另一种方法则是量化训练图像和模型各种标度的比例分布的变化。图 5-8 显示了两种 MPS 实施（一种具有 4 点模板而另一种具有 56 点模板）的上下尾部比例深入比较。点的数量越多，缩放行为就越接近训练图像。

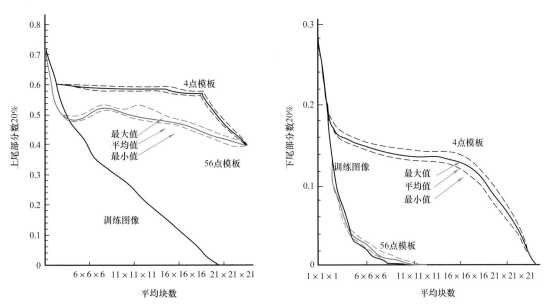

图 5-8　检查各种标度的尾部分数，请注意随着多点模板大小从 4 点增加到 56 点而产生的改善情况
（Boisvert 等，2007a）

（二）多点密度函数

检查多点密度函数类似于检查基于变差函数的方法的变差函数。如前所述，检查多点密度函数由于其高维度和缺乏直观排序而变得复杂。Boisvert 等（2007b）提出了两个多点密度函数之间的差异度量。

$$\delta = \sum_{i=1}^{n} |g_i^{\mathrm{TI}} - g_i^{l}| \tag{5-2}$$

式中 δ 是多点分布之间的差异，i 是面元指数，n 是面元总数，g_i^{TI} 是取自训练图像的条件概率，g_i^{l} 是模型的条件概率，l 表示面元 i。作者指出了空面元的强烈影响，模型的训练图像中未包含多种配置，并提出了一种变体，其会省略对训练图像或模型无值的面元。

虽然这种比较对于评估多点特征很有用，但重要的是要认识到这种差异度量将非常高阶的统计减小到单值。多点密度函数中包含的大量信息都会丢失。图5-9（a）所示为具有三种不同模板大小的各种MPS模型的示例比较。

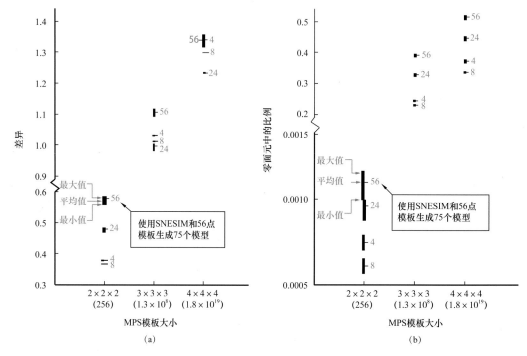

图5-9　基于多点密度函数的多点比较

*X*轴表示计算中所用的多点模板大小，并且每组模型指出了MPS模型中所用的节点数量；（a）所示为模型与训练图像之间的总和差异；（b）所示为难以置信的配置的比例（训练图像中未显示）

（三）丢失或零面元

可以考虑各种其他汇总，以从多点密度函数中提取更多信息。例如，缺少特定的多点配置（零面元）也可以指出关于空间非均质性的重要信息。然而，多点密度函数中的零面元也可能是由于训练图像大小有限而造成的。假设训练图像代表建模域，若训练图像中不存在配置，则该配置不应出现在模型中。

图5-9的右侧显示了具有各种多点模板大小的多个MPS模型的零面元比例。这些零面元是在训练图像中不存在的模型中找到的多点配置。

四、交叉验证和刀切法

基本思路是估计那些知道真实值的位置的属性值（例如，孔隙度）。对误差值的分析表明了建模参数的良好性（Efron，1982；Davis，1987）。在交叉验证时，一次删除一个实际数据，然后从剩余的相邻数据中重新进行估计。"刀切法"一词适用于无需替换的重采样，即从另一个非重叠数据集重新估计另一组数据值。刀切法是一种更严格的检查方法，因为该方法不使用非重叠数据建立直方图和变差函数等统计参数。同时，刀切法背后的思路是，应该用不同的非重叠数据集进行重复，以滤除选择一个数据集的统计波动。

刀切法需要大量的 CPU 和专业工作来重复估计过程，包括用不同的数据集计算和拟合所有变差函数；因此，刀切法并不常用。实施交叉验证时，需要特别小心，这使估计工作与实践中的估计工作一样困难。例如，必须依次去除每口井；由于相邻样品非常接近，所以单独去除每个样品将导致不切实际的结果。交叉验证仅适用于数量合理的井，至少五口井；否则，检查的数据就太少了。

通常，真实的非抽样位置的好处是具有所有数据，并且在网格上进行估计的数据间隔将更小。交叉验证中，与数据的距离非常大；应考虑一次排除一个数据。当在网格上进行估计时，一些位置正好位于井口位置，甚至各个井在数据之间比在交叉验证时更接近。使用刀切法时，检查中数据间隔与实际估计之间的差异可能更大。仔细评估结果仍然具有现实意义；可检测到错误和问题数据，并评估预测的整体质量。

成对估计和真实值之间的交叉图显示出的信息量最大。可以使用任何标准交叉绘图软件，但若要得到良好显示，则需要考虑一些重要因素：（1）估计值应该是自变量（X轴或横坐标轴），因为我们可以访问估计值，但不可以访问事实；（2）两个轴的单位应该相同，并且应该显示 1:1 线条；（3）应显示真实性对估计值的回归，以提供条件偏差的指示；（4）应显示相关的汇总统计数据；（5）应该用数据事件索引来确定高估和低估的最坏情况，以便进行检查。该图的一个例子如图 5-10 所示。

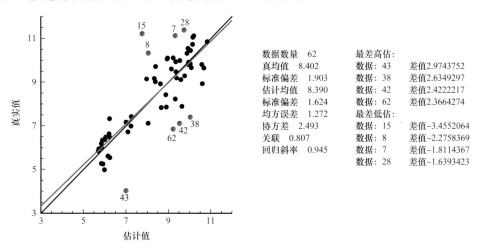

图 5-10　Deutsch 和 Begg（2001）进行的连续储层性质交叉验证或刀切法的有用汇总图（真实值对估计值的回归显示为红线，异常数据用红点和数据索引标识）

仅检查汇总统计信息不会像检查图那样有那么大的信息量。我们正在寻找异常的模式或特定值。一些汇总统计数据意义重大。真实值和估计值的均值可以告诉我们是否存在系统性偏差；真实值和估计值应该是一样的。真实值和估计值的标准偏差可以告诉我们平滑的效果。均方误差（MSE）是预测性能的常见指标，该值应该很小。估计值与真实值之间的协方差也是一个有用的衡量标准，该值应该尽可能地高，以获得良好的估计值。相关系数也很有用，但相关系数对平滑和估计值的低方差很敏感。平滑估计与真实值的相关性更高，但这不一定是好事。回归线的斜率应接近1。斜率小于1表示存在条件偏差。这对于中间估计值是可以接受的，而平滑才是更大的问题。从业者必须在各自问题的背景下评估这些统计数据。

分类变量是不同的。假设每个类别或相一次一个，真实值只有0或1。估计值是0到1之间的连续值，表示每个类别的估计概率。图示则略有不同。一些考虑因素包括：（1）1∶1线不重要；（2）回归线有用，但与连续变量相比并不那么重要；（3）估计概率的平均值以真实值为条件，而且很重要。

这些平均值之间的差异被确定为"B"值，使人联想到第四章第六节孔隙度和渗透率建模中提出的 Markov–Bayes 模型中的 B_j 校准参数，进而进行具有软孔隙度指标的渗透率指标模拟。回顾一下，B_j 接近1表示软辅助指标具有告知主要变量的完美能力。在这种情况下，B 是衡量估计值质量的重要指标。该值最好较大，这样表示正确预测了该类别是否存在。该图的一个例子如图 5–11 所示。

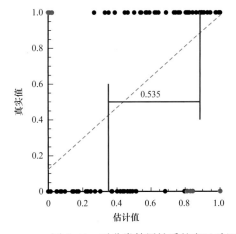

图 5–11　对分类储层性质的交叉验证或刀切法的有用汇总图（据 Deutsch，2010b）

图上的点代表配对的真实指标与该指标估计的概率的对比；真实值对估计值的回归线显示为红色虚线；$I(\boldsymbol{u})=0$ 和 $I(\boldsymbol{u})=1$ 的估计平均值用垂直蓝线表示，差值（B 值）显示在水平蓝线上方；异常值显示为红点，带有数据索引以便检索和研究；请注意，异常值索引标签已从此图中删除，因为它们由于重叠和绘图比例而无法被读取

还有其他图示也可能有用。还可以为每个重新估算的位置计算误差值：

$$e(\boldsymbol{u}_i) = z^*(\boldsymbol{u}_i) - z(\boldsymbol{u}_i) \tag{5-3}$$

可以用不同的方式分析这些误差：（1）误差 $\{e(\boldsymbol{u}_i),\ i=1,\cdots,n\}$ 的分布应该是对称的，以零均值为中心，扩展最小；（2）均方误差 $MSE=1/n\sum_{i=1}^{n}[e(\boldsymbol{u}_i)]^2$ 应该是最小的；（3）误差 $e(\boldsymbol{u}_i)$ 与估计值 $z^*(\boldsymbol{u}_i)$ 的关系图应该居中在零误差线附近，这种属性称为"条件无偏"；（4）n 个误差应相互独立。可以通过绘等值线或发布误差值来进行检查。系统性高估或低估的地区或区域是一个问题，或许应该更仔细地研究趋势模型。

必须小心使用交叉验证的结果。交叉验证不能证明给定估计方案的最优性。对重新评估分数的分析并不考虑估计算法的多变量属性，即所有估计值加在一起的多变量属性。交叉验证结果对距离小于样本间距的变差函数也不敏感，这也是估计的一个重要未知方面。应通过交叉验证来检查误差并识别问题数据。然而，在模拟的背景下，没有单一的估计值，而可能存在大量模拟值。必须考虑不同的方法。

五、检查不确定性的分布

将模型应用于未知数值时，无法严格验证模型（Oreskes 等，1994）。真实和未知的现实肯定不会遵循我们相对简单的概率模型，也可能无法通过我们手头的数据可靠地了解真实和未知的现实。然而，我们可以使用交叉验证来评估具有不确定性的地质统计模型。

在模拟设置中应用交叉验证和刀切法得出的结果是一组真实值和不确定性的成对分布 $\{z(\boldsymbol{u}_i), F_Z(\boldsymbol{u}_i; z), i=1,\cdots,n\}$。不同的建模决策会导致不同的不确定性分布，即不同的 $F_Z(\boldsymbol{u}_i; z)$。这些局部分布或 ccdf 模型可以：（1）从一组 L 个模型中得到；（2）直接通过指示克里金法计算；（3）由高斯均值、方差和变换定义。检查不确定性的分布或比较替代方法需要评估不确定性分布的良好性（Deutsch，1996b）。

在评估概率模型的良好性的背景下，提出了准确性和精确度的具体定义。对于概率分布，准确性和精确度基于落入变化宽度 p 的对称概率区间内的真实值的实际分数得出：

（1）p 在 $[0, 1]$ 内，如果落入 p 区间的真实值的分数超过 p，则概率分布是准确的。

（2）p 在 $[0, 1]$ 内，准确概率分布的精确度是通过真实值的分数与 p 的接近程度来测量的。

现在介绍一个直接评估局部准确性和精确度的程序。在检查概率模型的良好性时，我们可以比较替代模型，或许还可以微调所选模型的参数。

（一）直接评估准确性和精确度

第一步是使用不确定性模型计算与真实值 $z(\boldsymbol{u}_i)$，$i=1,\cdots,n$ 相关的概率：

$$F^*\left[\boldsymbol{u}_i; z(\boldsymbol{u}_i)|n(\boldsymbol{u}_i)\right], \quad i=1,\cdots,n \tag{5-4}$$

例如，如果位置 $\boldsymbol{u}_i$ 的真实值位于模拟值的中间，则 $F(\boldsymbol{u}_i; z(\boldsymbol{u}_i)|n(\boldsymbol{u}_i))$ 将为 0.5。然后，可以考虑一系列对称的 p—概率区间（PI），比如百分位数 0.01 以 0.01 为增量增加到 0.99。对称 p—PI 由相应的较低和较高概率值定义：

$$p_{\text{low}} = \frac{(1-p)}{2} \text{ 且 } p_{\text{upp}} = \frac{(1+p)}{2} \tag{5-5}$$

例如，当 $p=0.9$，我们得到 $p_{\text{low}}=0.05$ 和 $p_{\text{upp}}=0.95$。接下来，将在每个位置 $\boldsymbol{u}_i$ 的指示函数 $\xi(\boldsymbol{u}_i; p)$ 定义为

$$\xi(\boldsymbol{u}_i;p)=\begin{cases}1, & \text{如果 } F\big[\boldsymbol{u}_i;z(\boldsymbol{u}_i)\,|\,n(\boldsymbol{u}_i)\big]\in\big(p_{\text{low}},p_{\text{upp}}\big)\\0, & \text{其他}\end{cases} \tag{5-6}$$

在 n 个位置 $\boldsymbol{u}_i$ 的 $\xi(\boldsymbol{u}_i;p)$ 的平均值，是真实值在对称 p-PI 内的位置比例。

$$\overline{\xi(p)}=\frac{1}{n}\sum_{i=1}^{n}\xi(\boldsymbol{u}_i;p) \tag{5-7}$$

根据我们之前对准确性的定义，在 $\overline{\xi(p)}\geqslant p$，$\forall p$ 时，用于生成不确定性分布（ccdfs）的模拟算法是准确的。检查这种准确性评估的图形方法是将曲线 $\overline{\xi(p)}$ 与 p 交叉，可以看到所有点都落在 45° 线上或上方。该图称为准确性图。空白准确性图如图 5-12 所示。理想的情况是点落在线上；也就是说，概率分布是准确而且精确的。落在线上方的点（在阴影区域中）是准确的但不精确。最后，该条线以下的点既不准确也不精确。

当 $\overline{\xi(p)}\geqslant p$ 时，分布是准确的。当准确性（$\overline{\xi(p)}\geqslant p$）时，精确度定义为 $\overline{\xi(p)}$ 与 p 的接近程度。可以定义准确性和精确度的定量测量；但是，目视检查准确性图就已经足够了。如果点的位置接近 45° 线，则结果是可接受的。当点落在 45° 线以上时，不确定性的分布太宽，当点落在 45° 线以下时，不确定性的分布太窄。可以采用多种不同的方法来增加或减少不确定性分布的扩展。一种方法是增加空间相关性，这将减少局部不确定性分布的扩展。减小空间相关性的范围将增加局部不确定性分布的宽度。

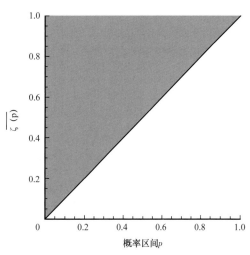

图 5-12　空白（模板）准确性图
真实值的实际分数落在概率区间 p 中，用 $\overline{\xi(p)}$ 表示，绘制其与概率区间 p 的宽度的关系图

好的概率模型必须准确且精确。然而，概率建模还有另一个方面，即分布所表现出的扩展或不确定性。例如，两个不同的概率模型可能同样准确和精确，但我们会倾向于具有最小不确定性的模型。在准确性和精确度的限制下，我们想要考虑所有相关数据，以减少不确定性。例如，随着新数据的出现，概率模型可能保持同样的良好性，但不确定性却更小。

概率模型的总体不确定性可以定义为有关区域中所有位置的平均条件方差：

$$U=\frac{1}{n}\sum_{i=1}^{N}\sigma^2(\boldsymbol{u}_i) \tag{5-8}$$

其中有 n 个有关位置 $\boldsymbol{u}_i$，$i=1,\cdots,n$ 每个方差 $\sigma^2(\boldsymbol{u}_i)$ 由本地 ccdf $F\big[\boldsymbol{u}_i;z|n(\boldsymbol{u}_i)\big]$ 计算得出。

（二）储层案例研究

为了进一步阐述准确性和精确度的直接评估，请考虑"Amoco"数据，其中包含与西得克萨斯州碳酸盐岩储层相关的 74 口井的数据。图 5–13 显示了这 74 口井数据的位置图和有关主要储层的垂直平均孔隙度的直方图。将垂直平均孔隙度数据变换为高斯分布，并且使用变换后的数据进行所有后续分析。这种变换是可逆的，因此考虑如果反向变换孔隙度值，将得出相同的结果。

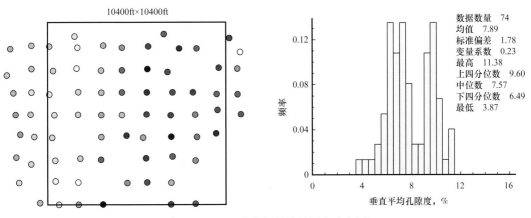

图 5–13 74 口井数据的位置图和直方图

通过检查若干程序，建立 74 口井位置的不确定性分布。考虑的变量是储层垂直厚度上的孔隙度的垂直平均值。考虑采用"留一法"交叉验证方法，还考虑了许多替代地理统计方法，以便建立孔隙度垂直平均值的不确定性分布：

（1）通过使用完整的三维正态分数孔隙度数据建模的变差函数，通过克里金法处理正态分数值建立高斯不确定性分布。图 5–14 显示了变差函数和准确性图。应考虑垂直平均数据的变差函数，此变差函数适用于小规模数据，对于二维垂直平均值不是一个正确的选择。在这种情况下，平均不确定性为 0.757（相对于 1.0，没有本地信息）。

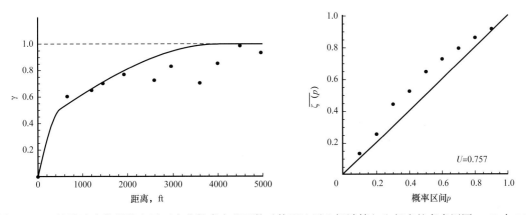

图 5–14 三维孔隙度数据的水平正态分数半变差函数（使用地层坐标计算）和相应的考虑用图 5–13 中 74 口井数据的正态分数交叉验证的准确度图

（2）通过克里金法处理正态分数值建立高斯不确定性分布，各向同性变差函数来自二维平均孔隙度的正态分数变换。图 5-15 所示为变差函数和准确性图。平均不确定度为0.433，明显好于三维变差函数的不正确选择。

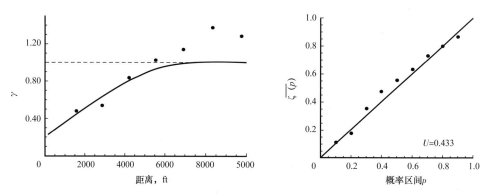

图 5-15　垂直平均孔隙度的水平正态分数半变差函数和相应的考虑用图 5-13 中 74 口井数据的正态分数交叉验证的准确度图

（3）通过克里金法处理正态分数值建立高斯不确定性分布，各向异性变差函数模型由74 个垂直平均值构成。图 5-16 所示为变差函数和准确性图。平均不确定度为 0.385，略好于各向同性变差函数的不正确选择。

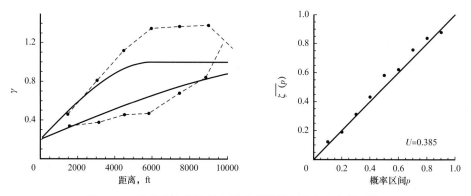

图 5-16　垂直平均孔隙度和精确度图得出的方向变差函数

（4）一个基于指标的方法（有关渗透率方面的详细信息，请见第四章第六节孔隙度和渗透率建模），有九个阈值，将不确定性降低到 0.244，并达到合理的准确性。这种结果上的改进是以更大的努力为代价的：需要投入大量时间对九个各向异性指标变差函数进行计算和建模，而不仅仅是一个变差函数，是完整指示克里金法 CPU 工作量的九倍。

准确性图和不确定性可以一起用于评估不确定性的局部分布并比较备选方案。指标方法似乎适合此示例（图 5-17）。

（三）检查分类变量分布

以下是检查分类变量分布的其他注意事项。分类变量具有离散性质，加之缺乏排序，因此需要采用不同的交叉验证方法，而不是采用连续变量。可以通过以下两个参数来检查相的预测结果：（1）估计概率与真实相的接近度；（2）局部概率的准确性。分类变量设置中的交叉验证产生了一组真实相类型和预测概率，即 $\{s(\boldsymbol{u}_i), p^*(\boldsymbol{u}_i), k=1, \cdots, K\}, i=1, \cdots, n$ 其中 K 是相的数量，n 是数据位置的数量。

顺序指标模拟的所有变体提供了（重新）估计位置处相概率的直接估计结果。基于对象方法的交叉验证非常繁琐，必须重复相建模才能对每口井进行（重新）估计。必须通过模拟直接建立不确定性的分布，而不采用克里金指标变换的捷径。虽然繁琐，但这种方法可以与其他方法进行定量比较，并能够微调物体形状和尺寸参数。

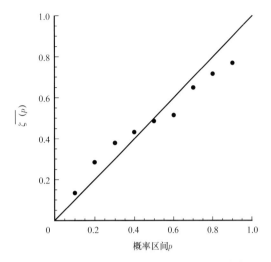

图 5-17 指示克里金（IK）法 ccdfs 得出的精确度图

可以直接计算截断高斯模拟的预测概率 $p^*(\boldsymbol{u}_i)$，$k=1, \cdots, K$，$i=1, \cdots, n$ 而无需重复模拟。高斯变量的不确定性分布和局部可变阈值的知识，使我们能够运用解析方法计算这些概率。可以按指示克里金法进行直接估计以及基于对象的方法得出模拟结果的相同方式，检查预测概率。

困难的是，要以易于比较的方式对各项结果进行概括。建议采取以下三项度量标准：

（1）与真实衰减的接近度可以衡量真实相预测概率的大小。理想情况下，真实相的概率 $p^*[\boldsymbol{u}_i; s(\boldsymbol{u}_i)]$ 应接近 1。

（2）与真实衰减的模糊接近度，解释了错误分类的后果为什么会不同；也就是说，与将砂体划分为非净页岩相比，指定错误类型的砂体的后果要小得多。

（3）局部概率的精确度衡量预测概率的可靠性；也就是说，如果分配到 80% 的概率到相 s_k 的位置中，则该相 80% 为 s_k。

可以通过以下公式概括出与真实概率接近度的定量度量：

$$C = \frac{1}{N} \sum_{i=1}^{N} \{p(\boldsymbol{u}_i; k) | \text{true} = k\} \tag{5-9}$$

结果理解成真实相的平均预测概率。信息完整的理想情况下，该概率为 1.0，在没有可用信息的情况下，该概率为 $1/K$。

上述接近度度量 C 将真实相各概率的"正确"情况加以量化。但是，既不倾向预测出类似相的情况，也不反对预测出完全不同相的情况。通过定义接近度矩阵，可对这些结果作出解释。接近度值 $c(i, j)$ 指定相 i 与相 j 的接近程度。根据定义，各相相同，即 $i=j$ 时，接近度 $c(i, j)$ 为 1；各相完全不同，如 $i=$ 清洁河道砂而 $j=$ 页岩时，$c(i, j)$ 为 0。考虑到错误分类的影响，必须定性地确定 $c(i, j)$ 的确切值。定性分配的需要是一项缺陷。但是，必须采用一些手段来解释各相的模糊接近度。

第三项检查是局部概率的精确度。根据是否能够精确反映预测各相发生的真正时间段，局部概率为"精确"或者"一般"。例如，考虑预测相 1（$p_1^* = 0.65$）的概率为 65% 的所有位置；而 65% 的位置应该在相 1 中。0.65 并无特别之处，需检查各种预测概率。实际分数与预测概率明显偏离的情况是一个问题。这与第四章第一节大型建模中应用于检查分类趋势模型的方法类似，不过在使用交叉验证工作流程，对照数据进行不确定性分布检查，而不是对照数据检查局部趋势概率。

同时，前面讨论的以及图 5-12 中所示的精确度图法可应用于分类分布。分类精确度图如图 5-18 所示。前面讨论的对称 p—PI 从 0 到 1 进行应用，相同的公平性、精确度和精密度概念也适用。我们依赖于平均香农熵 H，而不是总体不确定性（在我们的分类情况中，不可能依赖总体不确定性）：

$$H_{avg} = -\frac{1}{N}\sum_{i=1}^{N}\sum_{k=1}^{K} p_k \ln\left(p_k\right) \tag{5-10}$$

与给定类别数量 K 的最大可能熵进行比较：

$$H_{max} = \sum_{k=1}^{K} \frac{1}{K} \ln K \tag{5-11}$$

概率区间对于解释结果的重要性很有用（如图 5-18 所示，每个面元上有垂直线）。每个区间的预期分数等于概率区间的平均值。但是，如果区间中的数据数量较少或者在该区间中取值的范围广，则预计会出现偏差。建议采用类似自举的方法（见第二章第二节有关自举的信息），通过构造 90% 概率区间（或任何所需的区间大小）来量化这种预期偏差。该算法分别为每个面元计算 90% 的概率区间：

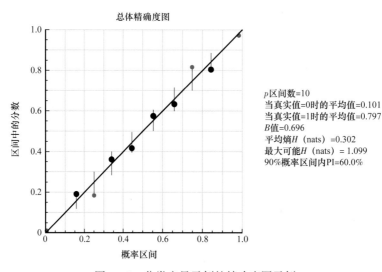

图 5-18　分类变量示例的精确度图示例

这些结果非常好，也就是说，各相真实存在的时间比例非常接近预测概率；所使用的方法和软件出自 Deutsch 和 Deutsch（2012）

（1）对每个面元（概率区间），结束面元中的概率值。

（2）生成一个随机数 $[0, 1]$。如果该随机数低于概率值，则 $i_k^* = 1$，否则 $i_k^* = 0$。

（3）计算面元中这些随机指标的分数。

（4）重复此步骤 L 次（其中 L 足够大，例如，1000 次），得出 5% 和 95% 的分位数，从而得到 90% 的概率区间。

该计算假设概率值是对类别的无偏估计，并且概率值是独立的。

对于克里金法所得分类变量的交叉验证，如果搜索范围足够大，则会得出条件无偏的概率变量；但是，概率估计不会是独立的。因此，用该算法构造的 90% 概率区间是保守估计。

而另举一个例子，用五个井这个小例子来检查相预测。地震数据可用于改进不确定性的预测模型。考虑使用地震数据作为次要数据的指示克里金（IK）法、贝叶斯更新（BU）法和各相的全块协同克里金（BC）法。对于这三种方法，接近度统计数据 C 分别为 0.320、0.358 和 0.349（注意，统计数据 1.0 为理想值）。贝叶斯更新法看似最好。我们发现块协同克里金法对输入参数数量更大的情况更加敏感。图5-19 所示为实际概率与预测概率的交会图。

这里介绍的诊断工具的主要用途是：（1）检测实施错误；（2）量化不确定性；（3）比较各个不同的模拟算法（例如，基于高斯的算法、基于指标的算法与基于模拟退火的算法）；（4）微调任何特定概率模型的参数（例如使用的变差函数模型）。

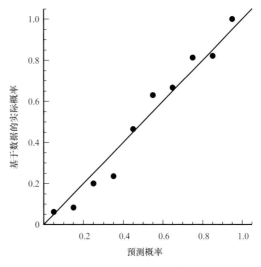

图 5-19　实际概率与预测概率的交会图示例
结果与 45° 线的接近度证明了概率的良好性；这些结果是所有相中块协同克里金法的结果；我们还可以基于临相基础来看待结果

这些工具提供基本检查，即必要但不充分的测试。这些工具并不评估模拟的多变量属性。需要注意确保影响最终预测和决策的特征（例如极值的连续性）在模型中得到充分表示。

六、工作流程

图 5-20 所示为估计技术交叉验证的工作流程。估计和模拟技术的交叉验证是完全不同的。

图 5-21 所示为高斯模拟验证的工作流程。同样，可以考虑任何变量。在高斯空间中完成交叉验证。转换回实际单位很简单（第二章第四节）。各分布的表示与指标模拟不同。检查不确定性分布的原则保持不变。退火和基于对象建模的不确定性分布需要多个模型，而不是考虑每个井，后者工作量较大。

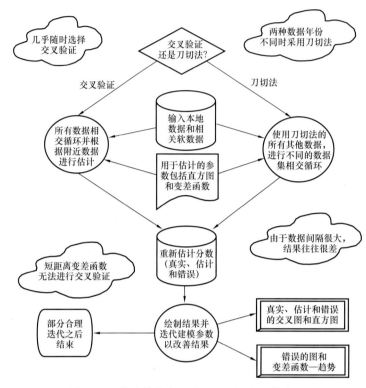

图 5-20　估计技术交叉验证和刀切法工作流程

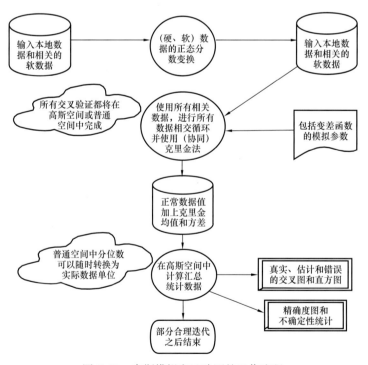

图 5-21　高斯模拟交叉验证的工作流程

该方法可检查不确定性模型的精确度和精密度，不论有无辅助数据均可进行交叉验证

七、小结

考虑到典型方法和工作流程的复杂性，模型检查是至关重要的。许多事情都可能出错，项目回收和较差决策质量会导致直接损失机会成本。检查模型的方法很简单，而且通常很快。

最低接受、高阶检查、交叉验证和刀切法及检查不确定性分布，提供了检测模拟模型存在问题的一套全面的方法和一些估计模型的基本检查手段。

在下一节中，讨论各种后处理储层模型的方法。

第二节　模型后处理

模型后处理在地质模型上运行，目的是修改或修复模型、缩放模型或概括模型。这些运算符可以应用于所有或部分模型，应用于整个感兴趣区域中的单个模型，或应用于模型的某个子集或区域。

在《背景》中，定义了地质模型，并解释了模型后处理需求。有时，需要进行后处理以遵守特定约束，或在正确的比例尺下工作。在其他情况下，后处理工具可能十分有用，可以概括、探索、学习我们的模型。

在《模型修改》中，对模型修复的情况进行了解释。这些运算符通常仅仅略微改变模型，并且经常应用于工作流程中。有时，需要此类运算符，以遵守数据和输入统计信息的约束。

模型缩放可调整模拟值的模型比例或支持体积。比例放大通常很简单，可以通过应用于精细详尽的模型的求平均值或基于流量的比例放大来实现。比例缩小是一个不适当的逆向问题，没有独特的解决方案。在没有实用具体比例缩小方法的情况下，提出了一种实用的近似方法。缩放可能会推迟到具有模型单元有效特性的流动网格完成必要构造，并按数据支持大小完成模拟（第二章第四节初步映射概念）之后进行。

《逐点汇总模型》介绍了各种简单的汇总，这些汇总可以在本地应用于多个模型上。这些运算符显示出对不确定性模型的三维汇总，例如平均值、方差和百分位数。这些运算符可用于识别模型中感兴趣的位置。

《联合概率模型》介绍了能够解释多变量和空间关系的各种汇总。例如，可以应用满足特定多变量标准的联合概率来识别最有效点，并且相连地质体可以提供局部和全局非均质性汇总。

一、背景

储层的数值表征由代表储层与相关不确定性的一组模型组成。在储层模型中，每个模型都是每个位置具有一套完整的储层性质的整个关注体积的模型 u。

包括，相 $\ell(u)$、孔隙度 $\ell(u)$、渗透率 $\ell_{h_1}(u)$、渗透率 $\ell_{h_2}(u)$、渗透率 $\ell_v(u)$、饱和度 $\ell_水$、饱和度 $\ell_油$，$\cdots$，$u \in V$，其中 $\ell = 1, \cdots, L$

其中 L 是模型的数量，V 是储层模型中关注的体积。重要的是，请注意每个位置的每个储层性质都有一个单独的值。这是表达储层不确定性的最有效方式。关于其他方案，比如与单个相模型相匹配的多孔隙度模型，或与单个孔隙度模型相匹配的多个渗透率模型，都是没有达到最佳标准的。这个规则的一个例外是基于场景的建模。通常情况下，一些场景可以与大量的模型匹配。因此，一些相的场景将与许多孔隙度和渗透率的模型相匹配。

计算这些模型可以再现储层性质之间的相应关系。举例来说，强制执行了对所有后续储层性质的相的约束。每个相将具有独特的单变量和空间分布，可能还有趋势和双变量关系。这些是按顺序对每个连续的储层性质强制执行的。第五章第三节不确定性管理中提供了更多关于不确定性模型和所需模型数量的讨论。

这组模型和所有相关的汇总及衍生模型是地质模型。本节的内容是可能用于纠正、询问和理解地质模型的各种汇总和模型操作。地质统计学模型的基础是这些数值模型帮助建模者和项目团队学习或实现有关储层的新思想的概念。这是一个经常会被忽视的重要概念。考虑这些问题：我们从我们的模型中了解到了什么？我们如何向我们的模型学习？

首先，通过构建集成了所有可用数据和输入统计约束的模型，我们促进了沟通和可视化，并了解了储层中可能存在的空间异质性。这可以基于模型的视觉检查来定性，或者可以通过应用第五章第一节模型检查中讨论到的模型检查工具来定量。尽管如此，该模型是一个可以支持和挑战的共享概念。

其次，通过将模型应用到传递函数上，我们了解到重要的储层响应变量，如 OIP、采收率和生产率。传递函数可能很复杂，并且很多情况下会带来关于地质敏感性和风险的新概念和新理解。虽然这通常是模型在体积和流动模拟方法中的直接应用，但有时需要模型后处理来校正和缩放模型。

第三，可以对这些模型进行后处理，从而进一步改进模型并从地质模型中提取信息。该信息和后续汇总提供了其他重要信息：例如，关于分布假设和模型比例对流量响应的影响的信息、肯定是高储层质量的模型中的位置、最有效点储层性质的正确组合发生的指定概率的位置。后处理包括以下几个类别：（1）模型修改；（2）模型缩放；（3）逐点汇总模型；（4）联合汇总模型。

在生成并检查这些模型后，对模型进行模型后处理。这些方法不包括在模型模拟时应用到的任何算法。比如，强制特定单变量分布的顺序模拟方法中的方法不视为后处理，而在模拟之后修复模型的全局分布的算法则视为是后处理。

二、模型修改

模型修改表示更改模型的任何模型后处理方法。模型修改还可以被称为模型修复、模型清理，甚至可以被称为模型调整。模型修改包括：删除伪影的历程，例如顺序指标模拟中常见的孤立相；准确地纠正模型调节的例程；更改或更正模型统计信息的例程。为什么模拟模型需要修复？在第四章中，所有模拟工具都代表了某种形式的妥协。所有的模拟方法中固有的一点是尊重数据和统计输入及隐含假设的优先级。这些模拟方法的共同之处就是能够整合各种形式的数据和输入统计约束，以及隐含的假设。趋势和次要数据的组合可能导致产生不合理的值。另外，它们在重现这些统计数据方面的能力各不相同，而且这些统计数据的复制往往表现出遍历性的波动，而这些波动可能会被认为是无用的。后处理是覆盖此优先级层次结构或解决算法限制以满足项目目标的机会。

模型修改不应当用于隐藏的不良实施情况。比如，偏向趋势模型可能偏向模拟模型的单变量分布。最佳做法就是纠正趋势模型，而不是纠正导致模型分布的偏差。尽管如此，可能无法制定一个满足所有必需的模型约束的工作流程。在这些情况下，最佳做法可能是仔细应用模型修改。

以下是模型修改的各种类型及示例。

（一）分布、趋势和不确定性模型修正

有些情况下，必须在模拟的模型分布中消除系统偏差。造成这些偏差的原因可能是：（1）协同模拟或带趋势的模拟方差膨胀；（2）从选择用来模拟的隐式多变量分布模型中偏离数据；（3）实现考虑因素，例如有限的数据邻域或数值精度。

Deutsch 和 Journel（1998）使用了一种被称为 trans 的分布校正方法来转换任何一组数值，从而使转换值的分布与目标分布相匹配。该程序的一个重要特点是能够冻结局部条件数据。当数据被冻结时，目标分布仅近似再现；如果转换值数量的冻结值数量很小，那么再现是很好的。

转换方法是用于正态分数的分位数转换的概括。原始分布的 p 分位数被转换为目标分布的 p 分位数（第二章第二节初步统计概念）。这个转换保留了原始值 p 分位数指示符变差函数。这个变差函数（通过方差标准化）也将是稳定的，前提是目标分布与初始分布没有太大差异。

当冻结原始数据值时，随着该位置离数据位置集越来越远，逐渐应用分位数转换（Journel 和 Xu，1994）。使用的距离度量与被转换值的位置处的克里金方差成比例。在数据位置处，克里金方差为零（因此不转换），但是，随着离数据集越远，克里金方差增加（转换应用也越来越多）。必须提供一个输入克里金方差的文件。

由于并非所有的原始值都被转换，所以目标直方图的再现只是近似的。通过控制参数 $\omega \in [0,1]$ 可以实现所需的近似程度，但是代价是数据位置周围会出现不连续性。ω 越大，不连续性越小。

Deutsch（2005b）开发了一种新方法，这个新方法增加了：（1）对趋势的原因做出说明；（2）明确解释不确定性的原因；（3）迭代实现以确保所有约束的再现。

1. 趋势

第四章第一节大规模建模提供了有关趋势建模和构造的详细信息，第二章第二节初步映射概念中讨论了将趋势集成到模拟模型中的方法。重要的是，趋势模型提供了重要的局部空间信息和有助于去聚或除偏的代表性平均值。该趋势表示为模型中所有位置相关性质的局部变量均值或比例值。

趋势的强制再现需要对模型进行子集化。如果我们坚持在每个网格单元上再现这种趋势，那么我们就会完全回到这个趋势，而这是不合理的。我们可以选择三个合理的子集：nz 垂直趋势值、$nx \cdot ny$ 面积趋势值或基于输入趋势模型的 nq 趋势值类。当三维趋势被构建为这些低阶趋势的组合时，选择强制执行垂直和面积趋势值的做法是合理的。如果考虑趋势模型的类别，则可能在整个模型中没有一致的垂直或区域趋势。

图 5-22 是示意图，该图说明了如何从趋势值的直方图（绿色分布）中选择 $nq=7$ 的类别。数据的直方图用红色绘制而成，以演示原始数据是如何变化的。

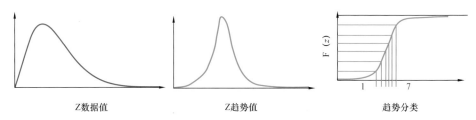

$$Z数据值 \qquad\qquad Z趋势值 \qquad\qquad 趋势分类$$

图 5-22　如何从趋势值的直方图（绿色分布）中选择 $nq=7$ 的类别的示意图（数据的直方图用红色绘制而成，以说明原始数据是如何变化的）

在不同类中强制再现趋势模型的方法是相同的：（1）计算每个子集中的目标均值；（2）计算每个子集中的实际均值；（3）将子集中的所有数据乘以目标除以实际的比率。下文中将在趋势矫正和不确定性的背景下对此进行描述。

2. 明确解释不确定性的原因

很大程度上，局部不确定性对全局直方图等参数的大规模不确定性不敏感。但是，正在越来越多地使用地质统计学模型来评估可采储量的全局不确定性。用空间自举和条件有限域（第二章第二节初步统计概念）等技术评估输入直方图中的不确定性或输入均值（至少）。该输入参数的不确定性同时也需要考虑在内。如果对每种模型都强制使用全局直方图或趋势，则全局不确定性将被低估。

应当将单变量分布中的全局不确定性转移到地质统计模拟，然后转移到响应不确定性。我们可以通过空间自举或者相似的技术集合一个等概率（可同样绘制）目标单变量分布的数据库。可以转换每个模型，从而再现一个不同的目标分布。

根据 Deutsch（2005b）的方法，假设直方图形状的不确定性被认为是二阶效应，而且这是最新型的方法。均值的不确定性是一阶效应，应当量化这种效应并转换到每个模型中。性质分布的多个模型通过缩放代表性分布来计算。

$$z_i^t = z_i \frac{m_{\text{targ}}}{m_{\text{orig}}}, \qquad i = 1, \cdots, N \qquad\qquad （5-12）$$

其中 m_{orig} 是代表性均值，m_{targ} 是由不确定性模型确定的特定模型的平均值。

对于经常遇到的非负变量的正偏态分布而言，这是适用的。当 $m_{\text{tar}} > m_{\text{orig}}$ 时，可能会产生太大的值。这个问题的解决方案是拒绝这些太大的值，而重新调节剩余数据：

（1）拒绝 $z_i^t > z_{\max}$；

（2）计算剩余数据 m_i 的平均值；

（3）缩放剩余值：$z_i^{t+1} = z_i^t \dfrac{m_{\text{targ}}}{m_t}$。

这必须迭代应用。通常在五次迭代内实现对目标的小容差内的平均值的收敛。趋势值也必须按比例缩放，从而与目标均值一致。还采用了以下乘法方法：

$$m^t(\boldsymbol{u}) = m(\boldsymbol{u})\frac{m_{\text{targ}}}{m_{\text{trend}}} \tag{5-13}$$

其中 m_{trend} 是原始趋势值的平均值。趋势值不应发生很大变化，否则的话，它们就不是真正的趋势。鉴于这个原因，对于一些高值，不使用迭代来删除。为了解释不确定性模型，每个模型将按比例缩放到不同的目标分布。随机地将输入模型与目标分布或均值配对可能对某些模型造成大的改变。在理想的情况下，我们可能会选择将每个模型转换为接近原始的目标均值。

（二）迭代算法

初始模型的分布表示为 $F_{\text{init}}(z)$。目标分布表示为 $F_{\text{targ}}(z)$。通过常规的分位数——分位数转换（第二章第二节初步统计概念），可以转换所有的初始值 z_i，$i=1,\cdots,N$，从而确保目标分布的再现：

$$z_i^{\text{hist}} = F_{\text{tar}}^{-1}\left[F_{\text{init}}(z_i)\right], \quad i=1,\cdots,N \tag{5-14}$$

也可以转换初始值以确保在趋势模型的 $k=1\cdots\cdots K$ 子集内再现趋势：

$$z_i^{\text{trend}} = z_i \frac{m_{\text{targ}}^k}{m_{\text{init}}^k}, \quad i=1,\cdots,N \tag{5-15}$$

该等式中 k 的上标指的是第 i 个数据落入的平均模型的类别。我们可以尝试在多个子集中强制执行均值：例如，垂直趋势和水平趋势。我们可以在趋势子集 z_i^{trend}，$s=1,\cdots,N_T$ 中添加指数。导致直方图再现和趋势的转换值可能会有所不同。我们可以选择计算它们的平均值来近似再现所有的数据约束：

$$Z_i^{\text{ht}} = \text{avg}\left(z_i^{\text{hist}}, z_i^{\text{trend},s}, s=1,\cdots,N_T\right), \quad i=1,\cdots,N \tag{5-16}$$

确保目标直方图和趋势模型的一致性使在一次通过中强制使用局部数据、目标直方图和趋势模型成为可能。但是，通常会有权衡，转换后的值不会完全重现输入统计数据。重置初始模型为转换后的模型并重新运行算法的做法似乎是合理的。这比较容易执行。经验说明，所有目标的收敛是可以实现的，但前提是它们彼此一致。不一致的输入，例如目标平均值与趋势模型的平均值不同，将导致结果不收敛。以下显示的是碳酸盐岩储层的孔隙度模型分布修正的一个极端例子。请注意，井数据附近的值是保持不变的，但远离井位的值变化很大（图 5-23）。

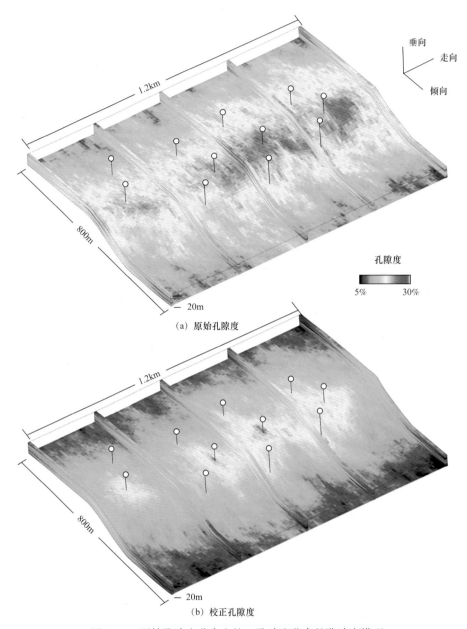

（a）原始孔隙度

（b）校正孔隙度

图 5-23　原始孔隙度分布和校正孔隙度分布的孔隙度模型

（三）分类图像清洗

正如第四章第二节的讨论，基于单元的分类模拟方法经常会导致人为地降低以孤立像素点为代表的短期连续性。例如，在相的模型中，泥相包围着单个砂相单元。相比例的再现也可能会存在问题，特别是比例相对较小的相类型可能无法匹配。MAPS 的图像清洗是一种纠正这些伪影的方法，同时也是将全局概率密度函数纠正为目标全局概率密度函数的一种方法（第四章第二节）。因为这种形式的后处理几乎是序贯指示模拟所必需的，所以基于变差函数的相模型讨论也包含这种形式。为了说明这一操作，图 5-24 显示了应用分类图像清洗前后三角洲储层相模型的一个示例。

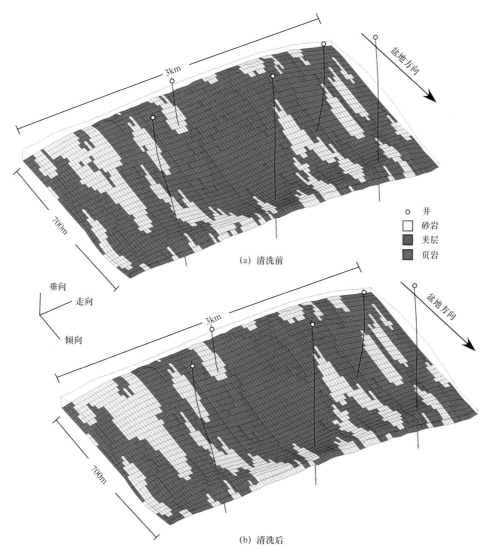

（a）清洗前

（b）清洗后

图 5-24　三角洲储层图像清洗前后的相模型

（四）调节校正

后处理可用于模型内的校正调节。如第五章第一节模型检查所述，模型精度或分配给模型实现中再现的模型单元数据是实现的最低接受标准之一。

有两种类型的条件校正：调节非条件实现以及调节条件实现以达到精确度。

有些模拟方法本质上是非条件模拟，例如转向带，需要多一个步骤来进行调节。这些方法通常基于两种克里金模型，一种是数据 $y_{kc}^{*}(\boldsymbol{u})$，另一种是数据位置的非条件模拟值 $y_{kc}^{*}(\boldsymbol{u})$，进而形成校正模型：

$$y_{cs}^{\ell}(\boldsymbol{u}) = y_{uc}^{\ell}(\boldsymbol{u}) + \left[y_{kc}^{*}(\boldsymbol{u}) - y_{ku}^{*}(\boldsymbol{u}) \right] \tag{5-17}$$

其中 $y_{uc}^{\ell}(\boldsymbol{u})$ 是非条件实现，$y_{uc}^{\ell}(\boldsymbol{u})$ 是条件实现。

在第二种情况下，条件实现不能完全匹配数据。通常要通过基于对象、过程模拟和优化方法（分别参见第四章第五节、第四章第六节和第四章第七节）来观察。需要用一种灵活的后处理算法，在不引入伪影的情况下进行井数据再现。

Deutsch（2005c）展示了一种基于侵蚀或膨胀的方法，用于解决以下情况。在算法中嵌入实际的河道状几何图形可能不符合实际，如示意性黑线所示；但我们希望最终基于单元的模型看起来比较符合实际。该方法是第四章第二节中讨论的 MAPS 法的扩展（图5-25）。

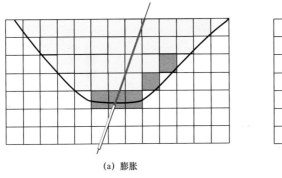 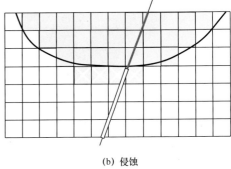

（a）膨胀　　　　　　　　　　　　　　　　（b）侵蚀

图 5-25　使用侵蚀和膨胀对基于单元模型进行后处理进而实施精确井调节的示意图（据 Dentsch，2005）

Deutsch（2005c）方法适用于研究单元及其与周围单元的统计关系；并不对对象几何形状进行明显操作。基于单元的统计程序具有以下优点：（1）后处理简单；（2）容易扩展到多个相，如堤坝和决口扇。

在后处理模式中应用图像分析技术，实施平滑变化的井调节数据。只有在观察的交叉点与待后处理的图像不匹配的井附近，才能改变这种实现。

相变化单元是从单元—井值不匹配的单元中选取椭圆范围内的单元。将首先考虑不匹配位置的单元，并使用螺旋搜索，直到达到椭圆范围。

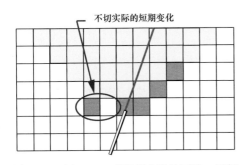

不切实际的短期变化

图 5-26　用 MAPS 后处理方法校正的、不切实际的短期变化示意图（据 Deutcsh，2005）

依次应用该算法，通过研究井不匹配和所有先前的网格节点变化，研究网格处的变化。原始 MAPS 算法是非连续的。但是，这里的目标是使侵蚀或膨胀平稳远离井，并且不会有不符合实际的短期变化。图 5-26 显示了我们要避免的情况。如果右边的单元不变，那么左边的单元也应该保持不变；该算法必须是连续的，使变化从井不匹配处平稳地扩散离开。

改变网格单元位置处的相分配的概率由两个因素确定：（1）邻近网格单元中的相；（2）在与

井相交的单元处分配的新相（用于纠正不匹配）。随着考虑的单元离井越来越远，不匹配的影响将会减小。

基于加权函数计算在任何特定单元位置 $\boldsymbol{u}$ 处，每个主导相的概率：

$$p(\boldsymbol{u},k)=\frac{1}{S}\sum_{\boldsymbol{u}'\in W(\boldsymbol{u})} w(\boldsymbol{u}')\cdot i(\boldsymbol{u};k),\quad k=1,\cdots,K \tag{5-18}$$

其中 S 是标准化常数，$w(\boldsymbol{u})$ 是以所研究位置为中心的加权模板，$i(\boldsymbol{u};k)$ 是位置 $\boldsymbol{u}$ 处的相 k 的指示。在第四章第二节基于变差函数的相建模的小节清洗基于单元的相模型中，有很多关于加权模板的讨论。一个相当小的模板（$5\times5\times5$）似乎工作良好。较大的模板会导致过度的平滑度，较小的模板无法迫使足够平滑的过渡远离井位置。

顺序路径中研究的所有单元都在距离"单元—井不匹配"较近的距离内。所考虑的单元也有可能变成井内观察到的相。这个可能性应该是它在井位的概率，并且随着离井距离的增加而减小。单元到井的距离由椭圆半径标准化，然后通过以下因数，观察到与井相同相的概率增加了：

$$f=(1/d)^{\omega} \tag{5-19}$$

其中 f 是与井相同相增加的概率，d 是 0 和 1 之间的标准化距离，其中 $d=0$ 在井位置，$d=1$ 距井的距离最大。ω 因数控制该因数随距离下降的速度；认为 $\omega=2$ 是合理的。所以，对应于井处的相 k，f 被加到 $p(\boldsymbol{u};k)$ 值。

仅有的其他因数变化要用随机数稍微修改 f；即乘以 0.9～1.1 之间随机数。如果不匹配在另一个相的均匀区域，这样就避免了过多的块状。该算法运行速度非常快，且井呈现平滑态，很少有视觉伪影（图 5-27）。

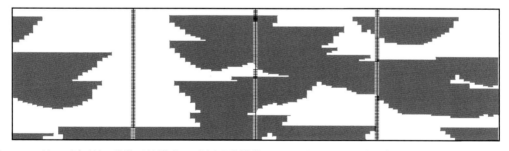

图 5-27　基于对象的河道模型的横截面示例（该横截面已经用 MAPS 后处理方法进行了校正，以便对井数据进行一致、精确的调节）（据 Deutsch，2005）

后处理案例的第三个潜在条件是模型更新，用于呈现新信息。模型重新模拟未完成而尝试更新的方法，通常依赖于模型靠近新信息和校正的部分的重新模拟，以确保全局分布是正确的。

三、模型缩放

可能有必要改变模型比例，通过放大比例来降低模型分辨率，或是通过缩小比例来提高分辨率。从数据比例到模型网格比例，然后到流动网格比例，都需要放大。如第二章第四节初步绘图概念中所述，另一个工作流程是将地质模型视为单元质心处储层性质的网格。这个工作流程已经推迟了模型的放大，直至要求网格单元有效属性的传递函数（例如流量模拟）。

（一）放大

可能要求放大来减少传递函数的计算时间。流量模拟通常就是这种情况。放大的另一个目的是提供模型概要——例如，将三维模型转换成二维地图或者生成大比例模型。最后，为了提供模型网格单元支持的特性，传统工作流程中会考虑模拟的模型，通常会尝试从油井测量中进行放大，从地震中进行缩小（尽管不一定很严格）。

应能使用一个详尽的精细比例模型。因此，可能会是经验放大；或者，可以使用分析工具（第二章第三节量化空间相关性）根据点支持变差函数模型调整单变量和空间分布。

（二）相的缩放

分类变量的比例变化是个难题。显然，类别的比例放大应该转化为一个连续变量，因为现在大比例单元格代表类别的混合。不过，虽然相不是流动模拟的直接输入，但相必须放大比例，因为相对渗透率和其他饱和度函数通常在模拟时按相分配。每个大比例流动模拟区块内最常见的相通常被认为是大比例相。这可能导致全局比例较小的相无法显示。可以考虑替代方案，比如先根据小比例相的最大可能性确定小比例相，然后再继续。

（三）孔隙度和饱和度缩放

孔隙度和饱和度都是体积浓度，并且线性平均。算术平均理论上是正确的。唯一的复杂性是在低净毛比储层中，一些小比例的孔隙度可能"无效"。目前还没考虑这种复杂情况的比例放大。

假设每个放大单元中有足够数量的高分辨率值，算术平均可提供合适的放大值。汇总统计数据，如单变量分布和空间连续性，可以从放大的孔隙度或饱和度模型中计算出来，以直接观察体积支持的变化对这些统计数据的影响。

（四）渗透率缩放

渗透率的放大更是一个难题（Tran，1995；Wen 和 Gomez-Hernandez，1996）。流动模拟网格块的有效渗透率取决于组成地质模型单元的空间排列和流动边界条件。相对渗透率曲线和其他饱和度函数的比例变化比绝对渗透率更复杂。这里对绝对渗透率的比例放大进行了非常简短的讨论。读者可以参考文献了解更多细节（Renard 和 de Marsly，1997）。

三种常见的简单求平均方法是：（1）算术平均，适用于平行复合材料中的线性流动；（2）调和平均，适用于串联复合材料中的线性流动；（3）几何平均，适用于渗透率对数正态分布的二维白噪声随机介质（Matheron，1966）：

$$k_a = \frac{1}{n}\sum k_i, \ k_h = \left[\frac{1}{n}\sum\frac{1}{k_i}\right]^{-1}, \ k_g = \left(\prod k_i\right)^{\frac{1}{n}} \tag{5-20}$$

几何平均值可以等同于计算数据对数算术平均值的幂。算术平均值是有效渗透率的上限，调和平均值是有效渗透率的下限。如果未对"零"渗透率页岩和"无限"渗透率裂缝等极端渗透率特征进行代表性地取样，这些可能并非界限。

定向平均（Cardwell 和 Parsons，1945）给出了有效渗透率更现实的界限。考虑一个由规则的三维地质建模单元网络组成的流动模拟网格块。特定方向上有效渗透率的上限可以通过两步计算：（1）计算垂直于流动方向的二维切片中渗透率的算术平均值；（2）计算二维切片平均值的调和平均值。有效渗透率的下限通过类似的两步给出：（1）计算流动方向上每个一维单元柱的调和平均值；（2）计算一维单元柱平均值的算术平均值。当这两个界限相差很大时，平均算法存在问题。差异图可用于识别网格大小或方向可能发生变化的区域。

传统的平均值都可以写成一般的"幂"平均（Korvin，1981；Journel 等，1986；Deutsch，1989a）形式：

$$k_\omega = \left[\frac{1}{n}\sum k_i^\omega\right]^{\frac{1}{\omega}} \tag{5-21}$$

其中算术平均值为 $\omega=1$，调和平均值为 $\omega=-1$，（极限值）几何平均值为 $\omega=0$。研究（Deutsch，1989a）表明，幂平均值取决于方向，水平方向的幂平均值较大，垂直方向的幂平均值较小。幂平均值取决于空间连续性，而不是直方图或高渗透率值和低渗透率值的相对量。对于各种地理统计模型，水平渗透率的幂平均值接近 0.6，垂直渗透率接近 −0.4。当然，它应该根据每个储层中存在的特定非均质性进行校准。校准程序要求在流动模拟网格块上通过单相稳态流动模拟计算"真实"有效渗透率。

这些小比例的流动模拟速度非常快。这使得我们使用最常见的扩大渗透率的方法直接解决。必须选择边界条件。垂直于流动的四个面上没有流动边界条件易于应用，但会不符合实际地限制流动并导致低渗透率。周期性边界条件通常更符合实际。Razavi 和 Deutsch（2012）及 Manrik 等（2012）近期提供了两种方法，对直接渗透率放大进行一些文献综述。

（五）缩小

比例缩小没有唯一的解决方案，较小比例的特性必然具有更大的可变性。在地质统计学建模中，比例缩小经常被用来处理多比例数据，因为大比例数据通常可用于地质统计学建模。大比例数据（块数据）可能来自：（1）二维大比例先验模型，通常建立在非常大的区域上；（2）生产数据和试井数据的反演，通常比岩心和测井数据的比例大得多；（3）地震资料反演；（4）被认为可靠的地质趋势数据；（5）来自测量或专家解释的任何其他大比例数据。

根据这些大比例数据建立模型时，需要缩小比例。缩小比例还用于从大比例模型生成精细比例的三维模型，用于小区域的详细流动模拟，如衬垫区。大比例模型可以是三维粗网格模型，也可以是二维模型，比例缩小实际上是将二维模型扩展到三维模型（Ren 和 Deutsch，2005）。该模型很可能是粗比例二维模型，因为粗比例三维模型通常相对于储层或储域具有较低的垂直分辨率。

使用多比例数据降比例的一些技术包括协同克里金法、同位置协同克里金法，以及将块数据用作局部变化的平均数据。由于这些方法都没有精确地再现块数据，Ren 和 Deutsch（2005）提出了一种组合块克里金直接序列模拟方法，用于精确比例缩小（在这种情况下，精确意味着比例缩小后的值将放大到原始的粗比例值）。考虑到直接顺序模拟面临很大挑战，优先选用简单的不精确的比例缩小方法：（1）将粗比例值分配给最接近质心的细比例单元格；（2）应用体积方差关系来计算细比例的输入统计；（3）用粗比例调节和细比例统计在细网格上进行模拟。

1. 将粗比例分配给细网格

粗比例值分配给最接近粗比例单元质心的细比例单元。另一种选择是将粗比例值分配给粗比例单元内的所有细比例单元，但这将在一定程度上代表比例缩小预期的可变性。随后在细比例网格上的重新模拟将施加正确的可变性水平，并且调节将确保细比例模型将倾向于较大体积上的大比例值。

2. 体积—方差关系

用粗比例输入统计数据进行模拟会低估细比例的可变性。此外，还存在对变差函数的二次影响。在第二章第三节量化空间相关性中，介绍了缩放连续属性分布和变差函数的方法。

虽然假设体积—方差关系稳定和线性平均，但在大多数情况下，它们应该为支持度变化的输入统计数据提供良好的近似值。

3. 细比例网格的模拟

一旦粗比例数据被分配给细比例网格，并且输入统计数据被计算用于细比例支持大小，模拟可以在细比例网格上进行。

最后，如前所述，在数据支持处模拟数据网格的方法可以消除比例缩小的需要。在任何要求的间距下，在先前网格的条件填充位置，用新的模拟值来扩充网格是很简单的。因为支持大小不变，所以不需要缩放。

因为比例放大是直接的，所以模型检查可以包括比例缩小模型的比例放大，以及与粗比例模型的对比。应特别注意粗比例值与缩放后的模型之间的比较。

四、逐点汇总模型

逐点汇总模型包括一套统计数据。对于表示地质模型的一组模型，每个位置 $\boldsymbol{u}_\alpha$ 都可以容易地计算出统计数据。Deutsch 和 Journel（1998）提供了计算 e 型、条件方差和局部百分位模型的实用工具。下文介绍了这些统计数据的详细情况。

这些汇总模型都不应该单独用来表示地质模型。例如，e 型模型太光滑，局部 $P10$ 模

型不是 $P10$ 模型（如下一节所述）。事实上，局部 $P10$ 模型是一个难以置信的悲观模型（每个位置的 $P10$ 值），会大大高估空间连续性。

为了展示以下统计数据，我们利用碳酸盐储层模型中的 20 个孔隙度模型。孔隙度和共同模拟渗透率的三个示例模型如图 5-28 所示。

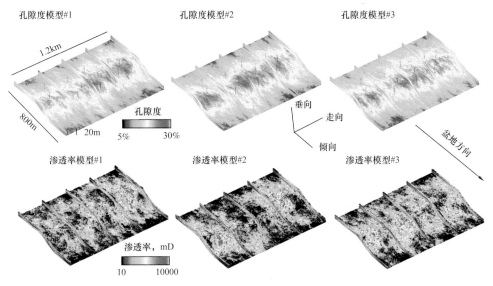

图 5-28　碳酸盐岩储层三个孔隙度和渗透率模型的斜视图

（一）期望值模型

e 型模型是特定连续储层性质不确定性的每个局部分布期望值。对于分类储层性质，可以计算每个类别的局部比例。因为所有实现都是等概率的，所以该模型只是每个位置所有实现的平均值（在下节讨论分配概率的情况下，可使用加权）。

$$\overline{z}\left(\boldsymbol{u}_{\alpha}\right)=\frac{1}{L}\sum_{\ell=1}^{L}z^{\ell}\left(\boldsymbol{u}_{\alpha}\right),\quad \forall \alpha \in V \qquad （5\text{-}22）$$

其中，在感兴趣体积 V 内的所有位置都有 L 个属性 z 的实现，

e 型地图对于检查调节数据时的趋势再现非常有用。在调节数据附近，e 型模型应该接近调节数据值，远离调节数据时，e 型模型应该接近趋势，或者在没有趋势的情况下接近局部或全局平均值。此外，在整合所有数据和输入统计数据后，e 型模型提供了最佳的局部估计。参见图 5-29 中的 e 型模型示例。

（二）条件方差模型

条件方差模型是模型中各个位置的局部模型方差。

$$\sigma^{2}\left(\boldsymbol{u}_{\alpha}\right)=\frac{1}{L}\sum_{\ell=1}^{L}\left[Z^{\ell}\left(\boldsymbol{u}_{\alpha}\right)-\overline{z}\left(\boldsymbol{u}_{\alpha}\right)\right]^{2},\quad \forall \alpha \in V \qquad （5\text{-}23）$$

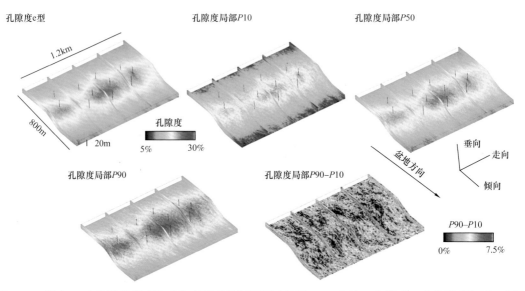

图 5-29　源自 20 个孔隙度模型的后处理模型的斜视图（见图 5-28 中的三个模型，这些模型包括 e 型模型、局部 $P10$ 模型、局部 $P50$ 模型、局部 $P90$ 模型以及局部 $P90$-$P10$ 模型）

其中，$\bar{z}\,(\boldsymbol{u}_\alpha)$ 是位置 $\boldsymbol{u}_\alpha$ 的 e 型值，在相应体积 V 中的全部位置，有 L 个特性 z 的模型。适用表示为条件标准差，如下：

$$\sigma\left(\boldsymbol{u}_\alpha\right)=\sqrt{\sigma^2\left(\boldsymbol{u}_\alpha\right)}, \quad \forall \alpha \in V \tag{5-24}$$

原因是其单位与目标特性的单位等同。基于分布假设，此单值可用于表示局部不确定性。例如：基于高斯假设，e 型值的两个标准差之间存在真实值的概率为 95%。

在没有分布假设的情况下，可直接根据局部模型计算局部百分位并将其用于计算散布度量，例如：四分位距。

对于分类变量，可按"散布"或局部不确定性指示来计算熵值。

条件方差和期望图实现了不确定性模型的同方差性和异方差性的可视化。例如：同方差模型的确定依据是条件期望和条件方差之间的独立性，即低条件平均值区域和高条件平均值区域的最大条件方差相当，这可能发生在使用分解趋势和残差建模方法之时。

（三）局部百分位模型

将这些模型指定为"局部"百分位模型时，必须特别小心。局部百分位模型并非百分位模型，它们通常以 $P10$、$P50$ 或 $P90$ 等形式表示，代表各局部不确定性分布的规定 p 值。局部百分位模型的计算公式为：

$$z^p\left(\boldsymbol{u}_\alpha\right)=F^{-1}\left(p\right)\left(\boldsymbol{u}_\alpha\right), \quad \forall \alpha \in V \tag{5-25}$$

其中，F 是局部分布函数，一般通过列明模型 $\ell=1,\cdots,L$ 上位置 $\boldsymbol{u}_\alpha$，$z^\ell\left(\boldsymbol{u}_\alpha\right)$ 的局部模型生成。

局部百分位模型是一种强大的沟通工具。例如：如局部 $P10$ 模型的特定位置较高，则此位置肯定高，因为真实值更高的概率高达90%。反之，如局部 $P90$ 模型的特定位置较低，则此位置肯定低，因为真实值更低的概率高达90%（图5.29中的局部 $P10$、$P50$ 和 $P90$ 模型）。如上所述，计算散布度量（例如：四分位距；见基于图5-29中局部 $P90$–$P10$ 的示例范围模型）时，可使用成对的百分位模型。

（四）指示模型

通过一组指示图实现单个模型可视化也不失为一种有价值的方法（Isaaks 和 Srivastava，1989）。回顾第二章第二节初步统计概念中的指示转换。

$$i^\ell\left(\boldsymbol{u}_\alpha;z_k\right)=\begin{cases}1, & \text{如果}\ z^\ell\left(\boldsymbol{u}_\alpha\right)\leqslant z_k \\ 0, & \text{其他}\end{cases} \tag{5-26}$$

这些模型介绍了特定局部模型 $\left[z^\ell\left(\boldsymbol{u}_\alpha\right)\right]$ 是否小于特定阈值 z_k 的编码。如果 z_k 代表特定经济阈值或其他重要阈值，这可能比较有趣。

编码的意义取决于这些指示在全部模型 L 中的期望。这代表真实值小于（或者如有规定，大于）阈值的概率。

$$P\{Z\left(\boldsymbol{u}_\alpha\right)\leqslant z_k\}=\frac{1}{L}\sum_{\ell=1}^{L}i^\ell\left(\boldsymbol{u}_\alpha;z_k\right), \quad \forall\alpha\in V \tag{5-27}$$

这些模型可直接应用于指示不匹配或未超过特定储层性质的经济阈值的风险。基于孔隙度模型指示转换的示例模型和代表超过孔隙度阈值（15%）的概率的期望指示模型如图5–30所示。

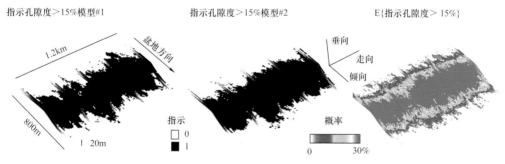

图5-30　源自孔隙度模型的指示结果斜视图

见图5-28中的三个示例模型，指示模型基于前两个模型，期望模型基于前十个模型

（五）移动窗口模型

移动窗口统计数据较多，可用于调查储层模型。如第四章第一节大型建模所讨论，移动窗口方法通常应用于计算与趋势模型之间的局部平均值和比例（Manchuk 和 Deutsch，2011）。针对单个模型应用这些方法可评估单个模型中的再现趋势以及多个模型中的再现趋势波动。

移动窗口方法可用于计算个别局部模型和导数。计算结果将与模型结果进行比较，包括：局部可变方位角模型（Boisvert，2011）、局部可变连通性或连通容积（Deutsch，1998b）、局部可变相关系数和空间连续性等。一般情况下，统计数据的复杂程度与移动窗口方法的局部结果的噪声程度呈正比关系。小心地调整窗口尺寸（Boisvert，2011）或对生成的模型实施平均化处理，可有助于除噪。

除模型检查和探测外，这些局部可变统计数据还能用于约束后续模型。例如：通过对基于单元格的相模型进行后处理而提取的局部可变方位角模型能用于约束相模型内的持续特性模拟的定位。

五、联合汇总模型

鉴于多变量和空间关系，由多个模型表示的地质模型提供了联合不确定性模型（第四章第一节）。这些模型应在后续转移函数中提供真实的结果。目前，探索此联合不确定性模型的机会有很多，其中包括：联合概率、地质体和连通性、空间特征。

（一）联合概率模型

鉴于模型实现代表正确的空间和多变量关系，因此，联合概率模型计算具有可能性。按相对于相关变量的一组条件的概率，来计算联合概率模型。例如：

$$P\{\phi(\boldsymbol{u}_\alpha)>5\% \text{ 且 } k(\boldsymbol{u}_\alpha)>800\text{mD}\}, \quad \forall \alpha \in V \tag{5-28}$$

即孔隙度和渗透率数值超过特定阈值的模型中各位置（$\boldsymbol{u}_\alpha$）的联合概率。通过在全部位置分别进行指示转换，计算联合概率。

$$i^\ell(\boldsymbol{u}_\alpha;\phi_t,k_t)=\begin{cases}1, & \text{计 } \phi^\ell(\boldsymbol{u}_\alpha)>\phi_t \text{ 且 } k^\ell(\boldsymbol{u}_\alpha)>k_t \\ 0, & \text{其他}\end{cases} \tag{5-29}$$

然后，对全部模型的指示值进行平均化，计算相关发生概率。

$$P\{\phi(\boldsymbol{u}_\alpha)>\phi_t \text{ 且 } k(\boldsymbol{u}_\alpha)>k_t\}=\frac{1}{L}\sum_{\ell=1}^{L}i^\ell(\boldsymbol{u}_\alpha;\phi_t,k_t), \quad \forall \alpha \in V \tag{5-30}$$

对于可视化和汇总重要阈值的相对不确定性而言，这可能是一个有用的途径。例如：联合概率模型可能载明储层需要的特定最低孔隙度、渗透率和含油饱和度（即潜在最有效点）。

联合指示示例如图5-31所示。如 $\phi(\boldsymbol{u}_\alpha)>15\%$ 且 $k(\boldsymbol{u}_\alpha)>500\text{mD}$，将指示设定为1，期望模型提供了孔隙度和渗透率模型超过各自阈值的联合概率。

如之前所讨论，结合局部移动窗口汇总会增加复杂程度。在不采用单元格规模测量的情况下，可根据移动窗口的指示计算概率，以提供更大规模的联合概率；或通过简单的连通性计算获取概率数据，以添加连通容积的概念，如以下讨论内容。

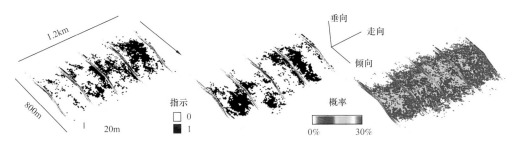

图 5-31　源自联合孔隙度和渗透率模型（10 个）的指示结果斜视图

见图 5-28 中的三个模型，指示模型基于 2 个模型，期望模型基于 10 个模型

（二）地质体和连通性

根据模型，可计算连通性测量和连通的地质体以汇总模型的非均质性。计算三维连通性的方法很多（MehUiorn，1984；Preparata 和 Shamos，1988；Deutsch，1998a）。Deutsch（1998a）方法通过多变量指示转换［式（5-27）］分配储层和非储层，然后使用快速方法分配各地质体的唯一指数并计算地质体尺寸。

虽作为模型的潜在候选排序方法（见下一节内容），此方法还可用于汇总和比较模型实现。此外，可基于模型中各位置的相关连通统计，对结果进行局部汇总；并对多个模型的结果进行平均化处理，以提供期望的连通容积和超过特定连通容积的概率。

（三）空间特征

除连通性外，其他先进的测量也能实现优异的模型汇总结果。第四章第七节模型构建优化的引言介绍了用于描述非均质性的多种先进统计测量，包括：基于点和基于栅格的统计数据（例如：Ripley 的 K 函数和孔隙度）。目前，这些空间统计数据不会应用于地质统计模型，它们提供了对地质模型进行后处理和汇总的唯一机会。基于栅格的方法可直接用于模型。孔隙度提供了全部相关规模的模型的分形空间填充行为测量。基于点的统计数据的获取难度更高，原因在于：为获取基于点的统计数据，需要在模型中分配代表非均质性的点位。对于三维模型而言，手动点位分配不具有可行性，而自动点位分配方法又需要相应的监督或检查。

六、工作流程

本部分内容介绍了利用后处理对模型进行缩放、修改或汇总。图 5-32 所示为模型后处理的一般工作流程。编制了多个模型并检查其数据、趋势和分布再现（第五章第一节模型检查）。如有任何问题，按需采取纠正措施。然后，根据要求调整模型尺寸。按需计算和保存逐点和联合汇总统计数据。如这些模型汇总识别出任何问题，可重新调整模拟设置和重新计算模型数据。

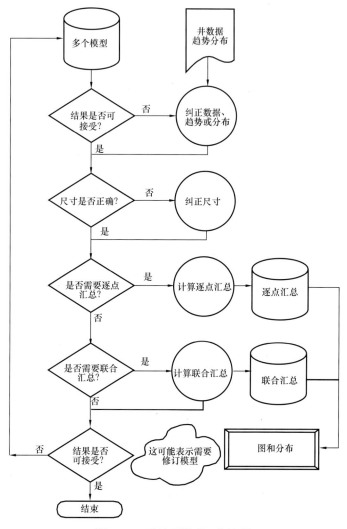

图 5-32 后处理模型工作流程

七、小结

模型后处理是一套可应用于地质模型（包括全部属性的全部模型）或单个模型的工具，目的在于修改或修复、缩放或汇总模型。在一些工作流程中，这些算子构成工作流程的不可分割的一部分，用于纠正数据调节和输入统计数据。在其他工作流程中，作为重要的工具，这些算子可促进理解和学习模型或模型组表示的整个地质模型。下一节内容涉及地质模型的不确定性管理话题。

第三节 不确定性管理

地质模型即输入数据和地质概念的再现水平等同的多个地质统计模型的组合。本章内容描述了与不确定性空间、不确定性汇总、地质统计模型验证、模型排序、规定模型数量、模型排序数值和不确定性决策等相关的问题。

《背景》描述了地质统计学储层模型表示的不确定性空间。将全部模型的概念地质模型和输入统计数据设定为常数是不现实的。现在越来越常用的替代方法是在替代情景内改变输入统计数据和概念模型，以更完整地表示当前知识储备并不充分。

《总结不确定性》描述了汇总不确定性的各种方法与格式，包括：讨论相应工作流程进而确定井密度对不确定性程度的影响，以及判断纯几何方法在确定不确定性程度方面的适用性。后者看起来可能有悖于地质统计建模，但是，这些判断针对概率不确定性模型相关问题提供了深刻见解。

特定储层建模研究所需的模型数量取决于被描述的不确定性方面及必须知悉的与不确定性相关的精确度。《模型数量》介绍了确定所需模型数量的指南。

通常，由于CPU要求及考虑到流体性质、井位置和其他储层开发计划方面的不确定性，仅能在有限的模型上实施流动模拟。《模型排序》描述了流动模拟用模型的排序和选用方法。

《不确定性决策》描述了发现不确定性时的决策相关内容。最后，《工作流程》描述了不确定性评估和排序的一些工作流程图。

一、背景

地质统计学储层模型是空间分布参数的组合，包括：（1）各地层的结构定义；（2）各地层内的相或其他区域；（3）岩石物理特性，例如临层和临相基础上的孔隙度、渗透率、残余饱和度。每个模型均由每个参数的一个模型构成。例如：不会针对相同的相模型构建多个孔隙度模型；一个孔隙度模型与各相模型相关（第五章第二节模型后处理）。请注意，一套完整的模型才属于地质模型。

基于多个地质统计模型，可评估不确定性模型或空间。每个模型均是来自建模方法的全部隐式决定所定义的不确定性空间的蒙特卡罗样本。如第一章概述所讨论，不存在目标或正确的不确定性空间。当概念地质框架和统计参数（例如：变差函数和尺寸分布）已知时，可通过多个模型创建不确定性空间。但是，在储层生命周期早期，这些参数并不明朗。因此，实际的不确定性要多于相同基础参数组合生成的地质统计模型组所测定的不确定性。

结合基于情景的方法和常规地质统计建模，确定更现实的不确定性空间。相关示意图见图5-33。在此示例中，储层能拟合三种不同概念地质模型（M-I、M-II或M-III）中的任一模型，拟合概率分别为0.5、0.3和0.2。各概念地质模型的建筑参数组合多种多样（例如：变差函数或尺寸分布）。图5-33所示概念地质模型的可能的参数分别有3组、2组和3组。

再次强调，必须明确各组参数的概率。然后，针对八种情景中的各个情景分别构建一组地质统计模型。结合构建的地质统计模型，计算更现实的不确定性空间。

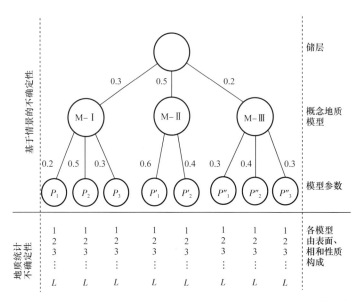

图 5-33　基于情景的不确定性和基于地质统计模型的不确定性的组合示意图（针对各情景构建相应数量的模型 L，通过贝叶斯关系的递归应用，计算各模型的概率）

情景"树"的每一步都需要条件概率。例如：如图 5-33 所示，在情景 M-I 下，参数组 P_1、P_2 和 P_3 的概率分别是 0.2、0.5 和 0.3，反映出专家判断意见，即在此概念模型中，参数组 P_2 的概率最高。这些概率具有一定的主观性且项目团队或相关专家必须明确这些概率。各水平的条件概率数值之和必须为 1。

通过贝叶斯定律的递归应用，结合全部水平的不确定性——即针对各地质统计模型分配概率。回顾与第二章第二节初步统计概念中与贝叶斯定律高度相关的条件概率定义：

$$\text{Prob}\{A \,|\, B\} = \frac{\text{Prob}\{A \text{ and } B\}}{\text{Prob}\{B\}} \tag{5-31}$$

其中，A 和 B 为事件。$\text{Prob}\{A|B\}$ 是事件于 B 发生后出现事件 A 的条件概率，$\text{Prob}\{A \text{ and } B\}$ 即同时发生事件 A 和事件 B 的联合概率，$\text{Prob}\{B\}$ 是发生事件 B 的边际概率。贝叶斯定律告诉我们，不同水平的联合概率之间存在乘法关系，例如：参数组合（P_1）的和相型 I 的概率为：

$$\begin{aligned}
\text{Prob}\{P_1 \text{ 且 } \text{M}-\text{I}\} &= \text{Prob}\{\text{M}-\text{I}\} \cdot \text{Prob}\{P_1 \,|\, \text{M}-\text{I}\} \\
&= 0.3 \times 0.2 = 0.06 \\
&= 0.06
\end{aligned} \tag{5-32}$$

此关系可以递归应用于任何数量的情景与任何复杂程度。

在最低水平（图 5-33），有 L 个模型。在指定建模参数组合下，各模型的概率等同。再次声明，根据贝叶斯定律，各模型的概率计算方式为各模型的概率（$1/L$）乘以各情景的概率。全部概率之和为 1。图 5-33 中，八种情景的概率从左到右分别是 0.06、0.15、0.09、0.30、0.20、0.06、0.08 和 0.06，八者之和为 1。任何特殊变量（例如：石油地质储量或回收）的组合不确定性分布考虑发生概率正确的全部模型。使用这些概率权重计算全部汇总统计数据和概率。

条件概率的情景和分配的合理定义非常关键。情景能反映不同的不确定性——例如：沉积类型（河口航道或以潮汐为主导）、断层封闭性（封闭性或局部封闭性）、压力水平和相定义。情景还能反映关键统计参数的不确定性，例如：有效厚度与总厚度的比值（低、中和高）、趋势模型或水平变差函数范围。情景树有很多层，而每个树枝下又有多层结构。因此，各情景的地质统计模型数量不同。

使用基于情景的方法，量化大型不确定性离散数据。使用多个地质统计模型，量化因数据不完整导致的不确定性。在储层生命周期后期，几乎没有大型不确定性，因此，届时可仅使用地质统计模型分析储层不确定性；此外，小型非均质性模型足以反映不确定性。

如缺少完整客观的不确定性模型的评估方法，参见第五章第一节模型检查中讨论的方法以了解不确定性地质统计模型的验证方法。这些方法可证明不确定性模型在数据约束方面的合理性。检查局部不确定性是具有可能性的，但是，检查大型资源或储量不确定性的难度较高。不确定性建模的替代技术不在此节讨论范围内。如读者有兴趣，可参见 Scheidt 和 Caers（2008）、Suzuki 等（2008）、Caers（2011）及 Cherpeau 等（2012）的文章。

二、不确定性考虑因素

不确定性模型必须指定出相关的体积 V。不确定性水平可能在储层上存在显著差异。储层上的井密度和地震质量可能不尽相同，模型的某些部分可能涉及有限数据支持的外推和当地储层特征的重大变化。应该注意记录这一点，并避免过度平均和遗漏此信息的摘要。

必须尝试识别和解释各种不确定性来源。这包括：数据度量的不确定性，数据解释的不确定性，数据位置的不确定性，以及从数据和类似物推断的输入统计和概念的不确定性。这可能需要随机化并应用建模输入的场景。然而，我们必须意识到这种不确定性模型存在实际限制。考虑到这种不确定性模型存在不确定性。考虑不确定性可能具有吸引力等，但这通常不具有生产力。

重要的是要考虑不确定性模型的规模。不确定性可以表示在储层单元、区域或更大范围。区域方差关系（第二章第三节量化空间相关性）表明随着建模规模的增加，局部方差和不确定性降低。如果规模设置得过大，那么不确定性可能会显得异常低。通常，相对于储层的大比例的不确定性与大规模趋势和过渡有关，而不是输入统计的简单统计波动。这可能是不确定性表征中最主观和最具挑战性的部分。在这些情况下，在给定假设统计数据的情况下，地质专家判断优于尝试计算参数不确定性的方法（参见第二章第二节中关于参数不确定性的讨论）。不确定性支持的规模应与项目目标直接相关，并应与不确定性模型和任何相关的总结明确说明。

下部分内容讨论了确定制定不确定性模型所需模型数量的方法。在提出使用由此产生的不确定性空间（例如摘要、排序和决策制定）的程序之前，这是适当的。

三、模型数量

地质统计学储层建模的一个重要贡献是通过蒙特卡罗模拟从储层响应不确定性空间中抽样的不确定性评估框架。蒙特卡罗抽样通过以下方式进行：（1）根据概率模型绘制 L 个模型；（2）通过部分性能计算处理 L 个模型；（3）组合 L 响应的直方图来表示输出中的不确定性分布。经典蒙特卡罗模拟需要随机绘制 L 个模型；因此，其均以相同的概率确定不确定性的分布。必须解决模型数量的问题。

通过流动模拟器处理模型需要大量的 CPU 时间，流动模拟器是最常用的性能计算器。通常，仅凭此原因就应考虑少量模型。以下关于所需模型数量的讨论是针对那些我们可以考虑更多模型以更好地评估不确定性的情况。

所需的模型数量取决于：（1）不确定性方面或量化的"统计量"；（2）不确定性评估所需的精确度。评估平均孔隙度等平均统计量可能需要很少的模型。然而，需要大量模型来评估地质储量分布的 1% 和 99% 百分位数。

环境标准和政治民意调查的报告程序将帮助我们确定地质统计分析结果的基础。考虑进行民意调查，以回答"最近能源价格上涨是否会给您或您的家庭带来经济困难？"。将以"是"和"否"回答的百分比，例如：56%"是"和 44%"否"来报告答案。负责任的民意调查机构会增加警告，以表达这一结果的不确定性。他们可能会报告受访者的数量；或者，更有可能的是，他们会应用基本统计数据来更全面地传达响应中的不确定性，例如：真实百分比在报告结果的 3% 以内（56%"是"），即 20 次中有 19 次。这两个附加数字用于总结报告结果的不确定性。

来自地质统计分析的报告统计数据是某些响应变量（例如：地质储量）的特定分位数，即 $F(p) = 0.1$、0.5、0.9 分位数。如上所述，还需要两个公差参数：（1）分位数的公差，比如 $\Delta_F = \pm 0.01$；（2）在概率 Δ_F 内的最小概率，比如 $t_F = 0.8$ 或 80%。非典型的情况是要求 $P10$、$P50$ 和 $P90$ 的采收率在 2%、80% 的时间内。更严格的要求是净现值的 $P1$ 和 $P99$ 在 0.1%、95% 的时间内（$\Delta_F 0.001$、$t_F = 0.95$）。

因此，使用了两个参数：（1）Δ_F，它是累积概率单位与报告分位数的偏差；（2）t_F，它是真实值落在报告统计量 ± 范围内的分数。在这种情况下，我们可以推导出满足特定标准——即指定的 Δ_F 和 t_F 的所需模型数量 L。或者，可以为给定的 L 建立参数 Δ_F 和 t_F；也就是说，可以计算出由于模型数量很少导致的结果不确定性。如图 5-34 所示。

可以计算满足指定的 Δ_F 和 t_F 的模型数量 L。cdf 值的抽样分布倾向于正态分布。

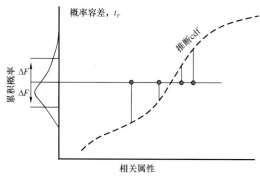

图 5-34　由有限抽样导致的特定百分比不确定性示意图

随着模型数量的增加，这种不确定性表示为真实度在公差范围内的概率 Δ_F 减小；因此，随着更多的模型被考虑，不确定性评估的精度也会提高这并不奇怪，因为 cdf 值是独立（模型是随机的）和恒等分布的大量值（在正确阈值处的指示符变换）的总和。

中心极限定理告诉我们，在这种情况下，随着数量的增加，抽样分布倾向于正态分布。对于中心极限定理，我们考虑的数量（L）很大；因此，预计分布将是正常的。这已在数字上得到验证。

鉴于这些假设，我们可以推导出以下表达式来计算所需的模型数量：

$$L = \frac{F(1-F)}{\left(\dfrac{\Delta_F}{G^{-1}(t_F+1)/2}\right)^2} \tag{5-33}$$

可以直接计算指定精度的模型数。

表 5-1 为一个查找表，其中包含达到指定公差 Δ_F 所需的模型数量，Δ_F 为 5%、4%、3%、2%、1%、0.5%，在公差 t_F 范围内概率 50%、60%、…、90%、95%、99%。这些值以数字方式计算并告诉我们"指定精度需要多少模型"和"给定模型数量的概率值的良好性"。

表 5-1　一组公差 Δ_F 所需的模型数量和公差 t 范围内的概率

		± 公差				
		5%	4%	3%	2%	1%	0.5%
公差的可能性	50%	15	25	45	100	410	1600
	60%	30	40	70	160	640	2500
	70%	40	60	105	240	970	3900
	60%	60	90	160	370	1500	5900
	90%	100	150	270	600	2400	9700
	95%	140	220	380	860	3500	14000
	99%	240	370	660	1500	6600	24000

如果需要对不确定性进行定量度量，则应使用上述分析结果。这可能导致不切实际的大量模型。一般而言，应考虑采用分阶段的方法。

（1）列举要考虑的地质场景，并为每个场景生成所有变量的单一地质统计模型。验证每个模型是否在可接受的统计波动范围内表达输入数据。计算每个模型的响应变量（地质储量、流动性能等）。

（2）为所有重要场景生成五个模型。重要场景很可能出现异常低或高的响应变量。必须使用分布给每个场景的专家概率和来自第一个模型的响应变量来做出此判断。使用这些模型计算响应变量。

（3）考虑对前五个随机模型彼此完全不同的场景进行更多模型。可以在所有这些附加模型上计算响应变量。

计算感兴趣的响应变量可能涉及以 CPU 和专业成本运行流模拟器。地质统计学模型的产生相对较快。这导致产生大量模型的想法，通过部分快速计算的统计量对其进行排序，然后通过全流模拟器处理有限数量。

四、总结不确定性

本小节介绍了总结不确定性和可视化不确定性的方法。虽然我们提供有关内部项目报告和文档的实用建议，但本书并不提出正式储量和资源报告规定（例如美国证券交易委员会制定的规定）。有关此主题的信息，请参阅相应辖区的现行标准和规定。

Wilde 和 Deutsch（2010a）提出了一套不确定性格式，可用于表达可接受的不确定性。任何概率不确定性规定应包括以下内容：

（1）确定正在考虑的人口或样本；

（2）不确定性范围 ± 的度量；

（3）无法访问真值在指定不确定范围内的概率；

（4）在满足进行标准所需的感兴趣区域 V 内的区域比例，以 $S_\alpha \in V$ 表示；

例如，对于至少 90% 的区域 $S_\alpha \in V$，孔隙度将是预测值的 ±5%（20 次中的 19 次）。通常最终标准被替换为感兴趣区域的定义。例如，孔隙度将是估计值的 ±5%，（针对映射球道，20 次中的 19 次）。不确定性也可以以任何比例表示，甚至可以表达为单个模型网格单元 u_α。这里预测值表示不确定性分布的估计值或预期值。

这些格式包括相对不确定性、绝对不确定性和误分类。前面提到的格式是相对的：衡量预测值百分比的指标。也可以应用绝对格式。这些格式指定不确定性与预测值无关（参见图 5-35，不确定性的示意图取决于预测值）。绝对格式包括 ± 指定公差、Δ、± 指定数量的标准偏差、a 和基于指定百分位数的范围（例如局部 $P90$– 局部 $P10$）。可以通过除以预测值将任何绝对格式转换为相对格式。例如，标准偏差除以变异系数的预测结果，即有用的不确定性格式。

相对和绝对格式之间的关键差异在于：相对度量在一定程度上考虑了异方差性。变异性或不确定性将随预测值而变化。相对度量将更好地总结异方差不确定性模型。在克里金法中假设了同方差性，因为克里金方差不依赖于估计，但在序列高斯模拟中向前和向后变换为高斯空间通常会在一定程度上赋予异方差性（第二章第四节初步映射概念）。此外，将变量分解为趋势和残差将导致同方差不确定性模型，因为趋势和残差是独立的。因此，根据工作流程，模型可以表达同方差和异方差不确定性的混合。在不与预测

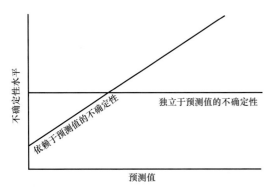

图 5-35 依赖于预测值的不确定性与独立于预测值的不确定性之间的差异

对于那些依赖预测值不确定性，使用相对格式；否则使用绝对格式；图改编自 Wilde 和 Deutsch（2010a）

值成比例的不确定性模型上使用相对格式往往会增加低预测值的不确定性。

Wilde 和 Deutsch（2010a）推荐的最终格式是误分类。其表示为一个类别被误分类为另一个类别的概率。一个常见的应用是利用经济阈值将岩石定义为储层和非储层。这种格式很有吸引力，因为它可能与风险直接相关，因为 PType Ⅰ 存在忽略良好储层的风险，而 PType Ⅱ 则存在从非储层生产的风险。

通过第五章第二节模型后处理（图 5-28 和图 5-36）中讨论的孔隙度模型，证明了三种不确定性格式来总结碳酸盐岩储层的不确定性。

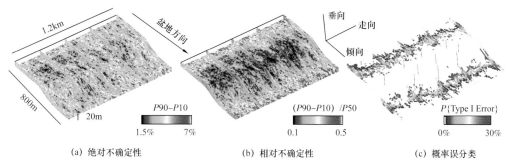

5-36　碳酸盐岩储层的不确定性概述

（a）来自局部 *P*90- 局部 *P*10 的绝对度量；（b）来自（局部 *P*90- 局部 *P*10）/ 局部 *P*50 的相对度量和Ⅰ型误分类的概率；请注意，类型Ⅰ的零概率设置为透明

五、不确定性与井间距

Wilde 和 Deutsch（2010b）提出了一种方法，通过顺序高斯模拟的模型来评估不确定性作为数据间距的函数。他们的方法如下：

（1）模拟真实分布情况的模型；

（2）以常规间距对模拟的真实分布情况进行抽样并添加抽样误差；

（3）生成适应模拟数据和放大的模型；

（4）总结每个数据密度的不确定性度量。

通过对多个真值模型求平均，结果更加稳健。添加抽样误差以模拟不完美的抽样和解释。需要放大，因为模拟是在假定的点支撑尺寸下进行的，并且通常在储层模型单元尺寸处需要提供不确定性。不确定性的度量可以是先前讨论的任何格式。Wilde 和 Deutsch（2010a）建议在整个模型中总结该模型的度量，然后对所有模型进行平均，以得出不确定性与数据密度的总结。

$$\bar{U}^{(\ell)} = \frac{1}{n} \sum_{\alpha=1}^{n} U^{(\ell)}(\boldsymbol{u}_\alpha) \tag{5-34}$$

$$\bar{U}_{(d)} = \frac{1}{L} \sum_{\alpha=1}^{L} \bar{U}^{(\ell)} \tag{5-35}$$

其中，模型中存在 $\ell=1, \cdots, L$ 个模型，且 $\alpha=1, \cdots, n$ 位置。

该方法需要通过顺序高斯模拟方法强烈依赖高斯模型的静态应用。如果有更多信息可用，则可以使用指定区域和非固定趋势来扩充此方法。

Wilde 和 Deutsch（2010b）的数据间距之间的关系如图 5-37 所示。注意随着数据间距的增加，不确定性指标的普遍增加。这是一个有用的通信工具，用于证明井数据的价值及其与不确定性的关系，并有助于井密度的设计。此外，井的增量值逐渐减少是显而易见的。

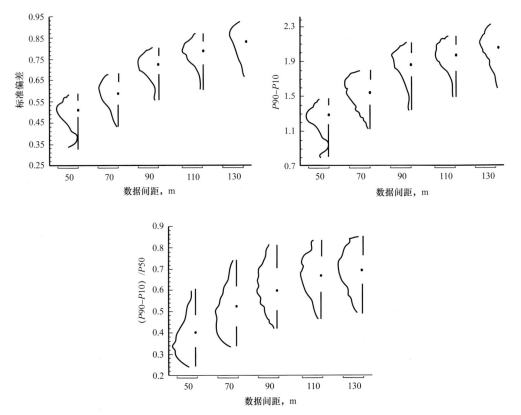

图 5-37　标准偏差、$P90-P10$、（$P90-P10$）/$P50$ 和数据间距之间的关系

图中显示了储层模型的平均值（显示为点）和局部不确定性的整体分布（来自 Wilde 和 Deutsch，2010b）

六、几何标准的情况

虽然本书的主题概率方法对描述不确定性很有用，但 Deutsch 等（2007）表明不确定性分析支持的几何标准，如钻孔间距，应该是资源分布的主要工具（图 5-38）。虽然我们在本书中没有讨论资源报告，但他们的论证为概率不确定性方法的应用提供了部分有趣的警告。

考虑以下有关概率不确定性应用的警告：

（1）不确定性取决于模型依赖性和平稳依赖性。通过对这些决策的微小改变，可以显著改变不确定性。例如，虽然趋势通常难以推断，但改变趋势的强度会直接影响整体的不确定性模型，因为可变性在某些趋势和不确定残差之间得到平衡。

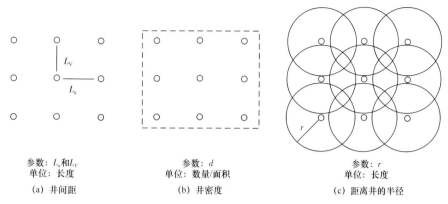

参数：L_u和L_V
单位：长度

(a) 井间距

参数：d
单位：数量/面积

(b) 井密度

参数：r
单位：长度

(c) 距离井的半径

图 5–38 数据量的不同几何度量示意图：钻孔间距、钻孔密度和距离钻孔的半径（据 Deutsch，2005c）

（2）许多参数以非直观和不透明的方式影响不确定性的分布。例如，随着属性快速平均化，增加的块金效应（远离井的更多不确定性）显著降低了升级后的不确定性。

（3）直方图的推断尤其是直方图方差和踪迹，通常具有挑战性。此外，直方图中不确定性的推断可能非常具有挑战性。这些都对得到的不确定性模型进行了一阶控制。

（4）选择分类的不确定性格式不是通用的，并且具有高度的情况特定性。例如，选择相对不确定性与绝对不确定性会导致低等级区域具有更大的不确定性。

依赖模型不确定性的局限性和挑战不应该阻止我们量化不确定性。可重复的不确定性陈述比没有任何估计更有用。

七、模型排序

每个地理统计模型同样很好地再现输入数据，并且考虑到所考虑的场景或随机函数模型，其具有相同概率。然而，可以根据某些标准或不用作数据的度量对模型进行排序。例如，连接到井位置的充满烃的孔隙空间的区域可用于对大量地理统计模型进行排序。

当存在多个流响应变量且不存在完美排序度量时，也没有唯一的排序指标。然而，模型排序的值将是必须处理以达到相同不确定性水平的模型数量减少量。

良好的排序统计正确识别低模型和高模型。在描述部分排序指标之前，请考虑排序存在问题或非必要的情况：

（1）当每个模型导致几乎相同的答案。

（2）当评估不确定性的方面易于计算时。例如，可以通过计算所有模型的孔隙体积来简单地评估地质储量中的不确定性。

（3）当有许多独立的储层响应时。也就是说，不可能设想一个能够产生唯一可靠排序的排序指数。

但是，有时需要大量的时间来评估每个模型，并且必须限制所考虑的模型数量。在这些情况下，值得考虑对模型进行排序以限制精细比例模拟的数量，并且还要获得流量响应中的不确定性的概念。

大多数简单的排序度量要求为所有地理统计模型中的每个单元分布一个净指标。如果单元格是储层质量，则该指标为 1，否则为 0。在某些相中，孔隙度和渗透率同时高于规定的阈值，则可确定储层质量。可以轻松计算每种模型的净毛比，并将其用作简单的排序度量。另一个简单的排序指标是总油量，即净毛比指标（含油饱和度和孔隙容积的乘积）。这解释了孔隙度和饱和度的变化。该方法的一个例子如下所示。

$$CV = \sum_{\alpha=1}^{N} i(\boldsymbol{u}_{\alpha}) \cdot \phi(\boldsymbol{u}_{\alpha}) \cdot \left[1 - S_{w}(\boldsymbol{u}_{\alpha})\right] \qquad (5-36)$$

其中 α 是模型上或排水半径 N 内的所有位置。

流动性能取决于储层质量岩石的连通性。有许多连通性度量可以在不运行完整模拟器的情况下快速计算出来（Berteig 等，1988；Ballin 等，1992；Deutsch 和 Srinivasan，1996；McLennan 和 Deutsch，2005；Fetel 和 Caumon，2008；Li 和 Deutsch，2008；）。

通过确定在三维空间中连接的净地质建模单元组，可以获得第一种连通性测量。有快速算法扫描三维二进制网络模型或非网络模型，聚合那些连接网络的储层质量单元（Deutsch，1998b）。结果将是地理对象或连接对象的数量 N_{geo} 的三维规范，每个对象具有相关的体积 $V_{geo, j}$，$j=1, \cdots, N_{geo}$。图 5-39 所示为三个 SIS 相模型的地理对象。

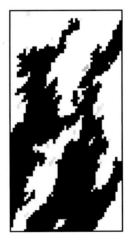

图 5-39　通过三个相模型得到的切片（每个模型中的黑色区域是最大的地理对象。较小的地理对象显示为黄色或蓝色）

可以通过多种方式使用一组模型的地理对象来对模型进行排序：

（1）前五个地理对象中的单元格部分可用作排序度量。当该分数很大时，模型连接度更高。

（2）如果井位已知，可以考虑生产井某些半径内的连通油气量。此排序度量考虑了有关连接的本地信息。

（3）如果已知井对位置，则可以使用注入井和产油井对"连接"之间的连接体积。

地理对象的替代使用是用于选择井位。可以设计优化方案，以选择在一些排水半径内使地理对象体积最大化的井位置。

地理对象可以衡量静态连接度；也就是说，它们不考虑弯曲度、渗透性、"阁楼油"

以及多个生产井位置之间的相互作用。可以制定一个简单的代理来解释静态连接度，如下所述（Li 和 Deutsch，2008）：

$$Q_s = \sum_{iw=1}^{N_w} \sum_{\alpha=1}^{N_{\{i\}\{iw\}}} V(\boldsymbol{u}_\alpha) \cdot \phi(\boldsymbol{u}_\alpha) \cdot (1 - S_w(\boldsymbol{u}_\alpha)) \left(\frac{d_{\max}}{d_{iw,\boldsymbol{u}_\alpha}}\right)^{dw} \left(\frac{K_{iw,\boldsymbol{u}_\alpha}}{K_{\max}}\right)^{kw} \tag{5-37}$$

其中 Q_s 是给出井模型的静态质量分数，N_w 是井的数量，$N_{\{i\}\{iw\}}$ 是特定井 iw 的排水距离内的单元数量，$V(\boldsymbol{u}_\alpha)$ 是单元体积，$\phi(\boldsymbol{u}_\alpha)$ 是单元比例的孔隙度，$S_w(\boldsymbol{u}_\alpha)$ 是水饱和度，另外两个项代表沿着通向井的最短路径的曲折距离和渗透率（几何平均值）。d_w 和 K_w 是用于缩放每个因子影响的权重，$d_{\max}$ 和 $K_{\max}$ 是将沿着流动路径 $d_{iw,\boldsymbol{u}_\alpha}$ 和 $K_{iw,\boldsymbol{u}_\alpha}$ 的距离和渗透率转换成相对分数的最大值（da Cruz，2000；Li 和 Deutsch，2008）。

存在部分可测量动态连接的更复杂替代方案，但仍然比运行全流模拟器更简单。存在随机游走算法，可测量注入和生成位置之间的"动态"连续性。这些方法通常要求在给定假设的井速率的情况下解决压力场（单相流）。然后通过介质跟踪颗粒，并且注入井和生产井之间的"时间"或"长度"的分布提供了可用于排序的连通性度量（Batyeky 等，1997）。

还有其他相对简单和快速的流动模型，包括：（1）示踪剂模拟；（2）基于一维流线网络的模拟（Shook 和 Mitchell，2009；Izgec 等，2011）；（3）洪水模拟代替更复杂的混溶或组成型模拟。在更复杂的过程中，5% 含水量的时间可能是其他可混溶组分突破的良好指标。

另一种排序方法是使用正确的物理或流动方程，但是地质模型需按比例缩放到可以接受计算机时间的粗略分辨率。底层网格的粗糙度将损害结果的直接有用性。然而，结果的相对排序可用于对潜在的地质模型进行排序。

应避免对概率的定量陈述进行排序。已公布的排序应用将排序度量视为"分位数保留"，例如，通过对排序模型的 P10 进行全面评估来确定完整性能评估的 P10。没有声明产生的 P10 与真实值的接近程度。当"排序测量等级"和"完全评估等级"之间的相关性很大时，该过程将起作用；然而，通常情况并非如此。

排序应该更加定性地应用于选择模型，以大致了解低性能、预期性能和高性能。以下是关于排序的部分额外警示说明。

排序分配必须包括方法和假设的明确指示及对等级度量适用性产生的限制。该等级仅对调查区域、特定比例和排序度量有效。例如，根据全球石油衡量标准排序的模型对于本地连通性测量的排序可能存在很大不同，并且全局连通性高的模型——在指定区域的连通性可能不高。必须保留排序标准（区域、比例和度量）并记录排序分配，因为排序分配通常具有极高的"黏性"并且经常被误用。通常，低模型或高模型的标签比原始应用程序更长，并且适用于新问题。对于任何新问题，建模者必须再次分析完整的地质模型并重新应用匹配的排序方案。

此外，保留过低数量的来自排序的地质模型的模型可能存在风险。鉴于排序方法的

不完善性，在传递函数之后，一小组模型可能不会跨越不确定性模型。Deutsch 和 Begg
（2001），Deutsch（2005a）提出了一种方法，在考虑真实和估计排序（排序度量良好性）
之间的给定相关性的情况下，将相当于 100 个 Monte Carlo 模型的排序模型数量联系起来，
来确定所需排序模型的数量。

八、不确定性决策

做出针对地质不确定性的最佳决策是一个重要的主题。下面给出了部分总体思路，读
者需要阅读文献以获取更多信息（Bratvold 和 Begg，2006；Bickel 和 Bratvold，2008）。

石油勘探和开采本质上是有风险的活动。有关这些活动的决定取决于对未来碳氢化合
物开采收入的预测。这种预测是不确定的，原因在于：（1）储层几何形状的不确定性和岩
石物理性质的空间分布；（2）流体性质的不确定性；（3）岩石和流体在受到外部刺激时实
际行为的不确定性；（4）模型限制；（5）成本和未来价格的不确定性。本书解决了由于储
层稀疏采样而导致的地质模型的不确定性。

勘探和开采涉及三种主要决策类型：（1）是否钻探探井的决策；（2）选择最佳开发计
划以优化储层开采盈利能力的技术决策；（3）是否投资项目的商业决策。勘探决策通常通
过将替代行动与各种结果联系起来的决策表来解释不确定性（Harbaugh，1995）。

在勘探油藏划界之后，设计了油藏开发计划，该计划确定了额外井的数量、类型和位
置，并且呈现了钻井工作时间表以及用于注入和生产流体的曲线。一旦确定了开发计划，
就有可能将数据不确定性的某些方面转移到生产预测中。流量响应的概率分布可用于评估
项目的预期货币价值，并指导业务决策是否投资于特定项目。

将简要介绍选择最佳开发计划时对地质不确定性的考虑。这是迄今为止油藏管理中最
重要的决定。

定义开发计划的常规方法忽视了地质的不确定性。常规程序包括：（1）建立储层的单
个确定性地质模型；（2）定义部分可能不同的生产方案（井的数量、每个井数量的配置、
垂直或水平、发生器或注入器、注入流体等）；（3）为每个方案运行流动模拟器，以生成
相应的生产和注入曲线；（4）对每个方案执行现金流量分析；（5）选择提供最大利润的
方案。

（一）井场选择

已经为井场选择开发了许多方法：（1）使用地理对象的整数规划（Vasantharajan 和
Cullick，1997）；（2）结合一次模拟一个井结果的优化（da Cruz 等，1999）；（3）实验设
计和响应面方法论（Vincent 等，1990；Aanonsen 等，1995；Dejean 和 Blanc，1999）。由
于井位置的大量组合，这种优化问题特别困难。

无论采用何种方法，井场选择都应优化整个地质模型，而不是单一模型或估算模型。
单个模型上的井位优化对于所有模型都不是最优的，而对于任何单个模型而言，对所有模
型的优化可能看起来不是最优的（图 5-40）。

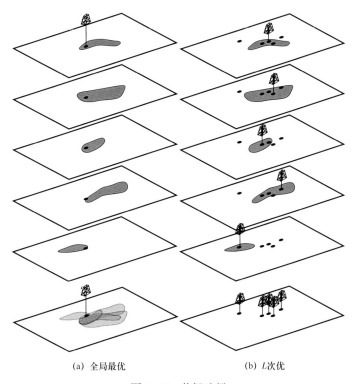

(a) 全局最优　　　　　　　　(b) L次优

图 5-40　井场选择

（a）在所有模型中联合的最佳井场选择；（b）每个模型的次优井场选择；五个堆叠平面表示五个模型；
每个模型的储层区域由投射到平面上的闭合形状表示

（二）开发计划

由于以下原因，油藏开发计划的优化也特别困难：

（1）要选择的大型参数组合；

（2）难以捕捉到时间的影响；

（3）流动模拟中考虑了物理学的局限性；

（4）喷油器或排量的位置；

（5）完井的具体细节。

流动模拟器已与单一确定性地质模型的经典优化程序相结合（Bittencourt 和 Horne，1997）。已经使用其他优化程序来解释多个模型（da Cruz，2000）。已经应用了实验设计和响应面方法（Damsleth 等，1992a；Egeland 等，1992；Jones 等，1997）获得每种方案的流量响应分布，并在存在不确定性的情况下保留最佳方案；然而，考虑到这些方法所需的模型数量减少，会对流量响应中的不确定性产生不完整的评估（Stripe 等，1993）。

da Cruz（2000）进行了一项综合研究。提出了存在地质不确定性决策的一般程序：

（1）生成地质模型 $l=1, \cdots, L$ 的地理统计模型。地质模型 "l" 的符号特意设置为简单符号，但实际上 l 是表示结构面、相、孔隙度、渗透率和流体饱和度的数值模型的空间分布向量。

（2）定义可能的油藏管理方案：$s=1,\cdots,S$。每个方案都是针对该问题的一种可能解决方案的完整规范。例如：一种方案将定义井的数量、井的位置、完井间隔、地面设施。方案的数量可能非常大，但仅基于一个模型的 L 个模型和先前灵敏度流分析的检查应该大大减少该数量。请注意，这些方案是油藏管理方案，而不是本节开头讨论的地质方案。

（3）建立最大化利润 P 的量化指标。随着碳氢化合物产量的增加，利润的衡量标准会增加，并且随着需要更多井和设施而减少。利润取决于相关成本，碳氢化合物价格和税收。衡量利润的一个推荐单位是贴现现金流量的现值。

（4）计算每个油藏管理方案和每个模型的利润：$P_{s,l}$，$s=1,\cdots,S$，$l=1,\cdots,L$。通过运行流动模拟器获得流体产生和注入曲线，并且根据每种情况（s 和 l）的方案规范和曲线计算利润度量。

（5）根据所有模型的平均利润 $\overline{P}_s$ 计算每个油藏管理方案的预期利润。

（6）将最优油藏管理方案 $s*$ 定义为具有最大利润 $\overline{P}_s$ 最优估计的方案。

该过程的模型需要注意方案的规范和许多流动模拟的执行。

（三）损失函数

在前面的讨论中，最优方案被定义为最大化利润的预期值而非地质统计模型的方案。采用预期值或平均利润暗中假设低估和高估的后果是相同的。更具体而言，使用最小二乘准则。然而，在实践中，低估和高估的后果很少相同，且很少遵循最小二乘关系。

"损失函数"（Journel，1989；Srivastava，1987a，1990a）的概念量化了不同"损失"的概念或低估和高估的后果。未知的真实利润 P 将通过给定误差 $e=p*-P$ 的单个值 $p*$ 来估计。函数 Loss（e）必须由组织或公司经济决策负责人指定。然而，误差 e 是未知的，因为真值 P 是未知的；因此，可以使用 P 的分布确定每个方案的预期损失值：回想一下，s 是一个特定的油藏管理方案，L 是地统计模型的数量，而 $P_{l,S}$ 是使用模型 l 方案的利润。

$$E\{\text{Loss}\}_s = \frac{1}{L}\sum_{l=1}^{L}\text{Loss}\left(p_s^* - P_{l,s}\right) \tag{5-38}$$

对方案 s 的最佳利润估计是 $\hat{P}_s$，以确保在采用 $p_s^*=\hat{P}_s$ 时预期损失最小。

图 5-41 显示了一个小例子。两种方案的利润分布显示在顶部。两种方案都具有相同的平均利润，但方案 1 比方案 2 的不确定性更小。部分备注：

（1）中心显示的最小二乘损失函数不会区分这些方案，因为平均值相同。

（2）左侧的损失函数显示高估的惩罚高于低估。这对应于不想高估油藏价值的"保守"公司。在这种情况下，保留的利润值将低于平均值；例如，如果高估是结果的三倍，则保留分布的下四分位数。在具有相同平均利润的两种方案之间，使用这种类型的损失函数的公司将更喜欢具有较小不确定性的方案（方案 1）。

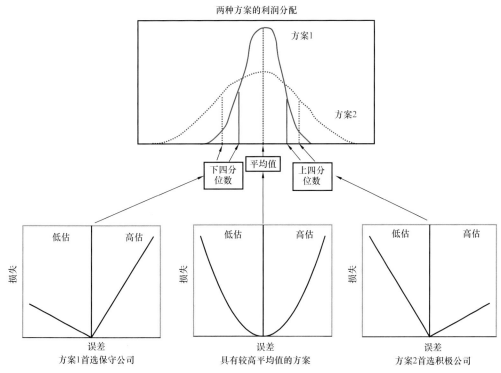

图 5-41　两种方案和三种损失函数的利润概率分布示例，它们为每种方案产生不同的保留利润值，并针对最佳方案产生不同的决策（据 da Cruz，2000）

（3）右侧的损失函数会惩罚低估而不是高估。这对应于正在寻求利润，并且会冒更大的风险获得该利润的"积极"公司。在这种情况下，保留的利润值将高于平均值，例如：分布的上四分位数。在具有相同平均利润的两个方案之间，使用这种类型的损失函数的公司将更喜欢具有更大不确定性的方案（方案 2）。

定义正确的损失函数至关重要。利用损失函数 $L(e)$，不确定性分布（$l=1，\cdots，L$ 个模型）和一组可能的储层管理方案（$s=1，\cdots，S$）可以很容易地确定最优决策。挑战在于量化最合适的风险态度，即损失函数。

损失函数的使用，即预期损失的最小化或预期货币价值的最大化，与重复决策相关。例如许多井的布置。应根据具体情况考虑一次性或相对不频繁的决策，并应探索风险缓解策略，并有可能收集新信息或分阶段决策，以实现更大的灵活性。

九、工作流程

图 5-42 所示为使用基于方案的方法和地理统计模型相结合来量化不确定性的工作流程。

十、小结

本节讨论了与不确定性空间、所需模型数量、总结不确定性、模型排序的值以及存在不确定性时的决策制定相关的基本问题。

　　第五章和关于模型应用的讨论到此结束。在第六章中，简要介绍了部分特殊课题，并对其他部分新兴技术和最终想法进行了评论。

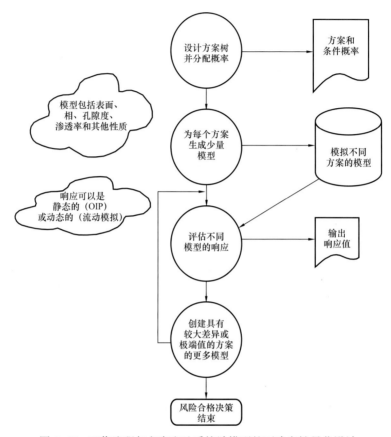

图 5-42　工作流程与方案和地质统计模型的不确定性量化设计

第六章 特殊课题

　　地质统计学储层建模是正在进行的研发课题。本章介绍了一些预期在未来会变得重要的前沿领域。

　　《非结构化网格》介绍了与使地质统计学属性模型符合现代灵活网格划分方案相关的问题和方法。已经进行了各种研究工作以制定能够直接模拟非结构化网格的模拟算法。总的来说，问题还没有解决，现在首选数据或小规模支持模拟和放大。通常采用利用两个网格的方法，一个大规模非结构化网格和另一个高分辨率更均匀的单元尺寸。已经做了很多努力来改进可以通过分类、相模拟再现的空间异质性的多样性（第四章第二节至第五节）。虽然可以理解相异质性通常是最重要的约束，但已经开展了改进连续变量异质性的工作（第六章第二节）。这包括使连续变量异质性完全符合分类模拟实现的努力以及在超出最大熵变量图的高斯模型之外的连续模拟中强加异质性的努力。

　　估算是一般建模工作流程中的重要一步。然而，虽然存在各种模拟方法，但却没有可用的估计实施例子。《更多估计方法》介绍了最近开发的用于估计截断高斯技术的方法，以解决此问题。

　　《光谱方法》简要概述了光谱域中的模拟。这些方法计算速度非常快，并且在光谱域中，变量图具有更大的灵活性，但是存在妨碍广泛应用的限制因素。直方图和变异函数的数据调节和再现仍然是挑战。

　　《基于表面的建模》回顾了曲面随机建模的基本方法。虽然这是几年前开发的，用于过程模拟方法来跟踪地形和支持规则，但作为一种独立方法的广泛应用尚未实现。鉴于集成数据调节、几何尺寸和趋势具有的灵活性，预计该方法在未来仍将举足轻重。

　　在过去几年中，集合卡尔曼滤波（第六章第六节）和其他集合方法作为一种整合生产数据的方法受到了很多关注。该方法基于一组模型实现的有效递归过滤器以施加约束。通过良好的先验模型，这些方法是有效的。

　　此外，我们认识到地球科学家为开发先进的地质表征（第六章第七节）所做的努力，以有效地表征储层非均质性（第四章第七节）。这些统计数据证明了量化储层结构并为描述、分类和比较提供客观测量的能力。地质统计学面临的挑战是在这些统计数据对储层异质性产生影响时进行整合。

　　其他新兴技术部分是未来可能考虑的各种方法和机会的集合。这些包括增加计算能力和可视化以及数据源的新机会。此外，高度定制的建模方法可能是在失去一般适用性的情况下处理这些独特数据源的机会。

　　最终想法部分为这本关于地质统计学储层建模的入门书提供了一些最终的想法。地质统计方法有许多局限性。然而，在数据稀疏的情况下，地质统计方法适用于异质性建模和评估不确定性。

第一节　非结构化网格

一段时间以来，储层流量分析一直在考虑使用非结构网格。由于假设模型网格中的网格元素大小相同，这对地质统计学提出了独特的挑战。对非结构化网格进行仿真算法的初步研究主要集中在直接序列模拟上（Xu 和 Journel，1994；Tran 等，2001；Manchuk 等，2005）。这种方法由于几个突出的问题没有实现，包括复制分布模型的困难，特别是在考虑异方差性时，即自然数据集中常见的均值和方差之间的关系（Leuangthong，2005）。

$$\sigma^2(\boldsymbol{u}) = f[m(\boldsymbol{u})] \qquad\qquad (6-1)$$

直接序列模拟提供了在没有分布假设的情况下进行建模的可能以及相关的前向和后向变换，并且乍一看提供了新的途径。然而，虽然局部分布可以以灵活的非参数方式建模，但中心极限定理的普遍性导致全局分布中的多高斯性。由此得出，如果没有在局部和全局分布之间达成一致性或没有变换，则不再现全局直方图。直接序列模拟看起来有可能直接对比例效应进行建模。然而，基础构建要素仍然是克里金法，其同方位假设（均值和方差彼此独立）无法再现异方差分布。

鉴于这些挑战，非结构化网格上的地质统计学的现阶段方法实现了底层结构化网格，使得现有的地质统计学理论和算法适用（Caumon 等，2005a）。底层结构化网格通常具有足够精细的比例，以准确地表示非结构化网格几何形状并提供合理的放大结果。

Manchuk 和 Deutsch（2010）提出了一种方法，其前提是当粗网格非结构化时，常规网格不是最佳选择。相反，提出了一种解决问题并保持与精细比例一致的结构化网格相同的优点的网格。

也就是说，精细比例网格是单纯网格，能够精确地离散任何粗网格规格，包括结构化、四面体和垂直平分线（PEBI）网格。随后将单纯网格放大到非结构化网格。

使用地理统计信息来填充单一元素的关注点是规模。元素量不相等。这是通过在离散化上以伪点比例建模属性来处理的（第二章第四节）。结果表明，通过升级过程可以减轻伪点比例和单面元素比例方差之间的误差。

部分优势包括：

（1）离散化精确填充非结构化元素，使粗糙和精细元素接口重合，从而简化了升级过程；

（2）流动模拟方法可用于单纯形网格，基于流量的升级方法适用；

（3）单面网格生成是灵活的，并且分辨率在局部有差异，类似于粗糙的非结构化网格（示例），以实现近流动井的高分辨率；

（4）可以约束离散化以再现粗网格未捕获的地质特征。

此工作流程的明显缺点是地质建模进行了两次；一次在绘图期间，由于粗网格设计取决于地质异质性；另一次在网格细化之后。然而，地质统计建模工作流程一旦参数化就很容易实现自动化。这涉及评估样本数据的统计特性，包括概率分布函数、一阶和二阶矩、多变量关系和空间协方差。所有这些统计数据都取决于计算它们的样本数据的规模。一旦为特定案例定义了所有数据和参数，就会使用计算机自动构建地质统计模型。

第二节　连续变量异质性

连续变量异质性通常被认为是次要问题，因为相变异质性通常对储层空间连续性具有一阶约束。然而，在相模型中捕获特定的连续储层性质非均质性或在没有相约束的情况下改善储层模型中的连续储层性质非均质性可能是重要的。

Cavelius 等（2012）提出了各种方法来更好地约束 MPS（或任何其他基于单元格的）相模型中的连续储层性质。这些包括使用距离变换对相模型进行后处理以计算可以用于计算连续内相趋势模型的相内坐标方案。显然，如果相具有短程噪声和高度融合，这种方法将遇到困难。图像清洗将是提高性能的有用步骤（第四章第二节）。

另一种选择是产生非高斯连续模拟。例如，Cavelius 等（2012）提出了连续 MPS 模拟，其中类别表示连续属性分布的截断。然后，使用分类变量作为并置的二次数据和高相关系数来模拟连续分布。不可否认，这种方法是临时的。另见 Daly（2005）的论文。

FilterSIM 等方法（Zhang 等，2005；Wu 等，2008）提供了更复杂的方法来再现连续变量异质性。与 MPS 一样，FilterSIM 依赖于训练图像，但首先通过将各种滤波器分数应用于训练图像来进行。这些得分通过将局部训练图像模式分类为模式组来缩小问题的基本尺寸（即考虑模板上可能的模式的巨大组合）。通过选择具有最接近匹配组的模式进行局部调节并将它们放置在模型中来进行模拟。该方法能够以增加复杂性为代价再现非常复杂的连续属性异质性，包括需要指定有意义的过滤器。

使用 MPS 方法，空间连续性模型是在模型单元的尺寸支持下的离散模型。这与在高斯和指示器模拟中应用的变差函数或协方差模型形成对比，其提供所有可能方向和距离的空间连续性模型，并且可以按比例缩放以考虑模型单元支撑尺寸的变化。为了保持这种灵活性和超出两点描述的表征的优点，已经尝试将变差函数的概念扩展到更高阶的空间统计量、空间累积量。与 MPS 相反，该方法尝试使用高阶统计量的映射来完全表征高阶空间行为。

Dimitrakopoulos 等（2010，2011）提出了一种相关的高阶模拟算法。这提供了基于高阶统计量的连续模型构建和检查的方法。Goodfellow 等（2012）指出，这些统计数据可能无法从现有数据中推断出来，但通过分解可能更为实用，根据可能从可用数据计算的低阶统计量组合形成高阶统计量的模型。

第三节　更多估计方法

如第一章介绍的广义工作流程所述，估计仍然是储层建模的重要工具。具体而言，通过估计显示了可用数据整合的价值，而不会叠加可能隐藏重要特征的随机模拟异质性。需要与每种模拟方法相匹配的估计方法。例如，Biver 等（2012）提出了截断高斯技术的估计方法。此方法如下：

（1）将次要变量（相关的地球物理特性）转换为其相关的累积概率，即 0 和 1 之间的均匀分布。

（2）以任何局部可变比例作为局部平均值和模型内每个位置 **u** 的调节数据，执行简单的指示克里金法。这表示相的局部概率密度函数。

（3）使用次要变量均匀分数值从局部概率密度函数中进行采样。

这是一种简单、方便的方法，可以建立一个约束高斯模拟典型排序关系的估计模型。可以想到基于其他模拟方法建立估计模型的类似方法。

第四节　光谱方法

光谱方法有很多有趣机会。首先，我们简要描述该理论，然后讨论机会。以下是基于 Wilde（2010）提供的综合文献综述和光谱方法的总结。频谱仿真的基本概念是将协方差函数从空间域变换到频域，在频域中计算模型，然后将模型反向变换到空间域。

经典谱表示的定理表明，具有定义的协方差 $C_z(\boldsymbol{h})$ 的一组值 $z(\boldsymbol{u}_\alpha)$（$\alpha=1,\cdots,N$）可以表示为有限的傅里叶系数 $A(\omega)$ 的离散逆傅里叶变换（Yao，2004）。

$$Z(\boldsymbol{u}) = \sum_{\omega=0}^{N-1} A(\omega) \mathrm{e}^{i2\pi\omega\boldsymbol{u}/N}, \qquad \omega = 0,\cdots,N-1 \qquad (6\text{-}2)$$

其中傅立叶系数由幅度和相位谱组成。

$$A(\omega) = |A(\omega)| \mathrm{e}^{-i\phi(\omega)}, \qquad \omega = 0,\cdots,N-1 \qquad (6\text{-}3)$$

其中 $|A(\omega)|$ 是幅度谱，$\phi(\omega)$ 是相位谱。幅度谱与谱密度 $S(\omega)$ 有关。

$$|A(\omega)|^2 = S(\omega), \qquad \omega = 0,\cdots,N-1 \qquad (6\text{-}4)$$

谱密度是协方差函数的傅里叶变换（Pardo–Iguzquiza 和 Chica–Olmo，1993）。

$$S(\omega) = \frac{1}{N} \sum_{h=0}^{N-1} C_z(\boldsymbol{h}) \mathrm{e}^{-i2\pi\omega\boldsymbol{h}/N}, \qquad \omega = 0,\cdots,N-1 \qquad (6\text{-}5)$$

幅度谱通过谱密度与协方差模型产生关联。相位谱与协方差模型无关给定这些关系，我们可以使用以下步骤模拟具有定义协方差的无条件平稳高斯：

（1）定义协方差函数；

（2）通过协方差函数的傅里叶变换计算谱密度（移动到谱域）；

（3）将振幅谱计算为谱密度的平方根；

（4）绘制随机相位谱；

（5）将幅度和相位谱组合成傅里叶系数；

（6）逆傅里叶变换（回到空间域）系数计算标准正常空间中的无条件实现。

这种方法存在一些问题。例如，Yao（2004）表明，在多个实现中，分布方差被低估了。纠正方差的努力导致协方差不被尊重。此外，傅里叶模拟方法只能生成无条件实现。这需要第二步来调节，例如昂贵的数据不匹配克里金步骤。虽然 Yao（1998）提出了调节方法，但结果只是近似的，并且失去了光谱方法的速度优势。

光谱方法在变异函数和交叉变异函数建模方面具有更大的灵活性（Emery 和 Lantuejoul，2008）。通过将所有实数分量设置为大于零并将它们约束为方差的总和，可以直接将协方差函数校正为谱域中的正定（Yao 和 Journel，1998；Pyrcz 和 Deutsch，2006a）。此外，对于多变量的变异函数建模，典型的核心模型线性模型具有更大的灵活性（Pardo-Iguzquiza 和 Chica-Olmo，1993）。最后，光谱模型提供随机函数模型 $Z(u)$ 的连续空间表示，可以在任何位置进行采样，而无需使用其他模拟方法进行局部重新模拟。这考虑到了有效的模型细化。

虽然在谱域中存在模拟的挑战和优势，但是与每个模拟位置处的克里金系统的顺序解决方案相比，通过傅里叶变换进行模拟的速度优势使得这成为无条件模型的选择方法。需要进一步的工作来实现其在条件设置中的潜力。

第五节　基于表面的建模

储层由一系列沉积和侵蚀事件形成（第二章第一节初步地质建模概念）。石油工业感兴趣的大多数沉积序列是沿大陆边缘形成的，其中沉积是构造活动与海平面相互作用的结果（Emery 和 Mayers，1996；Galloway，1998；Mulholland，1998）。在与大规模地质事件相关的长时间内，堆积和侵蚀的重大变化导致沉积物分布的巨大变化。在这些大规模的变化中，有更频繁的事件，例如海平面的上升和下降，在水库的大规模建筑上叠加周期性特征。每一个大规模沉积物都由一些较小规模的沉积物组成，反映了更频繁的沉积事件。

地表是不同沉积物包的边界，这些边界代表不同地质事件的起点和终点。一般来说，由于地质条件的变化，边界处的沉积物性质发生了显著变化，而在沉积物包中，岩石物理性质更加均匀，或者随着可识别的趋势而变化。因此，地表提供了相和岩石物理性质的大规模连通性和连续性控制，这对储层性能预测至关重要。在较小的比例上，表面可能代表连续的不均匀性，如泥浆帘，这可能代表重要的屏障、挡板或流动管道。在建模过程中考虑地表通常为相的建模和岩石物理特性提供更好的约束。

利用地震数据可以看到一些大比例的时间界面。它们通常借助井数据确定性地建模。这些是第四章第一节中讨论的地层。可以从核心或测井记录中观察到较小规模的时间界面，虽然不能用地震数据看到。一般来说，由于井很少，小型表面可能无法确定性地建模。表面建模的目的不是为了获得表面本身，而是为模拟相和岩石物理特性提供约束。特定相可以存在于地表边界处。地表也可以控制晶粒尺寸和相趋势，例如向上细化或粗化。

可以使用参数化表面模板随机定位表面。可以在正确的深度明确地表达本地井数据。图 6-1 给出了在三个井位置再现表面交叉点的示例模型。虽然基于地表的方法已应用于模拟相模型（第四章第五节）以跟踪相模型的加速和不断演变的地形以对后续事件施加约束，简单的基于表面的随机方法是基于对象的建模的一种实际变体（第四章第四节）。

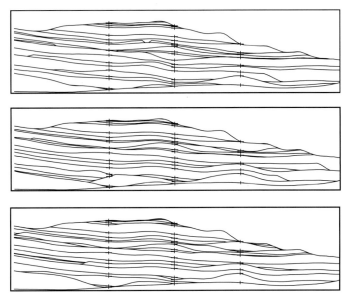

图 6-1　较大层内地层表面的三个三维模型（图上所示是经过三个井的切片，注意井交叉点的再现以及远离井的表面的不同几何形状）

　　一些早期基于表面的建模工作包括 Deutsch 等的研究（2001）以及 Leiva（2009）、Pyrcz 等（2005a）、Sech 等（2009）和 Zhang 等（2009）随后的各种努力。然而，基于表面的独立建模在储层建模中的地位尚未确立。这些概念很重要，但相对较新；时间将证明该方法是否在实践中被采用。

第六节　集合卡尔曼滤波

　　本书讨论了本地测量、趋势、次要变量和大量多变量设置等静态数据集成情况下的数据集成。不可否认，动态数据集成仍然是地理统计学储层建模的主要挑战。这些数据包括开采率、流体成分，甚至包括井下温度和压力数据。

　　最近，集合卡尔曼滤波（EnKF）在开采数据集成方面得到了普及。Almendral-Vazquez 和 Syversveen（2006）的记录以及 Zagayevskiy（2010）等的专著对该技术进行了概述和发展。卡尔曼滤波是基于 Kalman（1960）的卡尔曼滤波器而发明的，它是一种有效的递归滤波器，可通过一系列噪声测量来估计线性动态系统的状态。由 Evensen（1994）开发的卡尔曼滤波是卡尔曼滤波器的蒙特卡罗实现形式，其用状态矩阵替换状态向量，该状态矩阵包含状态变量的一组可能值（称为集合）。虽然卡尔曼滤波对高斯性做出了假设，但它已经应用于具有数据的正态对数变换的正态计分的弱非线性系统。此外，卡尔曼滤波依赖于贝叶斯框架，需要开发合理的先验模型（以静态属性为条件的一组模型）并将该模型更新为通过似然函数整合动态数据的后验。

完整的迭代包括按顺序运行的预测和分析步骤。在预测步骤中，该过程应用于每个集合以更新动态变量（静态变量从前一时间步骤保留）。

$$Y_n^f = F\left(Y_{n-1}^a\right) + W_{n-1} \qquad (6-6)$$

其中 $F(*)$ 是模型运算符（例如流量模拟），Y_{n-1}^a 表示来自前一时间点的更新的静态属性和动态属性，W_{n-1} 是测量到的动态观测结果的测量误差协方差矩阵，Y_n^f 是具有更新的动态变量和来自前一时间步的静态变量的矩阵。

卡尔曼增益矩阵 K_n 是根据更新的动态变量和来自前一时间点的静态变量的协方差计算得到的（Zagayevskiy 等，2010）。

在分析步骤中，静态属性是通过动态变量观察结果以及静态和动态属性之间的关系进行更新的。

$$Y_n^a = Y_n^f + K_n\left(D_n - H_n Y_n^f\right) \qquad (6-7)$$

其中 D_n 是观测矩阵，H_n 只是一个二进制矩阵，用于指示在时间点 n 处可用的数据观测值。分析步骤反复进行，直到获得所需的精度。

以下是将集合卡尔曼滤波应用于动态数据集成的一些注意事项。如果模型分辨率不足，则可能导致产生偏差。Lodoen 和 Omre（2008）记录了这个问题并开发出一种处理这种潜在偏差的方法，其关键是要从良好的初始先验模型开始。先验较差则可能导致需要更多的迭代才能获得收敛或较差的估计（Oliver 和 Chen，2009）。

第七节　先进的地质表征

最近地质学方面的专家在努力改进对岩石露头、地震数据、数值过程模型和水槽的观测的量化。这项工作的动机是需要提供更客观、可重复的建筑异质性分类和描述。该量化并不仅仅限于变差函数和多点统计，还包括与堆叠和空间填充概念直接相关的度量。如第四章第七节模型构建优化中所述，Roy Plotnick 教授提供的 STRATISTICS 软件包很好地总结了这项工作并提供了各自统计数据。这项工作包括描述空间异质性的各种基于点和栅格的统计数据（Plotnick，1986；Middleton 等，1995；Perlmutter 和 Plotnick，2002）。例如，"缺项性"是一个基于栅格的统计数据，描述了跨比例的空间异质性的空间填充性质（Plotnick，1986），Ripley 的 K 函数描述了空间中点的群集性、随机性或排斥性（Ripley，2004）。这些统计描述现在正在积极应用于岩石露头，以改进这些自然实例和 Flume 实验的量化和分类，以便比较输入初始和边界条件的结果和灵敏度分析（Elajek 等，2010；Wang 等，2011）。

目前还没有方法在直接框架内将此类统计描述强加于随机模拟中。随着这些统计描述变得越来越为人所接受并且更常见于储层类比，将越来越需要开发整合这些统计数据的储层建模方法。虽然通过优化法能够有机会通过制定特定目标函数将其立即整合到储层模型之中，但仍需要努力获得行之有效的方法。开发可能遵循这些统计数据的新的直接建模方法可能比较有用，其结果将拓宽从地质学到地质统计学储层模型之间的信息通道并改进地质学上的现实主义。

第八节　其他新兴技术

在本节中，我们有机会尝试对即将出现的可能影响未来地质统计学的激进新发展做出预测。这种"预测"可能有些错误：看似非常好的想法结果往往适得其反，而看似疯狂的想法往往最后变成了非常好的想法。有了这样一种认识，我们就广泛撒网并提出一系列广泛的新兴技术。

目前的许多研究都是针对与数据处理、地质建模和后处理相关的旧问题寻求新的解决方法。计算机硬件和软件方面的进步主要是帮助提供关于机器学习和数值分析的新想法。可以采用新的有效方式将我们的数据源和模型进行可视化和汇总。通常情况下，对模型进行检查比创建模型和快速更新模型更容易。当然，这受限于在给定这些处理资源的情况下构建更大模型的自然趋势。

新的数据源的产生也导致了新的整合机会的产生，同时也带来了新的挑战。其中包括在储层开采过程中利用地震监测的微震方法的新兴工作，以及实时跟踪注入、开采速率、成分和压力的开采监测工作。这两个数据源都可以提供密集的时间数据，这些时间数据可以逆向指示储油层的异质性和连通性。四维地震监测可以提供储层的一系列三维地震快照，以更大的时间比例推断流体流动，但可能只具有局部精度。所有这些数据源都需要能够将其集成到地理统计模型中的方法，以确定数据准确性、支持的比例以及数据源之间的冗余。新的数据源可能需要大量的多变量工作流程。

大规模多变量建模是一个新兴领域，其中大量（可能是数百个）的数据变量将会同时用于重要储层变量的预测。这些数据变量衍生自地球物理、结构和地质方面的来源。专家们正在解读由组成数据或高度非高斯特征引起的复杂关系，并将在未来的储层模型中加以考虑。虽然本书讨论了其中一些方法，但还需要在这方面进一步深入。

解决非稳态的灵活方法，即统计参数的局部变化正在出现。对局部变化的各向异性的使用，比如以非欧几里得方式计算距离以跟踪地质特征，有望在估计和对不确定性进行量化中提供更大的局部精度。其他参数（训练图像、直方图和相关系数）的区域化也有望提高局部精度。其中一些发展已经在他的书中进行了讨论和引用，但是仍需要更多的努力才能提供实用且强大的工作流程。

目前，针对成熟储层的数据极端丰富的应用和深海开发的数据贫乏的应用的特殊工具正在开发之中。这两个应用程序所需的工具差异很大，需要做出的决定也极不相同。因此，地质统计学所需的决策支持信息也不同。目前，针对这些不同环境的定制工具正在开发之中。例如，调整模型的方法可能随数据密度的变化而变化。在稀疏数据集中，基于对象的模型调节对于较小的模型几何调整可能是实用的，而在更密集的数据集中，则可能需要对模型调整的方法进行优化，使其具有更大的灵活性和广泛性。此外，在稀疏数据设置中，可能需要用于进一步集成概念信息的工具，而在密集数据集中，可能需要用于集成和协调数据源的工具。

除了为数据设置而定制的工具外，还有为地质设置而定制的工具。在过程模拟模型的情况下，与设置相关的地质过程被直接编码到模拟算法之中。虽然这些方法丧失了普遍适用性，但这些方法提供了进一步改进将概念信息整合到储层模型的机会。必须注意理解这一概念信息，并确保概念的不确定性得到整合，并确保产生的不确定性模型是公平的。

前文讨论了基于过程的方法的局限性（包括 CPU 强度和调节方面的困难），这些方法妨碍了它们作为储层模型的应用。随着计算能力、计算方法和程序知识的进步，以及更精确的物理概念和约束方法的进步，基于过程的模型在储层建模中可能变得更加实用。这可能将会以与快速过程近似的形式实现。

地质力学程序可以应用于比上面考虑的沉积模型和地层过程模型更大规模的模型。地质力学模型考虑了盆地对沉积物加载和卸载的响应，以及由此产生的压实、断层、压裂和岩石性质的变化；甚至还可能有机会进一步整合，将地质力学模型与地理统计储层模型进行耦合。

在处理模型缩小时，人们会很自然地考虑在无限可解析的框架内描述储层的机会。例如，分形和光谱图允许跨比例的同时表征以及相关性质的无限插值。目前，这些方法各自具有其相关的局限性，限制了它们的异质性模型并妨碍了实际的条件作用。

与其他科学学科的概念和方法相结合有很多机会。例如，自然启发的优化方法对于构建集成各种数据源的模型非常有用。如前所述，遗传算法具有优化的模型参数，并且模拟退火已经有效地构建了符合诸如开采数据的挑战性条件的模型。此外，还应考虑图形处理和可视化技术的进步。这些技术的发展应该有助于构建和可视化复杂的大型异质性模型。数学形态学的相关领域也具有有用的协同作用，而且还有更多的方面可以努力。

最后，在构建不确定性模型方面存在大量的机会。解释数据和概念的方法通常是静态的。然而，在储层开发期间仍需收集新数据并改变旧有的概念。模拟学习方法可以更加动态地对不确定性进行模拟，并对数据收集策略的影响以及由此产生的信息添加的时间顺序进行解释。这些方法可以提供更公平的不确定性模型和对信息价值的评估。

第九节 最终想法

资源评估、流量研究和储层管理需要高分辨率的储层性质三维模型。本书介绍了构建此类三维模型的地理统计技术。这些地理统计技术有局限性。最重要的局限性包括：（1）相对于等高线法、样条函数或距离加权等传统方法，地质统计学方法还需要更多时间来应用，需要更多的专业知识和培训，并有可能产生更多的谬误；（2）需要复杂、完整的输入统计数据，但大多数输入参数通常没有可靠的来源；（3）隐含的假设是地质统计模型反映了所有较小比例的相的变化和性质的变化，例如，从核心比例到地质建模比例。目前，这些局限性正通过专业培训、改进软件和深入研究来得以解决。

即使存在这些显著的局限性，地质统计学技术也为构建可靠的数值储层模型提供了最佳工具，因为地质统计学技术：（1）提供了在相和储层性质中引入可控程度的非均质性的手段；（2）允许不同类型的地质趋势和数据通过构建来解释，而不是通过费力的"手工"处理来解释；（3）让敏感性研究变得更容易；（4）提供了对不确定性进行评估的方法。

本书的目的是收集适用于石油储层建模的地质统计理论和实践的重要信息。目前，虽然该目标已部分实现，但显然仍需要更专业的书籍和专著。

参 考 文 献

Aanonsen, S. I., Eide, A. L., and Holden, L. Optimizing reservoir performance under uncertainty with application to well location. In *1995 SPE Annual Technical Conference and Exhibition*. Society of Petroleum Engineers, October 1995. SPE Paper # 30710.

Aarts, E., and Korst, J. *Simulated Annealing and Boltzmann Machines*. John Wiley & Sons, New York, 1989.

Abrahamsen, P., Fjellvoll, B., Hauge, R., Howell, J., and Aas, T. Process based on stochastic modeling of deep marine reservoirs. In *EAGE Petroleum Geostatistics 2007*, 2008.

Alabert, F. G. Stochastic imaging of spatial distributions using hard and soft information.Master's thesis, Stanford University, Stanford, CA, 1987.

Alabert, F. G. Constraining description of randomly heterogeneous reservoirs to pressure test data : a Monte Carlo study. In *SPE Annual Conference and Exhibition*, *San Antonio*. Society of Petroleum Engineers, October 1989.

Alabert, F. G. and Corre, B. Heterogeneity in a complex turbiditic reservoir : impact on field development. In *66th Annual Technical Conference and Exhibition*, pages 971–984, Dallas, TX, October 1991. Society of Petroleum Engineers. SPE Paper # 22902.

Alabert, F. G. and Massonnat, G. J. Heterogeneity in a complex turbiditic reservoir : stochastic modelling of facies and petrophysical variability. In *65th Annual Technical Conference and Exhibition*, pages 775–790. Society of Petroleum Engineers, September 1990. SPE Paper # 20604.

Alahaidib, T. and Deutsch, C. V. A Gaussian framework for multivariate multiscale data integration. Technical Report 116, CCG Annual Report 12, Edmonton, AB, 2010.

Alapetite, A., Leflon, B., Gringarten, E., and Mallet, J.–L. Stochastic modeling of fluvial reservoirs : the YACS approach. In *SPE Annual Technical Conference and Exhibition*, number SPE Paper 97271, Dallas, USA, 2005. Society of Petroleum Engineers.

Allen, J. R. L. A review of the origin and characteristics of recent alluvial sediments. *Sedimentology*, 5: 89– 191, 1965.

Allen, J. R. L. Studies in fluviatile sedimentation : an exploratory quantitative model for the architecture of avulsion–controlled alluviate suites. *Sedimentary Geology*, 21: 129–147, 1978.

Almeida, A. S. and Journel, A. G. Joint simulation of multiple variables with a Markov–type coregionalization model. *Mathematical Geology*, 26: 565–588, 1994.

Almeida, A. S. D. *Joint Simulation ofMultiple Variables with a Markov–Type Coregionalization Model*. PhD thesis, Stanford University, Stanford, CA, 1993.

Almendral–Vazquez, A. and Syversveen, A. R. The ensemble Kalman filter–theory and applications in oil industry. *Norwegian Computing Center*, 2006.

Alshehri, N. *Quantification of reservoir uncertainty for optimal decision making*. PhD thesis, University of

Alberta, Edmonton, AB, 2009.

Anderson, M. P. Comment on universal scaling of hydraulic conductivities and dispersivities. *Water Resources Research*, 27（6）: 1381–1382, 1991.

Anderson, T. *An Introduction to Multivariate Statistical Analysis*. John Wiley & Sons, New York, 1958.

Andrews, H. C. and Hunt, B. R. *Digital Image Restoration*. Prentice Hall, Englewood Cliffs, NJ, 1989.

Armitage, D. A., Romans, B. W., Covault, J. A., and Graham, S. A. Tres Pasos mass transport deposit topography; the sierra contreras. In Fildani, A., Hubbard, S. M., and Romans, B. W., editors, *Stratigraphic evolution of deep-water architecture*; *Examples on controls and depositional styles from theMagallanes Basin*, Chile, 2009. SEPM Field Guide.

Armstrong, M. Improving the estimation and modeling of the variogram. In Verly, G., editor, *Geostatistics for Natural Resources Characterization*, pages 1–20. Reidel, Dordrecht, 1984.

Armstrong, M., Galli, A. G., Beucher, H., Le Loc'h, G., Renard, D., Doligez, B., Eschard, R., and Geffroy, F. *Plurigaussian Simulations in Geosciences*. Springer, Berlin, 1st edition, 2003.

Arpat, B. and Caers, J. A multi-scale, pattern-based approach to sequential simulation. In Leuangthong, O. and Deutsch, C.V., editors, *Geostatistics Banff 2004*, *Quantitative Geology and Geostatistics*, pages 255–264. Springer Netherlands, Dordrecht, 2005.

Aziz, K. and Settari, A. *Petroleum Reservoir Simulation*. Elsevier Applied Science, New York, 1979.

Aziz, K., Arbabi, S., and Deutsch, C. V.Why it is so difficult to predict the performance of nonconventional wells? SPE Paper # 37048, 1996.

Babak, O. and Deutsch, C. V. Accounting for parameter uncertainty in reservoir uncertainty assessment: the conditional finite-domain approach. *Natural Resources Research*, November 2007a.

Babak, O. and Deutsch, C. V. An intrinsic model of coregionalization that solves variance inflation in collocated cokriging. *Computers & Geosciences*, 2007b.

Ballin, P. R., Journel, A. G., and Aziz, K.A. Prediction of uncertainty in reservoir performance forecasting. *JCPT*, 31（4）, April 1992.

Bashore, W. M. and Araktingi, U. G. Importance of a geological framework and seismic data integration. In Yarus, J. M. and Chambers, R. L., editors, *Stochastic Modeling and Geostatistics*: *Principles*, *Methods*, *and Case Studies*, pages 159–176. AAPG Computer Applications in Geology, No. 3, 1995.

Batycky, R. P., Blunt, M. J., and Thiele, M. R. A 3D field-scale streamline-based reservoir simulator. *SPE Reservoir Engineering*, pages 246–254, November 1997.

Beaubouef, R. T., Rossen, C., Zelt, F., Sullivan, M. D., Mohrig, D., and Jennette, D. C. Deep-water sandstones, Brushy Canyon Formation. In *Field Guide for AAPG Hedberg Field Research Conference*, number 40, page 48, West Texas, April 1999. AAPG Continuing Education Course.

Behrens, R. A., Macleod, M. K., Tran, T. T., and Alimi, A. O. Incorporating seismic attribute maps in 3D reservoir models. *SPE Reservoir Evaluation&Engineering*, 1（2）: 122–126, 1998.

Benediktsson, J. A. and Swain, P. H. Consensus theoretic classification methods. *IEEE Transactions on Systems, Man, and Cybernetics*, 22 (4), 1992.

Benkendorfer, J. P., Deutsch, C. V., LaCroix, P. D., Landis, L. H., Al-Askar, Y. A., Al-AbdulKarim, A. A., and Cole, J. Integrated reservoir modeling of a major arabian carbonate reservoir. In *SPE Middle East Oil Show*, Bahrain, March 1995. Society of Petroleum Engineers. SPE Paper # 29869.

Berteig, V., Halvorsen, K. B., Omre, H., Hoff, A. K., Jorde, K., and Steinlein, O. A. Prediction of hydrocarbon pore volume with uncertainties. In *63rd Annual Technical Conference and Exhibition*, pages 633-643. Society of Petroleum Engineers, October 1988. SPE Paper # 18325.

Bertram, G. T. and Milton, N. J. Seismic stratigraphy. In Emery, D. and Myers, K., editors, *Sequence Stratigraphy*, pages 45-60. Blackwell Publishing Ltd., Oxford, 1996.

Besag, J. On the statistical analysis of dirty pictures. *J. R. Statistical Society B*, 48 (3): 259-302, 1986.

Beucher, H., Galli, A., Le Loc' h, G., and Ravenne, C. Including a regional trend in reservoir modelling using the truncated Gaussian method. In Soares, A., editor, *Geostatistics—Troia*, volume 1, pages 555-566. Kluwer, Dordrecht, 1993.

Bickel, E. J. and Bratvold, R. B. From uncertainty quantification to decision making in the oil and gas industry. *Energy, Exploration & Exploitation*, 26 (5): 311-325, 2008. doi: 10.1260/014459808787945344.

Bittencourt, A. C. and Horne, R. N. Reservoir development and design optmization. In *1997 SPE Annual Technical Conference and Exhibition Formation Evaluation and Reservoir Geology*. Society of Petroleum Engineers, October 1997. SPE Paper # 38895.

Biver, P., Pivot, F., and Henrion, V. Estimation of most likely lithology map in context of truncated Gaussian techniques. *Journal of the American Statistical Association*, 2012.

Boggs, S. *Principles of Sedimentology and Stratigraphy*. Prentice Hall, Upper Saddle River, NJ, 3rd edition, 2001.

Boisvert, J. B. *Geostatistics with Locally Variable Anisotropy*. PhD thesis, University of Alberta, Edmonton, AB, 2010.

Boisvert, J. B. Generating locally varying azimuth fields. Technical Report 103, CCG Annual Report 13, Edmonton, AB, 2011.

Boisvert, J. B. and Deutsch, C. V. Programs for kriging and sequential Gaussian simulation with locally varying anisotropy using non-euclidean distances. *Computers & Geosciences*, 37 (4): 495-510, 2011.

Boisvert, J. B., Pyrcz, M. J., and Deutsch, C. V. Multiplepoint statistics for training image selection. *Natural Resources Research*, 16 (4): 313-321, 2007a.

Boisvert, J. B., Pyrcz, M. J., and Deutsch, C. V. Multiple point statistics for training image selection. *Natural Resources Research*, 16 (4): 313-321, 2007b.

Boisvert, J. B., Pyrcz, M. J., and Deutsch, C. V. Multiple point metrics to assess categorical variable models. *Natural Resources Research*, 19 (3): 165-174, 2010.

Bortoli, L. J., Alabert, F., Haas, A., and Journel, A. G. Constraining stochastic images to seismic data. In Soares, A., editor, *Geostatistics Troia 1992*, volume 1, pages 325–334. Kluwer, Dordrecht, 1993.

Bosch, M., Mukerji, T., and Gonzalez, E. F. Seismic inversion for reservoir properties combining statistical rock physics and geostatistics : a review. *Geophysics*, 75 (5): 75A165–75A176, 2010.

Boucher, A. Considering complex training images with search tree partitioning. *Computers & Geosciences*, 35 (6): 1151–1158, 2009.

Boucher, A. Strategies for modeling with multiple–point simulation algorithms. In *2011 Gussow Geoscience Conference*, Banff, Alberta, 2011.

Boucher, A., Gupta, R., Caers, J., and Satija, A. Tetris : a training image generator for SGeMS. Technical report, Stanford Center for Reservoir Forecasting, 2010.

Bras, R. L. and Rodrıguez–Iturbe, I. *Random Functions and Hyrdrology*. Addison–Wesley, Reading, MA, 1982.

Bratvold, R. B. and Begg, S. H. Education for the real world : equipping petroleum engineers to manage uncertainty. In *SPE Annual Technical Conference and Exhibition*, 2006. doi : 10.2118/103339–MS.

Bratvold, R. B., Holden, L., Svanes, T., and Tyler, K. STORM : integrated 3D stochastic reservoir modeling tool for geologists and reservoir engineers. SPE Paper # 27563, 1994.

Bridge, J. S. A FORTRAN IV program to simulate alluvial stratigraphy. *Computers & Geosciences*, 1979.

Bridge, J. S. and Leeder, M. R. A simulation model of alluvial stratigraphy. *Sedimentology*, 26: 617–644, 1979.

Buland, A., Kolbjørnsen, O., and Omre, H. Rapid spatially coupled AVO inversion in the fourier domain. *Geophysics*, 68 (3): 824–836, May 2003. doi : 10.1190/1.1581035.

Caers, J. *Petroleum Geostatistics*. Society of Petroleum Engineers, 2005.

Caers, J. *Modeling Uncertainty in the Earth Sciences*. John Wiley & Sons, Hoboken, NJ, 2011.

Caers, J., Srinivasan, S., and Journel, A. G. Stochastic reservoir simulation using neural networks trained on outcrop data. *SPE Paper # 49026*, October 1999.

Caers, J., Strebelle, S., and Payrazyan, K. Stochastic integration of seismic data and geologic scenarios a west africa submarine channel saga. *The Leading Edge*, 22 (3): 192–196, 2003.

Caers, J., Hoffman, T., Strebelle, S., andWen, X. H. Probabilistic integration of geologic scenarios, seismic, and production data – a west africa turbidite reservoir case study. *The Leading Edge*, 25 (3): 240–244, 2006.

Campion, K. M., Sprague, A. R., and Sullivan, M. D. Outcrop expression of confined channel complexes. *SEPM, Pacific Section*, 2005.

Cardwell, W. T. and Parsons, R. L. Average permeabilities of heterogeneous oil sands. *Transactions of the AIME*, 160: 34–42, 1945.

Carr, J. andMyers, D. E. COSIM : a Fortran IV program for co–conditional simulation. *Computers &*

Geosciences, 11（6）: 675–705, 1985.

Carrera, J. and Neuman, S. P. Estimation of aquifer parameters under transient and steady state conditions : 1. maximum likelihood method incorporating prior information. *Water Resources Research*, 22（2）: 199–210, 1986.

Casella, G. and George, E. I. Explaining the Gibbs sampler. *The American Statistician*, 46（3）: 167–174, August 1992.

Castro, S., Caers, J., Otterlei, C., Andersen, T., Hoye, T., and Gomel, P. A probabilistic integration of well log, geological information, 3D/4D seismic, and production data : application to the Oseberg field. In *SPE Annual Technical Conference and Exhibition*, 2006. SPE Paper # 103152.

Catuneanu, O. *Principles of Sequence Stratigraphy*. Elsevier, Boston, 3rd edition, 2006.

Catuneanu, O., Abreu, V., Bhattacharya, J. P., Blum, M. D., Dalrymple, R. W., Eriksson, P. G., Fielding, C. R., Fisher, W. L., Galloway, W. E., Gibling, M. R., Giles, K. A., Holbrook, J.M., Jordan, R., Kendall, C. G. S. C., Macurda, B., Martinsen, O. J., Miall, A. D., Neal, J. E., Nummedal, D., Pomar, L., Posamentier, H. W., Pratt, B. R., Sarg, J. F., Shanley, K.W., Steel, R. J., Strasser, A., Tucker, M. E., and Winker, C. Toward the standardization of sequence stratigraphy. *Earth–Science Reviews*, 92（1–2）: 1–33, 2009.

Caumon, G., Grosse, O., and Mallet, J.–L. High resolution geostatistics on coarse unstructured flow grids. In Leuangthong, O. and Deutsch, C. V., editors, *Geostatistics Banff 2004*, volume 1 of *Quantitative Geology and Geostatistics*, pages 703–712. Springer Netherlands, Dordrecht, 2005a.

Caumon, G., Lévy, B., Castanié, L., and Paul, J. C. Visualization of grids conforming to geological structures : a topological approach. *Computers & Geosciences*, 31（6）: 671–680, 2005b.

Caumon, G., Collon–Drouaillet, P., de Veslud, L. C., C., Viseur, S., and Sausse, J. Surface–based 3D modeling of geological structures. *Mathematical Geosciences*, 41（8）: 927–945, 2009.

Cavelius, C., Pyrcz, M. J., and Stebelle, S. MPS improvements. In Abrahamsen, P., Hauge, R., and Kolbjørnsen, O., editors, *GeostatisticsOslo 2012*, volume 17 of *Quantitative Geology and Geostatistics*, Oslo, Norway, 2012.

Černý, V. Thermodynamical approach to the travelling salesman problem : an efficient simulation algorithm. *Journal of Optimization Theory and Applications*, 45: 41–51, 1985.

Cherpeau, N., Caumon, G., Caers, J., and Lévy, B. Method for stochastic inverse modeling of fault geometry and connectivity using flow data. *Mathematical Geosciences*, pages 1–22, 2012.

Chilès, J. P. and Delfiner, P. *Geostatistics : Modeling Spatial Uncertainty*. Wiley Series in Probability and Statistics, John Wiley & Sons, Hoboken, NJ, 2nd edition, April 2012.

Chu, J. and Journel, A. G. Conditional fBm simulation with dual kriging. In Dimitrakopoulos, R., editor, *Geostatistics for the Next Century*, pages 407–421. Kluwer, Dordrecht, 1994.

Chugunova, T. L. and Hu, L. Y. Multiple–point simulations constrained by continuous auxiliary data.

Mathematical Geosciences, 40: 133–146, 2008.

Clemensten, R., Hurst, A. R., Knarud, R., and Omre, H. A computer program for evaluation of fluvial reservoirs. In Buller, A. T., editor, *North SeaOil and Gas Reservoirs II*. Graham and Trotman, London, 1990.

Cojan, I., Fouche, O., and Lopez, S. Process–based reservoir modelling in the example meandering channel. In Leuangthong, O. and Deutsch, C. V., editors, *Geostatistics Banff 2004*, volume 14 of *QuantitativeGeology and Geostatistics*, pages 611–620. Springer Netherlands, Dordrecht, 2005.

Collins, J. F., Kenter, J. A. M., Harris, P. M., Kuanysheva, G., Fischer, D. J., and Steffen, K. L. Facies and reservoir quality variations in the late visean to bashkirian outer platform, rim, and flank of the Tengiz Buildup, Precaspian Basin, Kazakhstan. *Giant Hydrocarbon Reservoirs of the World : from Rocks to Reservoir Characterization and Modeling*, pages 55–95, 2006.

Cox, D. L., Lindquist, S. J., Bargas, C. L., Havholm, K. G., and Srivastava, R. M. Integrated modeling for optimum management of a giant gas condensate reservoir, Jurassic eolian nugget sandstone, Anschutz Ranch East Field, Utah overthrust (USA). In Yarus, J. M. and Chambers, R. L., editors, *StochasticModeling and Geostatistics : Principles*, *Methods*, *and Case Studies*, pages 287–321. AAPG Computer Applications in Geology, No. 3, 1995.

Cressie, N. *Statistics for Spatial Data*. John Wiley & Sons, New York, 1991.

Cressie, N. and Hawkins, D. Robust estimation of the variogram. *Mathematical Geology*, 12 (2): 115–126, 1980.

da Cruz, P. S., Horne, R. N., and Deutsch, C. V. The quality map : a tool for reservoir uncertainty quantification and decision making. In *1999 SPE Annual Technical Conference and Exhibition*. Society of Petroleum Engineers, October 1999.

da Cruz, P. S. *Reservoir Management Decision–Making in the Presence of Geological Uncertainty*. PhDthesis, Stanford University, Stanford, CA, 2000.

Dagbert, M., David, M., Crozel, D., and Desbarats, A. Computing variograms in folded strata–controlled deposits. In Verly, G., editor, *Geostatistics for Natural Resources Characterization*, pages 71–89. Reidel, Dordrecht, 1984.

Daly, C. Higher order models using entropy, Markov random fields and sequential simulation. In Leuangthong, O. and Deutsch, C. V., editors, *Geostatistics Banff 2004*, volume 14 of *QuantitativeGeology and Geostatistics*, pages 215–224. Springer Netherlands, Dordrecht, 2005.

Damsleth, E., Hauge, A., and Volden, R. Maximum information at minimum cost : a North Sea Field development study with an experimental design. *Journal of Petroleum Technology*, pages 1350–1356, December 1992a.

Damsleth, E. and Tjølsen, C. B. Scale consistency from cores to geologic description. *SPE Formation Evaluation*, 9 (4): 295–299, 1994.

Damsleth, E., Tjølsen, C. B., Omre, H., and Haldorsen, H. H. A two–stage stochastic model applied to a north sea reservoir. *Journal of Petroleum Technology*, pages 402–408, April 1992b.

Datta–Gupta, A., Lake, L. W., and Pope, G. A. Characterizing heterogeneous permeability media with spatial statistics and tracer data using sequential simulation annealing. *Mathematical Geology*, 27（6）: 763–787, 1995.

David, M. *Geostatistical Ore Reserve Estimation.* Elsevier, Amsterdam, 1977.

Davis, B. M. Uses and abuses of cross–validation in geostatistics. *Mathematical Geology*, 19（3）: 241–248, 1987.

Davis, J. M., Phillips, F. M., Wilson, J. L., Lohman, R. C., and Love, D. W. A sedimentological–geostatistical model of aquifer heterogeneity based on outcrop studies. *EOS Trans*, 73（14）, 1992.

Dejean, J. P. and Blanc, G.Managing uncertainties on production predictions using integrated statistical methods. In *1999 SPE Annual Technical Conference and Exhibition.* Society of Petroleum Engineers, October 1999. SPE Paper # 56696.

Delfiner, P. and Haas, A. Over thirty years of petroleum geostatistics. In Bilodeau, M., Meyer, F., and Schmitt, M., editors, *Space, Structure and Randomness*, volume 183 of *Lecture Notes in Statistics*, pages 89–104. Springer, New York, 2005.

Deutsch, C. V. Calculating effective absolute permeability in sandstone/shale sequences. *SPE Formation Evaluation*, pages 343–348, September 1989a.

Deutsch, C. V. DECLUS : a Fortran 77 program for determining optimum spatial declustering weights. *Computers & Geosciences*, 15（3）: 325–332, 1989b.

Deutsch, C. V. *Annealing Techniques Applied to Reservoir Modeling and the Integration of Geological and Engineering（Well Test）Data.* PhD thesis, Stanford University, Stanford, CA, 1992a.

Deutsch, C. V. *Annealing Techniques Applied to Reservoir Modeling and the Integration of Geological and Engineering（Well Test）Data.* PhD thesis, Stanford University, Stanford, CA, 1992b.

Deutsch, C. V. Algorithmically defined random function models. In Dimitrakopoulos, editor, *Geostatistics for the Next Century*, pages 422–435. Kluwer, Dordrecht, 1994.

Deutsch, C. V. Constrained modeling of histograms and cross plots with simulated annealing. *Technometrics*, 38（3）: 266–274, August 1996a.

Deutsch, C. V. Direct assessment of local accuracy and precision. In Baafi, E. Y. and Schofield, N. A., editors, *Fifth International Geostatistics Congress*, pages 115–125, Wollongong, Australia, September 1996b.

Deutsch, C. V. Cleaning categorical variable（lithofacies）realizations with maximum a–posteriori selection. *Computers & Geosciences*, 24（6）: 551–562, 1998a.

Deutsch, C. V. Fortran programs for calculating connectivity of three–dimensional numerical models and for ranking multiple realizations. *Computers & Geosciences*, 24（1）: 69–76, 1998b.

Deutsch, C. V. Notes on ranking. Technical Report 113, CCG Annual Report 7, Edmonton, AB, 2005a.

Deutsch，C. V. A new trans programs for histogram and trend reproduction. Technical Report 306，CCG Annual Report 7，Edmonton，AB，2005b.

Deutsch，C. V. Post processing object based models for data reproduce well data : MAPSpp. Technical Report 204，CCG Annual Report 7，Edmonton，AB，2005c.

Deutsch，C. V. A sequential indicator simulation program for categorical variables with point and block data : BlockSIS. *Computers & Geosciences*，32（10）: 1669– 1681，2006.

Deutsch，C. V. Multiple scale geological models for heavy oil reservoir characterization. *AAPG Memoir on Oil Sands*，page 32，October 2010a.

Deutsch，C. V. Display of cross validation/jackknife results. Technical Report 406，CCG Annual Report 12，University of Alberta，Edmonton，AB，2010b.

Deutsch，C. V. Guide to best practice in geostatistics. Technical report，Centre for Computational Geostatistics，Edmonton，AB，2011.

Deutsch，C. V. and Begg，S. H. The use of ranking to reduce the required number of realizations. Technical Report 12，CCG Annual Report 3，Edmonton，AB，2001.

Deutsch，C. V. and Cockerham，P. W. Practical considerations in the application of simulated annealing to stochastic simulation. *Mathematical Geology*，26（1）: 67– 82，1994b.

Deutsch，C. V. and Journel，A. G. *GSLIB : geostatistical Software Library and User's Guide*. Oxford University Press，New York，1992.

Deutsch，C. V. and Journel，A. G. Integrating well testderived absolute permeabilities. In Yarus，J. M. and Chambers，R. L.，editors，*StochasticModeling and Geostatistics : principles，Methods，and Case Studies*，pages 131–142. AAPG Computer Applications in Geology，No. 3，1995.

Deutsch，C. V. and Journel，A. G. *GSLIB : geostatistical Software Library and User's Guide*. Oxford University Press，New York，2nd edition，1998.

Deutsch，C. V. and Kupfersberger，H. Geostatistical simulation with large–scale soft data. In Pawlowsky- Glahn，V.，editor，*Proceedings of IAMG'97*，volume 1，pages 73–87. CIMNE，1993.

Deutsch，C. V. and Lewis，R. W. Advances in the practical implementation of indicator geostatistics. In *Proceedings of the 23rd International APCOM Symposium*，pages 133–148，Tucson，AZ，April 1992. Society of Mining Engineers.

Deutsch，C. V. and Srinivasan，S. Improved reservoir management through ranking stochastic reservoir models. In Baafi，E. Y. and Schofield，N. A.，editors，*SPE/DOE Tenth Symposium on Improved Oil Recovery*，*Tulsa，OK*，pages 105–113，Washington，DC，April 1996. Society of Petroleum Engineers. SPE Paper # 35411.

Deutsch，C. V. and Tran，T. T. FLUVSIM : a program for object–based stochastic modeling of fluvial depositional systems. *Computers&Geosciences*，28（3）: 525– 535，May 2002.

Deutsch，C. V. and Wang，L. Hierarchical object–based stochastic modeling of fluvial reservoirs. *Mathematical*

Geology, 28（7）：857–880，1996.

Deutsch，C. V. and Zanon，S. D. Direct prediction of reservoir performance with Bayesian updating. *JCPT*, February 2007.

Deutsch，C. V., Xie，Y., and Cullick，A. S. Surface geometry and trend modeling for integration of stratigraphic data in reservoir models. In *2001 Society of Petroleum Engineers Western Regional Meeting*, number SPE Paper 6881，Bakersfield，California，March 2001. British Society of Reservoir Geologists.

Deutsch，C. V., Ren，W., and Leuangthong，O. Joint uncertainty assessment with a combined Bayesian updating/LU/P–Field approach. *Proceedings of IAMG 2005：GIS and Spatial Analysis*，1：639–644，2005.

Deutsch，C. V., Leuangthong，O., and Ortiz，J. M. A case for geometric criteria in resources and reserves classification. *SME Transactions*，322：11，December 2007.

Deutsch，J. L. and Deutsch，C. V. Checking and correcting categorical variable trend models. Technical Report 132，CCG Annual Report 11，Edmonton，AB，2009.

Deutsch，J. L. and Deutsch，C. V. Some geostatistical software implementation details. Technical Report 412，CCG Annual Report 12，Edmonton，AB，2010.

Deutsch，J. L. and Deutsch，C. V. Accuracy plots for categorical variables. Technical Report 404，CCG Annual Report 14，Edmonton，AB，2012.

de Vries，L. M., Carrera，J., Falivene，O., Gratacs，O., and Slooten，L. J. Application of multiple point geostatistics to non–stationary images. *Mathematical Geosciences*，41（1）：29–42，2008.

Dietrich，W. E., Bellugi，D. G., Sklar，L. S., Stock，J. D., Heimsath，A.M., and Roering，J. J. Geomorphic transport laws for predicting landscape form and dynamics. *Prediction in Geomorphology*, *Geophysical Monograph Series*，135：103–132，2003. doi：10.1029/135GM09.

Dimitrakopoulos，R. HOSIM：a high–order stochastic simulation algorithm for generating three–dimensional complex geological patterns. *Computers & Geosciences*，2011. doi：10.1016/j.cageo.2010.09.007.

Dimitrakopoulos，R., Mustapha，H., and Gloaguen，E. High–order statistics of spatial random fields：exploring spatial cumulants for modeling complex non–Gaussian and non–linear phenomena. *Mathematical Geosciences*，42（1）：65–99，2010. doi：10.1007/s110004–009–9258–9.

Doyen，P. M. Porosity from seismic data：a geostatistical approach. *Geophysics*，53（10）：1263–1275，1988.

Doyen，P. M. and Guidish，T. M. Seismic discrimination of lithology in sand/shale reservoirs：a Bayesian approach. Expanded Abstract，SEG 59th Annual Meeting，1989，Dallas，TX.，1989.

Doyen，P.M., Guidish，T.M., anddeBuyl，M.MonteCarlo simulation of lithology from seismic data in a channel sand reservoir. SPE Paper # 19588，1989.

Doyen，P. M., Psaila，D. E., and Strandenes，S. Bayesian sequential indicator simulation of channel sands from 3–D seismic data in the oseberg field，Norwegian North Sea. In *69th Annual Technical Conference and Exhibition*，pages 197–211，New Orleans，LA，September 1994. Society of Petroleum Engineers. SPE

Paper # 28382.

Doyen, P. M., den Boer, L. D., and Pillet, W. R. Seismic porositymapping in the Ekofisk field using a new form of collocated cokriging. In *1996 SPE Annual TechnicalConference and Exhibition Formation Evaluation and Reservoir Geology*, pages 21–30, Denver, CO, October 1996. Society of Petroleum Engineers. SPE Paper # 36498.

Doyen, P.M., Psaila, D. E., and den Boer, L.D.Reconciling data at seismic and well log scales in 3–D earth modelling. In *1997 SPE Annual Technical Conference and Exhibition Formation Evaluation and Reservoir Geology*, pages 465–474, San Antonio, TX, October 1997. Society of Petroleum Engineers. SPE Paper # 38698.

Dubrule, O. A review of stochastic models for petroleum reservoirs. In Armstrong, M., editor, *Geostatistics*, volume 2, pages 493–506. Kluwer, Dordrecht, 1989.

Dubrule, O. Introducing more geology in stochastic reservoir modeling. In Soares, A., editor, *Geostatistics— Troia*, volume 1, pages 351–370. Kluwer, 1993.

Dubrule, O. *Geostatistics for Seismic Data Integration in Earth Models : 2003 Distinguished Instructor Short Course*, volume 6. Society of Exploration Geophysicists, 2003.

Dubrule, O., Thibaut, M., Lamy, P., and Haas, A. Geostatistical reservoir characterization constrained by seismic data. *Petroleum Geoscience*, 2（2）, 1998.

Dueck, G. and Scheuer, T. Threshold accepting : a general purpose optimization algorithm appearing superior to simulated annealing. *Journal of Computational Physics*, 90: 161–175, 1990.

Earlougher, R. C. *Advances in Well Test Analysis*. Society of Petroleum Engineers, New York, 1977.

Efron, B. *The Jackknife, the Bootstrap, and Other Resampling Plans*. Society for Industrial and Applied Math, Philadelphia, 1982.

Efron, B. and Tibshirani, R. J. *An Introduction to the Bootstrap*. Chapman & Hall, New York, 1993.

Egeland, T., Hatlebakk, E., Holden, L., and Larsen, E. A. Designing better decisions. In *European Petroleum Conference*, Stavanger, Norway, 1992. SPE Paper # 24275.

Eillis, D. V. and Singer, J. M. *Well Logging for Earth Scientists*. Prentice Hall, Springer, Upper saddle River, NJ, 2010.

Einsele, G. *Sedimentary Basins : evolution, facies and sediment budget*. Springer, New York, 3rd edition, 2000.

Emery, D. and Mayers, K. J. *Sequence Stratigraphy*. Blackwell Science, London, 1996.

Emery, X. Simulation of geological domains using the plurigaussian model : new developments and computer programs. *Computers&geosciences*, 33（9）: 1189– 1201, 2007.

Emery, X. and Lantuéjoul, C. TBSIM : a computer program for conditional simulation of three–dimensional Gaussian random fields via the turning bands method. *Computers & Geosciences*, 32（10）: 1615–1628, 2006.

Emery, X. and Lantuéjoul, C. A spectral approach to simulating intrinsic random fields with power and spline generalized covariances. *Computational Geosciences*, 12 (1): 121–132, 2008. Evensen, G. Sequential data assimilation with a nonlinear quasi–geostrophic model using Monte Carlo methods to forecast error statistics. *Journal of Geophysical Research*, 99: 10–10, 1994. doi : 10.1029/94JC00572.

Fælt, L.M., Henriquez, A., Holden, L., and Tjelmeland, H. MOHERES, a program system for simulation of reservoir architecture and properties. In *European Symposium on Improved Oil Recovery*, pages 27–39, 1991.

Farmer, C. L. The generation of stochastic fields of reservoir parameters with specified geostatistical distributions. In Edwards, S. and King, P. R., editors, *Mathematics in Oil Production*, pages 235–252. Clarendon Press, Oxford, 1988.

Farmer, C. L. Numerical rocks. In King, P. R., editor, *The Mathematical Generation of Reservoir Geology*, Oxford, 1992. Clarendon Press. Proceedings of a conference held at Robinson College, Cambridge, 1989.

Feitosa, G. S., Chu, L., Thompson, L. G., and Reynolds, A. C. Determination of reservoir permeability distributions from well test pressure data. In *1993 SPE Western Regional Meeting*, pages 189–204, Anchorage, Alaska, May 1993a. Society of Petroleum Engineers. SPE Paper # 26047.

Feitosa, G. S., Chu, L., Thompson, L. G., and Reynolds, A. C. Determination of reservoir permeability distributions from pressure buildup data. In *1993 SPE Annual Technical Conference and Exhibition Formation Evaluation and Reservoir Geology*, pages 417–429, Houston, TX, October 1993b. Society of Petroleum Engineers. SPE Paper # 26457.

Fetel, E. and Caumon, G. Reservoir flow uncertainty assessment using response surface constrained by secondary information. *Journal of Petroleum Science and Engineering*, 60 (3): 170–182, 2008.

Feyen, L. and Caers, J. Quantifying geological uncertainty for flow and transport modeling in multi–modal heterogeneous formations. *Adv. Water Resour.*, 29 (6): 912– 929, 2006.

Fildani, A., Fosdick, J. C., Romans, B. W., and Hubbard, S. M. Stratigraphic and structural evolution of the Magallanes Basin, Southern Chile. In Fildani, A., Hubbard, S. M., and Romans, B. W., editors, *Stratigraphic Evolution of Deep–Water Architecture* ; *Examples on Controls and Depositional Styles from theMagallanes Basin*, *Chile*. SEPM Field Guide, 2009.

Fitzgerald, J. J. *Black gold with grit*. Evergreen Press Limited, Vancouver, B.C., 1978.

Folkestad, A., Veselovsky, Z., and Roberts, P. Utilising borehole image logs to interpret delta to estuarine system : a case study of the subsurface Lower Jurassic Cook Formation in the Norwegian northern North Sea. *Marine and Petroleum Geology*, 29: 255–275, January 2012.

Fournier, F. and Derain, J.–F. A statistical methodology for deriving reservoir properties from seismic data. *Geophysics*, pages 1437–1450, September–October 1995.

Francis, A. Limitations of deterministic and advantages of stochastic seismic inversion. *CSEG Recorder*, pages 5–11, February 2005.

Froidevaux, R. Probability field simulation. In Soares, A., editor, *Geostatistics Troia 1992*, volume 1, pages 73–84. Kluwer, Dordrecht, 1993.

Frykman, P. and Deutsch, C. V. Geostatistical scaling laws applied to core and log data. In *1999 SPE Annual Technical Conference and Exhibition*. Society of Petroleum Engineers, October 1999. SPE Paper 56822.

Gadallah, M. R. and Fishe, R. *ExplorationGeophysics*. Prentice Hall, Springer, Upper Saddle River, NJ, 2010.

Galli, A., Le Loc'h, G., Geffroy, F., and Eschard, R. An application of the truncated pluri–Gaussian method for modeling geology. In Coburn, T. C., Yarus, J. M., and Chambers, R. L., editors, *Stochastic modeling and geostatistics*, volume II, pages 109–122. AAPG Computer Applications in Geology 5, 2006.

Galloway, W. E. Clastic depositional systems and sequences : applications to reservoir prediction, delineation, and characterization. *The Leading Edge*, pages 173–180, 1998.

Galloway, W. E. and Hobday, D. K. *Terrigenouus Clastic Depositional Systems : Applications to Fossil Fuel and Groundwater Resources*. Springer, New York, 1996.

Gandin, L. S. *Objective Analysis of Meteorological Fields*. Gidrometeorologicheskoe Izdatel'stvo (GIMEZ), Leningrad, 1963. Reprinted by Israel Program for Scientific Translations, Jerusalem, 1965.

Gavalas, G. R., Shah, P. C., and Seinfeld, J. H. Reservoir historymatching by Bayesian estimation. *SPE Journal*, pages 337–349, December 1976.

Gawith, D. E., Gutteridge, P. A., and Tang, Z. Integrating geoscience and engineering for improved field management and appraisal. In *1995 SPE Annual Technical Conference and Exhibition Formation Evaluation and Reservoir Geology*, pages 11–23, Dallas, TX, October 1995. Society of Petroleum Engineers. SPE Paper # 29928.

Gelfand, A. E. and Smith, A. F. M. Sampling–based approaches to calculating marginal densities. *Journal of the American statistical association*, pages 398–409, 1990.

Gelhar, L. W., Welty, C., and Rehfeldt, K. R. A critical review on field–scale dispersion in aquifers. *Water Resources Research*, 28(7): 1955–1974, 1992.

Geman, S. and Geman, D. Stochastic relaxation, Gibbs distributions, and the Bayesian restoration of images. *IEEE Transactions on Pattern Analysis and Machine Intelligence*, PAMI–6(6): 721–741, November 1984.

Georgsen, F. and Omre, H. Combining fibre processes and Gaussian random functions for modeling fluvial reservoirs. In Soares, A., editor, *Geostatistics Troia 1992*, volume 2, pages 425–440. Kluwer, Dordrecht, 1992.

Goldberger, A. Best linear unbiased prediction in the generalized linear regression model. *JASA*, 57: 369–375, 1962.

Gómez–Hernández, J. J. and Srivastava, R. M. ISIM3D : an ANSI–C three dimensional multiple indicator conditional simulation program. *Computers & Geosciences*, 16(4): 395–410, 1990.

Gómez-Hernández, J. J., Sahuquillo, A., and Capilla, J. E. Stochastic simulation of transmissivity fields conditional to both transmissivity and piezometric data, 1. the theory. *Journal of Hydrology*, 203（1-4）: 162-174, 1998.

Gonzalez, E., McLennan, J., and Deutsch, C. V. Nonstationary Gaussian transformation: a new approach to sgs in presence of a trend. *APCOM 2007*, 1: 12, 2007. doi: 10.1029/2008WR007408.

Goodfellow, R., Mustapha, H., and Dimitrakopolous, R. Approximations of high-order spatial statistics through decomposition. *Geostat 2012*, pages 91-102, 2012.

Goovaerts, P. Comparative performance of indicator algorithms for modeling conditional probability distribution functions. *Mathematical Geology*, 26（3）: 385-410, 1994a.

Goovaerts, P. Comparison of CoIK, IK and mIK performances for modeling conditional probabilities of categorical variables. In Dimitrakopoulos, R., editor, *Geostatistics for theNext Century*, pages 18-29. Kluwer, Dordrecht, 1994b.

Goovaerts, P. Comparative performance of indicator algorithms for modeling conditional probability distribution functions. *Mathematical Geology*, 26: 389-411, 1994c.

Goovaerts, P. *Geostatistics for Natural Resources Evaluation*. Oxford University Press, New York, 1997.

Goovaerts, P. Impact of simulation algorithm, magnitude of ergodic fluctuations and number of realizations on the spaces of uncertainty of flow properties. *Stochastic Environmental Research and Risk Assessment*, 13（2）: 161-182, 1999.

Granjeon, D. 3D stratigraphic modeling of sedimentary basins. In *AAPG Annual Convention and Exhibition*, Denver, Colorado, June 2009. AAPG Search and Discovery Article #90090 ©2009.

Gringarten, E. and Deutsch, C. V. Methodology for variogram interpretation and modeling for improved petroleum reservoir characterization. In *1999 SPE Annual Technical Conference and Exhibition Formation Evaluation and Reservoir Geology*, Houston, TX, October 1999. Society of Petroleum Engineers. SPE Paper #56654.

Guardiano, F. and Srivastava, R. M. Multivariate geostatistics: beyond bivariate moments. In Soares, A., editor, *Geostatistics Troia 1992*, volume 1, pages 133-144. Kluwer, Dordrecht, 1993.

Gull, S. F. and Skilling, J. The entropy of an image. In Smith, C. R. and Gandy Jr., W. T., editors, *Maximum Entropy and Bayesian Methods in Inverse Problems*, pages 287-301. Reidel, Dordrecht, 1985.

Gundesø, R. and Egeland, O. SESIMIRA—a new geologic tool for 3-D modeling of heterogeneous reservoirs. In Buller, A. T., editor, *North Sea Oil and Gas Reservoirs II*. Graham and Trotman, London, 1990.

Gutjahr, A. L. Fast Fourier transforms for random fields. Technical Report No. 4-R58-2690R, Los Alamos, NM, 1989.

Haas, A. and Dubrule, O. Geostatistical inversion—a sequential method of stochastic reservoir modeling constrained by seismic data. *First Break*, 12（11）: 561-569, 1994.

Hajek, L., Heller, P., and Sheets, B. A. Significance of channel-belt clustering in alluvial basins. *Geology*, 38(6):

535–538, 2010.

Haldorsen, H. H. and Chang, D. M. Notes on stochastic shales : from outcrop to simulation model. In Lake, L. W. and Caroll, H. B., editors, *Reservoir Characterization*, pages 445–485. Academic Press, New York, 1986.

Haldorsen, H. H. and Lake, L. W. A new approach to shale management in field–scale models. *SPE Journal*, pages 447–457, April 1984.

Halliburton, 2012. *Landmark Graphics Suite of Software*. www.halliburton.com.

Hamilton, D. E. and Jones, T. A. *Computer Modeling of Geologic Surfaces and Volumes*. 1992. American Association of Petroleum Geologists.

Hammersley, J. M. and Handscomb, D. C. *Monte Carlo Methods*. John Wiley & Sons, New York, 1964.

Harbaugh, J.W. *Computing Risk for Oil Prospects : Principles and Programs*. Pergamon Press, New York, 1995.

Harding, A., Strebelle, S., Levy, M., Thorne, J., Xie, D., Leigh, S., and Preece, R. Reservoir facies modeling : new advances in mps. In Leuangthong, O. and Deutsch, C. V., editors, *Geostatistics Banff 2004*, volume 14 of *Quantitative Geology and Geostatistics*, pages 559–568. Springer Netherlands, Dordrecht, 2005.

Hassanpour, M. and Deutsch, C. An introduction to gridfree object–based facies modeling. Technical Report 107, CCG Annual Report 12, Edmonton, AB, 2010.

Hassanpour, M., Pyrcz, M. J., and Deutsch, C.V. Improved geostatistical models of inclined heterolithic strata for McMurray Formation. AAPG Bulletin, 2013.

Hatløy, A. S. Numerical facies modeling combining deterministic and stochastic method. In Yarus, J. M. and Chambers, R. L., editors, *StochasticModeling and Geostatistics : principles, Methods, and Case Studies*, pages 109–120. AAPG Computer Applications in Geology, No. 3, 1995.

Hauge, R. and Syversveen, L. Well conditioning in object models. *Mathematical Geology*, 39: 383–398, 2007.

Hein, J. F. and Cotterill, D. K. The Athabasca oil sands—a regional geological perspective. *Natural Resources Research*, 15（2）, June 2006. doi : 10.1007/s11053–006– 9015–4.

Hektoen, A. and Holden, L. Bayesian modelling of sequence stratigraphic bounding surfaces. In Baafi, E. Y. and Schofield, N. A., editors, *Geostatistics Wollongong 1996*, pages 339–349. Kluwer, Dordrecht, 1997.

Helgesen, J., Magnus, I., Prosser, S., Saigal, G., Aamodt, G., Dolberg, D., and Busman, S. Comparison of constrained sparse spike and stochastic inversion for porosity prediction at Kristin Field. *The Leading Edge*, 40, April 2000.

Henriquez, A., Tyler, K., and Hurst, A. Characterization of fluvial sedimentology for reservoir simulation modeling. *SPEFEJ*, pages 211–216, September 1990.

Hewett, T. A. Fractal distributions of reservoir heterogeneity and their influence on fluid transport. SPE Paper # 15386, 1986.

Hewett, T. A. Modelling reservoir heterogeneity with fractals. In Soares, A., editor, *Geostatistics—Troia*, volume 1, pages 455–466. Kluwer, Dordrecht, 1993.

Hewett, T. A. Fractal methods for fracture characterization. In Yarus, J.M. and Chambers, R. L., editors, *Stochastic Modeling and Geostatistics : Principles, Methods, and Case Studies*, pages 249–260. AAPG Computer Applications in Geology, No. 3, 1995.

Honarkhah, M. and Caers, J. Stochastic simulation of patterns using distance–based pattern modeling. *Mathematical Geosciences*, 42: 487–517, 2010. doi : 10.1007/s11004–010–9276–7.

Honeycutt, C. E. and Plotnick, R. Image analysis techniques and gray–level co–occurrence matrices (glcm) for calculating bioturbation indices and characterizing biogenic sedimentary structures. *Computers & Geosciences*, 34 (11): 1461–1472, 2008.

Hong, G. and Deutsch, C. V. Fluvial channel size determination with indicator variograms. *Petroleum Geosciences*, 16: 161–169, 2010.

Hong, S. *Multivariate Analysis of Diverse Data for Improved Geostatistical Reservoir Modeling*. PhD thesis, University of Alberta, Edmonton, AB, 2009.

Hong, S. and Deutsch, C. V. Methods for integrating conditional probabilities for geostatistical modeling. Technical Report 105, CCG Annual Report 9, Edmonton, AB, 2007.

Hong, S. and Deutsch, C. V. On secondary data integration. Technical Report 101, CCG Annual Report 11, Edmonton, AB, 2009a.

Hong, S. and Deutsch, C. V. 3D trend modeling by combining lower order trends. Technical Report 130, CCG Annual Report 11, Edmonton, AB, 2009b.

Hong, S. and Deutsch, C. V. Evaluation of probabilistic models for categorical variables. Technical Report 131, CCG Annual Report 11, Edmonton, AB, 2009c.

Horne, R. N. *Modern Well Test Analysis. A Computer– Aided Approach*. Petroway Inc, 926 Bautista Court, Palo Alto, CA, 94303, 2nd edition, 1995.

Horta, A., Caeiro, M., Nunes, R., and Soares, A. Simulation of continuous variables at meander structures : application to contaminated sediments of a lagoon. In Atkinson, P. M. and Lloyd, C. D., editors, *GeoENV VII ″ UGeostatistics for Environmental Applications*, volume 16 of *Quantitative Geology and Geostatistics*, pages 161–172. Springer Netherlands, Dordrecht, 2010. doi : 10.1007/978–90–481–2322–3_15.

Hovadik, J. M. and Larue, D. K. Stratigraphic and structural connectivity. *Geological Society*, 347: 219–242, 2010. doi : 10.1144/SP347.13.

Hovadik, J. M. and Larue, D. K. Predicting waterflood behavior by simulating earth models with no or limited dynamic data : from model ranking to simulating a billion–cell model. In Ma, Y. Z. and Pointe, P. R. L., editors, *Uncertainty analysis and reservoir modeling*, volume 96, pages 29–55. AAPGMemoir, 2011.

Hove, K., Olsen, G., Nilsson, S., Tonnesen, M., and Hatløy, A. From stochastic geological description to production forecasting in heterogeneous layered reservoirs. In *SPE Annual Conference and Exhibition, Washington, DC*, Washington, DC, October 1992. Society of Petroleum Engineers. SPE Paper # 24890.

Howard, A. D. Modeling channel migration and floodplain sedimentation in meandering streams. In Carling, P. A. and Petts, G. E., editors, *Lowland Floodplain Rivers*. John Wiley & Sons, New York, 1992.

Howell, J. A. and Flint, S. S. Siliciclastics case study : the book cliffs. *The Sedimentary Record of Sea–level Change*, pages 135–208, 2003.

Hoyal, D.C. J.D. and Sheets, B. A. Intrinsic controls on the range of volumes, morphologies, and dimensions of submarine lobes. *Journal of Geophysical Research*, 114, 2009. doi : 10.1029/2007JF000882.

Hu, L. Y. and Ravalec–Dupin, M. L. On some controversial issues of geostatistical simulation. In Leuangthong, O. and Deutsch, C. V., editors, *Geostatistics Banff 2004*, volume 14 of *QuantitativeGeology and Geostatistics*, pages 175–184. Springer Netherlands, Dordrecht, 2005.

Hubbard, S. M., Smith, D. G., Nielsen, H., Leckie, D. A., Fustic, M., Spencer, R. L., and Bloom, L. Seismic geomorphology and sedimentology of a tidally influenced river deposit, lower cretaceous athabasca oil sands, alberta, canada. *AAPG Bulletin*, 95（7）: 1123– 1145, 2011.

Isaaks, E. H. *The Application of Monte Carlo Methods to the Analysis of Spatially Correlated Data*. PhD thesis, Stanford University, Stanford, CA, 1990.

Isaaks, E. H. and Srivastava, R. M. *An Introduction to Applied Geostatistics*.Oxford University Press, New York, 1989.

Izgec, O., Sayarpour, M., and Shook, G. M. Maximizing volumetric sweep efficiency in waterfloods with hydrocarbon f–phi curves. *Journal of Petroleum Science and Engineering*, 78: 54–64, 2011.

Jacquard, P. and Jain, C. Permeability distribution from field pressure data. *SPE Journal*, pages 281–294, December 1965.

Jensen, J. L., Corbett, P. W. M., Pickup, G. E., and Ringrose, P. S. Permeability semivariograms, geological structure, and flow performance. *Mathematical Geology*, 28（4）: 419–435, 1996.

Jerolmack, D. J. and Paola, C. Complexity in a cellular model of river avulsion. *Geomorphology*, 91: 259–270, 2007.

Johnson, N. L. and Kotz, S. *Continuous Univariate Distributions—1*. John Wiley&Sons, New York, 1970.

Jones, A. D. W., Al–Qabandi, S., Reddick, C. E., and Anderson, S. A. Rapid assessment of pattern waterflooding uncertainty in a giant oil reservoir. In *1997 SPE Annual Technical Conference and Exhibition Formation Evaluation and ReservoirGeology*. Society of Petroleum Engineers, October 1997. SPE Paper # 38890.

Jones, T. A., Hamilton, D. E., and Johnson, C. R. *Contouring Geologic Surfaces with the Computer*. VanNostrand Reinhold, New York, 1986.

Journel, A. G. Non-parametric estimation of spatial distributions. *Mathematical Geology*, 15 (3): 445–468, 1983. Journel, A. G. Constrained interpolation and qualitative information. *Mathematical Geology*, 18 (3): 269–286, 1986a.

Journel, A. G. Geostatistics: models and tools for the earth sciences. *Mathematical Geology*, 18 (1): 119–140, 1986b.

Journel, A. G. *Fundamentals of Geostatistics in Five Lessons*. Volume 8 Short Course in Geology. American Geophysical Union, Washington, DC, 1989.

Journel, A. G. Resampling from stochastic simulations. *Environmental and Ecological Statistics*, 1: 63–84, 1994.

Journel, A. G. The abuse of principles in model building and the quest for objectivity: Opening keynote address. In Baafi, E. Y. and Schofield, N. A., editors, *Fifth International Geostatistics Congress*, Wollongong, Australia, September 1996.

Journel, A. G. Markov models for cross-covariances. *Mathematical Geology*, 31 (8): 955–964, 1999.

Journel, A. G. Combining knowledge from diverse sources: an alternative to traditional data independence hypotheses. *Mathematical Geology*, 34 (5), 2002.

Journel, A. G. and Alabert, F. G. Focusing on spatial connectivity of extreme valued attributes: stochastic indicator models of reservoir heterogeneities. SPE Paper # 18324, 1988.

Journel, A. G. and Alabert, F. G.New method for reservoir mapping. *Journal of Petroleum Technology*, pages 212–218, February 1990.

Journel, A. G. and Bitanov, A. Uncertainty in n/g ratio in early reservoir development. *Journal of Petroleum Science and Engineering*, 44 (1-2): 115–130, 2004.

Journel, A. G. and Deutsch, C. V. Entropy and spatial disorder. *Mathematical Geology*, 25 (3): 329–355, April 1993.

Journel, A. G. and Gómez-Hernández, J. J. Stochastic imaging of the Wilmington clastic sequence. *SPEFE*, pages 33–40, March 1993. SPE Paper # 19857.

Journel, A. G. and Huijbregts, C. J. *Mining Geostatistics*. Academic Press, New York, 1978.

Journel, A. G. and Isaaks, E. H. Conditional indicator simulation: application to a Saskatchewan uranium deposit. *Mathematical Geology*, 16 (7): 685–718, 1984.

Journel, A. G. and Kyriakidis, P. C. *Evaluation of Mineral Reserves: A Simulation Approach*. Oxford University Press, New York, 1st edition, 2004.

Journel, A. G. and Xu, W. Posterior identification of histograms conditional to local data. *Mathematical Geology*, 26: 323–359, 1994.

Journel, A. G., Deutsch, C. V., and Desbarats, A. J. Power averaging for block effective permeability. In *56th California Regional Meeting*, pages 329–334. Society of Petroleum Engineers, April 1986. SPE Paper # 15128.

Kalla, S., White, C., Gunning, J., and Glinsky, M. Consistent downscaling of seismic inversion thicknesses to cornerpoint flow models. *SPE Journal*, 13（4）: 412– 422, 2008.

Kalman, R. E. A new approach to linear filtering and prediction problems. *Journal of Basic Engineering 82*, （1）: 35–45, 1960.

Kedzierski, P., G. Caumon, J.-L. M., Royer, J.-J., and Durand-Riard, P. 3D marine sedimentary reservoir stochastic simulation accounting for high resolution sequence stratigraphy and sedimentological rules. In Ortiz, J. and Emery, X., editors, *Eighth International Geostatistics Congress*, pages 657–666, Gecamin Ltd., September 2008.

Kennedy, J. and Eberhart, R. Particle swarm optimization. *Proceedings Annual Conference of the International Association of Mathematical Geologists*, IV : 1942–1948, 1995.

Kennedy Jr., W. J. and Gentle, J. E. *Statistical Computing*. Marcel Dekker, Inc, New York, 1980.

Khan, A., Horowitz, D., Liesch, A., and Schepel, K. Semiamalgamated thinly-bedded deepwater GOM turbidite reservoir performance modeling using objectbased technology and Bouma lithofacies. In *1996 SPE Annual Technical Conference and Exhibition Formation Evaluation and Reservoir Geology*, pages 443–455, Denver, CO, October 1996. Society of Petroleum Engineers. SPE Paper # 36724.

Kirkpatrick, S., Gelatt Jr., C. D., and Vecchi, M. P. Optimization by simulated annealing. *Science*, 220（4598）: 671–680, May 1983.

Koltermann, C. E. and Gorelick, S. M. Heterogeneity in sedimentary deposits : a review of structure-imitating, process-imitating, and descriptive approaches. *Water Resources Research*, 32（9）: 2617–2658, September 1996.

Korvin, G. Axiomatic characterization of the general mixture rule. *Geoexploration*, 19: 267–276, 1981.

Krige, D. G. A statistical approach to some mine valuations and allied problems at the Witwatersrand. Master's thesis, University of Witwatersrand, South Africa, 1951.

Krishnana, S. *Combining diverse and partially redundant information in the earth sciences*. PhD thesis, Stanford University, Stanford, CA, 2004.

Krygowski, D., Asquith, A., and Gibson, C. Basic well log analysis. *Geology*, page 244, 2004.

Kupfersberger, H. and Deutsch, C. V. Methodology for integrating analogue geologic data in 3-D variogram modeling. *AAPG Bulletin*, 83（8）: 1262–1278, 1999.

Kyriakidis, P. C., Deutsch, C. V., and Grant, M. L. Calculation of the normal scores variogram used for truncated Gaussian lithofacies simulation : theory and FORTRAN code. *Computers & Geosciences*, 25（2）: 161– 169, 1999.

Langlais, V. and Doyle, J. Comparison of several methods of lithofacies simulation on the fluvial Gypsy Sandstone of Oklahoma. In Soares, A., editor, *Geostatistics—Troia*, volume 1, pages 299–310. Kluwer, Dordrecht, 1993.

Lantuéjoul, C. *Geostatistical Simulation : Models and Algorithms*. Springer, Berlin, 1st edition, 2001.

Lantuéjoul, C. Ergodicity and integral range. *Journal of Microscopy*, 161（3）: 387–403, 2011.

Lantuéjoul, C., Beucher, H., Chilès, J.-P., Lajaunie, C., Wackernagel, H., and Elion, P. Estimating the trace length distribution of fractures from line sampling data. In Leuangthong, O. and Deutsch, C. V., editors, *Geostatistics Banff 2004*, volume 14 of *Quantitative Geology and Geostatistics*, pages 165–174. Springer Netherlands, Dordrecht, 2005.

Larrondo, P. F. Accounting for geological boundaries in geostatistical modeling of multiple rock types. Master's thesis, University of Alberta, Edmonton, AB, 2004.

Larrondo, P. F. and Deutsch, C. V. Application of local non-stationary lmc for gradational boundaries. Technical Report 131, CCG Annual Report 6, Edmonton, AB, 2004.

LeBlanc, R. J. Distribution and continuity of sandstone reservoirs—part 1. *JPT*, pages 776–792, July 1977a.

LeBlanc, R. J. Distribution and continuity of sandstone reservoirs—part 2. *JPT*, pages 793–804, July 1977b.

Lee, T., Richards, J. A., and Swain, P. H. Probabilistic end evidential approaches for multisource data analysis. *IEEE Transactions on Geoscience and Remote Sensing*, PAMI-6（6）: 721–741, November 1987.

Leeder, M. R. A quantitative stratigraphic model for alluvium with special reference to channel deposit density and interconnectedness. In Miall, A. D., editor, *Fluvial Sedimentology*, pages 587–596. Mem. Canadian Society of Petroleum Geologists, 1978.

Leiva, A. Construction of hybrid geostatistical models combining surface based methods with object-based simulation : use of flow direction and drainage area. Master's thesis, Stanford University, 2009.

Leuangthong, O. *Stepwise conditional transform for geostatistical simulation*. PhD thesis, University of Alberta, Edmonton, AB, 2003.

Leuangthong, O. The promises and pitfalls of direct simulation. In Leuangthong, O. and Deutsch, C. V., editors, *Geostatistics Banff 2004*, pages 305–314. Springer Netherlands, 2005.

Leuangthong, O. and Deutsch, C. V. Stepwise conditional transformation for simulation of multiple variables. *Mathematical Geology*, 35（2）: 155–173, 2003.

Leuangthong, O., McLennan, J. A., and Deutsch, C. V. Minimum acceptance criteria for geostatistical realizations. *Natural Resources Research*, 13（3）: 131–141, 2004.

Li, H. and White, C. D. Geostatistical models for shales in distributary channel point bars（Ferron Sandstone, Utah）: from ground-penetrating radar data to three-dimensional flow modeling. *AAPG Bulletin December*, 87（12）: 1851–1868, December 2003. doi : 10.2118/103268-PA.

Li, S. and Deutsch, C. V. A petrel plugin for ranking realizations. Technical Report 407, CCG Annual Report 10, Edmonton, AB, 2008.

Liu, G. R. *Mesh Free Methods : Moving Beyond the Finite Element Method*. CRC, Boca Raton, FL, 2002.

Liu, Y., Harding, A., Abriel, W., and Strebelle, S. Multiplepoint statistics simulation integrating wells, seismic data and geology. *AAPG Bulletin*, 88（7）: 905–921, 2004.

Lo, T. and Bashore, W. M. Seismic constrained facies modeling using stochastic seismic inversion and indicator simulation, a north–sea example. Expanded Abstract, SEG 69th Annual Meeting, 1999.

Loc'h, G. L. andGalli, A. Truncated plurigaussian method : theoretical and practical points of view. In Baafi, E. and Schofield, N., editors, *Fifth International Geostatistics Congress*, volume 1, pages 211–222, Wollongong, Australia, Kluwer, Dordrecht, 1996.

Lødøen, O. and Omre, H. Scale–corrected ensemble kalman filtering applied to production–history conditioning in reservoir evaluation. *SPE Journal*, 13（2）: 177–194, 2008.

Lopez, S., Galli, A., and Cojan, I. Fluvial meandering channelized reservoirs : a stochastic and process–based approach. In *Proceedings Annual Conference of the International Association ofMathematicalGeologists*, Cancun, Mexico, CD–ROM, 2001. International Association of Mathematical Geologists.

Luenberger, D. G. *Optimization by Vector Space Methods*. John Wiley & Sons, New York, 1969.

Lyster, S. Theoretical justification for iterative simulation methods such as the Gibbs sampler. Technical Report 114, CCG Annual Report 9, University of Alberta, Edmonton, AB, 2007.

Lyster, S. Reproducing local proportions in MPS simulation. Technical Report 129, CCG Annual Report 10, University of Alberta, Edmonton, AB, 2008.

Lyster, S. and Deutsch, C. An entropy–based approach to establish MPS templates centre for computational geostatistics. Technical Report 114, CCG Annual Report 8, University of Alberta, Edmonton, AB, 2006.

MacDonald, A. C. and Aasen, J. O. A prototype procedure for stochastic modeling of facies tract distribution in shoreface reservoirs. In Yarus, J. M. and Chambers, R. L., editors, *Stochastic modeling and geostatistics ; principles, methods, and case studies*, pages 91–108. American Association of Petroleum Geologists Computer Applications in Geology, 1994.

Mackey, S. D. and Bridge, J. S. A revised FORTRAN program to simulate alluvial stratigraphy. *Computers & Geosciences*, 18（2）: 119–181, 1992.

Maharaja, A. *Global net–to–gross uncertainty assessment at reservoir appraisal stage*. PhD thesis, Stanford University, Stanford, CA, 2007.

Maharaja, A. TiGenerator : object–based training image generator. *Computers & Geosciences*, 34（7）: 1753– 1761, December 2008.

Mallet, J.–L. Structural unfolding. http : www.ensg. u–nancy. frGOCAD, 1999.

Mallet, J.–L. *Geomodelling*. Oxford Uuniversity Press, New York, 2002.

Manchuk, J. G. and Deutsch, C. V. Sensitivity analysis and the value of information in Gaussian multivariate prediction. Technical Report 115, CCGAnnual Report 7, Edmonton, AB, 2005.

Manchuk, J. G. and Deutsch, C. V. Geostatistical assignment of reservoir properties to unstructured grids. Technical report, 30th Gocad Meeting, April 2010.

Manchuk, J. G. and Deutsch, C. V. A short note on trend modeling using moving windows. Technical Report 403, CCG Annual Report 13, Edmonton, AB, 2011.

Manchuk, J. G., Leuangthong, O., and Deutsch, C. V. Direct geostatistical simulation of unstructured grids. In Leuangthong, O. and Deutsch, C. V., editors, *Geostatistics Banff 2004*, volume 14 of *QuantitativeGeology and Geostatistics*, pages 85–94. Springer Netherlands, Dordrecht, 2005.

Manchuk, J. G., Mlacnik, M. J., and Deutsch, C. V. Upscaling permeability to unstructured grids using the multipoint flux approximation. *Petroleum Geosciences*, 18: 239–248, 2012.

Mariethoz, G. and Kelly, B. F. J. Modeling complex geological structures with elementary training images and transform–invariant distances. *Water Resources Research*, 47（7）: W07527, 2011.

Mariethoz, G., Renard, P., Cornaton, F., and Jaquet, O. Truncated plurigaussian simulations to characterize aquifer heterogeneity. *Ground Water*, 47（1）: 13–24, 2009. doi: 10.1111/j.1745-6584.2008.00489.x.

Mariethoz, G., Renard, P., and Straubhaar, J. The direct sampling method to perform multiple–point simulations. *Water resources Research*, 46（11）, 2010. doi: 10.1029/2008WR007621.

Marsaglia, G. The structure of linear congruential sequences. In Zaremba, S. K., editor, *Applications of Number Theory to Numerical Analysis*, pages 249–285. Academic Press, London, 1972.

Martínez, J. L. F., Gonzalo, E. G., Muñiz, Z. F., and Mukerji, T. How to design a powerful family of particle swarm optimizers for inverse modelling. *Transactions of the Institute of Measurement and Control*, 34（6）: 705–719, 2012.

Massart, B. Y. G., Jackson, M. D., Hampson, G. J., Legler, B., Johnson, H. D., Jackson, C. A. L., Ravnas, R., and Sarginson, M. Three–dimensional characterization and surface–based modeling of tide–dominated heterolithic sandstones. In *EAGE Petroleum Geostatistics 2011*, 2011.

Matern, B. *Spatial Variation*, volume 36 of *Lecture Notes in Statistics*. Springer–Verlag, New York, second edition, 1980. First edition published by Meddelanden fran Statens Skogsforskningsinstitut, Band 49, No. 5, 1960.

Matheron, G. Traité de géostatistique appliquée. Vol. 1（1962）, Vol. 2（1963）, ed. Technip, Paris, 1962.

Matheron, G. Structure et composition des perméabilités. *Revue de l'IFP Rueuil*, 21（4）: 564–580, 1966.

Matheron, G. La théorie des variables régionalisées et ses applications. Fasc. 5, École National Supériure des Mines, Paris, 1971.

Matheron, G., Beucher, H., de Fouquet, H., Galli, A., Guerillot, D., and Ravenne, C. Conditional simulation of the geometry of fluvio–deltaic reservoirs. SPE Paper # 16753, 1987.

Maxwell, S. C. and Urbancic, T. I. The role of passive microseismic monitoring in the instrumented oil field. *The Leading Edge*, *Society of Exploration Geophysicists*, 20（6）: 636–639, December 2001.

McConway, K. J. Marginalization and linear opinion pools. *Journal of American Statistical Association*, 76（374）, 1981.

McHargue, T., Pyrcz, M. J., Sullivan, M. D., Clark, J. D., Fildani, A., Romans, B. W., Covault, J. A., Levy, J. A., Posamentier, H. W., and Drinkwater, N. J. Architecture of turbidite channel systems on the continental slope : patterns and predictions. *Marine and Petroleum Geology*, 28（3）: 728–743, 2010.

McHargue, T., Pyrcz, M. J., Sullivan, M., Clark, J., A., F., Levy, M., Drinkwater, N., Posamentier, H., Romans, B., and Covault, J. Event–based modeling of tubidite channel fill, channel stacking pattern and net sand volume. In Martinsen, O. J., Pulham, A. J., Haughton, P. D., and Sullivan, M. D., editors, *Outcrops Revitalized : tools, Techniques and Applications*, number 10, pages 163–174. SEPM Concepts in Sedimentology and Paleontology, 2011.

McLennan, J. and Deutsch, C. V. BOUNDSIM : implicit boundary modeling. *APCOM 2007*, 1: 9, 2007.

McLennan, J. A. *The decision of stationarity*. PhD thesis, University of Alberta, Edmonton, AB, 2008.

McLennan, J. A. and Deutsch, C. V. Local ranking of geostatistical realizations for flow simulation. In *SPE International Thermal Operations and Heavy Oil Symposium*, Alberta, Canada, 2005. SPE Paper # 98168.

McLennan, J. A., Allwardt, P. F., Hennings, P. H., and Farrell, H. E. Multivariate fracture intensity prediction : application to oil mountain anticline, wyoming. *AAPG Bulletin*, 93（11）: 1585–1595, November 2009.

Mehlhorn, K. *Multi–Dimensional Searching and Computational Geometry*. Springer–Verlag, New York, 1984.

Metropolis, N., Rosenbluth, A. W., Rosenbluth, M. N., Teller, A. H., and Teller, E. Equations of state calculations by fast computing machines. *Journal of Chemical Physics*, 21（6）: 1087–1091, 1953.

Miall, A. D. *The Geology of Fluvial Deposits*. Springer– Verlag, New York, 1996.

Michael, H. A., Li, H., Boucher, A., Sun, T., Caers, J., andGorelick, S. M. Combining geologic–process models and geostatistics for conditional simulation of 3–D subsurface heterogeneity. *Water Resources Research*, 46（5）: W05527, 2010. doi : 10.1029/2009WR008414.

Middleton, G., Plotnick, R., and Rubens, D. Fractals and non–linear dynamics : New numerical techniques for sedimentary data. *SEPM Short Course*, 36: 174, 1995.

Miller, J., Sun, T., Li, H., Stewart, J., Genty, C., Li, D., and Lyttle, C. Direct modeling of reservoirs through forward process–based models : can we get there. *International Petroleum Technology Conference*, pages 259– 270, December 2008.

Montgomery, D. C. andRunger, G. C. *Applied statistics and probability for engineers*. John Wiley&Sons, Hoboken, NJ, 4th edition, 2007.

Mulholland, J.W. Sequential stratigraphy : basic elements, concepts, and terminology. *The Leading Edge*, pages 37–40, 1998.

Murray, C. J. Identification and 3–D modeling of petrophysical rock types. In Yarus, J. M. and Chambers, R. L., editors, *Stochastic Modeling and Geostatistics : Principles, Methods, and Case Studies*, pages 323–338. AAPG Computer Applications in Geology, No. 3, 1995.

Myers, D. E. Matrix formulation of co–kriging. *Mathematical Geology*, 14（3）: 249–257, 1982.

Myers, D. E. Cokriging–new developments. In Verly, G., editor, *Geostatistics For Natural Resources*

Characterization, pages 295–305. Reidel, Dordrecht, Holland, 1984.

Myers, D. E. Pseudo–cross variograms, positivedefiniteness, and cokriging. *Mathematical Geology*, 23 (6): 805–816, 1991.

Myers, K. J. and Milton, N. J. Concepts and principles. In Emery, D. andMyers, K. J., editors, *Sequence Stratigraphy*. Blackwell Publishing Ltd., 1996.

Neufeld, C. and Deutsch, C. V. Incorporating secondary data in the prediction of reservoir properties using Bayesian updating. Technical Report 114, CCG Annual Report 6, Edmonton, AB, 2004.

Nordlund, U. FUZZIM : forward stratigraphic modeling made simple. *Computers & Geosciences*, 25 (4): 449– 456, 1999.

Norrena, K. and Deutsch, C. V. Automatic determination of well placement subject to geostatistical and economic constraints. In *SPE International Thermal Operations and HeavyOil Symposium and International HorizontalWell Technology Conference*, 2002.

Novakovic, D., White, C. D., Corbeanu, R. M., Hammon, W. S., Bhattacharya, J. P., andMcMechan, G. A. Hydraulic effects of shales in fluvial–deltaic deposits : ground–penetrating radar, outcrop observations, geostatistics, and three dimensional flow modeling for the Ferron Sandstone, Utah. *Mathematical Geology*, 34 (7): 857–893, 2002.

Olea, R. A. *Geostatistical Glossary and Multilingual Dictionary*. Oxford University Press, New York, 1991.

Olea, R. A. Fundamentals of semivariogram estimation, modeling, and usage. In Yarus, J. M. and Chambers, R. L., editors, *Stochastic Modeling and Geostatistics : principles*, *Methods*, *and Case Studies*, pages 27– 36. AAPG Computer Applications in Geology, No. 3, 1995.

Oliver, D. S. The averaging process in permeability estimation from well test data. *SPE Formation Evaluation*, pages 319–324, September 1990a.

Oliver, D. S. Estimation of radial permeability distribution from well test data. In *SPE Annual Conference and Exhibition, New Orleans, LA*, pages 243–250, New Orleans, LA, September 1990b. Society of Petroleum Engineers. SPE Paper # 20555.

Oliver, D. S. Incorporation of transient pressure data into reservoir characterization. *In Situ*, 18 (3): 243– 275, 1994.

Oliver, D. S. Conditioning channel meanders to well observations. *Mathematical Geology*, 34: 185–201, 2002.

Oliver, D. S. and Chen, Y. Improved initial sampling for the ensemble Kalman filter. *Computational Geosciences 13*, (1): 13–26, 2009.

Omre, H. *Alternative Variogram Estimators in Geostatistics*. PhD thesis, Stanford University, Stanford, CA, 1985.

Omre, H. Heterogeneity models. In *SPOR Monograph : Recent Advances in Improved Oil Recovery Methods for North Sea Sandstone Reservoirs*, Norway, 1992. Norwegian Petroleum Directorate.

Oreskes, N., Shrader–Frechette, K., and Belitz, K. Verification, validation, and confirmation of numerical models in the earth sciences. *Science*, 263: 641–646, February 1994.

Ortiz, J. M. and Deutsch, C. V. Calculation of uncertainty in the variogram. *Mathematical Geology*, 34（2）: 169–183, 2002.

Ortiz, J. M. and Deutsch, C. V. A practical approach to validate the variogram reproduction from geostatistical simulation. Technical Report 125, CCG Annual Report 9, Edmonton, AB, 2007.

Paola, C. Quantitative models of sedimentary basin filling. *Sedimentology*, 47: 121–178, 2000.

Paola, C., Mullin, J., Ellis, C., Mohrig, D. C., Swenson, J., Parker, G., Hickson, T., Heller, P., Pratson, L., Syvitski, J., Sheets, B., and Strong, N. Experimental stratigraphy. *GSA Today*, 11（7）: 4–9, 2001.

Paola, C., Straub, K., Mohrig, D., and Reinhardt, L. The "unreasonable effectiveness" of stratigraphic and geomorphic experiments. *Earth–Science Reviews*, 97（1）: 1–43, 2009.

Paradigm Suite of Software. Paradigm, 2012. www.pdgm.com.

Pardo–Iguzquiza, E. and Chica–Olmo, M. The fourier integral method : an efficient spectral method for simulation of random fields. *Mathematical Geology*, 25（2）: 177–217, 1993.

Parker, G. 1–D sediment transport morphodynamics with applications to rivers and turbidity currents, e–book. 2012. URL http ://hydrolab.illinois.edu/people/ parkerg/morphodynamics_e–book.htm.

Pedersen, M. E. H. and Chipperfield, A. J. Simplifying particle swarm optimization. *Applied Soft Computing*, 10（2）: 618–628, March 2010. doi : 10.1016/j.asoc.2009.08.029.

Perlmutter, M. A. and Plotnick, R. E. Predictable variations in the marine stratigraphic record of the northern and southern hemispheres and reservoir potential. In *Sequence Stratigraphic Models for Exploration and Production : evolving Methodology, Emerging Models and ApplicationHistories*, pages 231–256, 2002. doi : 10.5724/gcs.02.22. GCSSEPM 22nd Bob F. Perkins Research Conference.

Plotnick, R. E. A fractal model for the distribution of stratigraphic hiatuses. *The Journal of Geology*, pages 885–890, 1986.

Plotnick, R. E., Gardner, R. H., Hargrove, W. W., Prestegaard, K., and Perlmutter, M. Lacunarity analysis : a general technique for the analysis of spatial patterns. *Physical Review E*, 53（5）: 5461–5468, 1996.

Posamentier, H. Depositional elements associated with a basin floor channel–levee system : case study from 20: 677–690, 2003.

Posamentier, H. W., Davies, R. J., Cartwright, J. A., and Wood, L. Seismic geomorphology—an overview. *Special Publication–Geological Society of London*, 277, 2007.

Pranter, M. J. and Sommer, N. K. Static connectivity of fluvial sandstones in a lower coastal–plain setting : an example from the Upper Cretaceous Lower Williams Fork Formation, Piceance Basin, Colorado. *AAPG Bulletin*, 95（1–4）: 899–923, June 2001. doi : 10.1306/12091010008.

Prélat, A., Covault, J. A., Hodgson, D. M., Fildani, A., and Flint, S. S. Intrinsic controls on the range of volumes, morphologies, and dimensions of submarine lobes. *Sedimentary Geology*, 232 (1–4): 66–76, 2010. doi: 10.1016/j.sedgeo.2010.09.010.

Preparata, F. P. and Shamos, M. I. *Computational Geometry: An Introduction*. Springer–Verlag, New York, 1988.

Press, W. H., Flannery, B. P., Teukolsky, S. A., and Vetterling, W. T. *Numerical Recipes*. Cambridge University Press, New York, 1986.

Pringle, J. K., Brunt, R. L., Hodgson, D. M., and Flint, S. S. Capturing stratigraphic and sedimentological complexity from submarine channel complexes outcrops to 3D digital models, Karoo basin, South Africa. *Petroleum Geoscience*, 16 (1–4): 307–330, 2010. doi: 10.1144/1354–079309–028.

Pyles, D. R. and Jennette, D. Process and facies associations in basin–margin strata of structurally confined submarine fans: example from the carboniferous ross sandstone (ireland). *Marine and Petroleum Geology*, 29: 1974–1996, 2009.

Pyrcz, M. J. *Integration of geologic information into geostatistical models*. PhD thesis, University of Alberta, Edmonton, AB, 2004.

Pyrcz, M. J. and Deutsch, C. V. Two artifacts of probability field simulation. *Mathematical Geology*, 33 (7): 775–799, 2001.

Pyrcz, M. J. and Deutsch, C. V. Debiasing for improved inference of the one–point statistic. In *30th International Symposium on Computer Applications in theMineral Industries (APCOM)*, Phoenix, Arizona, February 2002.

Pyrcz, M. J. and Deutsch, C. V. Conditional event–based simulation. In Leuangthong, O. and Deutsch, C. V., editors, *Geostatistics Banff 2004*, Quantitative Geology and Geostatistics, pages 135–144. Springer Netherlands, 2005.

Pyrcz, M. J. and Deutsch, C. V. Spectrally corrected semivariogram models. *Mathematical Geology*, 38 (7): 277–299, 2006a. doi: 10.1007/s11004–006–9053–9.

Pyrcz, M. J. and Deutsch, C. V. Semivariogram models based on geometric offsets. *Mathematical Geology*, 38(4), 2006b.

Pyrcz, M. J. Gringarten, E., Frykman, P., and Deutsch, C. V. Representative input parameters for geostatistical simulation. In Coburn, T. C., Yarus, R. J., and Chambers, R. L., editors, *StochasticModeling and Geostatistics: Principles, Methods and Case Studies, Volume II: AAPG Computer Applications in Geology 5*, pages 123–137, 2006.

Pyrcz, M. J. and Strebelle, S. Event–based geostatistical modeling of deepwater systems. *GCSSEPM 26th Bob F. Perkins Research Conference*, pages 893–922, 2006.

Pyrcz, M. J. and Strebelle, S. Event–based geostatistical modeling. In Ortiz, J. M. and Emery, X., editors, *Geostatistics Santiago 2008*, pages 135–144. Springer, Netherlands, 2008.

Pyrcz, M. J., Catuneanu, O., and Deutsch, C. V. Stochastic surface-based modeling of turbidite lobes. *AAPG Bulletin*, 89: 177–191, December 2005a.

Pyrcz, M. J., Leuangthong, O., and Deutsch, C. V. Hierarchical trend modeling for improved reservoir characterization. *International Association of Mathematical Geology*, August 2005b.

Pyrcz, M. J., Sullivan, M., Drinkwater, N., Clark, J., Fildani, A., and Sullivan, M. Event-based models as a numerical laboratory for testing sedimentological rules associated with deepwater sheets. *GCSSEPM 26th Bob F. Perkins Research Conference*, pages 923–950, 2006.

Pyrcz, M. J., Boisvert, J., and Deutsch, C. V. A library of training images for fluvial and deepwater reservoirs and associated code. *Computers & Geosciences*, 2007. doi : 10.1016/j.cageo.2007.05.015.

Pyrcz, M. J., Boisvert, J., and Deutsch, C. V. Alluvsim : a conditional event-based fluvial model. *Computers & Geosciences*, 2009. doi : 10.1016/j.cageo.2008.09.012.

Pyrcz, M. J., Sullivan, M. D., McHargue, T. R., Fildani, A., Drinkwater, N. J., Clark, J., and Posamentier, H. W. Numerical modeling of channel stacking from outcrop. In Martinsen, O., Pulham, A., Haughton, P., and Sullivan, M., editors, *Outcrops Revitalized : tools, Techniques and Applications*. SEPM special publication, 2011.

Pyrcz, M. J., McHargue, T., Clark, J., Sullivan, M., and Strebelle, S. Event-based geostatistical modeling : description and applications. In Abrahamsen, P., Hauge, R., and Kolbjøÿrnsen, O., editors, *Geostatistics Oslo 2012*, volume 17 of *QuantitativeGeology and Geostatistics*, pages 27–38. Springer Netherlands, Dordrecht, 2012.

Raghavan, R. *Well Test Analysis*. PTR Prentice-Hall, Englewood Cliffs, NJ, 1993.

Rahman, A., Tsai, F. T. C., White, C. D., and Willson, C. S. Coupled semivariogram uncertainty of hydrogeological and geophysical data on capture zone uncertainty analysis. *Journal of Hydrologic Engineering*, 13 (10): 915–925, 2008. doi : 10.1061/ (ASCE) 1084– 0699 (2008) 13: 10 (915).

Rasheva, S. and Bratvold, R. B. A new and improved approach for geological dependency evaluation for multiple-prospect exploration. In *SPE Annual Technical Conference and Exhibition*, 2011. doi : 10.2118/147062-MS.

Razavi, S. F. and Deutsch, C. V. Scaling up of effective absolute permeability. Technical Report 405, CCG Annual Report 14, Edmonton, AB, 2012.

Reading, H. G. *Sedimentary Environments : processes, facies and stratigraphy*. Blackwell Science, Oxford, 3rd edition, 1996.

Ren, W. Large scale modeling by Bayesian updating techniques. Technical Report 129, CCG Annual Report 9, Edmonton, AB, 2007.

Ren, W. and Deutsch, C. V. Exact downscaling in geostatistical modeling. Technical Report 101, CCG Annual Report 7, Edmonton, AB, 2005.

Ren, W., Cunha, L., and Deutsch, C. V. Preservation of multiple point structure when conditioning by kriging. Technical Report 108, CCG Annual Report 6, University of Alberta, Edmonton, AB, 2004.

Ren, W., McLennan, J. A., Leuangthong, O., and Deutsch, C. V. Reservoir characterization ofMcMurray Formation by 2-D geostatistical modeling. *Natural Resources Research*, 13: 7, March 2006.

Ren, W., Deutsch, C. V., Garner, D., Wheeler, T. J., Richy, J. F., and Mus, E. Quantifying resources for the Surmont lease with 2D mapping and multivariate statistics. *SPE Reservoir Evaluation & Engineering*, page 9, February 2008.

Renard, P. and de Marsily, G. Calculating equivalent permeability : a review. *Advances in Water Resources*, 20: 253-278, 1997.

Ripley, B. D. *Spatial Statistics*. John Wiley & Sons, New York, 1981.

Ripley, B. D. *Spatial Statistics*. John Wiley and Sons, New Jersey, 2004.

Ritzi, R. W. and Dominic, D. F. Evaluating uncertainty in flow and transport in heterogeneous buried-valley aquifers. In *Groundwater ModelingConference*, Golden, Colorado, 1993.

Robert, C. P. andCasella, G. *Monte Carlo Statistical Methods*. Springer Science and Business Media LLC, New York, 2nd edition, 2004.

Rock, N.M. S.Numerical geology. In Bhattacharji, S. et al., editors, *Lecture Notes in Earth Sciences*, volume 18. Springer Verlag, New York, 1988.

Romero,C. E. and Carter,J. N. Using genetic algorithms for reservoir characterization. In M. Nikravesh,L. A. Z. F. Aminzadeh, editor, *Soft computing and intelligent data analysis in oil exploration*, volume 228, Dallas, 2003.

Romero, C. E., Carter, J. N., Zimmerman, R. W., and Gringarten, A. C. Improved reservoir characterization through evolutionary computation. In *SPE Annual Technical Conference and Exhibition*, number SPE 62942, Dallas, 2000.

Rossini, C., Brega, F., Piro, L., Rovellini, M., and Spotti, G. Combined geostatistical and dynamic simulations for developing a reservoir management strategy : a case history. *Journal of Petroleum Technology*, pages 979- 985, November 1994.

Rothman, D. H. Nonlinear inversion, statistical mechanics, and residual statics estimation. *Geophysics*, 50: 2784-2796, 1985.

Sabet, M. A. *Well Test Analysis*, volume 8 of *Contributions in Petroleum Geology and Engineering*. Gulf Publishing Company, Houston, 1991.

Salles, T., Mulder, T., Gaudin, M., Cacas, M. C., Lopez, S., and Cirac, P. Simulating the 1999 turbidity current occurred in Capbreton Canyon through a cellular automata model. *Geomorphology*,97(3-4): 516-537, 2008.

Sams, M., Atkins, D., Siad, N., Parwito, E., and van Riel, P. Stochastic inversion for high resolution reservoir characterization in the central sumatra basin. In *1999 SPE Asia Pacific Improved Oil Recovery Conference*, Kuala Lumpur, Malaysia, October 1999. Society of Petroleum Engineers. SPE Paper # 57260.

Saussus，D. Model building. In *MCMC for geostatistical inversion*，October 2009.

Scheidt，C. and Caers，J. A new method for uncertainty quantification using distances and kernel methods：application to a deepwater turbidite reservoir. *SPE Journal*，14（4）：680–692，2008. doi：10.2118/118740–PA.

Schlumberger Software，2012，http：//www.software. slb.com

Schnetzler，E.Visualization and cleaning of pixel–based images. Master's thesis，Stanford University，Stanford，CA，1994.

Scholle，P. A. and Spearing，D.，editors. *Sandstone Depositional Environments*. The American Association of Petroleum Geologists，Tulsa，Oklahoma，1982.

Schulze–Riegert，R. W. andGhedan，S. Modern techniques for history matching. *9th International Forum on Reservoir Simulation*，pages 9–13，2007.

Schulze–Riegert，R. W.，Axmann，J. K.，Haase，O.，Rian，D. T.，and Scandpower，Y. Evolutionary algorithms applied to history matching of complex reservoirs. *SPE Reservoir Evaluation & Engineering*，5（2）：163– 173，2002.

Scott，D. W. *Multivariate Density Estimation：Theory，Practice，and Visualization*. John Wiley & Sons，New York，1992.

Sech，R. P.，Jackson，M. D.，and Hampson，G. J. Threedimensional modeling of a shoreface–shelf parasequence reservoir analog：part 1. surface–based modeling to capture high–resolution facies architecture. *AAPG Bulletin*，93：1155–1181，2009.

Senger，R. K.，Lucia，F. J.，Kerans，C.，Ferris，C.，and Fogg，G. E. Geostatistical/geological permeability characterization of carbonate ramp deposits in San Andres Outcrop，Algerita Escarpment，New Mexico. SPE Paper # 23967，1992.

Sharma，P. V. Geophysical methods in geology. *Elsevier Science Pub. Co.*，*Inc.*，*New York*，*NY*，page 700，1986.

Shmaryan，L. E. and Deutsch，C. V. Object–based modeling of fluvial/deepwater reservoirs with fast data conditioning：methodology and case studies. *SPE Annual Technical Conference and Exhibition*，*Society of Petroleum Engineers*，1999.

Shmaryan，L. E. and Journel，A. G. Two Markov models and their application. *Mathematical Geology*，31（8）：965–988，1999.

Shook，G. and Mitchell，K. A robust measure of heterogeneity for ranking earth models：the F–PHI curve and dynamic lorenz coefficient. In *SPE Annual Technical Conference and Exhibition*，New Orleans，LA，2009.

Silverman，B. W. *Density Estimation for Statistics and Data Analysis*. Chapman and Hall，New York，1986.

Sivia，D. S. *Data Analysis：A Bayesian Tutorial*. Oxford University Press，Oxford，1996.

Slingerland，R. and Kump，L. *Mathematical Modeling of Earth'sDynamical Systems*. Princeton University Press，Princeton，2011.

Smith, L. Spatial variability of flow parameters in a stratified sand. *Mathematical Geology*, 13（1）: 1–21, 1981.

Soleng, H. H. Oil reservoir production forecasting with uncertainty estimation using genetic algorithms. *Proceedings of the 1999 Congress of Evolutionary Computing*, 1999.

Sprague, A. R., Patterson, P. E., Hill, R. E., Jones, C. R., Campion, K. M., Wagoner, J. C. V., Sullivan, M. D., Larue, D. K., Feldman, H. R., Demko, T.M., Wellner, R. W., and Geslin, J. K. The physical stratigraphy of fluvial strata : a hierarchical approach to the analysis of genetically related stratigraphic elements for improved reservoir prediction. In（ *Abstract* ）*AAPG Annual Meeting*, volume 87, page 10. AAPG Bulletin, 2002.

Srivastava, R. M. Minimum variance or maximum profitability ? *CIM Bulletin*, 80（901）: 63–68, 1987a.

Srivastava, R. M. A non–ergodic framework for variogram and covariance functions. Master's thesis, Stanford University, Stanford, CA, 1987b.

Srivastava, R. M. An application of geostatistical methods for risk analysis in reservoir management. SPE Paper #20608, 1990a.

Srivastava, R. M. *INDSIM2D : An FSS International Training Tool.* FSS International, Vancouver, Canada, 1990b.

Srivastava, R. M. Iterative methods for spatial simulation : stanford center for reservoir forecasting. Stanford Center for Reservoir Forecasting : Report Number 5, 1992.

Srivastava, R. M. Matheronian geostatistics : where is it going ? In Baafi, E. Y. and Schofield, N. A., editors, *Fifth International Geostatistics Congress*, Wollongong, Australia, September 1996.

Srivastava, R. M. and Froidevaux, R. Probability field simulation : a retrospective. In *SPE Annual Technical Conference and Exhibition*, pages 55–64. Springer, 2005.

Srivastava, R. M. and Parker, H. M. Robust measures of spatial continuity. In Armstrong, M., editor, *Geostatistics*, pages 295–308. Reidel, Dordrecht, 1989.

Stalkup, F. I. Permeability variations observed at the faces of crossbedded sandstone outcrops. In Lake, L. W. and Carroll, H. B., editors, *Reservoir Characterization*, pages 141–175. Academic Press, New York, 1986.

Stanley, K. O., Jorde, K., Raestad, N., and Stockbridge, C. P. Stochastic modeling of reservoir sand bodies for input to reservoir simulation, Snorre Field, Northern North Sea. In Buller, A. T., editor, *North Sea Oil and Gas Reservoirs II.* Graham and Trotman, London, 1990.

Stoyan, D., Kendall, W. S., andMecke, J. *Stochastic Geometry and its Applications.* John Wiley & Sons, New York, 1987.

Straub, K. M., Mohrig, D., McElroy, B., Buttles, J., and Pirmez, C. Interactions between turbidity currents and topography in aggrading sinuous submarine channels : a laboratory study. *Geologic Society of America Bulletin*, 120（3–4）: 368–385, 2008.

Straubhaar, J., Renard, P., Mariethoz, G., Froidevaux, R., and Besson, O. An improved parallel multiple-point algorithm using a list approach. *Mathematical Geosciences*, 43（3）: 305-328, 2010.

Strebelle, S. *Sequential Simulation : Drawing Structures from Training Images*. PhD thesis, Stanford University, Stanford, CA, 2000.

Strebelle, S. Conditional simulation of complex geological structures using multiple-point statistics. *Mathematical Geology*, 34（1）: 1-21, 2002.

Strebelle, S. Sequential simulation for modeling geological structures from training images. In M., Y. J. and L., C. R., editors, *StochasticModelling and Geostatistics : Principles, Methods and Case Studies*, volume 2, pages 139-149, 2006.

Strebelle, S. Multiple-point geostatistics : from theory to practice. *9th International Geostatistics Congress*, 2012.

Strebelle, S. and Remy, N. Post-processing of multiplepoint geostatistical models to improve reproduction of training patterns. In Leuangthong, O. and Deutsch, C. V., editors, *Geostatistics Banff 2004*, volume 14 of *Quantitative Geology and Geostatistics*, pages 979-988. Springer Netherlands, Dordrecht, 2005.

Stright, L. Modeling, upscaling and history matching thin, irregularly-shaped flow barriers ; a comprehensive approach for predicting reservoir connectivity. In *SPE Annual Technical Conference and Exhibition*, number SPE Paper # 106528, San Antonio, USA, 2006. Society of Petroleum Engineers.

Stripe, J. A., Kazuyoshi, A., and Durandeau, M. Integrated field development planning using risk and and decision analysis to minimize the impact of reservoir and other uncertainties : a case study. In *Middle East Oil Technical Conference and Exhibition*, pages 155-167. Society of Petroleum Engineers, April 1993. SPE Paper # 25529.

Sullivan, J. A. *Non-parametric Estimation of Spatial Distributions*. PhDthesis, StanfordUniversity, Stanford, CA, 1985.

Sullivan, M. D., Foreman, J. L., Jennette, D. C., Stern, D., Jensen, G. N., and Goulding, F. J. An integrated approach to characterization and modeling of deepwater reservoirs, Diana Field. In P. Harris, G. E. and Grammer, M., editors, *AAPG Memoir 80 : integration of Outcrop and Modern Analogs in Reservoir Modeling*, pages 215-234, WesternGulf ofMexico, 2004. British Society of Reservoir Geologists.

Sun, T., Meakin, P., and Josang, T. A simulation model for meandering rivers. *Water Resources Research*, 32（9）, 1996.

Suzuki, S. and Strebelle, S. Real-time post-processing method to enhance multiple-point statistics simulation. *Petroleum Geostatistics 2007*, 2007.

Suzuki, S., Caumon, G., and Caers, J. Dynamic data integration for structural modeling : model screening approach using a distance-based model parameterization. *Computational Geosciences*, 12（1）: 105-119, 2008.

Sylvester, Z., Pirmez, C., and Cantelli, A. A model of submarine channel-levee evolution based on channel trajectories：implications for stratigraphic architecture. *Marine and Petroleum Geology*, 2010. doi：10.1016/ j.marpetgeo.2010.05.012.

Syvitski，J. Earth-surface dynamics modeling & model coupling course. Community Surface Modeling Dynamics Systems，2012. URL http：//csdms.colorado. edu/wiki/Earth-Surface_Dynamics_Modeling.

Tetzlaff，D. M. Limits to the predictive ability of dynamic models the simulation clastic sedimentation. In Cross，T.，editor，*Quantitative Dynamic Stratigraphy*，pages 55-65. Prentice-Hall，Netherlands，1990.

Thomas，R. G.，Smith，D. G.，Wood，J. M.，Visser，J.，Calverley-Range，E. A.，and Koster，E. H. Inclined heterolithic stratification-terminology，description，interpretation and significance. *Sedimentary Geology*，53（1-2）：123-179，1987.

Tjelmeland，H. and Omre，H. Semi-Markov random fields. In Soares，A.，editor，*Geostatistics Troia 1992*，volume 2，pages 493-504. Kluwer，Dordrecht，1993.

Torres-Verdin，C.，Victoria，M.，Merletti，G.，and Pendrel，J. Trace-based and geostatistical inversion of 3-D seismic data for thin sand delineation：an application to san Jorge Basin，Argentina. *The Leading Edge*，40，September 1999.

Traer，M. M.，Hilley，G. E.，Fildani，A.，and McHargue，T. The sensitivity of turbidity currents to mass and momentum exchanges between these underflows and their surroundings. *Journal of Geophysical Research*，117，2012.

Tran，T.，Deutsch，C. V.，and Yulong，X. Direct geostatistical simulation with multiscale well，seismic，and production data. In *SPE Annual Technical Conference and Exhibition*，New Orleans，2001.

Tran，T. T. Improving variogram reproduction on dense simulation grids. *Computers & Geosciences*，20（7）：1161-1168，1994.

Tran，T. T. *Stochastic Simulation of Permeability Fields and Their Scale-Up for FlowModeling*. PhDthesis，Stanford University，Stanford，CA，1995.

Tran，T. T. The missing scale and direct simulation of block effective properties. *Journal of Hydrology*，182：37-56，1996.

Tversky，A. and Kahneman，D. Judgment under uncertainty：heuristics and biases. *Science*，185（4157）：1124-1131，1974.

Tyler，K.，Henriquez，A.，Georgsen，F.，Holden，L.，and Tjelmeland，H. A program for 3D modeling of heterogeneities in a fluvial reservoir. In *3rd European Conference on the Mathematics of Oil Recovery*，pages 31-40，Delft，June 1992a.

Tyler，K.，Henriquez，A.，MacDonald，A.，Svanes，T.，and Hektoen，A. L.MOHERES—acollection of stochastic models for describing heterogeneities in clastic reservoirs. In *3rd International Conference on North Sea Oil and Gas Reservoirs III*，pages 213-221. 1992b.

Tyler，K.，Svanes，T.，and Henriquez，A. Heterogeneity modelling used for production simulation of fluvial reservoir. *SPE Formation Evaluation*，pages 85-92，June 1992c.

Tyler, K., Henriquez, A., and Svanes, T.Modeling heterogeneities in fluvial domains : a review on the influence on production profile. In Yarus, J. M. and Chambers, R. L., editors, *Stochastic Modeling and Geostatistics : Principles, Methods, and Case Studies*, pages 77–89. AAPG Computer Applications in Geology, No. 3, 1995.

Vasantharajan, S. and Cullick, A. S. Well site selection using integer programming optimization. In *Third Annual Conference*, volume 1, pages 421–426, International Association for Mathematical Geology. Vera Pawlowsky Glahn (ed.), CIMNE Press, Barcelona, Spain, September 1997.

Verly, G. *Estimation of Spatial Point and Block Distributions : The MultiGaussian Model*. PhD thesis, Stanford University, Stanford, CA, 1984.

Villalba, M. E. and Deutsch, C. V. Computing uncertainty in the mean with a stochastic trend approach. Technical Report 109, CCG Annual Report 12, Edmonton, AB, 2010.

Vincent, G., Corre, B., and Thore, P. Managing structural uncertainty in a mature field for optimal well placement. In *1990 SPE Annual Technical Conference and Exhibition*. Society of Petroleum Engineers, October 1990. SPE Paper # 48953.

Viseur, S., Shtuka, A., and Mallet, J.-L.New fast, stochastic, boolean simulation of fluvial deposits. In *SPE Annual Technical Conference and Exhibition*, New Orleans, LA, 1998. Society of Petroleum Engineers.

Wackernagel, H. Geostatistical techniques for interpreting multivariate spatial information. In Chung, C., editor, *Quantitative Analysis of Mineral and Energy Resources*, pages 393–409. Reidel, Dordrecht, 1988.

Wagoner, J. C. V., Mitchum, R. M., Campion, K. M., and Rahmanian, V. D. *Siliclastic Sequence Stratigraphy in Well Logs, Cores, and Outcrops : Concepts for High– Resolution Correlation of Time Facies*. The American Association of Petroleum Geologists, Tulsa, Oklahoma, 1990.

Walker, R. G. and James, N. P. *Facies Models : Response to Sea Level Changes*. Geologic Association of Canada, pages 454, 1992.

Wang, F. J. and Wall, M. A. Incorporating parameter uncertainty into prediction intervals for spatial data modeled via a parametric variogram. *Journal of Agricultural, Biological, and Environmental Statistics*, 8 (3): 296–309, 2003.

Wang, Y., Straub, K. M., and Hajek, E. A. Scale dependant compensational stacking : an estimate of autogenic timescales in channelized sedimentary deposits. *Geology*, 39 (9): 811–814, 2011.

Wasson, R. J. Last–glacial alluvial fan sedimentation in the Lower Derwent Valley, Tasmania. *Sedimentology*, 24 (6): 781–799, 1977.

Watson, A.T., Seinfelf, J. H., Gavalas, G. R., and Woo, P. T. History matching in two–phase petroleum reservoirs. *SPE Journal*, pages 521–532, December 1980.

Webb, E. K. *Simulating the Spatial heterogeneity of Sedimentological and Hydrogeological Characteristics for Braided Stream Deposits*. PhD thesis, University of Wisconsin, Madison, Madison, WI, 1992.

Weber, K. J. Influence of common sedimentary structures on fluid flow in reservoir models. *JPT*, pages 665–672, March 1982.

Weber, K. J. and dL. C. Van Geuns. Framework for constructing clastic reservoir simulation models. *JPT*, pages 1248–1253, 1296–1297, October 1990.

Weber, L. J., Francis, B. P., Harris, P. M., and Clark, M. Stratigraphy, lithofacies and reservoir distribution, Tengiz Field, Kazakhstan. *Permo–Carboniferous Carbonate Platform and Reefs : SEPM special publication*, 78: 351–394, 2003.

Wen, R. SBED studio : an integrated workflow solution for multi–scale geo modelling. In *European Association of Geoscientists and Engineers 67th Conference*, Madrid, 2005.

Wen, X. H. and Gómez–Hernández, J. J. Upscaling of hydraulic conductivity in heterogeneous media : an overview. *Journal of Hydrology*, 183: ix–xxxii, 1996.

White, C. D. andWillis, B. J. A method to estimate length distributions from outcrop data. *Mathematical Geology*, 32 (4): 389–419, 2000.

Wietzerbin, L. J. andMallet, J.–L. Parameterization of complex 3D heterogeneities : a new CAD approach. *SPE Annual Technical Conference and Exhibition*, *Society of Petroleum Engineers*, 1993.

Wikramaratna, R. S. ACORN—a new method for generating sequences of uniformly distributed pseudorandom numbers. *Journal of Computational Physics*, 83: 16–31, 1989.

Wilde, B. Application of spectral techniques to geostatistical modeling. Technical Report 108, Centre for Computational Geostatistics (CCG)Guidebook Series, University of Alberta, 2010.

Wilde, B. Programs to aid the decision of stationarity. volume 14, Edmonton, AB, February 2011. University of Alberta, Centre for Computational Geostatistics Guidebook Series.

Wilde, B. and Deutsch, C. V. Formats for expressing acceptable uncertainty. Technical Report 298, CCGAnnual Report 12, Edmonton, AB, 2010a.

Wilde, B. and Deutsch, C. V. Methodology for calculating uncertainty versus data spacing. Technical Report 108, CCG Annual Report 12, Edmonton, AB, 2010b.

Wilde, B. and Deutsch, C. V. Simulating boundary realizations. Technical Report 403, CCG Annual Report 13, Edmonton, AB, 2011.

Williams, G. J. J., Mansfield, M., MacDonald, D., and Bush, M. D. Top–down reservoir modelling. *SPE Paper 89974 presented at the ATCE 2004*, 39 (9): 26–29, 2004.

Willis, B. J. and Tang, H. Three–dimensional connectivity of point–bar deposits. *Journal of Sediment Research*, 80: 440–454, 2010.

Willis, B. J. and White, C. D. Quantitative outcrop data for flow simulation. *Journal of Sediment Research*, 70: 788– 802, 2000.

Winkler, R. L. Combining probability distributions from dependent information sources. *Management Science*, 27 (4), 1981.

Wu, J., Zhang, T., and Journel, A. Fast FILTERSIM simulation with score-based distance. *Mathematical Geosciences*, 40（7）: 773-788, 2008.

Xie, Y., Deutsch, C. V., andCullick, A. S. Surface-geometry and trend modeling for integration of stratigraphic data in reservoir models. In G., K. W. J. . K. D., editor, *GEOSTATS 2000 : Cape Town*, *Proceedings of the 6th International Geostatistics Congress*, Cape Town, South Africa, April 2000.

Xu, W. *Stochastic Modeling of Reservoir Lithofacies and Petrophysical Properties*. PhD thesis, Stanford University, Stanford, CA, 1995.

Xu, W. and Journel, A. G. GTSIM : Gaussian truncated simulations of reservoir units in a West Texas carbonate field. SPE Paper # 27412, 1993.

Xu, W. and Journel, A. G. DSSIM : a general sequential simulation algorithm. In *Report 7*, *Stanford Center for Reservoir Forecasting*, Stanford, CA, May 1994.

Xu, W. and Journel, A. G. Histogram and scattergram smoothing using convex quadratic programming. *Mathematical Geology*, 27: 83-103, 1995.

Xu, W., Tran, T. T., Srivastava, R. M., and Journel, A. G. Integrating seismic data in reservoir modeling : the collocated cokriging alternative. In *67th Annual Technical Conference and Exhibition*, pages 833-842, Washington, DC, October 1992. Society of Petroleum Engineers. SPE Paper # 24742.

Yang, C. T., Chopra, A. K., and Chu, J. Integrated geostatistical reservoir description using petrophysical, geological, and seismic data for Yacheng 13-1 gas field. In *1995 SPE Annual Technical Conference and Exhibition Formation Evaluation and ReservoirGeology*, pages 357-372, Dallas, TX, October 1995. Society of Petroleum Engineers. SPE Paper # 30566.

Yao, T. Conditional spectral simulation with phase identification. *Mathematical Geology*, 30（3）: 285-308, 1998.

Yao, T. Reproduction of the mean, variance, and variogram model in spectral simulation. *Mathematical Geology*, 36（4）: 487-506, 2004.

Yao, T. and Journel, A. G. Automatic modeling of（cross）covariance tables using fast fourier transform. *Mathematical Geology*, 30（6）: 589-615, 1998.

Yarus, J. and Chambers, R. Practical geostatistics—an armchair overview for petroleum reservoir engineers. *Journal of Petroleum Technology*, 58（11）: 78-86, 2006.

Yeh, W. W.-G. Review of parameter identification procedures in groundwater hydrology : the inverse problem. *Water Resources Research*, 22（2）: 95-108, 1986.

Zagayevskiy, Y., Hosseini, A., and Deutsch, C., editors. *Ensemble Kalman Filtering for Geostatistical Applications*, volume 10, Edmonton, AB, 2010. University of Alberta, Centre for Computational Geostatistics Guidebook Series.

Zarra, L. Chronostratigraphic framework for the Wilcox Formation（Upper Paleocene-Lower Eocene）in the deep-water Gulf of Mexico : biostratigraphy, sequences, and depositional systems. In *The Paleogene of the Gulf of Mexico and Caribbean basins : processes, events, and petroleum systems : Gulf Coast Section SEPM 27th Annual GCSSEPM Foundation Bob F. Perkins Research Conference Proceedings*, pages 81– 145, Houston, TX, 2007. SEPM.

Zhang, K., Pyrcz, M. J., and Deutsch, C. V. Stochastic surface-based modeling for integration of geological information in turbidite reservoir model. *Petroleum Geoscience and Engineering*, 2009. doi : j.petrol.2009.06.019.

Zhang, T., Switzer, P., and Journel, A. G. Sequential conditional simulaiton using classification of local training pattern. In Leuangthong, O. and Deutsch, C. V., editors, *Geostatistics Banff 2004*, volume 1, pages 265–273. Springer Netherlands, Dordrecht, 2005.

Zhang, T., Switzer, P., and Journel, A. G. Filter-based classification of training image patterns for spatial simulation. *Mathematical Geology*, 38 (1): 63–80, 2006. doi : 10.1007/s11004-005-9004-x.

Zhu, H. *Modeling Mixture of Spatial Distributions with Integration of Soft Data*. PhD thesis, Stanford University, Stanford, CA, 1991.

Zhu, H. and Journel, A. G. Formatting and integrating soft data : stochastic imaging via the Markov-Bayes algorithm. In Soares, A., editor, *Geostatistics Troia 1992*, volume 1, pages 1–12. Kluwer, Dordrecht, 1993.